Flattertiere
S. 31, 32

Insektenfresser
S. 30, 32, 57-58

Wale
S. 61

Welche Wirbeltierklasse ist das?

Vögel
S. 33-51, 63, 88-89

Kriechtiere
S. 74-79, 88-89

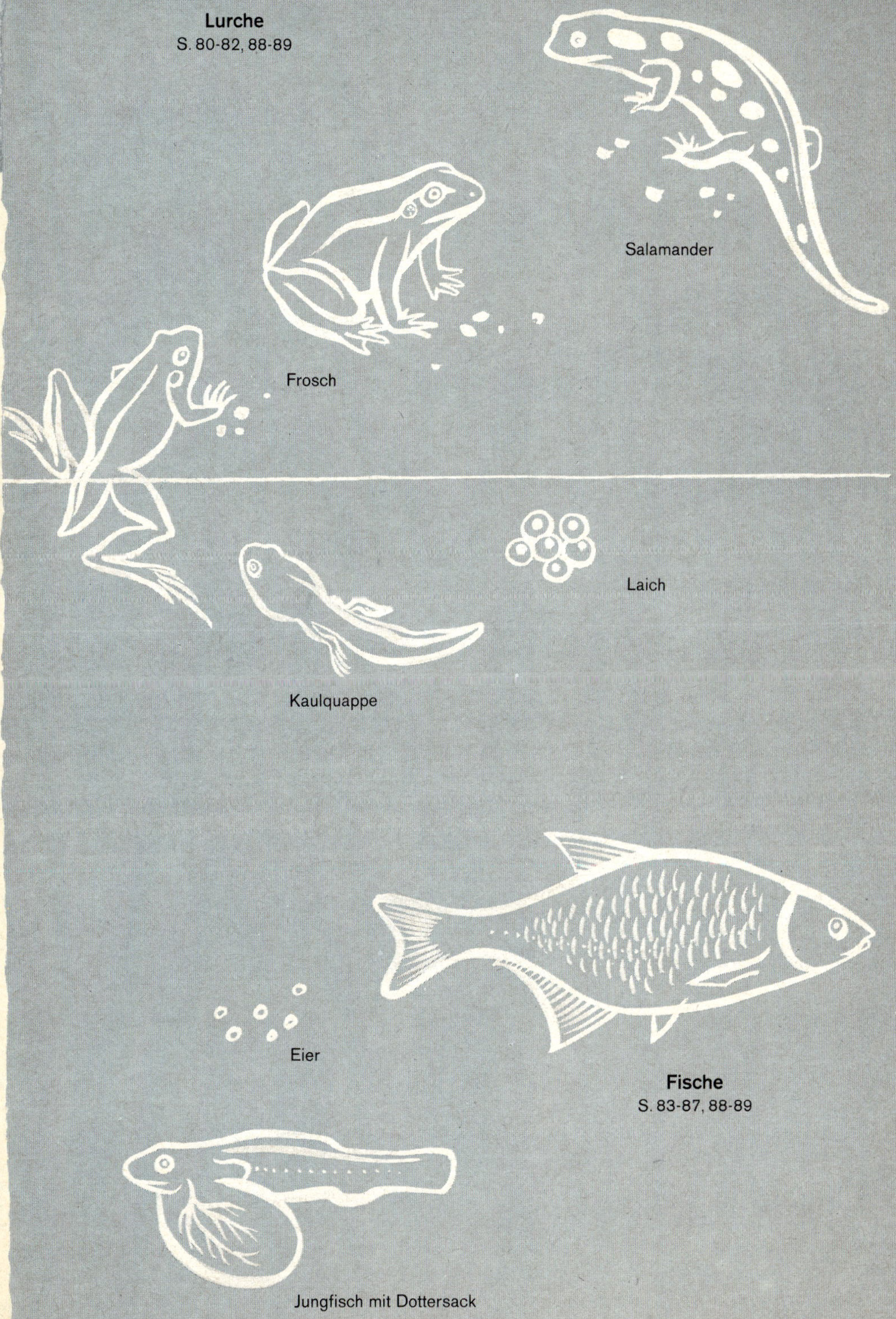
Lurche
S. 80-82, 88-89
Salamander
Frosch
Laich
Kaulquappe
Eier
Fische
S. 83-87, 88-89
Jungfisch mit Dottersack

Das Unterrichtswerk umfaßt folgende Bände:

Unter- und Mittelstufe:

Die Pflanze, Bd. 1, Klettbuch 791: Blütenpflanzen

Die Pflanze, Bd. 2, Klettbuch 792: Weitere Blütenpflanzen und Blütenlose Pflanzen

Die Pflanze, Sammelband, Klettbuch 795 (Inhalt von Bd. 1 und Bd. 2)

Das Tier, Bd. 1, Klettbuch 793: Wirbeltiere

Das Tier, Bd. 2, Klettbuch 794: Wirbellose Tiere

Das Tier, Sammelband, Klettbuch 796 (Inhalt von Bd. 1 und Bd. 2)

Herausgegeben und bearbeitet von Dr. Werner Heiligmann, Oberstudienrat; Dr. Horst Janus, Hauptkonservator am Staatl. Museum für Naturkunde in Stuttgart; Dr. Helmut Länge, Studiendirektor, Entwurf und zeichnerische Gestaltung des Bildteils stammen von Theo Homolka, Gymnasialprofessor.

Oberstufe:

Der Mensch, Klettbuch 797

Der Organismus – eine Einführung in die biologischen Grundprobleme, Klettbuch 798

Herausgeber: Dr. Gerhard Fels, Oberstudiendirektor. Bearbeiter: Dr. Gerhard Fels; Dr. Margot Grah, Oberstudienrätin; Hellmut Grah, Oberstudienrat; Dr. Franz-Josef Liesenfeld, Studiendirektor.

Bildnachweis: Zeichnungen: Th. Homolka 170 / G. Wustmann 7. – Fotos: P. Adams 60,2 / Toni Angermayer 64,10 / R. Apfelbach 130,5–7 / 131,1–4 / H. Arens 35,5–9 / D. Bährens 50,3 / W. Bechtle 7 / H. Blana 155,8 / D. Blume 49,3 / R. Bordel 63,3 / 63,5 / H. Büttner 127,5 / B. Coleman Ltd. 14,1 / 29,1 / 30,2 / 42,6–7 / 46,1 / 52,2 / 53,3 / 54,1 / 59,3 / H.Cordes 133,2 / O. Danesch 78 / M. Deckart 158,1 / 159,1 / 160,1 / 160,3 / O. Diehl 42,3–4 / 44,1 / 44,5 / 50,6 / M. Diem 60,4 / 64,1–6 / 64,8 / 65,1 / 65,5–7 / 68,1–2 / 70,3 / F. Drißler 21,7 / J. Dunkel 67,2 / 71,8 / 72,6 / J. Eibl-Eibesfeldt 130,4 / Th. Eisner 116,11 / K. K. Frantzen 25,4 / J. M. Franz 104,4 / D. Haarhaus 41,6 / 42,9 / 45,6 / 50,4 / H.-R. Haefelfinger 140,7 / 145,5 / 145,8 / 150,1 / 153,6 / E. Harstrick 36,7 / B. Heydemann 11 / H. Janus 77 / R. Kalb 36,9 / 57,2 / W. Karthaus 41,4 / Keystone 131,7 / R. Klett 64,7 / 65,2 / 70,2 / F. Knorr 154,1–2 / 154,4–5 / 154,7–8 / C. König, Wildlebende Säugetiere Europas, Chr.Belser Verlag, Stuttgart 27,1 / 28,1 / 52,3 / 53,2 / 53,4–5 / 55,1 / 55,3 / 57,4 / 62,3 / S. Köster 154,3 / Kosmos-Verlag (aus Wilczek, Auge in Auge) 123,3 / F. Krügler 61,7 / G. Kube 164,1 / E. Kuch 49 / D. Kühlmann 152,9 / R. Lachner 50,7 / 51,3–4 / H. Länge 200 / M. Mauch 13,3 / National Film Board Ottawa 63,4 / W. Neugebauer 20 / L. Nilsson 8 b,3 / Okapia 52,5 / 56,5 / 56,7 / 60,1 / 60,3 / 62,4 / 65,3 / 66,1 / 68,6 / 69,2–3 / 70,4 / 70,6 / 71,1 / 71,3–4 / 71,6 / 71,10 / 72,1 / 72,3 / 72,7 / 78,1 / 124,1 / 131,6 / Root-Okapia 72,4 / Orbis-Bavaria 32 a,3 / A. Owesen 52,6 / K. Paysan 33 / H. Pfletschinger 26 / P. Popper Ltd., London 63,1 / W. Rauch 59,2 / W. Richter 128,1–2 / R. Roedle 7 / H. Sachs 112,10 / G. Sahling 13 / H. Schneider 42 / F. Schöx-Döring 112,11 / 112,13 / 113,1–2 / 113,5 / 117,6 / H. Schrempp 53,6 / G. Schützenhofer 117,1–3 / K. T. Schultz 144,4 / 152,5 / F. Schultz 40,2 / F. Schwäble 47 / K. Schwammberger 41,10 / 43,2–4 / 43,9 / 55,4–5 / 57,3 / K. H. Schwammberger 44,9 / R. Siebrasse 39,2 / 43,7 / 43,10 / 49,2 / 50,5 / F. Siedel 90,2–4 / 93,7 / 135,4–5 / 147,7 / R. Siegel 41,11 / 42,1 / Staatl. Museum f. Naturkunde Stuttgart (G. Kube) 71 / Foto Stangenberg 33,4 / H. Steiner 98,5 / H. Streble 6 / M. Sturm 44,3 / Tierärztliche Hochschule Hannover 125,7 / W. L. v. Utrecht 61,1 / 61,3 / 61,6–7 / K. H. Werner 41,3 / D.P. Wilson 147,8 / 152,1–2 / 152,4 / 157,6 / W. Wissenbach 31,1 / 41,2 / 42,5 / 49,7 / 56,3 / E. Wobbe 43,5 / 43,8 / 44,4 / M. Wunsch 32 a,1 / J. Wygasch 9 / Dr. Zeeb 32 a,2 / 32 a,4 / Zentrale Farbbild Agentur 63,2 / 94,3 / 98,7–9 / 133,8 a / 137,6 / 139,2. – Einband: Hans Lämmle.

2. Auflage 2 12 11 10 9 8 | 1978 77 76 75 74

Alle Drucke dieser Auflage können im Unterricht nebeneinander benutzt werden. Die letzte Zahl bezeichnet das Jahr dieses Druckes.

Teil 1: Monophoto-Filmsatz: Oscar Brandstetter KG, Wiesbaden. Teil 2: Filmsatz: Ernst Klett, Stuttgart. Druck: Ernst Klett, 7000 Stuttgart, Rotebühlstraße 77. Printed in Germany.

ISBN 3-12-796000-x

Das Tier

Sammelband

von Werner Heiligmann, Horst Janus und Helmut Länge

Entwurf und zeichnerische Gestaltung des Bildteils von Theo Homolka

ERNST KLETT STUTTGART

Teil 1: Inhalt nach der Reihenfolge

G in einer Abbildung: geschützte Tierarten

Teil 2: Inhalt nach der Reihenfolge

Teil 1: Inhalt nach Gruppen

Doppelseite

Teil 2: Inhalt nach Gruppen

1,1

1–8 Der Mensch

Von dem Augenblick an, in dem wir morgens unsere Augen aufschlagen, sehen wir unseren Körper in Tätigkeit. Wir stehen auf, strecken uns, bewegen unsere Glieder beim Waschen oder der Gymnastik, verspüren Hunger, kauen mit den Zähnen das Frühstücksbrot, gehen den Weg zur Schule, folgen dem Unterricht mit Augen, Ohren und Verstand und springen und klettern auf dem Spielplatz. Aber auch im Schlaf ist unser Körper in Tätigkeit, denn das Herz schlägt und der Atem geht. Dieses Leben des Körpers gilt uns als etwas Selbstverständliches, und mit Bewußtsein verspüren wir es in der Regel erst, wenn etwas nicht in Ordnung ist, d. h. wenn wir krank sind, Fieber und Schmerzen haben und matt und appetitlos das Bett hüten müssen.

Wir können aber vieles tun, um unseren Körper gesund zu erhalten. Dazu müssen wir ihn kennen-
lernen; wir müssen wissen, aus welchen Teilen er 1
aufgebaut ist und welche Lebensvorgänge in ihm ablaufen. Wenn wir alles tun, um diese Lebensvorgänge zu unterstützen, und alles unterlassen, was sie stören könnte, leisten wir einen großen Beitrag zu unserer eigenen Gesundheit. Wir können unseren Körper auch sehr gut selbst beobachten; wir können viele der Knochen ertasten, wir spüren, wie sich die Muskeln straffen und die Sehnen spannen. Von dieser Beobachtung unseres eigenen Körpers her finden wir außerdem auch ein leichteres Verständnis für den Körperbau und die Lebensvorgänge der Tiere.

Der äußere Bau des Körpers (1,1)

Deutlich unterscheiden wir die wichtigsten Abschnitte: *Kopf*, *Hals*, *Rumpf* mit *Brust* und *Bauch* und die Arme und Beine, die wir *Gliedmaßen* nennen. Im Kopf liegen unsere wichtigsten *Sinnesorgane: Augen*, *Nase* und *Ohren*. Am *Gesicht* erkennen wir *Wangen*, *Mund* und *Kinn*. Vom *Hals* führen die *Schultern* zu den *Armen*, mit ihren Abschnitten *Oberarm*, *Unterarm* und *Hand*. Mit den *Fingern* unserer *Hände* können wir tasten und greifen. Die *Beine* dienen uns zum aufrechten Stehen und Gehen und tragen unseren Körper. An ihnen unterscheidet man *Ober-* und *Unterschenkel* und *Fuß*. Der Körper ist außen von der *Haut* überzogen, unter der die *Muskeln* liegen.

Der innere Bau des Körpers (1,2)

Außer der Gestalt des Körpers mit ihrer Gliederung in Kopf, Rumpf und Gliedmaßen ist aber auch die Form und Lage der inneren Organe von Bedeutung. Manche dieser Organe, z. B. *Skelett* und *Muskeln*, werden auch von außen sichtbar, nämlich dort, wo sie sich unter der Haut hervorwölben. Auch *Blutgefäße* schimmern durch die Haut hindurch oder treten unter der Haut hervor. Andere Organe können wir von außen nicht sehen, dafür aber spüren wir sie hin und wieder. Z. B. spüren wir unser *Herz* nach einem schnellen Lauf an sei-
1 nem raschen und hämmernden Herzschlag in der Brust, und unser *Brustkorb* hebt und senkt sich dann durch das tiefe Atemholen heftig; dadurch füllen sich die im Brustkorb liegenden Lungen mit Luft und entleeren sich wieder. Ein andermal, z.B. wenn wir einen zu großen Bissen schlucken, spüren wir schmerzhaft seinen Weg durch die *Speiseröhre* zum Magen. Manchmal gerät er in die *Luftröhre*, den „falschen Hals", wenn wir beim Essen sprechen. Den *Magen* spüren wir, wenn er uns nach zu reichlichem Essen drückt. Wir merken dann, daß er links unterhalb des Brustkorbs liegt. Auch tritt nach einer starken Mahlzeit der Bauch weiter hervor, weil dann die *Gedärme* gefüllt sind. In Höhe des Magens, aber auf der rechten Seite des Körpers, liegt die *Leber*, die man nur im Krankheitsfalle spürt. Die mit Harn gefüllte *Blase* macht sich durch den Harndrang bemerkbar.

Außer den in diesem ersten Überblick erwähnten Organen gibt es im Innern unseres Körpers auch noch weitere Organe, so z. B. *Gehirn*, *Nerven* und *Sinnesorgane*. Alle Organe des Körpers aber arbeiten zusammen und hängen voneinander ab und bilden so ein Ganzes.

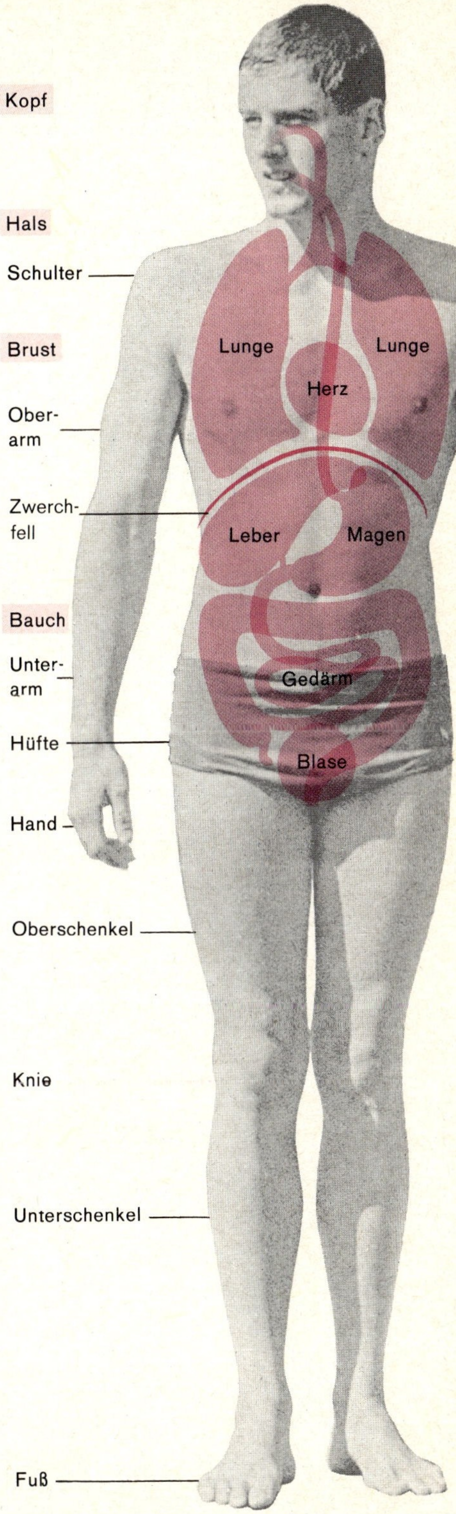

1,2

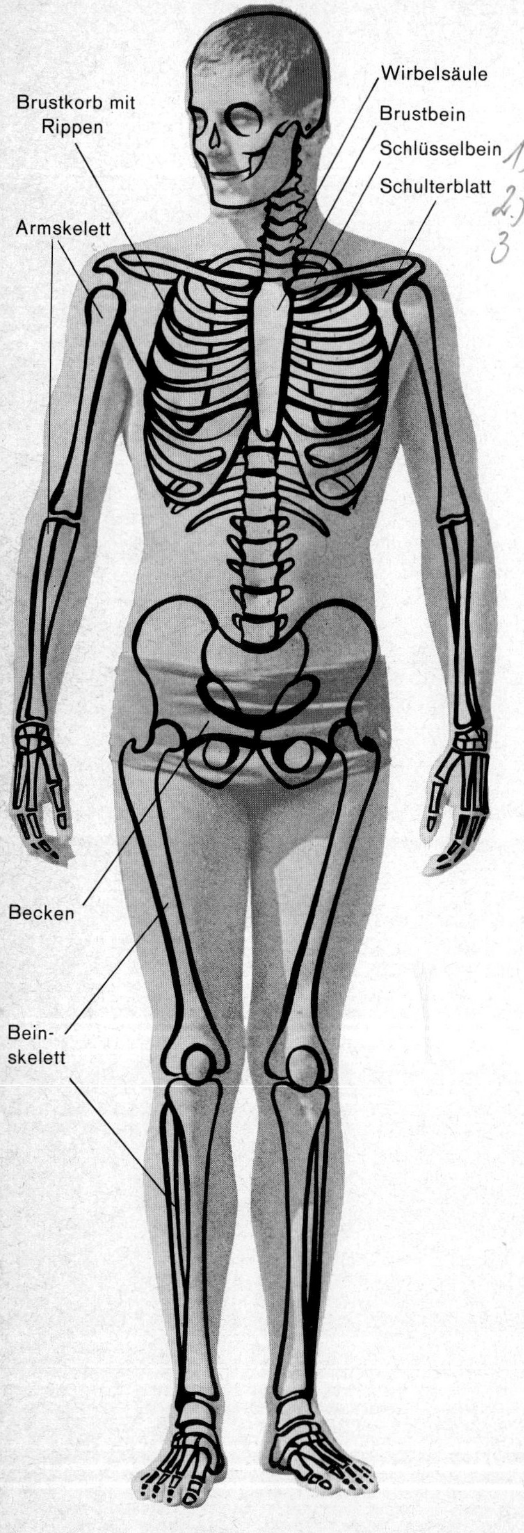

2,1

Das Skelett

Im Innern des Körpers liegt das *Knochengerüst* oder *Skelett* **(2,1)**. Es hat eine dreifache Aufgabe. Dem Körper gibt es *Festigkeit und Gestalt*. Zusammen mit den Muskeln ermöglicht es *Bewegungen*, und schließlich *schützt* es die inneren Organe, wie wir an Schädel, Brustkorb und Becken sehen. Die Festigkeit des Skeletts beruht auf dem Aufbau der *Knochen;* denn in ihnen ist harter Kalk eingelagert. Außer den Knochen besitzt das Skelett auch noch *Knorpelteile*, wie z. B. an Ohr, Nase und Brustkorb. Der Knorpel ist weicher als Knochen und zudem elastisch, wodurch zwischen den einzelnen Teilen eine federnde Verbindung erreicht wird. Das Skelett ist in Abschnitte gegliedert und besteht aus vielen Knochen. Obwohl der einzelne Knochen starr und fest ist, ist durch die Gliederung die nötige Beweglichkeit gegeben.

Teile des Skeletts. Die Knochen des Kopfes bilden den *Schädel*. Er sitzt auf der *Wirbelsäule*, die auf der Rückenseite unseres Körpers durch den **2**
Rumpf zieht. Von den Brustwirbeln gehen 12 Paar *Rippen* ab, die mit dem vorne liegenden Brustbein den Brustkorb bilden. Die 7 Paar „echten" Rippen setzen mit einer Knorpelbrücke am Brustbein an; die 5 Paar „falschen" Rippen sind nicht direkt mit dem Brustbein verbunden oder enden frei im Körper. Das *Schlüsselbein* verbindet Brustbein und *Armskelett*. Mit dem auf der Rückenseite des Brustkorbs liegenden *Schulterblatt* bildet es den *Schultergürtel*. Der Endabschnitt der Wirbelsäule ist mit dem schüsselförmigen *Becken* verbunden. Seine Knochen bilden den *Beckengürtel*. In ihm liegen die Baucheingeweide. Mit dem Bekken ist das *Beinskelett* gelenkig verbunden.

Schädel (2,2). Wir unterscheiden den *Gehirnschädel* und den *Gesichtsschädel*. Beim Gehirnschädel bilden miteinander verzahnte Knochen die feste *Schädelkapsel*. Diese besteht hauptsächlich aus den beiden *Stirn-* und *Scheitelbeinen* sowie dem *Hinterhauptsbein*. Große *Augenhöhlen* nehmen die Augen auf. In *Ober-* und *Unterkiefer* sitzen die

2,1: *Das Skelett des Menschen.*

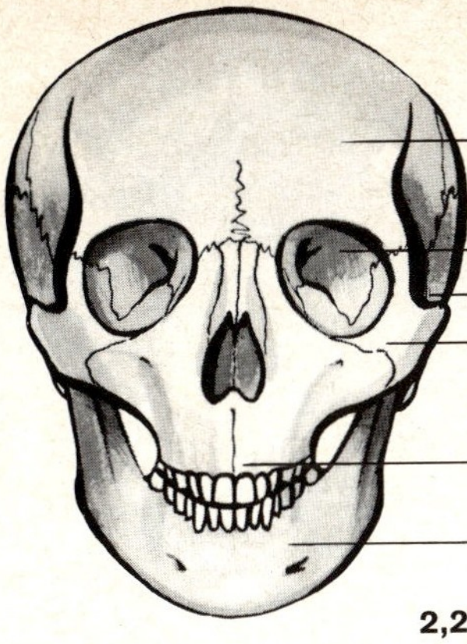

2,2

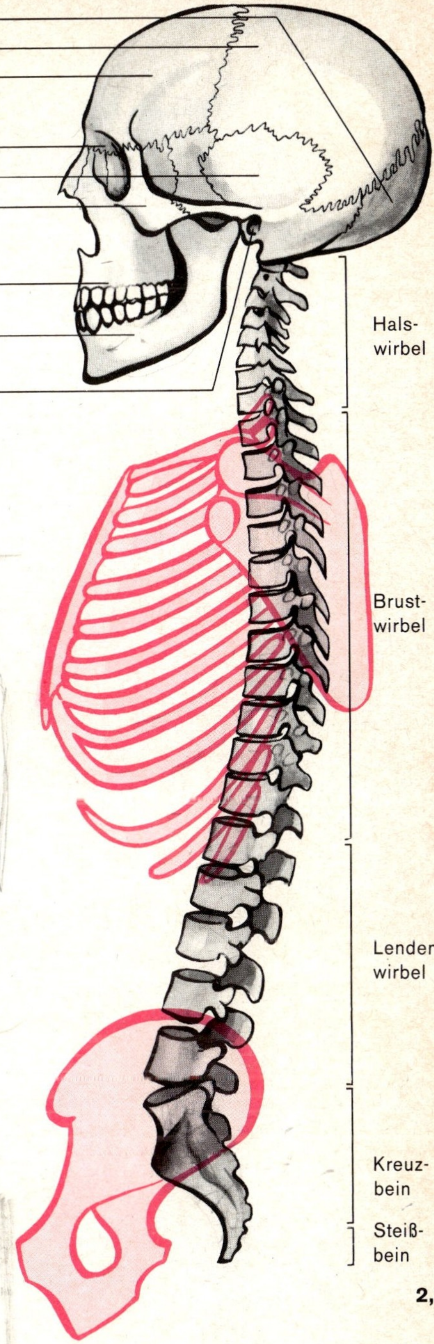

2,3

Zähne. Der Unterkiefer ist mit dem *Schläfenbein* gelenkig verbunden. Er ist der einzige bewegliche Knochen des Kopfskeletts.

Wirbelsäule. Die *Wirbelsäule* oder das *Rückgrat* besteht aus vielen einzelnen Knochen, den *Wirbeln*. Wir unterscheiden *7 Halswirbel*, *12 Brustwirbel*, *5 Lendenwirbel*, 5 Wirbel, die zum *Kreuzbein* verwachsen sind und mit dem Becken in Verbindung stehen **(2,3)**. Die letzten 4–5 verkümmerten Wirbel heißen *Steißbein*. Durch diese Gliederung in viele
2 kleine Teile erhält die Wirbelsäule ihre Beweglichkeit. Sie verläuft nicht gerade, sondern zeigt 2 S-förmige Krümmungen. So werden beim Springen Stöße aufgefangen, um das Gehirn vor übermäßigen Erschütterungen zu bewahren. Diese Federung wird unterstützt durch die zwischen den Wirbeln liegenden knorpeligen *Bandscheiben*. Am einzelnen Wirbel unterscheidet man den massiven *Wirbelkörper*, die *2 Querfortsätze*, die bei den Brustwirbeln zum Ansatz der Rippen dienen, und den *Dornfortsatz* **(2,4)**. Im *Rückenmarkskanal* liegt gut geschützt das empfindliche *Rückenmark*.

Körperhaltung. Wir müssen auf eine natürliche Haltung achten, damit unsere Wirbelsäule keinen Schaden erleidet. Halte dich aufrecht, trage Lasten nicht immer mit der gleichen Hand und treibe ausreichend Sport und Gymnastik!

Merkstoff. Schädel, Wirbelsäule, Brustkorb, Schulter- und Beckengürtel und die Knochen der Gliedmaßen bilden das Skelett. Es gibt Festigkeit und Gestalt, schützt die inneren Organe und ermöglicht die Bewegungen. Die Wirbelsäule setzt sich aus den beweglich miteinander verbundenen Wirbeln zusammen.

2,2 *und* **2,3:** *Schädel von vorn und von der Seite. Bau und Abschnitte der Wirbelsäule. Zwischen den Wirbeln liegen die Bandscheiben (nicht eingezeichnet).* **2,4:** *Brustwirbel von unten.*

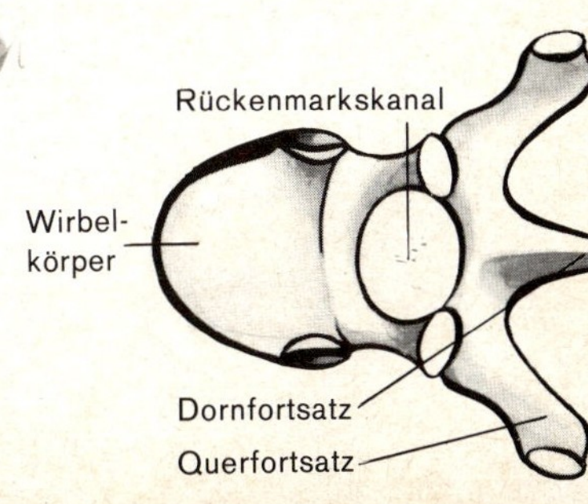

2,4

Gliedmaßen und Gelenke

Gliedmaßen. Vergleichen wir die Baupläne von *Arm* und *Bein*, so können wir eine auffällige Übereinstimmung feststellen. Sie haben nicht nur die Gliederung in große Abschnitte (Oberarm, Unterarm, Hand bzw. Oberschenkel, Unterschenkel, Fuß) gemeinsam, sondern wir finden bei beiden auch einander entsprechende Knochen **(3,1)**. In der Hand besitzt der Mensch ein sehr wirksames Werkzeug. Durch die Gegenüberstellung des Daumens zu den anderen Fingern (Greifhand) ist sie zu besonderen Leistungen befähigt. Die Beine und ganz besonders die Füße werden durch das Gewicht des Körpers stark beansprucht. Da die Knochen des Fußes ein Gewölbe bilden, treten wir vorne nur mit den Zehen und Ballen und hinten mit der Ferse auf. Das Fußgewölbe ähnelt einer Brückenkonstruktion.

Gelenke. Wo Knochenteile sich gegeneinander bewegen, besitzen wir Gelenke; sie verbinden Einzelteile des Skeletts. Die beiden wichtigsten Gelenkarten sind das *Scharnier-* und das *Kugelgelenk* **(3,1)**. Wie sich die Klinge eines Taschenmessers nur in einer Richtung bewegen kann, so können sich die Knochen eines Scharniergelenkes nur in einer Ebene bewegen. Scharniergelenke haben wir an Ellenbogen-, Knie- und Fingergelenken. Anders ist das Kugelgelenk gebaut. Hier ragt der eine Knochen mit seinem kugelförmigen *Gelenkkopf* in eine entsprechende *Gelenkpfanne* des anderen Knochens **(3,1)**. Schulter- und Hüftgelenk sind Beispiele dafür. In ihnen kann sich der Oberarm- bzw. Oberschenkelknochen nach allen Richtungen drehen. Als Vergleich kann uns das Kugelgelenk des Fotostativs dienen. *Bänder* halten das Gelenk zusammen. Außerdem bilden Knochenhäute eine *Gelenkkapsel*, in der sich *Gelenkschmiere* als Gleitmittel befindet. Die Knochenenden sind mit einer *Knorpelkappe* überzogen. Durch die Elastizität des Knorpels wird

3,1: *Vergleichende Betrachtung des Arm- und Beinskeletts. Links Bau eines Scharniergelenks am Beispiel des Ellenbogengelenks, Handfläche nach vorn gedreht; rechts das Hüftgelenk, ein Kugelgelenk.*

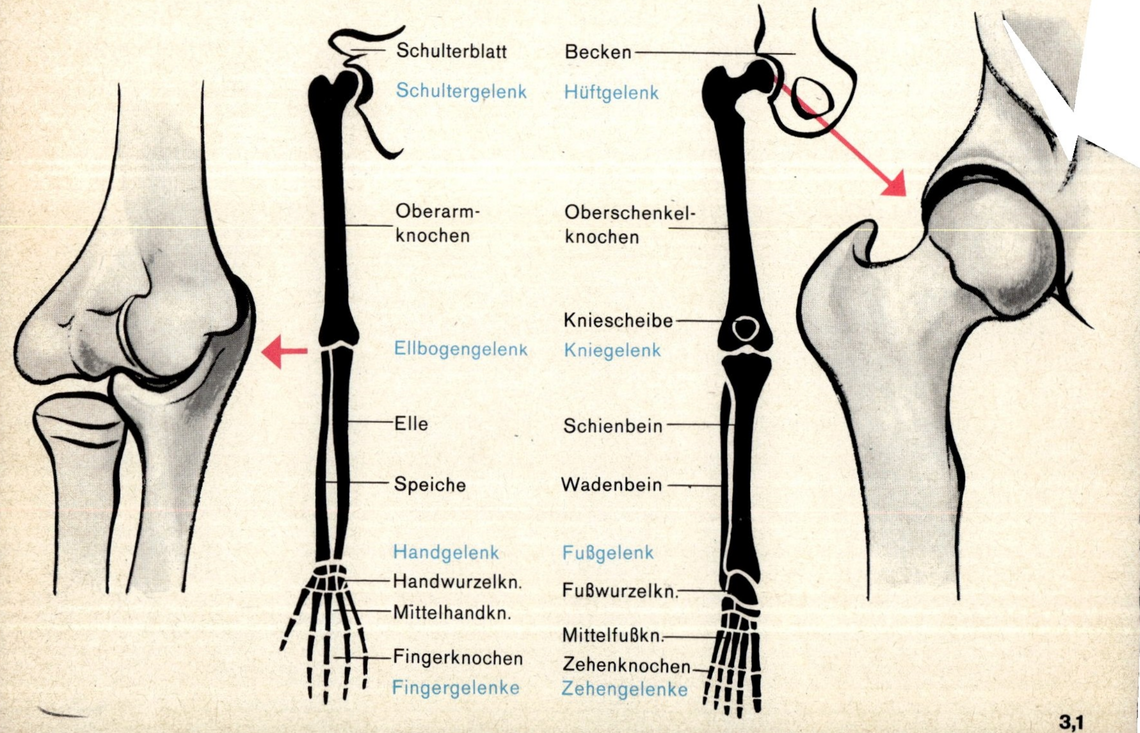

3,1

eine Stoßdämpfung erzielt. Da er außerdem sehr glatt ist, vermindert sich die Reibung an den Gelenkenden.

Schäden. Trotz der guten Eigenschaften des Knochens – er ist fest und gleichzeitig elastisch – bricht oder splittert er bei zu großer Belastung. Wir sprechen dann von einem *Knochenbruch*. Dieser läßt sich durch eine Röntgenaufnahme feststellen **(3,5)**. Wie wir die Bruchstücke von zerbrochenem Porzellan zusammenfügen, so legt der Arzt die Bruchränder aneinander. Ein Gipsverband hält das verletzte Glied ruhig in seiner Lage, und nach einigen Wochen ist der Knochen wieder zusammengewachsen.
Wenn die Gelenkkapsel zu stark gedehnt wird und dabei reißt, sprechen wir von einer *Verstauchung*. Es kommt dabei zu einem *Bluterguß*, wenn aus den beschädigten Adern Blut austritt. Das Gelenk schwillt an und schmerzt. Es muß mit einer Bandage umgeben und später massiert werden. Die Knochen bleiben bei einer Verstauchung in ihrer Lage. Anders ist es bei einer *Verrenkung*. Hier springt der Gelenkkopf aus seiner Gelenkpfanne und bleibt außerhalb stehen
3 **(3,4)**. Betrifft die Verrenkung das Kugelgelenk von Schulter oder Hüfte, dann sprechen wir von Auskugeln. Nur der Arzt darf den Knochen wieder einrenken.

Fußschäden. Wenn die Bänder des Fußgewölbes zu schwach sind oder durch Überbelastung (z. B. vieles Stehen) erschlaffen, sinkt das Fußgewölbe ein, und es entsteht ein *Senk-* oder *Plattfuß*. An der nassen Fußspur nach dem Baden sehen wir gut, ob unser Fußgewölbe normal oder eingesunken ist, je nachdem, ob die Fußsohle sich schmal oder breit abbildet. Durch Barfußgehen in der Natur wird der Fuß gekräftigt. Wie wichtig passendes Schuhwerk ist, erkennen wir an den schweren Fußverformungen der Abb. **3,2** und **3,3**. Spitze Schuhe mit hohen Absätzen zwängen die Zehen in ungesunder Art zusammen und halten den Fuß in einer unnatürlichen Lage.

Merkstoff. Arm- und Beinskelett stimmen im Bauplan überein. Die Knochen des Fußes sind zwischen Zehen und Ferse gewölbeartig angeordnet. Um Fußschäden zu vermeiden, tragen wir passendes Schuhwerk und laufen auch barfuß. Gelenke verbinden Teile unseres Skelettes beweglich miteinander.

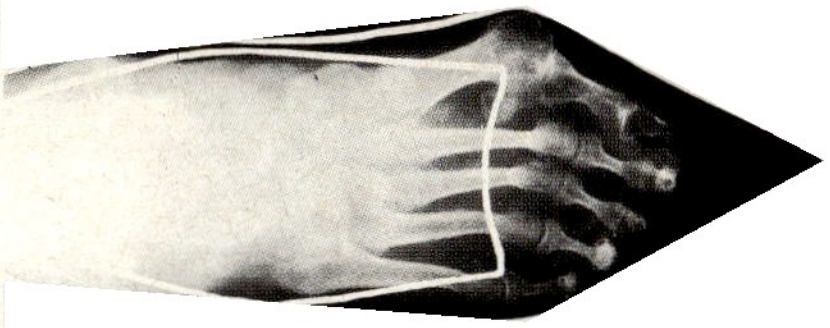

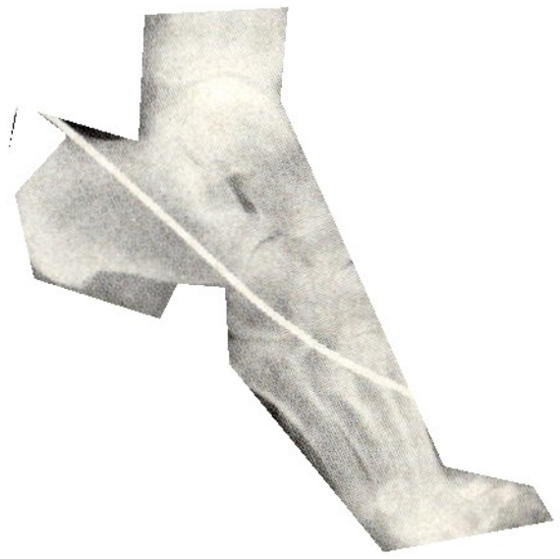

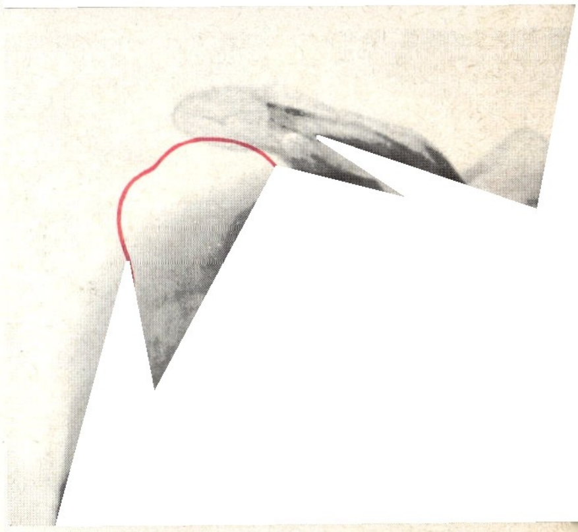

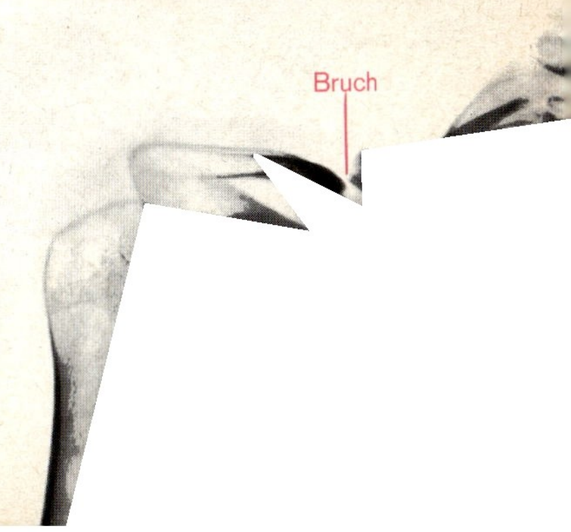

3,2 *und* **3,3:** *Verformung des Fußskeletts durch modisches Schuhwerk.* **3,4:** *Verrenkung des Schultergelenks; natürliche Lage des Oberarmknochens rot eingezeichnet.* **3,5:** *Schlüsselbeinbruch.*

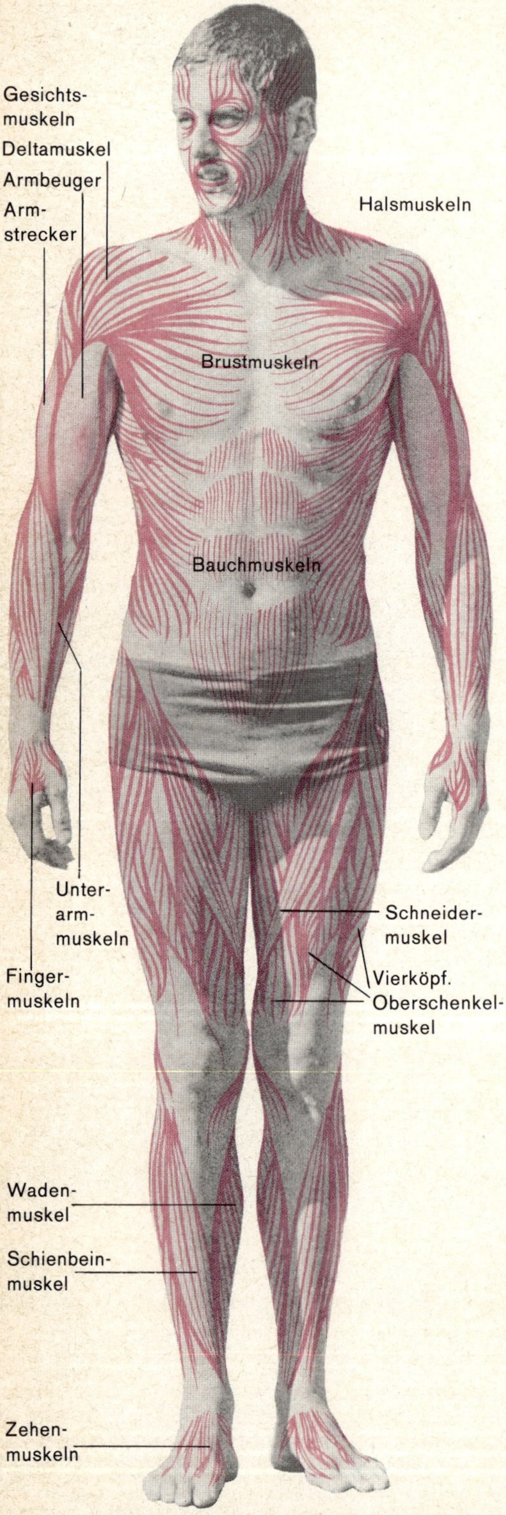

4,1

Muskeln und Bewegung

Bau der Muskeln. Unter der Haut liegen die Muskeln. Sie bilden das Fleisch des Körpers und tragen zu seiner Gestalt bei **(4,1).** Die Muskeln haben meist eine Spindelform, in der Mitte sind sie am dicksten und laufen gegen das Ende zu schmal aus. Ein Muskel besteht aus vielen dünnen *Fasern*, die außen von einer weißlichen Haut umwachsen sind. Diese *Muskelhaut* läuft an den Enden des Muskels in *Sehnen* aus, durch welche der Muskel meistens mit Knochen verwachsen ist **(4,2).**

Einzelne Muskeln und ihre Aufgaben. Die Hauptaufgabe der Muskeln ist die der Bewegung. Bevor wir uns überlegen, wie eine Bewegung zustande kommt, wollen wir von den mehreren hundert verschiedenen Muskeln unseres Körpers einige herausgreifen **(4,1).** Viele *kleine Muskeln* ermöglichen Bewegungen des Gesichts, wie z. B. das Öffnen und Schließen von Mund und Augen oder die Veränderung des Gesichtsausdruckes. Die *Halsmuskeln* bewegen und halten den Kopf. Der breite Muskel über der Schulter ist der *Deltamuskel;* er beteiligt sich am Heben des Armes. Die *Muskeln des Oberarms* beugen und strecken den Arm. Die *Muskeln des Unterarms* drehen diesen und bewirken die Bewegungen von Hand und Fingern. Die fächerartig breit ansetzenden *Brustmuskeln* ziehen zum Oberarm. Durch sie wird der Arm an die Brust herangezogen. Die abschnittsweise angeordneten *Bauchmuskeln* breiten sich schützend vor der Bauchhöhle aus. Wenn wir uns im Schneidersitz niedersetzen, zieht der *Schneidermuskel* den Unterschenkel heran. Die starke Muskelmasse des Oberschenkels wird hauptsächlich durch den *Vierköpfigen Oberschenkelmuskel* gebildet. Er beugt und streckt den Unterschenkel. An dessen Rückseite sitzt der kräftige *Wadenmuskel.* Er betätigt sich beim Gehen und streckt den Fuß. Außer den Muskeln des Skeletts besitzen auch die inneren Organe Muskeln. So befördern z. B. die *Muskeln der Speiseröhre* den Bissen und die *des Darms* den Speisebrei weiter.

4,1: *Der Verlauf der wichtigsten Muskeln auf der Vorderseite des Körpers.*

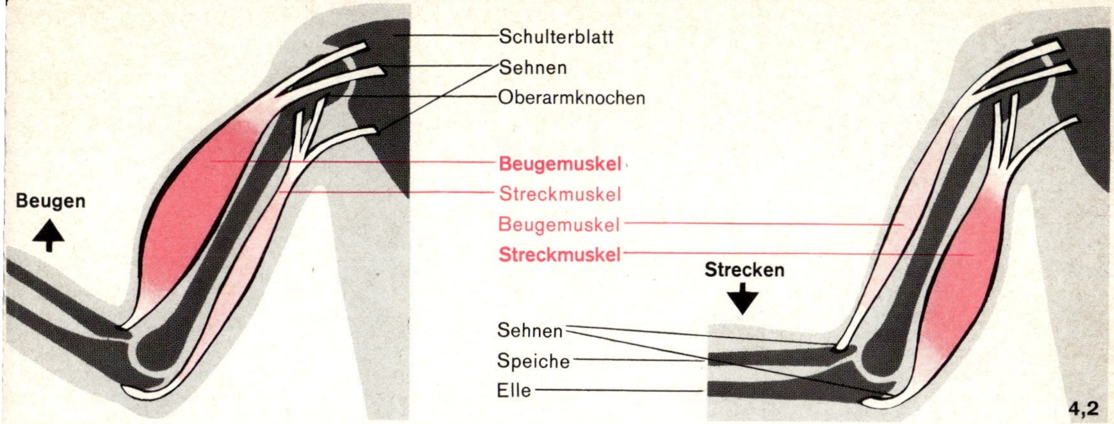

4,2: *Die Muskeln und Sehnen ziehen über die Gelenke und bewirken deren Bewegung. Am Scharniergelenk des Ellenbogens arbeiten zwei gegeneinander gerichtete Muskeln. Der Armbeuger zieht den Unterarm heran und beugt ihn, der Armstrecker an der Hinterseite des Oberarms streckt ihn wieder.*

Muskelbewegung. Die Muskeln sind die Motoren unseres Körpers. Wie der Motor für seine Bewegung Kraftstoff braucht, so brauchen auch unsere Muskeln Brennstoffe, um arbeiten zu können. Diese stammen aus unserer Nahrung und werden vom Blut zu den Muskeln gebracht. Mit Hilfe von Frischluft, die ebenfalls durch das Blut zugeführt wird, werden die Brennstoffe in den Muskeln verbrannt. Die dabei gewonnene Kraft ermöglicht es den Muskeln, Arbeit zu leisten. Sie ziehen sich zusammen, verkürzen sich und werden dicker. Die bei der *Muskelverkürzung* erzeugte Kraft wird über die Sehnen auf die Knochen übertragen und führt zu einer Bewegung. Bei dieser Arbeit entsteht auch Wärme, die unserem Körper zugute kommt. Deshalb bewegen wir uns, wenn es uns kalt ist.

4

Arbeitsweise der Muskeln. Am Oberarm liegt vorn ein starker Muskel, der seinen Ursprung mit 2 Sehnen am Schulterblatt hat und dessen Ende mit einer Sehne an der Speiche ansetzt **(4,2).** Wenn er sich verkürzt, wird der Unterarm an den Oberarm herangezogen. Es ist ein Beugemuskel, der nach seiner Tätigkeit *Armbeuger* genannt wird (er ist auch unter dem Namen *Bizeps* bekannt) und der sich bei dieser Bewegung stark verdickt. Soll der Arm wieder gestreckt werden, tritt ein anderer Muskel in Tätigkeit, welcher auf der Rückseite des Oberarms liegt. Er ist der *Gegenspieler* des Armbeugers und heißt *Armstrecker*. Während dieser Streckmuskel sich verkürzt und dicker wird, erschlafft der Beugemuskel und wird dünn. Die wechselweise Verdickung der beiden Muskeln kann man beim Beugen und Strecken des Armes deutlich fühlen, und wir erkennen, daß sie gegeneinander arbeiten. Auch an den anderen Gelenken finden wir immer 2 Muskeln oder 2 Muskelgruppen, die sich als *Gegenspieler* betätigen.
Bei Nichtgebrauch bilden sich die Muskeln zurück. Dies ist oft der Grund für eine schlechte Haltung. Die Muskeln müssen deshalb dauernd geübt werden. Dazu eignet sich tägliche Gymnastik, Spiel, Wandern und Sport.

Merkstoff. Die Muskeln überziehen als Fleisch das Skelett. Im Zusammenwirken mit den Knochen geben sie dem Körper Halt und ermöglichen seine Bewegungen. Wenn der Muskel Arbeit leistet, verkürzt er sich und wird dicker. An einem Gelenk wirken zwei Muskeln als Gegenspieler. Regelmäßiges Training erhält die Leistungsfähigkeit der Muskeln.

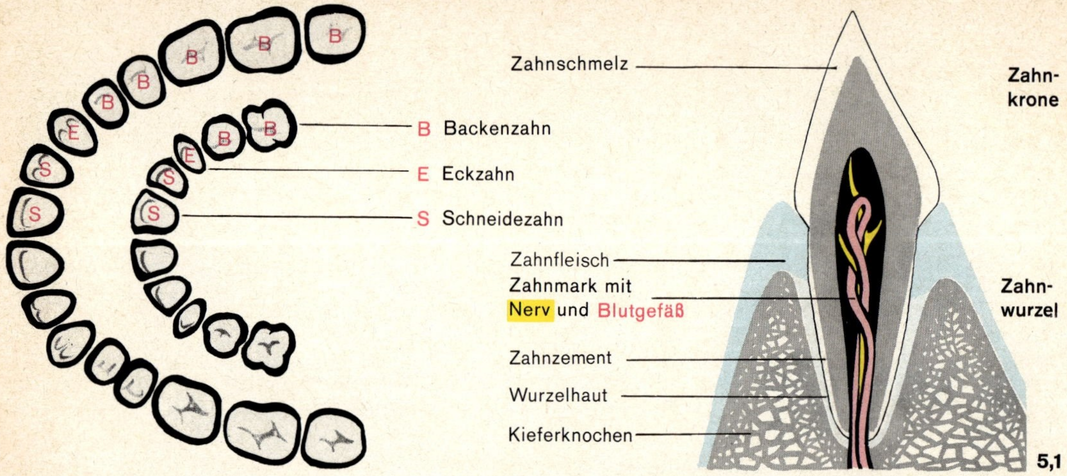

5,1: *Links Zähne des Unterkiefers, außen vom Erwachsenen-, innen vom Milchgebiß. Rechts Zahn im Längsschnitt. Durch die Wurzelspitze führen Blutgefäße und Nerven ins Zahnmark.*

Das Gebiß

Im Ober- und Unterkiefer sitzen die *Zähne*. Die ersten Zähne brechen im Alter von 6–8 Monaten durch und mit ungefähr 2 Jahren ist das erste *Gebiß*, das „Milchgebiß", vollständig. Es umfaßt insgesamt 20 Zähne. Diese sind verschiedenartig ausgebildet und haben auch verschiedene Aufgaben. So unterscheiden wir in jeder Kieferhälfte *2 Schneidezähne, 1 Eckzahn und 2 Backenzähne* **(5,1).** Die Schneidezähne wirken wie ein Meißel; mit ihnen schneiden wir die Nahrung ab. Die Backenzähne haben eine mit Höckern versehene Oberfläche; mit ihnen zerquetschen und zermahlen wir die Nahrung. **5**
Im Alter von 5–7 Jahren setzt der *Zahnwechsel* ein. Die Milchzähne fallen aus, und an ihre Stelle treten die bleibenden Zähne **(5,1).** Hinter die beiden vorderen treten jetzt noch 3 hintere Backenzähne, die *Mahlzähne*. Somit zählt das bleibende Gebiß 32 Zähne. Die hintersten Backenzähne, die „Weisheitszähne", brechen manchmal nicht durch.

Der Bau des Zahns. Der im Kiefer liegende Teil des Zahnes ist die *Wurzel*, der Teil darüber die *Krone* **(5,1).** Die Zähne bestehen hauptsächlich aus dem harten, knochenartigen *Zahnbein*, das im Bereich der Krone von dem noch härteren und sehr glatten *Zahnschmelz* umgeben ist. Diese Schicht setzt sich in der Wurzel als *Zement* fort. Der Zement ist von einer *Wurzelhaut* umgeben, welche den Zahn im Kiefer hält. Da der Zahn ein lebendes Gebilde ist, muß er mit Nährstoffen versorgt werden. Dies besorgt ein Blutgefäß, welches an der Spitze der Wurzel zusammen mit einem Nerv in das *Zahnmark* führt. Nicht alle Zähne haben nur eine Wurzel; die Backenzähne haben 2 oder 3. Der Kieferknochen ist im Zahnbereich vom *Zahnfleisch* bedeckt. Die Zähne haben die wichtige Aufgabe, die Nahrung zu zerkleinern. Um sie gesund zu erhalten und die Zahnfäule (Karies) zu vermeiden, müssen sie gepflegt werden. Außer dem Putzen am Morgen und Abend gehört dazu das gute Kauen und die regelmäßige Kontrolle durch den Zahnarzt.

Ernährung und Verdauung

In der Freude über ein gutes Essen setzen wir uns an den Tisch. Wir lassen uns die Speisen schmecken, bis wir satt sind, und überlegen uns kaum, warum wir essen. Mit der Nahrung geben wir dem Körper bestimmte Stoffe, die bei der Verdauung zerlegt werden.

Während das Unverdauliche ausgeschieden wird, tritt das Verdaute durch die Dünndarmwand hindurch und wird schließlich durch das Blut im Körper verteilt. Daraus baut der Körper neue Stoffe auf. In der Zeit des Wachstums benötigt der Mensch besonders viel Nahrung für den Aufbau seines Körpers; aber auch für die Erhaltung der Körperwärme und für die Bewegungen braucht unser Körper Kraft (Energie). Die Aufbaustoffe entnimmt er der Nahrung; Kraft und Wärme gewinnt er durch Verbrennung von Nährstoffen. Die Grundstoffe unserer Nahrung sind *Eiweiß*, *Stärke* und *Fett*. Wir erhalten sie aus pflanzlicher und tierischer Kost. Eiweiß brauchen wir vor allem zum Aufbau unseres Körpers, Stärke und Fett vor allem zum Verbrennen. Eiweiß liefern Hühnerei, Fleisch, Milchprodukte und Hülsenfrüchte. Fett geben uns Butter, Schmalz und Pflanzenöle. Stärkequellen sind hauptsächlich Brot und Kartoffeln. Daneben brauchen wir gewisse Salze (Mineralstoffe) und vor allem Vitamine, die besonders in Gemüse und Obst enthalten sind. Für eine gesunde Ernährung ist es wichtig, daß sie sowohl aus pflanzlicher wie aus tierischer Kost besteht. Auch soll man beim Essen stets Maß halten und im jugendlichen Alter die Genußmittel Bohnenkaffee, Tee und Alkohol meiden.

Merkstoff. Die Nahrung liefert Brennstoffe zur Energiegewinnung und Baustoffe für das Wachstum. Eiweiß ist Baustoff; Fett, Stärke und Zucker sind Brennstoffe. Die Zähne zerkleinern die Nahrung. In Mund, Magen und Darm wird die Nahrung durch Verdauungssäfte zerlegt (verdaut) und durch die Darmwand aufgenommen. Das Unverdauliche verläßt als Kot unsern Körper.

5

Vorgang und Organe der Verdauung (5,2)

Mund, Zähne und Speicheldrüsen	Zerkleinern die Speise und geben Speichel ab, der den Bissen schlüpfrig macht und die Verdauung der Stärke einleitet.
Speiseröhre	Leitet den Bissen in den Magen.
Magen	Vorverdauung durch den sauren Magensaft.
Dünndarm	Hauptverdauung, scheidet den Darmsaft ab
Leber	Erzeugt Galle.
Gallenblase	Speichert Galle und gibt sie nach Bedarf in den Darm ab.
Bauchspeicheldrüse	Scheidet Verdauungssäfte ab.
Dickdarm	Abschließende Verdauungsvorgänge; Eindickung des Unverdaulichen durch Wasserentzug.
Blinddarm	Der Blinddarm ist der Anfangsteil des Dickdarms mit anhängendem Wurmfortsatz, dessen Entzündung zur sogenannten Blinddarmentzündung führt.
Enddarm	Formung des Kotes.

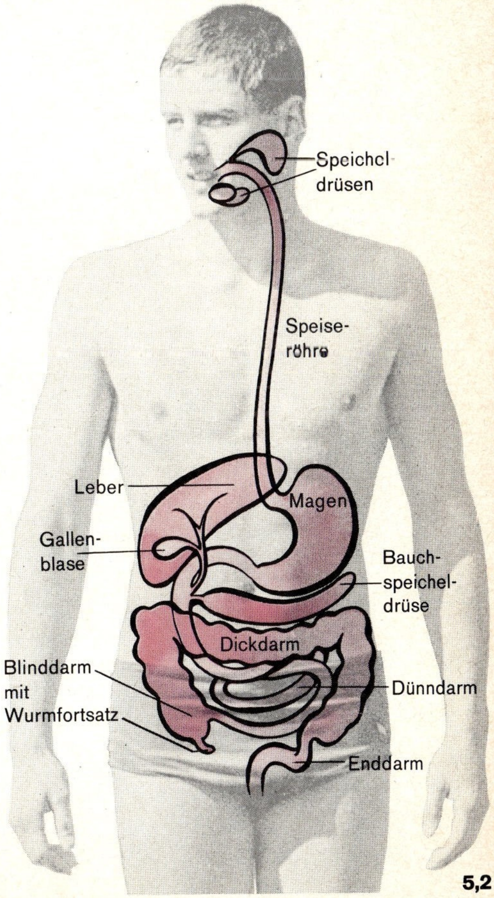

5,2

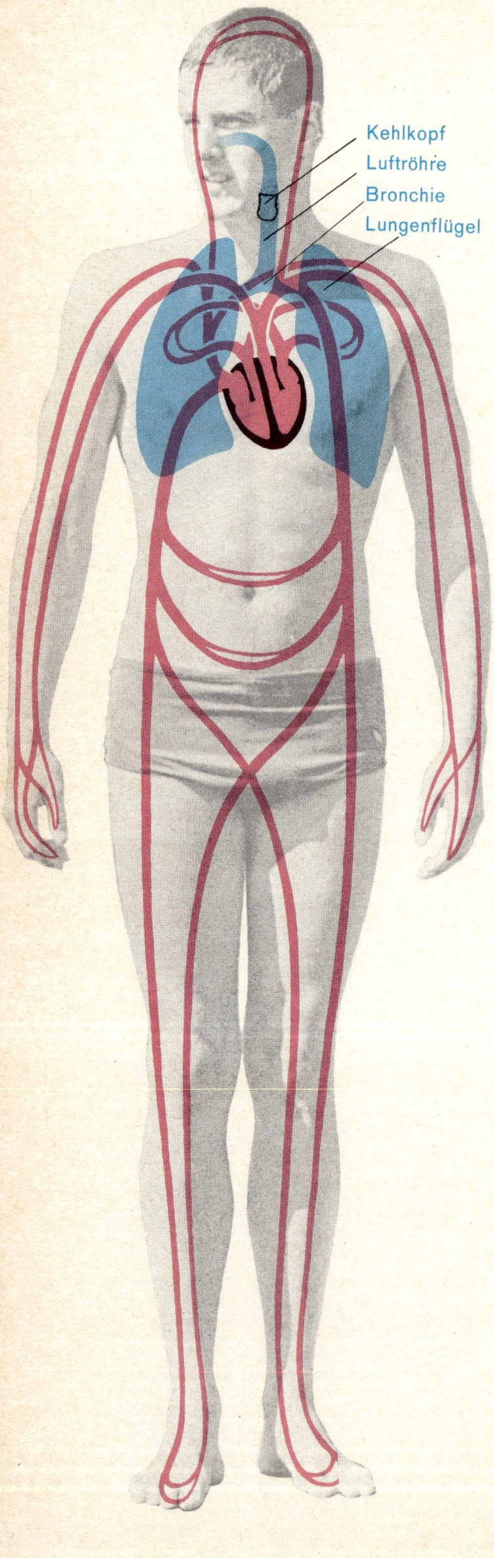

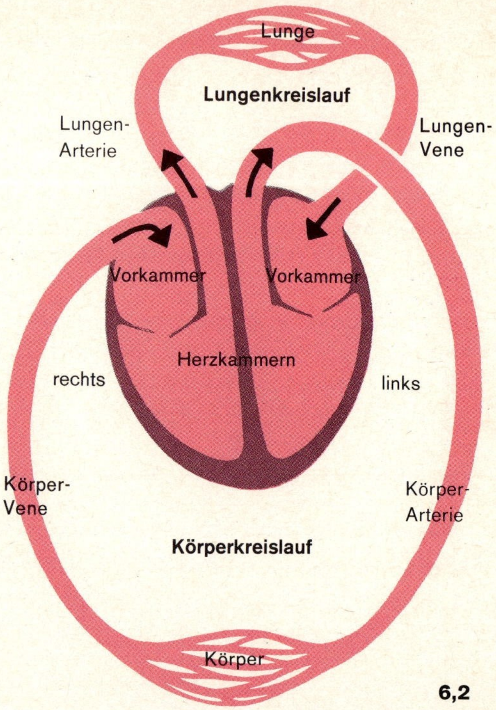

6,2

6,1: *Schema des Blutkreislaufs mit eingezeichnetem Herz und Atmungsorganen.* **6,2:** *Dasselbe Schema, stark vereinfacht.*

Atmung und Blutkreislauf

Atmung. Ununterbrochen, Tag und Nacht, atmen wir frische Luft ein und verbrauchte Luft aus. Der Weg der Atemluft führt von der *Nase* durch die *Rachenhöhle* über den *Kehlkopf* in die *Luftröhre* und gabelt sich dann in zwei *Bronchien*, die in den rechten und linken *Lungenflügel* münden **(6,1).** Dort verzweigen sich die Bronchien und enden in den *Lungenbläschen.*

Was geschieht in der Lunge mit der Atemluft? Wir haben gehört, daß zur Erzeugung von Kraft und Wärme Nahrung im Körper verbrannt wird. Die entstehende Wärme erkennen wir an unserer gleichbleibenden Körpertemperatur von 37° C. So dürfen wir als Vergleich an einen brennenden Ofen denken. In ihm werden auch Stoffe verbrannt, die Brennstoffe, und dabei entsteht Wärme. Damit aber im Ofen etwas brennen kann, ist Luft nötig. In gleicher Weise bedarf der Körper der

6,1

Luftzufuhr, damit die Nahrungsstoffe verbrannt werden können. Der Teil der Luft, der zum Verbrennen gebraucht wird (Sauerstoff), geht in den Lungenbläschen in das Blut über. Bei der Verbrennung entsteht als Abfallstoff auch ein Gas (Kohlendioxid). Es wird vom Blut zur Lunge gebracht und von dort mit der verbrauchten Luft ausgeatmet. Die Atembewegungen dienen dazu, die frische Luft in die Lunge zu bringen und die verbrauchte auszustoßen. Wir können selber feststellen, wie sich unser Brustkorb beim Ein- und Ausatmen hebt und senkt. Bei Sport und Spiel atmen wir rascher, weil für die gesteigerte Bewegung mehr Kraft gebraucht wird, daher mehr Nahrung verbrannt werden muß und mehr frische Luft benötigt wird.
Das Einatmen soll stets durch die Nase erfolgen. Sie reinigt die Atemluft, wärmt und feuchtet sie an. Um die Lungen gesund zu erhalten, bewegen wir uns viel in frischer Luft. Turnen und Sport bringen die Lungen zum tiefen Atmen. Dies hält auch das Herz gesund. Richtiges Atmen ist also wichtig.

Blutkreislauf. Alle Teile unseres Körpers sind durchblutet. Das Blut fließt in besonderen Blutgefäßen oder Adern **(6,1).** Es sind Röhren, die sich immer feiner verzweigen und den ganzen Körper durchziehen. Alle Blutgefäße zusammen bilden das Blutgefäßsystem. Dazu gehört auch das *Herz*. Dieses ist ein kräftiger Muskel, innen hohl, durch eine Zwischenwand in zwei Hälften geteilt, die beiden *Herzkammern*. Davor setzt sich jederseits noch eine *Vorkammer* ab **(6,2).** Indem sich die Muskeln des Herzens zusammenziehen, wirkt
6 es wie eine Pumpe und treibt das Blut in die Lungen und in den Körper. Diese Arbeit des Herzens nimmt der Arzt mit seinem Hörgerät als *Herzschlag* wahr, und die vom Herzen ausgehende Druckwelle des Blutes spüren wir als *Pulsschlag* an bestimmten Körperstellen, z. B. an der Handwurzel. Der Herzmuskel arbeitet ununterbrochen im Rhythmus unser ganzes Leben lang. Von Schlag zu Schlag vergeht etwa eine Sekunde.
Die Gefäße, die vom Herzen wegführen, nennen wir *Arterien* oder *Schlagadern*, weil wir in ihnen den Herzschlag spüren. Die Gefäße, welche zum Herzen zurückführen, heißen *Venen* **(6,1; 6,2).** Von der linken Herzkammer gelangt das Blut durch die *Körperarterie*, dem größten und stärksten Gefäß, zu den vielen Organen des Körpers. Es sammelt sich wieder in der *Körpervene* und strömt durch die rechte Vorkammer in die rechte Herzkammer. Weiter fließt das Blut durch die *Lungenarterie* zur Lunge und über die *Lungenvene* ins Herz zurück. Wir unterscheiden also den größeren *Körperkreislauf* und den kleineren *Lungenkreislauf*.

Aufgaben des Blutes. Das Blut befördert unsere Nährstoffe, die es aus der Darmwand aufgenommen hat. So werden alle Organe und Muskeln mit Nährstoffen versorgt. Auch Abfallstoffe werden durch das Blut transportiert, und es bringt, wie wir schon bei der Atmung gesehen haben, die frische Luft von der Lunge in den Körper und umgekehrt die verbrauchte Luft vom Körper zur Lunge zurück. Ferner verteilt das Blut die Wärme im Körper, bekämpft Krankheitserreger und verschließt bei Verletzungen unsere Wunden, indem es gerinnt.

Merkstoff. Durch die Atmung wird der Körper mit Frischluft versorgt und von verbrauchter Luft gereinigt. Das Blut befördert Nährstoffe, Abfallstoffe und Atemluft. Es wird vom Herzen durch den Körper gepumpt. Wir unterscheiden Körper- und Lungenkreislauf.

Ausscheidung

Im Körper entstehen Stoffe, die er nicht mehr verwerten kann, die Abfallstoffe. Sie müssen entfernt werden, weil sie schädlich sind. Das Blut befördert sie zu den *Nieren*. Die beiden Nieren sind faustgroße, bohnenförmige, braunrote Organe **(7,1)**. Sie liegen in der Lendengegend an der Rückenseite der Bauchhöhle. Sie sind unsere wichtigsten Ausscheidungsorgane. Dort werden die Abfallstoffe aus dem Blut entfernt. Von der Niere führt ein *Harnleiter* zur *Harnblase* **(7,1)**, wo die Abfallstoffe, in Wasser gelöst, als *Harn* gesammelt und von Zeit zu Zeit ausgeschieden werden. Die Nieren sind empfindliche Organe. Vermeide Stöße in die Nierengegend! Auch gegen Erkältungen sind sie anfällig. Halte daher die Nieren warm, und schütze sie besonders vor Zugluft! Bei Schmerzen in der Nierengegend mußt du den Arzt aufsuchen!

Die Haut

Die Haut überzieht den Körper als schützende Hülle. Sie besteht aus zwei Schichten. Die äußere Schicht ist die *Oberhaut*, bei der man einen toten und einen lebenden Teil unterscheidet. Darunter liegt die dickere *Lederhaut* **(7,2)**. Die Haut liegt auf dem lockeren *Unterhautfettgewebe* auf. Dadurch liegt sie verschiebbar auf dem Körper.

7,1: *Die Aufgaben der Haut und die Ausscheidungsorgane.* **7,2:** *Schnitt durch die Haut (ohne Blutgefäße und Nerven).*

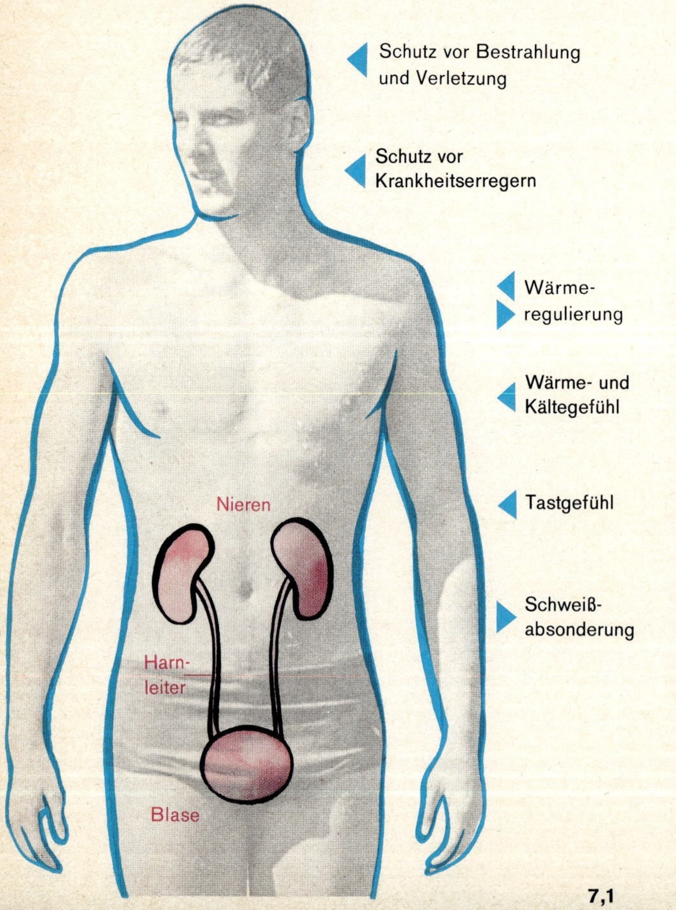

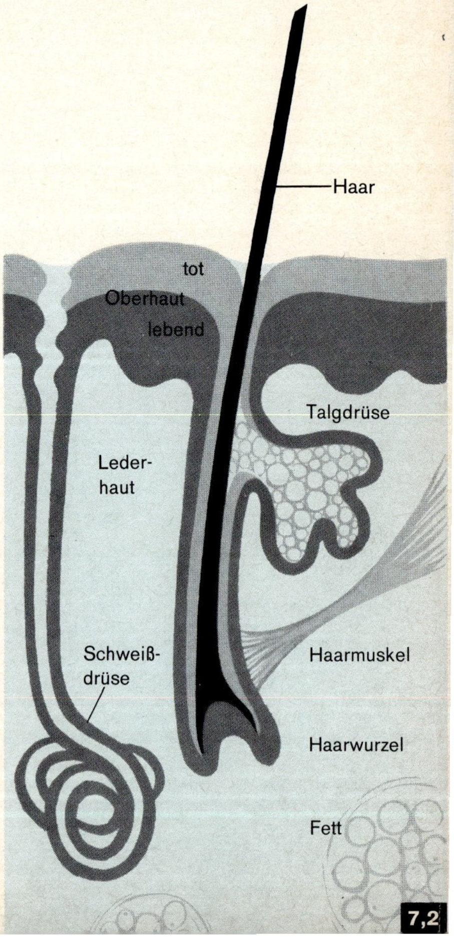

Aufgaben der Haut. Die Aufgaben der Haut sind vielfältig **(7,1).** Erstens schützt sie uns vor Verletzungen. Die Oberhaut ist dafür besonders ausgebildet, deren äußerer Teil, die *Hornhaut*, nicht mehr durchblutet und tot (verhornt) ist und daher bei einer oberflächlichen Verletzung nicht gleich zu einer blutenden Wunde führt. An manchen Stellen ist die Haut besonders stark entwickelt. Wir sprechen dann von *Schwielen*. Von der Hornhaut lösen sich ständig die obersten Lagen als Schuppen ab. Ersatz wird von der lebenden Schicht, der *Keimschicht*, immer wieder nachgebildet. Die *Finger-* und *Zehennägel* sind weitere und harte Hornbildungen. In die Lederhaut eingesenkt liegen auch die *Haare*; es sind ebenfalls Hornbildungen. Am unteren Teil des Haares setzt ein Muskel an. Er tritt in Tätigkeit, wenn wir eine Gänsehaut bekommen, und richtet das Haar auf. Am Haar münden *Talgdrüsen* aus. Der Talg erhält die Oberhaut geschmeidig.
Als zweite Aufgabe der Haut kennen wir die Schweißabsonderung. In die Lederhaut eingesenkt liegen viele *Schweißdrüsen*, die in feinen Poren auf der Haut ausmünden **(7,2).** Mit dem Schweiß werden Abfallstoffe ausgeschieden. Außerdem hat verdunstender Schweiß eine kühlende Wirkung; das ist der Zweck des Schwitzens bei großer Hitze. Diese Wärmeregulierung ist die dritte Aufgabe der Haut. Auch die Blutgefäße unserer Haut wirken dabei mit. Sie erweitern sich bei Hitze, die Haut wird gut durchblutet und erscheint daher gerötet: es wird vermehrt Wärme abgegeben. Bei Kälte dagegen verengen sich die Blutgefäße, die Wärmeabgabe ist gedrosselt, und die Haut erscheint blaß.
Die vierte Aufgabe leistet die Haut mit Hilfe der *Hautsinnesorgane*. So tasten wir mit den
7 Fingerspitzen und spüren Wärme, Kälte und Schmerz. Dies warnt uns vor Verbrennungen,
Erfrierungen und Verletzungen. Ferner bildet die Haut bei ausdauernder Sonnenbestrahlung einen dunklen Farbstoff: wir werden braun. Die Bräunung schützt vor tieferem Eindringen schädlicher Strahlen des Sonnenlichtes (ultraviolette Strahlen).

Hautpflege. Die Haut verlangt stete Pflege. Wasche dich morgens und abends gründlich! Bade mindestens einmal in der Woche warm! Kalte Abwaschungen härten den Körper gegen Erkältungskrankheiten ab. Die Haare pflegen wir durch Kämmen, Bürsten und Waschen, die Finger- und Fußnägel durch Säubern und Schneiden. Schmutzige Nägel sind Brutstätten für Krankheitserreger.

Merkstoff. Die Haut besteht aus zwei Schichten: der Oberhaut und der Lederhaut. Sie schützt uns vor Verletzungen und dem Eindringen von Krankheitserregern, scheidet durch ihre Drüsen Schweiß und Fett aus, regelt unsere Körpertemperatur und ist Sitz der Hautsinnesorgane. Die Pflege der Haut gehört zu unseren täglichen Pflichten.

Hautschäden

Schaden	*Ursache*	*Folge*	*Erste Hilfe*
Verletzungen	Stich, Schnitt, Hautabschürfung	blutende Wunde	nicht mit Wasser auswaschen, nicht berühren, sauberer Verband
	Druck und Reibung	Blut- oder Wasserblase	Offene Blasen verbinden
Verbrennungen	Starke Hitze	Rötung der Haut, Brandblasen	Verbrennungen von kleinerem Ausmaß sofort in kaltes Wasser halten, Brandbinden
Sonnenbrand	Zu starke Sonnenbestrahlung	Rötung der Haut	Vorbeugung: Nicht zu lange in der Sonne liegen, Schutzcreme auftragen

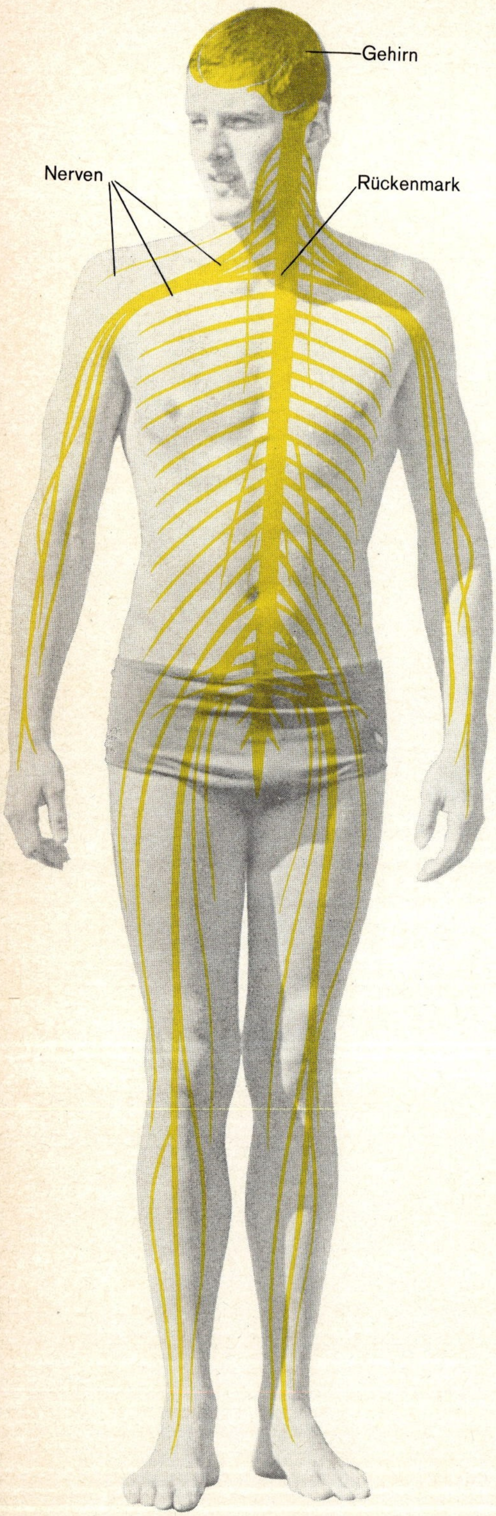

8,1

Das Nervensystem

Das Nervensystem regelt das Zusammenspiel der Organe zu einem sinnvollen Ganzen. Zentralen des Nervensystems sind das *Gehirn* und das *Rückenmark* **(8,1).** Von ihnen ziehen die Nerven in alle Teile des Körpers.

Das empfindliche Gehirn wird von den Knochen des Schädels schützend umgeben (2,2). Unter den Schädelknochen folgen noch weitere schützende Hüllen über der weichen Gehirnmasse, die *Hirnhäute.* Das Gehirn geht an seiner Unterseite in das Rückenmark über. Dieses ist ein etwa fingerdicker Strang, der geschützt im *Rückenmarkskanal* der Wirbelsäule verläuft. Wie von einer Telefonzentrale die Drähte nach allen Richtungen führen, so strahlen vom Gehirn und Rückenmark die Nerven aus und erreichen alle Körperteile. Durch Nerven schickt das Gehirn seine Befehle zu den Organen und steuert deren Tätigkeit. So arbeitet z. B. kein Muskel, ohne daß Nerven ihm Erregung zuleiten. Alle Bewegungen, auch die Tätigkeit der Drüsen, werden durch Nervenerregungen ausgelöst. Da die vom Rückenmark ableitenden Nerven zu den Muskeln gehen, heißen sie *Bewegungsnerven.*

8

Außer den vom Gehirn wegführenden Nerven gibt es auch noch die zum Gehirn hinführenden Nerven. Sie gehen von den Sinnesorganen, wie z. B. von Auge, Ohr und den Sinnesorganen der Haut aus. Von dort leiten sie Erregungen zu Gehirn und Rückenmark. Solche Nerven heißen *Sinnesnerven.* Die im Gehirn zusammenlaufenden Meldungen werden verarbeitet und können, je nach Art des Vorgangs, Befehle des Gehirns auslösen. Das Gehirn ist der Sitz der Empfindungen, des Gedächtnisses, des Denkens und des Wollens.

Die Tätigkeit des Gehirns läßt sich durch Betäubung, die Narkose, ausschalten, die der Arzt vor einer Operation gibt. Wir verlieren dadurch das Bewußtsein, haben keine Empfindungen mehr und spüren keine Schmerzen. Der Arzt vermag auch

8,1: *Das Nervensystem des Menschen mit Gehirn, Rückenmark und den wichtigsten Nervensträngen.* **8,2:** *Schnitt durch das Auge.* **8,3:** *Der Bau des Ohres.*

durch eine örtliche Betäubung einen begrenzten Körperbereich unempfindlich zu machen. Wir sind dann an dieser Stelle gefühllos. Wenn andererseits durch einen Unfall ein Bewegungsnerv verletzt wird, so können wir die Muskeln nicht mehr bewegen, zu denen dieser Nerv führt. Man spricht dann von einer Lähmung.
Täglich laufen in unserem Gehirn unzählige Meldungen zusammen. Dadurch wird es sehr angestrengt. Es braucht daher genügend Zeit zur Erholung. Diese vollzieht sich nur während des Schlafs. Daher müssen wir rechtzeitig zu Bett gehen, um einen ausreichenden Schlaf zu haben. Weil unsere Nerven gegen Lärm besonders empfindlich sind, sollte sich jeder bemühen, seine Mitmenschen vor unnötigem Lärm zu bewahren.

Unsere Sinnesorgane

Die Sinnesorgane vermitteln uns Eindrücke aus unserer Umwelt. Schall wird vom Ohr aufgenommen, Licht vom Auge, Duftstoffe von der Nase, Geschmackstoffe von Zunge und Gaumen, Tast-, Temperatur- und Schmerzempfindungen von der Haut. Alle diese Reize werden in Form von Erregungen durch die Nerven zum Gehirn geleitet. Dort werden sie uns als Empfindungen bewußt.

Auge. Der Gesichtssinn ist einer der unentbehrlichsten Sinne. Das empfindliche Auge liegt gut geschützt in einer Knochenhöhle (**8,2;** 2,2). Dazu kommen als weitere Schutzeinrichtungen die *Augenlider* mit den *Wimpern*, die *Augenbrauen* und die *Tränenflüssigkeit.* Bei eingedrungenen Fremdkörpern reiben wir nicht am Auge; oft werden sie schon
8 durch den einsetzenden Tränenfluß herausgeschwemmt. Unsere Augen verlangen ausreichendes Licht bei der Arbeit, aber auch Schutz vor grellem Licht. Über den Bau des Auges unterrichtet uns die Abbildung (**8,2**).

Ohr. Durch die *Ohrmuschel* und den *Gehörgang* treffen Schallwellen auf das *Trommelfell* und werden im *Mittelohr* über 3 *Gehörknöchelchen* an das *Innenohr* weitergegeben. Dort wird der Reiz aufgenommen und als Erregung auf den *Hörnerv* übertragen, der zum Gehirn führt. Das Mittelohr ist durch die *Ohrtrompete* mit der Rachenhöhle verbunden (**8,3**).

Merkstoff. Das Gehirn, das Rückenmark und die Nerven bilden das Nervensystem. Es steuert und reguliert Lebensvorgänge unseres Körpers. Seine Aufgaben: Die von den Sinnesorganen aufgenommenen Reize werden über die Sinnesnerven dem Rückenmark und Gehirn als Erregungen zugeführt, wo sie sinnvoll verarbeitet werden. Das Gehirn schickt durch das Rückenmark über die Bewegungsnerven Befehle an die Organe. Das Gehirn ist der wichtigste Teil des Nervensystems. Es ist der Sitz des Empfindens, des Gedächtnisses, des Denkens und Wollens. Das Gehirn braucht genügend Schlaf zur Erholung.

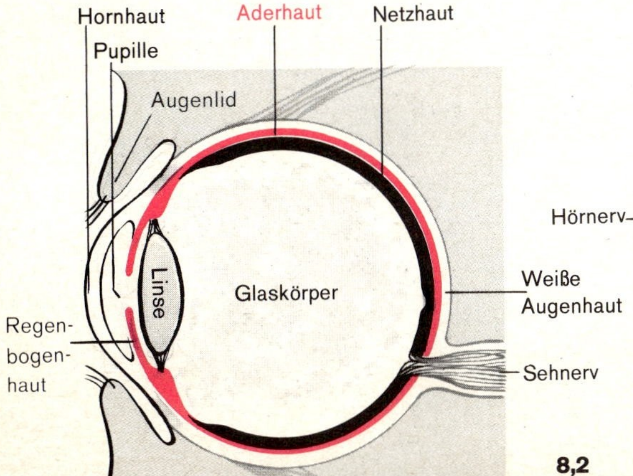

8,2

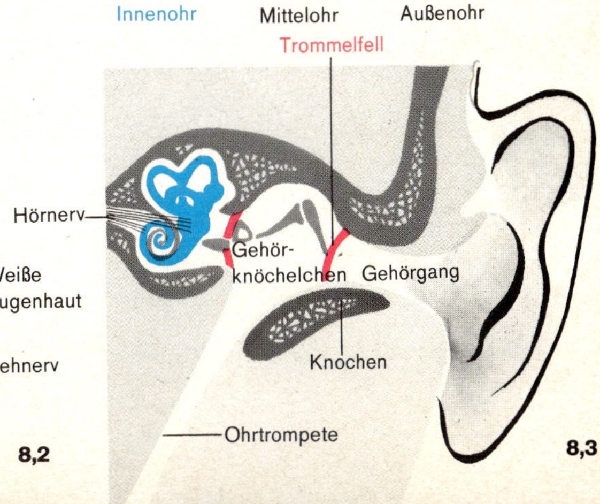

8,3

8a Mann und Frau

Mann und Frau sind die beiden *Geschlechter* des Menschen. Beide Geschlechter unterscheiden sich im Körperbau. So hat der Mann breite Schultern und ein schmales Becken, die Frau schmale Schultern und ein breites Becken. Die Stimme des Mannes ist tiefer und seine Muskeln sind kräftiger als die der Frau; es wachsen ihm Barthaare. Ein auffallendes Kennzeichen der Frau sind ihre Brüste. Ihre Haut ist glatter als die des Mannes, sie hat unter der Haut stärkere Fettpolster, dadurch kommt bei ihr eine mehr gerundete Körperform zustande. Neben diesen allgemeinen körperlichen Merkmalen unterscheiden sich die beiden Geschlechter auch in ihrem Wesen: das Handeln des Mannes wird mehr vom Verstand, das der Frau mehr vom Gefühl bestimmt. So ergänzen sich Mann und Frau in ihrem Wesen. Sie sind von Natur aus füreinander geschaffen. Zuneigung führt sie zusammen; sie gründen eine Familie. Die heranwachsenden Kinder finden in der Familie Schutz und Geborgenheit.

Das Verschiedensein von Mann und Frau hängt eng mit der Entstehung des menschlichen Lebens zusammen. Welche körperlichen Voraussetzungen sind dazu notwendig? Wir kommen dieser Frage näher, wenn wir von der uns geläufigen Tatsache ausgehen, daß Kinder körperliche, geistige und charakterliche Merkmale aufweisen, die entweder vom Vater oder von der Mutter stammen. Diese Beobachtung läßt uns vermuten, daß das Kind von jedem Elternteil etwas bekommen hat, nicht nur von der Mutter, in deren Leib das Kind heranwächst, sondern auch vom Vater. Heute weiß man, daß den Merkmalen die *Erbanlagen* zugrundeliegen, Gebilde, die im Kern der sogenannten *Keimzellen* enthalten sind. Keimzellen aber entwickeln sich in den *Geschlechtsorganen* des Mannes und in denen der Frau. Damit ein Mensch entsteht, müssen sich zwei Keimzellen vereinen, eine vom Mann und eine von der Frau. **8a**

Der Name Keimzelle enthält zweierlei: „Keim" bedeutet, daß daraus Leben entstehen kann. „Zelle" ist ein Begriff, mit dem wir uns jetzt noch befassen müssen. Zellen sind Bausteine des Körpers. Sie sind außerordentlich klein und können im allgemeinen nur mit Hilfe des Mikroskops gesehen werden. Vereinfacht ist der Aufbau einer Zelle fol-

8a,1: *Becken, Geschlechtsorgane und Keimzellen des Mannes.*

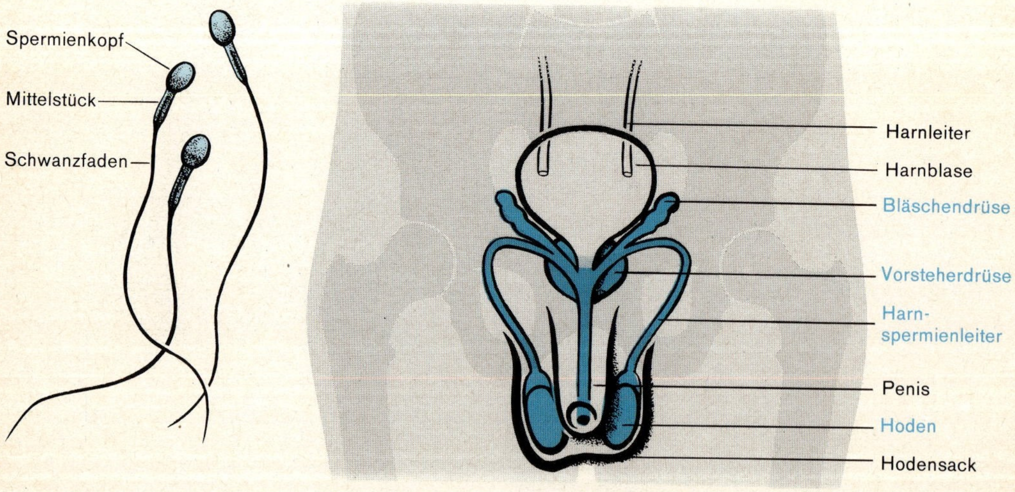

8a,1

gender: in einem Zelleib befindet sich ein Zellkern, in welchem die Erbanlagen liegen. – Keimzellen sind eine besondere Art von Zellen und entsprechend ihrer Aufgabe besonders gestaltet **(8a,2).** Wir wenden uns nun ihren Entstehungsorten, den männlichen und weiblichen Geschlechtsorganen, zu.

Männliche Geschlechtsorgane. Am Körper befinden sich das männliche *Glied*, der *Penis*, und der *Hodensack*. Im Hodensack liegen zwei *Keimdrüsen*, die *Hoden* **(8a,1).** In ihnen bilden sich Millionen und aber Millionen von männlichen Keimzellen, die *Spermazellen* oder *Spermien*. Sie werden im *Nebenhoden* gespeichert. Von dort gelangen sie über einen Ausführgang in die Harnröhre. Zwei Drüsen, die *Vorsteherdrüse (Prostata)* und die Bläschendrüse, fügen auf diesem Weg den Spermien schleimige Absonderungen bei, wodurch diese beweglich werden. Die Harnröhre mündet an der Spitze des Penis nach außen. Dessen Endabschnitt heißt *Eichel;* sie ist von der beweglichen *Vorhaut* überzogen.
Sobald Spermien gebildet werden, wird der Junge geschlechtsreif. Da von nun ab Spermien in großer Zahl entstehen, muß sie der Körper auch abgeben. Sie werden durch Zusammenziehen der Spermienleiter in die Harnröhre befördert und von da nach außen gedrückt. Diese ungewollte Spermienentleerung (Pollution) tritt meist nachts auf.

Weibliche Geschlechtsorgane. Die weiblichen Keimzellen, die *Eizellen*, befinden sich in den beiden *Eierstöcken*, die im Innern des Körpers liegen **(8a,2).** Im Abstand von durchschnitt-
8a lich 4 Wochen reift eine Eizelle heran. Sobald dieser Vorgang einsetzt, ist das Mädchen geschlechtsreif. Das reife Ei gelangt über den *Eileiter* in die *Gebärmutter*. Während der Eireifung ist die Schleimhaut, die die Gebärmutter auskleidet, in die Dicke gewachsen. Falls sich aus der Eizelle kein Kind entwickelt, wird diese samt der zusätzlich gebildeten Schleimhautschicht abgestoßen. Weil die Schleimhaut stark durchblutet ist, kommt es dabei zu Blutungen. Da der ganze Vorgang regelmäßig oder periodisch stattfindet, wird er die monatliche Regel, Periode oder *Menstruation* genannt. Die Gebärmutter mündet in die *Scheide*, die nach außen durch zwei Paar Hautfalten, die kleinen und großen *Schamlippen*, verschlossen wird.

8a,2: *Becken, Geschlechtsorgane und Keimzelle der Frau.*

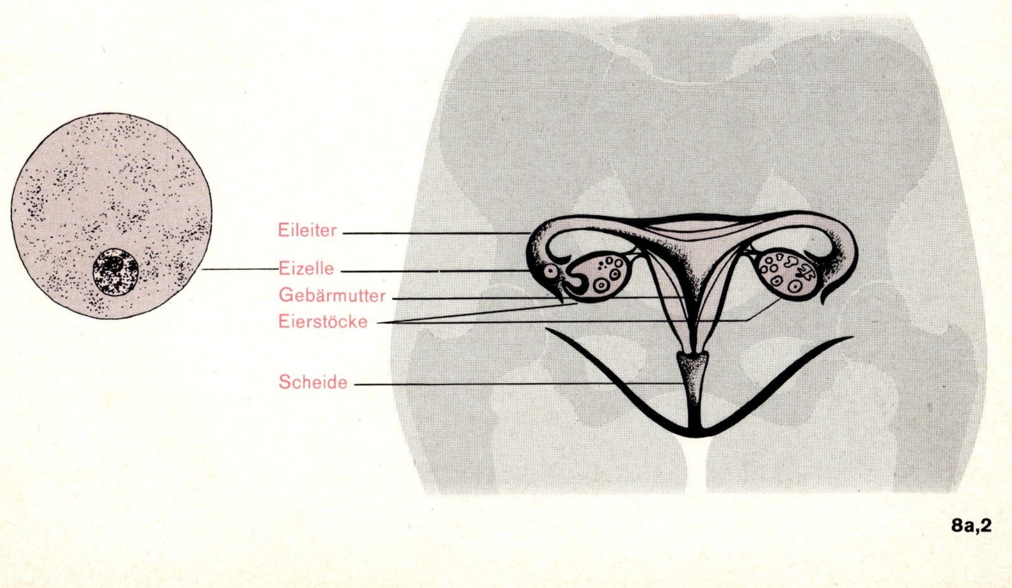

8a,2

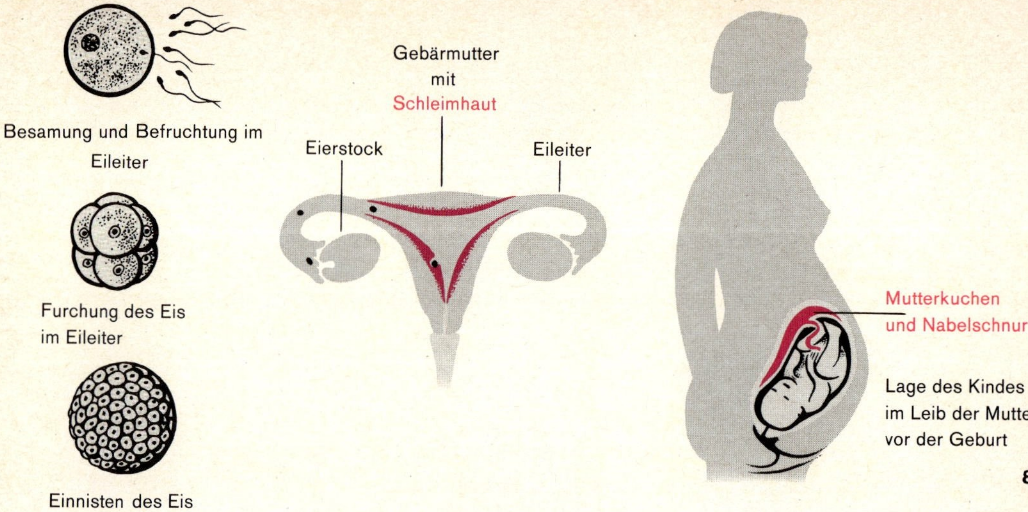

8 b,1

8b Das Kind

Begattung und Befruchtung. Wie kommt es zur Entwicklung eines Kindes? Wie wir wissen, müssen sich zwei Keimzellen miteinander vereinen, eine weibliche Eizelle und eine männliche Spermazelle. Dies kann bei der körperlichen Vereinigung von Mann und Frau geschehen. Dabei führt der Mann das versteifte Glied in die Scheide der Frau ein, wobei die Spermien abgegeben werden. Die Übergabe der Spermien nennt man Begattung. Die Spermien wandern durch die Bewegungen ihres Schwanzfadens über die Gebärmutter in die Eileiter. Treffen sie mit einem reifen Ei zusammen, dann dringt eine Spermazelle mit Kopf und Mittelstück **(8b,1)** in die Eizelle ein und verschmilzt mit ihr. Dabei vereinigen sich die beiden Kerne, welche die Erbanlagen von Vater oder Mutter enthalten. Diesen Vorgang nennt man Befruchtung.

Entwicklung und Schwangerschaft. Im Anschluß an die Befruchtung, noch im Eileiter, beginnt die Entwicklung des neuen Lebewesens. Die befruchtete Eizelle teilt sich, und es entstehen zwei Zellen. Beim nächsten Teilungsschritt teilt sich jede dieser Zellen. So entstehen 4 Zellen, dann 8 und so fort. Während dieser Entwicklung gelangt der Keim in die Gebärmutter, die er nach etwa 6 Tagen erreicht. Inzwischen ist ein Zellhaufen aus vielen Zellen entstanden, der aber kaum größer ist als die Eizelle vor der Befruchtung. Der Keim ist also nicht gewachsen. Damit er wachsen kann, muß er ernährt werden. Das erfolgt in der Gebärmutterschleimhaut; dort nistet er sich in einer Vertiefung ein. Im Bereich der Einnistungsstelle ist die Schleimhaut besonders stark entwickelt und reich durchblutet. Aus dem Keim entwickelt sich nun der *Embryo*. Er liegt in der *Fruchtblase*, die mit *Fruchtwasser* gefüllt ist. In der *Nabelschnur* verlaufende Blutgefäße breiten sich in der Fruchtblasenwand aus und nehmen aus dem mütterlichen Blut Nahrungsstoffe und Sauerstoff auf und geben Abfallstoffe ab **(8b,2).** Diese Stelle der Blasenwand ist eng mit der Gebärmutterschleimhaut verwachsen; dieser Bezirk heißt *Mutterkuchen*. Bereits nach 6 Wochen ist der Embryo mit 3–4 cm Länge soweit entwickelt, daß man ihn als menschliches Lebewesen erkennen kann. Jetzt lassen sich die einzelnen Teile des Körpers schon gut unterscheiden: ein verhältnismäßig großer Kopf mit den Augenanlagen, sowie Arme und Beine mit Fingern und Zehen **(8b,3).** Nach

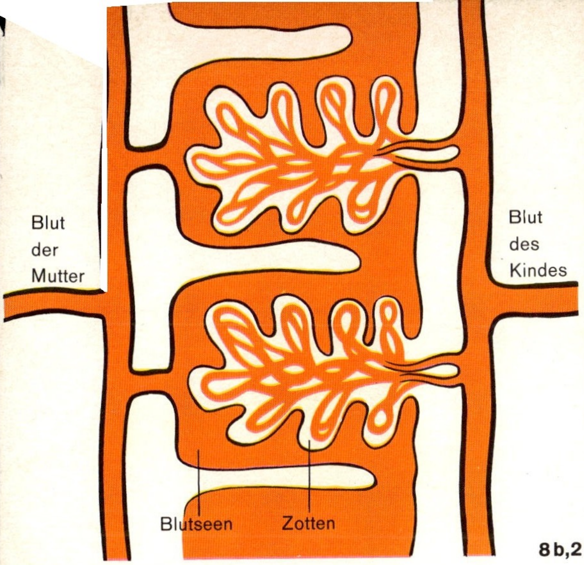

8 b,2

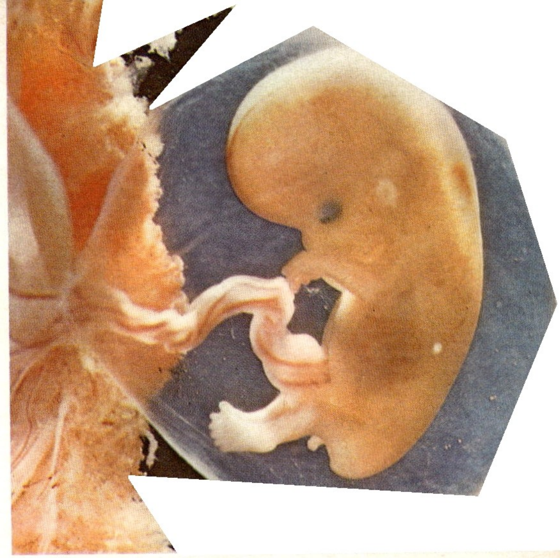

3 Monaten ist der Embryo 10 cm lang, nach 6 Monaten 30 cm und nach 9 Monaten, kurz vor der Geburt, ungefähr 50 cm.
Dieses Wachstum des Embryos ist möglich, da sich die Gebärmutter ausdehnen kann. Dabei nimmt auch der Leibesumfang der werdenden Mutter zu. Solange die Frau ein Kind trägt, nennt man sie schwanger und die Zeit von der Befruchtung der Eizelle bis zur Geburt

8b Schwangerschaft. In den letzten Monaten spürt die Mutter deutlich das Gewicht des Kindes (es wird 3–4 kg schwer) und die Bewegungen seiner Gliedmaßen.

Geburt. In den meisten Fällen verlagert sich das Kind am Ende der Schwangerschaft weit abwärts in das Becken, wobei der Kopf nach unten zu liegen kommt. Wenn nach 9 Monaten Entwicklungszeit das Kind ausgewachsen ist, wird die Geburt durch die *Wehen* eingeleitet. Die Muskeln der Gebärmutter ziehen sich in Abständen krampfartig zusammen und pressen das Kind nach außen. Bevor das Kind erscheint, reißt die Fruchtblase auf, und das Fruchtwasser läuft aus. Das Kind kommt durch die sich weit dehnende Scheidenöffnung zur Welt. Normalerweise erscheint zuerst der Kopf bei der Geburt. Wenn das Kind den Körper der Mutter verlassen hat, bindet der Arzt die Nabelschnur an zwei Stellen nahe dem Leib des Kindes ab und durchschneidet sie. Man sagt, das Kind wird von der Mutter entbunden. Unmittelbar nach der Geburt schreit das Kind. Mit dem ersten Schrei beginnt die Lunge zu arbeiten, das Kind atmet. Ungefähr $^1/_4$ Stunde nach der Geburt löst sich der Mutterkuchen von der Gebärmutter ab und wird mit der Fruchtblase und dem Rest der Nabelschnur als *Nachgeburt* ausgeschieden.

Merkstoff. Aus der Vereinigung von männlichen und weiblichen Keimzellen, nach vorausgegangener Begattung, entsteht ein neues Lebewesen. Männliche Geschlechtsorgane sind das Glied (Penis) und die beiden Hoden, die im Hodensack liegen. In den Hoden werden die Spermien gebildet. Weibliche Geschlechtsorgane sind die Scheide, die Gebärmutter und die beiden Eierstöcke. In diesen werden die Eizellen gebildet. Spermien und Eizellen entstehen erst nach Eintritt der Geschlechtsreife. Aus der befruchteten Eizelle entwickelt sich in der Gebärmutter das Kind. Es wird über Mutterkuchen und Nabelschnur von der Mutter ernährt. Die Entwicklungszeit im Leib der Mutter dauert 9 Monate. Dann erfolgt die Geburt.

9,1

9,1: *Hauskatze beim Belauern eines Beutetieres. Während die Katze mit dem Körper bewegungslos, aber gespannt verharrt, drückt der Schwanz durch Hin- und Herbewegungen die Erregung des Tieres aus. Die Augen sind auf das Ziel gerichtet, die Ohren hochgestellt, um jeden Laut einzufangen. Die Hinterbeine befinden sich in Sprunghaltung, sie sind in den Gelenken weit eingebeugt.*

9–11 Die Hauskatze (Felis domestica)

9

Katze und Mensch. Die Hauskatze ist bei vielen Familien in Stadt und Land ein beliebter Hausgenosse. Sie hat in Haus und Hof eine feste Bleibe und wird vom Menschen mit Nahrung versorgt. Tiere, deren Leben sich ganz oder zum größten Teil im Bereich und in der Obhut des Menschen abspielt, nennt man *Haustiere.* Das Leben der Katze wird nicht völlig vom Menschen gelenkt; denn sie neigt nicht zu enger Anlehnung an lebende Wesen. Dafür ist sie aber sehr anhänglich an ihre Lebensstätte. Nur wenn ihr dort nicht regelmäßig Nahrung und eine ungestörte Unterkunft geboten werden, streunt sie umher und verwildert. Im übrigen verlangt die Hauskatze keine vollständige Ernährung; denn sie verschafft sich mit ihrer Jagd auf Mäuse und Ratten eine erhebliche Zukost. Um diese nützliche Betätigung der Hauskatze in Schwung zu halten, tun wir gut daran, sie nicht übermäßig zu füttern.

Körperbau. Hauskatzen werden etwa 40–50 cm lang und an der Schulter 25 cm hoch; der Schwanz mißt 20–30 cm **(9,1).** Verwilderte Hauskatzen werden oft sehr viel größer, so daß sie manchmal für Wildkatzen gehalten werden. Katzen treten nicht mit dem ganzen Fuß auf, sondern nur mit den Zehen: sie sind *Zehengänger.* Mittelhand- und Handwurzelknochen sowie Mittelfuß- und Fußwurzelknochen berühren den Boden beim Laufen nicht **(9,2).** Die Stütze des Skeletts ist das aus einzelnen Knochen, den Wirbeln, zusammengesetzte Rückgrat oder die *Wirbelsäule.* Sie beginnt am Schädel und endigt mit dem Schwanz **(9,2).** Tiere, deren Skelett als Hauptstütze eine in Wirbel gegliederte Wirbelsäule besitzt, nennt man *Wirbeltiere.* Die Wirbelsäule der Hauskatze ist durch gelenkige Verbindungen zwischen den meisten Wirbeln sehr biegsam. Da ihrem Skelett Schlüsselbeine fehlen, kann die Katze außerdem ihre Schultern schmal machen. Aus diesen beiden Gründen ist der Katzenkörper besonders geschmeidig.

Sinne. Von den Sinnen sind bei der Hauskatze 3 ganz besonders gut entwickelt. Der *Gehörsinn* ist sehr fein und auch während des Schlafes nicht abgeschaltet. Sobald die Katze ein fremdes Geräusch vernimmt, richtet sie sich auf und stellt ihre tütenförmigen Ohrmuscheln auf **(9,1).** So fängt sie möglichst viel Schall ein. Zum Erkennen ihrer Umwelt

9,2: *Skelett einer Hauskatze. Die tragende Stütze des Skeletts ist die aus einzelnen Knochen, den Wirbeln, zusammengesetzte Wirbelsäule. Sie beginnt am Hinterhaupt und läuft in den Schwanz aus. Die Rippen bilden zusammen mit dem Brustbein den Brustkorb. Die Vordergliedmaßen sind durch das Schulterblatt mit der Wirbelsäule verbunden, die Hintergliedmaßen durch das Becken. Beim Laufen werden nur die Zehen aufgesetzt: die Hauskatze ist ein Zehengänger.*

und zum Beobachten hat die Hauskatze sehr leistungsfähige, scharfe *Augen*. Am Tage und bei heller Beleuchtung ist die Pupille des Katzenauges zu einem schmalen, senkrechten Sehschlitz verengt **(9,4)**. Sobald es dämmerig wird, erweitern sich die Sehschlitze mehr und mehr zu einem Kreis **(9,3)**. Dadurch gelangt auch bei der Dämmerung noch genügend Licht in die Augen, wodurch die Dämmerung ausgeglichen wird. Die Katze, die überwiegend ein Dämmerungs- und Nachttier ist, sieht daher auch unter ungünstigen Lichtverhältnissen noch recht gut. Ihre Augen funkeln dann grünlich. Das rührt von einer spiegelnden Schicht im Augenhintergrund her, die bewirkt, daß das spärliche Licht innerhalb des Augapfels besser ausgenützt wird. Wenn aber auch das Sehvermögen der Katze bei Nacht erstaunlich ist, so steht doch fest, daß auch sie eine gewisse Menge Licht braucht, um zu sehen. Bei völliger Finsternis, etwa in einem Raum ohne Fenster, sieht die Katze nichts, und ihre Augen leuchten dann auch nicht.

Trotzdem ist die Hauskatze auch in völliger Dunkelheit nicht hilflos. Sie verläßt sich dann, neben dem Gehör, vor allem auf ihren *Tastsinn*. Dieser ist besonders empfindlich und steht mit den langen, steifen Tast- oder Schnurrhaaren auf der Oberlippe der Katze in Verbindung. Die Tasthaare vermitteln der Katze beim Berühren Eindrücke von Hindernissen. – Der Geruchsinn der Hauskatze ist nicht besonders entwickelt und leistet nichts Außergewöhnliches.

Laute. Das Miauen der Hauskatze ist der bekannteste Laut. Daneben faucht die Katze, wenn sie wütend ist, und schnurrt, wenn es ihr wohl ist. Kater, die sich nachts begegnen, lassen ein durchdringendes Geschrei hören, von dem sich der Ausdruck „Katzenmusik" für lautes und mißtönendes Durcheinanderschreien ableitet.

9,3: *Im Dunkeln sind die Pupillen der Hauskatze kreisförmig geöffnet, so daß viel Licht ins Auge eindringt (Blitzlichtaufnahme im Dunkeln).* **9,4:** *Bei Helligkeit schließen sich die Pupillen zu schmalen, senkrechten Sehschlitzen.*

9,3

9,4

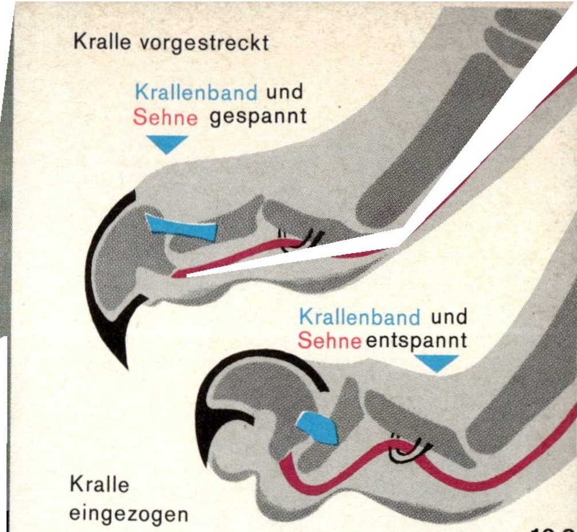

10,3

10,1: *Katzenpfote von oben. Die Krallen sind ausgestreckt.* **10,2:** *Katzenpfote von unten, mit ausgestreckten Krallen.* **10,3:** *Zurückziehen und Ausstrecken der Krallen. Die Krallen werden mit Muskelkraft ausgestreckt. Elastische Bänder ziehen sie wieder zurück, wenn der Zug der Muskeln nachläßt.* **10,4** *und* **10,5:** *Schädel und Gebiß einer Hauskatze. Die Katze hat im Oberkiefer 6 Schneidezähne, 2 Eckzähne (E) und 8 Backenzähne, im Unterkiefer 6 Schneidezähne, 2 Eckzähne (E) und 6 Backen-*

Ernährung und Verhalten. Die Nahrung, die wir der Katze als unserem Haustier geben, besteht hauptsächlich aus Milch, Essensresten und Fleischabfällen. Sie selber fängt sich dazu in Haus, Hof und Garten zu unserem Nutzen Mäuse und Ratten, leider auch hin
und wieder Singvögel. Hat die Hauskatze eine Beute ausgemacht, so nähert sie sich ihr 10
langsam und auf leisen Pfoten: die Katze beschleicht ihre Nährtiere. Dabei sind ihre Krallen, von denen sie an jeder Vorderpfote 5 und an jeder Hinterpfote 4 besitzt, in Hautfalten zurückgezogen **(10,3)**, so daß sie kein Geräusch verursachen können. Nur die weichen Trittballen unter den Zehen berühren den Boden **(10,2)**. So werden auch die Krallen geschont und bleiben immer spitz.

Hat sich die Hauskatze einem Beutetier, etwa einer Maus, bis auf Sprungweite genähert, so duckt sie sich nieder. Sie verharrt still und gespannt; nur der Schwanz bewegt sich noch etwas und deutet die innere Erregung der Katze an. Mit gekrümmtem Rücken, gebeugten Schenkeln und eingezogenem Hals sitzt die Hauskatze sprungbereit da. Plötzlich drückt sie sich vom Boden ab, besonders mit Hilfe der kräftigen Hinterschenkel, streckt den ganzen Körper und schießt im Sprung auf die Beute zu. Dabei werden die Zehen ausgestreckt, und die Krallen treten aus den schützenden Hautfalten hervor **(10,3; 10,1)**. Im Niederspringen ergreift die Katze die Maus mit den Vorderpfoten, und die spitzen Krallen durchbohren sie. Ganz entsprechend spielt sich der Beutefang ab, wenn die Katze eine Beute nicht anschleicht, sondern, was auch oft vorkommt, vor einem Mauseloch auf die Bewohnerin lauert.

Die in den Vorderpfoten gehaltene Beute wird meist sofort durch einen Biß in das Genick getötet. Das besorgen vor allem die großen und spitzen, dolchartigen *Eckzähne* des Katzengebisses **(10,4 E; 10,5 E)**. Die getötete Beute wird dann im Maul an ein verstecktes Plätzchen geschleppt und dort in Ruhe verzehrt. Beim Zerkleinern des Fleisches leisten die 4 größten Backenzähne, die sich im Ober- und Unterkiefer paarweise gegenüberstehen, gute Dienste. Sie haben außer den Höckern scharfe Kanten, die wie Scherenklingen gegeneinander wirken. Mit ihnen wird das Fleisch des Beutetieres zerrissen und

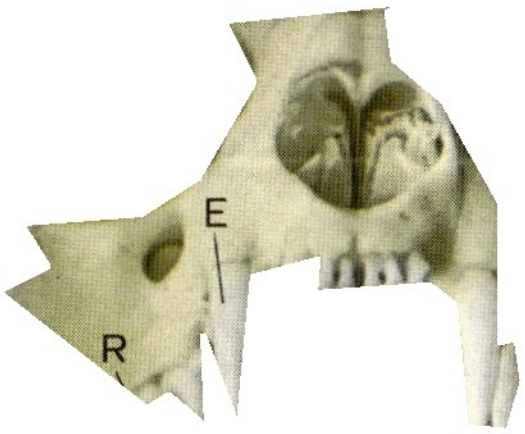

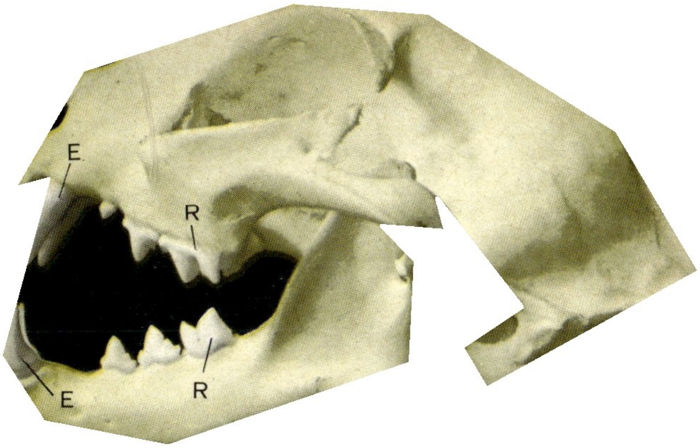

zähne. Das Gebiß besteht also aus 30 Zähnen. Auf jeder Seite bilden die 2 größten Backenzähne von Ober- und Unterkiefer ein zusammenwirkendes Paar, die Reißzähne (R). Sie sind scharfkantig und gleiten beim Zubeißen wie die 2 Schneiden einer Schere aneinander entlang. Mit diesen Reißzähnen zerschneidet die Hauskatze, wie alle fleischfressenden Raubtiere, das Fleisch ihrer Beutetiere.

zerschnitten. Solche Backenzähne bezeichnet man als *Reißzähne* **(10,4 R; 10,5 R).** Mit den Schneidezähnen nagt die Hauskatze hauptsächlich die Knochen ab. Um die Knochen von allen Fleischresten, selbst den kleinsten Fäserchen, zu befreien, leckt die Katze sie
10 mit ihrer Zunge sauber. Deren Oberfläche ist mit kleinen hornigen Stacheln besetzt, die wie eine Raspel wirken.

Wir nennen Tiere wie die Hauskatze, die andere Tiere fangen und auffressen und ein Gebiß mit großen, dolchartigen Eckzähnen sowie spitzhöckerigen, scharfkantigen Reißzähnen haben, *Raubtiere*. Nach der schleichenden Art ihrer Jagd auf Nährtiere ist die Hauskatze ein *Schleichräuber*.

Als schleichendes Raubtier mit ihren kurzen Beinen ist die Hauskatze kein besonders guter Läufer. Sie kann aber nicht nur sehr gut springen, sondern auch gut klettern. So rettet sie sich vor ihrem „Erzfeind", dem Haushund, meist auf einen Baum, was ihr mit dem wendigen Körper und den spitzbekrallten Pfoten schnell gelingt. Wird der Hauskatze von einem größeren Tier oder dem Menschen der Rückzug abgeschnitten, so macht sie den bekannten Katzenbuckel, sträubt die Haare und stellt den Schwanz auf – alles, um größer zu erscheinen. Dazu fletscht sie die Zähne und faucht den Gegner wütend an. Diese Drohgebärden haben meist den gewünschten Erfolg, daß sich der Angreifer furchtsam und erschreckt zurückzieht. Bei ein- und demselben Tier kann man sich kaum einen größeren Unterschied vorstellen als den zwischen einer schnurrenden Schmeichelkatze und einem furchtgebietenden Raubtier!

Die Hauskatze hat ein ausgeprägtes Bedürfnis nach Sauberkeit. Ist sie irgendwo beschmutzt, so beginnt sie gleich mit der Reinigung. Außer den Pfoten benützt sie dabei vor allem ihre rauhe Zunge. Sie beleckt ihr Fell, wobei es zugleich gereinigt und geglättet wird. Kopfpflege und Ohrenreinigung treiben die Katzen mit ihren Pfoten. An einer Katze, die sich putzt, können wir auch ihre Gelenkigkeit bewundern. Außer Schmutz meidet die Hauskatze auch Nässe. Sie ist immer bestrebt, ihr Fell trocken zu halten.

11,1 *und* **11,2:** *Katzenmütter betreuen ihre Nachkommenschaft unermüdlich und mit großer Hingabe. Zwischen den Pfoten der Alten werden die Jungen gesäugt (11,1). Sie finden die Saugwarzen, aus denen die Milch austritt, im Bauchhaar der Mutter mit instinktmäßiger Sicherheit. Im Spiel unterweist die Alte ihre Jungen und bereitet sie so für ein selbständiges Raubtierleben vor (11,2).*

Fortpflanzung und Entwicklung. Das Hauskatzenweibchen kann zweimal im Jahr Nachwuchs bekommen, und zwar jedesmal 4–6 Junge. Alle zusammen geborenen Jungkatzen bezeichnet man als einen *Wurf*. Die Jungtiere sind bei der Geburt klein und hilflos, haben nur wenig Haar, und ihre Augen sind geschlossen. Erst 9 Tage nach der Geburt öffnen sie ihre Augen. Das Muttertier bereitet für die Nachkommenschaft ein weiches Lager an einem versteckten Platz. Wenn der Kätzin das Versteck nicht mehr sicher genug erscheint, packt sie die Jungen mit dem Maul sanft am Genick und trägt sie nacheinander an einen andern Ort. Reinlich wie sie selber ist, hält sie auch ihre Jungen sauber, indem sie sie öfters mit der Zunge ableckt. Die Nahrung in den ersten Wochen besteht nur aus Milch, die das Muttertier den Jungen spendet **(11,1).** Sie wird in Drüsen auf der Bauchseite des mütterlichen Körpers gebildet und von den Kleinen aus Saugwarzen gesogen, die sich in 2 Reihen im Bauchhaar finden. Tiere, die wie die Hauskatze ihre Jungen nach der Geburt mit eigener Milch ernähren oder säugen, heißen *Säugetiere*.

11

Die Kätzin schützt ihre Jungen vor Hunden und anderen Feinden und verteidigt sie mutig. Auch den Vater der Jungen, den Kater, läßt die Mutter nicht zu den Kätzchen. Sobald die Jungkatzen 2–3 Wochen alt sind, werden sie rege. Sie zeigen einen ausgeprägten Spieltrieb, der sie zunächst nach dem Schwanz der Mutter haschen oder sich mit ihr herumbalgen läßt. Die Kätzin wehrt ihnen nicht und macht selber mit **(11,2).** So üben sich die Kleinen im Haschen und Zupacken, wie sie es später zum Nahrungsfang brauchen. Bald bringt die Alte tote Mäuse an, darauf lebendige, an denen die Jungen nun das Jagen, Springen und den Gebrauch ihrer Krallen erlernen. Wenn sie den Beutefang beherrschen, gehen sie selber auf die Jagd, und zwar allein; denn Katzen sind Einzelgänger. Was sie von Natur aus sind, bleiben sie auch als Haustiere, und daher finden wir sie weder miteinander in Gesellschaft noch in enger Anlehnung an den Menschen.

Katzen werden im Durchschnitt 10 Jahre alt. Ihr Fell ergibt ein gutes Pelzwerk. Es wird besonders bei der Behandlung von Rheumatismus geschätzt, wo es schmerzlindernd wirkt, wenn es direkt auf der Haut getragen wird.

Abstammung und Rassen. Wir sehen an vielerlei Verhaltensweisen, daß die Hauskatze ein wärmeliebendes Tier ist: sie sonnt sich gern, bevorzugt im Winter einen Platz am warmen

11,3 *und* **11,4:** *Rassen der Hauskatze. Hauskatzen sind dem Menschen nur in einer Hinsicht nützlich, nämlich durch den Mäusefang. Da sie sich auch nicht eng an den Menschen anschließen, hat man sich nicht viel mit der Katzenzucht befaßt. So gibt es nur verhältnismäßig wenig Katzenrassen. Bekannt sind vor allem die langhaarigen Angorakatzen (11,3) und die Siamkatzen (11,4).*

Ofen, zieht bei kühlem Wetter den Aufenthalt in Gebäuden vor und scheut Nässe und Regen. Das paßt alles gut zu den natürlichen Bedingungen, unter denen die Falbkatze **(11,5)** in Nordostafrika lebt, die Stammform unserer Hauskatze. Auch in Gestalt, Färbung und Zeichnung sind Übereinstimmungen vorhanden. Schließlich ist die Falbkatze gleich der Hauskatze ein Dämmerungs- und Nachttier, das im Alleingang Kleintiere, vor
11 allem Mäuse, jagt und auf Bäume klettern kann. Wegen der Jagd auf Mäuse wurde die Falbkatze vor etwa 4000 Jahren in Ägypten gezähmt und zum Haustier gemacht. Von dort ist sie dann als Hauskatze über die ganze Erde verbreitet worden. In Europa ist sie erst seit 400–500 Jahren als Haustier heimisch.

Merkstoff. Die Hauskatze lebt im Bereich des Menschen, macht sich durch Mäusefangen nützlich und wird vom Menschen teilweise versorgt. Sie ist ein Haustier. Katzen führen kein geselliges Leben; sie sind Einzelgänger. Daher ist ihr Anschluß an den Menschen nicht sehr eng. Als Stütze des Skeletts hat die Hauskatze eine aus Wirbeln zusammengesetzte Wirbelsäule, das Kennzeichen aller Wirbeltiere. Sie ernährt sich fleischfressend. Dazu dient ein Gebiß mit kleinen Schneidezähnen, großen, dolchartigen Eckzähnen und spitzhöckerigen Backenzähnen. Die größten Backenzähne sind scharfkantig und wirken wie Scherenklingen gegeneinander; sie heißen Reißzähne. Nach Ernährungsart und Gebißform ist die Hauskatze ein Raubtier. Sie läuft nur auf den Zehen (Zehengänger) und beschleicht oder belauert ihre Nährtiere (Schleichräuber). Ihre Krallen sind einziehbar. Die Hauskatze führt eine überwiegend nächtliche Lebensweise. Dazu sind an Sinnen besonders gut Sehen, Hören und Tasten ausgebildet.

11,5: *Falbkatze (Felis silvestris libyca). Sie ist die Stammform unserer Hauskatze. Als Wildtier lebt sie in den nordafrikanischen Nilländern Ägypten und Sudan, sowie auf der Halbinsel Sinai, wo sie heute noch gefangen und als Mäusevertilger gehalten wird.*

12,1

12,1: *Deutscher Schäferhund in Vorführstellung. Schäferhunde werden als Polizeihunde bevorzugt; denn es sind starke, gewandte und kluge Hunde, die sich vorzüglich abrichten lassen. Sie erhalten eine umfangreiche und strenge Ausbildung für Polizeiaufgaben (Spurensuchen, Verfolgungen und Stellen von Personen, Überwinden von Hindernissen, Aufspüren von Verstecken usw.). Im Bild verharrt das Tier in gespannter Aufmerksamkeit, die Ohren sind steil aufgerichtet.*

12–14 Der Haushund (Canis familiaris)

Hund und Mensch. Überall auf der Erde sind Hunde als Haustiere in den Lebensbereich des Menschen aufgenommen worden. Allein in unserer Bundesrepublik Deutschland werden mehr als 4 Millionen Hunde gehalten. Da die meisten Hunde nicht zu Alleinstehenden, sondern zu Familien gehören, leben bei uns etwa 12 Millionen Menschen in mehr oder weniger enger Gemeinschaft mit Haushunden. Die überwiegende Zahl der Hunde sind einfach Hausgenossen, gleichsam tierische Familienmitglieder, und Lebensgefährten einsamer Menschen. Viele Hunde werden aber auch zu bestimmten Zwecken gehalten: Wachhunde für Haus und Hof, Hütehunde für Herden, Spürhunde für Polizei **(12,3)**, Suchhunde für Bergwacht (Lawinenhunde) und militärischen Sanitätsdienst, Führhunde für Blinde, Jagdhunde, ferner Zughunde für die Schlitten der Eskimos.

Anders als bei der Katze, dem sehr unabhängigen Haustier in der Wohnung des Menschen, ist also das Verhältnis des Hundes zum Menschen das eines Freundes und Helfers. Neben den körperlichen Voraussetzungen ermöglichten vor allem seine seelischen Eigenschaften diese Entwicklung. Hunde sind gegen den Menschen, als ihren anerkannten Herrn, treu, gehorsam und anhänglich. Da sie auch klug und gelehrig sind, lassen sie sich zu den verschiedenartigsten Aufgaben abrichten (dressieren). Innere Regungen des Hundes, wie Freude und Schmerz, Wut und Angst kommen in ihren bellenden oder heulenden, knurrenden oder winselnden Lauten zum Ausdruck. Auch durch ihre Körperhaltung, besonders die Stellung und Bewegung von Kopf und Schwanz, verraten sie ihren Gemütszustand. Auf diesen Grundlagen hat sich zwischen Hund und Mensch ein Verhältnis entwickelt, von dem beide Partner Nutzen haben: Der Mensch hat einen Freund und Helfer für viele Gelegenheiten, der Hund ein auskömmliches, gesichertes Leben.

12,3: *Polizeihund überwindet eine Holzplanke. Dabei springt er an, zieht sich mit den Vorderbeinen hinauf und drückt sich mit den Hinterbeinen hoch, stützt sich dann mit den Vorderbeinen auf und springt mit den Hinterbeinen ab.* **12,4:** *Rechte Vorderpfote eines Schäferhundes, von unten gesehen. Die Krallen sind immer ausgestreckt und sichtbar.* **12,5:** *Schematische Zeichnung der Grannenhaare und Wollhaare des Hundes. Das Fell wärmt nicht nur, weil die Haare Luft zwischen sich halten, sondern auch, weil sie innen mit Luft gefüllt sind.*

12,2: *Skelett eines Deutschen Schäferhundes. Die Tragfähigkeit des Skeletts beruht auf der aus einzelnen Knochen (Wirbeln) zusammengesetzten Wirbelsäule. Sie beginnt am Schädel und läuft in den Schwanz aus. Die Rippen bilden zusammen mit dem Brustbein den Brustkorb. Mittelhand- und Handwurzelknochen, sowie Mittelfuß- und Fußwurzelknochen berühren beim Laufen den Boden nicht. Nur die Zehen werden beim Laufen aufgesetzt: der Haushund ist ein Zehengänger.*

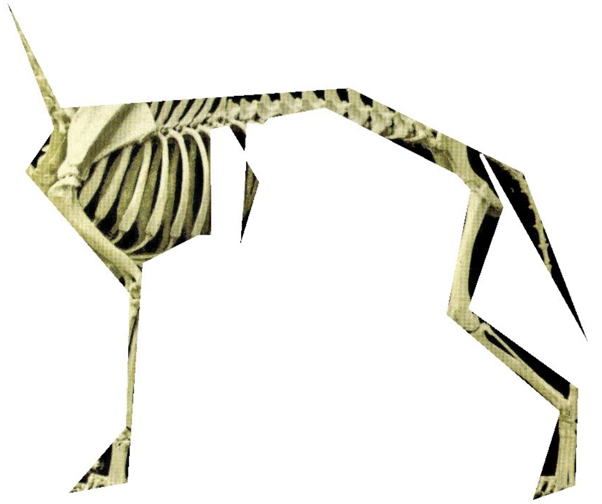

Körperbau. Wir wählen zum Kennenlernen des Haushundes einen stattlichen Vertreter, den *Deutschen Schäferhund* **(12,1).** Er wird etwa 1 m lang und an der Schulter 60–70 cm hoch. Die Brust ist kräftig und breit, am Hinterleib verschmälert sich der Körper. Beim Laufen tritt der Hund nur mit den Zehen auf: er ist ein *Zehengänger* **(12,2)** wie die Hauskatze (9,2). Die Pfoten des Schäferhundes haben vorne 5, hinten 4 kurze Zehen. Ihre Krallen sind stumpf und nicht wie die der Katze einziehbar. Beim Laufen kann man sie auf festem Untergrund aufschlagen hören. Unterseits weisen die Pfoten, wie bei der Hauskatze, Trittballen auf, die jedoch beim Schäferhund umfangreicher und hart verhornt sind **(12,4).** So kann der Schäferhund auch über unebenen Boden ausdauernd laufen, ohne an den Pfoten wund zu werden.

Das dichte Fell des Schäferhundes hilft, die hohe Körpertemperatur von etwa 37° C zu halten. Es besteht aus 2 verschiedenen Sorten von Haaren, den langen, dickeren *Grannenhaaren* oder Deckhaaren und den kürzeren, dünneren *Wollhaaren* **(12,5).** Die Wollhaare stehen dicht beieinander; sie vermindern die Wärmeabgabe. Im Winter sind sie in viel größerer Zahl vorhanden als im Sommer. Es werden in jedem Frühjahr viele Wollhaare abgestoßen (das Fell „härt“ sich) und in jedem Herbst viele neue gebildet. Die längeren Grannenhaare wachsen überall am Körper in ganz bestimmten Richtungen aus der Haut heraus. Sie decken an allen Stellen des Hundekörpers die Wollhaare ab und geben dem Fell eine geschlossenere Oberfläche. So wird der Schäferhund durch die Schicht der Deckhaare an seinem Körper in mehrfacher Hinsicht geschützt: Stöße werden gemildert, die Haut kann nicht so leicht verletzt werden, und schließlich lassen die von Talgdrüsen in der Haut eingefetteten Grannenhaare Regen und andere Feuchtigkeit schwer eindringen und nicht an die Haut gelangen.

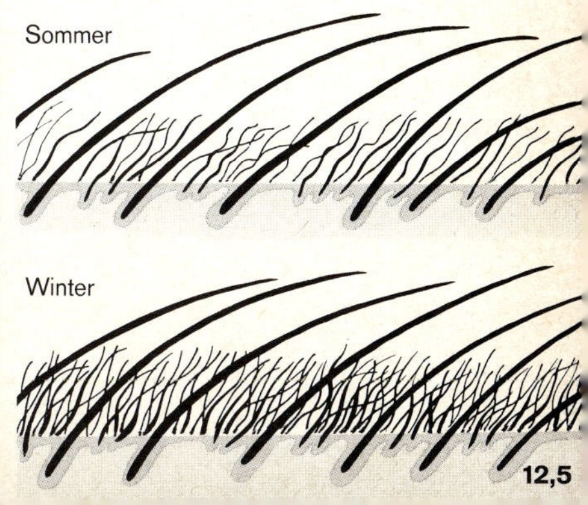

12,5

13,1

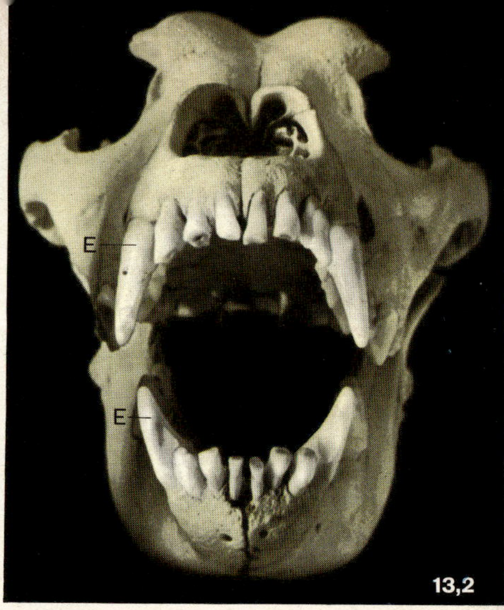

13,2

Ernährung. Der Kopf des Schäferhundes ist, wie bei anderen Hunden, vorne zu einer Schnauze verlängert **(13,3)**. In dem langgestreckten Maul liegt das kräftige Gebiß **(13,1; 13,2)**. Durch die dolchartigen *Eckzähne* und die 4 spitzhöckerigen und scharfkantigen *Reißzähne* ist es dem Katzengebiß ähnlich, wenn auch Hunde mehr Backenzähne haben als Katzen (10,4; 10,5). Das Gebiß läßt also den Hund als *Fleischfresser* erkennen, der sich in der Obhut des Menschen jedoch auch an andere Nahrung gewöhnt hat. Er gehört wie die Hauskatze zu den *Raubtieren*. Beim Jagdhund, dessen Raubtiereigenschaften sich der Mensch zunutze gemacht hat, erkennen wir aber eine ganz andere Jagdart als bei der Katze. Während Katzen ihre Beute beschleichen, stöbert der Hund seine Beutetiere auf und bringt sie dann im schnellen Lauf hetzend zur Strecke. Solche Raubtiere nennt man *Hetzräuber*. Sie zeichnen sich durch lange, kräftige Beine aus.

Sinne. Hetzräuber sind nicht nur im Körperbau von Schleichräubern unterschieden, sondern auch hinsichtlich der Sinnesorgane. Sind bei der Hauskatze für das Anschleichen und Zuspringen besonders Augen und Ohren gut entwickelt, so verfügt der Haushund zum Aufspüren neben gutem Gehörsinn vor allem über eine unglaublich feine Nase. Er kann Spuren, am Boden schnüffelnd, über viele Kilometer hinweg verfolgen. Polizeihunde leisten bei der Verfolgung von Verbrechern fast an Wunder grenzende Sucharbeit. Noch nach Jahren erkennt der Haushund am Geruch Menschen wieder, denen er einmal begegnet ist. Hunde sind also ausgesprochene *Nasentiere*. Eindrücke von weiterher vermittelt ihnen das Gehör. Große Ohrmuscheln, die aufgerichtet werden können, fangen möglichst viel Schall ein **(13,3)**. Dagegen ist das Sehvermögen des Hundes nur mäßig entwickelt.

Fortpflanzung und Entwicklung. Weibliche Haushunde können zweimal im Jahr Junge werfen. Die Größe eines Wurfes schwankt zwischen 3 und 10. Die jungen Hunde, Welpen genannt, sind zunächst vollkommen unbeholfen. Sie können weder laufen noch stehen und sind blind. Erst nach 9 Tagen öffnen sich die Augen einen Spalt weit, ohne richtig zu sehen, was sie erst mit 3 Wochen können. Ihre erste und wochenlang einzige Nahrung ist Milch ihrer eigenen Mutter. Sie wird in Drüsen an der Bauchseite gebildet und von den Kleinen aus Saugwarzen gesogen, die in 2 Reihen stehen. Haushunde sind also wie die Hauskatzen Säugetiere. Eine Hündin mit Jungen ist eifrig um das Wohlergehen und

13,1 *und* **13,2:** *Schädel und Gebiß eines Deutschen Schäferhundes. In den langgestreckten Kiefern des Hundes sitzen mehr Backenzähne als bei der Katze. Hunde haben im Oberkiefer 6 Schneidezähne, 2 Eckzähne (E) und 12 Backenzähne, im Unterkiefer ebenfalls 6 Schneidezähne und 2 Eckzähne, aber 14 Backenzähne, zusammen 42 Zähne. Auf jeder Seite bilden die 2 größten Backenzähne mit den schärfsten Kanten von oben und unten ein zusammenwirkendes Paar, die Reißzähne (R).* **13,3:** *Aufmerksamer Schäferhund. Daneben zeigt das Bild folgendes: Hunde können nicht schwitzen. Um an heißen Tagen und nach Anstrengungen abzukühlen, ziehen sie durch das geöffnete Maul, bei heraushängender Zunge, schnell Luft ein und stoßen sie wieder aus: sie „hecheln".*
Dabei verdunstet Feuchtigkeit von den Schleimhäuten der Zunge, des Mundes, des Rachens und der Atemröhre. Das führt zu einer Abkühlung dieser Körperteile, die sich auf den ganzen Körper auswirkt.

die Sicherheit ihrer Nachkommenschaft bemüht. In dieser Zeit sollte man die Tiere möglichst nicht beunruhigen und ihnen nicht zu nahe kommen. Selbst die gutartigsten Hündinnen sind dann argwöhnisch und könnten beißen.
Im 2. Lebensmonat wird entwöhnt, das heißt die Welpen werden von der Muttermilch auf feste Kost umgestellt. Das ist auch die beste Zeit, um junge Hunde in andere Hände wegzugeben. Sie sind noch unbeeinflußt und gewöhnen sich leicht an neue Verhältnisse. Mit 6 Monaten kann man die Welpen als selbständig bezeichnen. Haushunde werden mit 10–12 Jahren altersschwach; ihr Leben dauert meist nicht länger als 15 Jahre.

Pflege; Krankheiten. Die wichtigste Pflegemaßnahme beim Haushund besteht in der Fütterung. Sie soll beim erwachsenen Hund regelmäßig mittags und abends erfolgen, mit einem Fastentag in der Woche; auch das Wildtier hat ja nicht alle Tage Beute. Ferner braucht der Hund innerhalb des menschlichen Bereichs eine feste Bleibe, sein Lager. Es soll nicht zu weich sein. Da der Hund nicht so reinlich ist wie die Katze, muß sein Herr für seine Reinlichkeit sorgen. Ein Vollbad gibt es zwar höchstens dreimal im Jahr, aber die Reinigung der Augen und Ohren, der Zähne, des Felles und der Pfoten muß in kurzen Abständen erfolgen. Denn auch den Haushund bedrohen vielerlei Leiden und Krankheiten, von denen ein gut gepflegtes Tier weniger befallen wird. Besonders gefährlich ist die Tollwut, weil von tollwütigen Hunden gebissene Menschen sterben können. Nur sofortige ärztliche Behandlung mit Heilserum kann helfen. Ferner gibt es Hundebandwürmer, die den Menschen in Lebensgefahr bringen können. Sie werden vom Hund meist durch Belecken auf den Menschen übertragen. Wir sollten es daher zu solchen Zärtlichkeiten des Tieres nicht kommen lassen und uns nach jedem Spielen mit Hunden gründlich die Hände waschen.

Merkstoff. Der Haushund ist, wie die Hauskatze, nach seinen Skelettmerkmalen ein Wirbeltier, nach der säugenden Ernährung seiner Jungen ein Säugetier und nach der Ausbildung des Gebisses ein Raubtier. Seine Jagdart kennzeichnet ihn als Hetzräuber. Wie die Katze ist der Hund ein Zehengänger, kann aber seine Krallen nicht zurückziehen. Seine schärfsten Sinne sind Geruchsinn und Gehör. Der Hund ist ein Haustier, das durch Treue, Klugheit und Gelehrigkeit ein nützlicher Gefährte des Menschen geworden ist.

14,1: *Der Wolf (Canis lupus) war ursprünglich über ganz Europa, Asien und Nordamerika verbreitet, ist heute aber aus den dichtbesiedelten Landschaften ganz vertrieben worden. In Mitteleuropa war dieses Raubtier schon zu Beginn des letzten Jahrhunderts fast ausgerottet; in Sachsen wurde der letzte Wolf 1802, in Hessen 1841, in Württemberg 1847, im Erzgebirge 1859, in Baden 1865 und im Saargau 1885 geschossen. In Osteuropa ist der Wolf bis heute Standwild. Von dort gelangen mitunter einzelne Tiere weit nach Westen (Lüneburger Heide, Bayrischer Wald).* **14,2:** *Boxer sind energische, kräftige Schutz- und Diensthunde, denen man gut auch Kinder anvertrauen kann. Ihrer Herrschaft gegenüber sind sie gutmütig und treu, zu Fremden mißtrauisch, gegen Feinde forsche Angreifer und Beißer.*

Abstammung. Hunde waren die ersten Haustiere des Menschen. Bereits vor etwa 12 000 Jahren haben Steinzeitmenschen sie gezähmt und als Gefährten in ihren Lebenskreis einbezogen. Die Stammform aller europäischen Hunderassen ist der *Wolf* **(14,1),** vermutlich eine Form aus Vorderindien. Solche Wölfe trieben sich in der Nähe des Menschen herum, in der Hoffnung, von ihren Speiseabfällen zehren zu können. Wie der genaue Gang der Haustierwerdung verlief, wird wahrscheinlich immer ein Geheimnis bleiben. Da Wölfe gesellig in Rudeln leben und sich einem Leitwolf unterordnen, war es für sie keine zu große Veränderung, nach der Zähmung im Menschen das neue „Leitwesen" anzuerkennen. Auf dieser Grundlage beruht heute wie damals das Verhältnis des Hundes zum Menschen. **14**

14,5: *Der Wolfsspitz ist eine deutsche Hunderasse, die sich einer großen Beliebtheit erfreut. Da dieser Hund argwöhnisch und mißtrauisch ist und sich von Fremden nicht berühren läßt, andererseits aber treu zu Herrn, Haus und Hof hält und oft und gern bellt, ist er ein idealer Wachhund. Ferner hat er keine Jagdleidenschaft, so daß er nicht herumstreunt. Seine Pflege ist einfach, da der Spitz genügsam und wegen seines dichten Felles wetterhart ist.* **14,6:** *Dachshunde, kurz Dackel genannt, gibt es kurzhaarig, langhaarig und rauhhaarig. Sie sind stöbernde Jagdhunde, die vor allem in unterirdischen Tierbauten scharf an die Jagdbeute herangehen. Aber auch über der Erde sind Dackel sehr draufgängerisch. Zu Hause sind sie wachsam, dazu klug und temperamentvoll. Auch Schalkhaftigkeit ist bei ihnen zu finden, die mitunter in Eigensinn übergeht. So ist Gehorsam gelegentlich ihr schwacher Punkt.*

14,5

14,6

13,1 *und* **13,2:** *Schädel und Gebiß eines Deutschen Schäferhundes. In den langgestreckten Kiefern des Hundes sitzen mehr Backenzähne als bei der Katze. Hunde haben im Oberkiefer 6 Schneidezähne, 2 Eckzähne (E) und 12 Backenzähne, im Unterkiefer ebenfalls 6 Schneidezähne und 2 Eckzähne, aber 14 Backenzähne, zusammen 42 Zähne. Auf jeder Seite bilden die 2 größten Backenzähne mit den schärfsten Kanten von oben und unten ein zusammenwirkendes Paar, die Reißzähne (R).* **13,3:** *Aufmerksamer Schäferhund. Daneben zeigt das Bild folgendes: Hunde können nicht schwitzen. Um an heißen Tagen und nach Anstrengungen abzukühlen, ziehen sie durch das geöffnete Maul, bei heraushängender Zunge, schnell Luft ein und stoßen sie wieder aus: sie „hecheln".*
Dabei verdunstet Feuchtigkeit von den Schleimhäuten der Zunge, des Mundes, des Rachens und der Atemröhre. Das führt zu einer Abkühlung dieser Körperteile, die sich auf den ganzen Körper auswirkt.

13,3

die Sicherheit ihrer Nachkommenschaft bemüht. In dieser Zeit sollte man die Tiere möglichst nicht beunruhigen und ihnen nicht zu nahe kommen. Selbst die gutartigsten Hündinnen sind dann argwöhnisch und könnten beißen.
Im 2. Lebensmonat wird entwöhnt, das heißt die Welpen werden von der Muttermilch auf feste Kost umgestellt. Das ist auch die beste Zeit, um junge Hunde in andere Hände wegzugeben. Sie sind noch unbeeinflußt und gewöhnen sich leicht an neue Verhältnisse. Mit 6 Monaten kann man die Welpen als selbständig bezeichnen. Haushunde werden mit 10–12 Jahren altersschwach; ihr Leben dauert meist nicht länger als 15 Jahre.

Pflege; Krankheiten. Die wichtigste Pflegemaßnahme beim Haushund besteht in der Fütterung. Sie soll beim erwachsenen Hund regelmäßig mittags und abends erfolgen, mit einem Fastentag in der Woche; auch das Wildtier hat ja nicht alle Tage Beute. Ferner braucht der Hund innerhalb des menschlichen Bereichs eine feste Bleibe, sein Lager. Es soll nicht zu weich sein. Da der Hund nicht so reinlich ist wie die Katze, muß sein Herr für seine Reinlichkeit sorgen. Ein Vollbad gibt es zwar höchstens dreimal im Jahr, aber die Reinigung der Augen und Ohren, der Zähne, des Felles und der Pfoten muß in kurzen Abständen erfolgen. Denn auch den Haushund bedrohen vielerlei Leiden und Krankheiten, von denen ein gut gepflegtes Tier weniger befallen wird. Besonders gefährlich ist die Tollwut, weil von tollwütigen Hunden gebissene Menschen sterben können. Nur sofortige ärztliche Behandlung mit Heilserum kann helfen. Ferner gibt es Hundebandwürmer, die den Menschen in Lebensgefahr bringen können. Sie werden vom Hund meist durch Belecken auf den Menschen übertragen. Wir sollten es daher zu solchen Zärtlichkeiten des Tieres nicht kommen lassen und uns nach jedem Spielen mit Hunden gründlich die Hände waschen.

Merkstoff. Der Haushund ist, wie die Hauskatze, nach seinen Skelettmerkmalen ein Wirbeltier, nach der säugenden Ernährung seiner Jungen ein Säugetier und nach der Ausbildung des Gebisses ein Raubtier. Seine Jagdart kennzeichnet ihn als Hetzräuber. Wie die Katze ist der Hund ein Zehengänger, kann aber seine Krallen nicht zurückziehen. Seine schärfsten Sinne sind Geruchsinn und Gehör. Der Hund ist ein Haustier, das durch Treue, Klugheit und Gelehrigkeit ein nützlicher Gefährte des Menschen geworden ist.

14,1: *Der Wolf (Canis lupus) war ursprünglich über ganz Europa, Asien und Nordamerika verbreitet, ist heute aber aus den dichtbesiedelten Landschaften ganz vertrieben worden. In Mitteleuropa war dieses Raubtier schon zu Beginn des letzten Jahrhunderts fast ausgerottet; in Sachsen wurde der letzte Wolf 1802, in Hessen 1841, in Württemberg 1847, im Erzgebirge 1859, in Baden 1865 und im Saargau 1885 geschossen. In Osteuropa ist der Wolf bis heute Standwild. Von dort gelangen mitunter einzelne Tiere weit nach Westen (Lüneburger Heide, Bayrischer Wald).* **14,2:** *Boxer sind energische, kräftige Schutz- und Diensthunde, denen man gut auch Kinder anvertrauen kann. Ihrer Herrschaft gegenüber sind sie gutmütig und treu, zu Fremden mißtrauisch, gegen Feinde forsche Angreifer und Beißer.*

Abstammung. Hunde waren die ersten Haustiere des Menschen. Bereits vor etwa 12 000 Jahren haben Steinzeitmenschen sie gezähmt und als Gefährten in ihren Lebenskreis einbezogen. **14** Die Stammform aller europäischen Hunderassen ist der *Wolf* **(14,1)**, vermutlich eine Form aus Vorderindien. Solche Wölfe trieben sich in der Nähe des Menschen herum, in der Hoffnung, von ihren Speiseabfällen zehren zu können. Wie der genaue Gang der Haustierwerdung verlief, wird wahrscheinlich immer ein Geheimnis bleiben. Da Wölfe gesellig in Rudeln leben und sich einem Leitwolf unterordnen, war es für sie keine zu große Veränderung, nach der Zähmung im Menschen das neue „Leitwesen" anzuerkennen. Auf dieser Grundlage beruht heute wie damals das Verhältnis des Hundes zum Menschen.

14,5: *Der Wolfsspitz ist eine deutsche Hunderasse, die sich einer großen Beliebtheit erfreut. Da dieser Hund argwöhnisch und mißtrauisch ist und sich von Fremden nicht berühren läßt, andererseits aber treu zu Herrn, Haus und Hof hält und oft und gern bellt, ist er ein idealer Wachhund. Ferner hat er keine Jagdleidenschaft, so daß er nicht herumstreunt. Seine Pflege ist einfach, da der Spitz genügsam und wegen seines dichten Felles wetterhart ist.* **14,6:** *Dachshunde, kurz Dackel genannt, gibt es kurzhaarig, langhaarig und rauhhaarig. Sie sind stöbernde Jagdhunde, die vor allem in unterirdischen Tierbauten scharf an die Jagdbeute herangehen. Aber auch über der Erde sind Dackel sehr draufgängerisch. Zu Hause sind sie wachsam, dazu klug und temperamentvoll. Auch Schalkhaftigkeit ist bei ihnen zu finden, die mitunter in Eigensinn übergeht. So ist Gehorsam gelegentlich ihr schwacher Punkt.*

14,5

14,6

14,3: *Der Russische Windhund oder Barsoi war in seiner Heimat ein Jagdhund, der vor allem Wölfe und Füchse hetzte. Dabei richtete er sich, anders als die meisten Hunde, nach den Augen und nicht nach der Nase. Bei uns gibt es für diese Hunderasse keine Jagdaufgaben mehr, und so ist dieser stolze Hund in Europa ein reiner Luxushund für Haus und Hunderennen. Wo er gehalten werden soll, muß viel Auslauf vorhanden sein.* **14,4:** *Der Irische Setter gilt als eine der schönsten Hunderassen. Er wurde in Irland als Jagdhund für die weiten, hügeligen, steinigen Jagdgründe herausgezüchtet. So zeichnen den Hund vor allem Schnelligkeit und Unermüdlichkeit aus. Daneben besitzt er eine gute Nase, so daß er verlorengegangenes Wild aufspüren kann.*

Rassen. Aus den Nachkommen der gezähmten Wölfe wählte der Mensch immer diejenigen
14 Tiere zur Fortpflanzung aus, deren Eigenschaften ihm besonders zusagten. Das konnten in manchen Fällen körperliche Eigenschaften sein, wie Gestalt, Behaarung oder Sinnesschärfe, in anderen seelische, wie Mut, Ausdauer oder Gehorsam. Solche fortgesetzte Züchtung durch den Menschen ließ im Laufe der Zeit viele *Hunderassen* entstehen **(14,2–14,6)**.

Verhaltensweisen. Weit mehr als in ihrer Gestalt zeigen unsere Haushunde in vielen Verhaltensweisen Übereinstimmungen mit ihrem Stammvater, dem Wolf. Von der Unterordnung unter den Menschen, der an die Stelle des Leittiers im Wolfsrudel getreten ist, war schon die Rede. So fühlt sich z. B. ein Jagdhund, der mit seinem Herrn auf Jagd geht, in einem Rudel, dessen Leittier der Mensch ist. Hunde, die sich schlafen legen, drehen sich vorher im Kreise, genau wie der Wolf. Während dieser aber mit solcher Instinktbewegung sich ein Lager im Gras niedertritt, hat sie beim Hund, der sich auf einer Decke niederläßt, keinen Sinn mehr. Doch dieser erbliche Wildtierinstinkt ist dem Haustier bis heute nicht verlorengegangen. Dasselbe gilt für die Scharrbewegung, mit der die Wölfe ihren Kot zuscharren. Jeder kennt diese Bewegung, die auf festen Straßen keinen Sinn hat, aber doch ausgeführt wird, auch bei Hunden. Ein weiteres Verhalten des Wolfes, das Bespritzen bestimmter Gegenstände im Gelände mit Urin, ist auch beim Hund ausgeprägt. Auf diese Weise wird geruchlich von der Anwesenheit Kunde gegeben und zugleich ein Anspruch auf das umgebende Gebiet, das Territorium, erhoben. Ein guter Anzeiger für die Stimmung bei Wolf und Hund ist der Schwanz. Während er gewöhnlich schräg abwärts zeigt, ist er beim Imponieren und Drohen aufwärts gerichtet und ist bei Angst, Hemmung oder Abwehr steil gesenkt oder sogar zwischen die Hinterbeine geklemmt. Den Wechsel dieser Ausdrucksbewegungen können wir gut verfolgen, wenn 2 Hunde aneinander geraten, von denen der eine unterliegt. Dieser senkt dann zuletzt noch seinen Kopf und dreht dem stärkeren die Kehle zu. Diese „Demutstellung" ruft im Sieger eine Hemmung zum Zubeißen hervor, und der Kampf ist damit beendet.

15,1

15–18 Das Hausrind (Bos taurus)

Schon vor etwa 8000 Jahren hat der Mensch die Wildform des Rindes, den *Ur*, zum Haustier gemacht. Er nahm den Tieren das freie Leben in der Natur, gab ihnen Behausungen und bestimmte ihre Lebensweise. So ging den Tieren die Wildheit verloren. Kein anderes Haustier hat für den Menschen eine solche Bedeutung erlangt wie das Hausrind. **15**

Ernährung. Die Nahrung des Rindes besteht vornehmlich aus Grünfutter, wie Gras und Klee. Dazu kommen im Winter Heu, Rüben und Gärfutter. Das Rind ist also ein *Pflanzenfresser*. Pflanzennahrung ist nährstoffarm. Um satt zu werden, muß das Rind große Mengen davon zu sich nehmen. Täglich braucht es allein über einen Zentner Grünfutter, mehr als $^1/_{10}$ seines Körpergewichts. Viele Stunden am Tag bringt es mit Weiden und Wiederkäuen zu **(15,3)**. Hohes Gras ergreift das Tier mit seiner langen, oberseits rauhen Zunge **(15,4)**. Sie ist sehr beweglich, umfaßt die Grasbüschel von der Seite her und bringt sie zwischen die Zähne. Kurzes Gras vermag die Zunge nicht mehr zu fassen. Es wird mit den vorderen Zähnen des Unterkiefers gegen die vorne zahnlose Knorpelleiste des Oberkiefers gedrückt **(15,5)** und durch ruckartige Bewegungen des Kopfes abgerupft.

Gebiß. Im vorderen Teil des Gebisses stehen unten 8 gleichartige Schneide- und Eckzähne in einer Reihe schräg nach vorn gerichtet (jederseits 3 Schneidezähne und 1 Eckzahn);

15,3

15,4

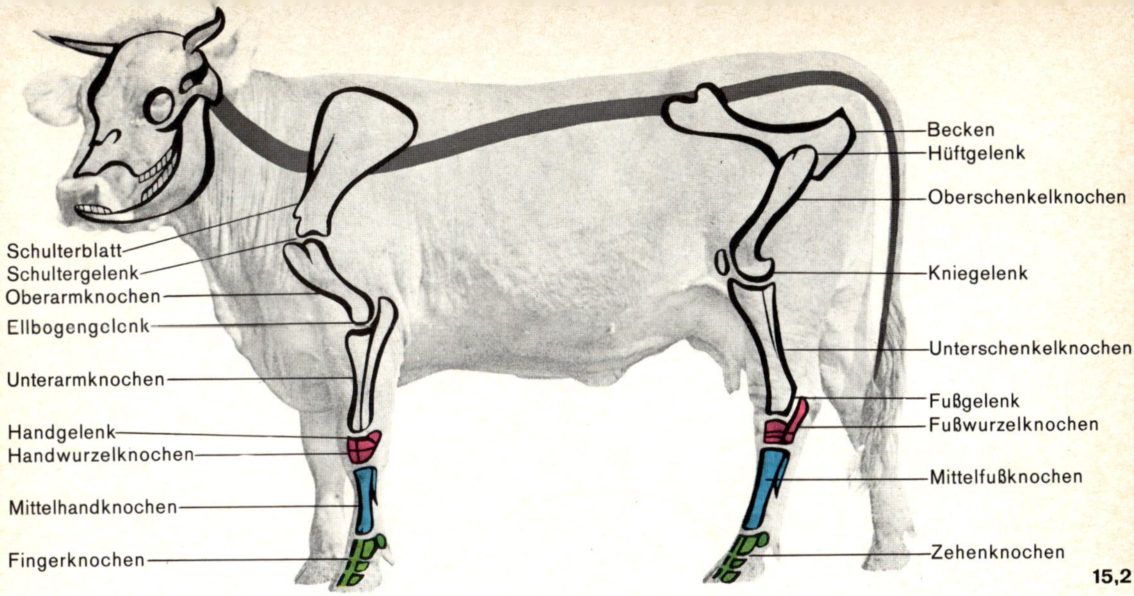

15,2

oben fehlen Zähne **(15,5)**. Dann folgt nach hinten in beiden Kiefern eine breite Lücke, hinter der sich die große Kaufläche der Backenzähne anschließt. Es sind
15 in jeder Kieferhälfte oben und unten je 6. Die breiten Backenzähne zeigen auf der Oberfläche halbmondförmige Erhebungen **(15,6)**, die von den harten und widerstandsfähigen *Schmelzfalten* gebildet werden. Das weichere *Zahnbein* und der *Zahnzement* dazwischen nutzen sich rascher ab. So bleibt die Oberfläche der Zähne rauh, wodurch die festen Pflanzenteile gut zerrieben werden können. Das Zerreiben erfolgt durch seitliche Mahlbewegungen des Unterkiefers **(15,3)**. Ein solches Gebiß, welches durch die große Kaufläche seiner Backenzähne gekennzeichnet ist, nennen wir ein *Pflanzenfressergebiß*.

15,1: *Kuh auf der Weide (Allgäuer Rind).* **15,2:** *Vereinfachtes Skelettschema. Die dunkelgraue Linie stellt die Wirbelsäule dar. Die Knochen von Hand und Fuß sind farbig hervorgehoben. Hand- und Fußgelenk befinden sich weit über dem Boden und dürfen nicht mit Ellenbogen- und Kniegelenk verwechselt werden.* **15,3:** *Rind beim Wiederkäuen. Die harte Pflanzenkost muß stark zerrieben werden. Die aufgenommene Nahrung wird deshalb ein 2. Mal gekaut. Dazu legt sich das Rind nieder. Das Foto zeigt die seitliche Verschiebung des Unterkiefers gegen den Oberkiefer.* **15,4:** *Die bewegliche Zunge vermag ein ganzes Grasbüschel zu umfassen und in das Maul zu schieben.* **15,5:** *Kopfskelett des Rindes. Besonders auffällig sind die langen Kiefer mit den Reihen breiter Backenzähne, die eine große Kaufläche bilden. Der Unterkiefer führt seitliche Mahlbewegungen aus (siehe auch 15,3).* **15,6:** *Backenzahn von der Seite und von oben. Die halbmondförmigen Schmelzfalten bilden die wirkungsvolle Raspel zum Zerkleinern der festen Pflanzennahrung.*

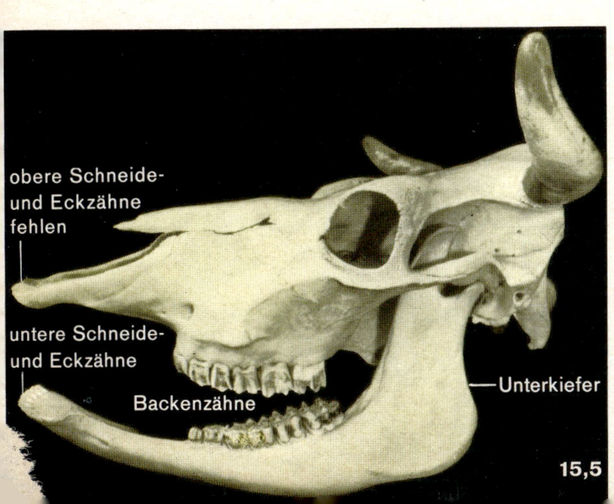

15,5

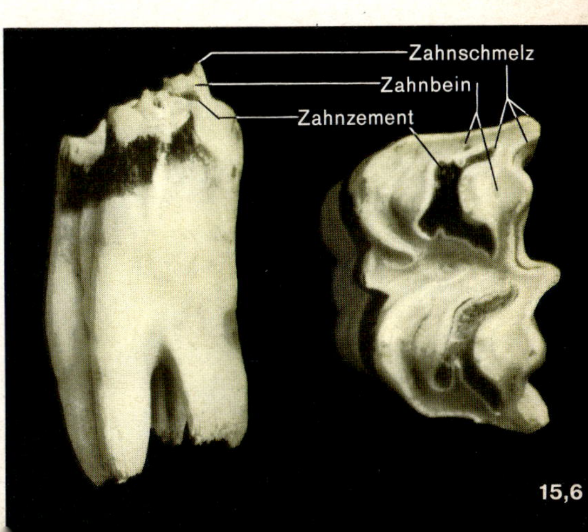

15,6

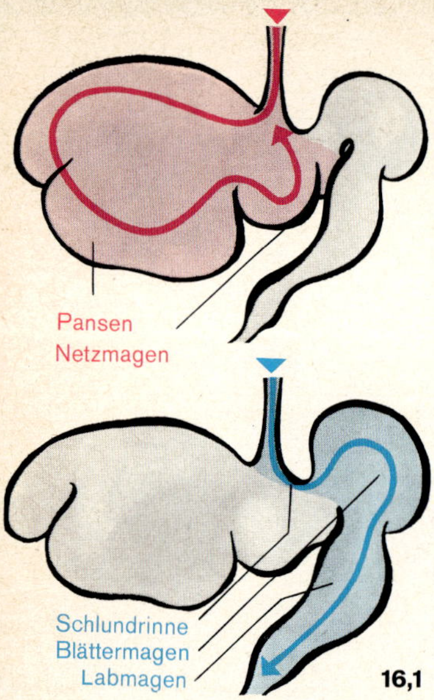

16,1

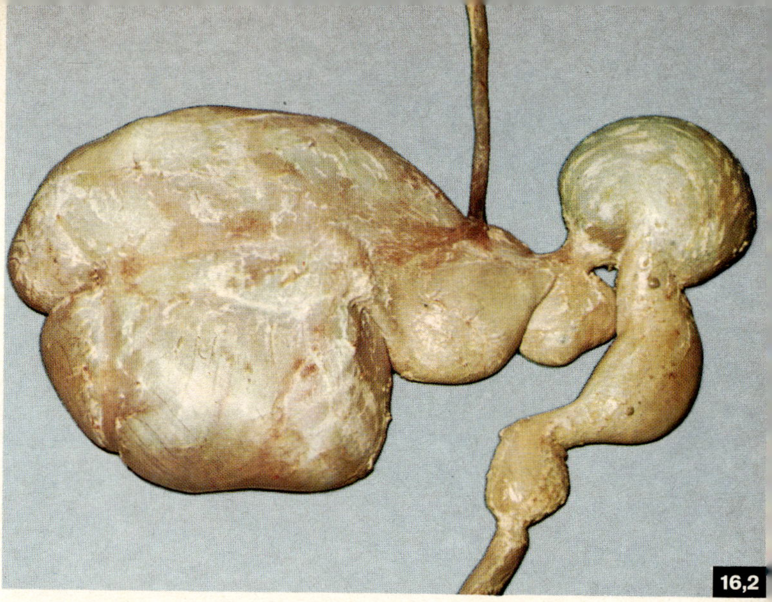

16,2

16,1: *Der zweimalige Weg der Nahrung durch den Magen des Rindes, rot beim erstmaligen Schlucken, blau nach dem Wiederkäuen, soweit sie flüssig ist.* **16,2:** *Der Magen des Rindes mit seinen verschiedenen Abschnitten. Da die Pflanzenkost sehr nährstoffarm ist, muß das Rind davon große Mengen zu sich nehmen. Dazu sind große Behälter notwendig. Der Pansen besitzt allein schon eine Länge von etwa 1 m (vgl. dazu den Maßstab in 16,3). Sein Inhalt macht über* $^4/_5$ *des Gesamtmagens aus.*

Verdauung. Um die schwer verdauliche Pflanzenkost zu verarbeiten, besitzt das Rind besondere Einrichtungen. Die Nahrung gelangt zuerst in einen großen Magen. Er besteht aus 4 Abschnitten **(16,1; 16,2).** Der weitaus größte Teil ist der *Pansen.* Daneben liegt der *Netzmagen.* Er hat seinen Namen von den netzförmigen Falten an seiner Innenwand **(16,3).** Der dritte Abschnitt ist der *Blättermagen*, der durch viele Falten (Blätter) stark gekammert ist, und der vierte Abschnitt heißt *Labmagen.*

Diesen verwickelten Aufbau des Rindermagens verstehen wir erst, wenn wir den Weg kennenlernen, den die Nahrung im Innern des Tieres nimmt **(16,1).** Das abgeweidete Gras wird vom Tier vollkommen unzerkaut geschluckt und gelangt in den Pansen, der zunächst einmal zum Aufstapeln großer Nahrungsmengen dient. Der Pansen hat einen gewaltigen Umfang und vermag bei ausgewachsenen Tieren an die 200 l Inhalt aufzunehmen **(16,2).** Im Innern des Pansens liegt das Gras dicht gepreßt und fängt in der Wärme alsbald zu gären an, wodurch bereits eine Aufbereitung stattfindet. Aber erst wenn das Tier genügend Futter aufgenommen hat, legt es sich im Stall oder auf der Weide nieder (15,3). Im Netzmagen formen sich nacheinander kleine Futterballen, die über die Speiseröhre zurück ins Maul gestoßen werden. Dort wird jeder Futterballen zwischen den Mahlflächen der Backenzähne mit reichlich Speichel vermischt und zu einem dünnflüssigen Nahrungsbrei zerkaut und zerrieben. Beim erneuten Schlucken gerät der Brei ebenso wie das frisch aufgenommene Gras zunächst in den Pansen. Von dort gelangt der Speisebrei nach weiterer Aufbereitung in den Blättermagen. Nur der flüssige Anteil der Nahrung kann über die *Schlundrinne* unmittelbar dem Blättermagen **(16,4)** zugeleitet werden. Das Rind ist ein *Wiederkäuer.* Alle Tiere, die ihre Nahrung ein zweites Mal in das Maul bringen, um sie zu kauen, nennen wir so.

Nach dem Vorgang des Wiederkäuens wird der dünnflüssige Nahrungsbrei im Blättermagen eingedickt. Die vielen großen und lappigen Falten des Blättermagens liegen wie die Seiten eines Buches übereinander **(16,3).** Dazwischen befinden sich dünne Lagen des Nahrungsbreies, so daß dieser mit einer großen Oberfläche der Mageninnenwand in Berührung kommt, obwohl dieser Magenteil verhältnismäßig klein ist. Man kann sich gut vorstellen, daß bei dieser breiten Berührung zwischen der Magenwand des Blättermagens und dem dünnflüssigen Speisebrei diesem das Wasser rasch entzogen werden kann. Der eingedickte Nahrungsbrei gelangt schließlich aus dem Blättermagen in den Labmagen, wo Verdauungssäfte auf ihn einzuwirken beginnen. Bei Kälbern wird hier das *Lab* erzeugt, das die Milch zum Gerinnen bringt. Man braucht diesen Stoff auch bei der Käseherstellung. Auf den Magen folgt ein langer Darm; er ist 22 mal so lang wie das Tier selbst. Während des langen Durchgangs durch diesen Darm kann die nährstoffarme Nahrung gut verdaut und ausgenützt werden.

Körperbau. Der Körper des Rindes ist massig, besonders der Bauch ist bei einem gesättigten Tier seitlich stark aufgetrieben, was das plumpe Aussehen verstärkt. Eine ausgewachsene Kuh wiegt 10–13 Zentner, starke Stiere erreichen bis zu 20 Zentner. Bei ihnen fällt der gedrungene Kopf und Hals auf (18,2). Die stark entwickelte Nackenmuskulatur nennen wir den „*Stiernacken*". Diese Muskeln ermöglichen den Tieren ihre geneigte Kopfhaltung beim Weiden. Im Nacken haben sie auch ihre größte Kraft. So ist das Joch zum Ziehen entweder an Stirn oder Nacken angebracht. Die Beine sind besonders kurz und kräftig, beim Stier noch gedrungener als bei der Kuh. Vom Hals zu den Vorderbeinen verläuft eine Hautfalte, die *Wamme*. In der ziemlich waagrechten Rückenlinie erreicht das Rind im vorderen höchsten Teil des Rückens, dem *Widerrist*, eine Höhe von 150 bis 160 cm. Der lange, mit einer Haarquaste endigende Schwanz dient als wirksamer Fliegenwedel (15,1). Die Haut, aus der wir das Rindsleder gewinnen, ist verhältnismäßig dick, aber doch dehnbar, und sie fühlt sich weich an. Sie ist ganz von kurzen und dichten Haaren bedeckt. Nur bei Weidetieren, die lange der Witterung ausgesetzt sind, ist das Haar länger und rauher und liegt weniger glatt an.

Sinne. An dem nackten, rosigen Maul liegen die feuchten Nasenöffnungen, und unter den Hörnern sitzen die sehr beweglichen Ohren. Geruch und Gehör sind besser entwickelt als das Gesicht, das uns mit großen Augen ansieht.

16,3: *Aufgeschnittener Rindermagen von innen gesehen. Kräftige Leisten verstärken die Tragfähigkeit der Pansenwand. Die verschiedenartige Oberfläche erklärt besonders gut die Namen von Netz- und Blättermagen.* **16,4:** *Die Schlundrinne. Sie lenkt den dünnflüssigen Anteil des Speisebreies nach dem Wiederkäuen vom Pansen in den Blättermagen. Von links oben im Bild kommt die Speiseröhre, rechts erkennt man die angeschnittenen Falten des Blättermagens.*

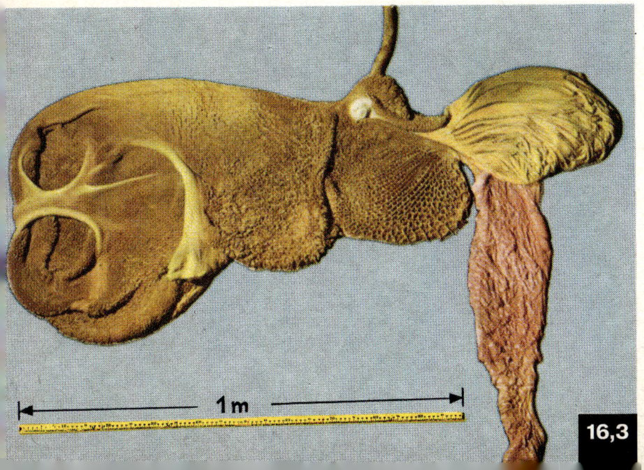

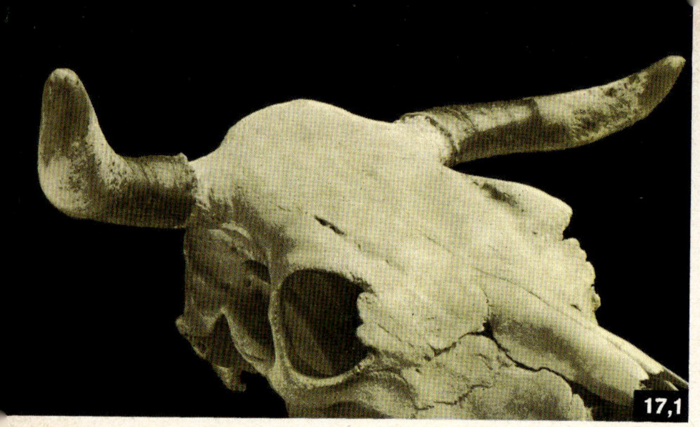

17,1: *Der obere Teil des Rinderschädels mit seinen Hörnern. Weit hinter den Augenhöhlen stehen die Knochenzapfen mit dem Hornüberzug.* **17,2:** *Oben sieht man das hohle Horn, unten den abgesägten Knochenzapfen.*

Hörner. An der breiten Stirn trägt das Rind zwei Hörner **(17,1).** Über zwei Knochenzapfen des Stirnbeins haben sich unverzweigte Hornüberzüge ausgebildet. Der Knochenzapfen reicht nicht bis zur Spitze des Horns **(17,2).** Das Rind ist ein *Hornträger*; die Hörner werden nicht abgeworfen. Beim männlichen Rind, dem Stier, und bei anderen wildlebenden Rindern stellt das Horn eine gefährliche Waffe dar; denn sie haben durch die stark entwickelte Nackenmuskulatur eine gewaltige Kraft in ihren Kopfbewegungen. Die Hörner können sehr verschieden geformt sein und sehr groß werden, wie z. B. bei manchen ausländischen Rinderarten.

17

Fußskelett. Wenn wir das Skelett des Fußes betrachten, erkennen wir, daß das Tier mit jedem Bein nur auf 2 Zehen steht **(17,3).** Im Unterschied zu Katze und Hund, die auf den ganzen Zehen auftreten und daher Zehengänger sind, tritt das Rind nur mit den Enden der letzten Zehenglieder auf; es ist ein *Zehenspitzengänger.* Die beiden Zehen sind aber sehr kräftig ausgebildet, und ihre letzten Zehenglieder sind dazu noch von starken Hornüberzügen, den Hufen, umgeben. Solche Hufe finden wir auch noch bei anderen Tieren, und wir nennen deshalb das Rind und alle diese Tiere *Huftiere.* Außer den beiden kräftigen Zehen ist noch ein 2. Paar Zehen vorhanden, das aber stark zurückgebildet und als sogenannte Afterzehen auf der Hinterseite des Fußes erkennbar ist **(17,4).** Weil die Zehen paarweise angeordnet sind und das Rind mit einem Paar Hufe auftritt, gehört es zu den Paarhufern. Die Mittelhand- bzw. die Mittelfußknochen sind allerdings zu einem einzigen und sehr kräftigen Knochen, dem „Kanonenknochen", zusammengewachsen, während die Mittelhand- bzw. Mittelfußknochen des verkümmerten Zehenpaares nur als einzelne, zurückgebildete

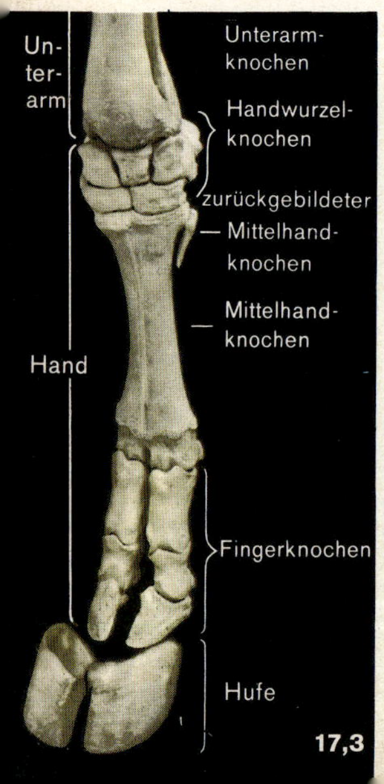

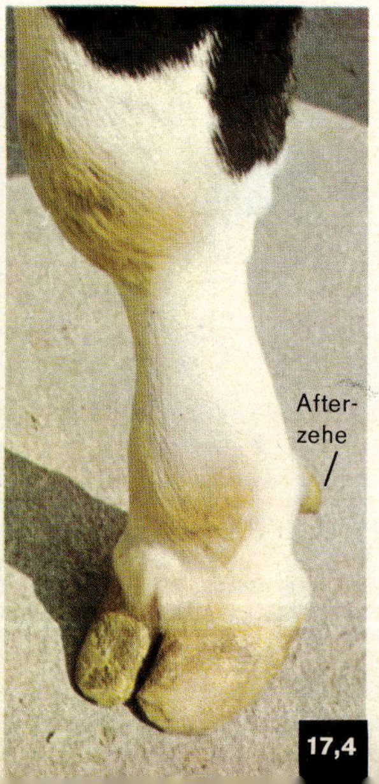

17,3 *und* **17,4:** *Vorderfuß des Rindes. Am Skelett ist vor allem die Gliederung des Fußes gut zu erkennen, am Fuß selbst die Afterzehe. Die Hufe werden bei Rind und Schwein im besonderen Klauen genannt.*

Reste seitlich vom Kanonenknochen erkennbar sind **(17,3).** Am Beinskelett im ganzen (Hinterbein) fällt auf, daß die Ferse ziemlich hoch liegt, ein Wadenbein am Unterschenkel fehlt und das Knie sich in Höhe des Bauches befindet. Der Oberschenkelknochen liegt, ebenso wie der Oberarmknochen, ganz im Rumpf (15,2).

Fortpflanzung. Das Hausrind ist im 3. Jahr voll ausgewachsen und fortpflanzungsfähig. Im allgemeinen bringt die Kuh jährlich ein Junges zur Welt. Schon wenige Stunden nach der Geburt vermögen die kleinen Kälbchen ihre ersten, unbeholfenen Schritte zu machen. Sie werden während der ersten 6–8 Wochen von der Mutter gesäugt **(17,5).** Das Hausrind gehört somit auch zu den *Säugetieren.* Das ausgewachsene männliche Tier heißt *Stier, Bulle* oder *Farren.* Das Hausrind wird über 20 Jahre alt.
Hoden und Eierstöcke beeinflussen Wachstum und Verhalten der Tiere. Bei Entfernung der Keimdrüsen, *Kastration* genannt, verändern sich Wuchs und Verhalten. Der Mensch führt dieses Verfahren bei Haustieren durch, um sie zahmer und verträglicher zu machen. Aus dem sonst so gefährlichen Stier wird durch Kastration der *Ochse,* der als williges Zugtier zu gebrauchen ist. Im weiblichen Geschlecht wird eine Kastration selten durchgeführt. Kastrierte Tiere sind nicht mehr fortpflanzungsfähig.

Nutzen. Wegen seiner vielseitigen Leistungen ist das Rind unter den Haustieren das wirtschaftlich wertvollste. Eine Kuh gibt täglich ungefähr 12–15 l Milch, in den rund 250 Melktagen eines Jahres also 3000–4000 l. Besonders auf Milchleistung gezüchtete Tiere erbrin-
17 gen noch mehr. Aus der Milch gewinnen wir wichtige Nahrungsmittel: Butter, Käse und Quark. Die Milch enthält etwa 3,5% Fett, ebenso viel Eiweiß, Milchzucker, Mineralsalze und erstaunlich viele lebenswichtige Vitamine. Zugleich ist das Rind unser größter Fleischlieferant. Die Haut wird zu Leder, die Haare werden zu Filz, die Hörner zu Knöpfen, die Knochen zu Leim und die Gedärme zu Wursthüllen verarbeitet. Schließlich spielt der Mist der Tiere als natürlicher Dünger eine große Rolle, und in Betrieben ohne Traktoren werden sie vor Pflug und Wagen gespannt.

Rinderhaltung. Wie seine Vorfahren ist das Hausrind ein Herdentier und weidet in Gruppen. Der ganz auf die Milchwirtschaft abgestellte Weidebetrieb wird besonders auf den großen Niederungsflächen Norddeutschlands und auf den Wiesen der Bergländer, den Almen, durchgeführt. Während des Winters hält man die Tiere in den Ställen. Unsere Viehbestände müssen tierärztlich überwacht werden, da das Rind Erreger ansteckender Krankheiten in sich bergen kann. Die Rindertuberkulose wird durch den Genuß ungekochter Milch auf den Menschen übertragen. Auch die Maul- und Klauenseuche macht besondere Schutzmaßnahmen notwendig.

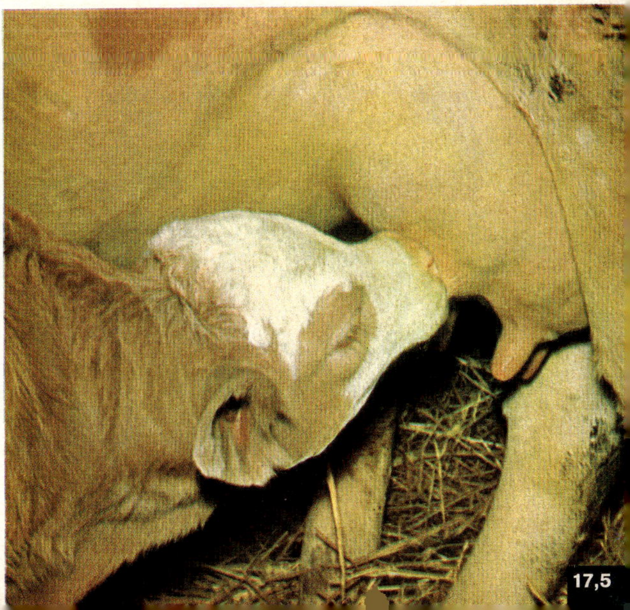

17,5: *Saugendes Kalb. Im Euter an der Bauchseite der Kuh liegen große Milchdrüsen, in denen sich die Milch bildet. Das Euter hat vier Fortsätze, die Zitzen, welche dem Kalb zum Saugen dienen. Aus ihnen drückt die Bäuerin mit geschickter Hand die Milch, oder es wird an ihnen der Melkapparat angesetzt.*

18,1

18,2

18,3

18,4

18,5

18,1: *Urrind. Aus den Höhlenzeichnungen erkennen wir, wie der Vorfahr unseres Hausrindes, der Ur oder Auerochse, ausgesehen hat. Der Stier war dunkel gefärbt und hatte einen hellen Rückenstreifen. Der Ur ist im 17. Jahrhundert ausgestorben.* **18,2–18,5:** *Rassen unseres Hausrindes.* **18,2** *und* **18,3:** *Stier und Kuh des Höhenfleckviehs. Es ist in seiner Färbung sehr verschieden. Es gibt einfarbig gelbe und rote Tiere, meist aber sind sie weiß gescheckt. Die Rasse gilt als gutes Fleisch- und Arbeitsvieh, zeigt aber geringere Milchleistung als das Niederungs- und Tieflandsvieh.* **18,4** *und* **18,5:** *Stier und Kuh des Tieflandviehs.*

Abstammung. Als Stammvater unseres Hausrindes sehen wir den *Ur* oder *Auerochsen* (Bos primigenius) an. Während der Eiszeit, vor über 10 000 Jahren, breitete er sich von Südasien her über Vorderasien bis nach Europa und Nordafrika aus. Bei uns wurde der letzte Ur vor über 300 Jahren erlegt. Die heutigen spanischen Kampfstiere sollen dem Ur am ähnlichsten sehen. In Höhlenzeichnungen sind uns die Vorfahren des Hausrindes erhalten **(18,1).**

Rassen. Der Mensch hat unter den Tieren immer wieder diejenigen ausgewählt, die sich für seine jeweiligen und besonderen Zwecke am besten zu eignen schienen. So sind unter seinem Einfluß durch eine lange Zucht viele Rassen entstanden. Beim deutschen Hausrind unterscheiden wir zwei Grundrassen; jede tritt in einer Anzahl verschiedener Farbschläge auf: 1. das *Höhenfleckvieh* **(18,2–18,3)** und 2. das *Niederungs-* oder *Tieflandvieh* **(18,4–18,5).** Die 2. Rasse tritt hauptsächlich in Schwarz-Weiß-Farben auf, weniger häufig als rotbuntes Rind. Es zeichnet sich durch eine besonders gute Milchleistung aus. **18**

Merkstoff. Das Rind ernährt sich ausschließlich von Pflanzenstoffen; es ist ein Pflanzenfresser. Das Pflanzenfressergebiß besitzt in den breiten Backenzähnen mit den harten Schmelzfalten eine große Kaufläche zum Zerreiben der Pflanzen. Da das Rind seine Nahrung zweimal kaut, nennt man es einen Wiederkäuer. Zur Verdauung der Nahrung besitzt es einen vierteiligen Wiederkäuermagen. Bei beiden Geschlechtern sitzen auf der Stirn zwei hornüberzogene Knochenzapfen, die Hörner. Sie werden nicht abgeworfen. Nach diesem Merkmal ist das Rind ein Hornträger. Die letzten Glieder der Zehen sind von einer starken Hornlage umkleidet, den Hufen: das Rind ist ein Huftier. Da es nur mit den Spitzen eines Zehenpaares auftritt, ist es ein Paarhufer und Zehenspitzengänger. Die Kälbchen saugen die Milch aus dem Euter der Kuh; daher gehört das Rind zu den Säugetieren.

18,6 *und* **18,7:** *Die „störrische" Ziege und das „geduldige" Schaf.* **18,6:** *Bock der braunen, deutschen Edelziege, eine der vielen Ziegenrassen.* **18,7:** *Landmerinoschaf, das wegen seiner guten Wolle sehr geschätzt ist. Auch bei den Schafen gibt es viele Rassen.*

Hausschaf und Ziege (Ovis aries und Capra hircus)

Vor mehr als 8000 Jahren hat der Mensch, schon vor dem Rind, Schaf und Ziege gezähmt. Sie waren ihm wertvolle Fleisch- und Milchspender. Das europäische Hausschaf wurde aus dem Mufflon gezüchtet.

Das Hausschaf. Das Bild der friedlich weidenden Schafherde wird bei uns immer seltener.
18 Die Weidegebiete werden kleiner, und die Schafhaltung geht stetig zurück. Die Herde, angeführt vom Leithammel, muß zu guten Weiden oft weite Wanderungen unternehmen. Das männliche Schaf, den Widder, schmücken bei manchen Rassen gewundene Hörner, häufiger sind hornlose Rassen. Trotz des Vordringens der künstlichen Faserstoffe sind Kleidungsstücke aus Schafwolle weiterhin sehr begehrt. Unsere Schafrassen hat man auf guten Wollertrag gezüchtet **(18,8).** Zunehmend ist das Schaf auch Fleischlieferant.

Die Ziege wird oft auch als die „Kuh des armen Mannes" bezeichnet, ein Titel, der besonders in Notzeiten zu Ehren kommt. Ziegen geben täglich ungefähr 5 l Milch. Sie wird wegen ihres Fettreichtums ebenso wie die Milch besonderer Schafe in manchen Ländern zu Käse verarbeitet. Als Lautäußerung haben Ziegen das allbekannte Meckern. Bock und Geiß haben schraubig gedrehte sichelförmige Gehörne, sind aber bei uns oft hornlos **(18,6).** Die Tiere gelten als recht eigenwillig. Mit ihrem scharfrandigen, harten Fuß sind sie gewandte Kletterer. Das Fleisch der jungen Tiere, der Zicklein, wird gerne gegessen. Die Ziegenhaut gibt das weiche Chevreau- und Saffianleder.

Merkstoff. Schaf und Ziege sind mit dem Hausrind verwandt. Sie sind Wiederkäuer, tragen Hörner und gehören zu den Paarhufern. Das Schaf liefert uns die Wolle.

18,8: *Schafschur. Ein- oder zweimal im Jahr werden die Schafe geschoren. Die Wolle wird mit der Schere von Hand oder heute auch vielfach maschinell abgeschnitten. Die fetthaltige Wolle muß vor der Verarbeitung gereinigt werden. Dabei verliert sie oft die Hälfte ihres Gewichts, und Fett (Lanolin) wird gewonnen. Im Jahr liefert ein Schaf etwa 4–5 kg Wolle.*

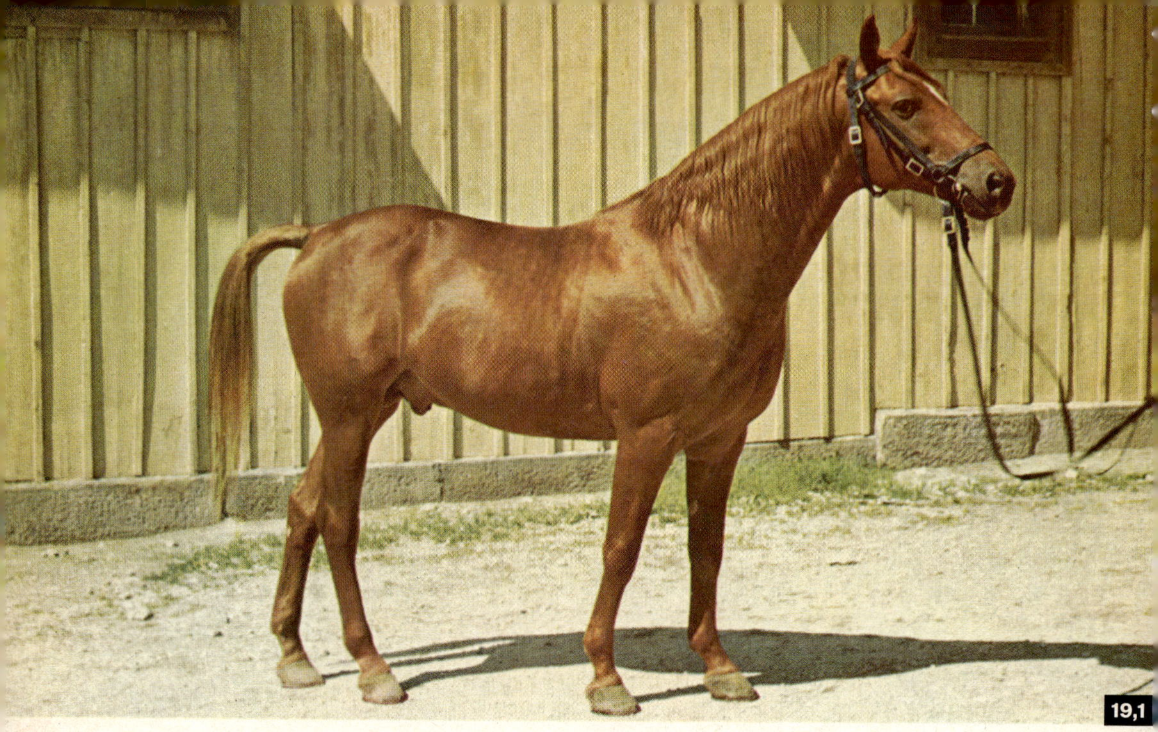

19,1: *Pferd, Trakehnerhengst, eine ostpreußische Rasse, die als gutes Warmblut-Gebrauchspferd gilt. Sehnige, schlanke und hohe Beine tragen den kräftigen Rumpf.*

19–21 Das Pferd (Equus caballus)

Wir sehen im Pferd eines der schönsten und edelsten Tiere. Unter den Haustieren ist es außer dem Hund das einzige Tier, das wegen seiner besonderen Eigenschaften und seiner Wesensart zum Menschen eine innere Beziehung gewonnen hat. Zum Haustier wurde es erst viel später als Hund und Rind gezähmt, nämlich vor etwa 4000–5000 Jahren. Es stammt von Wildpferden ab **(19,3),** die heute ausgestorben sind.

Körperbau. Ein langer Hals mit gestrecktem Kopf und hohe Beine lassen das Pferd trotz massigem Rumpf schlank erscheinen. Die Schulterhöhe beträgt etwa 160 cm. Am ganzen Körper trägt das Tier ein Fell, nach dessen Farbe man die Pferde einteilt. *Füchse* haben rotbraunes Haar mit gleichfarbiger Mähne und Schweif **(19,1),** *Braune* dagegen mit schwarzer Mähne und schwarzem Schweif; ferner gibt es *Schimmel, Rappen* und *Schecken.* An Kopf und Gliedmaßen finden sich weiße Stellen; an der Stirn heißen sie *Blesse.*

19,3: *Wildpferde, Höhlenzeichnung aus Lascaux in Frankreich, 12000–14000 Jahre v. Chr. Die abgebildete Zeichnung ist im Original 1,80 m lang. Das Wildpferd erkennt man an der stehenden Mähne, die für alle Wildpferde typisch ist. Als Wildpferd-Ahnen gelten das mongolische Steppenpferd und*

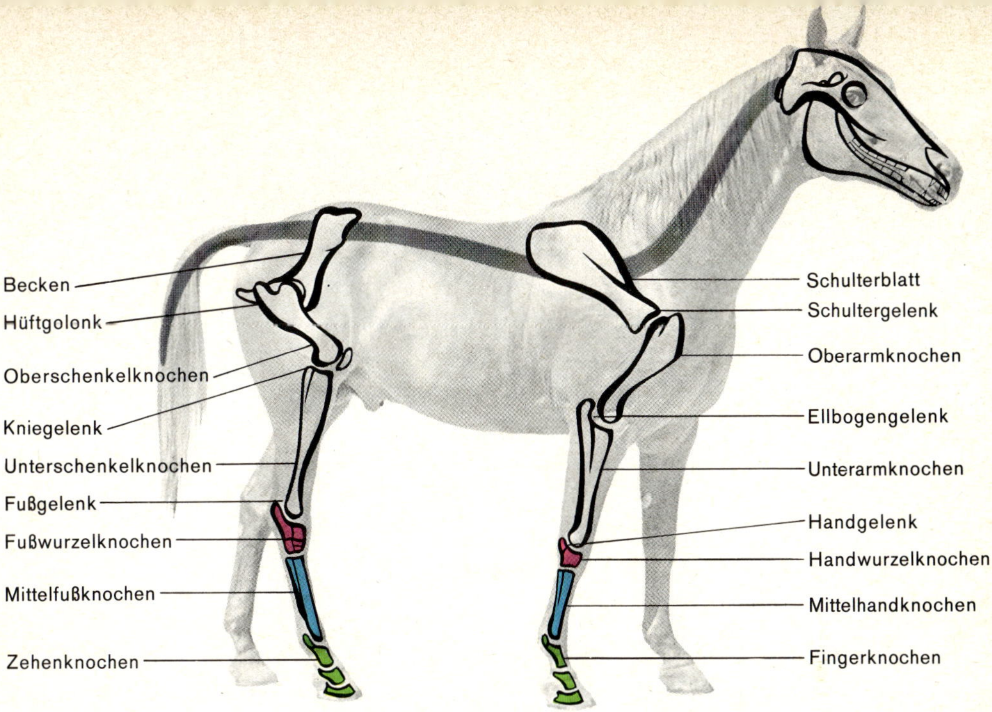

19,2

19 **19,2:** *Vereinfachtes Skelettschema. Wir erkennen Ähnlichkeiten mit dem Rind (15,2). Die graue Linie stellt die Wirbelsäule dar.*

Beinskelett. Im Bau des Beines ist eine Ähnlichkeit mit dem Rind leicht zu erkennen; besonders die beiden oberen Abschnitte, Oberarm bzw. Oberschenkel und Unterarm bzw. Unterschenkel, sind gleich **(19,2).** Anders ist es bei Hand und Fuß. Im Gegensatz zum Rind tritt das Pferd nur mit einer Zehe bzw. einem Finger auf **(19,4).** Es gehört somit zu den *Unpaarzehern* oder *Unpaarhufern.* An Mittelhand und Mittelfuß ist nur ein Knochen vollkommen ausgebildet. Verkümmerte benachbarte Mittelfußknochen werden *Griffelbeine* genannt **(19,4).** Um das letzte Zehen- oder Fingerglied, mit dem das Pferd als *Zehenspitzengänger* auftritt, bildet sich schuhartig eine starke Hornschicht aus, der *Huf.* Er ist tot und somit unempfindlich. Beim Gehen auf hartem Boden würde sich der Huf rasch abnützen. Dem wird durch Beschlagen mit einem Hufeisen vorgebeugt. Auch bei Unebenheiten haben die Füße dadurch einen besseren Halt. Da das Horn unter dem Hufeisen weiter wächst, muß man es wie unsere Fingernägel ab und zu beschneiden. Mit den kräftigen Hinterbeinen vermag das Pferd gefährliche Schläge auszuteilen.

der graue Tarpan. Diese Tiere wurden mit Erdfarben an die Höhlenwände gemalt; soviel wir wissen, sollte damit das Jagdglück beschworen werden. **19,4:** *Vorderfuß von vorn und hinten.* **19,5:** *Huf von unten. Das Dreieck im Huf ist der „Strahl"; er wirkt wie ein Polster.*

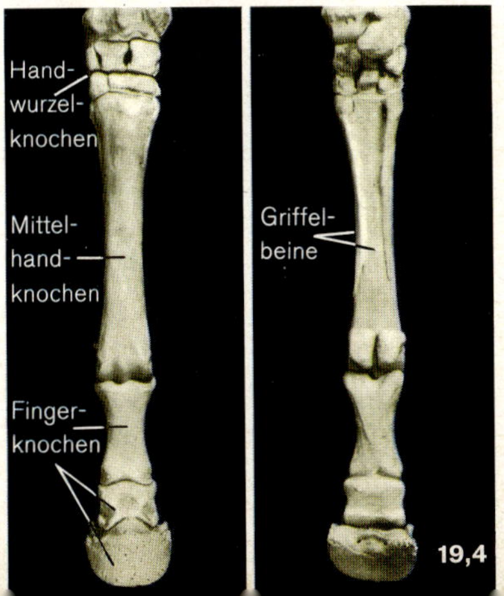

19,4

19,5

20,1

20,2

Bewegung. Das Pferd hat drei Gangarten: Schritt, Trab und Galopp **(20,1–20,3).** Beim *Schritt*, der langsamsten Gangart, werden die Füße nacheinander, beim *Trab*, einer beschleunigten Gangart, paarweise über Kreuz aufgesetzt, und beim *Galopp* treten immer zuerst die Hinterbeine auf und geben zum neuen Sprung den Anstoß. Gleich danach werden die Vorderbeine abgehoben. Im Trab läuft ein Pferd ungefähr mit der Geschwindigkeit 15 km/h, im Galopp mit 25–30 km/h, und ein Rennpferd erreicht in vollem Lauf bis zu 90 km/h. Durch Dressur kann das Pferd auch im *Paßgang* gehen, einer Gangart, bei der jeweils die Beine einer Seite zusammen vorgesetzt werden. Die Zugkraft übertragen die Pferde mit Hilfe der Geschirre, die an Brust und Hals aufliegen. Dort ist der beste Ansatz für die Kraftübertragung. Bei starker Anstrengung schwitzen sie. Man muß sie dann abreiben und zudecken. Pferde können gut schwimmen und lieben ein Bad.

Sinne. Besonders gut entwickelt sind das Hören und das Riechen. Das gute Gehör des Pferdes ist an seinem Verhalten bei feinsten Geräuschen zu erkennen. Fast ebenso gut ausgeprägt ist der Geruchsinn. Auf große Entfernung wittert das Pferd Menschen, Tiere und Wasser. Weniger gut sind die Augen der Pferde. Sie sind auf die Nähe eingestellt und nehmen unbewegte Gegenstände kaum wahr, sprechen aber stark auf Bewegungen an. Unerwartete Bewegungen lassen die Tiere leicht scheuen und führen manchmal zu kopfloser Flucht. Durch die seitliche Augenstellung haben die Pferde ein größeres Gesichtsfeld als wir Menschen. Geschmacks- und Tastsinn sind gut ausgebildet. Besonders gelobt wird ihr Gedächtnis. Damit sind die erstaunlichen Dressurleistungen zu erklären, sowie die Fähigkeit, ohne Führung ihre Wege selbst bei Dunkelheit zu kennen und sicher den heimatlichen Stall zu erreichen.

Ernährung und Gebiß. Täglich braucht das Pferd ungefähr 6–8 kg Heu und Häcksel aus Roggen- oder Weizenstroh oder statt dessen eine entsprechende Menge Grünfutter. Dazu kommt noch eine Gabe Hafer von 2–5 kg oder Hackfrüchte als Kraftfutter. Wie das Rind ernährt sich das Pferd nur von pflanzlichen Stoffen. Dementsprechend ist auch das Pferdegebiß ausgebildet **(20,5; 20,6).** Vorne stehen oben und unten je 6 schräggestellte *Schneidezähne*. Sie dienen zum Abrupfen von kurzem Gras. Bei längeren Pflanzen, wie Klee oder Heu, helfen die beweglichen Lippen mit **(20,4).** Nach dem Grad der Abnützung der Schneidezahnkronen läßt sich das Alter der Pferde ungefähr bestimmen. Bei der im Gebiß nach hinten anschließenden Lücke erkennt man beim männlichen Tier verkümmerte *Eckzähne*; beim weiblichen Tier fehlen sie. In diese Lücke paßt das sogenannte „Gebiß" des Zaumzeuges, die Trense oder Kandare. Die langen Kiefer geben Platz für die großen Kau-

20,3

20,1–20,3: *Die drei Gangarten des Pferdes. 20,1: Schritt; 20,2: Trab; 20,3: Galopp. Das Tier ordnet sich ganz dem Willen des Reiters unter.* **20,4:** *Pferdekopf. Der Reiter reicht dem Tier ein Stückchen Zucker. Deutlich sieht man die beweglichen Lippen.* **20,5:** *Pferdeschädel von der Seite. Er ist lang und schmal, und der mächtige Unterkiefer ist hoch eingelenkt. Der Gesichtsschädel zeigt Ähnlichkeit mit dem des Rindes.* **20,6:** *Unterkiefer mit den Kauflächen der Backenzähne.*

flächen der *Backenzähne.* Je 6 stehen in einer Kieferhälfte. Geschlängelte Schmelzfalten auf ihrer Krone schaffen eine rauhe Oberfläche zum Zermahlen der harten Pflanzennahrung **(20,6).** Das Gebiß des Pferdes ist ein *Pflanzenfressergebiß.*

Die Nahrungsaufnahme ist anders als beim Rind. Die Nahrung wird gleich beim Fressen gründlich gekaut und nicht wiedergekäut. Daher muß man dem Pferd zum
20 Fressen ausreichend Zeit lassen. Das Pferd ist also kein *Wiederkäuer.* So besitzt es auch nur einen verhältnismäßig kleinen Magen. Dafür ist ein langer *Blinddarm* vorhanden, der als Gärkammer dient und den Magen an Größe übertrifft. In diesem wird die schwerverdauliche und wenig nahrhafte Pflanzenkost aufgeschlossen. Magen und Darm zusammen fassen große Nahrungsmengen.

Fortpflanzung. Das Muttertier, die *Stute,* bringt vom dritten Lebensjahr an meist in jedem Jahr ein *Fohlen* oder *Füllen* zur Welt (21,5 und 32a,4). Schon einige Stunden nach der Geburt (32a,3) erhebt es sich auf seine staksigen, langen Beine. 4–5 Monate wird es gesäugt. In dieser Zeit trollt es in übermütigen Sprüngen auf der Weide. Mit 2–3 Jahren setzt man das Pferd ein, und es kann bis zu einem Alter von 20–22 Jahren Arbeit leisten. Pferde können jedoch 30–35 Jahre alt werden. Das männliche Pferd heißt *Hengst,* der kastrierte Hengst wird *Wallach* genannt.

20,4

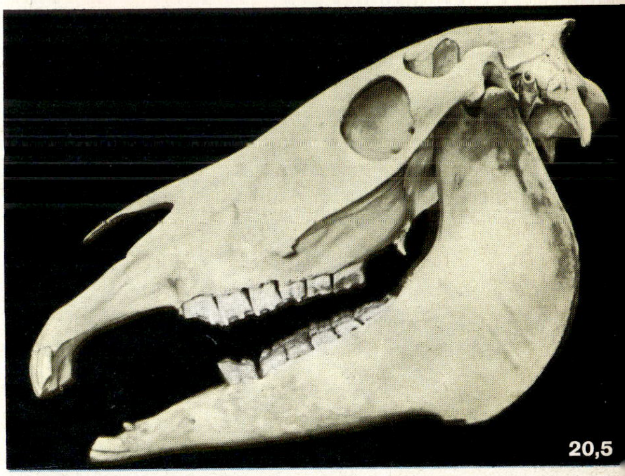
20,5

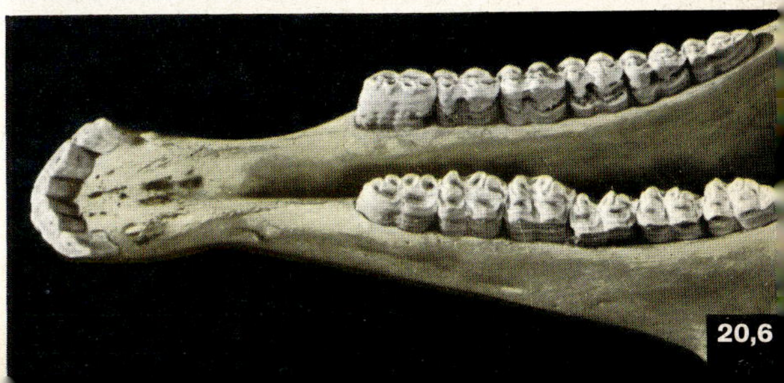
20,6

21,1: *Araberhengst, Schimmel. Die Araber sind Vollblutpferde und gelten als edelste Pferderasse, von der alle warmblütigen Pferderassen abstammen.* 21,2: *Ein Warmblüter ist auch das Halbblut. Rappenhengst des Württembergischen Halbblutes, das ein gutes, kurzbeiniges Wirtschaftspferd ist.*

Rassen. Nach den verschiedenen Anforderungen, die der Mensch an das Pferd stellt, hat er bestimmte Rassen gezüchtet. Die beiden großen Gruppen sind die *Warmblut-* und die *Kaltblutpferde*. Mit „warm" und „kalt" ist aber nicht die Bluttemperatur gemeint, sondern das Temperament der Tiere. Warmblüter, und dazu gehört auch das Vollblut, sind mehr Reit- und Rennpferde. Das Kaltblut mit seinem massigen Körper eignet sich besonders für den schweren Zug (Brauereipferde). Außer den abgebildeten Rassen **(21,1–21,4)** gibt es noch *Hannoveraner*, *Oldenburger*, *Lipizzaner*, *Haflinger* und viele andere. Die Rassen sind durch Abstammungssiegel, sogenannte Brände, gekennzeichnet, die den Tieren in den Gestüten an Hals oder Oberschenkel eingebrannt werden **(21,3)**.

Wesen und Verhalten. Gelehrigkeit und Gehorsam, Mut und Ausdauer zählen zu den Tugenden des Pferdes. Als Herdentier zeigt es eine angeborene Anhänglichkeit, aber auch die Wildtiereigenschaften der blinden Flucht bei drohender Gefahr sind ihm als Erbe geblieben. Seine Gemütsbewegung spiegelt sich untrüglich in seinem Ohren- und Schwanzspiel wider. Hin- und Herbewegen der Ohren deutet auf Unruhe hin, und legt es die Ohren an, so zeugt das von starker Erregung. Das Ohrenanlegen erfolgt oft, bevor das Tier nach hinten ausschlägt. Zumeist wird dann auch der Schweif heftig im Kreise bewegt, wogegen er nach oben gerichtet ist, wenn das Tier zufrieden und in Ruhe ist, und eingezogen wird, wenn es Furcht bekundet.

Bedeutung. In Dichtung, Geschichte und Sprache spielt das Pferd eine große Rolle. Seine Leistungsfähigkeit war der Anlaß, die Leistung der Maschinen in Pferdestärken (PS) zu messen. Der Mensch hat sich das Pferd in vielseitiger Weise zu Nutze gemacht: als Reitpferd im Krieg und bei der Jagd, und als Vorspann vor Pflug und Wagen. Bis zur Erfin-

21,5: *Stute mit Fohlen.* 21,6: *Esel; er ist in den Mittelmeerländern beheimatet. Esel sind genügsame Zug- und Tragtiere.* 21,7: *Maultier. Sein sicherer Tritt auf Gebirgspfaden macht es als Gebirgslasttier geeignet.*

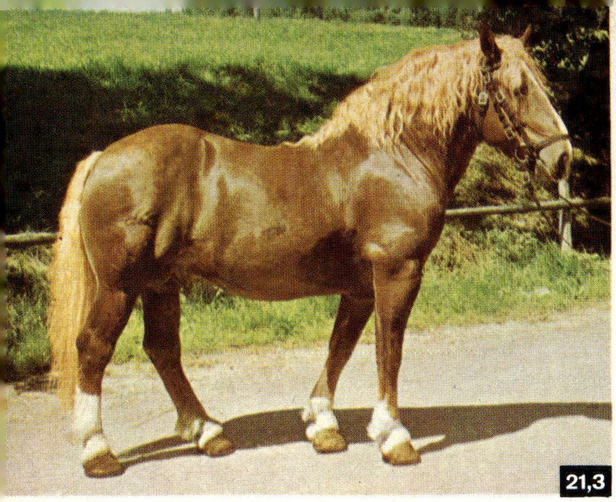

21,3

21,4

21,3: *Hengst des Süddeutschen Kaltblutes. Kaltblutpferde sind schwer, grobknochig und langsam.* **21,4:** *Islandpony. Die Schulterhöhe beträgt nur ungefähr 130 cm. Es ist trittsicher in unwegsamem Gelände, gutmütig und genügsam, und außerdem noch widerstandsfähig gegen Witterungseinflüsse.*

dung der Eisenbahn war die pferdebespannte Postkutsche das schnellste Beförderungsmittel. Heute ist die Verwendung des Pferdes als Arbeits- und Zugtier sehr zurückgegangen; im Pferdesport aber ist seine Bedeutung noch ungeschmälert.

Der Mensch hat durch Kreuzung verschiedener, nahe miteinander verwandter Arten versucht, für seine Zwecke geeignete Formen zu züchten. So hat er Pferd und Esel miteinander

21 gepaart. Der *Esel* **(21,6)** ist an den dunklen, großen Ohren, dem Quastenschwanz und an einem dunklen Strich vom Widerrist abwärts leicht zu erkennen. Die durch eine solche Kreuzung erhaltenen *Mischlinge* oder *Bastarde* sind das Maultier und der Maulesel. Wenn Eselhengst und Pferdestute gepaart werden, erhält man das *Maultier* **(21,7),** das wie der Esel ein genügsames Zug- und Tragtier ist. Besonders im Gebirge macht es sich als bewegliches und sicher auftretendes Lasttier sehr nützlich. Die Eltern des selteneren *Maulesels* sind dagegen ein Pferdehengst und eine Eselstute. Sowohl Maultier als auch Maulesel sind nicht mehr fortpflanzungsfähig.

Merkstoff. Unsere Pferderassen stammen von heute ausgestorbenen Wildpferden ab. Als Schnelläufer besitzt das Pferd einen ausgesprochenen Lauffuß, hoch, muskulös und kräftig. Die drei Gangarten des Pferdes sind Schritt, Trab und Galopp. Es tritt nur mit dem letzten Glied eines Fingers oder einer Zehe auf, es ist ein Zehenspitzengänger und Unpaarhufer. Die Endglieder von Finger und Zehe sind mit einer starken Hornlage umgeben, dem Huf. Ferner ist es ein Pflanzenfresser und besitzt dementsprechend ein Pflanzenfressergebiß. Die Nahrung wird nicht wiedergekäut. Bei der Verdauung hilft ein langer Blinddarm mit. Nase und Gehör sind die besten Sinne des Pferdes. Das Fohlen wird von der Stute gesäugt; Pferde sind Säugetiere.

21,6

21,7

22,1

22,1: *Bache mit Frischlingen beim Äsen.* **22,2:** *Schnauzenteil des Kopfes von einem Wildschweineber (Keiler). Die Augen sind klein, der ganze Kopf borstig behaart, bis auf die immer feucht glänzende Nasenscheibe. Die Eckzähne stehen beide aufwärts, berühren sich eng und schleifen sich dadurch gegenseitig scharf.* **22,3:** *Schädel vom Wildschwein. Die flach vorgestreckten Schneidezähne können beim Beutefangen wie eine Zange gebraucht werden.* **22,4** *und* **22,5:** *Fuß- und Unterschenkelknochen vom Wildschwein.*

22–23 Wildschwein und Hausschwein (Sus scrofa und Sus domestica)

Das Wildschwein ist das erste freilebende Säugetier unserer Heimat, das wir näher kennenlernen wollen. Man bekommt es selten zu Gesicht, weil es versteckt lebt und vorsichtig ist. Es ist aber in vielen bewaldeten Gegenden Mitteleuropas noch ständig anzutreffen *(Standwild)*, und sein Bestand hat in den letzten Jahrzehnten sogar zugenommen.

Körperbau. Wildschweine gehören zu den Großtieren unserer Heimat. Ausgewachsene Stücke erreichen eine Schulterhöhe von 0,8–1 m und 1,5 m Körperlänge. Die Schwanzlänge beträgt 50 cm. Das Gewicht großer Wildschweine kann 200 kg und mehr betragen. Die größten Maße und Gewichte erreichen die männlichen Tiere oder *Eber*, vom Jäger Keiler genannt. Weibchen oder *Sauen* heißen in der Jägersprache Bachen und die Jungen Frischlinge **(22,1).** Wildschweine im Jugendalter bezeichnet man als Überläufer.

Das Wildschwein ist, wie das Rind, ein paarzehiges Huftier, das auf den Zehenspitzen geht *(Paarhufer; Zehenspitzengänger)*. Allerdings ist das schwächere Zehenpaar, die Afterklauen, beim Wildschwein größer als beim Rind und berührt beim Gehen den Erdboden **(22,4; 22,5).** Der Kopf hat eine keilartige Form **(22,2).** Am Vorderende läuft er in eine rüsselartige Schnauze aus, die mit einer Nasenscheibe abschließt. Die Augen sind klein („Schweinsäuglein"), und die großen Ohrmuscheln stehen immer aufrecht.

Vom Gebiß sind selbst bei geschlossenem Maul die stark entwickelten *Eckzähne*, die Hauer, immer sichtbar **(22,2; 22,3).** Sie ragen alle aufwärts. Die Schneidezähne sind nur mittelgroß. Die Backenzähne nehmen von vorne nach hinten an Größe zu. Die Kronen der vorderen Backenzähne haben scharfe Kanten, wie die Backenzähne fleischfressender Raubtiere. Bei den hinteren Backenzähnen des Wildschweins sind jedoch stumpfe Höcker ausgebildet, wie wir das in ähnlicher Form von den Pflanzenfressern kennen. Das Gebiß des Wildschweins vereinigt die Backenzahnmerkmale beider Ernährungsrichtungen in sich: es ist ein *Allesfressergebiß*. Anders als das Rind hat es nur einen einfachen Magen, ist also kein Wiederkäuer.

Wildschweine sind fast am ganzen Körper dicht behaart. Die Wollhaare sind am Fell weit weniger entwickelt als die Grannen- oder Deckhaare. Diese sind als lange, steife, am Ende oft zersplissene Borsten ausgebildet. Sie geben mit ihrer schwarzbraunen Farbe dem Wildschweinfell das Gepräge und haben zu den volkstümlichen Namen „Schwarzwild" und „Schwarzkittel" geführt. Ein solches Fell schützt wirksam gegen Verletzungen der Haut und mildert Stöße.

Lebensweise. Wildschweine leben bevorzugt in größeren Waldgebieten, die dichtes Unterholz aufweisen. Sie können mit ihrer dicken Haut und dem dichten, borstigen Fell selbst durch Dorngebüsch hindurchbrechen. Die Keilform des Kopfes und der schlanke, hochrückige Rumpf **(22,2; 22,1)** erleichtern das Beiseiteschieben von Gebüsch und Astwerk. In ihrem Lebensraum sagen ihnen feuchte und sumpfige Örtlichkeiten besonders zu. Sie sinken dort nicht so leicht ein wie andere Großtiere, weil ihre Afterklauen weit abspreizbar sind. Dadurch bekommt der Fuß eine große Standfläche. Gerne und so oft sie können wälzen sich die Wildschweine in schlammigen Wasserlöchern. Dabei bringen sie ihr Wohlbehagen durch Grunzen zum Ausdruck. Nach dem *Suhlen*, wie man das Schlammbaden nennt, trocknet eine dicke Erdkruste auf dem Körper fest, die einen sehr guten Schutz gegen Insektenstiche verleiht. Muß ein Wildschwein Juckreize lindern, so scheuert es sich an Baumstämmen.

Tagsüber verhält sich das Schwarzwild meist ruhig. Ein großer Teil des Tages wird verschlafen. Die Lagerstellen sind ausgewählte Mulden unter tiefhängenden Baumästen oder Büschen. Sie werden mit Fallaub und Moos gepolstert. In diesen *Kessel* genannten Schlafstellen sind die Tiere gut versteckt. Vor herannahenden Feinden warnen sie gute Ohren. In der Dämmerung werden die Wildschweine munter, verlassen die Dickungen des Waldes und gehen auf Lichtungen, Blößen und Feldern der Nahrung nach **(22,1)**.

22,2

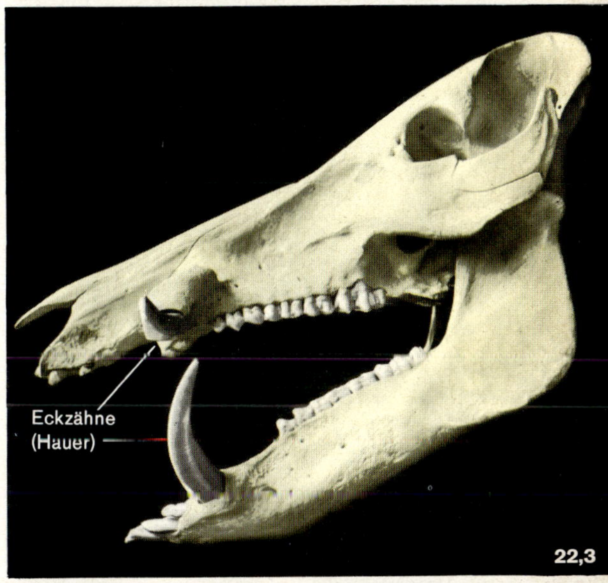

22,3

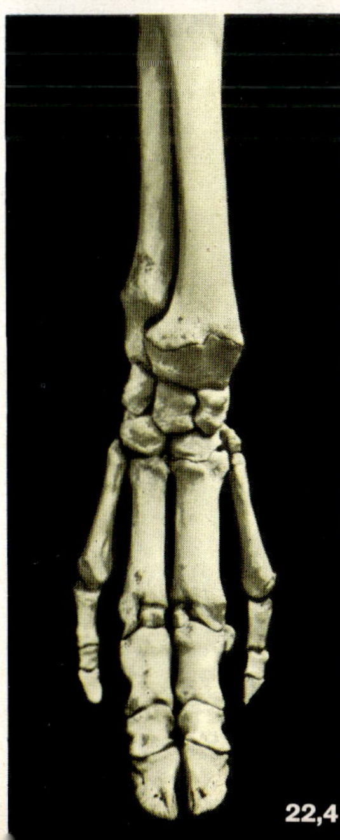
22,4

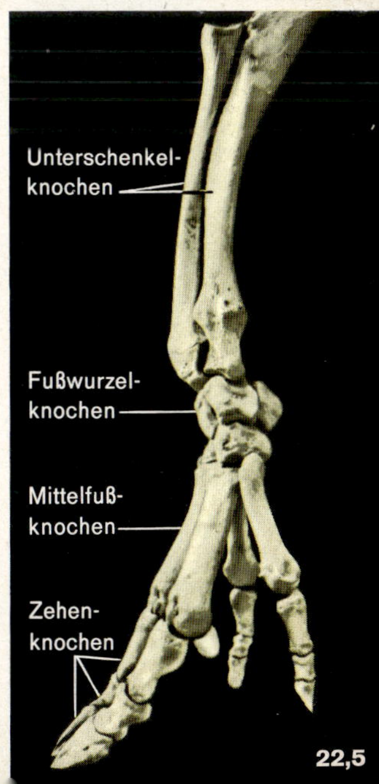

22,5

Nahrung. Wir sahen schon, daß die Wildschweine ein *Allesfressergebiß* besitzen (22,3). Tatsächlich ist ihr Speisezettel überaus reichhaltig. Im Sommerhalbjahr bevorzugen sie Pilze, Farne, Wurzeln und Feldfrüchte, während im Winterhalbjahr vor allem Eicheln, Kastanien, Bucheckern und Haselnüsse gefressen werden. Die tierische Nahrung besteht, unabhängig von der Jahreszeit und wie sie gerade zu erwischen ist, aus Mäusen, Jungvögeln und Vogeleiern, Fröschen, Kröten, Molchen, Schnecken, Würmern und vielerlei Insekten. Bei der Nahrungssuche durchwühlen die Wildschweine Fallaub und lockeren Erdboden mit ihrer Rüsselschnauze, deren Tastsinn sehr empfindlich ist. Auch der Geruchsinn ist gut. Wurzeln in hartem Boden brechen sie mit den Eckzähnen auf. Fällt eine Rotte Wildschweine in Getreide-, Kartoffel- oder Rübenäcker ein, so ist der Schaden immer groß. Dabei fallen nicht so sehr die Fraßschäden ins Gewicht; größer sind die Schäden durch Trampeln und Wühlen. So sieht der Bauer im Wildschwein mit Recht einen Schädling. Das Jagdgesetz billigt dem Schwarzwild daher auch keine Schonzeit zu. Ausgenommen sind nur Bachen, die zum Setzen und Aufziehen der Frischlinge vom 1. April bis 15. Juni nicht gejagt werden dürfen. Für den Förster ist das Schwarzwild dagegen nützlich, weil es viele Schadinsekten vertilgt.

Fortpflanzung. Die Bachen setzen alljährlich im April oder Mai 3–12 Frischlinge. Der Nestkessel ist gut versteckt und gepolstert. Dort bleiben Muttertier und Jungtiere in den ersten 2 Wochen eng beisammen. Die Alte verläßt den Kessel nur zur Nahrungssuche. Die Kleinen saugen bei der Mutter Milch aus den vielen Saugwarzen, die sich in zwei Reihen an der Bauchseite finden. Bald schon verlassen die dunkelbraunen, hell gestreiften Frischlinge (22,1) das Lager, kehren aber noch einige Wochen lang zum Saugen zurück. Oft ziehen mehrere Bachen ihre Jungen in nächster Nachbarschaft groß. So können beim Tode eines Muttertieres die hilflosen Jungen von einer anderen Bache mit aufgezogen werden. Die Bachen verteidigen ihren Nachwuchs mit großem Mut. Überhaupt ist das Schwarzwild gegen Angreifer sehr wehrhaft, wodurch die Jagd nicht ohne Gefahr ist.

Das Hausschwein

Abstammung, Züchtung und Körperbau. Das Hausschwein stammt vom Wildschwein ab. Es wurde schon vor mehr als 5000 Jahren als Haustier gehalten und seither weitergezüchtet. Dabei entstanden Formen, die sich von der Ausgangsform zum Teil erheblich unterscheiden, die Schweinerassen. Heute gilt bei uns in Mitteleuropa das Deutsche veredelte Landschwein als die vorteilhafteste Zuchtrasse **(23,1).**

Schon der erste Blick zeigt, daß das Hausschwein niedriger gebaut ist als das Wildschwein. Das hängt einmal mit den kürzeren Beinen zusammen, kommt aber auch daher, daß der Rücken des Hausschweins gedrungener ist. Aus dem gestreckten Schwanz des Wildschweins wurde durch die Züchtung ein Ringelschwänzchen, aus den aufrechtstehenden Ohrmuscheln sind Schlappohren geworden, und der ganze Kopf des Hausschweins ist weniger langgestreckt. Besonders starke Abweichungen von der Wildform zeigt das Haarkleid des Hausschweins. Die Haut ist am ganzen Körper nur noch spärlich mit Haaren bedeckt. Oft haben die Haare ihre dunkle Färbung verloren, und so starke Borsten, wie das Wildschwein sie besitzt, sind beim Hausschwein nirgends mehr vorhanden. Unter der Haut gut gefütterter Hausschweine findet sich eine dicke Fettschicht. Dadurch gewinnt das Tier, im Gegensatz zur Wildform, eine glatte, abgerundete Körperform.

23,1: *Deutsches veredeltes Landschwein im Saugarten. Nur am Hinterteil ist noch etwas von der Dunkelfärbung des Wildschweins übriggeblieben.* **23,2:** *Muttersau mit 8 Ferkeln. Zweimal im Jahr wirft das Muttertier 6–12 Ferkel, die in den ersten Wochen Muttermilch aus den Saugwarzen am Bauch saugen. Bei diesem Tier hat sich am Kopf die Dunkelfärbung des Wildschweins erhalten. Die Ferkel haben noch keine Färbung, doch können sich später Farbflecke ausbilden.*

Ein wichtiger Unterschied zwischen Wildschwein und Hausschwein liegt im Gebiß. Er besteht darin, daß die Eckzähne der Hausschweine kleiner sind. Sie sind beim weiblichen Tier, der Sau, so klein, daß sie bei geschlossenem Maul nicht mehr sichtbar sind.

Schweinehaltung. Wie der Wildform, so gefällt es auch dem Hausschwein unter freiem Himmel am besten. Deshalb hat man früher Hausschweine herdenweise in die Wälder getrieben, wo die Tiere sich selbständig ernährten. Heute, wo das nicht mehr möglich ist, trägt der Bauer dem Freiheitsdrang seiner Hausschweine dadurch Rechnung, daß er ihnen, meist an den Stall anschließend, einen Auslauf baut, den „Saugarten". Dort müssen die Tiere wühlen und sich in einer Schlammecke suhlen können, um sich wohlzufühlen.

Sind die Hausschweine erwachsen, dann mästet man sie im Schweinekoben; denn bei viel Bewegung werden sie nicht fett. Dazu bekommen sie neben dem bisherigen Futter aus Kartoffeln, Rüben und Küchenabfällen noch reichlich Kraftfutter aus Milch, Mais und Futtergetreide. Auf diese Weise erzielt man die Schlachtreife bei 8–10 Monate alten Schweinen mit einem Lebendgewicht von über 100 kg.

Das Hausschwein hat eine große Bedeutung für die Ernährung des Menschen. Es ist unser *wichtigster Fleisch- und Fettlieferant.* Schweinezucht kann selbst in kleinsten landwirtschaftlichen Betrieben lohnend durchgeführt werden. Der Weltbestand an Hausschweinen schwankt zwischen 400 und 500 Millionen Stück. In der Bundesrepublik sind es, je nach Marktlage, 17–25 Millionen. Außer Bratfleisch, Schinken, Speck und Schmalz liefert das Hausschwein noch Leder aus seiner Haut und Borsten für Bürsten und Pinsel.

Merkstoff. Wildschwein und Hausschwein sind nahe miteinander verwandt; das Wildschwein ist die Stammform unseres Hausschweines. Schweine sind, wie die Rinder, paarzehige Huftiere und Zehenspitzengänger. Die Schnauze der Schweine ist rüsselartig gestreckt und schließt mit einer Nasenscheibe ab. Ihre schärfsten Sinne sind Riechen, Hören und Tasten. Schweine sind Allesfresser; ihr Gebiß weist bei den vorderen Backenzähnen die Merkmale von Fleischfressern (scharfe Kanten), bei den hinteren die von Pflanzenfressern (stumpfe Höcker) auf. Schweine haben einen einfachen Magen; sie sind keine Wiederkäuer. Das Hausschwein ist der wichtigste Fleisch- und Fettlieferant des Menschen.

24,1

24,2

24–25 Reh und Rothirsch (Capreolus capreolus und Cervus elaphus)

Das Reh

Das häufigste Großwild unserer Heimat, zugleich auch das kleinste, ist das *Rehwild.* Es fehlt in keiner Landschaft und geht in den Alpen sogar bis 2400 m hoch hinauf. Jeder hat wohl schon einmal bei Spaziergängen in Wald und Feld die Bekanntschaft dieses anmutigen Wildes gemacht.

Körperbau. Unsere mitteleuropäischen Rehe sind schlank und zierlich gebaut. Ihre Schulterhöhe beträgt 70 cm bei einer Körperlänge von 1,1–1,3 m. Der Schwanz ist nur ein kleiner Stummel. Das Gewicht erwachsener Rehe liegt meist zwischen 15 und 20 kg. Kürzere Vorderbeine und längere Hinterbeine lassen den Rücken von vorne nach hinten etwas ansteigen **(24,1).** Auf einem schlanken Hals sitzt ein schmaler Kopf, der sich nach vorne stark verjüngt. Eine solche Körpergestalt begünstigt das Schlüpfen durch Unterholz und Gebüsch („Schlüpfer"). Große Ohrmuscheln lassen auf ein gutes Gehör schließen, und die langen, schlanken Beine (Läufe) weisen auf einen guten Läufer und Springer hin. Die Zehen jedes Laufes tragen ein Paar Hufe; das Reh ist, wie das Rind, ein *paarzehiges Huftier*, hat kleine *Afterklauen* und ist ein *Zehenspitzengänger.* 24
Das Fell des Rehwilds wechselt seine Farbe nach der Jahreszeit. Das Sommerfell ist leuchtend rotgelb und glatt. Im Winter ist das Fell dunkler, und zwar graubraun. Außerdem ist es dichter und erscheint rauher. Von den Normalfärbungen gibt es Abweichungen, vor allem Schwärzlinge **(24,1),** selten weiße oder gescheckte Tiere. Immer ist jedoch am Hinterende der Rehe ein großer weißer Fleck vorhanden, der Spiegel **(24,1).** Er erleichtert den Zusammenhalt eines Rehrudels auf der Flucht.

24,3

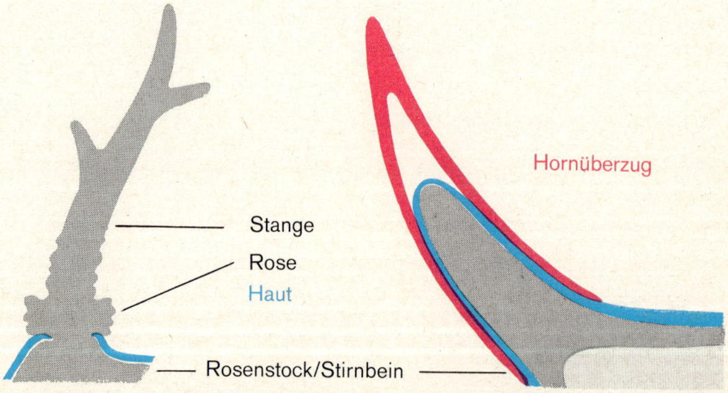

24,4

24,1: *Rehbock und Rehgeiß.* **24,2:** *Rehkitz. Wir berühren es nie, weil die Mutter es sonst nicht mehr annimmt.* **24,3:** *Geweihe werden unter einer filzig behaarten Haut gebildet, dem stark durchbluteten Bast. Wenn das Geweih ausgewachsen ist, trocknet der Bast ein und wird an Bäumen abgescheuert, „gefegt".* **34,4:** *Geweihe bestehen ganz aus Knochen und werden jährlich gewechselt. Gehörne bestehen aus einem bleibenden Knochenzapfen mit einem Überzug aus Horn.* **24,5:** *Geweihentwicklung beim Reh. Bockkitze haben auf den Stirnbeinen Knochenzapfen, die Rosenstöcke, auf denen sich im ersten Herbst ein Knopfgeweih bildet. Dieses wird im Vorfrühling abgeworfen. Dann schließt sich die Haut wieder über den Rosenstöcken. Darunter bildet sich nun das nächste Geweih, 2 spießartige Stangen. Diese trägt der Bock im Sommer und Herbst seines 2. Lebensjahres (Spießer). Im 3. Jahr schiebt er 2-endige Stangen (Gabler), von da ab 3endige (Sechser). So verläuft die normale Geweihentwicklung. Davon gibt es aber nicht selten Abweichungen. So können Rehböckchen schon im Jahr ihrer Geburt ein Geweih von unterschiedlicher, meist kleiner Form ausbilden, und in manchen Fällen setzen ältere Böcke Achtergeweihe auf.*

Eine Besonderheit der männlichen Rehe, der *Rehböcke*, ist ihr zweiteiliges *Geweih*. Es ist nicht von Geburt an vorhanden, sondern entwickelt sich im Laufe der Zeit **(24,5).** Dabei wird vor der Bildung des nächstgrößeren Geweihs immer erst das vorhandene abgeworfen. Ist das größte Geweih erreicht, in der Regel das „Sechsergeweih", so wird auch dieses jeden Herbst abgeworfen und neu gebildet. „Abwurfstangen" finden sich hier und da in unseren Wäldern. Sie müssen beim Förster abgeliefert werden.

Lebensweise. Meist bevorzugen die Rehe unterholzreiche Waldungen als Lebensstätten, doch finden sie sich auch oft in Feldgehölzen und buschreichem Wiesengelände. Hier ruhen sie den Tag über in versteckten Mulden, gelegentlich auch in hohen Getreidefeldern. In belebteren Gegenden kommen sie erst zur Dämmerung auf Felder und Lichtungen heraus; wo es ruhiger ist, sieht man sie auch schon tagsüber äsen. Vor Gefahren warnt sie neben dem Gehör ihr unglaublich feines Geruchsvermögen, die Witterung. Ihre Nahrung besteht hauptsächlich aus saftigen Gräsern und Kräutern, Getreide, Pilzen und Eicheln. Durch das Äsen von Laub und Knospen in Schonungen und Baumschulen richtet das Rehwild auch Schaden an. Sie schlingen schnell viel in sich hinein, um dann in Dekkung wiederzukäuen. Rehe sind, wie Rinder, *Wiederkäuer* mit einem vierteiligen Magen.

Fortpflanzung; Schonzeit. Alljährlich im Mai oder Anfang Juni bringt die *Rehgeiß* oder Ricke 1–2, seltener 3 Junge zur Welt. Sie werden *Kitze* genannt und haben weiße Flecke in ihrem braunen Fell, die nach einigen Monaten verschwinden **(24,2).** Die Kitze werden zunächst gesäugt, folgen aber schon bald der Mutter zum Äsen. Rehgeißen und Jungrehe dürfen nur von September bis Januar, Rehböcke von Mai bis Oktober gejagt werden. Die übrige Zeit des Jahres ist Schonzeit für Fortpflanzung und Jungenaufzucht; nur durch solche Jagdbeschränkungen kann das Reh erhalten werden.

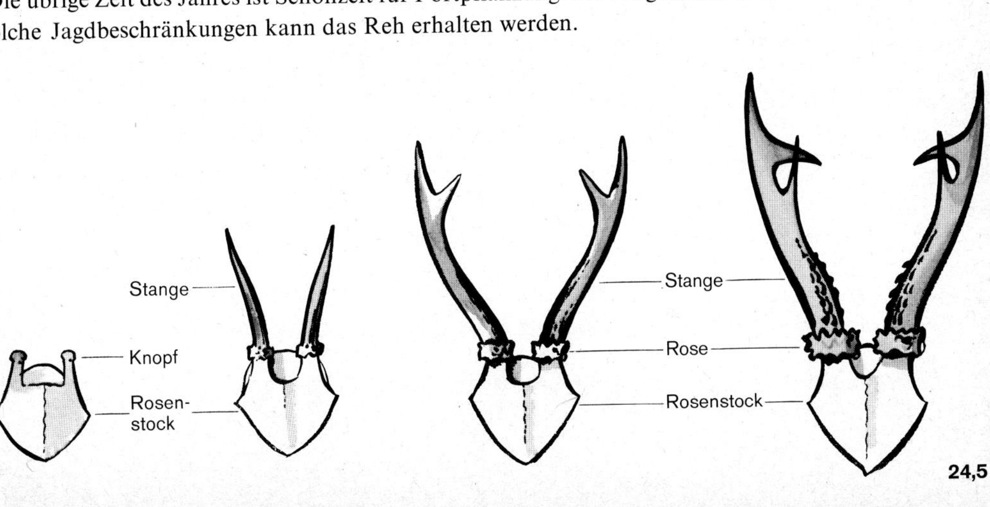

24,5

25,1

Der Rothirsch

Körperbau. Der Rothirsch ist das stattlichste Großwild unserer Heimat. Mit 1,5 m Schulterhöhe, 2,5 m Körperlänge einschließlich des spannenlangen Schwanzes und einem Gewicht bis zu 200 kg übertrifft er das nahe verwandte Reh bei weitem **(25,1).** Anders als das Reh ist der Rothirsch nicht wie ein schlüpfendes Tier gebaut, sondern er bricht durch Unterholz und Gebüsch hindurch. Wie das Rehwild ist das Rotwild ein *paarzehiges Huftier*, ein *Zehenspitzengänger* und ein guter Läufer. Das Sommerfell des Rotwilds ist matt rotbraun gefärbt; das Winterfell ist graubraun und hat viel Wolle, wie beim Reh. Der Spiegel ist dagegen nicht weiß, sondern gelbgrau bis hell rostfarben. Das Fell der Kälber ist auf rötlichem Grund hell gefleckt, und zwar meist in Reihen. **25**

Auch beim Rotwild trägt nur das Männchen, der *Hirsch*, ein *Geweih*. Vierzehn- und Sechzehnender sind keine Seltenheit, jedoch über den Achtzehnenderstand kommt der Rothirsch selten hinaus. Gutes Futter führt fast immer zu kräftigen Geweihen, Futtermangel zu schwachen. Anders als der Rehbock wirft der Hirsch sein Geweih jeweils erst im Februar ab und bildet bis zum Herbst das neue.

Lebensweise. Das Rotwild ist in Mitteleuropa bei weitem nicht so verbreitet wie das Rehwild. Das liegt einmal daran, daß Rothirsche größere ruhige Waldungen brauchen, von denen es in unserer Heimat nicht mehr viele gibt. Zum anderen richtet das Rotwild infolge seiner Größe mehr Schaden als das Rehwild an und wird daher durch Jagd kurz gehalten. Die Nahrung ist bei Rotwild und Rehwild annähernd gleich. Auch das Rotwild ist ein Wiederkäuer.

Fortpflanzung; Schonzeit. Das Rotwild lebt in *Rudeln*, die in der meisten Zeit des Jahres nur weibliche Tiere und Jungtiere umfassen. *Leittier* ist eine ältere *Hirschkuh* **(25,2).** Die Männchen leben, wie auch beim Rehwild, abseits und gesellen sich nur im Herbst, zur Hochzeits- oder *Brunftzeit*, zum Rudel. Dann fordern sie Nebenbuhler durch dumpf dröhnendes Schreien, „Röhren", heraus **(25,1)** und versuchen, diese durch Geweihkämpfe, die oft blutig und gelegentlich tödlich ausgehen, vom Rudel zu vertreiben. In dieser Zeit ist höchste Achtsamkeit im Umgang mit dem männlichen Rotwild geboten. Die

25,1: *Hirsch zur Brunftzeit, röhrend.* **25,2:** *Hirschkuh beim Äsen.* **25,3:** *Das Damwild (Dama dama) stammt aus den Mittelmeerländern und ist durch Aussetzung im frühen Mittelalter bei uns heimisch geworden. Es ist kleiner als das Rotwild und hat ein schaufelartiges Geweih. Sein Sommerfell ist, wie das der Hirschkälber und Rehkitze, auch im Alter gefleckt. Es lebt zerstreut in großen Waldgebieten mit Lichtungen im Tiefland.* **25,4:** *Der Elch (Alces alces) ist die größte Hirschart der Erde. Alte Männchen sind an der Schulter etwa 2,5 m hoch, 3 m lang und bis 500 kg schwer. Elche lieben feuchte, nasse Lebensstätten, wie Moore, Sümpfe und Bruchwälder und Seelandschaften. Sie leben in Nordeuropa, Asien und Nordamerika. Seit der Abtrennung Ostpreußens gehören sie nicht mehr zu unserer Tierwelt.*

25,2

Hirschkuh setzt im Mai oder Juni 1 Kalb, selten 2. Es wird etwa ein halbes Jahr lang gesäugt und ist mit 9–12 Monaten selbständig. Das Muttertier führt seine Nachkommenschaft also fast ein Jahr lang und verteidigt sie und sich durch Schläge mit den Hufen, wie es auch die Rehe tun.

25,3

Die Jagdzeiten des Rotwilds sind anders als die des Rehwilds. Einheitlich dürfen männliches und weibliches Rotwild, sowie Kälber von August bis Januar gejagt werden. Die übrige Zeit des Jahres ist Schonzeit, in die die Jungenaufzucht hineinfällt.

Merkstoff. Rehwild und Rotwild sind paarzehige Huftiere und Zehenspitzengänger. Die Männchen tragen Geweihe, die jährlich abgeworfen und neu gebildet werden. Dabei werden die Geweihe vergrößert, beim Rehbock auf 6 Enden (selten 8), beim Hirsch auf 16–18 und mehr. Rehwild und Rotwild leben in Rudeln von Weibchen und Jungtieren, zu denen die Männchen nur während der Hochzeits- und Brunftzeit stoßen. In dieser Zeit finden Kämpfe zwischen den Männchen um die Rudel statt, bei denen die Geweihe gefährliche Waffen sind. Die schärfsten Sinne sind Geruch und Gehör. Es sind Pflanzenfresser und Wiederkäuer.

25,4

26,1: *Rothirsch-Rudel. Das Rotwild tritt, wie das Rehwild, in Rudeln auf. Davon machen die Männchen die meiste Zeit des Jahres eine Ausnahme. Sie gesellen sich nur zur Brunftzeit zum Rudel. Der Hirsch des abgebildeten Rudels trägt sein Geweih noch im Bast. Er schiebt ein Zehnergeweih. Fast alle Tiere äugen und wittern in die Richtung des Fotografen, der sie zu beunruhigen scheint.*

26 Jagd und Hege

Jagd. Die Jagd ist so alt wie das Menschengeschlecht. Doch ihre Bedeutung für den Menschen hat sich im Laufe der Zeit gewandelt. Von Anbeginn waren die Beschaffung von Nahrung und Kleidung die einzigen Zwecke der Jagd. Oft ging damit die Abwehr gefährlicher Tiere einher. Dieser Jagdnutzen spielt auch heute noch eine gewichtige Rolle, wie uns die untenstehende Übersicht zeigt **(26,2).** In den letzten 200–300 Jahren wurde die Jagd aber auch zu dem Zweck betrieben, die großen Raubtiere, wie Braunbären, Wölfe, Luchse und Wildkatzen, kurz zu halten. Denn sie schienen dem Menschen einesteils in seiner Kulturlandschaft und der Umgebung seiner Behausungen gefährlich; andernteils schmälerten sie seine Ausbeute an den hauptsächlichen Jagdtieren, wie Hirschen, Rehen und Hasen. Dieses *Kurzhalten* führte dann in dichtbesiedelten Ländern, wie in Mitteleuropa, in jüngster Zeit zur *Ausrottung* der großen Raubtiere. Dadurch erwuchs den Jägern eine neue Aufgabe, nämlich die Tiere nicht nur zu jagen, sondern sie auch zu hegen, wie es im folgenden Abschnitt dargestellt und erläutert werden soll.

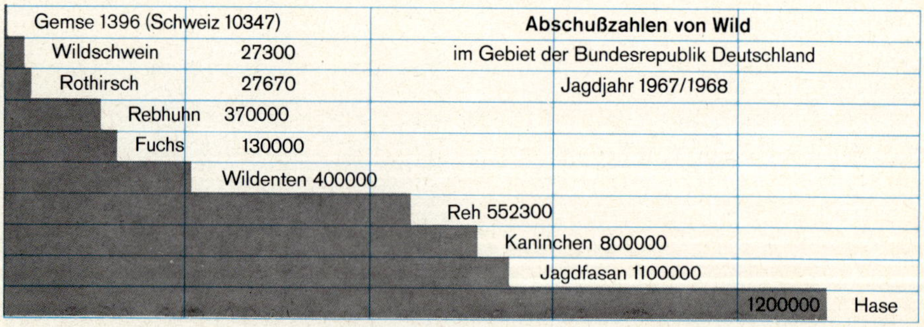

26,2

26,3–26,6: *Fährten und Spuren. Von oben nach unten: Eichhörnchen (26,3), Feldhase (26,4), Fuchs (26,5) und Reh (26,6).*

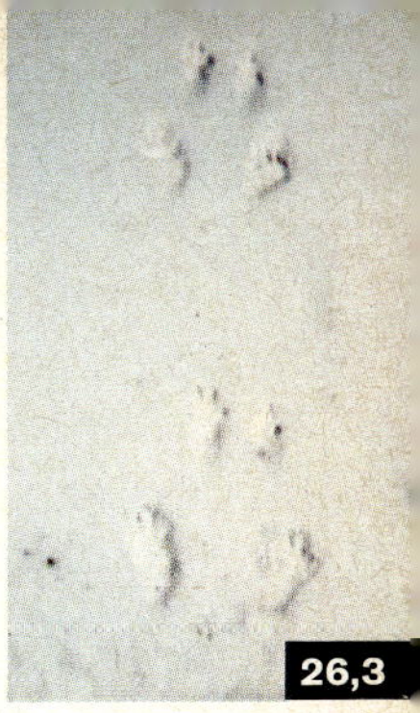
26,3

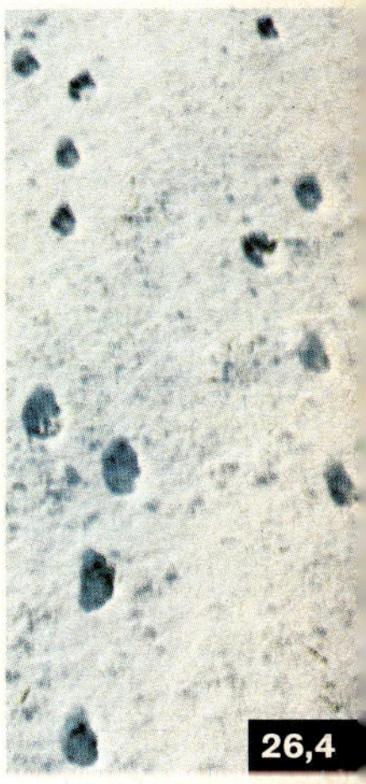
26,4

26,5

26,6

Hege. Die Ausrottung der großen Raubtiere wirkte sich auf manche jagdbaren Wildtiere nicht günstig aus. Von ihren natürlichen Feinden befreit und vom Menschen gehegt, vermehrten sie sich übermäßig und wurden vielerorts schädlich. Nun war den Jägern die Aufgabe gestellt, anstelle der beutemachenden Raubtiere den Wildbestand durch Abschuß zu regulieren. Heute setzen die Jagdämter für Wildarten, die eingedämmt werden sollen, jährlich bestimmte *Abschußzahlen* fest, die von den Jägern erfüllt werden müssen. Neben der Zahl achtet der mit der Büchse hegende Jäger aber auch auf folgendes. Früher wurden in erster Linie alte, kranke oder mißgebildete Tiere das Opfer ihrer natürlichen Feinde. Ohne diese bleiben viele von ihnen am Leben, haben Nachkommenschaft und verschlechtern so den Gesundheitszustand des Wildbestandes. Daher schießt der gute Heger vor allem auch diese schwächlichen und mißgebildeten Tiere ab. Eine weitere, sehr bekannte Hegemaßnahme der Jäger und Förster ist die *Fütterung* von Wild im strengen Hochwinter. Dadurch wird verhindert, daß gesunde Bestände durch Hunger schwächlich werden.

Jägersprache. Schon in den Abschnitten über das Wildschwein, Reh und Hirsch lernten wir einige Bezeichnungen aus der Sprache der Jäger kennen, wie Keiler für Eber, Bache für Sau, Frischling für Jungtier, Ricke für Rehgeiß, Kitz für Jungtier oder Tier für Hirschkuh. Wir wollen noch einige dazulernen; denn viele Ausdrücke der Jägersprache haben in die tierkundliche Fachsprache und die allgemeine Umgangssprache Eingang gefunden. So sind die Wörter Fähe für Füchsin, Kuder für Wildkater, Schaufler für Elchhirsche und Damhirsche und Rammler für das Feldhasenmännchen gebräuchlich. Die Jägersprache bezeichnet aber nicht nur die ganzen Tiere mit eigenen Namen, sondern auch Körperteile. So heißen die Ohren bei Wildschwein, Wildkatze und Fuchs Gehöre, bei Reh und Hirsch Lauscher und beim Feldhasen Löffel. Die Augen von Reh und Hirsch nennt der Waidmann Lichter, von Fuchs und Hase Seher. Die Beine werden allgemein als Läufe, die Hufe als Schalen bezeichnet. Der abgesetzte Kot heißt von allen Tieren Losung (weil sich das Tier vom Kot gelöst hat). Ein schönes Beispiel für das Gemüt, das der Jägersprache eigen ist, bildet der Ausdruck Spiegel für das helle Hinterteil beim Reh.

 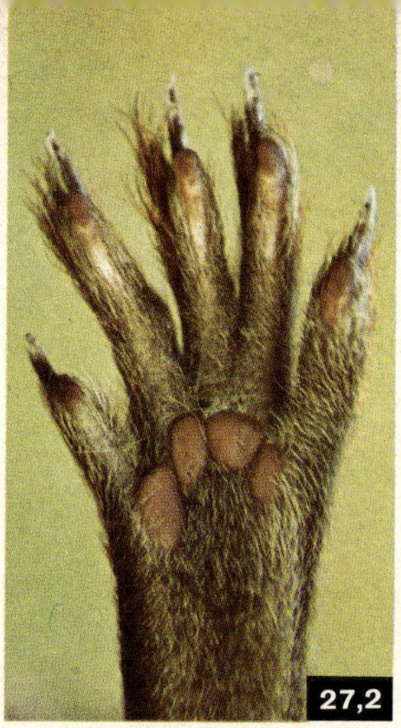 

27,1: *Eichhörnchen, in einer Astgabel sichernd. In Hockstellung ist der buschige Schwanz aufgerichtet und reicht über den Kopf hinaus.* **27,2:** *Linke Hinterpfote des Eichhörnchens. Die langen Zehen mit ihren spitzen Krallen befähigen das Tier zum Klettern und Umklammern von Ästen.* **27,3:** *Eichhörnchenkobel. Die beiden roten Pfeile deuten auf die zwei Öffnungen hin.*

27 Das Eichhörnchen (Sciurus vulgaris)

Körperbau und Lebensweise. Das Eichhörnchen ist ein flinkes, baumbewohnendes Tier unserer Wälder und Parks. Besonders auffallend ist sein buschig behaarter Schwanz, der länger ist als der Körper. Er dient dem Tier zum Steuern bei seinen Sprüngen von Ast zu Ast und von Baum zu Baum. Alle Pfoten haben lange Krallen, mit denen das Eichhörnchen sich beim senkrechten Auf- und Abklettern an den Baumstämmen festkrallt. Die Hinterpfoten besitzen lange, kräftige Zehen **(27,2)**, mit denen sie sich gut an Ästen und Zweigen festhalten können. Die Zehen der Vorderpfoten können geschickt die Nahrung halten und zum Maul führen. Dort stehen im Ober- und Unterkiefer je 2 Schneidezähne ohne Wurzel **(27,7; 27,8)**, die daher ständig nachwachsen. Sie sind nur vorne mit dem harten Schmelz bedeckt. So bleiben sie bei Gebrauch, durch die stärkere Abnützung des weicheren Zahnbeins, immer scharf **(27,7)**. Solche Zähne nennt man *Nagezähne*, und das Eichhörnchen danach ein *Nagetier*. Die oberen Nagezähne sind durch einen Spalt in der Oberlippe, die „Hasenscharte", freigestellt. Dadurch ist den Tieren das Nagen er- 27

27,4: *Blick auf die Schnauzenpartie eines Eichhörnchens. Die 4 sichtbaren Zähne sind die als Nagezähne ausgebildeten Schneidezähne. Die oberen von ihnen sind durch die gespaltene Oberlippe (Hasenscharte) weit hinauf freigelegt. Sie weisen eine dickere Schmelzschicht auf und sind daher dunkler als die unteren. Um die Schnauze herum stehen lange Tasthaare.* **27,5:** *Eichhörnchenschädel von vorn.* **27,6:** *Eichhörn-*

 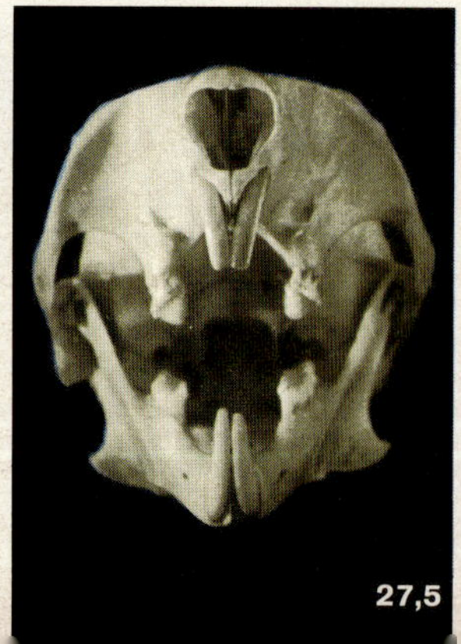 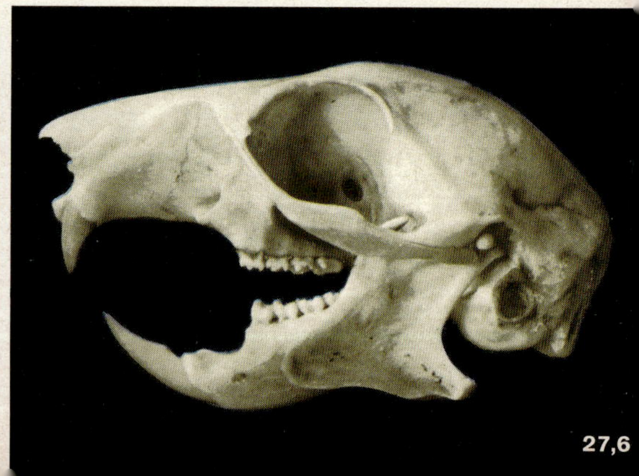

leichtert **(27,4).** Weitere Kennzeichen des Nagetiergebisses sind das Fehlen von Eckzähnen, wodurch eine Lücke zwischen Schneide- und Backenzähnen entsteht **(27,6),** und die feilenartig geriffelten Backenzähne zum Zerreiben der abgenagten Nahrung **(27,9).**

Nahrung. Eichhörnchen sind ausgesprochene *Pflanzenfresser*, die sich an Nüsse, Zapfen, Eckern und Eicheln halten. Ist diese Nahrung einmal knapp, wie im Frühjahr, dann gehen sie auch an Knospen, ja sogar an Vogeleier. Zwar tragen die Eichhörnchen im Herbst Vorräte zusammen, die sie verstecken und vergraben, doch finden sie diese oft nicht wieder oder vergessen sie.

Feinde. Dem Eichhörnchen stellen hauptsächlich Baummarder, Habicht und Sperber nach. Ihnen gegenüber ist es durch sein gut ausgebildetes Gehör im Vorteil, so daß es sich oft noch rechtzeitig durch Laufen und Springen, selbst von Baumwipfeln auf die Erde, in Sicherheit bringen kann. Bemerkt das Eichhörnchen seine Feinde erst mit den Augen, ist es meist zu spät.

Fortpflanzung. Hoch in den Bäumen bauen die Eichhörnchen kugelige Nester aus Astwerk und Moos, meist mit 2 Öffnungen. Innen werden diese Kobel genannten Nester weich ausgepolstert **(27,3).** Dort bringen die Weibchen, 38–39 Tage nach der Paarung, ihre Nachkommen zur Welt, meist 2 Würfe mit je 4–5 Jungen im Jahr. Diese werden nackt und blind geboren, wiegen bei der Geburt 8–12 Gramm bei 4–5 Zentimeter Länge, öffnen nach 31–32 Tagen die Augen und bleiben 7 Wochen bei der Mutter, die sie so lange säugt. Nach etwa 10 Tagen sind sie flaumig, nach weiteren 10 Tagen dicht behaart. Im übrigen ist der Kobel aber auch Unterschlupf bei schlechtem Wetter, wobei die Nestöffnungen verstopft werden.

Überwinterung. Im Winter halten die Eichhörnchen bei schlechtem Wetter im Kobel einen verlängerten Ruheschlaf, der bei gutem Wetter zur Nahrungssuche und -aufnahme unterbrochen wird. Bei dieser Winterruhe bleiben die Körpertemperatur und alle Lebensabläufe der Tiere normal. Tiere, die auf solche Weise überwintern, nennt man *Winterruher*.

Merkstoff. Eichhörnchen sind Nagetiere mit als Nagezähne geformten Schneidezähnen und feilenartig geriffelten Backenzähnen. Die Oberlippe ist gespalten (Hasenscharte), wodurch die oberen Schneidezähne freistehen. Eichhörnchen sind Baumtiere, die sich hauptsächlich von Pflanzen ernähren. Sie überwintern, je nach Witterung, wach und aktiv oder im normalen Schlaf (Winterruher).

chenschädel von der Seite. **27,7:** *Schema eines oberen Nagezahns. Die Pfeile geben an, wo beim Nagen die Reibung zustande kommt; sie bewirkt am Zahnschmelz eine geringere, am Zahnbein eine stärkere Abnutzung.* **27,8:** *Oberer Nagezahn. Die schwache Linie im unteren Drittel zeigt an, wie weit der Zahn im Oberkiefer steckte.* **27,9:** *Feilenartig geriffelte Backenzahnreihe.*

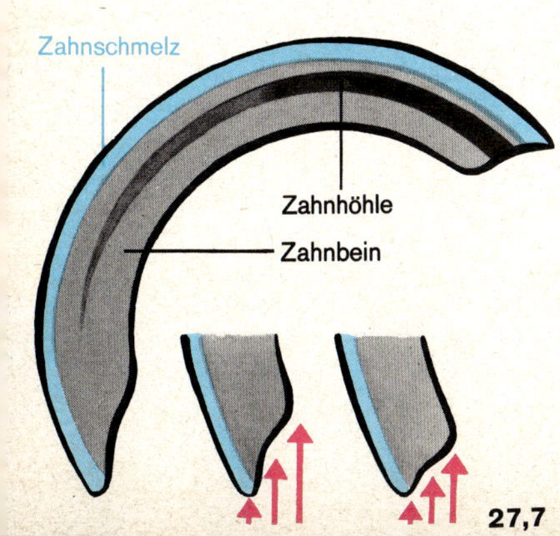

27,7

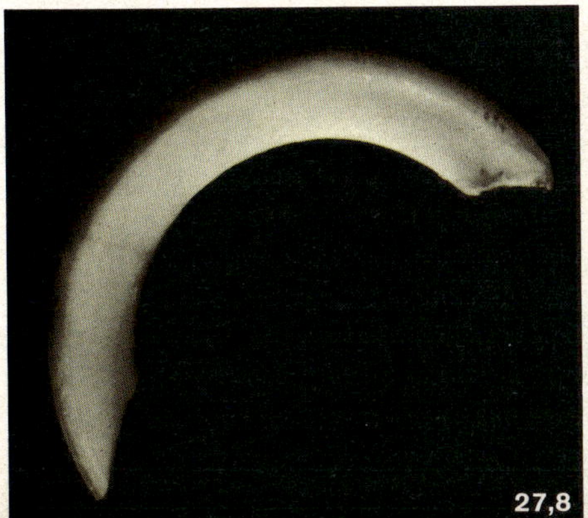
27,8

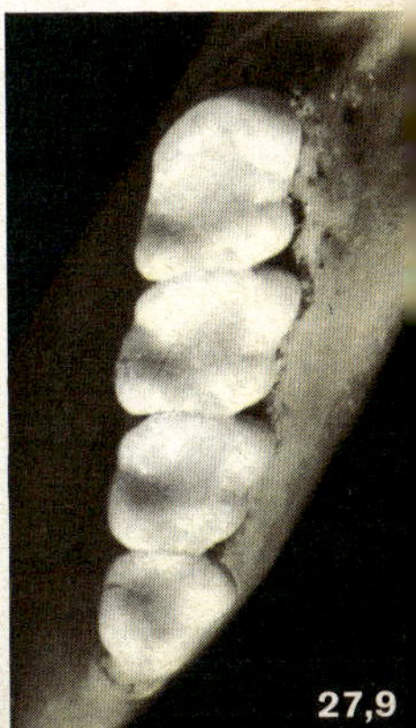
27,9

28,1

28,1: Der Feldhase kommt außer in Deutschland auch in allen anderen Ländern Europas vor. Überall ist er ein beliebtes Jagdwild, das die Jäger mit freundschaftlichen Namen belegen, wie Langohr, Mümmelmann und Meister Lampe. Der erste Ausdruck spricht für sich, der zweite bezieht sich auf die Kinnbewegungen beim Kauen (mümmeln) und der dritte auf das leuchtende Schwänzchen. Der Hase hat lange Ohren mit schwarzer Spitze; das Kaninchen hat kürzere Ohren ohne schwarze Spitze. ***28,2:*** *Schädel und Gebiß des Feldhasen. Nagetierähnlich am Gebiß sind die langen, scharfkantigen Schneidezähne, die höckerigen Backenzähne und das Fehlen von Eckzähnen. Die hinter den beiden oberen Schneidezähnen befindlichen 2 kleineren Stiftzähne kommen aber nicht bei den Nagetieren, sondern nur beim Feldhasen und seinen nächsten Verwandten vor.* ***28,3:*** *Schaden können Hasen durch Nagen an Baumrinde anrichten, wie es das Bild zeigt. Geht der Nagefraß ringsherum (Ringelung), so stirbt der Baum ab, weil der Säftestrom unterbrochen ist. Die Abbildung zeigt die stärkeren Spuren der oberen und die schwächeren der unteren Schneidezähne.*

28–29 Feldhase und Wildkaninchen (Lepus europaeus und Oryctolagus cuniculus)

Der Feldhase

Der Hase, wie der Feldhase meist kurz genannt wird, ist ein häufiges und weit verbreitetes Tier. Wir finden ihn auf Feldern, Wiesen und in Wäldern, selbst in unseren Gärten, ja sogar in Parkanlagen mitten in Großstädten. 28

Körperbau. Ausgewachsene Feldhasen werden 65–70 cm lang, haben einen Schwanz von 7–10 cm Länge und wiegen 4–5 kg. Der Kopf ist verhältnismäßig klein und trägt an der Schnauze lange Tasthaare. Die Ohrmuscheln oder „Löffel" sind sehr lang; nach vorne gezogen, ragen sie über die Schnauzenspitze hinaus. Der Rumpf des Hasen ist langgestreckt, hat einen gewölbten Rücken und ist an den Seiten oder Flanken flach **(28,1).** Das Hasenfell hat lange Grannenhaare, zwischen denen, sommers weniger, winters mehr, weißliche Wollhaare stehen. Die Grannenhaare sind nicht einheitlich gefärbt, sondern weißgrau, braun und schwarz geringelt. Dadurch kommt auf Kopf und Rücken die gemischte „Wildfarbe" zustande, die dem Tier einen guten Schutz gegen Sicht verleiht. Die Flanken sind durch weniger schwärzliche Töne mehr rostgelb, und die Unterseite ist, mit Ausnahme von Kehle und Brust, weiß **(28,1).**

Die Beine oder Läufe des Hasen sind sehr verschieden. Die vorderen sind dünn und kurz, die hinteren fast doppelt so lang und viel kräftiger. An den Vorderbeinen sind je 5 Zehen vorhanden, an den Hinterbeinen nur je 4. Alle Zehen tragen starke Krallen.
Eigentümlich ist das Hasengebiß zusammengesetzt. Auf den ersten Blick erinnert es an das Nagetiergebiß des Eichhörnchens (27,6). So weist es gebogene, wurzellose, scharfe

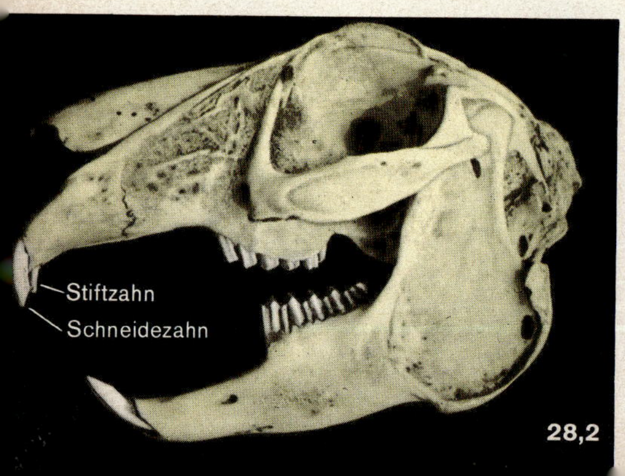

28,2

28,3

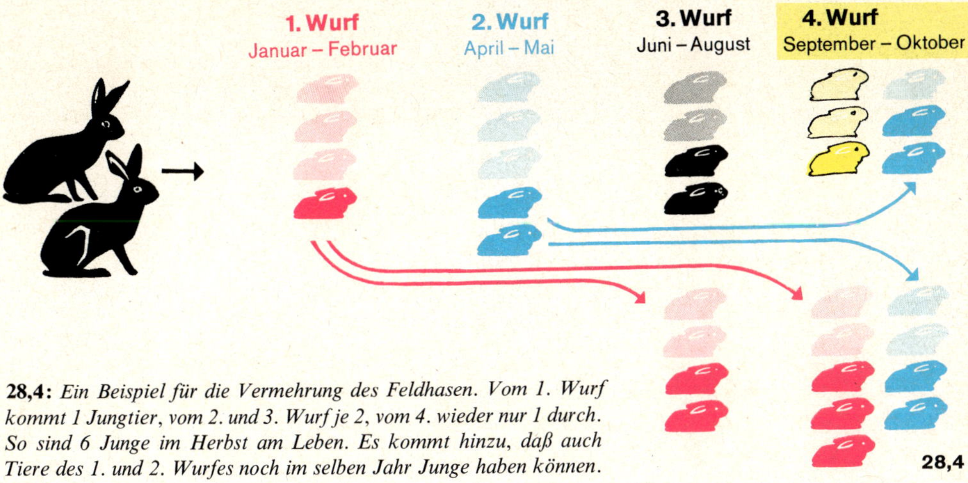

28,4: *Ein Beispiel für die Vermehrung des Feldhasen. Vom 1. Wurf kommt 1 Jungtier, vom 2. und 3. Wurf je 2, vom 4. wieder nur 1 durch. So sind 6 Junge im Herbst am Leben. Es kommt hinzu, daß auch Tiere des 1. und 2. Wurfes noch im selben Jahr Junge haben können.*

Schneidezähne und raspelartig gehöckerte Backenzähne, sowie eine große Lücke zwischen beiden auf, in der Eckzähne fehlen. Im Gegensatz zum Eichhörnchen stehen aber hinter den beiden oberen Schneidezähnen noch 2 kleinere Zähne, die Stiftzähne **(28,2).** Tiere mit einem solchen Gebiß (und dazu noch weiteren Unterscheidungsmerkmalen) bilden die den Nagetieren ähnliche Gruppe der *Hasenartigen Tiere*.

Lebensweise. Der Feldhase kommt zwar auch im Wald vor, doch bevorzugt er offenes Gelände. Hier äst er alle möglichen wildwachsenden und angebauten Kräuter. Zwischendurch erhebt er sich auf die Hinterbeine, macht „Männchen", wobei er die Ohrmuscheln aufstellt und mit der Nase wittert, ob auch kein Feind naht. Seine Sinne sind sehr scharf, besonders Gehör, Geruch und Geschmack, sowie der Tastsinn. Nur die Augen sind weniger zum Unterscheiden von Feinheiten geeignet als zum Erkennen von Bewegungen. Meist lassen die Hasen Feinde, vor allem Menschen, von denen sie noch nicht entdeckt sind, ruhig herankommen und drücken sich in Löcher, Furchen und Mulden. Sehr oft bewahrt sie ihre Tarnfärbung vor der Entdeckung. Kommt man aber ganz in ihre Nähe, so springen sie auf und suchen ihr Heil in der Flucht. Dabei werden die langen Hinterbeine weit nach vorne geschnellt, weit über den Aufsetzpunkt der Vorderbeine hinaus, und dann kräftig abgedrückt. So erzielt der Hase eine große Geschwindigkeit, auf kurzen Strecken bis zu 80 km in der Stunde. Wird er von einem schnellen Hund verfolgt, so biegt er immer wieder plötzlich nach der Seite ab. Mit solchem „Hakenschlagen" gelingt es ihm sehr oft, Verfolger abzuschütteln.

Fortpflanzung. Die Häsin setzt jährlich 3–4 Würfe mit je 2–4 Jungen **(28,4),** die behaart und sehend geboren werden. Das Nest ist ein oberirdisches Lager in einer Mulde, die sogenannte Sasse. Zu dieser läuft der Hase auf Umwegen, um Feinden keinen Hinweis zu geben; denn er hat, vor allem als Jungtier, viele Verfolger: Fuchs, Wiesel, Iltis, Habicht, Waldohreule und Krähen. Auch der Mensch als Jäger stellt ihm nach: der Hase ist das häufigste Jagdwild in Mitteleuropa, vor allem in der Bundesrepublik Deutschland (vgl. 26,2). Von Mitte Januar bis Mitte Oktober jedoch ist Schonzeit für ihn. In dieser Zeit werden alle Verluste durch die starke Vermehrung wieder ausgeglichen.

29,1: *Das Wildkaninchen braucht sandige, leichte Böden für seine unterirdischen Baue. Wo es aber vorkommt, tritt es in Massen auf, da es gesellig lebt.* **29,2:** *Hauskaninchen oder „Stallhase". Das Hauskaninchen stammt vom Wildkaninchen ab. Von ihm gibt es viele Rassen, die sich in Größe, Färbung und Haarkleid unterscheiden. Hauskaninchen können bis 9 kg schwer werden. Ihr Fleisch schmeckt gut, und ihr Fell liefert ein preiswertes Pelzwerk.* **29,3:** *Das Angorakaninchen ist unter den Rassen der Hauskaninchen eine besonders langhaarige Rasse.*

Das Wildkaninchen

Körperbau. Mit nur 45–50 cm Körperlänge und einem Gewicht von 2–3 kg bleibt das ausgewachsene Wildkaninchen ganz erheblich hinter den Maßen und Gewichten des Feldhasen zurück. Auf den ersten Blick ist die körperliche Übereinstimmung zwischen beiden Arten groß: die Kopfform, der krumme Rücken, der kleine, weiße, aufrechte Schwanz **(29,1).** Wenn wir aber genauer hinsehen, fallen uns auch gewichtige Unterschiede auf. So sind die Ohrmuscheln des Kaninchens wesentlich kürzer, fast um die Hälfte; sie erreichen, nach vorne gezogen, die Schnauzenspitze nicht. Auch die Beine sind kürzer als beim Feldhasen und nicht so kräftig. Trotzdem übertreffen auch beim Wildkaninchen die Hinterläufe die Vorderläufe an Länge und Kraft. Es ist zwar nicht so gut und ausdauernd im Laufen wie der Hase, aber doch schnell genug, um rasch in seinem Bau zu verschwinden, und es schlägt auch gut Haken. Wie beim Hasen tragen die 5 Zehen der Vorderpfoten und die 4 Zehen der Hinterpfoten kräftige Krallen.

Das weiche Fell hat, wie beim Feldhasen, in verschiedenen Farben geringelte Grannenhaare. Die Wollhaare sind schiefergrau. Die Wildfarbe des Kaninchens geht mehr ins Gelbliche als die des Hasen. Das Winterkleid wirkt infolge der Vermehrung der Wollhaare grauer als das Sommerkleid.

Am Gebiß des Wildkaninchens sehen wir die gleichen Verhältnisse wie beim Feldhasen. Auch das Kaninchen besitzt die hinter den oberen Schneidezähnen stehenden Stiftzähne. Also ist auch das Wildkaninchen in die *Gruppe der Hasenartigen Tiere* einzureihen.

Lebensweise. Das Wildkaninchen war ursprünglich nur in den Ländern um das Mittelmeer beheimatet. In Mitteleuropa ist es durch den Menschen an verschiedenen Stellen ausgesetzt worden und hat sich dann weiter ausgebreitet. Auch heute ist es vielerorts noch im Vormarsch begriffen. Es besiedelt aber nur Tiefländer mit lockerem und sandigem Boden. Denn, anders als der Feldhase, gräbt sich das Wildkaninchen *unterirdische Baue,* in denen es Schutz sucht, schläft und seine Nachkommenschaft zur Welt bringt und aufzieht. Meist führen mehrere Laufröhren vom Nestkessel an die Erdoberfläche.

Wildkaninchen leben gesellig in Kolonien zusammen. An geeigneten Orten findet man Bau neben Bau. Bei Gefahr warnen sie sich gegenseitig durch Klopfen mit den Hinterläufen auf den Erdboden. In nicht zu weitem Umkreis um ihre Siedlung gehen sie auf Nahrungssuche aus, vorzugsweise nachts. Dann richten sie an jungen Kulturen und durch Benagen von Bäumen Schaden an. Auch durch ihre Wühltätigkeit an Wegen und Däm-

29,2

29,3

men werden sie schädlich. In Ländern, wo sich die eingeführten Wildkaninchen ohne Feinde sehr stark vermehren konnten, wie z. B. in Australien, sind sie zu einer verheerenden Plage geworden und stellen große Nahrungskonkurrenten für die Rinder- und Schafherden der Farmer dar. Selbst mit den neuzeitlichsten Bekämpfungsmitteln und Jagdmethoden ist es bisher nicht möglich gewesen, über sie Herr zu werden.

Fortpflanzung und Entwicklung. Zur schnellen und weiträumigen Ausbreitung des Wildkaninchens hat seine große Fruchtbarkeit erheblich beigetragen. Das Weibchen setzt alljährlich 5–6 Würfe mit je 5–12 Jungen in einer besonderen unterirdischen Neströhre, die
29 es mit ausgerupftem Brusthaar polstert. Die Jungen kommen nackt, zahnlos und blind zur Welt. Sie sind vollkommen hilflos und werden von der Mutter gesäugt. Nach etwa 10 Tagen beginnen sie zu sehen, und bald darauf verlassen sie zum ersten Mal ihr unterirdisches Nest. Junge aus den ersten Würfen des Jahres können, wie beim Feldhasen, schon im gleichen Jahre selber wieder Junge haben.

Feinde und Krankheiten. Bei einer so großen Nachkommenschaft würden alle geeigneten Landstriche bald mit Wildkaninchen übervölkert sein. Doch ein so fruchtbares Tier hat auch viele Verfolger: Marder, Wiesel, Iltis, Fuchs, sowie die größeren Greifvögel und Eulen. Wo aber eine Wildkaninchenplage herrscht, muß auch der Mensch als Jäger und Bekämpfer mit eingreifen, um erträgliche Verhältnisse wiederherzustellen. Krankheiten, vor allem der Verdauungsorgane, sowie Kälte und Nässe lassen ebenfalls viele Kaninchen eingehen. Trotzdem sind sie in Befallsgebieten bei uns noch so zahlreich, daß sie nach dem Jagdgesetz keine Schonzeit genießen. Lediglich in der Zeit vom 1. April bis 15. Juni ruht die Jagd auf die für die Jungenaufzucht nötigen Elterntiere.

Merkstoff. Feldhase und Wildkaninchen gleichen sich in der allgemeinen Körperform. Ihr Gebiß, das dem der Nagetiere ähnelt, hat im Gegensatz zu diesem hinter den oberen Schneidezähnen die Stiftzähne. Hasen und Kaninchen sind in einer besonderen Tiergruppe vereinigt: sie sind Hasenartige Tiere. Ihre Unterschiede sind:

Feldhase	Wildkaninchen
Körperlänge bis 70 cm, Gewicht bis 5 kg; Beine lang, Ohren überragen, nach vorne gelegt, die Schnauzenspitze; Lager und Nest oberirdisch; Junge werden behaart, sehend und aktiv geboren (Nestflüchter).	Körperlänge bis 50 cm, Gewicht bis 3 kg; Beine kürzer, Ohren erreichen, nach vorne gelegt, die Schnauzenspitze nicht; graben unterirdische Baue; Junge werden nackt, blind und hilflos geboren (Nesthocker).

30,1: *Ein Maulwurf außerhalb des Erdbodens.* **30,2:** *Maulwurf von vorn.* **30,3:** *Rechter Arm (oben) und rechtes Bein (unten). An beiden Gliedmaßen findet sich, neben den 5 Fingern oder Zehen, noch*

30 Der Maulwurf (Talpa europaea)

Der Maulwurf kommt selten an die Erdoberfläche. Meist erkennen wir seine Anwesenheit nur an den von Gärtnern und Landwirten ungern gesehenen Maulwurfshaufen; denn dieses Tier lebt unterirdisch in einem *selbstgegrabenen Röhrensystem.* Wir wollen sehen, wie er mit seinem Körperbau an diese besondere Lebensweise angepaßt ist.

Körperbau und Lebensweise. Der Maulwurf lockert mit seinen vorgestreckten Vordergliedmaßen das Erdreich und drückt es mit ihnen nach hinten **(30,2).** Diese Gliedmaßen sind auffällig gebildet **(30,3).** Ihre Oberarmknochen sind stark verkürzt, und die Hände sind zu kräftigen, senkrecht gestellten Grabschaufeln mit langen, scharfen Krallen verbreitert. Nach dem Lockern der Erde bohrt sich der Maulwurf drehend und wühlend in das Erdreich hinein. Die emsig scharrenden Hinterbeine befördern die gelöste Erde weiter, die dann mit dem breiten Hinterteil rückwärts angehäuft wird. Die anfallenden Erdmengen werden dann schließlich mit dem Kopf in Abständen als Haufen aufgeworfen. **30**

Bei im Boden wühlender Lebensweise ist es vorteilhaft, wenn der Körper eine Form hat, die wenig Widerstand bietet. Der Rumpf des Maulwurfes ist walzenförmig, endigt stumpf und ist durch Muskelkräfte sehr formveränderlich **(30,1).** Das Fell ist kurzhaarig und samtartig glatt, der Schwanz kurz. Der Kopf hat keine Ohrmuscheln, nur winzige, versteckt liegende Augen und eine rüsselartig verlängerte, zugespitzte Nase. Alle diese Merkmale sind Anpassungen an die unterirdische, wühlende Lebensweise.

Nest und Gangsystem. Mittelpunkt oder Ausgangspunkt des Gangsystems **(30,5)** ist ein größerer *Nesthügel*, unter dem sich ein gepolsterter *Nestkessel* befindet. Dortheraus

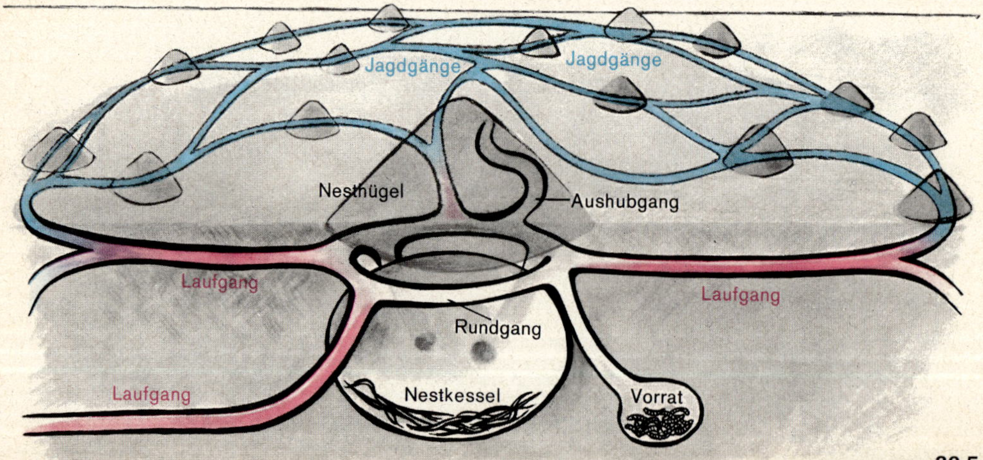

30,5

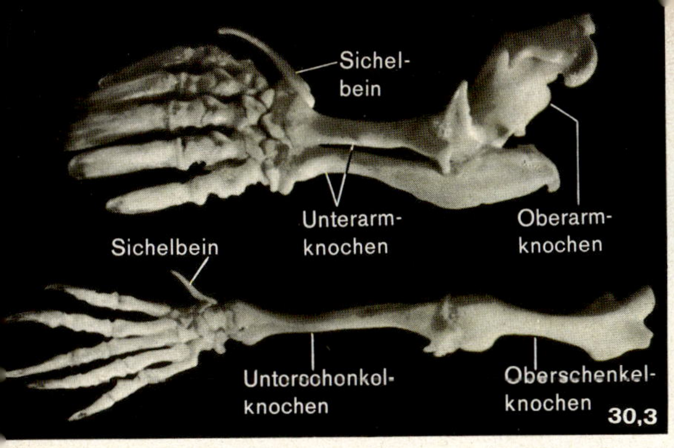

30,3

30,4

ein 6. schwächerer Knochen, das Sichelbein. **30.4:** *Schädel des Maulwurfs. Gebisse von Insektenfressern haben viele (bis 44) Zähne.* **30,5:** *Schema von Nest- und Gangsystem des Maulwurfs.*

führen mehrere Gänge strahlenförmig nach allen Seiten zu einem Rundgang. Von diesem ziehen dann längere oder kürzere Laufgänge in die Jagdgebiete, wo jeweils ein weitverzweigtes Netz von Jagdgängen angelegt wird. Im allgemeinen liegt das ganze Gangsystem 10–40 cm tief, je nach Bodenbeschaffenheit und Jahreszeit. Dieses Revier durchläuft der Maulwurf 4–5 mal am Tag, etwa im Abstand von 3 Stunden.

Nahrung. Bei seinen Jagdzügen trifft der Maulwurf hier und da auf Bodentiere, die auf ihrem Wege durch die Erde in die Gänge hineingeraten sind und sich dort aufhalten. Sie werden dem Maulwurf bei seinen Revierkontrollen leicht zur Beute. Schwieriger ist es für ihn, durch Wühlen zu Beutetieren zu kommen. Das muß er hauptsächlich im Winter machen, wenn die Bodentierwelt durch die Kälte träge ist. Ganz selten gehen Maulwürfe auch einmal oberirdisch auf die Jagd, vor allem jüngere Tiere, die noch kein gutes Gangsystem angelegt haben. Die Hauptbeutetiere sind in allen Fällen Regenwürmer, Engerlinge, Käfer, Raupen, Fliegen- und Mückenlarven, Tausendfüßler und Schnecken. Beim Ergreifen und Zerbeißen hartgepanzerter oder hartschaliger Beute leistet den Tieren ihr kräftiges, spitzzähniges Gebiß **(30,4)** gute Dienste. Tiere mit solchen Gebissen und viel Insektennahrung nennt man *Insektenfresser*.

Fortpflanzung. Ende April – Anfang Mai, bringt das Maulwurfweibchen in dem mit abgebissenen Grashalmen gepolsterten Nestkessel 3–5 Junge zur Welt. Das Muttertier kümmert sich allein um die Jungen, die bis zur Halbwüchsigkeit im Nest bleiben.

Überwinterung. Der Maulwurf ist das ganze Jahr über aktiv. Im Winter, bei gefrorenem Boden, geht er mit seinen Jagdgängen mehr in die Tiefe, oder er verzieht an Südhänge und -böschungen, die durch Sonneneinstrahlung eher frostfrei bleiben. Auch für Vorräte sorgt er. Rings um den Kessel, in größerer Tiefe, legt er Vorratskammern an. Diese füllt er im Herbst mit erbeuteten Regenwürmern. Ihnen versetzt er einen Biß in das Vorderende, wodurch sie nicht getötet, aber an der Fortbewegung gehindert werden. Es sind schon Regenwurmknäuel bis zu 150 Stück in solchen Vorratskammern gefunden worden.

Merkstoff. Der Maulwurf ist ein unterirdisch lebendes Tier. Vor allem sein Kopf und seine Vordergliedmaßen sind für das Leben in der Erde umgebildet. Er legt ein kompliziertes, umfangreiches Nest- und Gangsystem für seinen Aufenthalt und den Beutefang an. Er hat ein spitzzähniges Gebiß, mit dem er, neben Regenwürmern, viel Insektennahrung erbeutet und verzehrt (Insektenfresser). Der Maulwurf ist auch im Winter aktiv.

31,1: *Abfliegendes Mausohr.* – **31,2:** *Mausohr in Schlaf- und Überwinterungsstellung.*

31 Das Mausohr – eine Fledermaus

Körperbau und Lebensweise. Eine unserer häufigsten Fledermäuse ist das Mausohr (Myotis myotis). Der Körper gleicht dem einer Maus, ist aber wollig behaart **(31,2).** Die Augen sind klein **(31,1);** da Fledermäuse nicht im Hellen fliegen, sind sie auf Augen kaum angewiesen. Dafür sind die Ohrmuscheln besonders groß. Was Fledermäuse allen anderen Säugetieren voraus haben, sind ihre Flugorgane. Zwischen dem Körper, den verlängerten Vordergliedmaßen, den Beinen und dem Schwanz spannt sich jederseits eine Flughaut **(31,1; 31,3).** Wenn das Mausohr die Gliedmaßen streckt, werden die Flughäute gespannt. Dann kann das Tier durch Auf- und Abschlagen der Flugorgane durch die Luft flattern. Säugetiere mit solchen Flugorganen nennt man *Flattertiere.* Im Fluge jagt das Mausohr Insekten, überwiegend Käfer und Schmetterlinge. Seinem spitzhöckerigen Gebiß kann beim Zupacken kein noch so dicker Insektenpanzer widerstehen **(31,4; 31,5).** Durch die Vertilgung schädlicher Insekten (z. B. Maikäfer) sind die Fledermäuse nützlich; fressen sie doch in einer Nacht bis zur Hälfte ihres eigenen Gewichtes an Beutetieren! Doch immer noch hängen diesen harmlosen Tieren mittelalterliche Verleumdungen durch Märchen an, wo sie zu Begleitern von Hexen, Teufeln, ja des Todes gestempelt wurden – alles nur, weil ihre nächtliche Lebensweise in der Luft unheimlich erschien.

So gewandt ein Mausohr in der Luft ist, so unbeholfen ist es kriechend. Sobald es, erst mit den Krallen der Füße, dann mit den Daumenkrallen hakend, gelandet ist, schiebt es sich auf dem Untergrund mit Armen und Beinen langsam vorwärts. Die eigentliche Ruhe- und Schlaflage ist das Abwärtshängen, mit den Fußkrallen an Vorsprünge angekrallt **(31,2).** Die Flügel sind dabei eng an den Körper gelegt, bei einigen Arten auch wie ein Umhang um den Körper geschlagen.

Überwinterung. Kopfunter hängend verbringt das Mausohr den Tag schlafend in Bodenräumen, unter Dachsparren und in Baumhöhlen. Dabei ist die Körpertemperatur etwas erniedrigt, doch der Atem geht normal. Wenn im Herbst die Insektennahrung knapp wird und kalte Nächte kommen, fliegen die Mausohren bis zu 300 km weit (andere Arten 700–800 km!) in besondere Überwinterungsgebiete mit Höhlen, Stollen und Kellerge-

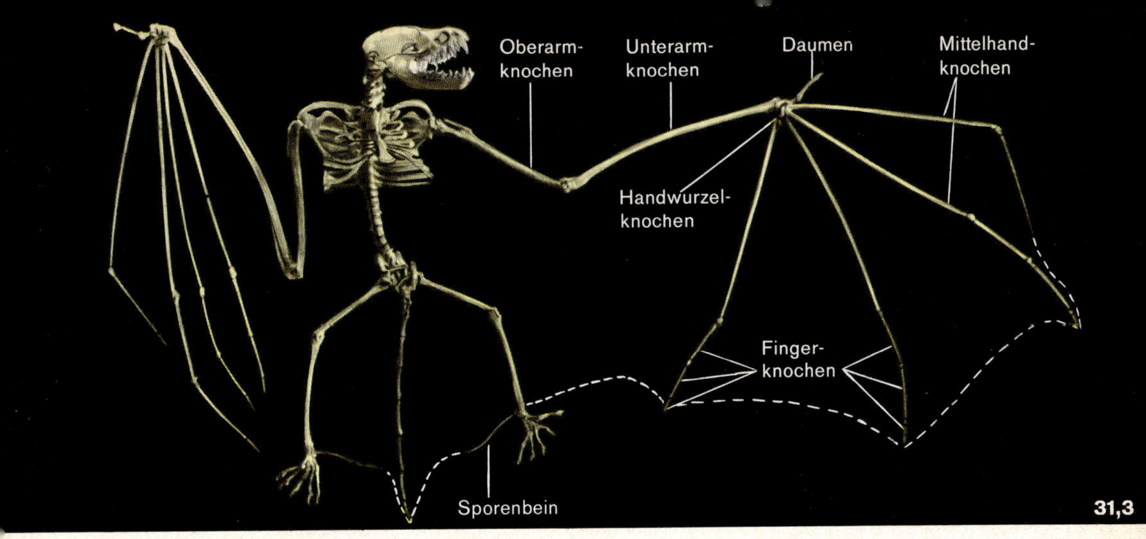

31,3: *Mausohrskelett. Rechter Arm und Finger angelegt, linker Arm gestreckt, Finger gespreizt.*

wölben. Dort verbringen sie, oft zu Hunderten, den Winter schlafend **(31,2).** Ihre Körpertemperatur sinkt dann bis auf die Umgebungstemperatur ab, und die Atmung ist sehr langsam. Sie zehren von ihrem Körperfett. Tiere, die so überwintern, nennt man *Winterschläfer.*

31 **Fortpflanzung.** Im Frühjahr, bald nach dem Winterschlaf, bekommt das Mausohrweibchen 1 Junges, andere Arten bis zu 2. Es klammert sich an die Mutter und wird zunächst auch im Fluge mitgetragen und gesäugt. Weibchen mit Jungen findet man häufig gesellig in „Wochenstuben“ auf warmen Dachböden. Dort werden die Jungen später zurückgelassen, während das Muttertier jagt. Nach 6–7 Wochen sind sie selbständig.

Ortung und Raumorientierung. Von den Sinnen der Fledermäuse sind Tastsinn und Gehör am besten entwickelt. So wird in der Luft fliegende Beute fast immer an den Fluggeräuschen erkannt. Wie aber weichen die Fledermäuse im Dunkeln Hindernissen aus? Sie orientieren sich durch Schall. Sie stoßen Schreie aus **(31,1),** deren Tonhöhe der Mensch nicht hören kann. Trifft ein solcher Ultraschall auf ein Hindernis, so kommt er als Echo in das Ohr der Fledermaus zurück, wodurch sie das Hindernis erkennt. Echolot und Radar beruhen auf dem gleichen Prinzip.

Merkstoff. Fledermäuse sind fliegende Säugetiere mit verlängerten Vordergliedmaßen und Flughäuten (Flattertiere). Ihre Lebensweise ist nächtlich. Sie halten einen Winterschlaf. Ihre Orientierung erfolgt durch Ultraschall.

31,4: *Schädel vom Mausohr.* – **31,5:** *Unterkiefer in Aufsicht.*

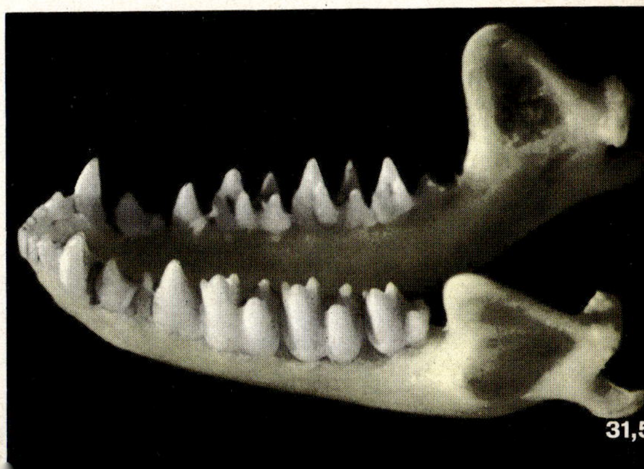

32 Vordergliedmaßen von Säugetieren – ein Vergleich

Die Säugetiere zeigen sich uns in sehr verschiedener Gestalt. Besondere Unterschiede lernten wir in ihrer Fortbewegung als *Geher*, *Wühler* und *Flieger* kennen. Die Geher wiederum unterscheiden wir nach der Art, wie sie auftreten. Tiere, die wie der Mensch (2,1) mit der ganzen Fußsohle auftreten, heißen *Sohlengänger* **(32,2).**

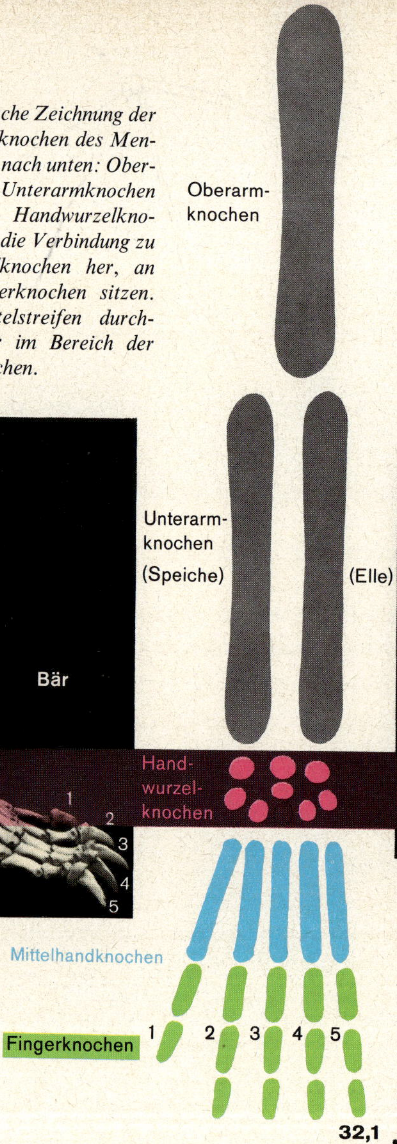

32,1: *Schematische Zeichnung der Arm- und Handknochen des Menschen. Von oben nach unten: Oberarmknochen, Unterarmknochen (Elle, Speiche), Handwurzelknochen. Sie stellen die Verbindung zu den Mittelhandknochen her, an denen die Fingerknochen sitzen. Der rote Mittelstreifen durchzieht die Bilder im Bereich der Handwurzelknochen.*

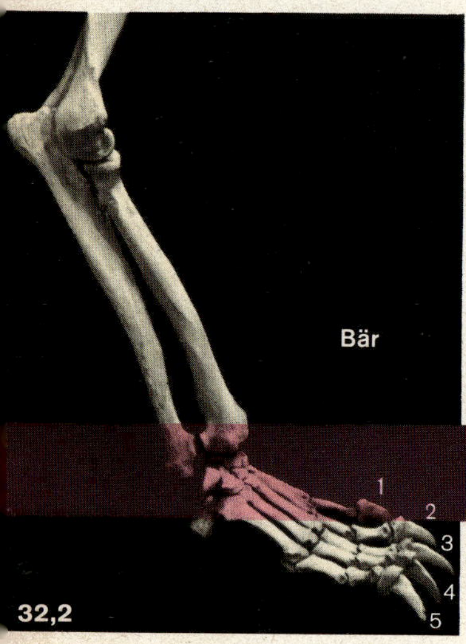

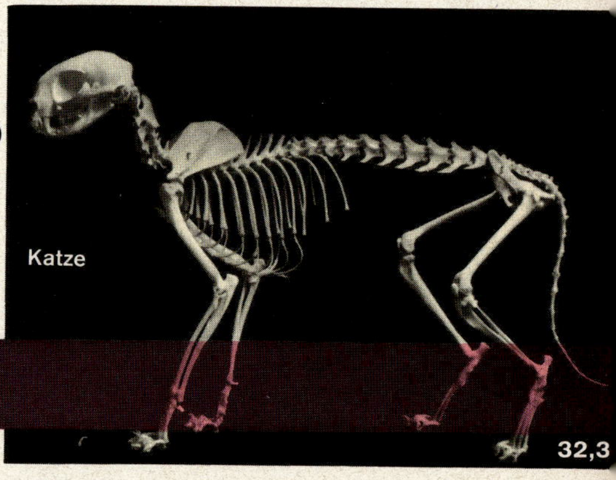

32,2: *Vordergliedmaßen-Skelett des Braunbären. Es sind alle Knochen wie bei 32,1 vorhanden. Bären sind, wie der Mensch, Sohlengänger, weil sie mit allen Hand- und Fußknochen auftreten.* **32,3:** *Skelett der Hauskatze. Bei Katzen berühren nur die Zehen den Boden; die übrigen Hand- und Fußknochen stehen aufrecht. Katzen sind Zehengänger.*

32

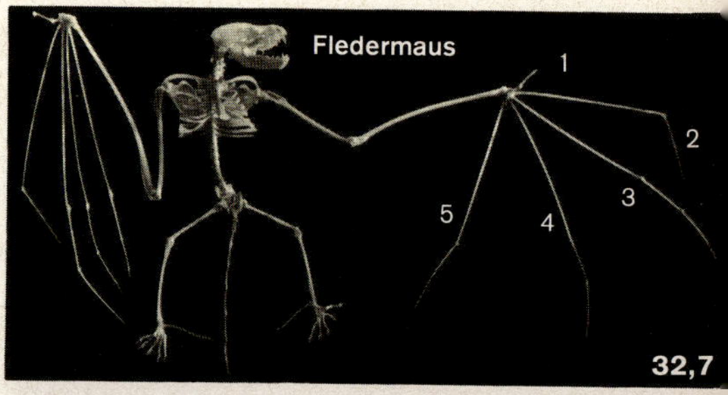

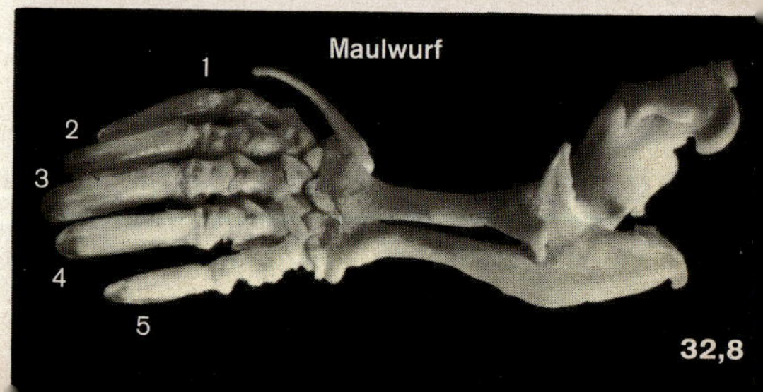

32,7: *Skelett einer Fledermaus (Mausohr). Bei diesen fliegenden Säugetieren sind die Oberarm-, Unterarm-, Mittelhand- und Fingerknochen zur Bildung von Flugorganen stark verlängert und dünn.* **32,8:** *Vordergliedmaßen-Skelett des Maulwurfs. Er hat Graborgane mit starken, verkürzten Oberarmknochen und kräftigen Händen.*

Berühren nur die Zehen den Boden, so heißen sie *Zehengänger* **(32,3)**. *Zehenspitzengänger* treten nur mit den äußersten Zehengliedern auf **(32,4–32,6)**. Die Verschiedenheit der Fortbewegung ist an den Knochen der Gliedmaßen abzulesen, von denen wir die vorderen vergleichen wollen. Die schematische Zeichnung, die Arm und Hand des Menschen entspricht, ist dafür Ausgangspunkt **(32,1)**. Beim Bären berühren Finger, Mittelhand und Handwurzel den Boden **(32,2)**. Bei der Katze sind es nur noch die Finger **(32,3)**. Das Schwein als paarzehiges Huftier tritt mit den Endgliedern zweier Finger auf **(32,4)**, ebenso das Rind **(32,5)**; doch sind bei diesem die Mittelhandknochen verwachsen. Beim unpaarzehigen Pferd berührt nur das Endglied eines Fingers den Boden **(32,6)**; an dem zugehörigen Mittelhandknochen sitzen 2 weitere rückgebildete. Beim Flieger Fledermaus sind die Knochen stark verlängert **(32,7)**, beim Wühler Maulwurf stark verkürzt **(32,8)**.

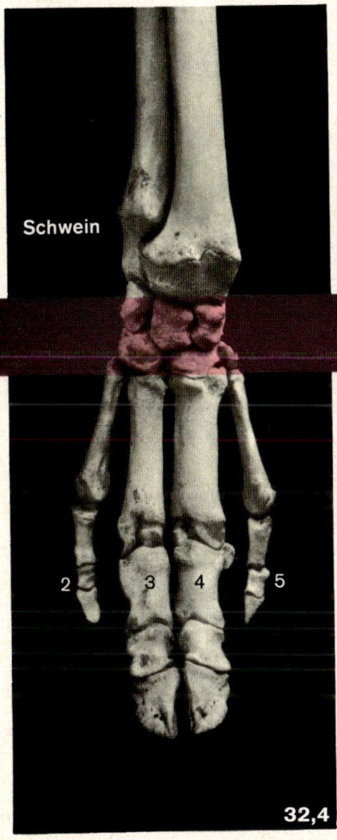

32

32,4: *Vordergliedmaßen-Skelett des Wildschweins. Schweine sind paarzehige Zehenspitzengänger, da sie nur mit den Endgliedern zweier Zehen auftreten. Die Afterklauen tragen erst mit, wenn die Tiere einsinken.*

32,5: *Vordergliedmaßen-Skelett vom Hausrind. Rinder sind wie Schweine paarzehige Huftiere und Zehenspitzengänger, doch sind ihre Mittelhandknochen verwachsen.* **32,6:** *Das Pferd ist ein Zehenspitzengänger, der nur 1 Endglied aufsetzt.*

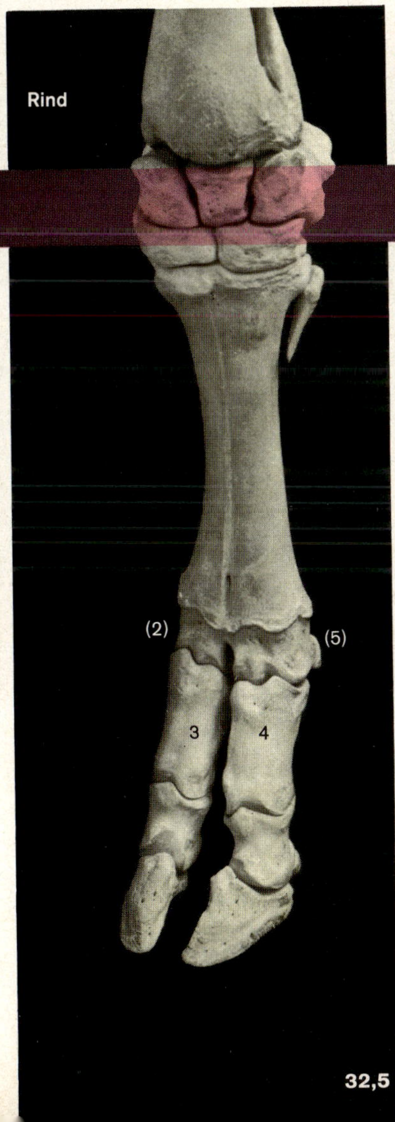

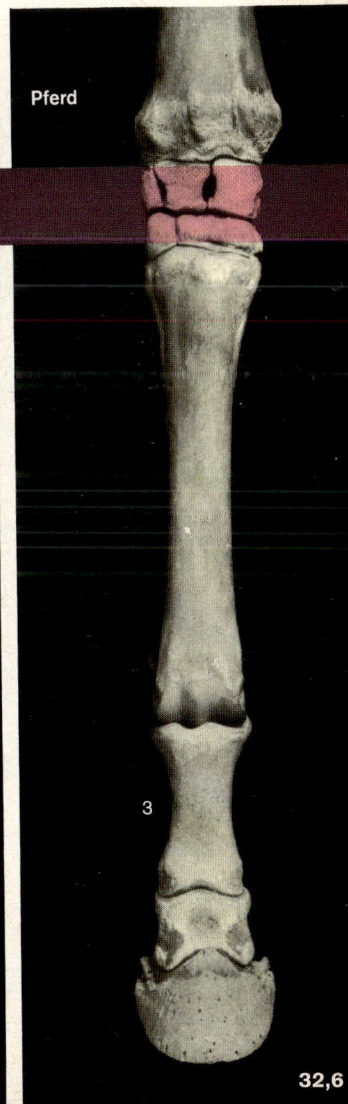

Fortpflanzung beim Hauspferd. **32a,1:** *Hengstkampf.* **32a,2:** *Begattung (Beschlag).* **32a,3:** *Geburt eines*

32a Fortpflanzung bei Säugetieren

Die Fortpflanzung dient der Erhaltung der Tierarten und der Vermehrung der Individuenzahl. Sie kommt bei allen Säugetieren durch die Entwicklung von Eizellen der Weibchen zustande, die zuvor von Spermazellen der Männchen befruchtet wurden. Die Befruchtung folgt auf die Begattung eines Weibchens durch ein Männchen, in deren Verlauf das Männchen mittels seines Begattungsorgans, des Penis, seine Spermien in die Geschlechtsöffnung des Weibchens, die Scheide, überträgt. Die eigenbeweglichen Spermien suchen die Eizelle auf, und eine Spermazelle verschmilzt mit der Eizelle: Das ist die Befruchtung. Wenn bei Fortpflanzungen eine Vereinigung von weiblichen und männlichen Fortpflanzungszellen vor sich geht, sprechen wir von *geschlechtlicher Fortpflanzung*.

Entstehung der Geschlechtszellen und Brunft. Wie wir wissen, haben die Weibchen *Eizellen* und die Männchen *Spermazellen* als *Geschlechtszellen*. Sie werden in den Geschlechtsorganen gebildet. Das sind bei den Weibchen die *Eierstöcke* oder Ovarien, bei den Männchen die Hoden. Wenn die Tiere nach der Jugendentwicklung geschlechtsreif oder *fortpflanzungsfähig* werden, reifen von da ab bei den Weibchen in Abständen jeweils ein bis mehrere winzig kleine Eier, bei den Männchen bilden sich zur gleichen Zeit die mikroskopisch kleinen Spermien in riesiger Zahl. Das geschieht bei den Wildtieren 1–3mal im Jahr; die Weibchen sind in dieser Zeit empfängnisfähig oder brünftig. Der Brunftzustand zeigt sich bei unseren einheimischen Wildtieren am deutlichsten beim Rothirsch (S. 25). Hauskatzen und Haushunde werden zweimal im Jahr brünftig, im Frühjahr und im Herbst. Brünftige Hündinnen werden als „läufig“ bezeichnet; sie ziehen in vermehrtem Maße die Aufmerksamkeit der Rüden auf sich. Von den Katern vernehmen wir in der Brunftzeit ihr Kampfgeschrei, wenn sie sich um ein Weibchen streiten. Bei manchen Haustieren wie Rind, Pferd und Schwein, deren Lebensweise der Mensch durch die Haltung stärker verändert hat, gibt es keine Beschränkung der Empfängnisfähigkeit auf wenige Wochen im Jahr; sie sind das ganze Jahr hindurch fortpflanzungsfähig.

Embryonalentwicklung. Befruchtete Eizellen entwickeln sich in der *Gebärmutter* der weiblichen Tiere zu *Embryonen*. Deren äußere Hülle verwächst mit der Gebärmutterwand zum

Fohlens. **32a,4:** *Mutterstute mit Fohlen.*

Mutterkuchen oder zur Plazenta. In dieser findet ein Austausch von Stoffen zwischen dem mütterlichen und dem embryonalen Körper statt. Dem Embryo werden durch die in der *Nabelschnur* verlaufenden Blutgefäße Nährstoffe für seine Entwicklung zugeleitet,
32a und Abfallstoffe werden entfernt.

Die Dauer der Embryonalentwicklung bis zur Geburt heißt *Trächtigkeitsdauer* oder *Tragezeit*. Sie ist bei den Tieren sehr verschieden lang und vor allem von der Körpergröße der Art abhängig (siehe Tabelle).

Durchschnittliche Trächtigkeitsdauer einiger unterschiedlich großer Säugetiere:

Goldhamster	17 Tage	Feldhase	42 Tage	Wildschwein	126 Tage
Waldspitzmaus	20 Tage	Fuchs	52 Tage	Rothirsch	235 Tage
Hausmaus	23 Tage	Hauskatze	60 Tage	Pferd	340 Tage
Eichhörnchen	39 Tage	Haushund	63 Tage	Elefant	665 Tage

Bei einigen unserer einheimischen Wildtiere hat man nach der Herbstbrunft und -begattung über Erwarten lange Tragezeiten beobachtet, und zwar bei Reh, Dachs, den Mardern, dem Hermelin und dem Braunbären. Nachforschungen haben ergeben, daß in der Entwicklung des Eies oder des Embryos eine Ruhepause eintritt. Auf diese Weise wird die Geburt bis in das Frühjahr hinausgeschoben; das ist biologisch gesehen ein viel günstigerer Zeitpunkt, als wenn die Geburt mitten im Winter erfolgen würde.

Geburt. Am Ende der Tragezeit ist der Embryo soweit entwickelt, daß er außerhalb des mütterlichen Körpers lebensfähig ist. Dann findet die Geburt des Jungtieres statt. Dabei platzen die Hüllen, die den Embryo umgeben, und die Flüssigkeit, in der er sich befindet, geht als *Fruchtwasser* nach außen ab. Zugleich wird das Junge durch den Druck der sich zusammenziehenden Gebärmuttermuskeln aus dem mütterlichen Körper herausgepreßt. Anschließend durchtrennt das Muttertier die Nabelschnur des neugeborenen Lebewesens mit den Zähnen. Es wird von der Mutter je nach Art unterschiedlich lange gesäugt und betreut. Bei der Mutter wird im Anschluß an die Geburt noch der Rest der Nabelschnur mit dem Mutterkuchen als *Nachgeburt* abgestoßen.

33,1

33

33,1: *Hahn vom rebhuhnfarbigen Italienerhuhn.* **33,2:** *Henne derselben Haushuhnrasse.* **33,3:** *Kopf des Hahnes. Nicht nur die Augen sind gut entwickelt, sondern auch das Gehör, obwohl Ohrmuscheln fehlen. Das Ohr ist der Halbmond oberhalb des weißen Ohrlappens.* **33,4:** *Bankivahuhn. Es ist die Wildform des Haushuhns und lebt heute noch wild in Wäldern Vorder- und Hinterindiens. Das Bankivahuhn*

33–36 Das Haushuhn (Gallus domesticus)

Das Haushuhn ist als überall verbreitetes Hausgeflügel ein allen bekannter Vogel. Es wird nicht nur auf Bauernhöfen und Geflügelfarmen gehalten, sondern auch in vielen Haushalten bis in die Randgebiete der Großstädte hinein. Vor 4000–5000 Jahren hat der Mensch das Huhn in den Haustierstand überführt, und zwar in Hinterindien, wo auch heute noch die Wildform des Haushuhnes, das Bankivahuhn, in Wäldern frei vorkommt **(33,4).** 33

Körperbau. Das Haushuhn hat einen gedrungenen, massigen Rumpf, der von einem Federkleid bedeckt ist **(33,1).** Der Hals ist gestreckt; er trägt einen verhältnismäßig kleinen Kopf. Hinten geht der Rumpf in den stark befiederten Schwanz über **(33,2).** Hühner stehen und gehen auf Füßen, die 4 Zehen haben. Davon sind 3 große nach vorne gerichtet und 1 kleinere Zehe nach hinten **(33,5;** 34,1). So ergibt sich ein sicherer Stand. Die *Läufe* des Haushuhns sind nicht befiedert, sondern mit hornigen Schuppen bedeckt. Die Läufe der Hähne weisen über der Hinterzehe einen spitzen Sporn auf. Die Laufbeine des Haushuhns entsprechen den Hinterbeinen der vierfüßigen Tiere. Die Vordergliedmaßen sind bei den Vögeln zu *Flügeln* umgebildet. Beim Haushuhn sind sie nur kurz und abgestutzt **(33,1).** Es kann daher, wenn überhaupt, nur kurze Zeit und kleine Strecken mit ihnen fliegen. In der Hauptsache rennen Haushühner schnell mit ihren kräftigen Beinen. Dabei steigern sie durch hastiges Flügelschlagen dann noch ihre Laufgeschwindigkeit.
Die beiden Geschlechter, der männliche Hahn und die weibliche Henne, sind im Aussehen stark verschieden **(33,1; 33,2).** Der Hahn ist größer und hat meist ein farbenprächtiges Gefieder mit langen Schmuckfedern. Seinen Kopf zieren ein großer, leuchtendroter Kamm und gleichfarbige Kehllappen **(33,3).** Die kleinere Henne ist viel unauffälliger gefärbt, ohne Schmuckfedern, und Kamm wie Kehllappen sind viel kleiner. Dem lauten „Kikeriki" des Hahnes haben die Hennen nur ihr Gackern und Glucken entgegenzusetzen.

Skelett. Mit einem Blick auf das Skelett wollen wir unsere Kenntnisse über den Körperbau des Haushuhns vertiefen und erweitern **(33,5).** Am Kopf fallen die zahnlosen Kiefer

33,3

33,4

ist kleiner als unser Haushuhn, wenn man von den Zwergrassen absieht. Es streift nicht weit umher, sondern ist sehr standorttreu. So war es nicht allzu schwer für den Menschen, Bankivahühner bei seinem Wohnsitz zu halten. Es kam vor allem darauf an, den Hühnern Futter- und Schlafplätze mit guten Lebensbedingungen zu bieten. **33,5:** *Skelett eines Haushuhnes.*

auf. Sie bilden, zusammen mit einem Hornüberzug, den Schnabel **(33,3).** Die Augenhöhlen sind sehr groß. Das zeigt uns an, daß die Augen gut entwickelt und das leistungsfähigste Sinnesorgan eines Vogels sind. Der Hals ist lang und wendig. Er hat beim Haushuhn 14 Wirbel. Es gibt Vögel mit noch mehr Halswirbeln (Säugetiere haben im Gegensatz
33 dazu immer nur 7). So kann der Vogel seinen Kopf mit dem Schnabel überall hinbewegen und diesen als bewegliches Greifwerkzeug anstelle der zu Flügeln umgebildeten Vordergliedmaßen benutzen. Anders als bei den Säugetieren sind die anschließenden 3 Abschnitte der Wirbelsäule miteinander verwachsen: Brust-, Lenden- und Beckenwirbel bilden die Rumpfwirbelsäule. Dadurch erhält der Vogelkörper Festigkeit für die Flugbewegungen. Die Schwanzwirbel sind wieder beweglich. Vor der Brust liegt ein V-förmiger Knochen; es sind die Schlüsselbeine, die bei den Vögeln zum Gabelbein verwachsen sind. Das Brustbein ist groß und kräftig. Auf seiner Mitte erhebt sich der Brustbeinkamm. An ihm setzen die stark entwickelten Brustmuskeln, die Flugmuskulatur an. An den Flügeln sind Ober- und Unterarm gut entwickelt. Doch finden wir nur 2 Handwurzelknochen, 2 verwachsene Mittelhandknochen und 3 Finger. Auch an den Beinen ergeben sich Unterschiede zu den Säugetieren. Ober- und Unterschenkel sind gut ausgebildet. Fußwurzelknochen fehlen jedoch, und die Mittelfußknochen sind zu einem langen Knochen, dem Lauf, verwachsen, der 4 Zehen trägt.

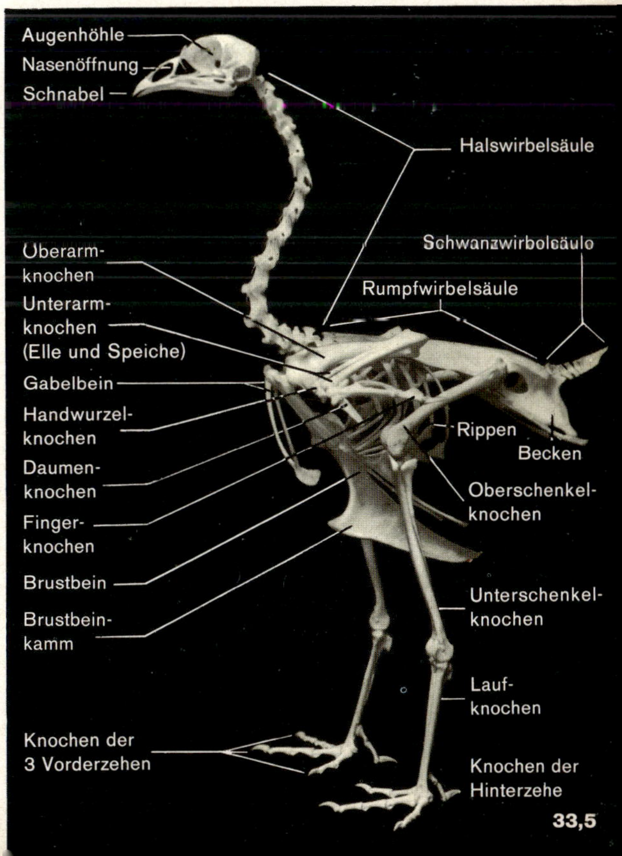

33,5

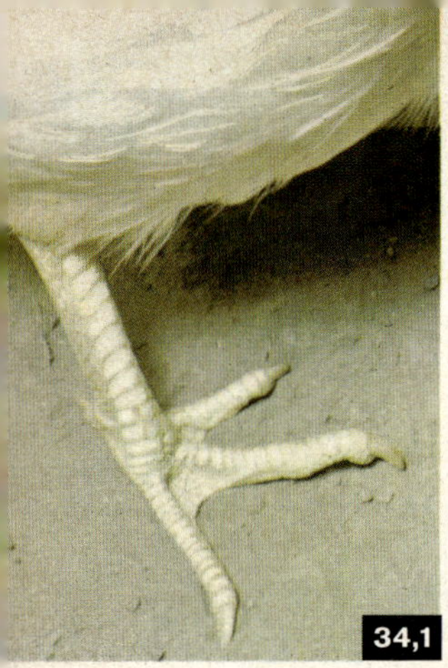

34,1

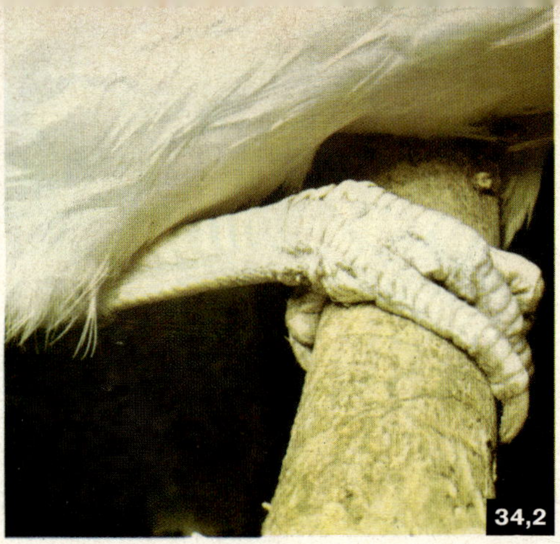

34,2

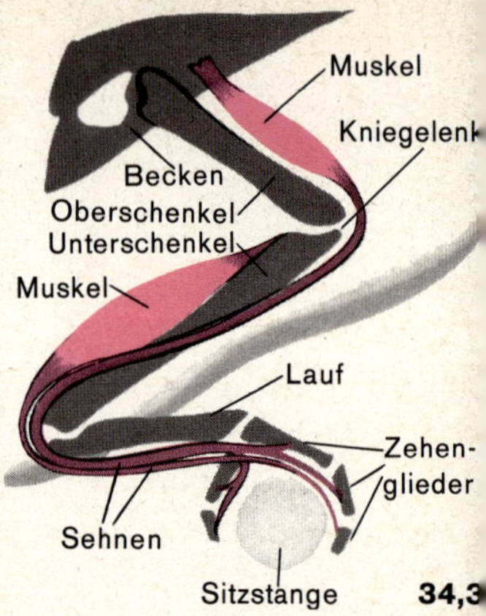

34,3

34,1: *Fuß und Lauf eines Haushuhns. Statt mit Federn sind sie mit Hornschildern bedeckt.* **34,2:** *Hühnerfuß umgreift eine Sitzstange. Bei den meisten Vögeln sind 3 Zehen nach vorne und 1 nach hinten gerichtet.* **34,3:** *Verlauf der Zehenbeugesehnen am Bein des Haushuhns. Wenn die Gelenke gebeugt werden (beim Niederhocken auf einem Ast oder einer Stange), entsteht eine Sehnenspannung. Dadurch werden die Zehen des Fußes gekrümmt und umgreifen den Ast, ohne daß Muskeln mitwirken.*

Der Hühnerfuß als Klammerorgan. Jeder, der schon einmal in einen Hühnerstall hineingesehen hat, kennt die Sitzstangen, die darin für die Hühner angebracht sind. Sie entsprechen für die Hühner, als früheren Waldbewohnern, den Zweigen ihrer Schlafbäume. Man möchte nun meinen, daß diese Art des Sitzens, bei der die Zehen die Stange umklammern, sehr anstrengend ist, vor allem wenn man weiß, daß die Hühner die ganze Nacht hindurch auf den Stangen hocken **(34,2)**. Doch genau das Gegenteil ist der Fall, und das bewirkt ein besonderer Mechanismus zum Beugen der Zehen.

Von einem Muskel des Oberschenkels zieht eine lange Sehne über das Kniegelenk und das Laufgelenk den Lauf entlang und weiter zu den ersten Gliedern der Vorderzehen und zur Hinterzehe. Von einem Muskel des Unterschenkels führt eine Sehne über das Laufgelenk den Lauf entlang und weiter zu den vorderen Gliedern der Vorderzehen **(34,3)**. Wenn sich das Huhn auf einer Stange oder einem Zweig niederläßt, geht es sofort in die Hocke. Dabei beugen sich die Gelenke von Knie und Lauf. Die Folge ist, daß die Sehnen, die über diese beiden Gelenke führen, gespannt werden. So umklammern die Zehen ohne Muskelkraft, nur durch Sehnenspannung, die Sitzstange **(34,2)**. Weil eine solche Umklammerung keine Kraft benötigt, ermüden die Hühner nicht und können daher stundenlang sitzen bleiben. Dieser Mechanismus ist in den Füßen aller auf Bäumen lebenden Vögel ausgebildet. Außer auf mechanische Weise können sie aber auch durch tätige Verkürzung der zugehörigen Muskeln ihre Zehen beugen und Zweige umklammern.

Gefieder. Der Körper des Haushuhns ist fast überall mit Federn bedeckt; nur einige wenige Körperteile, wie der Hornschnabel, die Kopfanhänge und die hornbeschilderten Läufe und Füße **(34,1)** sind unbefiedert. Die Befiederung des Huhns entspricht in vieler Hinsicht der Behaarung der Säugetiere. So hält das Federkleid durch eine Lufthülle den Körper warm, weil es, wie das Haarkleid, die Wärmeabgabe der Haut vermindert. Das Federkleid mildert auch Stöße und schützt vor Verletzungen. Kleine, weiche Flaumfedern oder *Dunen* bilden das Unterkleid des Gefieders; darüber liegen die festen Kontur- oder *Deckfedern* **(34,5)**.

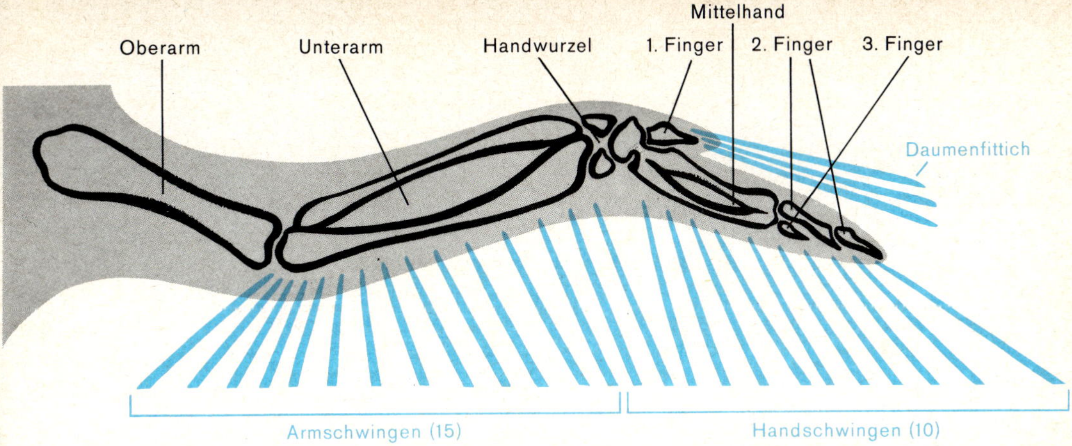

34,4

34,4: *Flügel des Haushuhns. Die äußere Federreihe sind die Schwungfedern (Hand- und Armschwingen), die übrigen Federn sind nicht eingezeichnete Oberflügeldeckfedern.* **34,5:** *Schwungfeder, Flügeldeckfedern und Dune. Alle Federn bestehen, wie die Haare der Säugetiere, aus Horn.* **34,6:** *Feinbau einer Deckfeder.*

Die Flügel und der Schwanz tragen Deckfedern, die besondere Aufgaben haben. Die äußerste Reihe der Flügelfedern ist sehr kräftig. Diese Federn werden beim Fliegen stark beansprucht. Es sind die *Schwungfedern*. Sie heißen, je nach Ansatzstelle, *Hand-* oder *Armschwingen* **(34,4; 34,5).** Oben und unten ist der Flügel mit gewöhnlichen Deckfedern besetzt **(34,5).** Dunen fehlen am Flügel. Auch die Federn des Schwanzes sind besonders stark und lang. Sie dienen beim Fliegen als Steuer und heißen daher Steuerfedern. Das Federkleid des Haushuhns bleibt nicht auf Lebenszeit dasselbe, sondern wird einmal im Jahr erneuert. Zum Herbst hin verlieren die Hühner nacheinander Feder auf Feder. Sie werden aber rasch wieder ersetzt. Die Tiere sind nie ganz ohne Federn. Dieser Federwechsel heißt *Mauser*. Die Mauser nimmt die Vögel ziemlich mit; sie sind dann reizbar, nicht so lebhaft und halten sich mehr versteckt.

An gemauserten Federn können wir den Feinbau der Feder studieren. Mit dem bloßen Auge erkennen wir an einer Deckfeder den durchgehenden *Federkiel* **(34,5).** Sein kurzes unteres Ende sitzt in der Haut und heißt *Spule*; der lange *Schaft* ragt heraus. Er trägt beiderseits die *Fahne* der Feder. Unter der Lupe sehen wir, daß sie aus *Ästen* besteht, von denen *Strahlen* entspringen. Das Mikroskop enthüllt uns, daß die Strahlen der einen Seite Bogenfortsätze haben, die der anderen Häkchen **(34,6).** Sie verzahnen sich miteinander und bilden so die glatte, feste und doch biegsame Fläche der Federfahne. Die Dunen tragen an ihrem Schaft lose Äste mit Strahlen ohne Häkchen **(34,5).**

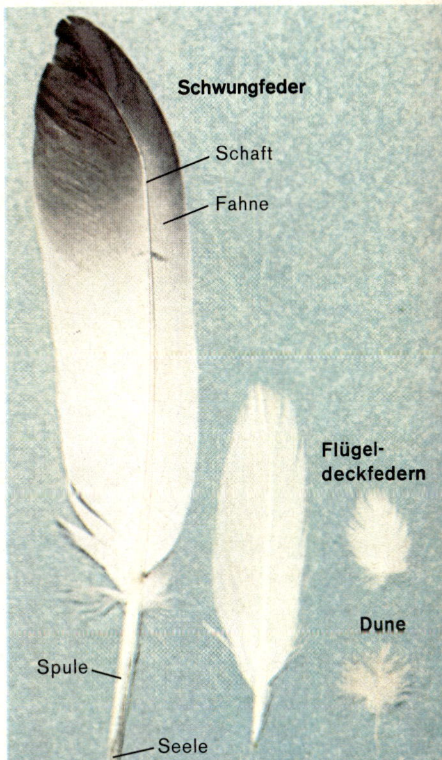

34,5

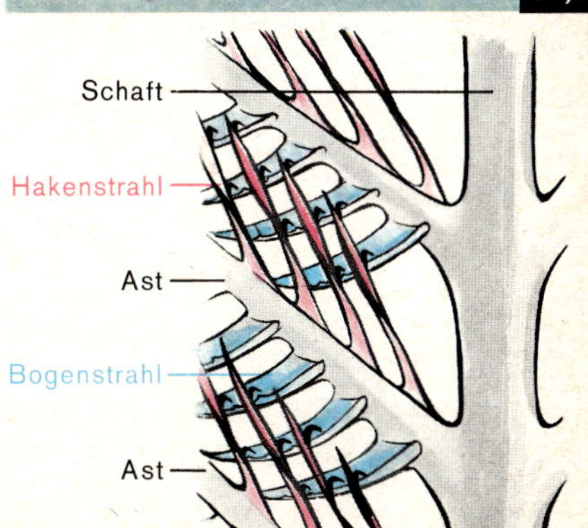

34,6

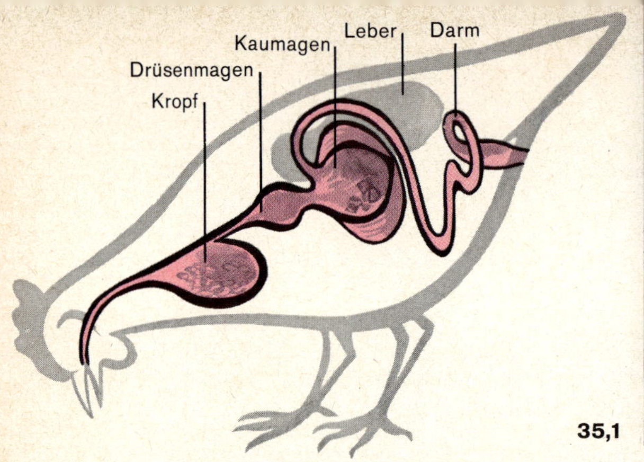

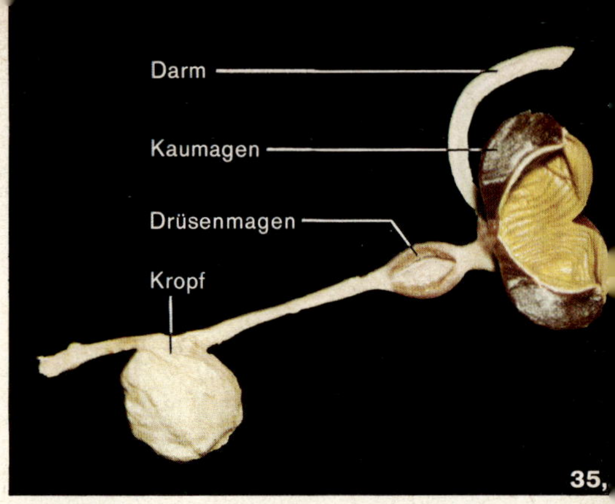

35,1: *Drüsenmagen und Kaumagen des Haushuhns. Die im Kropf eingeweichte Nahrung wird im Drüsenmagen (Vormagen) mit Verdauungssäften durchmischt und anschließend im Kaumagen (Muskelmagen) zu Brei zerquetscht und zermahlen.* **35,2:** *Die Verdauungsorgane des Haushuhns.*

Ernährung. Wenn wir Haushühner in ihrem Auslauf beobachten, sehen wir, wie sie immer wieder mit den bekrallten Zehen ihrer Füße den Boden aufscharren und hin und wieder mit dem Schnabel in das aufgekratzte Erdreich hineinfahren. Sie suchen und finden auf diese Weise Samen und Körner, die ihre Hauptnahrung bilden, sowie Würmer, Raupen, Käfer und anderes Kleingetier. Hühner sind *Allesfresser*. Das meiste schlucken sie unzerkaut hinunter; sie können aber mit ihrem scharfkantigen Hornschnabel auch größere Stücke zerkleinern, wie etwa einen Regenwurm in Stücke beißen.

Alles, was das Huhn verschluckt, gelangt zunächst in eine Ausstülpung der Speiseröhre, den *Kropf* **(35,1; 35,2).** Hier wird die Nahrung durchweicht, besonders die harten Körner. Sodann wird die Nahrung in einen drüsenreichen Vormagen, den *Drüsenmagen*, transportiert, wo Verdauungssäfte beigemischt werden. Der Hauptmagen ist der dickwandige *Kaumagen*. Er ist innen mit einer faltigen, hornartigen Haut ausgekleidet und enthält kleine Steine, die mit der Nahrung zusammen verschluckt wurden. Durch Bewegungen der starken Muskulatur wird die Nahrung im *Kaumagen* zwischen der faltigen Hornschicht und den Steinchen zerquetscht und zu Brei zermahlen. Dieser Speisebrei gelangt dann in den *Darm*, wo die weitere Verdauung vor sich geht.

Das Trinken ist bei den Hühnern, wie bei fast allen Vögeln, ein umständlicher Vorgang; denn sie können ihre Nasenlöcher nicht verschließen und daher das Wasser nicht saugend einziehen. So füllen sie ihren Unterschnabel mit dem Trinkwasser und heben dann den Kopf in die Höhe, wobei das Wasser in die Speiseröhre fließt.

35,3: *Hühnerei im Längsschnitt.* **35,4:** *Küken im Ei am 18. Bebrütungstag. Alle Körperteile sind vorhanden, auch die Federn. Die Nährstoffe (Eiweiß, Dotter) sind weitgehend aufgebraucht.*

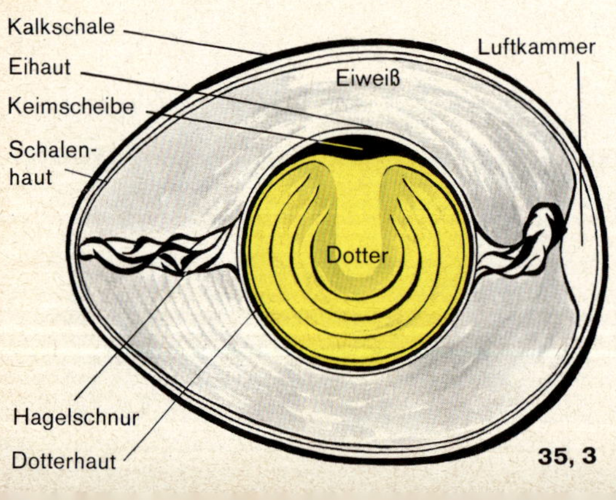

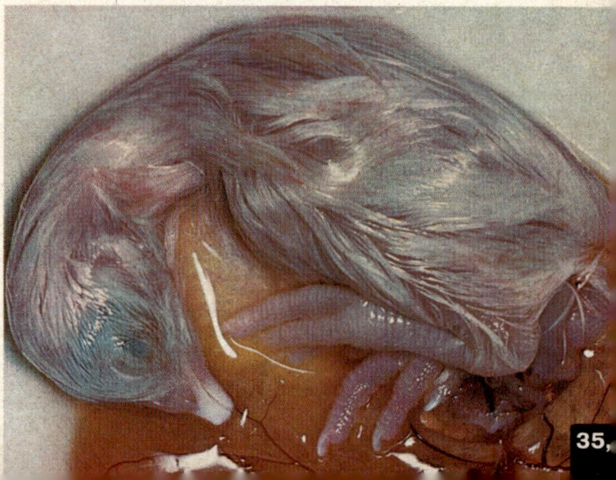

Fortpflanzung und Entwicklung. Haushühner (und mit ihnen alle Vögel) bringen nicht, wie die Säugetiere, lebendige Junge zur Welt, sondern sie legen *Eier*, aus denen die Jungen schlüpfen. Die äußere Schicht der Vogeleier ist immer eine feste, aber luftdurchlässige *Kalkschale* **(35,3).** Darunter folgt die 2schichtige *Schalenhaut*, die das klare Eiweiß umgibt. Am stumpfen Ende des Eies buchtet sich die innere Schicht der Schalenhaut ein, wodurch eine *Luftkammer* entsteht. In der Eimitte, vom *Eiweiß* umgeben, liegt der gelbe *Dotter* in einer *Dotterhaut.* Dem Dotter liegt als kleiner weißlicher Fleck die *Keimscheibe* auf, und darüber folgt die *Eihaut*, die die Keimscheibe samt Dotter vom Eiweiß trennt. Von der Schalenhaut an den beiden Eipolen ziehen feste, gedrehte Eiweißschnüre zur Eihaut. Mit diesen *Hagelschnüren* ist der Dotter federnd und beweglich mitten im Ei aufgehängt.

35

Damit sich in dem Hühnerei ein kleines Huhn, das *Küken*, entwickelt, braucht es Wärme. Diese wird von der Henne gespendet, die sich auf einem Gelege von etwa 12–15 Eiern niederläßt und sie mit ihrer Körperwärme ausbrütet. Um die hohe Körpertemperatur von 40° C mit möglichst geringen Verlusten auf die Eier wirken zu lassen, sind bei der brutbereiten Henne, der *Glucke*, auf der Unterseite Federn ausgefallen und dadurch nackte Stellen entstanden, die *Brutflecken.* So brütet die Glucke (der Name stammt von den besonderen Lauten brütender Hennen her) 21 Tage lang. In diesen 3 Wochen entwickelt sich die Keimscheibe zum Küken, wobei das Eiweiß und der Dotter die Aufbau- und Nährstoffe sind **(35,4).** Luft wird der Luftkammer entnommen und dringt durch die porenreiche Kalkschale immer wieder nach innen ein.

35,5

35,6

35,7

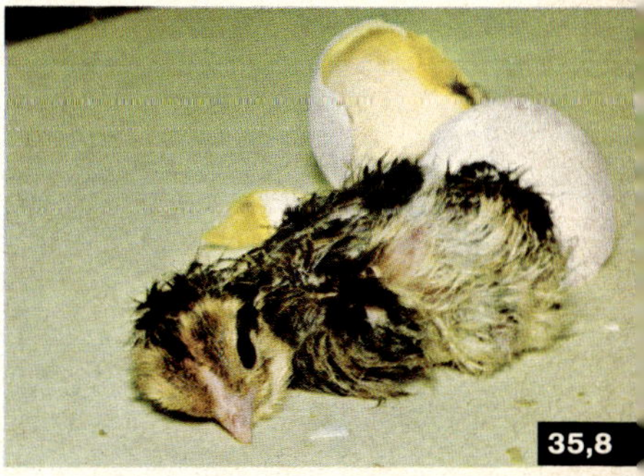
35,8

35,9

35,5–35,9: *Ein Küken schlüpft aus dem Ei. Schon einen Tag vor dem Schlüpfen hört man das Junge in dem Ei deutlich piepsen. Am Schlüpftage kratzt, feilt und bohrt das Küken mit einem harten, spitzen Kalkaufsatz am Schnabel, dem Eizahn, die Schale ringsherum an. Das ist eine anstrengende Arbeit für das schwache Tierchen. Schließlich bricht die Schale an einer Stelle* **(35,5).** *Dieses erste Loch wird erweitert* **(35,6),** *und nach mehreren Ruhepausen gelingt es dem Küken, die Schale zu sprengen* **(35,7).** *Dann befreit es sich und liegt eine Weile matt da* **(35,8).** *Sein feuchter Körper wird von der Mutter getrocknet, und allmählich kommt das Küken wieder zu Kräften. Dann macht es die ersten Stehversuche* **(35,9)** *und läuft bald der Mutter hinterher. Hühnerküken sind also Nestflüchter. Ihr Gefieder besteht zunächst nur aus Dunen; Schwung- und Schwanzfedern wachsen erst später. Mit etwa 6 Monaten sind sie erwachsen.*

36,1–36,4: *Einige wirtschaftlich wichtige Haushuhnrassen.* **36,1:** *Weißes Leghornhuhn, Hahn.* **36,2:** *Brahmahuhn, Henne.* **36,3:** *Newhampshirehuhn, Henne.* **36,4:** *Amrockhuhn, Henne.*

Züchtung und Rassen. Die Stammform des Haushuhns ist das *Bankivahuhn* (33,4). Aus ihm wurde in Hinterindien das Haushuhn mit seinen ersten Rassen gezüchtet. Die Züchtung verfolgte in erster Linie das Ziel, die Anzahl der gelegten Eier zu erhöhen. Das Bankivahuhn legt 6–8 Eier im Jahr, und wenn man ihm das Gelege fortnimmt, legt es meistens noch einmal soviele Eier nach. Durch Auslese und Weitervermehrung der besten Legehennen ist bis heute die Eierzahl auf 200–300 Eier im Jahr bei guten Hennen gesteigert worden. Da das Brüten die Hennen vom Eierlegen abhält, brütet man die für die Nachzucht bestimmten Eier in Brutapparaten aus. Auch stieg durch die Züchtung das Eigewicht von 35 auf 50–70 g an. Leistungsfähige Eierlegerassen sind das *rebhuhnfarbige Italienerhuhn* (33,1; 33,2) und das *weiße Leghornhuhn* (der Name Leghorn ist verstümmelt aus „Livornohuhn"; **36,1**). Eine andere Züchtungsrichtung erzielte fleischreiche Hühnerrassen, wie sie z. B. das *Brahmahuhn* darstellt **(36,2).** Rassen, wie das *Newhampshirehuhn* **(36,3)** und das *Amrockhuhn* **(36,4),** nehmen eine Mittelstellung ein: sie legen reichlich Eier und sind auch recht fleischig. Solche Hühnerrassen nennt man Wirtschaftshühner. Die Züchtung des Haushuhns ist auch heute noch in vollem Gange, und die große Schar der an Größe, Gestalt und Gefieder so unterschiedlichen Haushuhnrassen wird immer wieder durch neue Züchtungen vermehrt.

Hühnerhaltung. Wer Hühner halten will, muß die nötigen Voraussetzungen bedenken. Zunächst brauchen Hühner einen nicht zu kleinen Auslauf, der größtenteils mit Gras bewachsen sein sollte. An einer Stelle richtet man ihnen in einer Mulde ein Staubbad ein. Darin plustern und wälzen sie sich, um Ungeziefer zu bekämpfen. Wasserbäder nehmen Hühner nicht an, weil sie sehr wasserscheu sind. Sie brauchen aber eine Tränke. Da ihnen die wenige Nahrung, die sie im Boden finden, bei weitem nicht genügt, brauchen sie regelmäßig Futter, vor allem Körner, grüne Blätter, sowie gekochte Kartoffeln und Rüben. Der Stall muß fest gebaut sein, damit weder Wetter noch Feinde (Katze, Fuchs, Iltis) den Hühnern etwas anhaben können. Innen bringt man Sitzstangen an und kalkt die Wände. Dieser Anstrich und ständige Sauberhaltung beugen am besten den vielerlei Krankheiten (Ruhr, Tuberkulose, Geschwüre, Parasiten) vor, von denen das Haushuhn bedroht ist. Die Größe eines Hühnervolkes beträgt, je nach Rasse, 1 Hahn und 10–15 Hennen. Im Alter von 3 Jahren schlachtet man die Hennen, weil dann der Eierertrag absinkt und die Krankheiten zunehmen, insbesondere die Geflügeltuberkulose, die auch auf andere Haustiere und den Menschen übertragen werden kann.

36,4

Weitere Hühnervögel. 36,5: *Truthenne; Fleischhuhnart aus Nordamerika.* **36,6:** *Pfau; Schmuckvogel.* **36,7:** *Jagdfasan; aus dem Osten eingeführt.* **36,8:** *Rebhuhn; gesellig auf Feldern und Wiesen lebender Bodenvogel. Jagdbar.* **36,9:** *Balzender Auerhahn. Sehr selten gewordenes, scheues Waldhuhn ruhiger Gebirgswälder.*

36,5

Verhalten. Das Haushuhn zeigt in seinem Verhalten noch weitgehend unverändert die Verhältnisse des Bankivahuhns. Die Glucke betreut die Kükenschar allein und „führt" sie. Dabei läßt sie Lock- oder Warnlaute ertönen, auf die die Jungen von Anfang an richtig reagieren: Das Verstehen und Befolgen dieser Laute ist ihnen angeboren. Auch die Küken vermögen gleich mit einer Anzahl von Lauten verschiedene Stimmungen, wie Hunger, Schmerz oder Zufriedenheit, auszudrücken, was ebenfalls angeboren ist. Sie müssen aber auch viele Dinge von der Mutter oder durch Erfahrung lernen, wie Futtersuchen oder das Erkennen von Feinden.
36 Die Hühner eines Hühnervolkes leben nicht beziehungslos nebeneinander her. Sie bilden eine Gemeinschaft, in der es eine Rangordnung gibt. Der stärkste Hahn erringt die Herrschaft über ein Hühnervolk. Mit seinem „Kikeriki" bedeutet er allen anderen Hähnen, daß hier kein fremder Hahn etwas zu suchen hat. Doch auch zwischen den übrigen Mitgliedern eines Hühnervolkes gibt es eine Rangordnung, die „Hackordnung". Sie bildet sich nach Kämpfen heraus. Der Sieger wird vom Unterlegenen als ranghöher anerkannt, was darin zum Ausdruck kommt, daß das rangniedere Huhn sich vom ranghöheren ohne Gegenwehr durch Hacken mit dem Schnabel vertreiben läßt. In gleicher Weise ist das rangniedere Huhn für ein schwächeres wieder ranghöher, und so geht es durch das ganze Hühnervolk bis zum schwächsten Huhn, das alle hacken.

Merkstoff. Das Haushuhn besitzt ein Federkleid, das durch Mauserung erneuert wird. Seine Vordergliedmaßen sind Flügel. Die zahnlosen und hornbekleideten Kiefer bilden den Schnabel. Am Brustbein sitzt ein Kamm zum Ansetzen der Flugmuskeln. Die Füße umklammern Sitzstangen mechanisch ohne Muskelkraft. Das Haushuhn legt Eier, die es ausbrütet. Die schlüpfenden Jungen sind Nestflüchter. Innerhalb eines Hühnervolkes herrscht eine Rangordnung, die Hackordnung. Das Haushuhn liefert uns Eier, Fleisch und Federn.

36,6

36,7

36,8

36,9

37,1

37,1: *Haustaube. Im allgemeinen ist ihr Gefieder blaugrau, am Halse grünlich und rötlich metallisch schillernd. Über die Flügel verlaufen zwei dunkle Streifen, sogenannte Flügelbinden. Verwilderte Haustauben („Stadttauben") bieten ein buntgescheckte s Bild.* **37,2:** *Kropftaube.* **37,3:** *Pfauentaube. Diese beiden Taubenrassen sind als Schmucktauben gezüchtet worden.* **37,4:** *Skelett einer Haustaube. Am Brustbein fällt der große Knochenkamm auf.*

37 Die Haustaube (Columba domestica)

Haustauben **(37,1)** hält der Mensch seit etwa 5000 Jahren als Haustiere. Vom Lande, wo man sie seit altersher züchtet, sind sie erst spät in die Städte gekommen. Sie treten dort in großen Mengen als verwilderte Vögel auf und verursachen mancherlei Unannehmlichkeiten, wie die Beschmutzung von Gebäuden, Denkmälern, Straßen und Plätzen.

Körperbau. Im großen und ganzen ist die Haustaube wie das Haushuhn gebaut. Beide zeigen die kennzeichnenden Vogelmerkmale: ein *Federkleid* aus Deckfedern und Dunen, als *Flügel* ausgebildete Vordergliedmaßen, statt Zähnen einen *Hornschnabel* auf den Kiefern, einen *Kamm* auf dem Brustbein, zu einem *Laufknochen* verwachsene Mittelfußknochen, *Hornschilder* am Lauf und an den Zehen. Nur ist bei der Haustaube alles sehr viel zierlicher und leichter gebaut; denn sie ist ein schneller und gewandter Flieger. Das drückt sich einmal in der schlanken, schnittigen Flügelform aus (38,3), und zum anderen sitzt am großen Brustbeinkamm eine mächtige Flugmuskulatur **(37,4).** Männchen und Weibchen der Haustaube (Täuber und Taube) unterscheiden sich äußerlich nicht.

Ernährung. Die Haustaube ist, wie das Haushuhn, ein Körnerfresser. Die Nahrung nimmt bei ihr auch den gleichen Weg über Kropf, Drüsen- und Kaumagen in den Darm. Das Trinken geht bei der Haustaube anders vor sich als beim Haushuhn und fast allen anderen Vögeln. Sie kann ihre Nasenlöcher mit Klappen verschließen und so Wasser durch den Schnabel wie durch eine Röhre einsaugen.

37,5: *Ringeltaube.* **37,6:** *Türkentaube. Bei allen einheimischen Tauben sind die beiden Geschlechter (Täuber und Taube) im Aussehen einander gleich.*

37,5

37,6

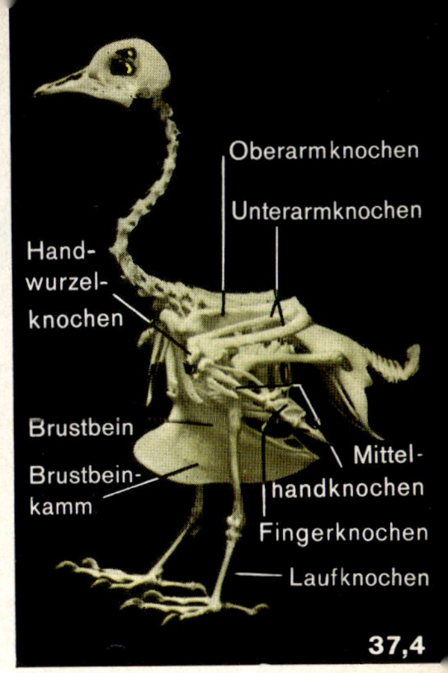

Fortpflanzung und Entwicklung. Die Taube legt mehrere Male im Jahr je 2 weiße Eier in ihr einfaches Nest aus Halmen und Federn. Beide Elternteile brüten abwechselnd. Nach 17 Tagen schlüpfen die Jungen mit Hilfe des Eizahnes aus der Kalkschale. Sie sind hilflos und können noch nicht sehen. Das Nest können sie, anders als die Hühnerküken, in der ersten Zeit nicht verlassen **(37,7)**. Solche Jungvögel bezeichnet man als *Nesthocker*. Ihre erste Nahrung ist eine Art Milch, die sich im Kropf beider Eltern nach dem Brüten bildet.
37 Nach wenigen Tagen entnehmen die Jungen dem Kropf der Eltern, in den sie mit dem Schnabel hineinfahren, auch schon eingeweichte Körner (Atzung – **37,8**). Etwa 1 Monat nach dem Schlüpfen sind die Jungtauben flügge und machen sich selbständig.

Abstammung und Rassen. Die Haustaube stammt von der Felsentaube der Mittelmeerländer ab, die ihr Nest in Spalten und Höhlen von Steilküsten baut. Daher nistet die Haustaube auch immer in Verstecken, sei es im Taubenschlag oder in Nischen von Bauwerken. Die Züchtung durch den Menschen ließ eine ganze Reihe von Rassen entstehen, wie die *Kropftaube* **(37,2)** oder die *Pfauentaube* **(37,3)**. Das gute Heimfindevermögen wurde bei der Züchtung von Brieftauben gesteigert, die aus Entfernungen von mehreren hundert Kilometern zu ihrem Schlag zurückkehren, wobei sie Nachrichten überbringen können.

Weitere Taubenvögel. Von den Wildtauben ist bei uns die *Ringeltaube* (Columba palumbus) am häufigsten **(37,5)**, ein Waldbewohner, der aber heute auch in Großstädten auf Bäumen lebt. Die *Türkentaube* (Streptopelia decaocto) ist erst in jüngster Zeit aus Südosteuropa zu uns eingewandert **(37,6)** und hat schon starke Kolonien gebildet.

37,7: *Jungtaube im Nest. Sie ist ein Nesthocker. Man erkennt die Anlage der Federn in regelmäßigen Reihen (Federfluren)* **37,8:** *Fütterung (Atzung) einer Jungtaube.*

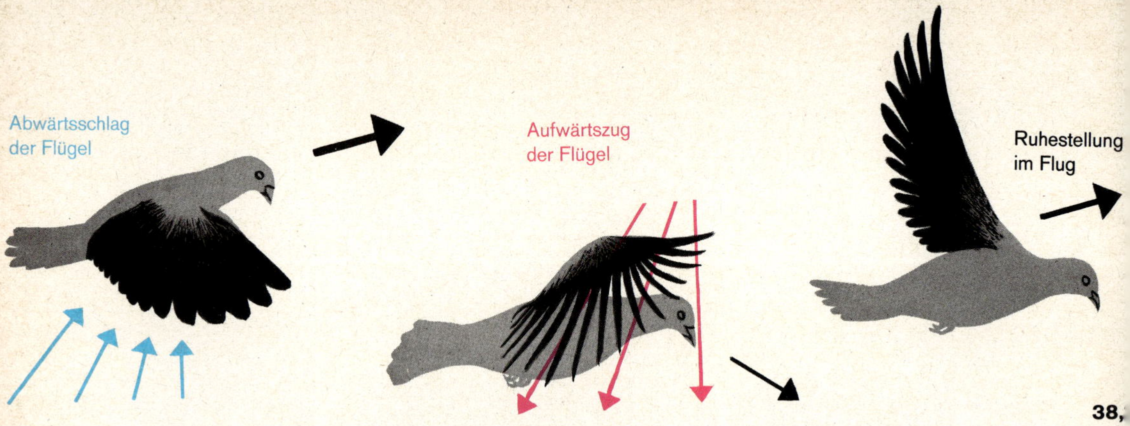

38,

38,1: *Der Vogel schlägt nur scheinbar den ganzen Flügel gleichartig auf und ab. In Wirklichkeit führt der Handfittich die stärksten Schläge und Züge aus, während der Armfittich mehr ruhig gehalten wird und als Tragflügel dient. Sehr vereinfacht sieht der Ruderflug etwa wie folgt aus. Der Abwärtsschlag des Handfittichs, der auch etwas nach hinten unten gerichtet ist, erteilt dem Vogel Auftrieb (blaue Pfeile) und Vortrieb (schwarzer Pfeil) zugleich. Beim Aufwärtszug, der zwar langsamer und gegen ver-*

38 Der Vogelflug

Der Flug der Vögel ist eine Erscheinung, die der erdgebundene Mensch seit altersher bestaunt. Sage und Geschichte berichten von vielen, meist vergeblichen Versuchen des Menschen, es ihnen gleichzutun. Wir wollen sehen, was für Voraussetzungen der Vogel für das Fliegen hat, und welche verschiedenen Flugarten es gibt.

38

Skelett und Körperform. Die Flugmaschinen des Menschen zeigen uns, daß eine gewisse Starrheit für das Fliegen unerläßlich ist. Sie ist am Vogelskelett durch Verwachsungen von Becken und Wirbelsäule, innerhalb der Wirbelsäule, sowie anderer Knochen (Schlüsselbeine zum Gabelbein) verwirklicht (33,5; 37,4). Außerdem muß ein möglichst ausgewogener Schwerpunkt vorhanden sein. Das ist am Vogelkörper durch Zusammenballung der Körpermasse in einen gedrungenen Rumpf und Leichtigkeit der herausragenden Organe (Kopf, Füße) erreicht. Schließlich muß die Körperform des Vogels so beschaffen sein, daß sie der Luft möglichst wenig Widerstand bietet. Das wird durch das Federkleid bewirkt, welches alle strömungshemmenden Unebenheiten des Vogelkörpers ausgleicht.

Flügelform und Flugmuskulatur. Wir sehen in Haushuhn und Haustaube 2 ganz verschiedene Vogelarten. Das Huhn ist ein guter Läufer und schlechter Flieger, die Taube umgekehrt ein guter Flieger und schlechter Läufer. Wir hörten auch schon, daß die Flugeigenschaften mit der Form der Flügel zusammenhängen. So besitzt das schlecht fliegende

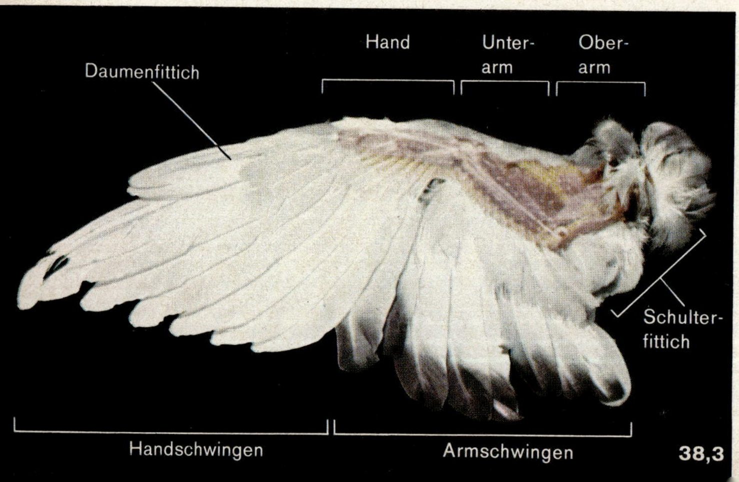

38,3: *Präparierter Taubenflügel. Zur besseren Übersicht sind die Flügeldeckfedern ausgerupft. Dadurch sieht man auch, wie die Federn in der Haut stecken. Die Federn der Hand heißen Handschwingen, die des Arms Armschwingen. Die Daumenschwingen bilden zusammen den Daumenfittich, die Schulterfedern bilden den Schulterfittich.*

38,2

ringerten Luftwiderstand ausgeführt wird, würde der Vogel doch wieder an Höhe verlieren. Das wird aber durch den wie eine Tragfläche wirkenden Armfittich verhindert. Dieser ist so gegen den Flugwind angestellt, daß unter ihm Druck, über ihm Sog herrscht, wodurch Auftrieb entsteht. **38,2:** *Der Schwanz des Vogels ist ein Höhensteuer. Waagrecht gestellt geht der Flug gerade aus, aufwärts gestellt nach oben und abwärts nach unten. Beim Landen steht er abwärts und bremst.*

Huhn kurze, gedrungene Flügel, die gut fliegende Taube in die Länge gestreckte, schmalere Flügel **(38,3).** Bei den besten Fliegern, zu denen unsere Schwalben und der Mauersegler gehören (S. 45), ist diese schnittige Flügelform, also lang und schmal, noch mehr ausgeprägt als bei der Taube. Die Flügel werden von Muskeln bewegt. Je besser ein Vogel fliegt, desto mehr Flugmuskulatur besitzt er. Diese findet sich auf der Brust. Den Ansatz für diese Muskeln bietet der Brustbeinkamm (37,4).

Flugarten. Am bekanntesten ist der *Ruderflug*; er wird von den meisten Vögeln angewendet **(38,1).** Bei dieser Art des Fliegens werden die Flügel auf und ab geschlagen, je nach Vogelart und Luftbewegung verschieden schnell. Im *Segelflug* gleiten die Vögel in einer aufsteigenden, erwärmten Luftmasse mit ausgebreiteten Flügeln, meist kreisend, uber freien oder bebauten Flächen **(38,4).** Der *Gleitflug* bringt die Vögel, ohne Aufwinde, aus der Höhe herab, meist zur Landung. Bei *Rüttelflug* und *Schwirrflug* stehen die Vögel in der Luft still. Dabei ist ihr Körper ziemlich senkrecht gestellt, mit schlagenden Flügeln und abwärtsgedrücktem, ausgebreitetem Schwanz. Im *Bogen-* oder *Wellenflug* schießen kleinere Vögel, einschließlich der Spechte, durch die Luft. Sie beschleunigen sich mit schnellen Flügelschlägen, legen dann die Flügel an den Körper und schießen, etwas absinkend, weiter durch die Luft, bis die nächsten Flügelschläge wieder ein Aufsteigen und Beschleunigen bringen. Durch den Wechsel von Flügelschlägen und Flügelanlegen entsteht die bogen- und wellenartige Flugbahn.

38,4: *Oft sehen wir Vögel im Segelflug ihre Kreise ziehen. Aber das ist nicht überall möglich, weil dazu aufsteigende Luftmassen (Aufwinde) nötig sind. Solche Luft entsteht über erwärmten freien Flächen und bebautem Gelände. Über Wäldern der Ebene und Gewässern gibt es keine Aufwinde, weil keine Erwärmung stattfindet.*

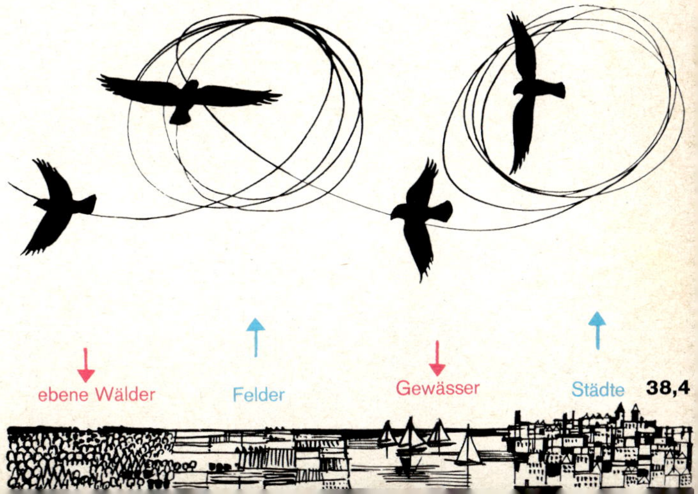

38,4

39,1

39,2

39,1: *Männchen (Erpel) der Stockente im Prachtkleid.* **39,2:** *Weibliche Stockente mit Dunenjungem.* **39,3:** *Stockenten sind gute Flieger. Beim Auffliegen kommen sie sofort vom Wasser los und gewinnen schnell an Höhe. Auf dem geselligen Fluge ordnen sie sich oft zu Ketten, Schrägketten oder einem Keil.*

39 Die Stockente (Anas platyrhynchos)

Die häufigste einheimische Wildente ist die Stockente. Sie siedelt an stehenden wie fließenden Gewässern und baut ihr Nest an trockenen Stellen im Schilfgürtel oder Ufergebüsch. Gelegentlich nimmt sie auch größere Vogelnester an oder baut auf Kopfweiden oder in Baumhöhlen. Im Winter ziehen die Stockenten nach Süden, wobei nordische Vögel
schon in Süddeutschland überwintern. Männchen und Weibchen sind von sehr unter- **39**
schiedlichem Aussehen. Die Männchen, auch *Erpel* genannt, tragen ein schön gefärbtes Prachtkleid, das nur sommers einige Wochen einem Schlichtkleid weicht. Meist sind auch dann noch einige aufwärts gebogene Schwanzfedern bezeichnend **(39,1).** Die Weibchen sind das ganze Jahr über unauffällig braun und grau gesprenkelt **(39,2).**

Anpassung an das Wasserleben. Die Stockente verbringt einen großen Teil ihres Lebens auf dem Wasser. Sie ist für diese Lebensweise gut ausgestattet. Sie hat eine dicke Dunenschicht, die nach außen von Deckfedern abgedeckt wird. In diesem Federkleid hält sich viel Luft, die den Körper warmhält und das Schwimmen erleichtert. Damit kein Wasser in die Federhülle eindringt und den Körper auskühlt, fetten die Enten ihr Gefieder ein. Das Fett kommt aus einer Drüse oberhalb des Schwanzes, der *Bürzeldrüse*. Von dort wird es mit dem Schnabel abgenommen und auf die Federn gestrichen. Einen weiteren Wärmeschutz bildet die dicke Schicht Körperfett unter der Oberhaut.

Beim Schwimmen liegt der breite Rumpf gut im Wasser. Die weit hinten eingelenkten Beine dienen sowohl als Steuer wie als Ruder. Zwischen den Vorderzehen befinden sich Schwimmhäute **(39,6).** Beim Rudern werden die Beine mit gespreizten Zehen und ge-

39,6

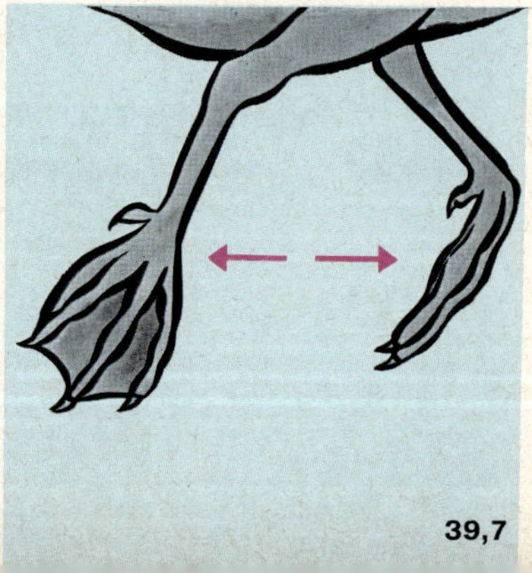
39,7

39,6: *Schwimmfuß einer Ente.* **39.7:** *Schema des Schwimmvorganges.* **39,8:** *Ente beim „Gründeln“.* **39,9:** *Kopf einer Ente mit geöffnetem Schnabel. Den Rillen am Schnabelrand entsprechen Fransen an der Zungenseite („Seihapparat“).*

39,3

39,4

39,5

Das gilt für alle Enten, Gänse oder Schwäne. **39,4:** *Gelege der Stockente in einem Schilfnest, das meist am Boden errichtet wird.* **39,5:** *Wenn die Ente das Nest verläßt, deckt sie es mit Federn und Halmen zu. Das Gelege kann dann kaum mehr erkannt werden.*

spannten Schwimmhäuten nach hinten geschlagen und in zusammengelegtem Zustand nach vorne zurückgeführt **(39,7).** Füße wie die der Stockente nennt man *Schwimmfüße.* Sie sind zum Gehen auf dem Lande weniger geeignet („Watschelgang"). Beim *Gründeln* drückt die Stockente mit beiden Füßen zugleich den Vorderkörper unter Wasser **(39,9).**

39

Ernährung. Enten verzehren sowohl Pflanzen wie Tiere ihres Wohngewässers, soweit sie ihrem Schnabel zugänglich sind. An Tieren kommen nur kleine Arten in Betracht, da Enten keine großen, harten Brocken zerkleinern können. Sonst ist aber der Entenschnabel mit seiner Zunge ein vielseitig benutzbares Organ **(39,9).** Beim Gründeln an flachen Stellen nimmt die Ente nahrungshaltigen Schlamm in den Schnabel. Das mitgenommene Wasser und viel Schlamm fließt durch die Rillen des hornigen Schnabels ab, wobei die gefransten Zungenränder das Mitgehen fester Teile verhindern. Alles übrige wird verschluckt, darunter als Nahrungstiere hauptsächlich Würmer, Schnecken, Insektenlarven, Frosch- und Fischlaich. Gröberes wird anschließend im Muskelmagen zerkleinert. Die Stockente kann aus dem Wasser auch unmittelbar Nahrung herausfischen, da in den weicheren Schnabelteilen viele Tastsinneszellen eingebettet sind. Pflanzliche Nahrung wird meist abgebissen. Die beliebte „Entengrütze", auf der Wasseroberfläche schwimmende Wasserlinsen, wird schnabbelnd aufgenommen.

Fortpflanzung. Im April oder Mai legt das Stockentenweibchen 7–12 grünliche bis bräunliche Eier in ihr Nest **(39,4),** das sie zuvor mit eigenen Dunen ausgepolstert hat. Nach dem Schlüpfen bleiben die Jungen **(39,2)** nicht im Nest, sondern folgen der Mutter zum Wasser. Vögel, die das Nest bald nach dem Schlüpfen verlassen, nennt man *Nestflüchter.* Die jungen Enten können gleich schwimmen. Diese Fähigkeit ist ihnen angeboren.

39,8

39,9

40,1: *Hausenten.* **40,2:** *Graugans.*

40 Entenvögel

40

Die Hausente. Von der Stockente stammt die Hausente ab **(40,1).** Sie ist genau so wasserliebend wie die Wildform und daher in den Dörfern an Bächen, Flüssen und Weihern oft in großen Scharen zu finden. Das Prachtkleid der Erpel ist meist weniger schön als das der Stockenten, doch sind die aufgebogenen Schwanzfedern immer vorhanden. Bei den Hausentenweibchen kommt dasselbe unauffällige Federkleid vor wie bei den Stockenten; meist sind sie aber rein weiß. Auch noch andere Färbungen sind durch die Züchtung zum Haustier entstanden. Da die Hausenten an den Gewässern ein ziemlich freies Leben führen, weichen sie in ihrer Lebensweise kaum von den Stockenten ab. Für das Fliegen sind sie allerdings zu schwer, und auch das Brüten kann Schwierigkeiten machen. So legt man ihre Eier meist brütenden Haushennen unter. Die dann schlüpfenden Jungen sind, wie die Stockentenküken, *Nestflüchter*, die bald zum Wasser gehen und ohne weiteres schwimmen können. Der Mensch nutzt die Flaumfedern (Dunen) der Hausenten als Bettfedern, ferner Fleisch und Eier zur Ernährung. Enteneier dürfen nur hartgekocht genossen werden, da nur dann die oft in ihnen enthaltenen Krankheitserreger abgetötet sind.

Die Graugans. Unsere mitteleuropäische Wildgans ist die Graugans (Anser anser). Sie brütet an dichtbewachsenen Seen und Sümpfen der norddeutschen Tiefebene und zieht im Herbst ins Mittelmeergebiet. Männchen und Weibchen sind gleich gefärbt; ihre Gefieder ist silbergrau, der Schnabel größtenteils fleischfarben **(40,2).** Der Gänseschnabel besitzt ähnliche Rillen wie der Entenschnabel (39,9). Die Graugans ist ein wendiger Vogel. Sie fliegt gut und schwimmt ausdauernd; dabei liegt ihr Vorderkörper tiefer im Wasser als das Hinterteil. Sie taucht nur selten, sondern gründelt. Die Nahrung ist rein pflanzlich und wird überwiegend am Land geäst. Graugänse sind gesellig. Das zeigt sich etwa beim gemeinsamen Nisten im Röhricht und der Marschordnung, dem „Gänsemarsch". Dabei halten sie durch näselnde Laute („gangganggang") Stimmfühlung miteinander. Die Graugans läuft besser als die Enten, weil ihre Beine länger und nicht so weit hinten eingelenkt sind. Die 3 Vorderzehen sind mit Schwimmhäuten verbunden. Das Nest ist recht umfänglich, aber kunstlos. Es besteht aus einem großen Haufen von Schilf- und Binsenhalmen und Gras. Meist im April findet die Brut statt, wonach aus 4–8 weißen Eiern gelbe nestflüchtende Junge schlüpfen. Für die Gänse bezeichnend ist die lebenslange ehe-

40,3: *Hausgans.* **40,4:** *Höckerschwan.*

artige Bindung. Nach dem Ausfall eines Partners bleibt der andere allein, unter Umständen bis zu einem Alter von mehreren Jahrzehnten.

Die Hausgans. Die Graugans ist die Stammform der Hausgans **(40,3).** Diese hat oft nicht mehr das graue Federkleid der Wildform, sondern ist rein weiß. Der Mensch hält sie auf Wiesen und Weiden, wo sie Grünzeug äst. Zum Wasser zieht es sie weniger hin als die Enten. Ihr Nutzen liegt einmal in ihrem Fleisch (Gänsebraten), und dann werden noch ihre Federn, vor allem die Dunen, zum Füllen von Bettdecken sehr geschätzt.

Der Höckerschwan. Die größten Entenvögel sind die Schwäne. Der Höckerschwan (Cygnus olor) ist als echter Wildvogel selten geworden, kommt aber halbwild oder zahm auf vielen einheimischen Seen und Teichen vor. Im Winter ziehen sie weiter nach Westen und Süden. Meist bevölkert dann Zuzug aus dem Norden unsere Gewässer. Männchen und Weibchen sind von gleichem Aussehen. Besonders kennzeichnend (und daher im Namen zum Ausdruck gebracht) ist ein schwarzer Höcker am Grunde des orangeroten Schnabels. Außer einem schwarzen Dreieck, das Schnabel und Augen verbindet, dem *Zügel*, ist der ganze Vogel weiß. Die niedrigen, stämmigen Beine sind dunkelgrau, die Vorderzehen durch große Schwimmhäute verbunden. Da die Beine weit hinten eingelenkt sind, ist der Gang der Schwäne schwerfällig und unbeholfen. Dafür schwimmen sie aber ausgezeichnet. Der sehr lange Hals wird beim Schwimmen s-förmig gebogen. Ihre Nahrung, die aus Wasserpflanzen, Würmern, Insektenlarven und Schnecken besteht, wird von der Wasseroberfläche aufgeschnabbelt oder ergründelt. Auch die Schwäne besitzen durch die Rillen und Fransen an Schnabel und Zunge einen *Seihapparat* (39,9). Sie gehen nicht gerne an Land. Sie fliegen aber des öfteren, und zwar schnell und gut. Dabei ist ihr langer Hals weit vorgestreckt, und die großen Schwingen verursachen ein weithin vernehmbares sausend-pfeifendes Fluggeräusch. Höckerschwäne bauen ein festes Nest aus Schilf, Binsen und anderen Uferpflanzen am Rande des Wassers oder ein Schwimmnest im Röhricht. Die Nestmulde wird mit Dunen gepolstert. Nach der Brut im April/Mai schlüpfen aus 6–8 graugrünen, starkschaligen Eiern die weißgrauen Jungen, die *Nestflüchter* sind.

Merkstoff. Entenvögel haben an den Schnabelrändern hornige Leisten, die meist in Zusammenhang mit Fransen der Zunge einen Seihapparat bilden. Ihre 3 Vorderzehen sind durch Schwimmhäute verbunden. Die Jungen sind Nestflüchter.

Finkenvögel. 41,1: *Buchfink, Männchen.* **41,2:** *Grünfink, Männchen. Am Futterplatz zänkisch. Wohnt in Gärten und Parks.* **41,3:** *Erlenzeisig, Männchen. Seine Winternahrung sind Erlensamen.*

41–42 Singvögel

Finkenvögel

Der Buchfink ist ein häufiger Bewohner nicht nur der Buchenwälder, wie sein Name andeutet, sondern aller lichten Wälder, Gärten und Parkanlagen. Die schmucken Männchen **(41,1)** fallen viel mehr auf als die unscheinbar grünlichgrauen Weibchen ohne Kappe und Flügelbinden. Im Winter sind überhaupt fast nur alte Männchen bei uns zu sehen, weil die Weibchen und die Jungvögel fortziehen.

Fortpflanzung. Bald nach der Rückkehr, Ende März, Anfang April, bauen die Buchfinken ihr Nest. Es wird im Astwerk von Laubbäumen und starken Sträuchern als halbkugeliger Napf aus Moos, Halmen und Haaren kunstvoll geflochten und mit Flechten und Moos verkleidet. Dahinein legt das Weibchen 4–7 gefleckte Eier. Nach Aufzucht der ersten Brut folgt in der Regel im Mai/Juni noch ein zweiter Nestbau und eine zweite Brut.

Nahrung. Buchfinken ernähren sich sowohl von Sämereien als auch von Insekten und deren Larven. Im Sommer und besonders während der Aufzucht der Jungen ist der Insektenverzehr ganz erheblich. Die Jungen werden nämlich nur mit tierischem Futter aufgezogen. Darunter sind immer viele schädliche Insekten. So unterstützen Buchfinken und viele andere Kleinvögel Bauern, Gärtner und Forstleute beim Kampf gegen Schädlinge.

Stimme. Buchfinken sind sehr stimmbegabt und stimmlaut, aber nur die Männchen. Sie sind es, die wir von den Bäumen rufen und singen hören. Der *Gesang* heißt beim Buch-

41,7: *Das Sperren der jungen Hänflinge (Aufreißen der grellgefärbten Mundhöhle) löst beim Altvogel den Fütterungstrieb aus.* **41,8:** *Girlitz, Männchen. Ein naher Verwandter des Kanarienvogels.* **41,9:** *Fichtenkreuzschnabel, Männchen. Die über Kreuz gebogene Schnabelspitze ermöglicht das Herausholen von Samen aus Fichtenzapfen.* **41,10:** *Kernbeißer, Männchen. Starker Schnabel zum Zerhacken von*

41,4

41,5

41,6

41,4: *Stieglitz. Männchen und Weibchen gleich. Name nach Lockruf „Stigelitt“.* **41,5:** *Hänfling, Männchen. In Gärten, Parks und Feldgehölzen.* **41,6:** *Goldammer, links Männchen, rechts Weibchen.*

finken „Finkenschlag“. Der Vogel schmettert ihn in bestimmter, aber doch etwas abändernder Gliederung hinaus, hoch und leiser beginnend, in abgehackten Tönen schnell ansteigend, zuletzt eilt er lautstark auf die „Schlußfigur“ zu. Man hat dem Finkenschlag, um seinen Rhythmus wiederzugeben, zum Beispiel den folgenden Satz unterlegt: „Wowowowo – ist das würz'ge Bier“, wobei das „würz'ge Bier“ als dreisilbiges Schlußmotiv das Hauptkennzeichen des Buchfinkengesanges ist. – Neben diesem Gesang gibt der Buchfink noch eine ganze Anzahl von *Rufen* von sich. Von 15 solcher Rufe kennt man auch die Bedeutung. Der Lockruf ist ein helles „pink“, das sich im Warnruf hastig wiederholt, der
41 Flugruf ein „djüpp“ und der Regenruf ein langgezogenes „Triehf“.

Stimmerzeugung. Vögel, wie der Buchfink und seine Verwandten, haben besondere Einrichtungen zum Erzeugen lauter und vielfältiger Töne. Alle Vögel besitzen *zwei Kehlköpfe*, von denen der untere die Töne erzeugt. Er liegt dort, wo sich die Luftröhre in die Bronchien gabelt. Dieser untere Kehlkopf, der *Syrinx*, ist bei den singenden Vögeln besonders gut ausgebildet und mit vielen Muskeln versehen. Vögel mit einem so hochentwickelten Syrinx und daher lautem, meist wohltönendem Gesang nennt man *Singvögel*.

Stubenvögel. Zur Ablenkung, Erbauung und als Ersatz für Naturnähe haben Menschen schon seit Jahrhunderten Vögel mit schönem, wechselhaftem Gesang in der Wohnung gehalten. Bei guter Pflege können sich Stubenvögel durchaus wohlfühlen. So wird nach den Naturschutzverordnungen auch heute noch einzelnen Personen die Erlaubnis zum Fang und Verkauf bestimmter, nicht gefährdeter Vogelarten erteilt.

harten Samenschalen. **41,11:** *Gimpel (Dompfaff), Männchen. Gimpel bewohnen Gärten, Parks und lichte Wälder. – Nur bei wenigen einheimischen Arten von Finkenvögeln sind die beiden Geschlechter gleich; im allgemeinen sind die Männchen lebhafter und farbenprächtiger gefärbt. Alle Finkenvögel haben ziemlich starke, meist keilförmige Schnäbel.*

41,9

41,10

41,11

Weitere Singvögel. 42,1: *Amsel oder Schwarzdrossel. Männchen beim Füttern sperrender Jungen. Guter Sänger.* **42,2:** *Singdrossel. Männchen und Weibchen gleich. Einer unserer besten Sänger.*

Über den Gesang der Singvögel

Jeder hat wohl schon einmal dem Gesang eines Singvogels gelauscht, sei es dem Schlag des Buchfinken, dem Flöten der Amsel oder gar dem Lied der Nachtigall. Wir Menschen empfinden Vogelgesang als schön und erfreuen uns daran. *Welche Bedeutung hat aber der Gesang im Leben des Vogels?* – Diese Frage wird durch ein Erlebnis erhellt, das ein Vogelstimmenforscher im Frühjahr beim Aufnehmen des Zilpzalp-Gesanges eines Weidenlaubsänger-Männchens hatte. Er spielte gleich nach der Aufnahme das Lied vom Tonband über einen Lautsprecher wieder ab. Sofort landete der Laubsänger beim Lautsprecher und sang mit größter Lautstärke gegenan. Als der fremde Gesang nicht verstummte, zerfetzte er den Lautsprecher mit Schnabelhieben und brachte ihn so zum Schweigen.

Wie kam es zu diesem Auftritt? Das Laubsängermännchen hatte seinen eigenen wiedergegebenen Gesang für den eines anderen Männchens seiner Art gehalten. Das in solcher Nähe zu hören, war für ihn erregend; denn jedes Männchen hat ein bestimmtes Revier, in dem es keine anderen Männchen seiner Art duldet. Diese Reviere werden durch den Gesang abgegrenzt. Im Frühjahr besagt der Gesang eines Männchens zuerst einmal: „Hier ist mein Revier! Ich warne alle gleichartigen Männchen, sich zu nähern!“ Wagt sich doch eines zu nahe heran, so beginnt ein Sängerkrieg zwischen den beiden, wobei dann der Unterlegene nachgibt und sich meist ohne Gewaltanwendung verzieht. In dem geschilderten Erlebnis hatte der Laubsänger zuerst den Lautsprecher mit der Stimme bekämpft, zuletzt mit Gewalt. Nun war er wieder Herr in seinem Revier! – Man kann mit Hilfe von Käfigvögeln die unsichtbaren, durch den Gesang bestimmten Reviergrenzen deutlich machen. Bringt man ein gekäfigtes Goldammer-Männchen (41,6) in die Nähe des Nestes eines freien Männchens, so stürzt sich dieses auf den „Nebenbuhler“ im Käfig. Je weiter man den Käfig von der Reviermitte entfernt, desto schwächer werden die Angriffe des Revierinhabers. Hören sie ganz auf, so ist die Reviergrenze überschritten.

Ist der Gesang eines Vogelmännchens für andere Männchen eine Warnung näherzukommen oder eine Aufforderung, sich wieder zu entfernen, so wirkt er auf die Weibchen anlockend. Für sie sagt der Gesang: „Hier ist ein Nest! Weibchen, komm' her, wir

42,3: *Rotrückenwürger, Neuntöter oder Dorndreher; Männchen. Spießt Beute an Dornen auf.* **42,4:** *Gartenrotschwanz, Männchen.*

42,5: *Eichelhäher. In Wäldern und Parks.* **42,6:** *Kolkrabe. Heute in Deutschland sehr selten.* **42,7:** *Rabenkrähe. Häufig in offenem Gelände.* **42,8:** *Nebelkrähe.* **42,9:** *Elster.* **42,10:** *Dohle. Nistet gesellig in altem Gemäuer, Felsen und Baumhöhlen.*

wollen Hochzeit halten!" – Der Gesang kann aber auch ohne Anlaß ertönen. Dann können in seinen sonst so unveränderlichen Ablauf andere Melodien und Rhythmen eingefügt werden, die ihn zu einem Kunstwerk machen.

42 Die biologische Bedeutung des Vogelgesanges liegt jedoch ganz überwiegend in der Verteidigung des Brutreviers und der Gewinnung eines Weibchens. Schon während der Brut wird weniger gesungen, und nach der Jungenaufzucht unterbleibt der Gesang ganz. Was dann noch an Vogelstimmen zu hören ist, sind Einzeltöne und Rufe. Mit ihren Rufen machen die Vögel nicht nur ihre Artgenossen, sondern auch andere Vögel und sogar Säugetiere aufmerksam. So „warnen" ein rätschender Eichelhäher **(42,5)** und eine schakkernde Elster **(42,9)** das Wild weithin. Auch andere Arten wissen, daß Gefahr am Boden droht, wenn eine Amsel mit „Ticks-ticks-ticks" Alarm schlägt, oder daß Gefahr aus der Luft droht, wenn sie ein dünnes durchdringendes „siiih" ertönen läßt. Auch manche Katzen verstehen den Alarmruf von Vögeln und brechen die Jagd ab, wenn er ertönt. Es ist für sie aussichtslos, gewarnte Vögel überlisten zu wollen.

Es gibt nun unter den Singvögeln auch etliche, die ihren Lautäußerungen nach diesen Namen nicht verdienen, wie etwa die *Rabenvögel* **(42,5–42,10).** Hier entscheiden der Bau des Stimmapparates und andere Merkmale über die Zugehörigkeit zu den Singvögeln. Fehlt es ihnen auch an einer schönen Stimme, so stecken in ihren Lauten doch viele Verständigungsrufe, mit denen sie sich vor Gefahren warnen, bei Flugmanövern Fühlung halten, zu Start und Landung auffordern und anderes mehr.

43,1

43,6

43,7

43,2

43,3

43,4

43,5

43 Vogelschutz

Beim Buchfink, dem Körnerfresser mit zeitweise überwiegend tierischer Ernährung, war schon die Rede davon, daß er dadurch dem wirtschaftenden Menschen nützlich ist. So oder ähnlich verhält es sich aber mit fast allen Singvögeln. Denn zumindest bei Aufzucht ihrer Nachkommenschaft füttern sie immer mit Kleingetier, vor allem Insekten und deren Larven. So hat die aus Tierliebe entspringende Winterfütterung **(43,1)** der Vögel auch einen nützlichen Hintergrund. Dabei sollte aber einiges beachtet werden. 43

1. Mit dem üblichen Futter aus Hanfsamen und Sonnenblumenkernen gibt man nur wenigen Vögeln etwas, und zwar den Körnerfressern wie Finken (41,1–41,11), Meisen **(43,2–43,5),** *Kleibern* **(43,6)** *und Spechten (49,1; 49,2).*

2. Um auch den Weichfressern zu helfen, die normalerweise nur Insekten, deren Larven und Würmer fressen, gibt man außerdem Haferflocken, Rosinen, getrocknete Holunder-, Ebereschen- oder sonstige Wildbeeren. So kommen auch Rotkehlchen (44,10), Drosseln (42,1; 42,2), Zaunkönig **(43,10)** *und andere mehr zu ihrem Recht.*

3. Rindertalg, zu gleichen Teilen mit Weizenkleie vermischt, ist den Vögeln sehr erwünscht.

4. Alles Futter muß trocken sein! Sonst gefriert es und kann den Vögeln tödliche Darmerkrankungen bringen. Aus diesem Grunde auch kein Brot oder Kartoffeln füttern!

5. Mit der Fütterung muß zeitig im Herbst begonnen werden, damit sich die Vögel an den Futterplatz gewöhnen. Im Frühjahr geben wir lange genug Futter, damit der Anschluß an die Nahrung in der Natur erreicht wird. Wir füttern täglich, weil die Tiere eine Futterquelle fest in ihren Tageslauf einbeziehen.

Aber nicht nur die Kleinvögel brauchen unsere Ernährungshilfe, auch bei den Greifvögeln und Eulen herrscht Mangel.

43,1: Vogelfutterhäuschen, so aufgestellt, daß es vor dem Erklettern durch Katzen gesichert ist. **43,2:** *Kohlmeise (Parus major). In Gärten, Parks und Wäldern häufig. Ruft im Frühling „Zizidäh".* **43,3:** *Haubenmeise (Parus cristatus). Findet sich überwiegend in Nadelwald.* **43,4:** *Schwanzmeise (Aegithalos caudatus). Liebt Nadelwald, Erlenbrüche und Auwälder. Verbreitung zerstreut, stellenweise fehlt diese Meise.* **43,5:** *Blaumeise (Parus caeruleus). Vorkommen wie die Kohlmeise, aber nicht so häufig. – Alle Meisen sind Höhlenbrüter. Männchen und Weibchen sehen gleich aus.* **43,6:** *Kleiber oder Spechtmeise (Sitta europaea). Kommt in Parks und lichten Wäldern häufig vor. Klettert nach Spechtart den Stamm hinauf, aber auch kopfabwärts hinunter. Spechte können das nicht; sie fliegen hinunter.* **43,7:** *Bergfink (Fringilla montifringilla). Er ist bei uns ein sehr häufiger Durchzügler und Wintergast aus dem Norden und oft an Futterplätzen zu sehen. Wenn in seiner nordischen Heimat sehr strenge und schneereiche Winter herrschen, taucht er bei uns in Scharen auf.*

Ihre Hauptnahrung, die Mäuse, sind knapper als in der wärmeren Jahreszeit und lassen sich seltener sehen. Hier können wir mit rohem Abfallfleisch helfen, das auf freiem Feld oder in Waldlichtungen ausgelegt wird. Dann bietet sich Gelegenheit, aus dem Versteck mit dem Fernglas etwa Mäusebussarde beim Kröpfen der Nahrung zu beobachten.

Mit dem Winterdienst sollte sich aber der Vogelschutz nicht erschöpfen – das Vogeljahr hat auch 365 Tage! Da ist vor allem an die Schaffung von *Nistgelegenheiten* zu denken. Für Höhlenbrüter wie die Meisen oder den Gartenrotschwanz (42,4) hängen wir Nistkästen an Bäumen auf, wie sie von den Vogelschutzwarten entwickelt und empfohlen sind. Für die freibrütenden Vögel kann man Nisthilfen geben, indem man gute Nestunterlagen in Bäumen und Sträuchern schafft. Das geschieht durch den Schnitt der Gehölze oder

durch Zusammenbinden von Zweigen. Immer muß man darauf sehen, daß eine Mulde oder Nische aus mehreren Zweigen entsteht, in die hinein ein Vogelnest gebaut und befestigt werden kann. Vorjahresnester entfernen wir, weil sie fast nie wieder verwendet werden. Mit solchen Bemühungen verlockt man etwa Buchfink, Gimpel, Girlitz und Stieglitz zum Nestbau in Bäumen, während Drosseln, Hänflinge, Grasmücken, Würger und Zaunkönig lieber in mittelhohen Sträuchern nisten. Wenn wir dann noch zur Brutzeit Katzen vertreiben, haben wir viel für unsere gefiederte Gartenpolizei getan.

Der Vogelschutz ist aber nicht nur eine Sache der Freiwilligkeit; er hat auch eine rechtliche Seite. Fast alle einheimischen Vögel sind durch Gesetze geschützt. *Es ist verboten, ihnen nachzustellen oder sie mutwillig zu beunruhigen, sie zu fangen oder zu töten. Ihre Eier dürfen nicht weggenommen, Nester und andere Brutstätten nicht beschädigt werden. In der Zeit vom 15. März bis 30. September dürfen keine Grasflächen, Hecken und Gebüsche abgebrannt werden.* In einigen Bundesländern ist es immer verboten. Mit diesen Verordnungen wird vor allem auch die Jugend angesprochen.

43,8: *Feldsperling. Lebt außerhalb von Ortschaften in Gärten, lichten Wäldern und offenem Gelände.* **43,9:** *Haussperling. In Ortschaften. Sperlinge werden bei starkem Auftreten dem Getreide schädlich und daher bekämpft.* **43,10:** *Zaunkönig. Liebt Wälder mit reichlich Unterholz und Bäche.*

43,8

43,9

43,10

44,1

44,2

44,3

44,4

44,5

44 Vom Vogelzug

Jeden Herbst können wir beobachten, daß ein großer Teil der Vögel fortzieht. Sie halten sich das Winterhalbjahr über in Süd- und Südwesteuropa oder gar in Afrika auf. Der Grund dafür liegt im Futtermangel, der besonders für insektenfressende Vögel im Winter vernichtend wäre. Vögel, die nur um die Brutzeit herum bei uns weilen, heißen *Zugvögel*. Es sind dies die meisten Singvögel, Wasservögel und Greifvögel. Im Gegensatz dazu bezeichnet man die Vogelarten, die immer Nahrung bei uns finden und daher im Lande bleiben, als *Standvögel*. Sperlinge (43,8; 43,9), Amseln (42,1), Rebhühner (36,8), Elstern (42,9), Eichelhäher (42,5) und die meisten Eulen gehören dazu. Zwischen diesen beiden Gruppen gibt es noch Vogelarten, die nicht weit fortziehen, sondern im Lande umherstreichen, hier der Kälte und dem Schnee ausweichend, dort reichlicher Nahrung nachgehend. Es sind die *Strichvögel*. Spechte (49,1; 49,2), Meisen (43,2–43,5), manche Finken, auch der Eisvogel (49,5) gehören hierzu. Die genannte Einteilung ist aber nur in gewissen Grenzen richtig, weil 44
sich die Vögel einer Art durchaus nicht einheitlich verhalten. So sind z. B. Bachstelzen **(44,4)** aus dem Norden des Verbreitungsgebietes stets Zugvögel; im Süden können etliche aber Stand- und Strichvögel sein. Oder es sind alle Vögel einer Art zwar Zugvögel, aber für die nördlichen ist unsere Heimat bereits das Winterquartier, so daß es aussieht, als sei die Art Stand-, allenfalls Strichvogel. Um dieser Unsicherheit zu entgehen, werden vielfach nur noch die Bezeichnungen *Jahresvögel* (das ganze Jahr da), *Sommervögel* (nur zur Brutzeit da) und *Wintervögel* (nur im Winter da) gebraucht.

44,1: *Star. Sehr häufig und gesellig in Gärten, Parks und lichten Laubwäldern. Zieht von uns nach Westeuropa und Nordafrika.* **44,2:** *Pirol, Männchen. Zieht von August bis Ende April nach Afrika. Ein scheuer Vogel.* **44,3:** *Feldlerche. Häufig auf Feldern und Wiesen. Überwintert in Südeuropa.* **44,4:** *Bachstelze. Wippt mit dem Schwanz („Wippstert"). Zieht im Winter überwiegend zum Mittelmeer.* **44,5:** *Nachtigall. Liebt buschreiche Parks, Au- und Laubwälder. Sehr schöner Gesang. Überwintert in Afrika.*

44,7: *Beringter Vogelfuß. Unten Aluminiumring mit Nummer und Anschrift, oben Beobachtungsring (an beiden Füßen) zum Wiedererkennen einzelner Vögel.*

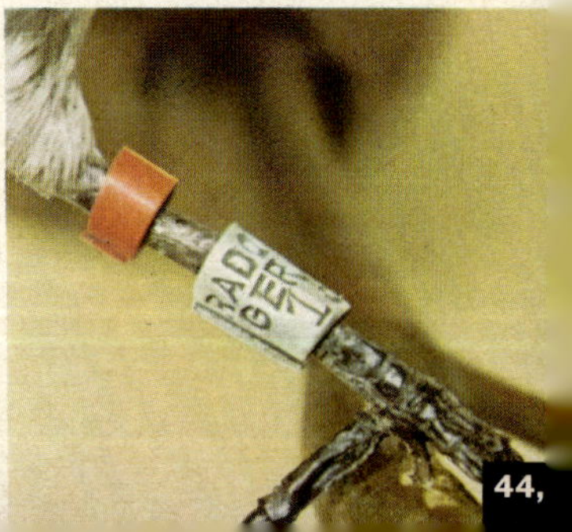

44,

44,6: *Die Zugwege sind je nach Art wenige km (Schmalfront) bis Hunderte von Kilometern breit (Breitfront) und lehnen sich an Leitlinien an.*

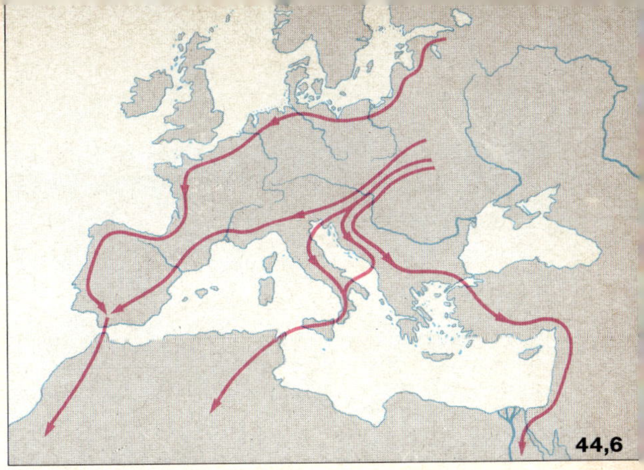

Die Zugvögel haben der Forschung viele Fragen gestellt, von denen etliche gelöst werden konnten. So weiß man, daß der Zugtrieb durch jahreszeitliche Veränderungen der Tageslänge zusammen mit anderen Reizen, wie dem Wetter, ausgelöst werden kann. Wäre es eine Wetterverschlechterung allein, so könnte man sich nicht erklären, warum etwa der Pirol **(44,2)** schon im August abzieht, wenn noch genügend Nahrung vorhanden ist. Es steht weiter fest, daß sich die am Tag ziehenden Vögel, wie der Star **(44,1),** nach dem Stand der Sonne unter Berücksichtigung der Tageszeit orientieren. Die nächtlichen Wanderer, wie Grasmücken **(44,8),** nehmen die Sterne zu Hilfe. Die Zugvögel folgen oft Leitlinien, die ihnen Flüsse, Meeresküsten und Gebirgszüge geben **(44,6).** Nur wenige Vogelarten wandern einzeln, wie der Kuckuck (49,7). Die meisten wandern gesellig, gelegentlich in dichten Schwärmen (Stare) oder losen Verbänden (Schwalben). Aus den Fällen, wo die Jungen vor den Alten aufbrechen und ohne Führung ins Überwinterungsgebiet gelangen, weiß man auch, daß die Richtung des Zugweges den Jungen angeboren ist.

Ein wesentliches Hilfsmittel für die Vogelzugforschung ist die *Vogelberingung*. Sie besteht darin, daß man Vögeln gekennzeichnete Aluminiumringe um den Lauf legt **(44,7).** Solche Vögel kann man dann an ihrem Ring wiedererkennen. Toten Vögeln nimmt man den Ring ab und schickt ihn an die darauf angegebene Vogelwarte (in Deutschland: Helgoland, Radolfzell, Hiddensee). Von den Vogelwarten wurden schon 5 Millionen Vögel beringt. So gewann man Aufschlüsse über Wanderwege, zurückgelegte Entfernungen, Schnelligkeit und viele weitere Einzelheiten des Zugs. Aber auch die Kenntnisse über das Alter der Vögel, ihre Standorttreue, die Partnerwahl und die Ausbreitung wurden durch die Beringung erweitert. Man weiß heute, daß Zugvögel je nach Art 40–80 km in der Stunde fliegen, täglich aber kaum mehr als 500–600 km. Aber auch die Höchstleistungen während der Zugzeit (Weißstorch 10 000 km, Küstenseeschwalbe 17 500 km, Pazifischer Goldregenpfeifer 4 000 km ohne Unterbrechung) wurden so ermittelt. Das Flugzeug hat dabei manches helfen können. Von den modernen Hilfsmitteln war und ist die Radartechnik am lohnendsten. Sie hat vor allem über die nächtlichen Zugbewegungen Aufschluß gegeben.

44,8: *Dorngrasmücke. Lebt im Dorngestrüpp, zieht nach Afrika.* **44,9:** *Weidenlaubsänger („Zilpzalp"). In Parks, Gärten und lichten Wäldern. Bodenbrüter. Überwintert im Mittelmeerraum.* **44,10:** *Rotkehlchen. In Parks und Wäldern mit Unterholz. Bodenbrüter. Zieht zum westlichen Mittelmeer.*

44,8

44,9

44,10

45,1

45,2

45,1: *Rauchschwalbe.* **45,2:** *Mehlschwalbe. Bei unseren Schwalben sind Männchen und Weibchen gleich. Die Hinweispfeile bezeichnen die Unterscheidungsmerkmale der beiden Schwalbenarten.*

45 Rauchschwalbe und Mehlschwalbe (Hirundo rustica und Delichon urbica)

Die Rauchschwalbe

Schwalben sind Vögel, die sich, vor allem in Dörfern, eng an den Menschen anlehnen und in seinen Bauwerken nisten. Früher waren sie freie Felsbrüter; sie sind dem Menschen aber in seine Umgebung gefolgt. Solche Tiere nennt man *Kulturfolger*.

Körperbau und Lebensweise. Die Rauchschwalbe ist ein Singvogel mit langem, schlankem Körper, langen, spitzen Flügeln und einem tiefgegabelten Schwanz, dessen äußerstes Federpaar auffallend verlängert ist **(45,1; 45,3).** Durch diesen von anderen Singvögeln recht abweichenden Körperbau sind Rauchschwalben schnelle und wendige Flieger, 45
denen wir wohl alle schon voll Bewunderung in der Luft zugesehen haben. Die Luft ist ihr Reich. Dort fliegen sie hin und her, viele Stunden am Tage, mal höher, mal tiefer. Sie sperren im Fluge ihr weit gespaltenes Maul auf und jagen so als *Flugjäger* ihre Nahrung, die aus Insekten besteht. Die Beute wird auch im Fluge verzehrt. Durch ihre ständigen anstrengenden Flugbewegungen ist ihr Nahrungsbedarf sehr groß. Ob die Schwalben hoch oder tief fliegen, liegt an ihren Beutetieren, den Insekten, deren Flughöhe vom Wetter abhängt. So kann man an der Flughöhe der Schwalben auf das Wetter schließen. Die Schwalben sind also allenfalls indirekte Wetterpropheten. Die Beine der Rauchschwalbe sind kurz und schwach und haben kleine Füßchen **(45,1).** Auf ihnen kann der Vogel nur unbeholfen trippeln. Sie dienen ihm in erster Linie zum Festhalten an Wänden, auf Drähten, in Gebälk und am Nest (Klammerfuß).

45,4: *Rauchschwalbe füttert ihre Jungen.* **45,5:** *Mehlschwalbe an ihrem Nest. – Schwalben sind Singvögel, die zum Bild unserer Dörfer und Landstädte gehören. Wo sie gute Futterquellen und Nistmöglichkeiten haben, leben sie gesellig zusammen. Als Luftjäger kennen sie keine Reviergrenzen.* **45,6:** *Uferschwalbe (Riparia riparia). Sie lebt nicht in der Nähe des Menschen, sondern an Steilwänden von Flußufern und Kiesgruben. Dahinein gräbt sie waagrechte Röhren mit einem Brutkessel am Ende.*

45,4

45,5

45,6

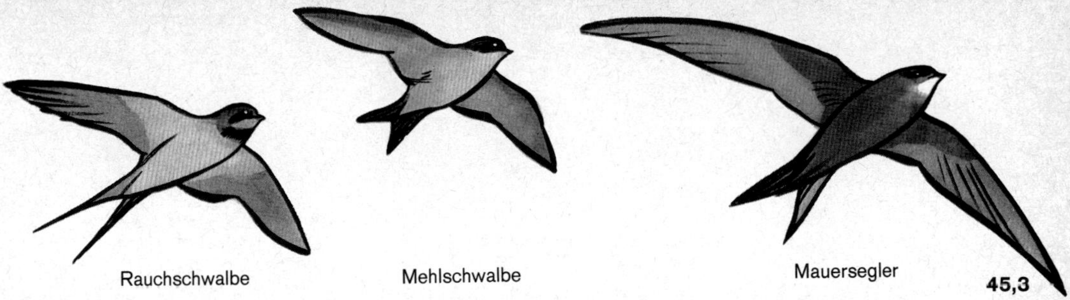

45,3

45,3: *Vergleich von Rauchschwalbe, Mehlschwalbe und Mauersegler. Über die beiden Schwalben ist im Text alles gesagt. Der Mauersegler (Apus apus) ähnelt zwar den Schwalben, ist aber nicht mit ihnen verwandt. In der Ähnlichkeit drückt sich in diesem Falle gleiche Lebensweise aus. Der Mauersegler ist in der Luft noch gewandter und auf dem Erdboden noch unbeholfener (winzige Füßchen!) als die Schwalben. Er ist ein Zugvogel, der längstens von Ende April bis Anfang August bei uns weilt.*

Nestbau und Fortpflanzung. Die Rauchschwalbe baut ihr Nest innerhalb von Gebäuden, in Ställen, Einfahrten und Durchgängen, ja gelegentlich wird es auch in Abseiten von Wohnungen geduldet. Man findet es immer hoch oben, dicht unter der Decke, unter Gebälk und Gesims. Das Nest der Rauchschwalbe ist oben immer ganz offen und hat etwa die Form eines Viertels der Kokosnuß. Die Rauchschwalbe stellt es her, indem sie Lehm oder andere Erdbestandteile mit ihrem klebrigen Speichel vermischt, wodurch der Baustoff haltbarer wird. So fügt sie Klümpchen an Klümpchen. Zur Festigkeit werden Hartteile, wie Stroh- und Grashalme, Federkiele und ähnliches, mit eingebacken **(45,4).** Das ganze Nistmaterial wird im Schnabel herbeigeschafft. Sehr oft werden auch die Vorjahresnester, oft jahrelang, wiederverwendet und nur ausgebessert. Innen wird das Nest weich gepolstert.

Die Rauchschwalbe brütet 2mal im Jahr und legt jedesmal 4–6 Eier. Die immer hungrigen Jungen sperren eifrig **(45,4)** und werden ununterbrochen mit Insekten gefüttert. Dabei vernichten die Schwalben große Mengen schädlicher Tiere.

Überwinterung. Die Rauchschwalbe ist ein *Zugvogel*, der in Afrika überwintert. Die Vögel verlassen uns ab Ende September, nachdem sie sich vorher zu großen Schwärmen zusammengefunden haben. Von Mitte April ab kehren sie zurück und zeigen den Beginn der warmen Jahreszeit an.

Die Mehlschwalbe

Die Mehlschwalbe ist von der Rauchschwalbe ganz deutlich durch den schwach gegabelten Schwanz und die von der Kehle an weiße Unterseite (Name!) zu unterscheiden **(45,2; 45,3).** Ihr Nest, das sie immer an die Außenseiten von Gebäuden baut, oft unter Vorsprüngen, ist bis auf ein Flugloch geschlossen **(45,5).** In der Lebensweise stimmen beide Schwalbenarten weitestgehend überein.

Merkstoff. Schwalben sind schnelle, gewandte und ausdauernde Flieger. Ihre aus Insekten bestehende Beute jagen und verzehren sie im Flug (Flugjäger). Mit ihren kurzen Beinen und den kleinen Füßchen sind sie auf dem Boden unbeholfen. Ihre Nester bauen sie aus Lehm, eigenem Speichel und eingebackenen Hartteilen. Die Rauchschwalbe hat einen tief gegabelten Schwanz und eine rotbraune Kehle; bei der Mehlschwalbe ist der Schwanz schwach gegabelt und die Kehle, wie die übrige Unterseite, weiß.

46,1

46,2

46,3

46 Der Mäusebussard (Buteo buteo)

Ein bekannter und verbreiteter Großvogel unserer Heimat ist der Mäusebussard **(46,1).** Er bewohnt offenes Gelände, an das Wälder oder Feldgehölze angrenzen. In größeren Wäldern sieht man ihn auch auf Lichtungen. In der Luft kreisend (47,7) oder auf Erdhaufen, Baumstümpfen oder Pfählen sitzend („aufgebaumt"), ist er eine Aufmerksamkeit erregende Erscheinung im Landschaftsbild. Seine Spannweite beträgt bis 137 cm.

Ein Greifvogel. Der Mäusebussard ist ein Vogel, der sich von anderen Tieren ernährt. Er 46
lauert von einem erhabenen Sitzplatz aus auf Beute, oder er erspäht die Beutetiere, in der Luft kreisend, von Höhen bis zu 200 m aus. Zum Fang seiner Beute stürzt er sich mit angelegten Flügeln hinab. Kurz vor Erreichen des Erdbodens breitet er seine Schwingen aus, um die Sturzgeschwindigkeit zu bremsen **(46,5).** Dann ergreift er die Beute mit seinen kräftigen Zehen, den *Fängen*, und die gebogenen, spitzen Krallen **(46,3)** dringen in den Leib des Beutetieres ein und halten es fest. Mit Hilfe des starken *Hakenschnabels* **(46,2)** wird größere Beute zerrissen, zerschnitten und dann verschlungen („gekröpft"). Im Verlauf der Speiseröhre finden sich Kropf und Drüsenmagen. Der anschließende eigentliche Magen ist kein kräftiger Muskelmagen wie bei Körnerfressern, sondern hat nur eine schwache Muskulatur. In ihm lösen scharfe Verdauungssäfte die Nahrung auf, ja sogar die mitverschlungenen Knochen. Unverdaulich sind nur Haare, Federn und andere Hornteile. Sie werden im Magen zu einem *Gewölle* (48,8) zusammengepreßt, das emporgewürgt und ausgespieen wird. Solche *Speiballen*, wie die Gewölle auch heißen, finden sich hier und da an den Sitzplätzen des Mäusebussards. *Tagvögel* mit solchen Einrichtungen zum Beutefang, gleichen Jagd- und Freßgewohnheiten, wie sie der Mäusebussard hat, bezeichnet man als *Greifvögel.*

Nahrung. Der Mäusebussard fängt, wie es sein Name auch sagt, überwiegend Mäuse. Sie machen $^2/_3$ seiner Nahrung aus. Er kann auf 15 Mäuse am Tag kommen, wie durch Beobachtungen festgestellt wurde. Er verschlingt sie als verhältnismäßig kleine Tiere ganz. Den Rest der Nahrung des Mäusebussards bilden, je nach Gelegenheit, Maulwürfe, Hamster, schwache oder junge Vögel, Eidechsen, Schlangen, Schnecken und Insekten, vor allem Heuschrecken. In Wintersnot schlägt er auch einmal einen ermatteten Hasen oder ein Rebhuhn. Trifft man einen Mäusebussard an einer größeren Beute, so hat er sie

46,1: *Aufgebaumter Mäusebussard, beim Kröpfen eines Beutetieres. Sein Ruf „Hiääh" klingt wie das Miauen einer Katze. Die Färbung der Vögel wechselt sehr. Die Oberseite ist meist einfarbig braun bis schwarzbraun, die Unterseite auf Weiß stark braun gefleckt oder gebändert, gelegentlich überwiegend weiß.* **46,2:** *Kopf eines Mäusebussards. Die Ränder des hakig gebogenen Oberschnabels greifen über den Unterschnabel hinweg. So wirkt der Schnabel des Mäusebussards wie eine zweifache Schere. Am Schnabelgrund umgibt eine gelbe Wachshaut die Nasenlöcher. Sie findet sich bei allen Greifvögeln.* **46,3:** *Fuß (Fang) des Mäusebussards. Der Lauf und die Zehen sind durch dicke Hornschilder gegen Bisse von Beutetieren geschützt.* **46,4:** *Das Nest (Horst) des Mäusebussards wird ohne Kunstfertigkeit angelegt. Es wird meist viele Jahre hindurch benützt und höchstens gelegentlich ausgebessert.*

46,4

als Aas vorgefunden. So ist er also im ganzen als Mäusevertilger und Gesundheitspolizei ein sehr nützlicher Greifvogel, der den größten Teil des Jahres Schonzeit genießt.

Nest und Fortpflanzung. Das Nest des Mäusebussards oder sein *Horst* (große Vogelnester nennt man auch Horst) befindet sich immer auf Bäumen, dicht am Stamm. Es ist ein kunstloser Bau aus Ästen, Knüppeln und Reisig **(46,4).** Die Höhe über dem Erdboden schwankt zwischen 8 und 20 m; der Durchmesser beträgt bis zu 60 cm. Die Nestmulde ist mit Ästchen, Grashalmen, Moos und oft auch einigen frischgrünen Zweigen ausgelegt und gepolstert. Das Nest wird immer im Wald errichtet, abgesetzt vom freien Gelände, dem Jagdgebiet des Greifvogels. Diesem Revierteil steht die Umgebung des Horstes als *Horstfeld* gegenüber **(46,5).** Im April oder Mai werden 2–4 weißliche, braungefleckte Eier gelegt und bebrütet. Die ausschlüpfenden Jungvögel sind Nesthocker mit Dunenkleid und offenen Augen. Sie werden von den Altvögeln zunächst mit zerteilter Beute gefüttert. Später bringen die Eltern ganze Beutetiere, an denen die Jungen das Kröpfen lernen.

Überwinterung. Die meisten unserer Mäusebussarde bleiben als *Stand-* und *Strichvögel* bei uns. An die Stelle der als *Zugvögel* nach Süd- und Südwesteuropa abgezogenen Mäusebussarde treten bei uns vielfach Wintergäste aus dem Norden und Nordosten Europas.

46,5: *Der Lebensraum des Mäusebussards ist in das Horstfeld (links, blau) und in das Beutefeld (rechts, weiß) unterteilt. Im Horstfeld sind auch die Beutetiere vor dem Bussard sicher.*

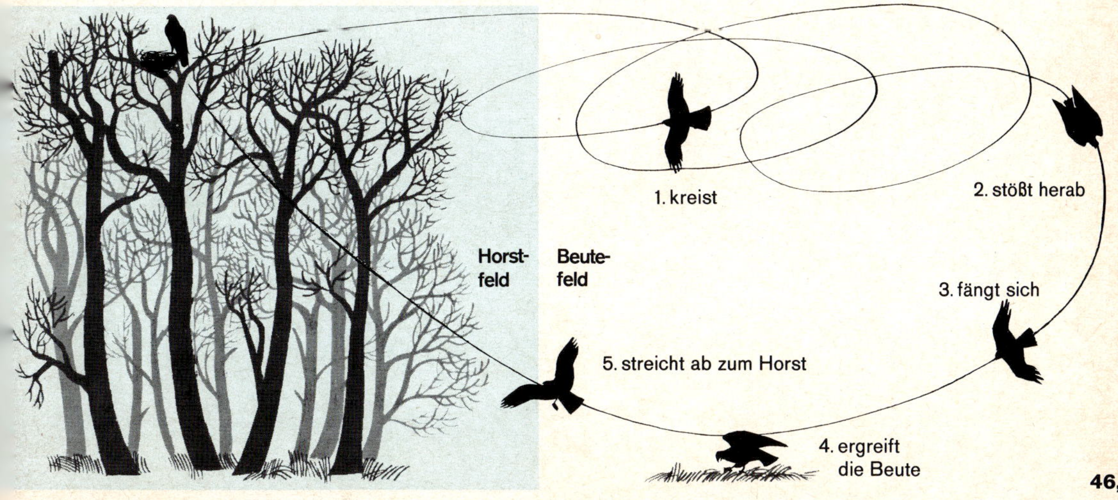

46,5

47,1

47,2

47,3

47,4

47,1: *Steinadler (Aquila chrysaetos). Männchen und Weibchen sind gleich.* **47,2:** *Habicht (Accipiter gentilis), Weibchen.* **47,3:** *Sperber (Accipiter nisus). Links Männchen, rechts Weibchen.* **47,4:** *Turmfalke (Falco tinnunculus). Links Weibchen, rechts Männchen.*

47 Weitere Greifvögel

Steinadler. Neben dem Seeadler ist der Steinadler der größte Greifvogel in Deutschland **(47,1).** Bei einer Länge von 90 cm (gemessen von der Schnabelspitze bis zum Schwanzende) beträgt die Spannweite der Flügel 2,20 m **(47,5).** Dieser stolze Vogel war früher in ganz Deutschland heimisch. Jetzt fehlt er in Mitteleuropa bis auf die Alpen, und auch dort horsten nur noch wenig mehr als 100 Paare. Der Horst des Steinadlers wird auf Vorsprüngen von Felswänden angelegt und oft viele Jahre hindurch benützt. Das Weibchen brütet 45 Tage lang darin jedes Frühjahr 1–2 nesthockende Junge aus, die zunächst weißgrau, dann wollig weiß bedunt sind. Bis zum Flüggewerden, im Alter von 3 Monaten, sind die Jungvögel schon dunkel befiedert, nur der Schwanz ist weiß mit schwarzer Endbinde.

Steinadler können sich mit ihren mächtigen Fängen und dem starken Schnabel an vielerlei Beutetiere heranwagen. Bei den Säugetieren werden alle Größen von Mäusen bis zu Hasen, Murmeltieren, Lämmern und Gemskitzen ihre Beute. An Vögeln erbeuten sie vor allem Auerhühner, Rebhühner und Schneehühner, während es ihnen zum Fang schnellerer Vögel an Wendigkeit fehlt. Die geschlagene Beute wird meist nicht an Ort und Stelle verzehrt, sondern vor dem Rupfen und Kröpfen an einen versteckten Platz gebracht. Der Steinadler ist ganzjährig geschützt.

Habicht. Beim Habicht sind die Weibchen erheblich größer als die Männchen. Weibliche Habichte können Längen bis zu 70 cm erreichen, dazu eine Spannweite von 1,2 m **(47,8).** Im Federkleid gleichen sich Männchen und Weibchen **(47,2).** Der Habicht liebt Waldungen, besonders Nadelwälder, die an offenes Gelände angrenzen. Er baut seinen Horst auf Bäumen und benutzt ihn oft jahrelang. Er legt ihn des öfteren mit frischgrünen Zweigen aus. Im späten Frühjahr brütet das Weibchen 3–4 Eier aus. Zur Fütterung der Jungen übergibt das Männchen die gerupfte Beute dem Weibchen, welches sie zerteilt und weiterreicht.

Die Beutetiere des Habichts sind fast ausschließlich Vögel, nur hin und wieder ist ein Säugetier darunter, wie Eichhörnchen oder Hase. Weibchen und Männchen machen sich wenig Konkurrenz: Die größeren Weibchen schlagen Vögel bis zu Krähengröße sowie Haushühner, die kleineren Männchen Vögel bis zu Drosselgröße. Habichte schlagen ihre Beute meist aus der Deckung heraus, wo sie lauern. Beim

Jagdflug zwischen Bäumen sind sie flink und wendig und fangen auch Vögel von Nestern weg. Ihre Vorstöße zu Hühnerhöfen und Taubenschlägen sind von den Besitzern gefürchtet. Als jagdbares Tier genießt der Habicht nur eine kurze Schonzeit während der Brut und Jungenaufzucht. – Im Mittelalter wurden Habichte, neben Wanderfalken, zur Jagd auf Federwild und Hasen abgerichtet. Dieser Jagdsport, die Falkenbeize, erlebt heutzutage einen neuen Aufschwung.

Sperber. Beim Sperber ist der Größenunterschied zwischen Männchen und Weibchen noch ausgeprägter als beim Habicht **(47,3).** Große Weibchen erreichen 40 cm Länge und eine Spannweite von 75 cm **(47,9).** Sperber halten sich meist in Wäldern und bedecktem Gelände auf. Der Horst wird überwiegend auf Nadelbäumen angelegt. Die 4–6 Jungvögel werden, wie beim Habicht, vom Männchen über das Weibchen versorgt. Beutetiere sind fast ausnahmslos Vögel, darunter viele Spatzen. Der Sperber ist ein jagdbarer Vogel mit einer Schonzeit wie der Habicht. Seine natürlichen Feinde sind vor allem Habicht, Wanderfalke und Baummarder.

Turmfalke. Der Turmfalke ist in beiden Geschlechtern etwa gleichgroß (Länge 33 cm, Spannweite 70 cm), in der Färbung aber unterschiedlich **(47,4).** Er nistet auf Türmen, Bäumen, sowie in Ruinen und Felsen. Im Flug **(47,10)** läßt er oft seinen Ruf „kli-kli . . .“ hören. Die Beute des Turmfalken besteht fast ausschließlich aus Mäusen, die er aus der Luft herabstoßend fängt. Zuvor steht der Vogel oft mit kurzen Flügelschlägen und abwärtsgestelltem Schwanz beobachtend in der Luft; er „rüttelt“. Dieser Greifvogel genießt völligen Schutz.

Rotmilan. Der Rote Milan, nach seinem tief gegabelten Schwanz **(47,6)** auch *Gabelweihe* genannt, kann eine Länge von 67 cm und eine Spannweite von 1,3 m erreichen. Er bewohnt abwechslungsreiches Waldgelände, über dem er oft im Segelflug kreist. Milane sind nach den verschiedenen Jagdgesetzen teils ganz, teils zeitweise geschützt.

Merkstoff. Greifvögel sind Tagjäger. Sie haben einen kräftigen Schnabel mit hakig gebogenem Oberschnabel, der über den Unterschnabel greift. An ihren Fängen sind immer 3 spitzbekrallte Zehen nach vorne gerichtet. Greifvögel speien Gewölle ohne Knochen aus. Die Jungen sind Nesthocker.

47,5

47,6

47,7

47,8

47,9

47,10

Flugbilder. 47,5: *Steinadler, jung; Altvögel zeigen weniger Weiß.* **47,6:** *Roter Milan (Milvus milvus). Männchen und Weibchen sind gleich.* **47,7:** *Mäusebussard. Männchen und Weibchen sind gleich.* **47,8:** *Habicht, Weibchen.* **47,9:** *Sperber, Weibchen.* **47,10:** *Turmfalke, Männchen.*

48,1

48,2

48 Die Schleiereule und andere Eulen

Die **Schleiereule** (Tyto alba) ist eine mittelgroße Eule, etwa von Krähengröße. Sie hat ihren Namen von dem auffallenden Federschleier, einem hellen Federkranz, der um das Gesicht herumliegt **(48,1).** Der Vogel meidet die Tageshelle und ruht tagsüber in abgelegenen Winkeln menschlicher Siedlungen, in Ruinen, Kirchtürmen und auf Dachböden.

Jagd und Nahrung. Mit hereinbrechender Dunkelheit fliegt die Schleiereule nach Beute aus, die fast ausschließlich aus Mäusen besteht **(48,2).** Sie fliegt dicht über den Boden hin. Dabei sind die nach vorne gerichteten Augen weit geöffnet und dem Boden zugekehrt. Das gute Gehör wird durch trichterförmig spreizbare Federn um die Ohröffnungen verstärkt. Den scharfen Augen und dem feinen Gehör entgeht keine Maus. Die Eule selber ist weder zu sehen noch zu hören, denn sie ist unauffällig gefärbt, und die Flügel mit dem seidenweichen Gefieder schwingen lautlos auf und ab. Hat sie eine Maus ausgemacht, so packt sie diese mit den spitzbekrallten Fängen und nimmt sie in den *Hakenschnabel* **(48,2).** Nach der Mahlzeit gibt sie Unverdauliches (Haare, Federn und, anders als die Greifvögel, auch Knochen) als *Gewölle* von sich **(48,8).**

Fortpflanzung. Die Schleiereule legt, ohne ein Nest zu bauen, ein- oder zweimal von April bis Juni 4–7 weiße Eier direkt auf den Boden ihres Schlafverstecks. Die ausschlüpfenden Jungen haben, anders als die Greifvögel, die Augen noch geschlossen. Sie sind weiß beflaumt, zeigen aber schon das kennzeichnende Gesicht. Sie werden eifrig gefüttert **(48,3).** Die meisten Schleiereulen bei uns sind *Standvögel.* In strengen Wintern, bei Mäusemangel oder wenn die Schneedecke die Mäuse verbirgt, gehen viele zugrunde.

Andere Eulen. Der **Waldkauz,** unsere häufigste Eule, ist ein Wald- und Parkvogel. Er ist gleichgroß wie die Schleiereule, wirkt aber viel plumper. Er fliegt nur bei Nacht und sitzt tagsüber gewöhnlich auf einem Ast dicht am Stamm **(48,4).** – Die **Waldohreule** ist kleiner

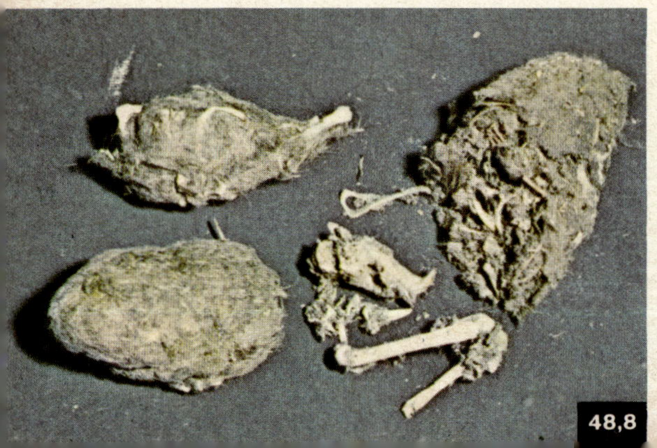

48,8

und vor allem schlanker als der Waldkauz. Ihr Merkmal sind die ständig aufgerichteten Federohren. Sie liebt offenes Gelände mit Feldgehölzen. Auch sie sitzt tagsüber meist auf einem Ast, eng an den Stamm gelehnt **(48,5).** – Die größte einheimische Eule ist der **Uhu.** Mit seinen Federohren und der Gefiederfärbung wirkt er wie eine riesige Waldohreule **(48,6).** Er ist sehr scheu und liebt als Aufenthalt Wälder mit Felshängen, die sichere Brutstätten bieten. In Deutschland gibt es nur noch wenige Brutpaare, die zunehmend durch die laute Zivilisation vergrämt werden. – Eine Kleineule von Amselgröße ist der **Steinkauz.** Er jagt gelegentlich auch am Tage in offenem Gelände mit Feldgehölzen und Obstgärten. Bei den alten Griechen war er der Lieblingsvogel der Göttin Athene und galt als Sinnbild der Weisheit **(48,7).**

Merkstoff. Eulen sind Vögel, die nachts jagen. Schnabel und Fänge sind denen der Greifvögel ähnlich. Sie unterscheiden sich von diesen durch die Wendezehe **(48,9),** nach vorne gerichtete Augen, feines Gehör, lautlosen Flug und Knochen im Gewölle. Die Jungen sind Nesthocker. Meist sind Eulen Standvögel. Als überwiegende Mäusevertilger sind sie nützlich und das ganze Jahr hindurch geschützt.

48,1: *Schleiereule am Schlafplatz.* **48,2:** *Schleiereule im Flug mit Beute.* **48,3:** *Schleiereule füttert ihre Jungen.* **48,4:** *Waldkauz (Strix aluco).* **48,5:** *Waldohreule (Asio otus).* **48,6:** *Uhu (Bubo bubo).* **48,7:** *Steinkauz (Athene noctua).* **48,8:** *Eulengewölle, links ganz, rechts zerrupft. Die Knochen, kennzeichnend für Eulengewölle, sind deutlich sichtbar.* **48,9:** *Eulenfuß (Fang). Die 4. Zehe ist bei allen Eulen nach vorn wie hinten streckbar und heißt Wendezehe.*

49,1

49,2

49,3

49 Spechte und Kuckucksvögel

Spechte. Der häufigste einheimische Specht ist der **Buntspecht** (Dendrocopus major). Er lebt in Wäldern und Parks und ist ein reines Baumtier **(49,1).** An seinen Füßen sind ständig 2 Zehen nach vorne und 2 nach hinten gerichtet: es sind *Kletterfüße* **(49,3).** Hinten dienen dem Körper die starken Kiele der Schwanzfedern als Stütze am Baumstamm. Mit Kletterfüßen und Stemmschwanz hüpft der Buntspecht in Spiralen den Baum hinauf und spürt nach Insekten. Entdeckt er welche unter der Rinde, Borke oder im Holz, so versucht er, sie mit Hieben seines meißelartigen Schnabels freizulegen. Dann schnellt er seine sehr lange, klebrige Zunge vor und verschlingt die daran haftende Beute. Die Zunge ist so dünn und biegsam, daß er mit ihr auch Insekten oder Larven aus tiefen Fraß- und Bohrgängen herausholen kann. Im Winter nimmt der Buntspecht auch Zapfen und Nüsse, die er einklemmt und mit seinem Schnabel bearbeitet (Spechtschmiede). Der Meißelschnabel dient ihm ferner zum Erstellen einer *Nisthöhle.* Deren Eingang führt in den Stamm hinein, während die Brutkammer senkrecht nach unten geht. Dort brütet das Weibchen im April/Mai auf 5–6 weißen Eiern *(Höhlenbrüter).* Die Jungen sind *Nesthocker.* Im Frühjahr ist der Buntspecht durch sein Trommeln (schnelle Schnabelschläge an federnde Äste) weithin zu hören. – Der **Grünspecht** (Picus viridis) geht, anders als der Buntspecht, öfter auf den Erdboden. Dort hackt er gern Ameisenhaufen auf und frißt die Bewohner. Sonst sucht er an morschen Bäumen nach Käfern **(49,2).** 49

Der Kuckuck (Cuculus canorus). Der taubengroße, langschwänzige Kuckuck ist ein Waldbewohner. Er ist oft mit seinem bekannten Ruf zu hören, doch läßt er sich selten blicken

49,6

49,7

49,1: *Buntspecht. Männchen an der Nisthöhle.* **49,2:** *Grünspecht. Weibchen beim Füttern.* **49,3:** *Kletterfuß eines Spechtes.* **49,4:** *Eisvogel füttert seine Jungen in der Bruthöhle. Diese ist eine Erweiterung am Ende der knapp meterlangen, waagrecht liegenden Brutröhre. Der Fisch wird mit dem Kopf voraus dargeboten.* **49,5:** *Eisvogel mit erbeutetem Fisch im Schnabel.*

(49,7). Er ernährt sich von Insekten und verschmäht auch die haarigen Raupen nicht. So ist er dem Forstmann sehr willkommen. – Beim Kuckuck verdient das Brutverhalten besondere Beachtung. Er baut kein Nest, und die Weibchen legen ihre 10–20 Eier einzeln in die Nester bestimmter Singvögel. Das untergeschobene Kuckucksei wird mit ausgebrütet. Der ausschlüpfende Jungkuckuck ist immer größer und stärker als die Nestgenossen. So gelingt es ihm meist, alle anderen Jungvögel mit Rücken und Flügeln aus dem
49 Nest zu drücken. Andernfalls sperrt er beim Füttern am weitesten, so daß er fast alle Nahrung bekommt und die richtigen Nestlinge verhungern. In jedem Falle wird der Kuckuck auf Kosten der Stiefgeschwister großgezogen **(49,6).** Er verläßt die Pflegeeltern, wenn er flügge ist. Besonders häufig werden Kuckuckseier zu Bachstelzen, Grasmücken, Rotkehlchen, Zaunkönig und Teichrohrsängern gelegt. Ein Brutverhalten, wie das des Kuckucks, nennt man *Brutschmarotzertum.*

Der Eisvogel (Alcedo atthis). Der farbenprächtige Eisvogel hat etwa die Größe des Sperlings. Er sitzt mit seinen schwachen Füßen auf Zweigen an Gewässern und stürzt sich als Stoßtaucher ins Wasser. Er ergreift die Beute, kleine Fische und Insekten, mit dem langen, spitzen Schnabel **(49,5).** An senkrechten Ufern legt er ein Stück weit oberhalb der Wasserlinie eine Brutröhre an, in der er jährlich 2 Bruten aus je 6–7 Eiern großzieht **(49,4).** Eisvögel leben immer einzeln. Die meisten überwintern im Brutgebiet.

Der Wiedehopf (Upupa epops). Der gut drosselgroße Wiedehopf bewohnt Viehweiden und offenes Gelände mit Bäumen. Dort trippelt er geschäftig am Boden und holt mit seinem langen, gebogenen Schnabel Insekten und Regenwürmer aus dem Kot der Weidetiere und dem Erdboden. Der Wiedehopf hat meist nur eine Brut **(49,8).** Sein Gelege besteht aus 6–10 Eiern. Er überwintert in Afrika.

49,6: *Rotkehlchen füttert sperrenden Kuckuck, der bereits das ganze Nest prall ausfüllt und seine Nestgenossen längst hinausgedrängt hat.* **49,7:** *Kuckuck, im Jugendkleid.* **49,8:** *Wiedehopf füttert seine sperrenden Jungen.*

50,1

50,

50 Weißstorch und Bekassine

Der **Weißstorch** (Ciconia ciconia) liebt die Nähe des Menschen. Sein bevorzugter Aufenthalt sind Dörfer mit umliegenden Sümpfen, feuchten Wiesen, Tümpeln, Weihern und Wasserläufen. Dort kann man ihn im Sommer auf seinen roten, unbefiederten Stelz-
beinen umherwaten sehen. Dann und wann wird der Hals mit dem Kopf und dem langen 50
und spitzen roten Schnabel zum Erhaschen von Beute vorgeschnellt.

Nahrung. Der Weißstorch stellt in seinem Revier allerlei Kleintieren wie Fröschen und besonders gern Mäusen nach. Daneben verzehrt er auch Maulwürfe, Schlangen, Heuschrecken, Schnecken, ja auch einmal Eier oder Junge von bodenbrütenden Vögeln. Da Gegenden mit solchen Beutetieren durch die Kultivierung des Landes immer seltener werden und vor allem Leitungsdrähte vielen Störchen das Leben kosten, nimmt auch die Zahl der Störche in Mitteleuropa ständig ab.

Nest und Fortpflanzung. Im Frühjahr wird von älteren Störchen meist das Nest des Vorjahres aufgesucht. Andere Störche bauen ein neues Nest, oft auf vom Menschen dargebotenen Unterlagen, wie Wagenrädern oder ähnlichen Aufbauten **(50,1).** Storchennester finden sich fast nur auf Dächern, Türmen und Schornsteinen, kaum noch auf Bäumen, wie es der sehr seltene Schwarzstorch (Ciconia nigra) in Wäldern tut. Häufig kommt es um die Nester zu heftigen Kämpfen, die mit Schnabelhieben, auch unter Schnabelklappern bei zurückgelegtem Kopf, geführt werden. Das Gelege von 3–5 Eiern wird von beiden Eltern in etwa 1 Monat ausgebrütet. Ein Elternteil ist immer am Nest, um Schutz und Schatten für die Brut zu spenden, während der andere auf Beute ausgeht. Etwa 2 Monate hocken die Jungen im Nest **(50,1).**

50,3

50,1: *Weißstorch mit 4 Jungen im Nest.* **50,2:** *Zugwege des Weißstorchs. Der rote Strich in Mitteleuropa gibt die Zugscheide zwischen West- und Oststörchen an.* **50,3:** *Graureiher. Männchen und*

Zug. Weißstörche sind *Zugvögel*, die bis nach Mittel- und Südafrika wandern. Da sie zwar gute Segelflieger, aber keine ausdauernden Ruderflieger sind, meiden sie das Mittelmeer. Die westeuropäischen Störche ziehen über Spanien bis nach Mittelafrika, die osteuropäischen über die Türkei nach Ost- und Südafrika **(50,2).** Beim Flug ist der Storchenhals lang ausgestreckt.
Ein Verwandter der Störche ist der **Graureiher** oder **Fischreiher** (Ardea cinerea). Er nistet gesellig auf Bäumen, in der Nähe von Gewässern **(50,3).** Dort lebt er nur zum Teil von Fischen, sonst von den gleichen Beutetieren wie der Weißstorch. Anders als dieser biegt er beim Fliegen seinen Hals S-förmig ein.

Die Bekassine (Capella gallinago) lebt als Bodenbrüter in sumpfigen Gegenden und heißt daher auch *Sumpfschnepfe* **(50,4).** Mit langem, spitzem Schnabel ertastet sie in der Tiefe feuchter Böden Würmer, Schnecken und Insektenlarven und holt sie heraus. Beim Fliegen steuert sie einen kennzeichnenden und gewandten Zickzackflug. Man sieht die Bekassine hauptsächlich in der Dämmerung und hört sie nachts an ihren rätschenden, tickenden oder meckernden Lauten. Bekassinen brüten von April bis Juli zweimal; jedes Gelege zählt 4 Eier. Die Jungen ziehen schon Ende des Sommers nach Afrika, die Alten folgen im Herbst.

Verwandte der Bekassine. Der **Flußregenpfeifer** (Charadrius dubius) ist ein lerchengroßer Ufervogel. Er hält sich auf Sand und Schotterbänken unserer Flüsse, an Teichen, Seen und Sandgruben auf **(50,5).** Im Herbst zieht er nach Afrika. Der **Kiebitz** (Vanellus vanellus) ist taubengroß. Er begegnet uns auf feuchten Wiesen und sumpfigem Gelände, vor allem in Norddeutschland **(50,6).** Den Namen hat er von seinem Ruf „Kiwitt". Zur Fortpflanzungszeit im Frühjahr führen die Männchen Balzflüge aus. Die Weibchen legen meist 4 Eier. Er ist ein Zugvogel, der schon in Süd- und Südwesteuropa überwintert. – Der krähengroße **Austernfischer** (Haematopus ostralegus) ist ganz an die Meeresküsten und Ufer küstennaher Binnengewässer gebunden **(50,7).** Er fischt mit seinem langen Schnabel nach Muscheln und Krebsen. Er überwintert weit verstreut, von Westeuropa bis Nordwestafrika, teilweise auch im Brutgebiet.

Weibchen gleich. **50,4:** *Bekassine.* **50,5:** *Flußregenpfeifer, brütend.* **50,6:** *Kiebitz, brütend.* **50,7:** *Austernfischer. Männchen und Weibchen sehen gleich aus und sind gleich groß.*

50,4

50,5

50,6

50,7

51,1: Bläßhuhn, im Schilfdickicht brütend. Beide Geschlechter sehen gleich aus: Schwarzes Gefieder, heller Schnabel und weißes Stirnabzeichen. **51,2:** *Füße des Bläßhuhns mit eingekerbten Schwimmlappen.* **51,3:** *Grünfüßiges Teichhuhn. Männchen und Weibchen sehen ebenfalls gleich aus.*

51 Bläßhuhn und Haubentaucher – Zusammenfassung Vögel

Das Bläßhuhn (Fulica atra) ist ein häufiger Wasservogel an unseren schilfbewachsenen Seen und Teichen. Es ist kleiner als die Entenvögel und hat seinen Namen von dem weißen Fleck auf der Stirn, der „Blesse" **(51,1).** Es schwimmt und taucht gut, wozu die Schwimmlappen an den Zehen viel beitragen **(51,2).** Beim Tauchen kommt es immer an der Eintauchstelle wieder an die Oberfläche. Es fliegt selten. Ist es dazu gezwungen, so tritt und läuft es erst auf dem Wasser, bevor es auffliegt. Das Bläßhuhn ernährt sich von Würmern, Schnecken, Insektenlarven, Frosch- und Fischlaich sowie Wasserpflanzen. Das Nest wird im Schilf über dem Wasser gebaut, und beide Eltern brüten die 6-12 Eier aus. Die Bläßhühner überwintern zum Teil bei uns, andere ziehen nach West- und Südwesteuropa. – Nahe verwandt ist das **Grünfüßige Teichhuhn** (Gallinula chloropus). Es ist etwas kleiner als das Bläßhuhn und hat ein rotes Stirnabzeichen **(51,3).** Ferner fehlen ihm Schwimmlappen an den Zehen. Anders als das Bläßhuhn schwimmt es beim Tauchen unter Wasser fort und taucht entfernt wieder auf.

51

Der Haubentaucher (Podiceps cristatus) ist etwa so groß wie eine Stockente. Er hat seinen Namen nach der zweiteiligen Kopfhaube, die bei beiden Geschlechtern vorhanden ist **(51,4).** Die Vögel leben an schilfbestandenen Seen und Teichen und ernähren sich überwiegend von Fischen, daneben von Wasserinsekten. An den Zehen haben sie breite Schwimmlappen. Ihr Nest bauen sie auf dem Wasserspiegel als Schwimmnest. Die 3–5 Eier liegen darin im Feuchten. Die ausgeschlüpften Jungen halten sich meistens im Federkleid der Mutter auf und werden vom Vater gefüttert. Vom Rücken der Eltern aus lernen sie auch das Schwimmen und Tauchen. Wie schon der Name sagt, sind sie im Tauchen Meister. Sie gelangen bis in Tiefen von 5–7 m hinab und können 45 Sekunden lang unter Wasser bleiben. Sie tauchen immer von der Eintauchstelle entfernt wieder auf. Haubentaucher sind jagdbare Vögel, die wegen ihrer Fischnahrung keine Schonzeit haben.

51,4: *Haubentaucher, brütend. Männchen und Weibchen sind von gleichem Aussehen.*

Zusammenfassung über die Vögel

Alle Vögel haben Federn. Das Federkleid hilft mit, die hohe, gleichmäßige Körpertemperatur der Tiere zu erhalten, indem es die Wärmeabgabe vermindert. Die meisten Vögel können fliegen. Ihre Vordergliedmaßen sind zu Flügeln umgebildet, in deren Haut Schwungfedern stecken. Am Schwanz stehen Steuerfedern. Das Brustbein hat einen Kamm zum Ansetzen der Flugmuskulatur. Zur Erleichterung beim Fliegen sind die meisten Knochen mit Luft statt mit Knochenmark gefüllt. Im Kopf liegen gut entwickelte Augen. Die Kiefer sind von Hornscheiden bedeckt: Kiefer und Hornscheiden bilden den Schnabel der Vögel. Alle Vögel legen dotterreiche Eier, die von einer harten Kalkschale umgeben sind. Sie werden meist in Nestern durch die Körperwärme der Altvögel ausgebrütet. Die schlüpfenden Jungvögel sind teils noch nicht vollentwickelte Nesthocker, teils fertigentwickelte Nestflüchter. Sie werden von den Altvögeln großgezogen. Vögel besitzen einen Vormagen und einen Muskelmagen, vielfach auch einen Kropf. An den Beinen der Vögel sind die Mittelfußknochen immer zu einem einheitlichen Laufknochen verwachsen. Die Füße der Vögel sind, je nach ihrer Lebensweise, sehr verschieden geformt. Meist sind 3 Vorder- und 1 Hinterzehe vorhanden, wie bei den Klammerfüßen der Singvögel, den Greiffüßen der Greifvögel, den Scharrfüßen der Hühnervögel und den Schwimmfüßen der Wasservögel. Spechte haben Kletterfüße, bei denen 2 Zehen nach vorne und 2 nach hinten gerichtet sind. Bei den Füßen der Eulen kann die 4. Zehe als
51 Wendezehe nach vorne oder nach hinten gedreht werden.

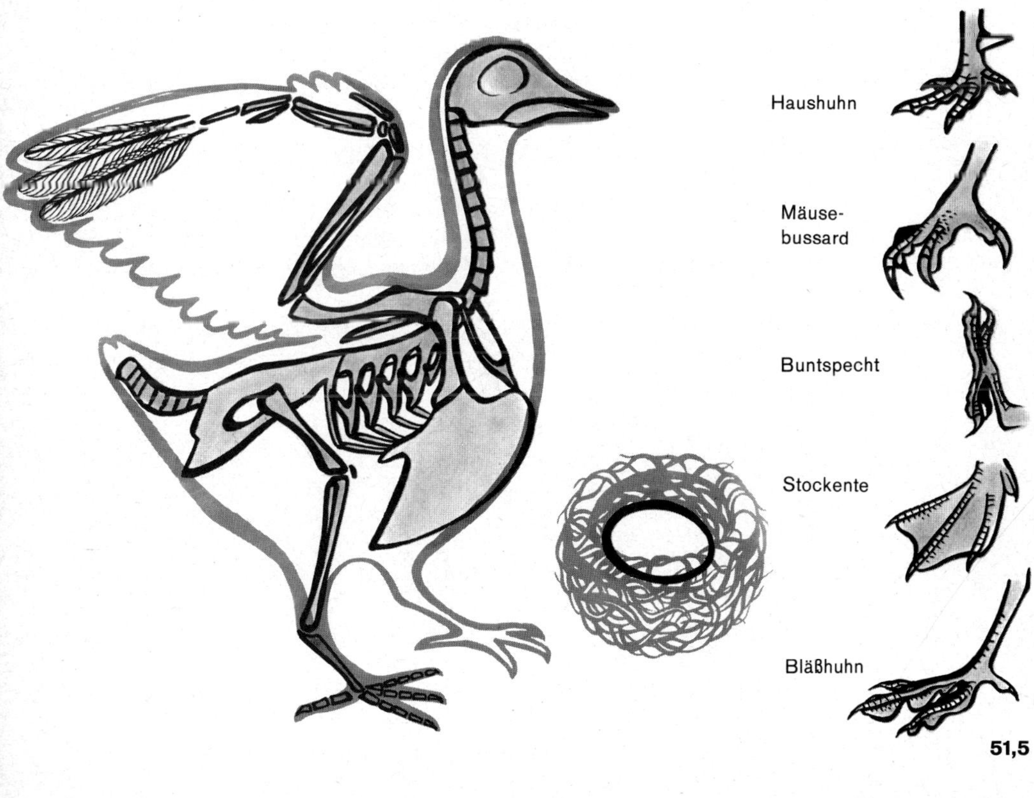

51,5

52,1: *Fuchs bei seiner Hauptjagd, dem Mäusefang.* **52,2:** *Fuchs von vorn.*

52–54 Raubtiere der Heimat

Der Fuchs (Vulpes vulpes)

Das häufigste und bekannteste freilebende Raubtier unserer Heimat ist der Fuchs **(52,1).** Er ist überall in Wäldern und deckungsreichem Gelände heimisch. Auf freiem Feld zeigt er sich nur, wenn in der Nähe sichere Verstecke sind. Obwohl er überwiegend ein Dämmerungs- und Nachttier ist, jagt er in störungsfreien Gegenden auch tagsüber. Anders als Hund und Wolf, seine uns bekannten Verwandten, hetzt er seine Beutetiere nicht, sondern beschleicht sie. Seine ganze Erscheinung mit den kurzen Beinen und dem geschmeidigen Rumpf deutet auf einen Meister im Schleichen und Verstecken hin. Diese Eigenschaften haben ihn auch die Verfolgung durch den Menschen gut überstehen lassen. Nicht einmal erklärte Ausrottungsbemühungen gegen die Füchse als Hauptverbreiter der Tollwutkrankheit vermögen seinen Bestand zu gefährden. **52**

Der Speisezettel des Fuchses ist vielseitig. Seine Hauptnahrung sind allezeit Mäuse. Daneben erbeutet er am Boden lebende Kleinvögel, Rebhühner, Maulwürfe, Hasen, ja auch einmal ein Rehkitz. Selbst Regenwürmer, Schnecken, Heuschrecken, Käfer, Frösche, Eidechsen und Schlangen, sowie Vogeleier und Ameisenpuppen verschmäht er nicht. Zu manchen Zeiten bilden sogar Wildbeeren und Obst einen erheblichen Teil seiner Nahrung. Gelegentlich erbeuten Füchse Hausgeflügel, und in Notzeiten gehen sie auch an Aas. Die meiste Zeit des hellen Tages verbringt der Fuchs schlafend in seinem Bau. Dieser besteht aus einem bis mehreren unterirdischen Kesseln, die durch Gänge verbunden sind und von denen viele Röhren nach oben ziehen **(52,4).** Davon werden nicht alle ständig benutzt, sondern sie sind in der Hauptsache für Notfälle gedacht. Anstelle solcher selbstgegrabener Baue beziehen Füchse auch oft verlassene Dachsbauten, ja es kommt sogar vor, daß ein Fuchs bei einem Dachs „Einmieter" ist!

In einem geräumigen, mit eigenen Haaren gepolsterten Kessel ihres Erdbaues bringt die Füchsin ihre Nachkommenschaft zur Welt. Es ist jährlich – im April – nur 1 Wurf, der aber bis zu 8 Junge umfassen kann. Diese sind etwa 14 Tage lang blind. Während der Aufzucht ist die Füchsin fast ständig unterwegs, um Beute zu machen. Das Vatertier beteiligt sich am Futterbringen, aber sehr viel weniger als das Muttertier. Im Alter von 1 Monat beginnen die Jungfüchse vor dem Bau zu spielen **(52,3)** und werden dabei auch im Beutefangen unterwiesen. Etwa im Herbst machen sich die Jungen selbständig.

52,3

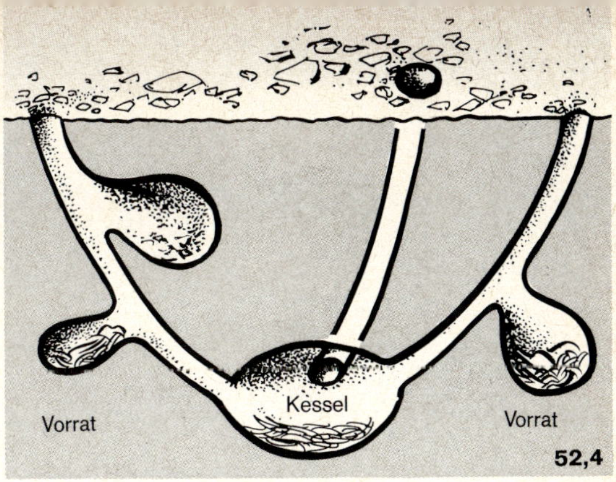

52,4

52,3: *Jungfüchse vor dem Bau.* **52,4:** *Fuchsbau mit mehreren Ausgängen.*

Die Wildkatze (Felis silvestris)

Trotz starken Rückgangs in den letzten Jahrzehnten ist die Wildkatze **(52,5)** in Deutschland immer noch weit verbreitet, wenn auch nicht häufig. Als scheues Tier bevorzugt sie dichte, wenig berührte Wälder mit viel Unterholz. Da sich solche Lebensstätten vor allem in den Mittelgebirgen finden, sind hier die Schwerpunkte ihres Vorkommens. Die Hauptnahrung der Wildkatze sind kleine Säugetiere, vor allem Mäuse. Große und kräftige Tiere reißen wohl auch einmal Hasen und Rehkitze. Obwohl die Wildkatze nicht die Stammform unserer Hauskatze ist, sind beide doch nicht leicht auseinanderzuhalten. Einen Anhaltspunkt für die Unterscheidung liefert die Erfahrung, daß bei der Wildkatze niemals das „Kringelmuster" vieler Hauskatzen auftritt. Ferner ist der Schwanz der Wildkatze kurz und dick und schwarz geringelt. Ein weißer Fleck in der dunklen Sohle und ein heller Kehlfleck bei der Wildkatze können in Zweifelsfällen den Ausschlag geben. Da die Wildkatze ganzjährig Schonzeit genießt, ist mit ihrer Erhaltung in der deutschen Tierwelt zu rechnen.

Der Luchs (Lynx lynx)

Wegen seiner angeblichen Gefährlichkeit hat den Luchs **(52,6)** bei uns schon vor mehr als 100 Jahren das Schicksal der Ausrottung betroffen. Es ist auch zweifelhaft, ob er, aus den Ländern Ost- und Südosteuropas zuwechselnd, wieder Standwild bei uns werden kann; denn der Luchs ist noch scheuer als die Wildkatze und verlangt nach weit größeren und urwüchsigeren Waldungen als jene. Um jedoch keine Möglichkeit zur Wiederbesiedlung auszuschließen, wurde dem Luchs ganzjährig Schonzeit gewährt. Zur Beute nimmt er in der Hauptsache Hasen, an größerem Wild auch Rehe, an Kleintieren Mäuse.

52,5: *Wildkatze.* **52,6:** *Luchs.*

52,5

52,6

53,1: *Baum- oder Edelmarder. Seine besonderen Kennzeichen sind ein gelber, zur Brust hin abgerundeter Kehlfleck und stark behaarte Fußsohlen.* **53,2:** *Stein- oder Hausmarder. Er ist stämmiger und dunkler gefärbt als der Baummarder. Vor allem ist sein Kehlfleck fast immer weiß und entsendet Ausläufer auf die Vorderbeine.* **53,3:** *Mauswiesel. Das kleine Tier macht Männchen, um nach Beute zu spähen.* **53,4:**

Der Baum- oder Edelmarder (Martes martes)

Der Baummarder, auch Edelmarder genannt, ist ein schlankes, geschmeidiges Tier, etwa von der Größe einer Katze. Sein dichtes Fell ist ein begehrtes Pelzwerk. Er kommt bei uns überall vor, wo es große Waldungen gibt, und zwar lebt er in den dichtesten Mischwäldern am liebsten. Wie der Name Baummarder zu Recht sagt, ist das Tier ein ausgesprochener Baumbewohner **(53,1).** Baummarder klettern vorzüglich und machen weite Sprünge von Baum zu Baum. Ein Tier mit gleichen Eigenschaften, das Nagetier Eichhörnchen, ist ihre Hauptnahrung. Da der Baummarder zu seiner Schnelligkeit hin auch noch hervorragend sieht und hört, entgeht ihm nur selten ein beschlichenes und dann verfolgtes Eichhörnchen. Daneben werden vielerlei Kleinsäuger und Vögel seine Beute; er nimmt auch Insekten und Wildfrüchte. Mit seinem spitzen und scharfen Raubtiergebiß **(53,7)** tötet er seine Beutetiere augenblicklich und zerreißt sie leicht.

Tagsüber schläft der Baummarder in verlassenen Vogelnestern, Eichhörnchenkobeln (27,3) oder in Baumhöhlen. Erst von der Dämmerung an geht er auf Beutefang aus. In einem gut gepolsterten Lager bringt das Weibchen jährlich – im April – einen Wurf von 3–5 Jungen zur Welt. Sie wiegen bei der Geburt nur etwa 30 Gramm und öffnen ihre Augen erst 5 Wochen nach der Geburt. Mit dem 2. oder 3. Lebensjahr sind sie erwachsen.

Der Stein- oder Hausmarder (Martes foina)

Wie schon der Name sagt, ist dieser nahe Verwandte des Baummarders mehr in der Nähe des Menschen und am Erdboden zu finden **(53,2).** Als ursprünglicher Felsbewohner kommt er bei uns in Steinbrüchen und Feldscheunen, auf Hofplätzen und Dachböden

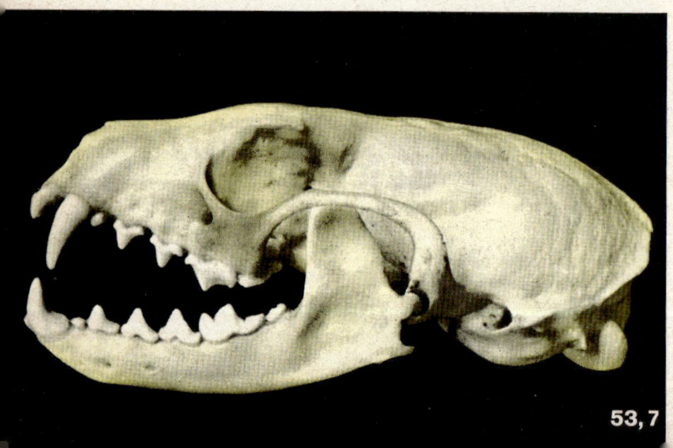

53,7: *Schädel des Baummarders. Der Unterkiefer kann fast rechtwinklig zum Oberkiefer heruntergeklappt werden. Das Gebiß zeigt spitze und scharfe Zähne, es ist ein ausgesprochenes Fleischfressergebiß. Die längsten Zähne sind die Eckzähne; die größten der links anschließenden Backenzähne (oben der 4., unten der 5.) sind die scherenartig wirkenden Reißzähne.*

53,4

53,5

53,6

Iltis. **53,5:** *Großes Wiesel oder Hermelin im Winterkleid; im Schnee ist es dann kaum zu sehen. Aus vielen solchen Fellen wurden früher die Hermelinmäntel für Kaiser und Könige angefertigt.* **53,6:** *Großes Wiesel im Sommerkleid. Das Tier ist im Fallaub des Unterholzes gegen Sicht gut geschützt.*

ganz Deutschlands vor. Er ist ähnlich gewandt wie der Baummarder. Besonders häufig stellt er Ratten nach. Gelegentliche Einbrüche in die Ställe von Hausgeflügel, bei denen oft wahre Blutbäder angerichtet werden, sind sein Werk. Trotzdem darf man das nicht Mord nennen, weil das Tier nur dem Naturtrieb folgt, alles zu töten, was nicht flieht. – Wie der Baummarder hat auch der Steinmarder jährlich einen Wurf mit 2–5 Jungen.

53 **Großes Wiesel** (Mustela erminea), **Mauswiesel** (Must. nivalis) **und Iltis** (Must. putorius)

Das Große Wiesel oder *Hermelin* kommt an Wald- und Feldrändern, Steinbrüchen und Röhricht vor, oft in Siedlungsnähe. In unseren Breiten ist es sommers oben braun, unten weiß, winters ganz weiß, immer mit schwarzer Schwanzspitze **(53,5; 53,6).** Sein Haarkleid wechselt es im Frühjahr und im Herbst (Mauser). Bei dem viel kleineren Mauswiesel gibt es keine Mauser; ihm fehlt auch die schwarze Schwanzspitze **(53,3).** In der Lebensweise gleichen sich die beiden Wieselarten jedoch sehr. Ihre Nahrung besteht überwiegend aus Mäusen, daneben aus anderen Säugetieren bis zu Hasengröße, Kleinvögeln und Insekten. Ihre Lager haben sie in allen möglichen Löchern, Höhlen, Stein- und Holzhaufen. Dort bringen sie auch, in jährlich einem Wurf, ihre 4–7 Jungen zur Welt, die erst nach einigen Wochen die Augen öffnen.

Verwandt mit den Wieseln ist der Iltis. Er steht in der Größe zwischen Marder und Großem Wiesel, ist aber plumper **(53,4).** Er lebt in ganz Deutschland in Wald und Feld, überwiegend in Siedlungsnähe. Im Winter sucht er gerne Scheunen auf. Iltisse sind Bodentiere, die nachts jagen. Dann machen sie Kleinsäuger – dabei viele Ratten –, Vögel, Schlangen, Frösche und sogar Fische zu ihrer Beute; denn sie können schwimmen und tauchen. Bei Gefahr entleert der Iltis eine übelriechende Flüssigkeit aus Drüsen an der Schwanzwurzel. Diese Eigenschaft hat ihm die volkstümlichen Bezeichnungen Stinkmarder und Stänker eingetragen. Das Weibchen wirft einmal im Jahr, in Höhlen oder unter Reisighaufen, 2–7 Junge. Sie öffnen erst mit 4–5 Wochen die Augen.

Merkstoff. Baum- und Steinmarder, Großes Wiesel, Mauswiesel und Iltis bilden die Gruppe der Marderähnlichen Raubtiere. Sie sind klein bis mittelgroß, gestreckt, haben kurze Beine und einen Schwanz von halber Körperlänge. Der Kopf ist spitz, die Ohren sind klein. Das Gebiß ist ein Raubtiergebiß mit langen Eck- und scharfen Reißzähnen.

54,1: *Schwimmender Fischotter. In Anpassung an das Wasserleben sind die Ohrmuscheln sehr klein und die Öffnungen von Ohr und Nase verschließbar. Das Fell wird vorher gut eingefettet, damit das Wasser nicht durch die Haare bis zur Haut eindringen kann. Seine Schonzeit geht von Februar bis Dezember.* **54,2:** *Dachs. Die Jagd auf ihn geht vom 1. Juli bis 15. Januar. Dachsleder ist wasserdicht und dauerhaft. Die Haare werden zu Pinseln und Bürsten verarbeitet.*

Der Fischotter (Lutra lutra)

Die Verwandtschaft des Fischotters **(54,1)** mit den Mardern geht aus seinem Körperbau gut hervor, doch hat er für sein Wasserleben einige abweichende Anpassungen. So sind seine Ohrmuscheln sehr klein, die Ohr- und Nasenöffnungen verschließbar, und die Zehen aller 4 Pfoten sind mit Schwimmhäuten verbunden. Der kurzhaarige Schwanz dient beim Schwimmen als Steuer. Seine Nahrung erbeutet er schwimmend und tauchend. Sie besteht überwiegend aus Fischen, daneben aus kleinen Wasservögeln, Säugern, Fröschen und Krebsen. Seinen Bau, in dem er den hellen Tag verschläft, hat er in Uferböschungen, mit einem unter Wasser liegenden Eingang. Durch starke Verfolgung und die Verschmutzung der Gewässer ist der Fischotter in Deutschland schon stellenweise ausgerottet. **54**

Der Dachs (Meles meles)

Obwohl der Dachs mit den Mardern verwandt ist, ist er wegen seiner auffallenden Färbung **(54,2),** dem plumpen, dicken Körper (Dachse werden bis zu 20 kg schwer), dem kurzen Stummelschwanz und schließlich den breiten, mit Grabklauen versehenen Vorderpfoten, von diesen äußerlich stark unterschieden. Aber der Dachs hat auch eine ganz andere Lebensweise als die eigentlichen Marder. Er ist ein scheues, nächtliches Bodentier, dessen Aufenthalt große, ruhige Wälder mit Lichtungen sind. Dort gräbt er sich selber einen weitläufigen Bau, dessen Wohnkessel bis zu 5 m unter der Erde liegt. Im Bau verschläft er den Tag und geht abends auf Beute aus. Dachse sind *Allesfresser*. Ihr Speisezettel reicht von Kleinsäugern und Vögeln über Schlangen und Frösche bis zu Insekten, Schnecken und Würmern. Ebenso gern nehmen sie Früchte und Beeren des Waldes, Wurzeln, Pilze und Gemüse. Die Nachkommenschaft besteht aus einem Wurf von 3–5 Jungen in jedem Frühjahr. Im Winter schläft der Dachs tagelang einen normalen Schlaf *(Winterruher)*.

Der Braunbär (Ursus arctos)

Die letzten deutschen Bären wurden schon vor über 130 Jahren in Bayern erlegt. Aber auch vorher waren Braunbären schon lange Zeit hindurch immer seltener geworden, weil der Mensch ein so großes Raubtier nicht in seinem Bereich dulden wollte. Deshalb gibt es ihn in Europa nur noch in den einsamen Gebirgswäldern Nord-, Ost- und Südosteuropas sowie der Pyrenäen. – Der Braunbär verschläft versteckt den größten Teil des Tages. Von der Dämmerung ab, oft auch noch bei Tageshelle, streift und klettert er in einem weiten Revier umher, auf der Suche nach Nahrung **(54,5).** Er ist wie der Dachs ein *Allesfresser*, dem Fleischnahrung genau so gut bekommt wie die überwiegend genossene Pflanzenkost. Dementsprechend ist auch sein Gebiß eingerichtet **(54,3).** Für Honig haben Braunbären eine besondere Vorliebe. Mitten im Winter, meist im Januar, wirft die Bärin 1–3 spannengroße, recht unentwickelte Junge in ihrer Überwinterungshöhle. Das Vatertier wird nicht in die Wochenstube hineingelassen, weil es sich an den eigenen Jungen vergreifen könnte. Die Jungen sind etwa 4 Wochen lang blind, ziemlich unbeholfen und verlassen die Höhle erst nach 3 Monaten zum ersten Mal. Ungünstige Winterzeiten verbringt der Braunbär in langdauerndem Normalschlaf in seiner Höhle, wobei er zwischendurch immer wieder erwacht: er ist ein *Winterruher*. Junge Braunbären lassen sich leicht zähmen und zu Kunststücken abrichten. Im allgemeinen ist der Braunbär gutmütig und geht dem Menschen aus dem Wege. Wird er aber gereizt oder verwundet, so wird er zum gefährlichen Angreifer. Das gilt besonders für Zootiere!

Merkstoff. Raubtiere mit ihrer weit überwiegenden Fleischnahrung haben im Haushalt der Natur eine besondere Bedeutung. Durch die Jagd auf alle Arten schädlicher Nagetiere halten sie deren Zahl in Grenzen oder führen eine Übervermehrung zum natürlichen Gleichgewicht zurück. Bei den größeren Beutetieren fallen den Raubtieren in erster Linie kranke und schwächliche Stücke zum Opfer. Durch diese Ausmerze werden die Wildbestände keineswegs gefährdet, sondern vielmehr gesund erhalten.

54,3: *Schädel des Braunbären. Das Gebiß weist, wie bei allen Raubtieren, spitze Eckzähne auf, doch haben die Backenzähne breite Kronen, wie es für Allesfresser kennzeichnend ist.* **54,4:** *Rechter Vorderfuß des Braunbären. Als Sohlengänger tritt er mit der ganzen Sohle auf.* **54,5:** *Braunbär. Trotz seiner plumpen Gestalt ist er wendig und schnell. Seine Stärke ist sprichwörtlich.*

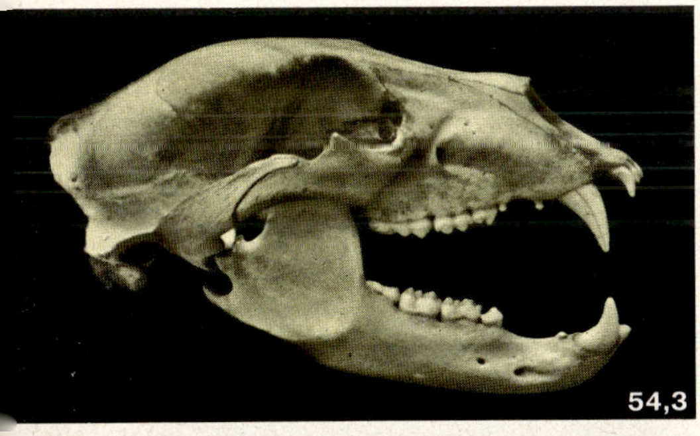

54,3

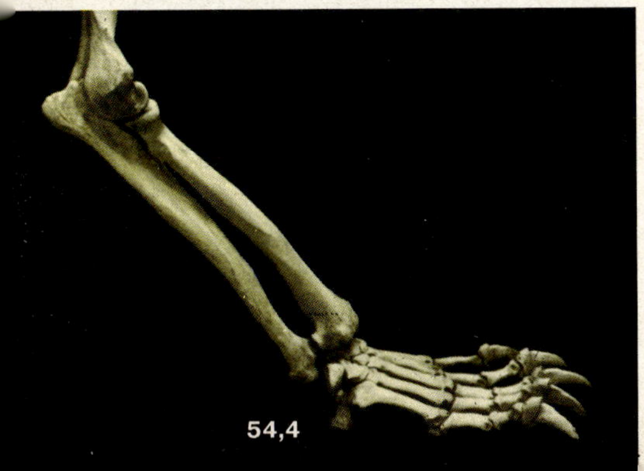

54,4

54,5

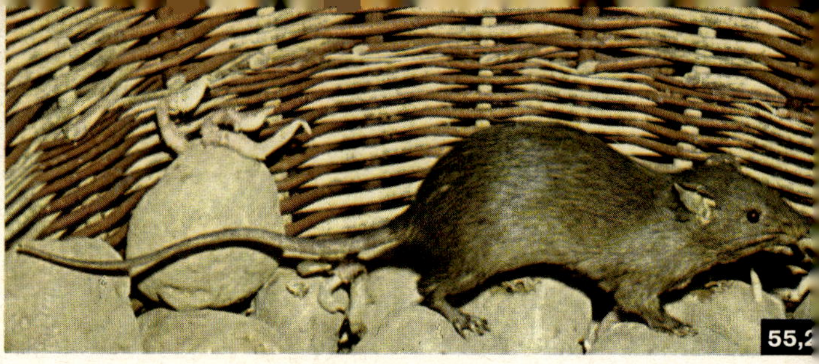

55,1: *Hausmaus.* **55,2:** *Wanderratte.* **55,3:** *Feldmaus.* **55,4:** *Zwergmaus mit Nest. Sie hat eine Kör-*

55–56 Nagetiere der Heimat

Die Hausmaus (Mus musculus)

Überall, wo es menschliche Ansiedlungen gibt, ist auch die Hausmaus **(55,1)** anzutreffen. Sie bevölkert insbesondere die Keller und Böden. Die Hausmaus klettert und springt gut. Wenn sie irgendwo eindringen will, gelingt ihr das durch erstaunlich enge Löcher und Spalten. Gegebenenfalls erweitert sie diese durch Benagen mit den scharfen Nagezähnen **(55,6; 55,7).** Zur Anlage und Polsterung eines Nestes, das sie zwischen Gerümpel, Flaschen, Kisten oder in sonstigen Verstecken anlegt, zernagt die Hausmaus auch Papier, Pappe, Säcke, Leder und vieles mehr. In einem solchen Nest wirft sie jeweils 4–8 Junge, und das 4–6mal im Jahr! Da die Tiere eines jeden Wurfs bereits innerhalb Jahresfrist selber wieder Junge haben können, ist die Vermehrung der Hausmäuse außerordentlich groß. **55**
Ihre Nahrung holt sich die Hausmaus aus dem großen Angebot der Nahrungsmittel des Menschen **(55,1).** Da die Tiere fast immer in Familienrudeln auftreten, können sie durch Auffressen oder auch nur Benagen große Mengen von Lebensmitteln vernichten oder ungenießbar machen. Da natürliche Feinde (Katzen) und Krankheiten diese Hausgenossen nicht genügend eindämmen können, müssen Mausefallen und Giftkörner zu Hilfe genommen werden, um im eigenen Hause Ruhe vor der Hausmaus zu bekommen. Die Hausmaus dient aber auch dem Wohl des Menschen. Eine weiße Abart mit roten Augen *(Albino)* wird in medizinischen Forschungsstätten als Versuchstier verwendet.

Die Wanderratte (Rattus norvegicus)

Ein schlimmerer Schädling als die Hausmaus ist die erheblich größere Wanderratte **(55,2).** Sie findet sich in Ställen, Kellern, Schuttabladeplätzen, Kanalisationsanlagen und an Gewässern. Sie ist ein ausgesprochener Allesfresser. Sie greift auch den Menschen an. Durch Fraß, Fortschleppen von Vorräten und Verunreinigung von Nahrungsmitteln richtet die Wanderratte erheblichen Schaden an, und sie überträgt auch Krankheiten der Haustiere und des Menschen. Mit 3–4 Würfen im Jahr und Wurfgrößen bis zu 10 Jungen ist ihre Vermehrung außerordentlich groß. So müssen in vielen Gegenden Vernichtungsfeldzüge mit Gift-

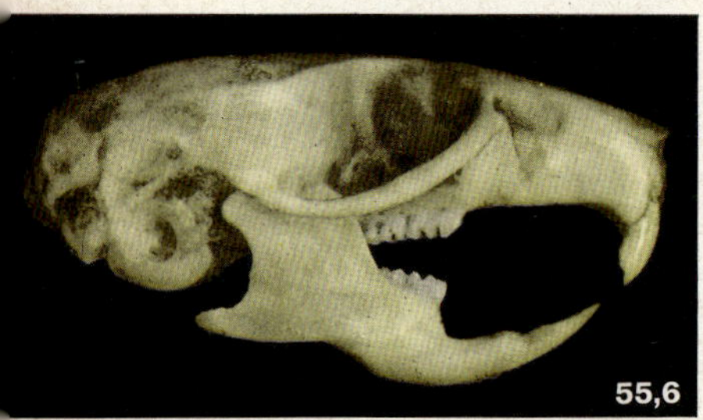

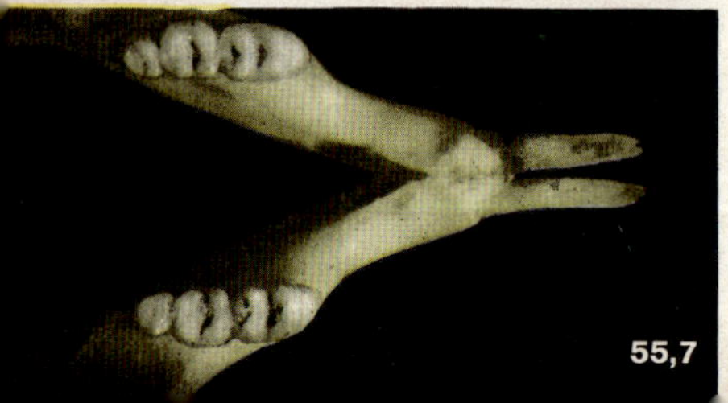

55,6 *und* **55,7:** *Schädel und Unterkiefer der Hausmaus.* **55,8** *und* **55,9:** *Schädel und Unterkiefer der Feldmaus. Ratten haben Backen-*

55,3

55,4

55,5

perlänge von 5–7 cm, wozu noch der Schwanz mit 5–6 cm kommt. **55,5:** *Schermaus.*

ködern behördlich angeordnet werden; denn die meisten Katzen wagen sich nicht an Ratten heran, und in Fallen lassen sich nur wenige fangen. Die kleinere, dunklere Hausratte (Rattus rattus) lebt in Haus und Scheune vor allem auf Dachböden, denn sie liebt Wärme und Trockenheit. Sie vermehrt sich nicht so stark, und ihre Nahrung ist überwiegend pflanzlich. Auch die Hausratte ist schädlich.

Die Feldmaus (Microtus arvalis)

Was Hausmaus und Ratten als schädliche Nager in Gebäuden bedeuten, ist die Feldmaus **(55,3)** auf Äckern und Wiesen. Sie ist die Mausart der Mäuseplagen, da sie sich noch stärker vermehrt als die Hausmaus. In solchen Jahren ist der Erdboden mit Löchern übersät. Sie führen zu den Wohnkesseln der Feldmäuse, die etwa 50 cm tief angelegt werden.
55 Über der Erde ziehen Laufgänge von Loch zu Loch. Dort huschen die Feldmäuse auf ihren Beutezügen entlang. Mäuse mit solcher Lebensweise heißen Wühlmäuse. – Feldmäuse ernähren sich hauptsächlich von Getreidekörnern und Graswurzeln, gehen aber auch an andere Feldfrüchte. Mit ihrem Nagergebiß **(55,8; 55,9)** zerschroten sie ihre Nahrung gründlich. In Plagejahren sind Feldmäuse die Hauptbeutetiere der Raubtiere, Greifvögel und Eulen. Das Zusammenwirken von natürlichen Feinden, Krankheiten, Hungersnot und chemischer Bekämpfung läßt die Mäuseplagen schlagartig aufhören.

Die Schermaus (Arvicola terrestris)

Eine Wühlmaus mit vielen Namen ist die Schermaus (Große Wühlmaus, Wühlratte, Wasserratte, Mollmaus), weil sie sehr unterschiedlich gefärbt ist und sich auch an den verschiedenartigsten Lebensstätten findet. So kommen Schermäuse an schilfbewachsenen Ufern stehender oder langsam fließender Gewässer vor, wo sie schwimmen und tauchen, andere leben weit vom Wasser entfernt in Gärten, Äckern, Wiesen und selbst Waldlichtungen **(55,5).** Die Schermaus legt in trockenem Gelände dicht unter der Erde ein weitverzweigtes Gangsystem mit Wohnkessel und Vorratskammern an. Meist setzt sie jährlich 4 Würfe mit je 4–7 Jungen. In Feld und Obstgärten wird sie durch Benagen der Wurzeln schädlich, und die an Gewässern lebenden Schermäuse richten durch das Wühlen in Dämmen, Deichen und Böschungen Schaden an. Eulen und Raubtiere helfen mit, sie kurz zu halten.

55,8

zähne mit Höckerkronen (echte Mäuse), Feldmäuse und andere Wühlmäuse Backenzähne mit schmelzfaltigen Kauflächen.

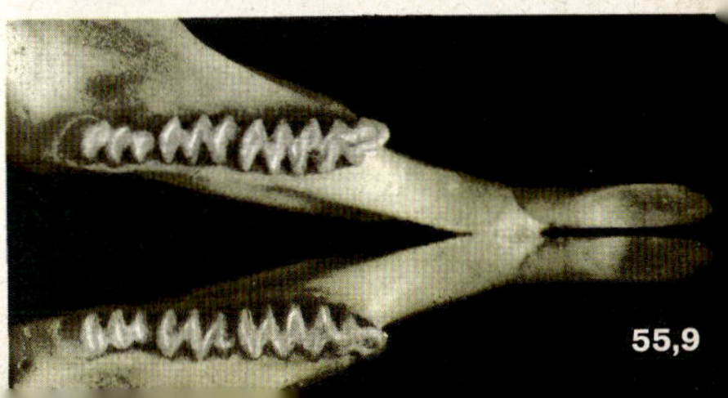
55,9

56,1

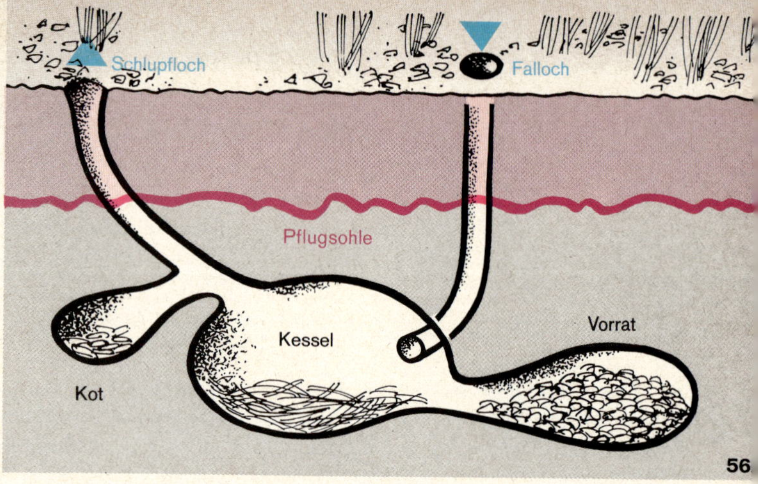

56

56,1: *Hamster sichert aus seinem Schlupfloch.* **56,2:** *Hamsterbaue haben Fallöcher zum Einfahren, ein Schlupfloch zum Verlassen, Wohnkessel, Vorratskammern und einen Raum für Unrat und Kot, alles in ganz bestimmter Anordnung.*

Der Hamster (Cricetus cricetus)

Das größte wühlende Nagetier unserer Heimat ist der Hamster. Er ist aber nicht gleichmäßig über Deutschland verbreitet; denn erstens ist er ein Tier der Tiefländer (aus den asiatischen Steppen eingewandert), und zweitens braucht er für seine wühlende Lebensweise gesteinsfreie Böden. So findet man ihn nur auf den Feldfluren von Lehm- und **56**
Lößgebieten **(56,1).** Dort gräbt er sich mit seinen kräftigen, spitzbekrallten Vorderpfoten seinen verzweigten Bau **(56,2).** Männchen und Weibchen sind die meiste Zeit des Jahres sehr unverträglich. So leben sie getrennt, jedes in einem eigenen Bau. Im Wohnkessel setzt das Weibchen jährlich 2–3 Würfe mit je 4–12 (selten auch mehr) Jungen.

Am regsten sind die Hamster in der Dämmerung. Dann streifen sie durch die Felder, auf der Suche nach Nahrung. Sie sind *Allesfresser* (Kulturpflanzen, Insekten, Kleinsäuger) mit eindeutiger Vorliebe für Getreide. Dieses tragen sie auch hauptsächlich in ihre Vorratskammern. Zum Transport dienen dabei ihre geräumigen, dehnbaren Backentaschen. 20–40 kg Vorräte sind im Herbst keine Seltenheit; gelegentlich kann 1 Zentner überschritten werden! Es leuchtet ein, daß Hamster bei so schädlichen Gewohnheiten in den Befallsgebieten energisch bekämpft werden. Das geschieht meist durch Ausgraben, sonst mit chemischen Mitteln. Wo der Hamster zur Plage geworden ist, schaffen die natürlichen Feinde (Raubtiere, Greifvögel und Eulen) seine Eindämmung allein nicht mehr.

56,3

56,4

56,3: *Haselmaus. Baut im Gebüsch kugelige Nester. Winterschlaf in Erdlöchern.* **56,4:** *Siebenschläfer. In Laubwäldern und Obstgärten. Nistet in Baumhöhlen oder Nistkästen. Allesfresser. Winterschläfer in Erdlöchern.* **56,5:** *Biber äst Baumrinde.* **56,6:** *Vom Biber gefällter Baum. Die Nagestelle ist sanduhrförmig.* **56,7:** *Reisigburg des Bibers. Eingänge unterm Wasserspiegel.*

Die Vorratswirtschaft dient dem Hamster aber nicht dazu, um gut über den Winter zu kommen. Denn der Hamster hält einen richtigen, tiefen *Winterschlaf*, mit abgesunkener Körpertemperatur, verlangsamter Atmung und ganz wenigen Herzschlägen in der Minute. Er braucht die Vorräte nach seinem Erwachen im März/April, wenn auf den Feldern draußen noch nichts Nahrhaftes zu finden ist. Solange bleibt er in seinem Bau und mästet sich das während des Winterschlafes verbrauchte Körperfett teilweise wieder an.

Der Biber (Castor fiber)

Der Biber ist das größte Nagetier Europas **(56,5).** Von der Schnauze bis zur Schwanzwurzel erreicht er eine Länge von 0,8–1 m. Aber wie es so vielen Großtieren in zivilisierten Ländern geht, so ist auch der Biber überall zurückgedrängt worden. Das geschah teils durch Veränderungen an seinen Lebensstätten, den Flüssen, teils durch Verfolgung. In Deutschland gibt es nur noch an der Elbe zwischen Torgau und Magdeburg einige kleine Biberkolonien. Sie werden streng bewacht und geschützt, und man hofft, den Biber als Bestandteil unserer Tierwelt erhalten zu können.

Der Biber ist in erster Linie ein wasserlebendes Tier. Sein Schwanz, die „Kelle", ist zum Steuerruder abgeplattet **(56,5),** die Zehen der Hinterpfoten sind durch Schwimmhäute verbunden, die Ohrmuscheln sind klein, die Ohr- und Nasenöffnungen können verschlossen werden – kurz, wir finden ähnliche Verhältnisse wie beim Fischotter (54,1). So ist er ein guter Schwimmer und ein ausdauernder Taucher, der es bis zu einer Viertelstunde unter Wasser aushält. Was den Biber aber vom Fischotter unterscheidet, ist neben seinem Nagergebiß und der plumperen Korperform vor allem seine Lebensweise. Der Biber ist ein reiner *Pflanzenfresser*. Er ernährt sich hauptsächlich von zarter Baumrinde, ferner von Wurzelwerk und Wasserpflanzen. Als Unterschlupf hat er entweder Uferhöhlungen oder selbstgebaute Reisigburgen mitten im Wasser **(56,7).** Die Eingänge zu diesen Bauten müssen immer unter Wasser sein. Um dafür einen gleichmäßigen Wasserstand sicherzustellen, errichtet der Biber Staudämme. Dazu nimmt er Bäume nahe am Wasser, die er durch sanduhrförmige Nagestellen fällt **(56,6).** Die Zweige der Baumstämme dienen ihm teils als Nahrung, teils verwendet er sie in etwa 2 m langen Stücken zum Bauen. Alle seine Tätigkeiten spielen sich nur bei Dunkelheit ab. – Das Biberweibchen bringt jährlich in nur 1 Wurf 2–3 Junge zur Welt, deren Aufzucht lange dauert. Auch werden die Jungtiere erst mit 4 Jahren erwachsen. So ist es auch von der Nachwuchszahl her nicht leicht, wieder größere und zahlreichere Biberkolonien zu bekommen.

56,5

56,6

56,7

57,1: *Igel am Feldrain.* **57,2:** *Igel, zu einer Kugel zusammengerollt.* **57,3:** *Waldspitzmaus.* **57,4:** *Karawanenbildung bei der Hausspitzmaus.* **57,5:** *Schädel des Igels.* **57,6:** *Schädel der Waldspitzmaus.* –

57 Insektenfresser der Heimat

Der Igel (Erinaceus europaeus)

Mit seinem Stachelkleid ist der Igel eine einmalige Erscheinung in der heimischen Tierwelt. Der ganze Rücken und die Flanken sind mit festen, spitzen Stacheln bestanden **57**
(57,1). Am Kopf und auf der Unterseite schließen sich borstige Haare an. Zum Schutz dieser Körperteile kann sich der Igel so einrollen, daß er eine Kugel bildet, die ringsum bestachelt ist **(57,2).** In dieser Stellung ist der Igel unangreifbar für seine Feinde, von denen vor allem Fuchs, Dachs, Iltis und Hunde zu nennen sind. Es muß ihnen schon gelingen, den Igel in geöffnetem Zustand zu überraschen oder die Stachelkugel zu überlisten. Dazu rollen sie ihn in eine Pfütze oder sonstwie ins Wasser, wo sich der Igel immer öffnet – und dann ist es um ihn geschehen.

Als Aufenthalt liebt der Igel kleine Gehölze mit Unterwuchs, Hecken, Waldränder und Gärten. Es zieht ihn oft in die Nähe menschlicher Siedlungen. Daß man ihn nicht häufiger zu sehen bekommt, liegt an seiner nächtlichen Lebensweise. Erst in der Dämmerung verläßt er sein Lager aus Laub und Gras, das er sich unter Gebüsch angelegt hat. Nur wenn es an Verstecken mangelt, gräbt er sich eine Höhlung. Er streift fast die ganze Nacht in seinem Revier umher und sucht Nahrung. Der Speisezettel des Igels ist sehr reichhaltig: Käfer, Heuschrecken, Grillen, Regenwürmer, Nacktschnecken, Frösche, Kröten, Eidechsen, Schlangen, Gelege und Nestjunge bodenbrütender Vögel, Jungmäuse – alles packt und zermalmt er mit seinem spitzigen Insektenfressergebiß **(57,5).** Man kann nicht sagen, daß der Igel eine Beuteart besonders verfolgen würde. Er liebt auch süßes Fallobst, und seine Vorliebe für Milch kennt jeder, der schon einmal einen Igel im Garten gehalten hat. Mit dieser für den Menschen überwiegend nützlichen Ernährung hat der Igel völligen Schutz erlangt. Man darf sich lediglich in der Zeit vom 1. Oktober bis Ende Februar einen Igel einfangen, um ihn im eigenen Garten auszusetzen. Dieser strenge Schutz ist um so nötiger, als heute ungezählte Igel dem Straßenverkehr zum Opfer fallen.

Das Igelweibchen setzt im Jahr 1–2 Würfe mit durchschnittlich 5–7 Jungen. Diese werden mit einem weißen, weichen Jugendstachelkleid geboren, das nach einigen Wochen durch

57,3

57,4

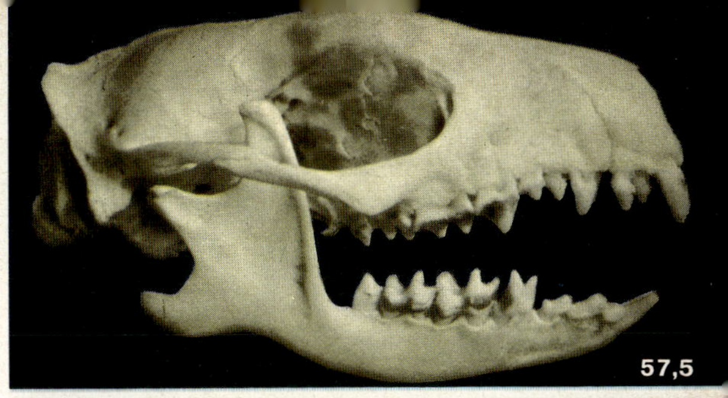
57,5

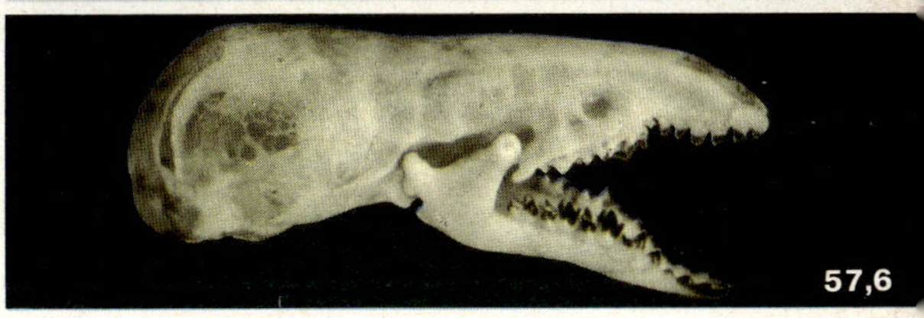
57,6

Beide Schädel sind mit ausgeprägten Insektenfressergebissen ausgerüstet; die Zähne mancher Spitzmaus-Arten haben rote Spitzen.

die gefärbten, harten Stacheln ersetzt wird. Die Igeljungen sind 14 Tage lang blind, entwickeln sich dann aber sehr schnell, so daß bald ganze Igelfamilien durchs Gelände ziehen. Im Herbst macht sich der Igel ein verstecktes, gegen Wetterunbilden geschütztes
57 Winterlager zurecht, worin er einen *Winterschlaf* hält.

Die Waldspitzmaus (Sorex araneus)

Spitzmäuse sind keine Mäuse wie die Nagetiere Haus- oder Feldmaus; das zeigt besonders deutlich ein Vergleich der Gebisse (vergleiche **57,6** mit 55,6–55,9!). Das Gebiß der Spitzmäuse ist ein Insektenfressergebiß wie das von Igel und Maulwurf. Nur die ähnliche Körperform und -größe hat den Spitzmäusen den zweiten Teil ihres Namens eingetragen. Der Lebensweise nach sind sie Raubtiere im Kleinen. Sie sind fast ununterbrochen auf der Suche nach Nahrung unterwegs. Dabei überfallen sie neben Insekten, Schnecken und Würmern auch oft kleine Wirbeltiere, die größer sind als sie selbst (Frösche, Jungvögel und -mäuse). Hunger können sie nur kurze Zeit ertragen; sie brauchen täglich soviel an Nahrung, wie ihr eigenes halbes bis ganzes Körpergewicht beträgt.
Die Waldspitzmaus ist die häufigste heimische Spitzmaus **(57,3).** Sie bevorzugt feuchte Lebensstätten, wie Bruchwälder und sumpfige Wiesen, findet sich aber auch an trockenen Gebüschstandorten. Ihr Nest legt sie meist in verlassenen Mauselöchern an, selten gräbt sie selber ein wenig. Das Nest wird mit Gras, Moos und Fallaub gepolstert. In solchen Bauten bringt die Waldspitzmaus ihre Nachkommenschaft zur Welt, 3–4 Würfe mit je 5–10 winzigen, nur 0,5 Gramm schweren Jungen, die blind und unbehaart sind. Diese wachsen sehr rasch heran, wiegen nach 10 Tagen bereits 10 Gramm, zeigen dann auch erste Haarspuren, öffnen die Augen nach 18–25 Tagen und sind mit 3–4 Wochen schon selbständig. – Von Spitzmäusen (wie auch von Wiesel und Iltis) kennt man eine eigenartige Form der Fortbewegung im Familienverband: die Karawanenbildung **(57,4).** Dazu hält sich ein Junges an der Mutter, die übrigen aneinander mit dem Gebiß am Fell in der Schwanzgegend fest, so daß eine Tierkette entsteht. Dadurch wird verhindert, daß Jungtiere versprengt und so leichter die Beute von Feinden werden.

58 Wir vergleichen Tierordnungen

Verwandtschaft zeigt sich bei Wirbeltieren oft am Skelett, bei vielen Säugetieren besonders an ihren Schädeln und Gebissen.

Raubtiere

Haushund 58,

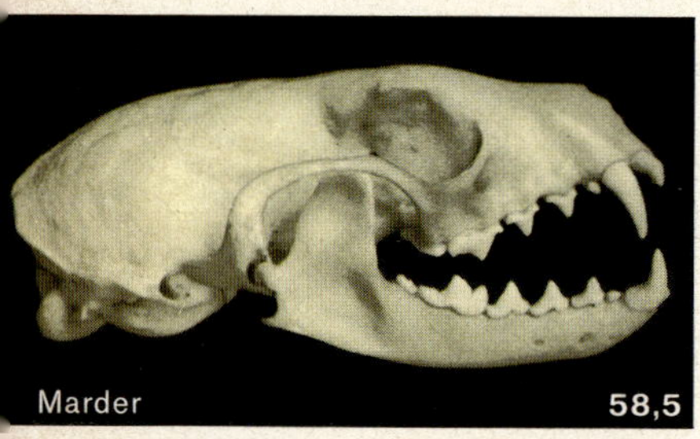
Marder 58,5

Raubtiere erbeuten andere Tiere. In ihrem Körperbau unterscheiden sich die Raubtiere beträchtlich; so sind *Schleichräuber* (S. 10) anders gebaut als *Hetzräuber* (S. 13). Die gemeinsame Fleischkost aber führte zu gleichartigen Gebissen **(58,1–58,5).** Zur Übersicht stellt man von Gebissen Zahnformeln auf **(58,4).** Dabei bedeuten die Zahlen innen am Achsenkreuz die *Schneidezähne*. Wenig Eigenheiten weisen die Schneidezähne der Raubtiere auf. Sie dienen ihnen, wie anderen Tieren auch, zum Abbeißen. Bei den Raubtieren

Eichhörnchen ▶

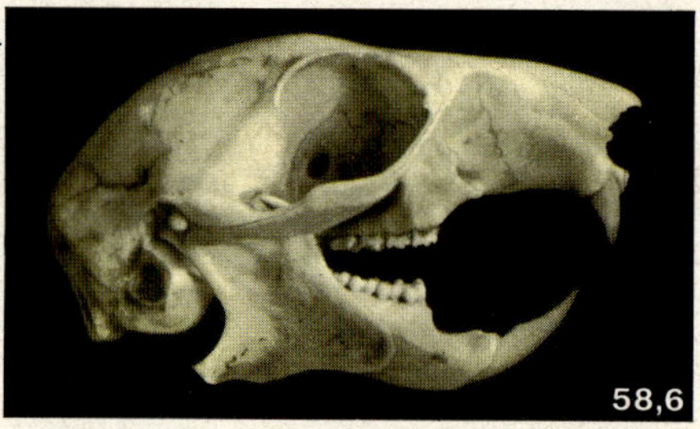
58,6

Nagetiere

Nagetiere sind *Pflanzenfresser*. Doch gehen sie nicht nur an weiche Pflanzenteile, sondern erlangen auch Samen aus harten Schalen. Entsprechend ist ihr Gebiß gebaut **(58,6–58,10).** Auffällig sind die *Schneidezähne*, oben und unten je 2. Es sind wie Meißel wirkende *Nagezähne*, die nur vorne mit hartem Schmelz bedeckt sind und so, durch die stärkere Abnützung des weicheren Zahnbeins, immer scharf bleiben. Da sie keine Wurzel haben, wachsen sie ständig nach. *Eckzähne* fehlen; an ihrer Stelle ist eine Lücke im Gebiß. Die *Backenzähne* der Nagetiere sind in der Form sehr verschieden. Doch ist ihre Oberfläche entweder höckerig oder faltig, so daß sie abgenagte Nahrung raspelartig weiter zerkleinern können. Solche Gebisse haben die Tiere in der *Ordnung der Nagetiere*.

Insektenfresser

Wenn *Insektenfresser* auch Würmer, Nacktschnecken, ja sogar etwas Pflanzenkost zu sich nehmen, so besteht doch der größere Teil ihrer Nahrung aus hartschaligen Insekten. Ihr Gebiß ist vortrefflich zum Ergreifen und Zermalmen solcher gepanzerten Beutetiere geeignet **(58,11–58,13).** Die

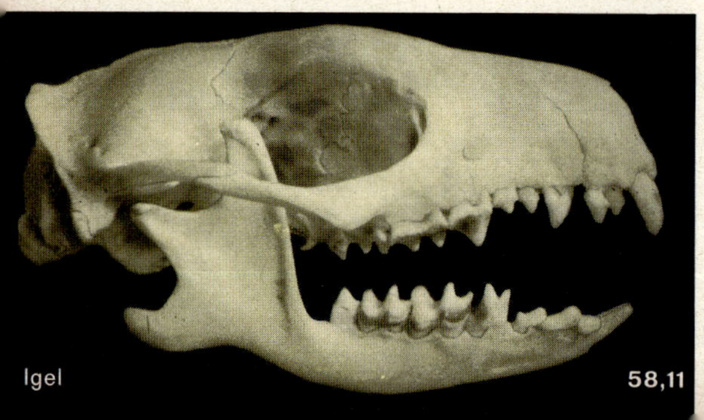
Igel 58,11

Katze 58,2

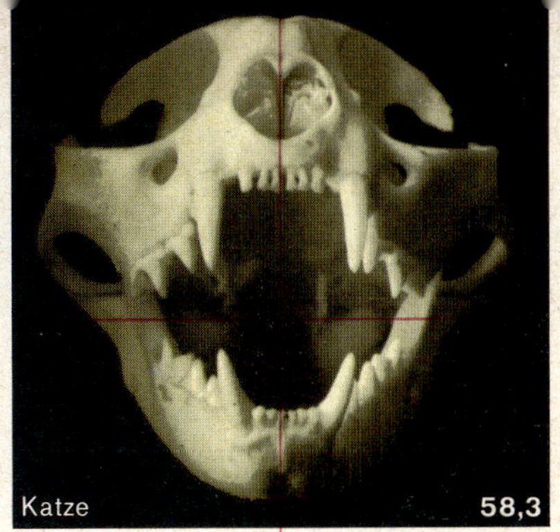
Katze 58,3

sind es immer 12. Dolchartig sind die *Eckzähne* der Raubtiere. Mit ihnen wird die Beute ergriffen. Alle Raubtiere haben 4 Eckzähne. Die Zahl der Backenzähne ist nicht bei allen Raubtieren gleich. Die 4 größten, die sich links und rechts paarweise gegenüberstehen, wirken mit ihren scharfen Kanten wie eine Schere. Sie heißen *Reißzähne* und sind eine Besonderheit des Raubtiergebisses. Solche Gebißmerkmale haben mit zur Zusammenfassung ähnlicher Tiere zur *Ordnung der Raubtiere* geführt.

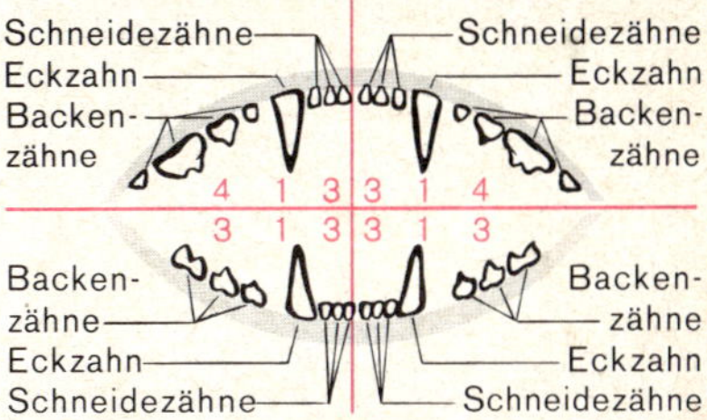

58,4

58

◀ Hausmaus

Feldmaus ▶

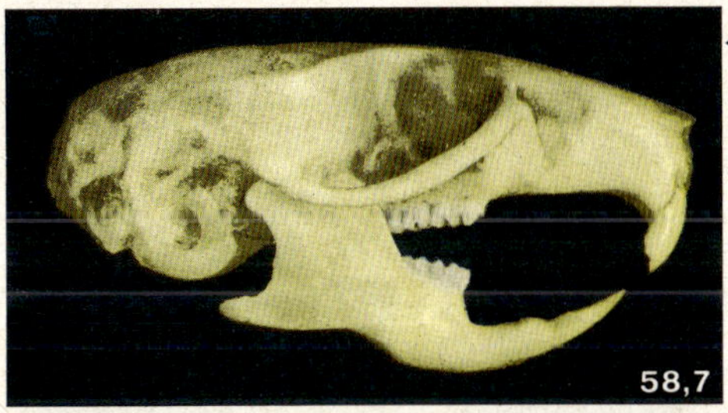
58,7

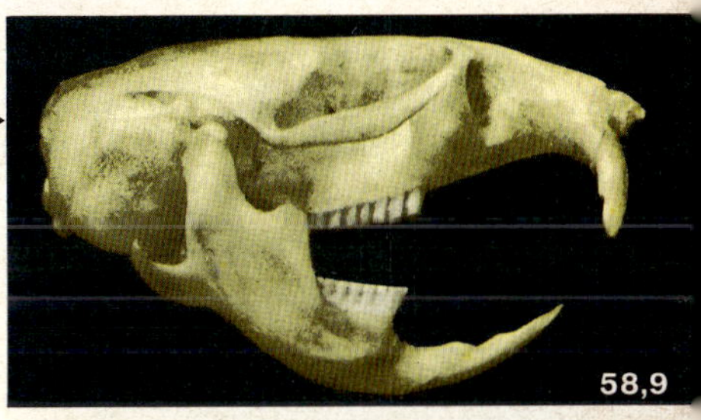
58,9

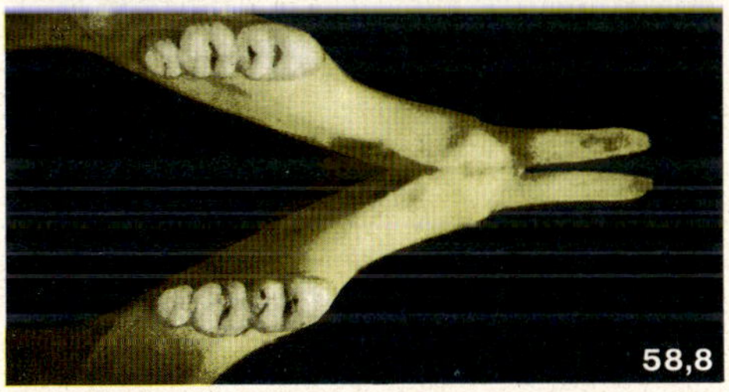
58,8

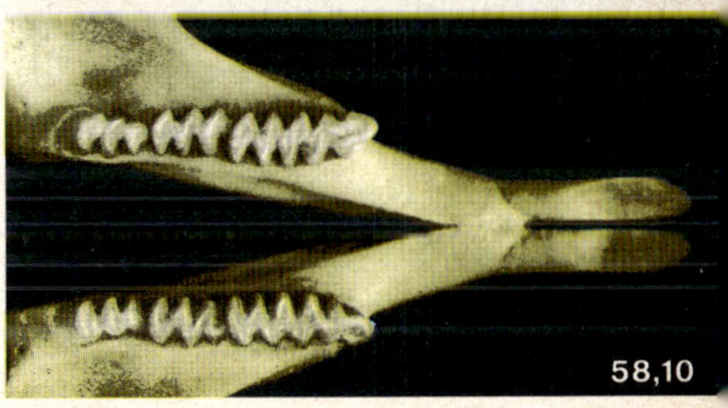
58,10

bei anderen Tiergruppen meist sehr unterschiedlich geformten *Schneide-, Eck- und Backenzähne* sehen sich bei den Insektenfressern sehr ähnlich, weil sie alle sehr spitzig sind. Allerdings nutzen sich die Zähne mit der Zeit ab, was man besonders oft an den Gebissen vieler Spitzmäuse sieht. – Die geringen Unterschiede, wie sie zwischen den Zahnarten der Insektenfresser bestehen, wie auch die große Zahl der Zähne (beim Igel sind es 36 und beim Maulwurf 44) sind ein Merkmal urtümlicher Tiere. Diese Besonderheiten des Gebisses kennzeichnen die *Ordnung der Insektenfresser*.

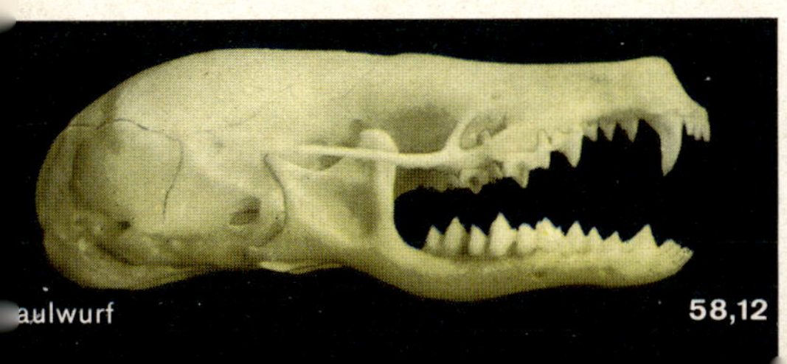
aulwurf 58,12

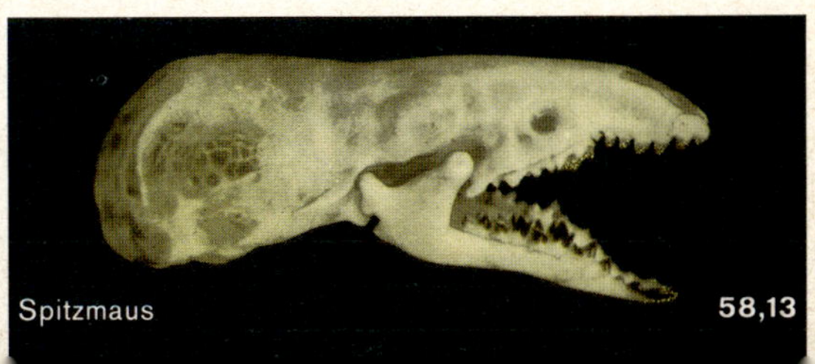
Spitzmaus 58,13

59,1

59,1: *Murmeltier (Marmota marmota). Es wird über 70 cm lang und kann 5–6 kg wiegen. Murmeltiere werfen im Jahr einmal 2–6 blinde, nesthokkende Junge, die mit 2 Jahren erwachsen sind. Sie können 15–18 Jahre alt werden. – Nahe Verwandte sind die erheblich kleineren Ziesel aus den Natur- und Kultursteppen Osteuropas, sowie die Präriehunde der nordamerikanischen Steppengebiete.*

59 Tiere des Hochgebirges

Hochgebirge sind Berggebiete, die über die Baumgrenze (1600–2100 m) hinaufragen. Sie haben ein rauhes Klima und harte Lebensbedingungen. Wir wollen uns auf Mitteleuropa beschränken, wo es nur in den Alpen Berge von solchen Höhen und mit solchem Klima gibt. So lernen wir in diesem Kapitel Alpentiere kennen.

Wie die gesamte Tierwelt ist auch die Hochgebirgstierwelt durch die vordringende Zivilisation in ihrem Bestand bedroht. Deshalb wurden von den Staaten, die an den Alpen Anteil haben, zahlreiche kleinere und größere Schutzgebiete eingerichtet. Bekannt sind vor allem der Schweizer Nationalpark in Graubünden, der italienische Parco Nazionale im Gebiet des Gran Paradiso bei Aosta und auf österreichischem Gebiet Naturparke deutscher Vereine in den Hohen Tauern. **59**

Unter den Tieren, die wir schon kennenlernten, sind einige, deren Vorkommen in Mitteleuropa auf die Alpen und ihr Vorland beschränkt ist. Von den Vögeln sind das der *Kolkrabe* (42,6) und der *Steinadler* (47,1; 47,5), von den Säugetieren der *Luchs* (52,6) und der *Braunbär* (54,5). Im folgenden Teil begegnen uns einige weitere, sehr kennzeichnende Alpentiere.

Murmeltier. Das Murmeltier unserer Alpen **(59,1)** zeigt in seinem Körperbau und seiner Lebensweise vorzügliche Anpassungen an die Lebensbedingungen im unwirtlichen Hochgebirge. Der Körper ist gedrungen, dicht behaart und hat unter der Haut eine Fettschicht. Den langen Bergwinter überdauern die Murmeltiere im *Winterschlaf*, etwa von Ende September bis in den April hinein. Das ist mit 6–7 Monaten nicht nur der längste Winterschlaf aller einheimischen Winterschläfer, er ist dazu auch noch der tiefste, weil die Tiere zwischendurch nicht erwachen. Nicht ohne Grund heißt eine Redensart: „Er schläft wie ein Murmeltier!" Die Körpertemperatur sinkt dabei bis auf +3° C ab, das Herz schlägt statt 180–200 nur 5–10 mal in der Minute, und nur alle paar Minuten erfolgt ein Atemzug. Da die Murmeltiere während des Winterschlafs keine Nahrung zu sich nehmen, wird in dieser Zeit das Körperfett aufgezehrt.

Wenn die Murmeltiere dann im Frühjahr wieder aus dem Winterschlaf erwachen, sind sie sehr mager. Doch schon bald darauf, wenn sie in Fülle saftige Gräser, Kräuter und Wurzeln finden, glättet und rundet sich ihr Körper wieder. Sie verbringen den kurzen Bergsommer hoch oben im Gebirge, unterhalb der Schneegrenze, wo sie in Kolonien

59,2

59,3

59,4

59,5

59,2: *Alpen-Schneehase (Lepus timidus varronis) im Winterkleid. Seine Verwandten in Nordeuropa, Nordasien und Nordamerika werden größer.* **59,3:** *Alpen-Schneehuhn (Lagopus mutus), ebenfalls im Winterkleid. In der Größe entspricht es dem Rebhuhn (36,8).* **59,4:** *Steinböcke (Capra ibex). Die bogenförmigen, vorderseits mit Querwülsten ausgestatteten Hörner der Böcke können 1 m lang werden. Sie sind bei den Kämpfen um die Rudel wirksame Waffen.* **59,1:** *Gemsen (Rupicapra rupicapra). Beide Geschlechter tragen Hörner.*

leben und sich Gänge und Höhlen zum Übernachten und als Schutz graben. Eines oder mehrere Mitglieder der Kolonie sichern immer in „Männchenhaltung“ **(59,1).** Der Ruf, mit dem sie sich – meist vor einem Steinadler – warnen, ist ein schriller Schrei, der oft als Pfeifen beschrieben wird. Daraufhin verschwinden alle Murmeltiere blitzschnell im nächsten Unterschlupf.

Im Spätsommer ziehen die Tiere in etwas tiefere Lagen, wo sie zum Überwintern einen bis zu 10 m langen Gang graben, an dessen Ende sich ein Schlafkessel befindet. Diesen polstern sie mit selbstgetrocknetem Heu aus. Im Herbst zieht sich die ganze Familie dahinein zurück, verstopft den Zugang und legt sich, jeder kugelig eingerollt, dicht an dicht zum Winterschlaf nieder.

Schneehasen wechseln ihre Pelzfarbe. Sie haben ein braungraues Sommerfell und ein weißes Winterfell, doch sind die Ohrspitzen, wie beim Feldhasen, sommers wie winters schwarz **(59,2).** Der Schneehase der Alpen ist etwas kleiner als der Feldhase, auch seine Ohren sind kürzer. Seine Vermehrung ist viel geringer als beim Feldhasen, meist nur 2 Würfe mit 2–5 Jungen im Jahr. Im Winter graben sie sich Schneehöhlen als Wind- und Kälteschutz.

Schneehühner wechseln ebenfalls ihr Kleid. Das Alpenschneehuhn ist im Winter fast ganz weiß **(59,3),** während im Sommer nur Flügel und Bauch weiß sind; das übrige Gefieder ist dann bräunlich. Schneehühner brüten sommers oberhalb der Baumgrenze, gehen im Winter aber tiefer hinab.

Steinböcke waren in den nördlichen Alpen schon ausgerottet, sind aber wieder eingebürgert worden. Diese Wildziegenart lebt zwischen Baum- und Schneegrenze. Steinböcke klettern und springen hervorragend **(59,4).** Sie leben in Rudeln, die Böcke außerhalb der Brunftzeit für sich.

Gemsen gehen auch unter die Waldgrenze hinab. So hat man sie auch im Schwarzwald eingebürgert. Ihr eigentliches Reich ist aber das Hochgebirge **(59,5).**

60,1: *Das Ren oder Rentier (Rangifer tarandus) ist ein Hirsch, der fast nur noch als halbzahmes Haustier in großen Herden vorkommt. Die Hufe sind breit, so daß die Füße nicht tief in den Schnee oder Morast einsinken. Die Höhe am Widerrist beträgt etwa 1,1 m, das Gewicht 60–100 kg.* **60,2:** *Moschusochsen (Ovibos moschatus) in Abwehrstellung. Sie finden sich von Ostgrönland bis nach Alaska.* **60,3:** *Eisbären (Thalarctos maritimus).* **60,4:** *Polarfuchs (Alopex lagopus).* **60,5:** *Lemming (Lemmus lemmus).*

60 Tiere kalter Länder

Nicht nur in den Hochgebirgen sind die Lebensbedingungen für die Tiere unwirtlich, sondern auch in den Polarländern. Auf der nördlichen Halbkugel unserer Erde sind es die nördlichsten Gebiete von Norwegen, Schweden und Finnland (Lappland), der Sowjetunion (Sibirien), sowie Alaska, Kanada und Grönland, die harte Lebensbedingungen stellen. Vor allem die Kälte macht den Tieren dort zu schaffen. Daher haben alle Polartiere dichte, warme Felle und meist auch eine Fettschicht, die nur wenig Körperwärme bis zur Hautoberfläche gelangen läßt. 60

Ren. Wie das Bild **(60,1)** auf den ersten Blick erkennen läßt, ist das Ren oder Rentier (nicht Renntier!) eine Hirschart, und zwar die Kälteform unter diesen. Der Kopf ist bis an die Lippen behaart. Die Deckhaare liegen so dicht, daß weder Regen noch Schnee das Fell durchdringen; auch beim Schwimmen wird die Haut nicht naß. Kein anderer Hirsch geht so weit nach Norden wie das Ren. Es unterscheidet sich aber noch in manchem anderen von den übrigen Hirschen. So tragen auch die Ren-Weibchen Geweihe, und es wird immer nur 1 Kalb auf einmal gesetzt, das ungefleckt ist und schon im 1. Lebensjahr Spieße (24,5) schiebt. Während der Eiszeit lebte das Ren auch bei uns.
Das Ren als Wildtier der kalten Länder gibt es fast nirgends mehr. Denn die Menschen des hohen Nordens haben es zum Haustier gemacht und sich dadurch die Polargebiete erschlossen. Das Ren liefert ihnen alles, was sie zum Leben brauchen: Nahrung, Kleidung, Arbeitskraft und (aus den Knochen gefertigt) Geräte. Aber das Ren ist ein Haustier besonderer Art, ganz anders als Rind, Pferd oder Schwein: es ist nur halbzahm. Der Mensch bietet ihm weder Nahrung noch Unterkunft, sondern nur etwas Schutz und Betreuung, so daß das Verhältnis ziemlich einseitig ist. So blieb das Ren ein freies Tier, dessen großen Herden der Mensch als Nomade folgen muß, wenn sie ihre Wanderungen unternehmen, um Weidegründe aufzusuchen oder Mückenplagen zu entgehen.
Als Nahrung äst das Ren hauptsächlich Bodenflechten, das „Rentiermoos", die es im Winter mit den Hufen seiner Vorderläufe aus dem Schnee freischarrt. Daneben frißt es mancherlei Gräser, Kräuter und Pilze. Doch auch etwas tierische Nahrung wird verzehrt, so Lemminge und Mäuse und am Meeresstrand angespülte tote Fische und Krebse.

60,2

Moschusochse. Früher gab es Moschusochsen, neben den Herden der Rene, in großer Zahl; heute sind nur noch schutzbedürftige Reste vorhanden. An diesem Rückgang ist, neben klimatischer und landschaftlicher Ungunst, besonders der Mensch als Verfolger schuld. Ungünstig ist, daß Moschusochsen bei Gefahr nicht fliehen. Sie stellen sich abwehrbereit auf: außen die Stiere, innen die Mütter mit den Kälbern und Jungtieren **(60,2).** Weitere Feinde sind Eisbären und Wölfe. Die Nahrung der Moschusochsen besteht aus Gräsern, Kräutern und Flechten.

Eisbären (60,3) betreten selten festes Land; meist leben sie auf Eisschollen und -inseln rund um den Nordpol. Die kälteste Zeit verbringen sie als *Winterruher* in einem Schneelager. Ihre Hauptnahrung sind junge Robben. Ihnen selbst wird im Wasser das Walroß (62,3) gefährlich; außerhalb des Wassers haben sie außer den Menschen keine Feinde.

Polarfuchs. Nicht alle Polarfüchse haben im Winter ein weißes Fell, wie der „Weißfuchs". Die „Blaufüchse" behalten ein bräunliches Fell, das nur mit weißen Grannenhaaren durchsetzt ist. Polarfüchse ernähren sich vor allem von Lemmingen. Der abgebildete Polarfuchs **(60,4)** wurde vom Hunger zum Lager einer Polarexpedition getrieben. Er hat eine Konservenbüchse erwischt, die er im Maul fortträgt.

Lemminge (60,5) sind Wühlmäuse. Sie fressen Flechten, Moose, Rinde und Knospen. Ihre Vermehrung ist groß, oft übermäßig. Dann kommt Unruhe über die Lemminge. Sie brechen dichtgedrängt zu Wanderzügen auf, die bei Stauungen an Gewässern oder Gletschern zu ungeordneten Haufen werden, und kommen dann massenweise um oder werden erbeutet.

60,3

60,4

60,5

61,1

61,3

61,4

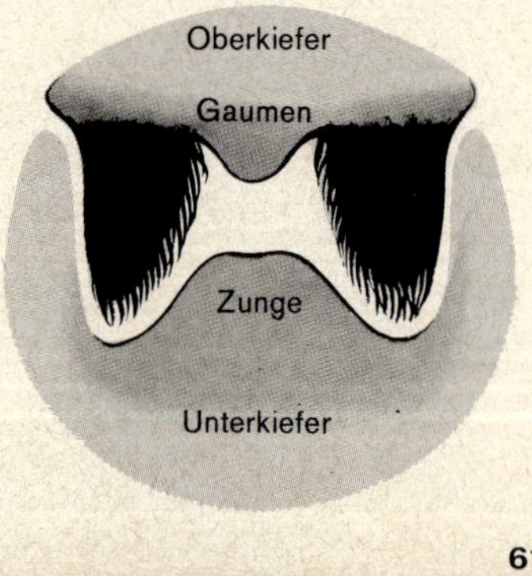

61,5

61–63 Tiere der Meere

Wale

Die Wale stellen die größten Tierarten der Erde. So erreicht der Blauwal **(61,1)** eine Länge von über 30 m und ein Gewicht von über 100 t. Tiere mit solchem Gewicht können nur im Wasser leben (Elefanten wiegen höchstens 4 t), wo die Körperlast um das Gewicht des verdrängten Wassers leichter wird. Daher sind Wale zeitlebens an das Wasser gebunden. Sie kommen in allen Meeren vor, teilweise in größeren Gemeinschaften, den „Schulen".

Anpassungen an das Wasserleben. Wale haben eine spindelförmige Gestalt, die bei der Fortbewegung im Wasser wenig Widerstand findet **(61,1; 61,7).** Ihre Vordergliedmaßen sind flossenähnlich umgebildet, und ihr Schwanz endet mit einer mächtigen, waagrechten Schwanzflosse **(61,2).** Manche Wale besitzen auch eine Rückenflosse. Die Hintergliedmaßen fehlen, und das Becken ist immer zu zwei kleinen, in der Muskulatur liegenden Knochenresten rückgebildet **(61,2).** Wegen des fischähnlichen Erscheinungsbildes stellte man früher die Wale zu den Fischen. Es gibt aber keine Wal„fische"; denn Wale haben weder Kiemen, noch legen sie Eier. Sie haben Lungen und bringen lebende Junge zur Welt, die sie mit Milch säugen: Wale sind *lungenatmende Säugetiere.*

Zum Atmen müssen die meist untergetauchten Wale daher alle 3–5 Minuten an die Oberfläche kommen. Sie brauchen sich aber

61,1: *Blauwal (Balaenoptera musculus).* **62,2:** *Skelett des Blauwals.* **61,3:** *Buckelwal (Megaptera nodosa).* **61,4:** *Einzelne Barte.* **61,5:** *Querschnitt durch den Kopf eines Bartenwals.* **61,6:** *Pottwal (Physeter catodon), ein Zahnwal warmer Meere. Der Speck wird mit Seilwinden abgezogen.* **61,7:** *Springender Delphin (Delphinus delphis). Delphine sind die kleinsten Wale und gehören zu den intelligentesten Tieren.*

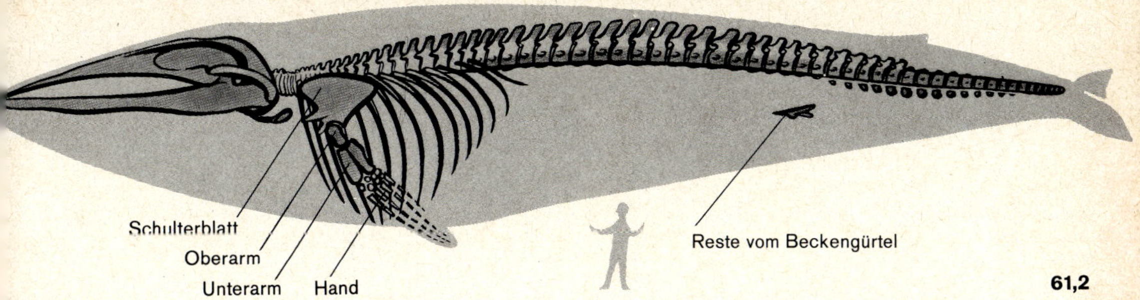

61,2

nicht über den Wasserspiegel zu erheben, da ihre verschließbaren Nasenöffnungen auf einer emporgewölbten Stelle des Kopfes münden. So kommt es, daß man Wale oft nur an den Wasserdampfstrahlen erkennt, die sich in kalter Luft beim Abblasen der verbrauchten Luft bilden. – Ohrmuscheln fehlen den Walen, und die Ohröffnungen sind sehr klein; auch die Augen erscheinen klein **(61,3).**

Die Haut der Wale ist unbehaart. Bei ständig im Wasser lebenden Tieren könnte ein Haarkleid die Wärmeabgabe nicht verringern. Diese Aufgabe erfüllt eine Speckschicht unter der Haut **(61,6),** die bei manchen Arten bis zu 40 cm dick ist. – Alle Wale bringen jeweils nur 1 Junges zur Welt, das sofort der Mutter nachschwimmt. Es wird im Wasser gesäugt und wächst bei sehr fettreicher Milch rasch heran.

61 **Ernährung.** Nach der Ernährungsart unterscheidet man 2 Gruppen von Walen. Bei den einen ist das Maul zahnlos. Dafür hängen bei ihnen viele Hornplatten vom Gaumen herab, die *Barten* **(61,4).** Deren Innenrand ist fein zerfasert. Daran bleibt Kleingetier (Krebse, Schnecken) hängen, wenn der Wal Wasser ins Maul aufnimmt, es schließt und dann mit der Zunge das Wasser wieder hinauspreßt. Die *Bartenwale* haben also einen *Seihapparat* **(61,5).** Bekannte Arten der Bartenwale sind *Blauwal* **(61,1),** *Grönlandwal, Buckelwal* **(61,3)** und *Finnwal.*

Der Blauwal kommt in den kalten Meeren vor. Er gehört zu den Hauptbeutetieren des Walfangs. Dabei geht es um die Gewinnung von Tran, der aus dem Speck gekocht wird, und Barten. Der Fang geschieht mit Harpunen, die von Schiffen mit Kanonen geschossen werden. Ein mitgeschossenes Seil stellt die Verbindung zum Schiff her. Kochereischiffe, auf denen die Wale gleich verarbeitet werden, begleiten die Fangschiffe. – Zur Schonung der lange Zeit übermäßig bejagten Walbestände ist die jährliche Fangzahl vertraglich begrenzt, doch wurde sie in den letzten Jahren oft nicht einmal mehr erreicht.

Die andere Gruppe der Wale besitzt Zähne. Diese *Zahnwale* mit ihren meist kegelförmigen Zähnen ergreifen und verschlingen Fische und Tintenfische. Die größte Art ist der bis zu 23 m lange *Pottwal* **(61,6);** kleinere Arten sind *Delphine* **(61,7)** und die *Tümmler.*

61,6

61,7

62,1: *Gemeiner Seehund (Phoca vitulina). Er wird bis 1,8 m lang und über 100 kg schwer. Die Gliedmaßen berühren den Boden nicht, da Seehunde nicht gehen.* **62,2:** *Kopf eines Seehundes.*

Flossenfüßer

Die Flossenfüßer oder *Robben* sind eine Gruppe von Raubtieren, die zum Leben im Wasser übergegangen sind. Da sie aber zeitweise auch ans Land gehen, sind sie nicht so ausschließlich an das Wasserleben angepaßt wie die Wale. So besitzen alle Flossenfüßer Vorder- und Hintergliedmaßen. Beide Gliedmaßenpaare sind zwar flossenförmig, dienen aber zum Teil auch der Fortbewegung auf dem Lande. Die Haut aller Robben ist, ebenfalls anders als bei den Walen, immer behaart. Dadurch haben die Tiere auch an Land einen Schutz gegen Wärmeverluste. Im Wasser schützt sie, wie bei den Walen, eine dicke Speckschicht vor Wärmeverlusten. Wiederum anders als bei den Walen erfolgt die Geburt der jungen Robben sowie deren Säugen an Land **(62,5).** Auch zum Schlafen, Ruhen und Sonnen suchen die Flossenfüßer festen Untergrund auf, der oft aus treibenden Eisschollen besteht. Während allen Walen Ohrmuscheln fehlen, sind sie bei manchen Flossenfüßern noch vorhanden. Die Nasenöffnungen liegen bei allen Robben auf der Schnauzenspitze.

Seehund. Bei uns ist der bekannteste Flossenfüßer der *Gemeine Seehund* **(62,1),** weil er auch in der Nordsee und – sehr viel seltener – in der Ostsee vorkommt. Mitunter verirren sich auch Seehunde die Flüsse weit aufwärts. Seehunde leben gesellig in Rudeln. Ihre Lautäußerung ist ein heiseres Bellen. Sie haben keine Ohrmuscheln; die Ohröffnungen sind, wie die Nasenlöcher, verschließbar. Die verhältnismäßig großen, kugeligen Augen treten aus dem Gesicht hervor. Die Augenbrauen und die Schnurr- oder Tasthaare der Oberlippe sind lange, starke Borsten **(62,2).**
Von dem spindelförmigen Rumpf gehen die Vordergliedmaßen seitlich, die Hintergliedmaßen nach hinten ab **(62,1).** Die vorderen Gliedmaßen sind beim Schwimmen hauptsächlich Steuerruder, während die hinteren durch Zusammenschlagen dem Tier Vortrieb

62,3: *Walroß (Odobenus rosmarus). Es wird bis 4,5 m lang und 1000 kg (1 t) schwer. Die Männchen haben Hauer, die als Waffen dienen, aber auch zum Hinaufziehen des Körpers aus dem Wasser an Land oder Eis. Ihre Verbreitungsgebiete sind die Küstenmeere rings um den Nordpol.* **62,4:** *Kalifornische Seelöwen (Zalophus californianus). Auch ihr Fell ist ein begehrtes Pelzwerk (Seal).* **62,5:** *Seelöwin beim Säugen ihres Jungen.*

erteilen. An Land bewegt sich der Seehund dadurch fort, daß er den Hinterleib mit den Hintergliedmaßen anzieht und dann den Vorderkörper vorschnellt. Auf diese recht unbeholfene und langsame Weise strebt er dem Wasser zu, in dem er, als seinem eigentlichen Element, sehr wendig und schnell ist.
Das Seehundweibchen bringt im Sommer meist nur 1 Junges zur Welt. Sind es ausnahmsweise einmal 2, so kann sie nur eines betreuen; denn bei Seehunden folgt die Mutter dem Jungtier, und nicht umgekehrt, wie es bei allen anderen Muttertieren mit Jungen üblich ist. Das zweite Junge gibt dann Rufe des Verlassenseins von sich („Heuler") und geht zugrunde, wenn es nicht von Menschen gefunden und aufgezogen wird. Alle Jungtiere können, ohne es zu lernen, gleich nach der Geburt schwimmen und tauchen: diese Fähigkeiten sind ihnen angeboren. Der junge Seehund wird 2–3 Wochen lang von der Mutter gesäugt. Anschließend lebt er eine Zeitlang von Krebsen (Garnelen), bevor er auf die Nahrung der erwachsenen Tiere übergeht. Diese besteht aus Fischen, unter denen der Plattfisch Flunder besonders oft gefangen wird.
Der Seehund hat bei uns keine Feinde unter den Tieren. Nur der Mensch jagt ihn wegen seines Felles, das kurzhaarig ist. Dieses ergibt ein sehr dauerhaftes Pelzwerk, das aber weniger wärmt als schützt; denn das Fell erwachsener Seehunde hat nur Grannenhaare und keine Wollhaare.

Walroß. Eine Robbenart, die ihre beiden Gliedmaßenpaare bei der Fortbewegung an
62 Land gebraucht, ist das *Walroß* **(62,3).** Es watschelt auf seinen Flossenfüßen daher, ganz anders als der Seehund. Im Schwimmen ist das unförmige Tier längst nicht so gewandt wie dieser. Das ist aber kein Nachteil, da Walrosse keine Fische jagen, sondern von Schnekken, Muscheln, Krebsen und Seesternen des Meeresbodens leben. Doch greifen sie gelegentlich auch Eisbären und Seehunde im Wasser an. Den Männchen sind dabei ihre mächtigen Hauer, die verlängerten oberen Eckzähne, starke Waffen. Den Walrossen wird nur der Mensch gefährlich, der sie wegen ihres Felles und wegen der Stoßzähne rücksichtslos verfolgt hat. Schutzbestimmungen sollen die Restbestände erhalten helfen.
Walrosse leben gesellig in Herden, deren Oberhaupt meist ein kräftiger Bulle ist. Das Leben in der Gemeinschaft ist gut entwickelt: Walrosse helfen sich gegenseitig bei Gefahr, Weibchen ziehen mutterlose Junge auf, und Jungtiere werden innerhalb der Herde wie in Kindergärten unter Aufsicht gehalten.

Seelöwen sind Robben mit kleinen Ohrmuscheln **(62,5);** auch sie gebrauchen Vorder- und Hintergliedmaßen bei der Fortbewegung an Land. Im Wasser sind sie sehr wendig. Sie ernähren sich von Fischen und Tintenfischen. Seelöwen sind die klügsten Flossenfüßer; im Zirkus führen sie bewunderswerte Kunststücke und Geschicklichkeitsspiele vor.

62,4

62,5

63,1

Vögel der Meere

Das unbestrittene Reich der Vögel, ihr Element, ist die Luft. Doch wie bei jeder Regel, so kommen auch hier Ausnahmen vor. Es gibt Vögel, die nicht fliegen können, und darunter neben Landvögeln, wie z. B. den Straußen, solche, die an das Leben im Wasser angepaßt sind. Sie sollen in diesem Kapitel, zusammen mit flugfähigen Vögeln, die am Meer vorkommen, als Vögel der Meere oder Seevögel vorgestellt und behandelt werden.

Pinguine sind flugunfähige Vögel, die an das Leben im Wasser angepaßt sind. Dabei handelt es sich um ganz ähnliche Erscheinungen, wie wir sie schon von den ans Wasserleben angepaßten Säugetieren Wale und Flossenfüßer kennen. So sind die Flügel der Pinguine zu flossenähnlichen Organen umgebildet, die nicht mehr mit großen Schwungfedern, sondern mit kleinen schuppenförmigen Federn bedeckt sind **(63,1).** Auch am übrigen Körper finden sich überwiegend kleine Federn. Dem Wärmeschutz im kalten Wasser dient eine Speckschicht unter der Haut. Die Beine der Pinguine sind sehr kurz; alle 4 Zehen sind nach vorne gerichtet und durch Schwimmhäute verbunden. Pinguine sind schnelle, wendige Schwimmer, die ihre Flügel als Ruder und die Beine zum Steuern benutzen. Sie schnellen sich aus dem Wasser auf das Land hinaus, oft in hohem Bogen. An Land ist ihr Körper aufgerichtet, und sie laufen trippelnd und springend umher. Gelegentlich schieben sie sich auch mit Flügeln und Füßen, auf dem Bauch liegend, vorwärts.

Pinguine gibt es nur um den Südpol, in der Antarktis, mit ,,Vorposten" im südlichen Südamerika, Südafrika und Südaustralien. Ihre Nahrung besteht aus schwimmend und tauchend erjagten Fischen, Tintenfischen und Krebsen. Sie brüten in *Kolonien*, die oft aus

63,2

63,3

Tausenden von Vögeln bestehen **(63,1)**, meist an Felsküsten. Viele Arten legen nur 1 Ei. Dieses wird bei manchen Pinguinen auf die Schwimmhäute der zusammengestellten Füße gelegt, von einer herabhängenden Falte der Bauchhaut bedeckt und so ausgebrütet. Auf diese Weise brüten z. B. die *Kaiserpinguine*, die größten aller Pinguine **(63,1)**.

Möwen sind gute Flieger **(63,5)**; die zu den Möwen gehörenden *Seeschwalben* zählen sogar zu den am besten fliegenden Vögeln. Im allgemeinen sind Möwen keine Vögel der Hochsee, sondern bevölkern die Küstengewässer. Wir erkennen das deutlich an dem Möwenschwarm, der jedem in See stechenden Schiff folgt: er wird rasch kleiner und löst sich auf, wenn das Land außer Sicht kommt.

Es ist oft nicht leicht, Möwenarten voneinander zu unterscheiden, da sich ihr Federkleid in den ersten Lebensjahren mehrmals ändert. Auf das dunklere, gefleckte Dunenkleid des ersten Lebensalters folgt ein etwas helleres Dunenkleid, das meist über mehrere Zwischenkleider ins hellere Alterskleid übergeht. Erst dann sind die Möwenarten gut zu unterscheiden, obwohl es auch noch einen Wechsel zwischen Brutkleid und Ruhekleid gibt. Männchen und Weibchen gleichen sich weitgehend.

Möwen sind gesellig lebende Vögel. Sie brüten in *Kolonien*, in denen sich oft mehrere Arten von Möwen, dazu auch andere Seevögel, finden **(63,4)**. Die Zahl der abgelegten Eier ist klein, meist nur 2–3. Obwohl die Jungen Nestflüchter sind, werden sie bis zum Flüggewerden von den Eltern gefüttert. Die Nahrung der Möwen besteht aus Fischen und anderen Meerestieren, die meist von der Wasseroberfläche oder aus dem Küstenspülsaum aufgenommen werden. Seeschwalben jagen, indem sie aus dem Flug ins Wasser tauchen *(Stoßtaucher)*. Alle Möwen können schwimmen; ihre 3 Vorderzehen sind durch Schwimmhäute verbunden. Viele Arten ruhen sich auf dem Wasser aus **(63,6)**. Ihr lufthaltiges, dichtes, gut eingefettetes Gefieder verhindert, daß Wasser an den Körper gelangt und ihn auskühlt.

63,1: *Kaiserpinguine (Aptenodytes forsteri) mit Jungen.* **63,2:** *Lachmöwe (Larus ridibundus) im Brutkleid. Diese Möwe kommt an Flüssen und Seen des Binnenlandes ebenso häufig vor wie an der Meeresküste. Sie ist das „Ackermännchen“, das auf frischgepflügten Äckern Insekten und andere Bodentiere als Nahrung aufliest.* **63,3:** *Brütende Zwergseeschwalbe (Sterna albifrons).* **63,4:** *Felsen mit Seevögel-Kolonie („Vogelfelsen“).* **63,5:** *Silbermöwe (Larus argentatus) im Flug und* **63,6** *schwimmend.*

63,4

63,5

63,6

64,1

64,2

64,3

64,4

64–65 Tiere der Steppen

Steppen sind Landschaften mit niedriger Pflanzendecke. Es gibt sie in vielen Teilen der Erde, wo sie verschiedene Namen haben. Bekannt sind als Grassteppen die Prärien Nordamerikas und die Pampas Südamerikas. Steppen mit Gebüsch oder Bäumen sind die Savannen Afrikas und die Llanos Südamerikas. Kennzeichnende Tiere dieser Steppengebiete sind vor allem viele *pflanzenfressende Huftiere* und *fleischfressende Raubtiere*.

Pflanzenfresser

Giraffe. Das auffallendste Steppentier Afrikas ist die Giraffe (Giraffa camelopardalis), die südlich der Sahara anzutreffen ist. Das Tier kann mit seinen langen Beinen und seinem sehr langen Hals Laub und Zweige selbst von höheren Bäumen abfressen; denn seine Höhe beträgt bis zu 6 m **(64,1).** Trotz der Länge hat der Hals, wie bei allen Säugetieren, nur 7 Wirbel. Der Schädel beider Geschlechter trägt Knochenzapfen, meist 1 Paar, die zeitlebens von Haut bedeckt sind und nie gewechselt werden. Sie dienen aber nicht zur Verteidigung, wie bei anderen Geweihträgern; gegen Angreifer wehren sich die Giraffen mit kräftigen Hufschlägen. – Giraffen sind *Wiederkäuer*. Sie leben gesellig in kleinen Herden, mischen sich aber nicht unter andere Steppentiere. Ihre Vermehrung ist nicht groß, da die Weibchen nur alle 2 Jahre 1 Junges bekommen.

Antilopen. Eine große Anzahl wiederkäuender und hörnertragender *Paarhufer* wird unter der Bezeichnung Antilopen zusammengefaßt. Dazu gehören auch die anmutigen, schlanken und leichtfüßigen Gazellen, wie z. B. die Thompson-Gazelle (Gazella thompsoni). Sie lebt in Afrika, südlich der Sahara, gesellig **(64,3),** oft in großen Herden, die aus vielen Antilopenarten zusammengesetzt sind. – Die Hirschantilope (Kobus defassa) ist dort ebenfalls verbreitet **(64,2).** Sie entspricht in Größe und Erscheinungsbild unserem Hirsch, trägt jedoch kein Geweih, sondern ein Gehörn. – Das im Gänsemarsch ziehende Schwarzschwanzgnu (Connochaetes taurinus) kommt in Mittel- und Ostafrika vor **(64,5).**

64

Zebra. Ein *Unpaarhufer* wie das Pferd und auch mit diesem verwandt ist das Zebra **(64,4).** Es gibt mehrere Arten; abgebildet ist das Grant-Zebra (Equus zebra granti), das in Mittelafrika vorkommt. Die in der Nähe so auffällige Schwarz-Weiß-Streifung läßt aus der Ferne die Umrisse des Körpers aufgelöst erscheinen, hilft also zur Tarnung.

Flußpferde sind nicht mit den Pferden, sondern mit den Schweinen verwandt. Sie sind *Paarhufer* wie diese und nicht wiederkäuend. Das massige Fluß- oder Nilpferd (Hippopotamus amphibius) bewohnt Flüsse und Seen Afrikas, geht aber auch an Land. Während es früher vom Nil bis Kapstadt vorkam, ist es heute im Norden ganz, im Süden fast ausgerottet. Es ist ans Wasserleben vorzüglich angepaßt: Nase, Augen und Ohren liegen am Kopf so erhaben, daß sie noch über den Wasserspiegel hinausragen, wenn der übrige Körper untergetaucht ist **(64,6).**

Kaffernbüffel. Ein afrikanisches Wildrind wie der europäische Ur ist der Kaffernbüffel (Syncerus caffer). Früher in allen Lebensräumen verbreitet, hat er sich heute in sumpfige Gegenden zurückgezogen. Die Kaffernbüffel werden oft von Vögeln begleitet **(64,10),** die aus ihrer Haut Fliegenlarven herauspicken (Madenhacker). Als Jagdwild ist der Kaffernbüffel wegen seiner Angriffslust gefürchtet.

Bison. Die Prärien Nordamerikas bevölkerte der Bison (Bison bison) in riesigen Herden. Durch die Weißen war er fast ausgerottet worden, als man ihn 1894 unter Schutz stellte. Heute lebt er noch in Naturschutzgebieten **(64,9).**

Nashorn. Das Spitzmaulnashorn (Diceros bicornis) mit seinen 2 Hörnern **(64,8)** ist in Afrika häufig. Alle Nashörner sind plumpe, dickhäutige *Unpaarhufer*. Die Jagd auf sie ist gefährlich, weil sie blindlings angreifen.

Strauß. Ein Steppentier ist auch der größte Vogel, der Strauß (Struthio camelus). Er kann nicht fliegen, aber schnell und ausdauernd laufen. Männchen und Weibchen brüten die 12–15 sehr großen Eier abwechselnd in einer Sandmulde aus. Die Jungen sind Nestflüchter. Die Flügel- und Schwanzfedern der Männchen sind als Schmuck begehrt **(64,7).**

64,7

64,8

64,9

64,6

64,10

65,1

65,2

65,3

Raubtiere

Die großen Herden pflanzenfressender Huftiere der Steppengebiete lenken die Aufmerksamkeit vieler Raubtiere auf sich. Diese jagen ihre Beute meist allein, gelegentlich familienweise oder in kleinen Trupps. Andere Raubtiere und Greifvögel der Steppen jagen gar nicht, sondern ernähren sich von Aas. Durch diese Beseitigung verwesender Tierleichen spielen sie die Rolle einer Art von Gesundheitspolizei.

Löwe. Früher kamen Löwen in Afrika vom Mittelmeer bis nach Kapstadt vor; heute sind sie auf die Steppengebiete südlich der Sahara und Naturparke in Südafrika beschränkt. Dort sind sie auch heute noch recht zahlreich und verfolgen die Huftierherden. Löwen schlagen durchschnittlich alle 3–4 Tage 1 Stück Wild, wobei ihnen vorzugsweise schwächliche, alte und kranke Tiere zum Opfer fallen. Wenn sie einzeln jagen, beschleichen sie ihre Beutetiere. Meist jagen sie aber familienweise und treiben sich dann die Beute zu. Die Beute wird im Sprung geschlagen. Löwen sind übrigens die einzigen katzenartigen Raubtiere, die gesellig leben. Einmalig ist ferner in dieser Tiergruppe, daß Männchen und Weibchen unterschiedlich aussehen: der Löwe hat eine umfangreiche Mähne **(65,1),** die der Löwin fehlt **(65,2).** Diese kann bis zu 6 Junge werfen, die lange im Familienverband bleiben. – Menschen fällt der Löwe nur an, wenn er wegen Altersschwäche kein Wild mehr schlagen kann oder in die Enge getrieben wird. Autofahrer beachtet er nicht.

Leopard. Die Verbreitung des Leoparden geht über Afrika hinaus nach Asien. Über-

65,1: *Löwe (Panthera leo). Männchen sind an der Mähne kenntlich.* **65,2:** *Löwin an einem gerissenen Kaffernbüffel.* **65,3:** *Leopard (Panthera pardus). Diese Großkatze ist am Erdboden wie auf Bäumen gleichermaßen gewandt.*

all kommt er außer in Steppengebieten auch in Wäldern vor; denn er ist ein ausgezeichneter Kletterer **(65,3)**. Oft treten schwarze Leoparden auf; sie werden *Panther* genannt. Auch der Leopard greift Menschen nur an, wenn er wegen Krankheit oder Altersschwäche kein Wild erlangen kann.

Gepard. Anders als bei den katzenartigen Raubtieren üblich geht der Gepard **(65,4)** auf die Jagd: er hetzt seine Beutetiere. Nachdem er sich ihnen vorsichtig auf 100–200 m genähert hat, stürmt er in vollem Galopp los und streckt seine Beute mit Prankenhieben nieder, wenn er sie erreicht hat. Dem Gepard, als dem schnellsten Säugetier, entgeht kaum einmal eine schnellfüßige Antilope. Seine Geschwindigkeit kann über kurze Strecken bis zu 115 km in der Stunde betragen!

Schakale gehören zu den *hundeartigen Raubtieren*. Nach ihrer Gestalt stehen sie zwischen Hunden und Füchsen **(65,5)**. Schakale sind überwiegend Kleintier- und Aasfresser, die nur selten einmal größere Tiere anfallen. Auf ihren
65 nächtlichen Beutezügen, die sie in Rudeln unternehmen, lassen sie ein kläglich klingendes Geheul hören. Ihr Verbreitungsgebiet ist das mittlere und südliche Afrika.

Hyänen sind Raubtiere von der Größe eines Schäferhundes, mit struppigem Fell, plumpem Kopf, dickem Hals und längeren Vorder- als Hinterbeinen. Sie sind nächtlich lebende Tiere, die sich von Knochen und Fleisch verendeter Tiere ernähren, aber auch gemeinsam lebende Tiere jagen. Ihre Jungen sind Nesthocker, die blind und wenig behaart in Höhlen geboren werden. Die Streifenhyäne kommt außer in Nordafrika im südlichen Vorderasien vor, während die größere und stärkere Tüpfelhyäne **(65,6)** auf Afrika beschränkt ist.

Geier trifft man überall dort in Scharen an, wo ein größeres Tier verendet ist. Dieses fressen sie bis auf das Skelett auf. Dabei schlagen sie sich so voll, wie es nur geht, und sind dann eine Zeitlang träge und kaum zum Auffliegen geneigt **(65,7)**. Aus dem Inhalt ihres Kropfes füttern sie auch ihre Jungen. Für Geier ist kennzeichnend, daß sie an Kopf und Hals nackt sind.

65,4

65,5

65,6

65,7

65,4: *Gepard (Acinonyx jubatus). Dieses schnellste Säugetier wurde im Altertum zur Jagd auf Antilopen abgerichtet.* **65,5:** *Streifenschakal (Canis adustus). Verwandt ist der Heulwolf oder Cojote der Prärien Nordamerikas.* **65,6:** *Tüpfelhyäne (Crocuta crocuta).* **65,7:** *Afrika-Geier (Pseudogyps africanus). In Ostafrika der häufigste Geier.*

66,1: *Huftierherde an der Tränke. Solche Herden bestehen oft aus verschiedenen Arten, so wie in dieser Herde unter vielen Gnus auch etliche Zebras leben.*

66 Herdenbildung – Zusammenfassung Huftiere

Herdenbildung

Von allen Säugetierarten leben nur wenige als *Einzeltiere* (Individuen) allein; die meisten bilden eine *Tiergesellschaft.* Alle finden sich zur Hochzeit paarweise als Männchen und Weibchen zusammen. Doch nicht alle Paare bleiben lange zusammen; sehr oft trennen sie sich bald wieder, wie z. B. beim Hamster (56,1), wo die Männchen ausgesprochene Einzelgänger sind. Auch viele alte Tiere der verschiedensten Tierordnungen leben allein. Bleiben die Eltern mit ihrer Nachkommenschaft kürzer oder länger zusammen, so entsteht eine *Tierfamilie*, wie z. B. beim Biber (56,5). Dabei steht die gemeinsame Sorge um die Nachkommenschaft im Vordergrund; oft werden auch die Beutezüge gemeinsam unternommen. Bei vielen Tierarten gibt es Gesellungen, in denen auf 1 Männchen mehrere Weibchen kommen, wie bei den *Rudeln* der Rehe und Hirsche (S. 24–25). Dazu gehören dann jeweils noch einige Jungtiere, die mütterliche Betreuung brauchen.
Die bisher genannten Tiergesellschaften sind klein an Zahl der zugehörigen Tiere und bleiben überschaubar. Selten werden mehr als 15–20 Tiere beobachtet. Das ist bei vielen Huftieren anders. Sie gesellen sich oft zu sehr vielen Tieren, den *Herden* **(66,1).** Durch diesen Zusammenschluß erhält jedes einzelne Tier eine erhöhte Sicherheit vor Feinden, da sich die Tiere gegenseitig warnen und bei Angriffen von Raubtieren immer nur eines oder wenige aus der großen Zahl der Herdentiere zur Beute werden. Die Herden der Steppentiere sind immer sehr viel zahlreicher als die der Waldtiere, weil Tiere im versteckreichen Wald weniger gefährdet sind als im offenen Gelände.
Bei den riesigen Herden, wie sie von Bison, Kaffernbüffel und Antilopenarten bekannt sind, handelt es sich indessen nicht um festgefügte Gesellungen. Diese *Großherden* setzen

sich aus kleineren Herden oder Trupps zusammen, die je nach Tierart unter der Leitung starker und erfahrener Männchen oder Weibchen stehen. Die einheitliche Lenkung vieler Tausende von Tieren ist nicht möglich. Oft läßt sich in Herden, die große Flächen bedecken, eine Abgrenzung von Kleinherden erkennen. Sie stimmen dann nur in der Marschrichtung überein, die von der Lage der Weidegründe und Wasserstellen abhängt. Für alle Herdentiere ist eine bestimmte Gesellungsdichte vorteilhaft für das Wohlbefinden. Hält man die Tiere einzeln oder leben zu viele beieinander, so daß sie sich gegenseitig stören und beunruhigen, dann geht immer die Freßlust zurück. Ein inneres (seelisches oder psychisches) Unbehagen ist die Ursache dafür.

Zusammenfassung Huftiere

Huftiere sind Säugetiere, die an den Endgliedern ihrer Zehen Hornüberzüge besitzen, die Hufe. Sie sind wie die Nägel Bildungen der Haut. Huftiere haben meist hohe, schlanke Gliedmaßen und sind dann schnelle, ausdauernde Läufer. Mit dieser Ausgestaltung der Beine gehen Umbildungen und Rückbildungen des Fußskelettes einher: Je besser ein Huftier läuft, desto schlanker und länger sind die Gliedmaßen und desto weniger Hand- und Fußwurzelknochen, Mittelhand- und Mittelfußknochen sowie Zehen sind vorhanden. So treten Tapire und Nashörner mit 3, Schweine, Rinder, Hirsche und Kamele mit 2 und Pferde mit 1 Zehenspitze jedes Fußes auf.

Bei den Huftieren unterscheiden wir paarzehige und unpaarzehige Arten. Sie sind alle
6 Zehenspitzengänger. Paarzeher oder Paarhufer treten mit 2 Zehenspitzen je Fuß auf, Unpaarzeher oder Unpaarhufer mit 3 oder 1. Daneben sind meist noch rückgebildete Zehen, die Afterzehen, vorhanden (17,1), die beim Gehen auf weichem Untergrund den Boden berühren. Meist sind die Afterzehen aber nur unbedeutende Anhängsel am Fußskelett. Unter den paarzehigen Huftieren **(66,2)** haben die meisten eine Besonderheit in ihrer Ernährungsweise: sie käuen ihre Nahrung wieder. Alle Wiederkäuer besitzen dazu einen besonders gebauten, vierteiligen Wiederkäuermagen. Bei den Wiederkäuern gibt es dann noch Unterschiede hinsichtlich der Kopfbewehrung. Wir kennen Wiederkäuer mit Hörnern (z. B. Rinder), mit Geweihen (z. B. Hirsche), mit Stirnzapfen (Giraffen), sowie Wiederkäuer ohne Kopfbewehrung (Kamele). Nicht wiederkäuende Paarzeher sind die Schweine. Die unpaarzehigen Huftiere sind alle keine Wiederkäuer; auch fehlen ihnen Kopfbewehrungen, wie sie bei Paarzehern vorkommen. Die Hörner der Nashörner sind Hautbildungen, die den Kopfbewehrungen der Wiederkäuer nicht vergleichbar sind.

66,2

67,1: *Einhöckeriges Kamel oder Dromedar (Camelus dromedarius).* **67,2:** *Zweihöckeriges Kamel oder Trampeltier (C. bactrianus), das Kamel der Wüsten Klein-, Mittel- und Ostasiens.*

67 Tiere der Wüsten

Wüsten sind trockene, warme Landschaften mit spärlichem Pflanzenwuchs. Meist werden Sandgebiete als Wüsten bezeichnet. Doch es gibt auch Fels-, Stein- und Staubwüsten, die noch trostloser erscheinen. Für alle Wüstentiere ist es bei dem herrschenden Wassermangel und der Tageshitze vor allem wichtig, über genügend Wasser zu verfügen und 67
möglichst wenig davon durch Verdunstung zu verlieren. Diesen Erfordernissen werden die einzelnen Tierarten auf verschiedene Weise gerecht.

Kamele

Kamele sind wiederkäuende Paarzeher, mit langen, schlanken Beinen und einem langen Hals. Sie haben eine besondere Art zu gehen, den *Paßgang*. Dabei werden immer die Beine einer Körperseite gleichzeitig vorgesetzt, während die der anderen Seite aufgesetzt sind **(67,3).** So ist der Kamelgang schwankend. Die Füße sind breit, sinken also in dem oft sandigen Wüstenboden nicht ein. Gegen Verletzungen beim Gehen über steinigen Untergrund und als Schutz gegen die Bodenhitze haben die Fußsohlen dicke Hautschwielen *(Schwielensohler)*. Kamele knien nieder, wenn sie ausruhen wollen oder beladen werden sollen. Die Körperstellen, die dabei den Boden berühren, sind ebenfalls durch Schwielen geschützt (Beingelenke, Brust).
Alle Kamele sind nicht nur ausdauernd in ihren Leistungen, sondern auch genügsam an Nahrung und Wasserverbrauch. Sie äsen sogar Dorngestrüpp und können bei solcher Ernährung 3–4 Tage ohne Wasser auskommen. Wie sind diese Genügsamkeit und Unab-

67,5: *Fenek (Vulpes zerda), ein Wüstenfuchs Nordafrikas.* **67,6:** *Wüstenspringmaus (Jaculus orientalis). Dieses Nagetier hat, wie Känguruhs, verlängerte Hinterbeine, verkümmerte Vorderbeine und einen langen Stützschwanz. Es sucht in der Dämmerung pflanzliche und tierische Nahrung.* **67,7:** *Skink (Scincus officinalis), ein wühlendes Kriechtier der Wüsten Nordafrikas.*

67,3

67,4

67,3: *Paßgang.* **67,4:** *Guanakos (Lama guanicoe). Wildkamele der Anden Südamerikas, aus denen die Indianer in vorkolumbischer Zeit das Lama (L. glama) als Last- und Haustier gezüchtet haben.*

hängigkeit vom Trinkwasser zu erklären? Die Höcker der Kamele sind Fettspeicher, die zusammen mit anderem Körperfett als Nährstoffreserven dienen. Sie schrumpfen bei entbehrungsreichen, anstrengenden Märschen zusammen und werden bei guter Äsung wieder aufgefüllt. Wasserspeicher in diesem Sinne haben die Kamele dagegen nicht. Bei ihnen ist aber die Wasserverdunstung gehemmt. Das kommt einmal durch ihr dichtes Fell, das
67 Hitze nur langsam eindringen und Schweiß spärlich austreten läßt. Zum anderen beträgt die morgendliche Körpertemperatur nur 34° C. Sie steigt tagsüber allmählich auf 41° C an; während dieser Zeit braucht das Kamel keinen Schweiß zur Kühlung abzusondern. Muß der Körper dann später durch Schwitzen gekühlt werden, so kann das auch lange Zeit hindurch geschehen; denn Kamele können etwa $^2/_5$ ihres Körperwassers ohne Schaden abgeben, etwa doppelt soviel wie Säugetiere im allgemeinen. Wenn Kamele dann aber an eine Tränke kommen, trinken sie immer große Mengen, um den Verlust wettzumachen; manchmal in 10 Minuten soviel, wie $^1/_3$ ihres Körpergewichts ausmacht.

Einhöckeriges Kamel. Dieses auch Dromedar genannte Kamel **(67,1)** ist ein Haustier in Nordafrika, Arabien und Vorderasien. Es verkörpert allgemein die Vorstellung von einem Wüstentier. Dafür zeugt auch sein landläufiger Name „Schiff der Wüste", den es nach seinen Leistungen als Last- und Reittier der Wüstenbewohner, Kaufleute und Forschungsreisenden sowie dem schwankenden Paßgang erhalten hat. Mit etwa 200 kg beladen legt es täglich 25–30 km zurück; gute Reitkamele bringen es mit einem Reiter auf 140 km. Bevor es Kraftwagen und Flugzeug gab, waren Reisen durch Wüsten ohne Kamele unmöglich. Als Haustier liefert es dem Menschen Nahrung (Fleisch, Fett, Milch), Kleidung (Leder, Kamelhaare) und Brennstoff (getrockneten Kot).

67,6

67,7

68,1: *Afrikanischer Elefant (Loxodonta africana), in Angriffsstellung. Dabei werden der Rüssel erhoben und die Ohren seitlich gestellt.* **68,2** *im Paßgang. Die afrikanischen Elefanten heißen auch Großohrelefanten. Sie werden über 3 m hoch.* **68,3:** *Der Indische Elefant (Elephas maximus) hat kleine Ohren und*

68 Tiere tropischer Wälder

Die tropischen Wälder nennt man landläufig Urwälder. Sie bedecken nördlich und südlich des Äquators weite Landstriche, vor allem in Mittel- und Südamerika, Afrika und Südasien. Wegen des vielen Regens, der dort monatelang fällt, heißen diese Gebiete auch 68
tropischer Regenwald. Das Klima ist warm und feucht, wodurch der Pflanzenwuchs aller Art, nicht nur an Bäumen, überaus üppig ist.

Elefanten

Das Merkmal, mit dem sich die Elefanten äußerlich am deutlichsten von allen anderen Tieren unterscheiden, ist ihr langer Rüssel, eine Verlängerung der Nase mit Teilen der Oberlippe. Nach ihm heißen die Tiere dieser Gruppe auch *Rüsseltiere*. Die zum Rüssel verlängerte Nase hat neben der Atmung die Aufgaben eines Greiforgans. Der Rüssel ist dazu durch seine Muskelstärke und 1 oder 2 Greiffinger am Ende **(68,5)** hervorragend befähigt. Die Elefanten stopfen sich ihre Nahrung (Zweige, Blätter, Gräser, Wurzelwerk) mit dem Rüssel ins Maul, und sie trinken, indem sie den Rüssel voll Wasser saugen und es dann ins Maul spritzen. Auch sich selber bespritzen sie so zur Kühlung.
Elefanten, als die schwersten Landtiere (sie werden 3–4 t schwer), stehen und gehen (im Paßgang) auf besonders dicken Gliedmaßen: sie haben Säulenbeine **(68,2; 68,3).** Der klumpige Fuß läßt äußerlich nicht erkennen, daß Elefanten *Zehenspitzengänger* sind; denn es ist eine breite Fußsohle aus Hornschichten vorhanden. Mit diesen unförmigen Gliedmaßen können sich die meist gemächlich dahertrottenden Elefanten bei Angriff **(68,1)** oder Flucht überraschend schnell fortbewegen.
An den Elefanten sind weiter die Zähne bemerkenswert. Auffallend sind die *Stoßzähne*, die sich aus Schneidezähnen des Oberkiefers entwickelt haben **(68,1; 68,4).** Sie sind wurzellos und wachsen daher ständig. Bei manchen Elefantenbullen werden die Stoßzähne länger als 2 m und wiegen beide zusammen mehr als 200 kg. Sie dienen den Elefanten hauptsächlich als Werkzeug beim Entwurzeln von Bäumen. Dieses „Elfenbein" führte zu übermäßiger Verfolgung der Elefanten. Schutzmaßnahmen scheinen den Rückgang der

68,3

68,4

68,5

wird höchstens 3 m hoch. **68,4:** *Blick auf die oberen Backenzähne im Maul eines Elefanten.* **68,5:** *Rüsselende eines Afrikanischen Elefanten; unten kann noch ein 2. Greiffinger vorgestreckt werden, während der Indische Elefant nur 1 Greiffinger besitzt.*

Tiere aufgehalten zu haben. – Außer den 2 Stoßzähnen sind gleichzeitig nur noch 4 schmelzfaltige Backenzähne vorhanden, in jeder Kieferhälfte einer **(68,4).** Sind sie abgenützt, so werden sie von Ersatzzähnen herausgeschoben; in jeder Kieferhälfte können 6 Backenzähne nacheinander erscheinen. Da Elefanten große Mengen Pflanzenkost zerraspeln, ist die Abnützung der Backenzähne beträchtlich, und da die Tiere bis zu 75 Jahre alt werden, kommen auch die 20 Ersatzzähne meist alle hervor. – Elefanten sind gelehrig und haben ein gutes Gedächtnis.

Afrikanische Elefanten gibt es in 2 Arten, als Waldelefanten in Mittel- und Westafrika und als Steppenelefanten vom Sudan bis nach Südafrika **(68,1; 68,2).** Früher lebten auch in Nordafrika Elefanten. Sie wurden von den Karthagern als Kriegstiere gezähmt und von Hannibal gegen die Römer eingesetzt. Heute beginnt man in Mittelafrika wieder mit der Zähmung zu Arbeitstieren. Dazu müssen immer neue Elefanten eingefangen werden, weil die Zucht (Geburt in Gefangenschaft) bisher nur ausnahmsweise geglückt ist.

Indischer Elefant. Er ist ein reines Waldtier und wird seit Jahrtausenden zur Arbeit gezähmt. Die Stoßzähne der Bullen sind kürzer als bei den Afrikanischen Elefanten; Weibchen haben bei allen Elefantenarten ganz kurze oder keine Stoßzähne **(68,3).**

68,6: *Jaguar (Panthera onca), Jungtier. Diese Raubkatze kommt in der Neuen Welt vom südlichen Nordamerika an nach Süden vor.* **68,7:** *Tiger (Panthera tigris). Eine Großkatze in Süd- und Ostasien, sowie Sumatra, Java und Bali, die oft Viehherden und gelegentlich Menschen angreift. Große Formen heißen Königstiger.*

68,6

68,7

69,1: *Gruppe von Schimpansen (Pan troglodytes). Auffällig sind die großen Ohrmuscheln.*

69–70 Affen

Menschenaffen

Affen sehen wir in zoologischen Gärten, wo sie sich bei den Besuchern großer Beliebtheit erfreuen. In besonderem Maße gilt das für die Menschenaffen. Zu diesen gehören *Schimpanse* **(69,1)**, *Gorilla* **(69,2)** und *Orang-Utan* **(69,3)**. Gorilla und Schimpanse stammen aus den Urwäldern Mittelafrikas. Die Heimat des Orang-Utan sind die Inseln Sumatra und Borneo.

Lebensweise. Wie sich Menschenaffen in Freiheit verhalten, wollen wir am Beispiel des Schimpansen sehen. Die Tiere leben in einer Familienherde zusammen, die ohne festen Wohnsitz ihr Revier durchstreift. Auf dem Erdboden, wo sie sich oft aufhalten, bewegen sich die Schimpansen in der Regel auf allen Vieren fort. Selten gehen sie aufrecht wie ein Mensch, sind aber dann sehr unbeholfen. Um zu ihrer Nahrung zu gelangen, die aus Früchten, jungen Trieben und anderer Pflanzenkost besteht, klettern sie auf Bäume. Dabei benützen sie entweder Hände und Füße (Greifklettern), oder sie schwingen sich in den Baumkronen von Ast zu Ast (Hangeln). Auf Bäumen bringen die Schimpansen auch die Nacht zu. Dazu verfertigen sie sich aus Zweigen ein Schlafnest. Die Schimpansin bekommt jeweils 1 Junges, für das sie mit großer Hingabe sorgt. Bedroht, verteidigen sich Menschenaffen mit den Zähnen und können dann sehr gefährlich werden. Ähnlich wie der Schimpanse leben auch Gorilla und Orang-Utan. Der Orang-Utan ist ein Baumbewohner, der nur selten auf den Erdboden herabkommt. Mit seiner hangelnden Fortbewegung stehen die besonders langen Arme im Einklang.

Körperbau. Der Körper der Menschenaffen weist den gleichen Bauplan wie der menschliche Körper auf (Name!). Auch in der Körpergröße weichen sie nicht sehr vom Menschen ab. Der Gorilla wird bis zu 2 m groß, während die beiden anderen Menschenaffen nur etwa 1,50 m erreichen. Es gibt jedoch auch eine ganze Reihe für die Affen bezeichnende Unterschiede. So ist die Stirn nicht steil, sondern fliehend. Über den Augenhöhlen finden sich Wülste, die Nasenlöcher öffnen sich nach vorne, das Gesicht springt schnauzenartig vor, ein Kinn fehlt. Das Gebiß weicht von dem des Menschen nur wenig ab, ist aber kräftiger, was besonders auch für die Eckzähne gilt. Die Wirbelsäule bildet einen einfachen Bogen mit einer Einwölbung in der Lendengegend (beim Menschen ist sie doppelt S-förmig gekrümmt). Daher können die Tiere nur schlecht aufrecht gehen. Die Arme sind verhältnismäßig länger, die Beine dagegen kürzer als beim Menschen. Die langen, kräftigen Arme sind als Anpassung an die hangelnde Fortbewegungsweise anzusehen. Wie der Daumen den Fingern, so kann auch die große Zehe den übrigen Zehen gegenübergestellt werden. Dadurch wird auch der Fuß zum Greifwerkzeug. Die Menschenaffen sind dicht behaart, nur im Gesicht, auf Handflächen und Fußsohlen, sowie an Fingern und Zehen kommt die nackte Haut zum Vorschein.

Geistige Fähigkeiten. Menschenaffen sind gute Beobachter und ahmen menschliches Ver-
69 halten gerne nach. Der Forscher Wolfgang Köhler führte in den Jahren 1912 bis 1920 auf Teneriffa Intelligenzprüfungen an Schimpansen durch, die mit dem Menschen noch nicht in nähere Berührung gekommen waren. Die Tiere benützten Stöcke als Werkzeug, um vor dem Käfig liegende Bananen zu angeln. Dabei kamen sie auf den Gedanken, zwei passende Schilfrohre ineinander zu stecken, falls eines allein zu kurz war. Beim Fehlen von Stöcken trennten sie von Kisten Holzsplitter als Ersatz ab. Eine an der Decke hängende Frucht erreichten sie durch Aufeinandertürmen von Kisten. Offenbar können Schimpansen einfache Überlegungen anstellen. Es fehlen ihnen jedoch die höheren geistigen Fähigkeiten, die dem Menschen seine Leistungen in Wissenschaft, Kunst und Technik ermöglichen. Auch eine Sprache haben sie nicht. *Menschenaffen sind Tiere.*

69,2: *Gorilla (Gorilla gorilla).* **69,3:** *Orang-Utan (Pongo pygmaeus), Männchen mit Bart und Kehlsack. Beachte die langen Arme des Hanglers! Vergleiche Haar- und Hautfarbe bei den 3 Menschenaffen!*

70,1

70,2

70,3

70,4

Affen und Halbaffen

Affen gibt es in Afrika und Asien, der Alten Welt, sowie in Amerika, der Neuen Welt. Die Affen der Alten Welt haben eine schmale Nasenscheidewand und werden daher als *Schmalnasen* bezeichnet. Zu den Schmalnasen gehören außer den Menschenaffen die Meerkatzenartigen Affen. Diese gehen stets auf allen 4 Gliedmaßen und treten auf Fußsohlen und Handflächen auf. Sie besitzen Gesäßschwielen, meist einen Schwanz und Backentaschen.

Meerkatzenartige Affen. Häufig sieht man in Gefangenschaft den aus Vorderindien stammenden *Rhesusaffen* **(70,1)**. Der Schwanz ist nicht besonders lang und beim Männchen im Bogen abwärts gekrümmt. Kleintiere und Pflanzen bilden die Nahrung des Tieres. Die Mutter trägt ihr Kind, das sich an der Brust festklammert, mit sich herum und verteidigt es bei Gefahr mutig. Aus den Urwäldern Zentralafrikas kommen die *Meerkatzen* **(70,3).** Sie leben in Herden, die vom stärksten Männchen geführt werden. Oft brechen solche Herden in Pflanzungen ein und richten dann großen Schaden an. Gedrungene, kräftige Tiere mit verhältnismäßig kurzen Hinterbeinen sind die in Afrika und Asien vorkommenden *Paviane* **(70,2).** Auch sie leben in Herden, in denen es eine Rangordnung gibt wie bei den Hühnern. Der ranghöchste Pavian ist der Despot. Alle anderen Paviane ducken sich vor ihm und lassen sich ohne Gegenwehr alles von ihm gefallen. Er ist auch der erste am Futterplatz. Andererseits führt er die Herde, ist am wachsamsten und deckt bei der Flucht den Rückzug. Zwischen ihm und dem rangniedrigsten Pavian gibt es eine Staffel von Rangunterschieden. Für die Paviane ist eine lange Schnauze bezeichnend. Das kräftige Gebiß mit den großen Eckzähnen ist eine wirksame Waffe. Als leicht erregbare Tiere können sie selbst dem Menschen gefährlich werden, zumal die Herde gemeinsam angreift. Die meisten Paviane halten sich im Gebirge auf, wo sie gerne an Felsen klettern. Ihre Nahrung besteht aus Zwiebeln, Knollen und anderen Pflanzenteilen. Daneben fressen sie auch Insekten und Vogeleier. Der schönste Pavian, der *Mandrill* **(70,5),** lebt in den Urwäldern Mittel-

70,1: *Rhesusaffe. Weibchen mit Jungem.* **70,2:** *Paviane. Beachte die Gesäßschwielen beim vorderen Tier!* **70,3:** *Meerkatze. Die meisten Meerkatzen haben einen schön gefärbten Pelz.* **70,4:** *Brüllaffe. Die Nasenscheidewand verbreitert sich nach vorne keilförmig. Dadurch sind die Nasenöffnungen nach der Seite gerichtet.*

70,5: *Mandrill.* **70,6:** *Koboldmaki (Tarsius). Der etwa 15 cm lange Halbaffe hat als Nachttier große Augen. Nach Froschart springend fängt er Insekten, Eidechsen und andere kleine Tiere.*

afrikas. Die hellblauen Wangen des Männchens sind gefurcht. Die Schnauze weist eine rote Färbung auf, die Gesäßschwielen sind rot und blau. Das Tier hält sich meist auf der Erde auf, verbringt aber die Nacht auf Bäumen. Auf dem Boden sucht es Obst, Sprößlinge von Palmen, Eier und Insekten.

Breitnasen. Die Amerika bewohnenden Breitnasen haben eine breite Nasenscheidewand. Diesen langgeschwänzten Affen fehlen Backentaschen und Gesäßschwielen. Sie sind ausgesprochene Baumtiere, so z. B. die *Brüllaffen* **(70,4),** die die Urwälder Südamerikas bewohnen. Mit ihren langen Schwänzen umklammern sie Äste und halten sich so fest. Diese Affen können sich sogar an ihren Schwänzen aufhängen. Außerdem ergreifen sie mit ihnen Gegenstände. Der Schwanz ist ein Greifwerkzeug. Ihren Namen haben die Tiere von der lauten, durch den kropfartig verdickten Kehlkopf verstärkten Stimme erhalten. Blätter, Knospen, Früchte, Vögel, Eier und Insekten bilden ihre Nahrung.

Halbaffen. Halbaffen kommen in Afrika, auf Madagaskar und in Süd- und Ostasien vor. Die Halbaffen gleichen den Affen oft wenig, haben aber ebenfalls Hände und Füße als Greifwerkzeuge und nach vorne gerichtete Augen. Die langgeschwänzten Dämmerungs- oder Nachttiere tragen ein dichtes Fell. Sie weisen nur geringe geistige Fähigkeiten auf. Die Halbaffen sind eine ältere Tiergruppe als die Affen. Zwischen den Halbaffen und den Insektenfressern vermittelt das ostasiatische Spitzhörnchen. Dieses baumbewohnende Tier ähnelt dem Eichhörnchen. Ein Halbaffe ist z. B. der *Koboldmaki* **(70,6),** ein Nachttier, das in den Urwäldern der malaiischen Inseln lebt.

Merkstoff. Affen haben zu Greifwerkzeugen ausgebildete Hände. Dies gilt auch für die Füße. Die Augen sind nach vorne gerichtet. Die meisten Affen bewohnen Bäume. Ihre Nahrung besteht aus Pflanzen und Tieren. Das Gebiß ähnelt dem menschlichen Gebiß. Die Affen leben meist in Herden. Wir unterscheiden die Schmalnasen der alten Welt (Menschenaffen, Meerkatzenartige Affen), die Breitnasen Amerikas und die Halbaffen.

71,1

71,2

71 Tierwelt Südamerikas

Die Tierwelt Südamerikas setzt sich, wie in anderen Erdteilen auch, aus Steppentieren, Gebirgstieren und Tieren tropischer Wälder zusammen, entsprechend den auftretenden Landschaften. Südamerika beherbergt darüber hinaus aber Tiere, die nur dort oder höchstens noch in *einem* anderen Erdteil vorkommen, also sehr kennzeichnend sind.

Gürteltiere sind mit hornbedeckten Knochenplatten gepanzerte Säugetiere. Die Platten sind zu Gürteln verbunden, die am Rücken gegeneinander beweglich sind. Einige Arten (Kugelgürteltiere) können sich sogar einrollen. Gürteltiere fressen Ameisen und Termiten, deren Bauten sie mit ihren starken, sichelförmigen Vorderkrallen **(71,2)** öffnen.

71

Ameisenbären ernähren sich wie Gürteltiere. Auch sie haben starke Vorderkrallen zum Öffnen der Bauten. Die langgestreckte Schnauze **(71,3)** dringt leicht in Löcher ein, und die lange, wurmförmige Zunge gelangt in alle Ritzen. Da sie klebrig ist, bleiben die Beutetiere an ihr hängen. Vom Specht kennen wir eine ähnliche Fangart (S. 49).

Faultiere haben ihren Namen nach ihren langsamen Bewegungen. Sie sind Baumtiere mit sichelförmigen Krallen an allen Gliedmaßen. Sie hängen und hangeln mit allen Vieren, den Rücken nach unten, an Ästen und ernähren sich von Blättern und Früchten **(71,5).**

Beutelratten, vor allem das **Opossum (71,6),** sind von Südamerika bis in den Osten Nordamerikas verbreitet. Sie ernähren sich meist räuberisch, von Insekten, kleinen Säugetieren, gelegentlich auch von Geflügel. Sie gehören zur Säugetierordnung der *Beuteltiere*, die vor allem in Australien heimisch sind (vgl. S. 72).

71,5

71,6

71,

71,3

71,4

Tapire gibt es außer in Südamerika in Indien. Sie leben in Urwäldern und ernähren sich von Laub. Sowohl die erwachsenen Tiere als auch die Jungen **(71,4)** zeigen Ähnlichkeit mit Schweinen. Tapire sind aber, anders als Schweine, unpaarzehige Huftiere.

Meerschweinchen sind, anders als es ihr Name sagt, Nagetiere, die auf dem Lande leben. Dichter Pflanzenwuchs, Felsspalten und selbstgegrabene Höhlen sind ihre Lebensstätten. Ihr schlüpfig gebauter Körper ist schwanzlos und hat kurze Ohren **(71,7).** Sie werden in vielen Rassen mit verschiedener Färbung und Behaarung als Versuchstiere in medizinischen und biologischen Instituten, aber auch von Liebhabern gehalten.

Kondor. In den Anden Südamerikas lebt der Kondor. Mit einer Spannweite bis zu 3 m ist
71 er der größte Greifvogel **(71,1).** Er gehört zu den Geiern und ernährt sich als solcher hauptsächlich von Aas. Kondore treten meist in Scharen auf und horsten gesellig.

Papageien sind in Südamerika verbreitet. Bekannt sind die farbenprächtigen **Aras (71,8; 71,9)** und die meist grünen Amazonen. Mit ihrem harten, gebogenen Schnabel öffnen sie hartschalige Früchte und Samen, und sie benützen ihn auch beim Klettern.

Kolibris sind zum Teil nur hummelgroß: sie sind die kleinsten Vögel überhaupt. Ihr Gefieder glänzt metallisch. Sie besuchen Blüten, aus denen sie im Schwirrflug Nektar saugen **(71,10).** Dabei bestäuben sie die Blüten.

71,1: *Kondor (Vultur gryphus).* **71,2:** *Riesengürteltier (Priodontes giganteus).* **71,3:** *Großer Ameisenbär (Myrmecophaga tridactyla).* **71,4:** *Junger Tapir (Tapirus terrestris).* **71,5:** *Zweizehiges Faultier (Choelopus didactylus).* **71,6:** *Opossum (Didelphys virginiana).* **71,7:** *Meerschweinchen (Cavia porcellus).* **71,8:** *Hyacinth-Ara (Anadorhynchus hyacinthinus).* **71,9:** *Macao-Ara (Ara macao).* **71,10:** *Kolibri.*

71,8

71,9

71,10

72,1

72,2

72 Tierwelt Australiens

Noch weit ausgeprägter als in Südamerika wird die Tierwelt in Australien (mit Tasmanien, Neuseeland, Neuguinea und vielen Südseeinseln) von Tieren bestimmt, die es nur dort und sonst nirgendwo auf der Erde gibt. Das gilt vor allem für die *Beuteltiere*, eine Tierordnung mit eigenartiger Brutpflege, bei der die unfertig geborenen Jungen sich in Brutbeuteln der Muttertiere zu Ende entwickeln.

Die Beuteltiere waren ursprünglich die einzigen höherstehenden Säugetiere Australiens. Daher standen ihnen alle Lebensräume des ganzen Kontinents zur Besiedlung offen. In Anpassung an die verschiedenartigsten Lebensstätten bildeten sich Beuteltiere heraus, die Tieren anderer uns bekannter Ordnungen gleichen, wie Raubtieren, Nagetieren, Maulwürfen, Spitzmäusen und so fort. Daher unterscheiden sich Beuteltiere in Körperbau und Lebensweise zum Teil erheblich voneinander, sind aber hinsichtlich der Brutpflege einheitlich. 72

Känguruh. Wenn man von Beuteltieren spricht, denkt jeder zuerst an Känguruhs. Als meist große und häufig vorkommende Beuteltiere sind sie von jeher sehr bekannt gewesen. Sie bevölkern rudelweise die Steppenlandschaften Australiens und sind dort die wichtigsten Jagdtiere. Ihre Nahrung besteht aus Gräsern und Blättern. Mit ihren stark verlängerten, kräftigen Hinterbeinen bewegen sie sich hüpfend fort **(72,1).** Dabei können die größten Känguruhs Sprünge von 12 m Weite machen und eine Geschwindigkeit bis zu 70 km in der Stunde entwickeln. Der muskelstarke Schwanz stützt den Körper beim Sitzen von hinten ab. Im Brutbeutel des Muttertieres werden ein oder zwei unfertig geborene Junge großgezogen **(72,2).**

72,4

72,5

72,4: *Ameisenigel (Echidna aculeata). Zwischen den Stacheln stehen noch Haare.* **72,5:** *Wellensittich (Melopsittacus undulatus). Strenge Einfuhrkontrollen sollen das Einschleppen der auch für den Menschen gefährlichen Papageienkrankheit verhindern.* **72,6:** *Emu (Dromiceius novaehollandiae).* **72,7:** *Schnabeltier (Ornithorhynchus anatinus).*

72,1: *Riesenkänguruh (Macropus rufus). Das Tier zeigt den Aufsprung bei hüpfender Fortbewegung. Der dicke Schwanz ist beim Sprung immer aufwärts gerichtet. Die Vordergliedmaßen sind nur klein und spielen bei der Fortbewegung keine Rolle.* **72,2:** *Känguruhweibchen mit Jungem im Brutbeutel. Das abgebildete Jungtier ist schon herangewachsen und wird bald den Beutel für immer verlassen. Die unfertig geborenen Jungen sind nur 2 cm lang. Sie kriechen nach der Geburt im Fell des Bauches aufwärts in den Beutel hinein. Dort verwachst ihr Mund mit einer Zitze, aus der ihnen von Zeit zu Zeit Milch zugeführt wird. Die Vorderpfote des Muttertieres ist zu grob, um das winzige Jungtier in den Beutel zu stecken.* **72,3:** *Beutelbär (Phascolarctos cinereus). Er war das Vorbild für den bei Kindern so beliebten Spielzeug-Teddybären.*

72,3

Beutelbär. Bezeichnet man die Känguruhs als *Springbeutler*, so kann man den Beutelbären oder Koala **(72,3)** einen *Kletterbeutler* nennen. Er hat gut entwickelte Greiffüße mit spitzen Krallen und klettert meist auf Eukalyptusbäumen herum. Seine Nahrung besteht aus Eukalyptusblättern. Koalas erreichen eine Körperlänge von 60 cm; ihr Schwanz ist nur ein Stummel.

Ameisenigel. Einige Säugetiere bringen keine lebendigen Jungen zur Welt, sondern legen *Eier*. Zu ihnen gehören die Ameisenigel **(72,4)**. Ihre Eier werden in einem Brutbeutel am Bauch des Weibchens ausgebrütet. Die Jungen erhalten als Nahrung in den ersten Lebenswochen eine milchartige Flüssigkeit, die auf der Bauchseite des weiblichen Körpers von Drüsen abgesondert wird. Erwachsene Ameisenigel ernähren sich von Insekten, die sie mit ihrer wurmförmigen Zunge in das schnabelartige Maul hineinziehen.

Schnabeltier. Auch das Schnabeltier **(72,7)** legt *Eier*, die es in einem unterirdischen Bau ausbrütet. Die Jungen lecken als erste Nahrung eine milchartige Drüsenabsonderung aus dem Bauchhaar der Mutter. Schnabeltiere leben am oder im Wasser und ertauchen mit ihrem entenähnlichen Schnabel Schnecken, Muscheln, Krebse und Würmer.

Wellensittiche sind in Gefangenschaft die häufigsten Papageien, da sie nicht schwer zu halten sind **(72,5)**. Alle Formen sind Zuchtrassen australischer Wildvögel. Ihren Namen haben sie von einem wellenartigen Zeichnungsmuster.

Emu. Ein flugunfähiger Laufvogel wie der afrikanische Strauß ist der australische Emu **(72,6)**. Seine kräftigen Läufe tragen, anders als beim zweizehigen Strauß, 3 nach vorne gerichtete Zehen.

72,6

72,7

73,1

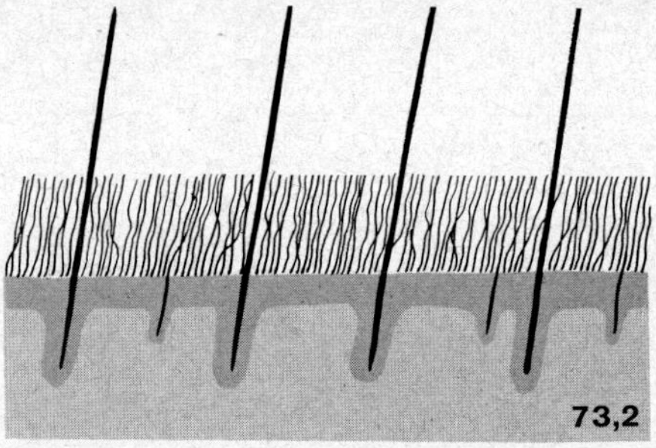
73,2

Säugetiere säugen ihre Jungen mit Milch

Alle Säugetierjungen erhalten in ihrer ersten Lebenszeit als Nahrung Muttermilch. Sie wird in *Milchdrüsen* an Brust und Bauch erzeugt und vom Jungtier aus *Zitzen* gesaugt. Der Vorgang der Jungenernährung mit Muttermilch aus Zitzen heißt *Säugen* **(73,1).** Nur bei den Schnabeltieren (72,7) und Ameisenigeln (72,4) ist das Säugen einfacher. Sie haben keine Zitzen; bei ihnen tritt eine milchartige Flüssigkeit direkt aus Drüsen an Brust und Bauch des Muttertieres hervor und wird von den Jungen aufgeleckt. Darüber hinaus ist bei diesen Tieren die Fortpflanzung sehr ursprünglich: Sie legen Eier, die sie ausbrüten *(eierlegende Säugetiere)*. Eine Stufe höher stehen die Beuteltiere (72,1–72,3). Sie bringen unfertige Junge zur Welt, die zunächst mit den Zitzen der Mutter im Brutbeutel verwachsen *(Säugetiere mit wenig entwickelt geborenen Jungen)*. Bei allen übrigen Säugetieren, wie Insektenfressern, Flattertieren, Nagetieren, Raubtieren, Huftieren, Walen, Affen, werden die Jungen gut entwickelt geboren und mit Milch aus den Zitzen gesäugt *(Säugetiere mit gut entwickelt geborenen Jungen)*.

Säugetiere haben eine mit Haaren bedeckte Haut

Der Besitz von Haaren ist für die Säugetiere genau so kennzeichnend wie die säugende Jungenaufzucht. Bei fast allen Säugetieren bilden die Haare ein Fell aus *Deck-* oder *Grannenhaaren* und darunterliegenden *Wollhaaren* **(73,2;** 12,5). Es schützt den Körper der Säugetiere in mehrfacher Hinsicht: Stöße werden gemildert, die Haut wird nicht so leicht verletzt, und Nässe gelangt nicht an die Haut (S. 12). Eine besondere Leistung der Wollhaare ist es, daß sie die Wärmeabgabe des Körpers vermindern. So können die Säugetiere ihre hohe Körpertemperatur von etwa 37° C leichter halten (gleichwarme Tiere). 73

Eine Anzahl von Säugetieren gibt jedoch trotz ihres Felles die gleichwarme Körpertemperatur zeitweise auf. Es sind die *Winterschläfer* unter den Flattertieren, Nagetieren und Insektenfressern (S. 31, 56, 57, 59). Sie überbrücken auf diese Weise die nahrungsarme Zeit, weil sie bei stark gesenkter Körpertemperatur und herabgesetztem Stoffwechsel von ihrem Körperfett zehren können.

Bei vielen Säugetieren ist das Haarkleid umgebildet oder rückgebildet. Umbildungen zu Stacheln zeigen Igel (57,1) und Ameisenigel (72,4), Rückbildungen Hausschwein (23,1), Wale (S. 61), Flußpferd (64,6), Nashörner (64,8), Gürteltiere (71,2).

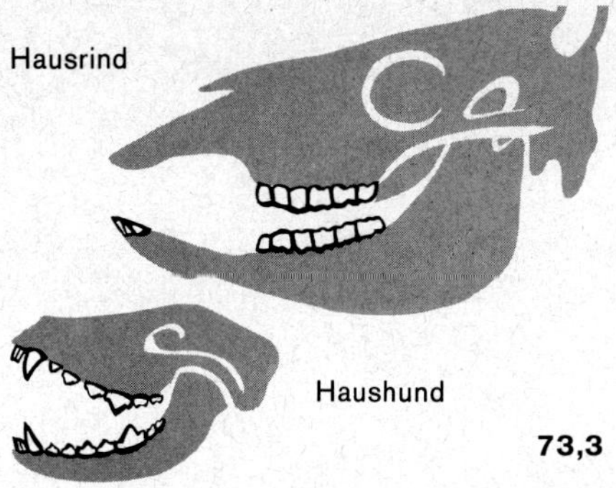

73,3

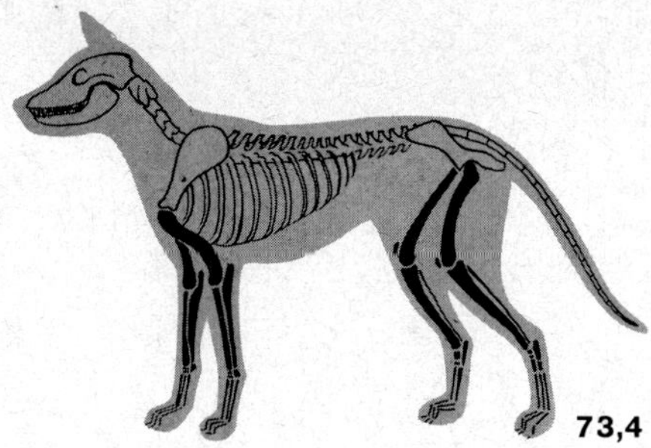

73,4

Säugetiere haben Gebisse mit verschieden geformten Zähnen

Das Gebiß der Säugetiere weist 3 verschiedene Zahnarten auf: *Schneidezähne*, *Eckzähne* und *Backenzähne* (58,4). Diese Zahnarten sind aber nicht bei allen Säugetieren gleich geformt. Die Form wechselt stark nach der Nahrung, die die Tiere zu sich nehmen **(73,3).** Auch können im Gebiß, ebenfalls als Folge der Nahrung, einzelne Zahnarten fehlen. Das Gebiß der Säugetiere ist nicht zeitlebens dasselbe. Es wird gewechselt: Die Zähne des jugendlichen *Milchgebisses* fallen aus und werden durch die des *Dauergebisses* ersetzt.

Die fleischfressenden Raubtiere haben dolchartige Eckzähne und spitzhöckerige, scharfkantige Backenzähne, darunter die scherenartig wirkenden Reißzähne (10,4 und 10,5; 13,1 und 13,2; 58,1–58,3). Pflanzenfresser mit harter Nahrung sind die Nagetiere. Sie haben meißelartige Schneidezähne, keine Eckzähne und raspelartig wirkende Backenzähne (27,8 und 27,9; 58,6–58,10). Weiche Pflanzenkost nehmen die Huftiere zu sich. Ihnen fehlen gelegentlich Schneide- und Eckzähne; die Backenzähne erhalten durch Schmelzfalten eine rauhe Oberfläche zum Zermahlen der Nahrung (15,5 und 15,6; 20,5 und 20,6). Bei den Insektenfressern sind alle Zahnarten spitzig, zum Durchbeißen und Zerkleinern ihrer hartschaligen Beutetiere (58,11–58,13).

Säugetiere bewegen sich mit 2 Paar gleichartigen Gliedmaßen fort

Das Skelett der Säugetiere zeigt 2 Gliedmaßenpaare **(73,4).** Der Grundbauplan von Vorder- und Hintergliedmaßen ist gleich (32,1). Säugetiere, die mit allen Hand- und Fußknochen auftreten, die Sohlengänger, zeigen keine Abwandlungen gegenüber dem Bauplanschema (32,1; 32,2). Wenn aber nur noch die Zehen oder die Zehenspitzen den Boden berühren (Zehengänger, Zehenspitzengänger), treten Verschmelzungen und Rückbildungen von Hand- und Fußknochen ein (32,3–32,6).

Als Anpassung an eine besondere Lebensweise treten Umbildungen der Vordergliedmaßen auf, so beim Maulwurf (30,3) und den Fledermäusen (31,3). Rückbildungen und Umwandlungen als Anpassung an das Leben im Wasser finden sich bei den Walen (S. 61) und den Flossenfüßern (S. 62).

Zahnlose Säugetiere sind z. B. Ameisenigel (72,4), Ameisenbär (71,3) und die Bartenwale (S. 61); letztere haben anstelle der Zähne einen Seihapparat aus Barten.

74,1: *Zauneidechse. Männchen im Frühjahrs- oder Hochzeitskleid.* **74,2:** *Zauneidechse, sich häutendes Weibchen. Abgesehen vom Frühjahr sehen die Männchen ähnlich schlicht aus.*

74 Die Zauneidechse (Lacerta agilis)

Die Zauneidechse ist in unserer Heimat weit verbreitet und häufig. Sie fehlt nur in höheren Berglagen. An warmen Tagen läuft uns das flinke, schlanke Tier an Waldrändern, Böschungen und Stützmauern, auf Lichtungen, trockenen Wiesen und Heiden oft über den Weg. Gerne sonnt es sich auch auf Steinen und Baumstümpfen.

Körperbau. Der gestreckte Körper der Zauneidechse ist im Mittel 14–18 cm lang. Davon entfällt über die Hälfte auf den Schwanz. Die Zauneidechse ist überall mit Hornschuppen bedeckt, vergleichbar der schuppigen Bedeckung des Vogelfußes. Sie entstehen durch 74
Verhornung der Oberhaut. Dieses *Schuppenkleid* schützt das Tier gegen Verletzungen und Austrocknung. Da es nicht mitwächst, wird es von Zeit zu Zeit in Fetzen abgestreift: *die Zauneidechse häutet sich.* Darunter hat sich ein neues Schuppenkleid gebildet **(74,2).** Die unscheinbar braungraue Rückenfärbung beider Geschlechter weicht nur beim Männchen im Frühjahr einem schwarzgepunkteten, leuchtenden Grün **(74,1).**

Sinne. Am Kopf **(74,4)** fällt das tiefgespaltene Maul auf. Daraus kommt in Abständen eine zweizipflige Zunge zum Vorschein und wird wieder eingezogen. Mit ihr zieht die Zauneidechse Geruchstoffe ein, die in einem Organ des Gaumens, in dem die Zungenzipfel ruhen, wahrgenommen und geprüft werden. Durch die Nasenöffnungen wird die Luft nur zum Atmen eingezogen. Die Augen sind scharf und werden, wie bei den Vögeln, mit Ober- und Unterlid, sowie einer *Nickhaut* geschlossen. Da den Eidechsen, wie den Vögeln, Ohrmuscheln und dazu noch der äußere Gehörgang fehlen, liegen die Trommelfelle oberflächlich. Wir erkennen sie beiderseits am Ende des Kopfes als dunkle Häute **(74,4).**

74,5: *Skelett einer Zauneidechse.* **74,6:** *Schema der Fortbewegung einer Eidechse. Linkes Vorderbein und rechtes Hinterbein werden gleichzeitig vorwärtsbewegt, darauf rechtes Vorderbein und linkes Hinterbein. Bei diesem Wechsel in der Beinstellung wird der Körper zuerst nach links und dann nach rechts gekrümmt. Zusammen mit den Bewegungen von Kopf und Schwanz entsteht die Schlängelbewegung.*

74,3

74,4

74,3: *Zauneidechse in Laufstellung. Die vom Körper seitlich abgehenden Beine heben den Bauch nur wenig vom Boden ab.* **74,4:** *Kopf der Zauneidechse von der Seite.*

Fortbewegung. Die Zauneidechse besitzt 4 Beine mit je 5 spitz bekrallten Zehen. Die Beine gehen seitlich vom Rumpf ab **(74,3; 74,5),** und der Bauch wird nur wenig vom Boden abgehoben. Ihre Fortbewegung ist ein schlängelndes Kriechen. Die gleichzeitige Bewegung von linkem Vorder- und rechtem Hinterbein erfolgt im Wechsel mit der des rechten Vorder- und linken Hinterbeins **(74,6).** So wird der Körper über den Boden geschoben, wobei die starken Hornschuppen die Unterseite beim Kriechen schützen. Tiere mit gleicher oder ähnlicher kriechender Fortbewegung nennt man *Kriechtiere* oder *Reptilien.*

Nahrung, Feinde. Die Hauptnährtiere der Zauneidechse sind Insekten, Spinnen und Würmer. Sie werden ganz hinuntergeschlungen: die kleinen Zähne sind nur zum Festhalten da (Fanggebiß). Verfolger hat die Zauneidechse viele: Marder, Wiesel, Igel, Mäusebussard, Storch und Krähe nehmen sie zur Nahrung. Neben schneller Flucht besitzen Eidechsen noch ein wirksames Mittel zum Entkommen. Sie können ihr Schwanzende an einer vorbestimmten Stelle abbrechen lassen. Dieses lenkt durch sein Zucken die Verfolger ab. Der Eidechse wächst ein neues, aber verkürztes Schwanzende nach.

Fortpflanzung. Das Eidechsenweibchen legt einmal im Jahr, meist im Juni, zwischen 5 und 14 weichschalige *Eier* in feuchtwarme Erde. Aus ihnen schlüpfen die Jungen, nur durch die Erdwärme ausgebrütet, nach etwa 8 Wochen.

Überwinterung. Die Zauneidechse zeigt eine große Vorliebe für Wärme und Sonne. Dann ist sie lebhaft und flink. Ist es dagegen kühl, so ist sie träge und langsam. Das ist eine Folge ihrer Körpertemperatur, die bei Wärme steigt und bei Abkühlung sinkt. Ihr Schuppenkleid hält die Wärme nicht wie das Haar- oder Federkleid der Säugetiere und Vögel. Kriechtiere, wie die Zauneidechse, nennt man daher *wechselwarme Tiere.* So wird die Zauneidechse im Herbst träge, verkriecht sich in einem frostsicheren Versteck und überdauert dort den Winter. Dieser Zustand heißt *Winterstarre.* Anders als der Winterschlaf stellt sie sich bei sinkender Umgebungstemperatur selbständig ein und endet ebenso selbständig erst bei deren Steigen, ohne Erwachen in der Zwischenzeit.

74,6

75 Echsen

Bergeidechse. Die zweite häufige Eidechse unserer Heimat ist die Berg-, Wald- oder Mooreidechse **(75,1).** Sie besiedelt ganz andere Lebensstätten als die Zauneidechse. Schon ihre 3 Namen deuten das an. Sie liebt feuchte Stellen in Wäldern, Mooren und auf Wiesen und geht in Gebirgen bis in die Höhen hinauf. Mit höchstens 17 cm Länge bleibt sie immer kleiner als die Zauneidechse, was vor allem auf ihren kürzeren Schwanz zurückzuführen ist. Die Rückenfärbung der Bergeidechse ist ein unscheinbares Braun, dunkler und heller gepunktet. Anders als bei der Zauneidechse unterscheiden sich die Männchen darin zeitlebens nicht von den Weibchen, haben also kein Hochzeitskleid.

Die Bergeidechse ist ein scheues Tier, so daß es schwer fällt, sie zu beobachten. Daher weiß man über das Leben dieser Eidechse nicht ganz so gut Bescheid wie über das der Zauneidechse. Doch ist es gelungen, einen wesentlichen Unterschied in der Art der Fortpflanzung zu entdecken: Die Bergeidechse bringt lebende Junge zur Welt! Kurz vor oder während der Eiablage platzen die Eihüllen, und die fertig entwickelten Jungtiere laufen gleich herum. Dieses Lebendgebären, nach Entwicklung der Jungen in den Eiern im mütterlichen Körper, ist eine Anpassung an die kühlen Lebensstätten der Bergeidechse. Würde das Tier seine Eier in den feucht-kühlen Erdboden ablegen, so würde die Umgebungswärme zum Ausbrüten nicht ausreichen. Auf der anderen Seite sind die Bergeidechsen selber gegen Kälte unempfindlicher als Zauneidechsen. Sie fallen nicht schon in den ersten kühlen Herbsttagen in Winterstarre, sondern erst im Oktober, und sie kommen oft schon im Februar wieder zum Vorschein.

Smaragdeidechse. Die größte und seltenste heimische Eidechse ist die Smaragdeidechse **(75,2).** Ihre eigentliche Heimat ist Süd- und Südosteuropa: bei uns kommt sie nur an einigen warmen Fels- und Weinberghängen des Rhein- und Donautales vor. Männchen wie Weibchen sind gras- oder smaragdgrün, mit blauer Kehle. Der Schwanz der bis zu 40 cm langen Tiere ist doppelt so lang wie der übrige Körper. Smaragdeidechsen sind scheu, schnell und gute Kletterer; bedroht, setzen sie sich mit Bissen zur Wehr.

75,4: *Mauergecko (Tarentola mauretanica). Der Mauergecko ist eine Echsenart der Mittelmeerländer. Dort lebt er als Kulturfolger in menschlichen Siedlungen und deren Umgebung. Er geht bei Nacht auf Insektenjagd. Die großen Augen ermöglichen in der Dunkelheit ein gutes Sehen. Erstaunlich ist die Fähigkeit des Mauergeckos, an senkrechten Wänden, ja sogar an Zimmerdecken entlangzulaufen. Das wird durch Haftballen an den Zehen ermöglicht, die mit feinen Blättchen in alle Unebenheiten der Unterlage eindringen und damit haften.* **75,5:** *Chamäleon (Chamaeleo melleri). Diese Echsenart kommt in Ostafrika vor. Chamäleons sind Baumtiere mit langsamen Bewegungen, erheblichem Farbwechsel, einer Schleuderzunge und einzeln beweglichen Augen.*

G

75,3

75,1: *Bergeidechse (Lacerta vivipara). Der lateinische Artname weist auf das Lebendgebären hin.* **75,2:** *Smaragdeidechse (Lacerta viridis).* **75,3:** *Blindschleiche (Anguis fragilis). Das Tier ist nicht blind, sondern hat, wie die Eidechsen, gute Augen, die mit Lidern und Nickhaut verschlossen werden können.*

Blindschleiche. Trotz ihrer schlangenartigen Erscheinung und Fortbewegung gehört die Blindschleiche zu den Echsen, als nahe Verwandte der Eidechsen. Schon ein Blick auf den Kopf zeigt viele Ähnlichkeiten: das tief gespaltene Maul, die Lage der Sinnesorgane und die Bedeckung mit großen Hornschuppen **(75,3).** Ferner hat auch die Blindschleiche die Fähigkeit, bei Gefahr ihren Schwanz abzuwerfen, der noch bis zu 1 Stunde danach Zuckungen ausführen kann. Am Körper wird nur ein kleiner stumpfer Stummel neu gebildet. Schließlich zeigt das Skelett der Blindschleiche noch Reste von Schulter- und Beckenknochen, ein Hinweis dafür, daß die Vorfahren der Blindschleichen Beine gehabt haben. So gibt es z. B. in Amerika und Afrika Schleichen, die noch kleine Beine oder Beinstummel besitzen.

75 Die Blindschleiche ist in unserer Heimat häufig und weit verbreitet. Wir finden sie, fast immer einzeln, an lichten, aber nicht zu trockenen Lebensstätten, wie Gebüschen, Waldrändern, Wiesen und Gärten. Dort geht sie ihrer Nahrung nach, die hauptsächlich aus Regenwürmern und Nacktschnecken besteht. Das Tier ist also nützlich und zudem vollkommen ungefährlich für den Menschen. Daher steht die Blindschleiche, wie die Eidechsen auch, unter *Naturschutz.*

Die Blindschleiche bringt im Hochsommer bis zu 25 Junge zur Welt, die, wie bei der Bergeidechse, lebend geboren werden. Zur Überwinterung, die in Winterstarre erfolgt, finden sich viele der sonst ungeselligen Tiere in frostfreien Erd- und Felshöhlen zusammen, teilweise sogar mit anderen überwinternden Tieren (Schlangen, Lurchen) in Gemeinschaft.

Merkstoff. Echsen haben eine Körperbedeckung aus Hornschuppen, die von Zeit zu Zeit durch Häutung erneuert wird. Sie bewegen sich meist schlängelnd-kriechend fort: es sind Kriechtiere oder Reptilien. Sie haben, mit Ausnahme mancher Schleichen, 4 Beine. Ihre Körpertemperatur ist von der Umgebungstemperatur abhängig: wechselwarme Tiere. Die mitteleuropäischen Arten überwintern in Winterstarre. Neben dem Ablegen von Eiern kommt Lebendgebären (aus im mütterlichen Körper ausgebrüteten Eiern) vor.

75,4

75,5

G

76,1

76 Die Ringelnatter (Natrix natrix)

In Deutschland ist die Ringelnatter **(76,1)** die häufigste Schlange. Sie ist weit verbreitet, vor allem an oder in stehenden und langsam fließenden Gewässern: sie schwimmt und taucht sehr gut und ausdauernd.

Körperbau. Ringelnattern werden meist bis 1 m lang. Ihr sicherstes Merkmal sind 2 halbmondförmige, gelbe oder weißliche Flecke am Hinterkopf **(76,1; 76,3).** Der Körper ist in den Kopf mit dem tief gespaltenen Maul, den gleichmäßigen Rumpf ohne Gliedmaßen und den sich langsam verjüngenden Schwanz gegliedert **(76,2).** Das ganze Tier ist, wie bei den Echsen, mit *Hornschuppen* bedeckt. Das Schuppenkleid wird öfter als Ganzes *gehäutet* **(76,7).**

Sinne. Die Ringelnatter züngelt wie die Eidechsen und nimmt so Gerüche wahr. Ihre Augen haben einen starren Blick **(76,3),** weil die Lider über den Augen zu durchsichtigen Häuten verwachsen sind. Es fehlen der Ringelnatter ferner Trommelfelle; sie hört allein mit dem Innenohr. 76

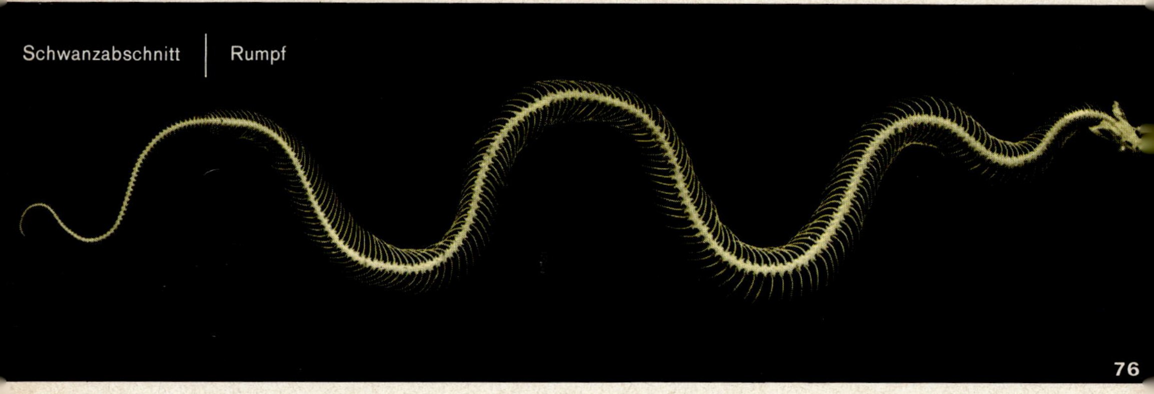

76

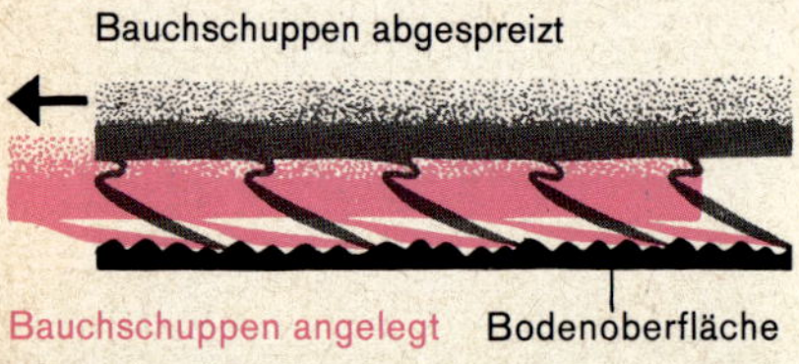

76,6

76,7

76,1: *Schlängelnd kriechende Ringelnatter. Männchen und Weibchen sind äußerlich nicht zu unterscheiden.* **76,2:** *Skelett einer Ringelnatter. Der Kopf ist deutlich vom Rumpf abgesetzt; der Schwanz beginnt dort, wo die Wirbelsäule keine Rippen mehr trägt. Er nimmt ganz allmählich an Dicke ab.* **76,3:** *Ringelnatter beim Züngeln. An den beiden halbmondförmigen, hellen Flecken am Hinterkopf erkennen wir sie.* **76,4:** *Stellung der Kieferknochen am Schädel der Ringelnatter. Die schwarze Zeichnung zeigt die Lage bei geschlossenem Maul, die rote die Lage bei schlingendem Maul.* **76,5:** *Kopfskelett der Ringelnatter.* **76,6:** *Die spangenförmigen Bauchschuppen werden zur Unterstützung der Fortbewegung nacheinander von vorne nach hinten abgespreizt und wieder angelegt.* **76,7:** *Das Schuppenkleid wird bei der Häutung als Ganzes („Natternhemd“) abgestreift. Die verwachsenen Augenlider werden als durchsichtige Hornhaut mitgehäutet.*

Fortbewegung. Da die Ringelnatter keine Beine hat, ist bei ihr die Fortbewegung durch *Schlängeln* besonders ausgeprägt. Rumpf und Schwanz biegen sich dabei viel stärker ein als bei den Eidechsen; die Wirbelsäule ist bei Schlangen sehr gelenkig. Im übrigen wird die Fortbewegung durch die *Bauchschuppen* unterstützt **(76,6).** Diese werden beim Kriechen nacheinander von vorne nach hinten abgespreizt und wieder angelegt. Dabei greifen sie in Unebenheiten ein und unterstützen so das Vorwärtsgleiten. Auf ganz glatter Unterlage, wie einer Glasplatte, versagt daher diese Fortbewegungsweise.

Ernährung. Die Ringelnatter frißt Frösche, Molche und Fische. Ihre spitzen, nach hinten gerichteten Zähne halten das gepackte Tier. Die Beute, die viel größer ist als das Maul, wird aber nicht zerkleinert, sondern ganz verschlungen. Dazu ist der Schlangenschädel besonders gebaut **(76,5).** Erstens sind die beiden Unterkieferhälften vorne nicht miteinander verwachsen, sondern durch ein dehnbares Band verbunden. Zweitens sind sie hinten nicht fest eingelenkt, sondern durch die *Quadratbeine* so am Schädel befestigt, daß sie beim Schlingen nachgeben. Schließlich sind noch die Knochen des Oberkiefers und Gaumens etwas beweglich.
Mit einem so dehnbaren Schädel gelingt der Ringelnatter das Verschlingen eines Frosches folgendermaßen. Sie schiebt abwechselnd die eine und dann die andere Unterkieferhälfte nach vorne. Dadurch wird die Beute, die mit viel Speichel schlüpfrig gemacht wird, nach und nach ins Maul gezogen. Zugleich weichen die Quadratbeine nach den Seiten und

76,3

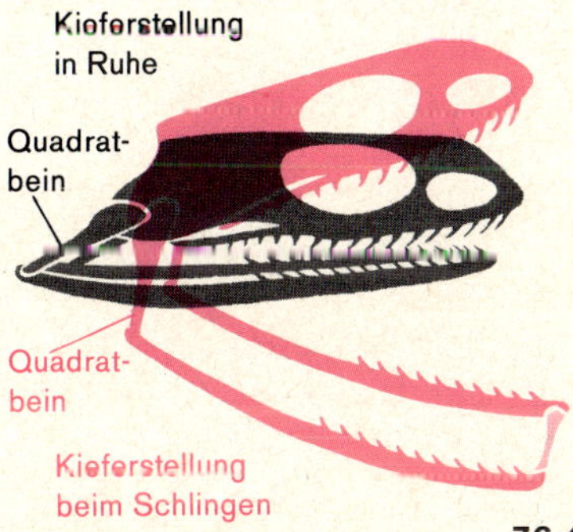

76,4

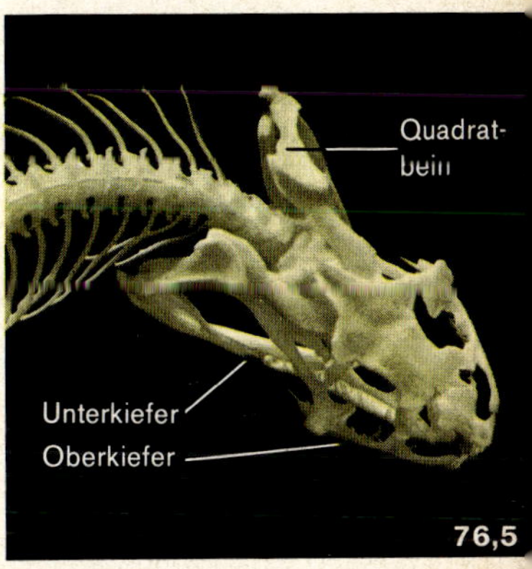

76,5

unten aus **(76,4).** Auch die Speiseröhre und der Magen sind sehr dehnbar; ferner können die Rippen auseinandergespreizt werden, weil sie durch kein Brustbein verbunden sind. Das Atmen kann auch beim Schlingen weitergehen, weil die Luftröhre ganz vorne im Maul beginnt. Nach einer so anstrengenden Mahlzeit wird in Ruhe verdaut; die Ringelnatter braucht danach längere Zeit keine Nahrung zu sich zu nehmen.

Fortpflanzung, Überwinterung. Im Hochsommer legen die Weibchen bis zu 25 Eier in feuchtwarmen Verstecken ab, aus denen die Jungen nach 8–10 Wochen schlüpfen. Sie sind bei der Geburt schon 15–18 cm lang. Da auch die Ringelnattern, wie die Echsen, *wechselwarme Tiere* sind, überdauern sie den Winter in frostfreien Unterschlupfen, wie Höhlen, Kellern und Komposthaufen, in *Winterstarre*, mitunter zu mehreren bis vielen und auch in Gesellschaft anderer wechselwarmer Tiere.

77,1

77,2

77 Schlangen

Kreuzotter. Eine weitere bekannte Schlange unserer Heimat ist die Kreuzotter (Vipera berus); sie fehlt jedoch in manchen Gegenden. Sie liebt warme und sonnige Heiden und lichte Wälder, ist aber auch in Mooren zu finden. Die Kreuzotter wird bis zu 80 cm lang. Als besonderes Kennzeichen hat sie meist ein längs des Rückens verlaufendes Zickzackband **(77,1).** Seltener sind einfarbig schwarze Tiere (Höllenotter) oder rotbraune Tiere (Kupferotter). Im Unterschied zur Ringelnatter fällt auf, daß der Schwanz der Kreuzotter sehr kurz ist und sich ganz schnell verjüngt **(77,2).** 77

In der Art, wie die Kreuzotter Beute macht, stellt sie unter unseren einheimischen Schlangen eine Besonderheit dar. Denn sie tötet ihre Beute, bevor sie sie verschlingt, und zwar mit Gift: Die Kreuzotter ist eine *Giftschlange.* Das Gift wird dem Beutetier, meist einer Maus, seltener Eidechsen und Fröschen, durch einen Biß beigebracht. Die Kreuzotter hat im Oberkiefer 2 große *Giftzähne*, die bei geschlossenem Maul in Gaumenfalten liegen, beim Öffnen des Mauls aber aufgerichtet werden wie bei anderen Giftschlangen auch **(77,3** und **77,4).** Diese Giftzähne sind von einem Kanal durchzogen, der sich hinter der Spitze öffnet und das Gift aus den im Kopf gelegenen *Giftdrüsen* ableitet. Beim Zubeißen stechen die Giftzahnspitzen durch die Haut, lassen Gift in die Wunde fließen, und das Opfer geht wenige Minuten später ein. Dann erst schlingt die Kreuzotter es hinunter. Von Zeit zu Zeit fallen die Giftzähne aus. An ihre Stelle treten Ersatzzähne, die hinter den Giftzähnen liegen **(77,4).**

Kreuzottern greifen Menschen nicht an. Nur wenn sie gereizt oder erschreckt werden, beißen sie zu. Ist einer von uns von einer Kreuzotter gebissen worden – wir erkennen das an 2 dicht nebeneinander liegenden, roten Bißpunkten –, so muß sofort ein Arzt geholt werden, der durch Spritzen von Serum das Gift unschädlich macht. Jeder unbehandelte Kreuzotternbiß führt zu Schäden an Herz, Blut oder Nerven, fast nie jedoch zum Tode. Wir binden bis zum Eintreffen des Arztes das gebissene Glied zwischen Wunde und Herz ab. Wenn wir jede Viertelstunde die Abschnürung kurz lockern, können wir 2 Stunden lang abbinden. Ein Einschnitt in die Wunde zum Ausbluten ist gut. Wir vermeiden Bisse von Kreuzottern, wenn wir beim Durchstreifen ihres Lebensraumes festes Schuhzeug, lange Hosen und bei Sammeltätigkeiten Handschuhe tragen. Durch solche Stoffe dringen Giftzähne nicht durch.

77,3

77,4

Kreuzottern bringen im Spätsommer aus im Mutterleib ausgebrüteten Eiern zwischen 5 und 18 lebende Junge zur Welt: Die Kreuzotter ist lebendgebärend (S. 75). Den Winter verbringen die wechselwarmen Kreuzottern in Winterstarre, meist zu vielen in einem Unterschlupf, oft in Gesellschaft mit anderen wechselwarmen Tieren (Ringelnattern, Blindschleichen).

Weitere Giftschlangen. Die *Brillenschlange* ist in Südasien weit verbreitet. Ihren Namen hat sie von einer deutlich abgesetzten Zeichnung auf ihrem Halsschild, die an eine Brille erinnert. Der Halsschild entsteht, wenn sie beim Aufstellen ihres Vorderkörpers die vorderen Rippen abspreizt **(77,5).** Ihr Biß ist sehr gefährlich. – Nordamerikas bekannteste Giftschlangen sind die *Klapperschlangen* **(77,7).** An ihrem Schwanzende befindet sich eine mehrgliedrige Klapper, mit der sie ein rasselndes Geräusch erzeugen. Die Klapperglieder sind Schwanzschuppen, die bei der Häutung nicht abgestoßen werden.

Riesenschlangen (77,6) haben keine Giftzähne, sondern erwürgen ihre Beutetiere durch Umschlingen mit ihrem muskelstarken Körper, bevor sie sie verschlingen. Einige Arten können mehrere Meter lang werden (bis zu 10 m).

Merkstoff. Schlangen sind langgestreckte Kriechtiere ohne Gliedmaßen. Ihr Maul ist sehr dehnbar. Sie verschlingen ihre Beute ganz; die meisten sind ungiftig.

77,5

77,6

77,7

77,1: *Kreuzotter.* **77,2:** *Kreuzotternskelett.* **77,3:** *Im offenen Maul einer Nashornotter (Bitis nasicornis) ist ein Giftzahn sichtbar.* **77,4:** *Schlangenschädel mit Giftzähnen, linker mit Ersatzzahn.* **77,5:** *Brillenschlange (Naja tripudians).* **77,6:** *Riesenschlange (Python bivittatus).* **77,7:** *Schauer-Klapperschlange (Crotalus horridus)*

78

78 Krokodile und Schildkröten

Krokodile

Krokodile sind große Kriechtiere von eidechsenähnlicher Gestalt, jedoch mit seitlich zusammengedrücktem Ruderschwanz und Schwimmhäuten zwischen den Zehen der Hintergliedmaßen. Sie bewohnen stehende und fließende Gewässer im tropischen Afrika, auf Madagaskar, in China und Indien, in Australien und auf vielen Südseeinseln, im tropischen Südamerika und im Süden Nordamerikas mit Mittelamerika. Sie sind im Wasser viel wendiger als auf dem Lande und suchen daher bei Beunruhigung auch stets das Wasser auf. Ihre Nasenöffnungen sind nach oben gerichtet und verschließbar, die Ohrenöffnungen von Hautfalten überdeckt, so daß kein Wasser eindringen kann. Alle Krokodile sind Fleischfresser; die größeren Arten können auch dem Menschen gefährlich werden. Sie haben spitze, z. T. große Zähne, die in Zahnfächern sitzen. Gegen andere Tiere und selbst gegen einfache Waffen des Menschen sind die Krokodile durch einen widerstandsfähigen Panzer geschützt; denn unter starken Hornschildern liegen dicke Knochenplatten in der Lederhaut, vor allem an Nacken und Rücken. 78

Nilkrokodil. Das bekannteste Krokodil ist das Nilkrokodil Afrikas **(78,1)**; auf Madagaskar ist es das einzige Krokodil. Obwohl sein Verbreitungsgebiet in den letzten Jahrzehnten sehr eingeengt wurde, kommt es noch in vielen Flüssen und Seen des tropischen Afrikas vor. Mit einer Höchstlänge von 10 m ist es das größte Krokodil der Erde. Es ernährt sich überwiegend von Fischen, erbeutet aber auch trinkende Säugetiere und Wasservögel. Wo seine Wohngewässer austrocknen, fällt es im Schlamm in Trockenstarre, welche der Winterstarre unserer Kriechtiere entspricht.

Weitere Krokodile. In den großen indischen Flüssen lebt der *Gavial*, ein Schnabelkrokodil mit verlängerten Kiefern. Es wird bis zu 6 m lang. Kleinere spitzschnäuzige *Alligatoren* gibt es in China und Nordamerika, breitschnäuzige *Kaimane* in Südamerika.

78,3: *Europäische Sumpfschildkröte (Emys orbicularis). Der Panzer wird 25 cm lang und ist bei wasserbewohnenden Schildkröten flach.* **78,4:** *Skelett einer Riesenschildkröte. Der Bauchschild ist entfernt. Die Verwachsungen der Rumpfwirbel mit den Knochenplatten des Panzers sind deutlich zu erkennen.* **78,5:** *Griechische Landschildkröte (Testudo hermanni) mit abgelegtem Ei.*

78,2

78,1: *Nilkrokodil (Crocodylus niloticus). Das Nilkrokodil ist ein Wassertier, sonnt sich aber gerne am Ufer und auf Sandbänken. Dabei laufen Vögel, die Krokodilwächter, auf seinem Rücken hin und her und säubern es von lästigen Schmarotzern, die ihre Nahrung sind. Eine Vergesellschaftung von verschiedenen Tieren zu gegenseitigem Nutzen nennt man Symbiose.* **78,2:** *Blick in den aufgesperrten Rachen eines Nilkrokodils. Augen und Nase liegen hoch; vgl. dazu die Lage von Augen und Nase beim Flußpferd (64,6).*

Schildkröten

Schildkröten sind Kriechtiere mit einem breiten Rumpf, der in einem Panzer steckt; auch Kopf, Schwanz und Gliedmaßen können in dem Panzer geborgen werden. Der Panzer besteht aus Rücken- und Bauchschild, die an den Seiten miteinander verwachsen sind. Die Schilde bestehen meist aus Knochenplatten, die außen mit Hornplatten bedeckt sind **(78,3; 78,5).** An der Bildung des Rückenschildes sind Rumpfwirbel und Rippen beteiligt **(78,4).** Die Kiefer sind zahnlos und von scharfen Hornscheiden bedeckt. Schildkröten werden sehr alt, die großen Arten bis 200 Jahre und mehr.

Sumpfschildkröten. Die Europäische Sumpfschildkröte **(78,3)** ist eine im Wasser lebende Art, die durch Rudern mit den Beinen schwimmt; an Land ist sie unbeholfener. Sie ist in Mitteleuropa kaum noch zu finden. Ihre Nahrung besteht aus Fischen, Lurchen, Wasserinsekten und Würmern. Die Eier scharrt sie am Ufer in Erdlöchern ein.

Landschildkröten. Die Griechische Landschildkröte **(78,5)** ist ein wärmeliebendes Tier aus den Mittelmeerländern. Bei uns wird sie von vielen Familien in Haus und Garten gehalten. Stellenweise ist das Tier entwichen und verwildert, kann sich aber wegen der Ungunst des Klimas nicht recht ausbreiten. Seine Nahrung besteht neben saftigen Pflanzen auch aus Schnecken und Würmern. – Landschildkröten mit Panzern über 1 m Länge sind die Riesenschildkröten **(78,4)** der Galapagos-Inseln.

Merkstoff. Krokodile sind echsenähnlich, aber mit Ruderschwanz, Schwimmhäuten und Knochenplatten unter den Hornschildern des Rückens. Die Zähne sitzen in Zahnfächern. Schildkröten haben einen Panzer aus meist knöchernem Rücken- und Bauchschild, in dem das ganze Tier Schutz findet. Die Kiefer tragen Hornscheiden.
Insgesamt sind Kriechtiere oder Reptilien wechselwarme Tiere mit trockener, horniger Haut (Schuppen, Schilder). Sie atmen zeitlebens durch Lungen und haben, mit Ausnahme der Schlangen und Schleichen, 2 Paar Gliedmaßen.

78,4

78,5

Fischechse Ichthyosaurus

79,1

79 Ausgestorbene Kriechtiere

Unter den Vorfahren der heute lebenden Kriechtiere gab es besonders große Arten. Dazu gehörten vor allem die Vorfahren der Echsen, die *Saurier*, die vor vielen Millionen Jahren, im Erdmittelalter, das Bild der Tierwelt beherrschten. Sie waren zu Wasser, zu Lande und in der Luft vertreten. Wir können uns von ihnen ein gutes Bild machen, weil man ihre Skelette oder Teile davon als Versteinerungen gefunden hat. Diese wurden präpariert und dann die Körperformen aus den Skeletten erschlossen: es entstanden *Rekonstruktionen* der Tiere.

Meeressaurier. Die bekanntesten Meeressaurier sind die *Fischechsen* **(79,1).** Es gab Arten von über 12 m Länge. Ihre Gliedmaßen waren flossenähnlich umgebildet, und auch Rücken und Schwanz trugen Flossen. Darin glichen sie den Fischen. Ihre Haut war jedoch nackt und schuppenlos. In der Erscheinung sind die Fischechsen etwa den Delphinen (61,7) ähnlich, jenen ans Wasserleben angepaßten Säugetieren. Bei der abgebildeten Fischechse ist auch die Haut, und damit der Körperumriß, in die Versteinerung eingegangen.

Weitere Meeressaurier waren die *Paddel-* oder *Schlangenhalsechsen* **(79,3).** Ihre Gliedmaßen waren zu mächtigen Paddeln umgebildet, ihr Körper war abgeplattet und breit.

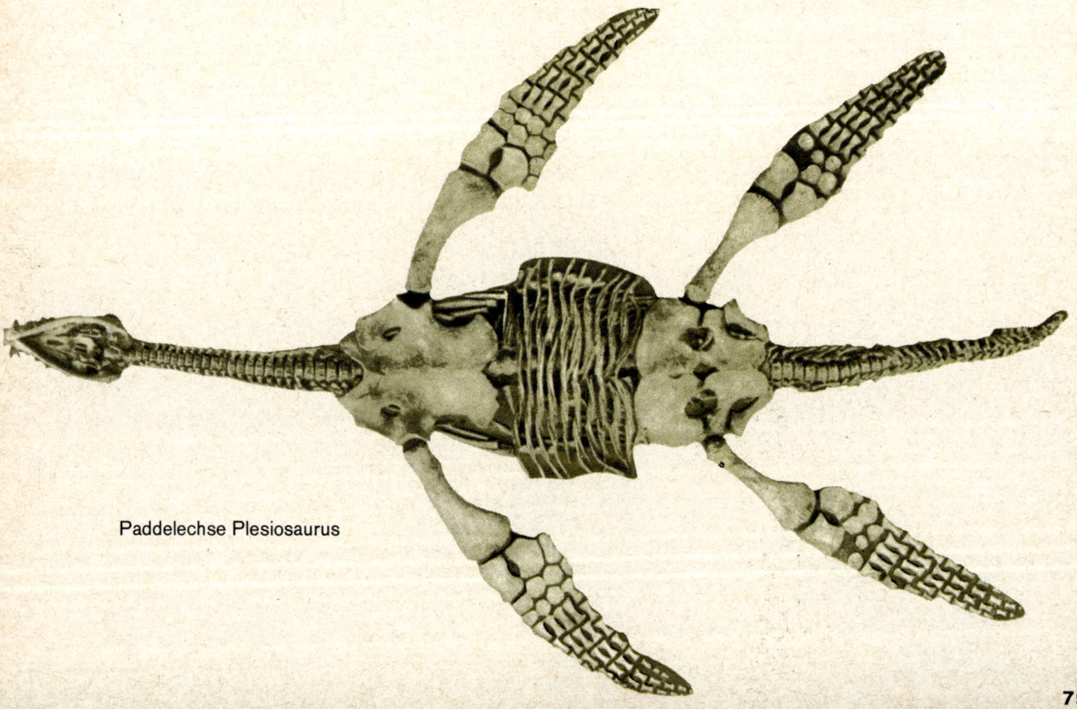
Paddelechse Plesiosaurus

79,3

79,2

Landsaurier. Die meisten Saurier lebten auf dem festen Lande, manche in seichten Gewässern. Es waren 4beinige Tiere, von denen sich einige auf 2 Beinen aufrichten konnten. Wegen ihrer riesigen, furchterregenden Gestalt hat man sie auch als *Schreckechsen* oder *Dinosaurier* bezeichnet, obwohl die größten von ihnen harmlose Pflanzenfresser waren. Das gilt auch für eines der größten Landtiere der Erdgeschichte, den *Brontosaurus* **(79,2),** der eine Kopf-Schwanzlänge von 30 m und eine Rückenhöhe von 10 m erreichen konnte. Das Tier lebte in seichten Gewässern, halb untergetaucht.
Eine Riesenechse des trockenen Landes war der *Iguanodon* **(79,2).** Er lief auf 2 Beinen und hatte dolchartige Daumen. Aufgerichtet war er 5 m hoch. Er lebte von Pflanzen.

79 **Flugsaurier.** Eine Flugechse war der *Pteranodon* **(79,2),** mit einer Flügelspannweite von 7–8 m. Sein Flugorgan, mit dem er in der Luft behende flatterte, ist durch die Verlängerung von Arm- und Fingerknochen dem der Fledermäuse ähnlich (31,3).

Urvogel. Zur selben Zeit wie der Pteranodon lebte ein anderes flugfähiges Tier von vogelartigem Aussehen, der *Urvogel Archäopteryx* **(79,4).** Er ist eine Entwicklungsstufe zwischen Echse und Vogel, da er zwar Federn und Vogelmerkmale am Skelett aufweist, aber wie eine Echse bezahnte Kiefer, Fingerkrallen und eine lange Schwanzwirbelsäule hat. Bisher sind 3 Urvogelskelette in den Solnhofener Plattenkalken gefunden worden.

Urvogel
Archaeopterix

79,4

80

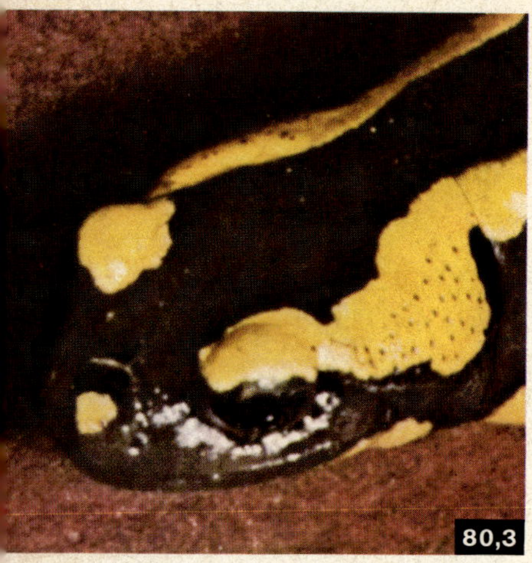

80,3

80,4

80 Der Feuersalamander (Salamandra salamandra)

Im Hügelland und Mittelgebirge treffen wir zuweilen ein etwa spannenlanges Tier an, dessen Gestalt der einer Eidechse ähnelt. Der schwarze Körper ist gelb gefleckt. An dieser auffälligen Färbung ist das Tier als *Feuersalamander* leicht kenntlich **(80,1).** Tagsüber bekommt man den Feuersalamander selten zu Gesicht, da er unter Wurzeln, Steinen und in Erdhöhlen verborgen ist. Nur bei Regenwetter erscheint er auch bei Tag, sonst nur nachts. Dann macht er Jagd auf Schnecken, Regenwürmer und Insekten. Mit den spitzen Zähnchen auf Kiefern und Gaumen kann er zwar die Beute festhalten, aber nicht zerkauen, und er verschlingt daher seine Nahrung ganz. Der Salamander bewegt sich wie die Eidechse fort, nur langsamer, und er hebt den Bauch nicht vom Boden ab. **80**

Körperbedeckung. Die Haut fühlt sich feucht und etwas kühl an. Deshalb glaubte man früher, der Feuersalamander könne ein Feuer löschen (Name!). Da die Haut keinen Hornüberzug besitzt, heißt sie *nackt*. Durch die nackte Haut kann das Tier Wasser aufnehmen. Andererseits gibt aber auch die Haut in trockener Luft rasch viel Feuchtigkeit ab. Daher hält sich der Salamander an feuchten Orten auf, etwa in tiefen Wäldern oder in Schluchten. Er ist ein *Feuchtlufttier*. Die feuchte Haut kann auch zur Atmung dienen, da sie Gase durchläßt. So finden wir beim Salamander *Hautatmung* neben der Lungenatmung. Die Haut

80,1: *Feuersalamander.* **80,2:** *Skelett des Salamanders.* **80,3:** *Kopf des Salamanders mit den Ohrdrüsen.* **80,4:** *Salamanderlarve mit äußeren Kiemen und Ruderschwanz.* **80,5:** *Vergleiche die Haut von Eidechse und Salamander!* **80,6:** *Der Alpensalamander (Salamandra atra) bewohnt die Alpen. Er ist kleiner als der Feuersalamander und ganz schwarz. Im Unterschied zu jenem bringt das Weibchen 2 ausgebildete Junge zur Welt (Anpassung an die kurze, warme Jahreszeit).*

80,2

schützt nicht vor Wärmeverlust, was jedoch bei einem *wechselwarmen* Tier wie dem Salamander ohne Bedeutung ist. In der Haut finden sich zahlreiche Drüsen, die auf einem Wulst hinter dem Auge, der Ohrdrüse, besonders dicht sitzen **(80,3).** Sie sondern eine schleimige, giftige Flüssigkeit ab. Das Gift ist für kleinere Tiere tödlich. Beim Menschen ruft es lediglich Entzündungen an den Schleimhäuten hervor.

Körperbau. Der Körper des Salamanders ist langgestreckt und walzenförmig **(80,1).** Hinten geht er in einen runden Schwanz über. Die 4 Gliedmaßen stehen seitlich ab **(80,2),** und der Körper wird nicht vom Boden abgehoben. Am deutlich abgesetzten Kopf
80 **(80,3)** bemerken wir neben dem Maul als Sinnesorgane die Augen und 2 Nasenöffnungen. Die Ohren sind äußerlich nicht sichtbar. An der Wirbelsäule, bei der wir einen Hals-, Rumpf- und Schwanzabschnitt unterscheiden können, sind Kopf, sowie Schulter- und Beckengürtel befestigt **(80,2).** Die Rippen sind nur kurz und bilden keinen Brustkorb. Arme und Beine weisen den gleichen Grundbauplan wie bei den übrigen Wirbeltieren auf. Die 4 Finger bzw. 5 Zehen tragen keine Krallen.

Fortpflanzung. Das Weibchen setzt, namentlich im Frühjahr, bis zu 70 graue Larven ins flache Wasser von Bächen ab **(80,4).** Larven sind junge Tiere, die erst im Laufe der Entwicklung das Aussehen der Eltern annehmen. Schon bei der Geburt besitzen die Salamanderlarven 2 Paar Beine, sowie einen seitlich abgeplatteten Ruderschwanz. Sie atmen zunächst mit büschelförmigen, äußeren Kiemen. Nach ihrer Entwicklung im Wasser gehen die fertigen Tierchen zum Landleben über und atmen dann durch Lungen.

Durch seine *Entwicklung im Wasser* und die *nackte, schleimbedeckte Haut* **(80,5)** unterscheidet sich der Feuersalamander von ähnlich gebauten Kriechtieren. Er ist ein *Lurch.*

Merkstoff. Der Feuersalamander besitzt eine nackte, schleimbedeckte Haut. Er ist ein wechselwarmes Feuchtlufttier. Seine Nahrung besteht aus Schnecken und Würmern. Die Larven entwickeln sich im Wasser. Der Salamander gehört zu den Lurchen oder Amphibien.

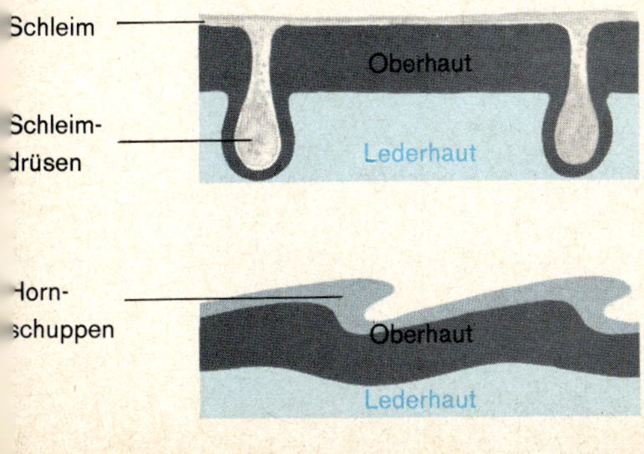

80,5

80,6

81,1

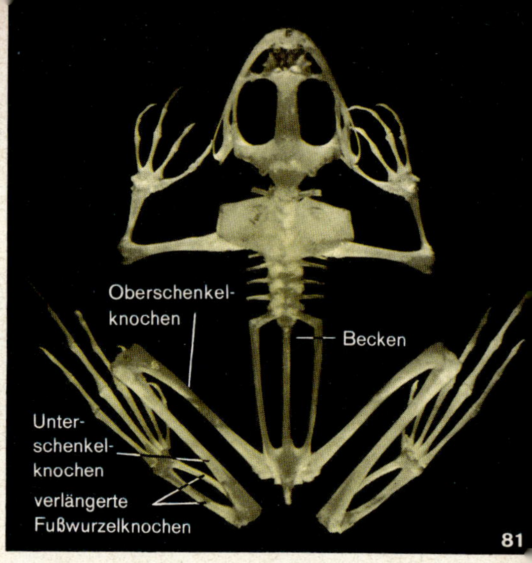

81

81,1: *Gestreifte Hinterbeine und ein dunkler Schläfenfleck sind für den Grasfrosch bezeichnend.* **81,2:** *Skelett des Grasfrosches.*

81 Der Grasfrosch (Rana temporaria)

Der Grasfrosch **(81,1)** lebt in Wäldern und Gebüschen, auf Wiesen, Feldern und in Gärten. Da ihn seine überwiegend braun gefärbte, *nackte*, *schleimbedeckte Haut* nicht vor 81
Austrocknen schützt, verbirgt er sich tagsüber in einem Versteck (Feuchtlufttier!). Dieses verläßt er erst bei Einbruch der Dämmerung, um Insekten und Schnecken zu erbeuten. Insekten fängt der Frosch im Sprung **(81,3).** Zum Ergreifen der Beute dient die klebrige, zweizipfelige Zunge, die aus dem Maul herausgeschleudert wird. Dabei wird die vorne angewachsene Zunge nach außen umgeklappt. Mit den kleinen Zähnchen auf Oberkiefer und Gaumen kann der Frosch nicht kauen. Er verschlingt die Nahrung unzerkleinert. Den nahrungslosen Winter verbringt das *wechselwarme* Tier im Schlamm der Gewässer vergraben in Winterstarre. Dabei atmet es nur durch die Haut.

Körperbau. Der schwanzlose Körper ist gedrungen. Mit ihm ist der breite, dreieckige Kopf ohne äußerlich sichtbaren Hals verbunden. Am Kopf bemerken wir ein großes Maul, 2 verschließbare Nasenlöcher, vorstehende Augen mit goldglänzender Regenbogenhaut und 2 Trommelfelle.

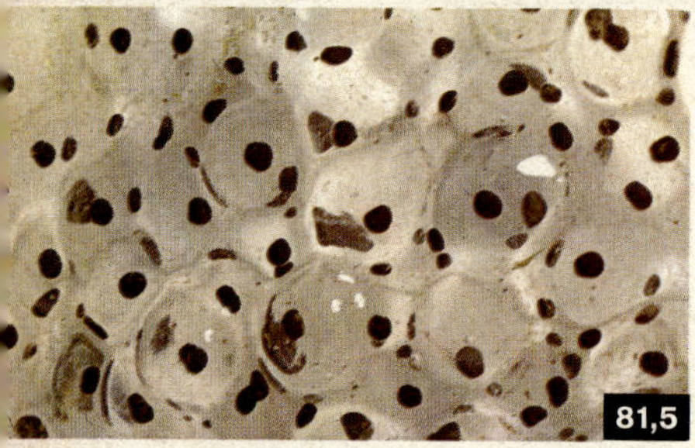

81,5

81,6

81,7

81,8

Entwicklung des Grasfrosches. 81,5: *Laich. Die schwarzen Eier sind von einer Gallerthülle umgeben.* **81,6–8:** *Junge Kaulquappen atmen mit äußeren, büschelförmigen Kiemen. Sie bewegen sich im Wasser mit dem von einem Hautsaum umgebenen Ruderschwanz fort (81,6). Im Lauf der Entwicklung erscheinen zuerst die Hinterbeine (81,7), dann die Vorderbeine (81,8). Der Schwanz wird eingeschmolzen.*

81,3

81,4

81,3: *Durch plötzliches Strecken der langen, muskulösen Hinterbeine schnellt sich der Frosch vom Boden ab.* **81,4:** *Beim quakenden Wasserfrosch verstärken 2 ausgestülpte Schallblasen den Ton.*

Die kurzen Vorderbeine dienen als Stütze beim Sitzen und zum Auffangen des Körpers beim Springen. Sie weisen 4 Finger auf. Die langen Hinterbeine tragen 5 durch Schwimmhäute verbundene Zehen. Über ihren Bau unterrichtet uns die Abbildung vom Skelett **(81,2).** Im Ober- und Unterschenkel findet sich je 1 Knochen, der beim Unterschenkel aus dem verwachsenen Schien- und Wadenbein besteht. Zwei Fußwurzelknochen sind stark gestreckt. Dadurch weist das Hinterbein 3 lange Abschnitte auf. Ein festes Widerlager für die Sprungbeine wird vom Becken gebildet, welches mit langen Darmbeinen am letzten Wirbel der Wirbelsäule befestigt ist. Diese besteht aus nur 9 Wirbeln und trägt keine Rippen. Zwischen den Darmbeinen verläuft das Steißbein (verwachsene Schwanzwirbel).

Entwicklung. Im März paart sich der Grasfrosch. Das Männchen steigt auf den Rücken des Weibchens, umfaßt dessen Leib mit den Vordergliedmaßen und preßt ihn zusammen. Der Druck führt zur Entleerung des Eileiters. Die Eier werden unmittelbar nach dem Austreten von den Spermien des Männchens befruchtet. Der aus den zahlreichen Eiern bestehende Eiklumpen, der *Froschlaich* **(81,5),** liegt zunächst auf dem Grund, steigt aber nach oben, sobald die Gallerthüllen der Eier Wasser aufgenommen haben. Die Hülle schützt die Eier und dient den nach 4 Wochen ausschlüpfenden Larven, den *Kaulquappen*, als erste Nahrung. Über die Entwicklung der Larven unterrichten uns die Abbildungen **81,5** bis **81,8.** Bei älteren Larven sind die Kiemen ins Körperinnere verlegt. Das Atemwasser tritt zur Mundöffnung ein und verläßt den Körper durch eine Öffnung auf der linken Körperseite. Der Larvenmund besitzt Hornscheiden und Hornzähnchen. Die Larve nimmt Tier- und Pflanzenstoffe auf. Nach etwa 3 Monaten ist die Entwicklung abgeschlossen. Die Lungen sind ausgebildet, und die Fröschchen können das Wasser verlassen.

Verwandte. Der mit dem Grasfrosch verwandte *Wasserfrosch* (Rana esculenta) kommt an stehenden Gewässern vor. Beim Schwimmen legt er die Vorderbeine an und bewegt die Hinterbeine ähnlich wie ein Brustschwimmer. Die Männchen veranstalten die bekannten Froschkonzerte **(81,4).** Der Wasserfrosch laicht erst im Mai oder Juni. Vom Grasfrosch unterscheidet er sich unter anderem durch seine überwiegend grün gefärbte Oberseite.

G 82,1

G 82,2

G 82,3

82,4

82 Lurche

Schwanzlurche

Lurche, die wie der Feuersalamander einen langgestreckten, geschwänzten Körper haben, werden als Schwanzlurche bezeichnet. Der Grasfrosch mit seinem gedrungenen, schwanzlosen Körper gehört zu den Froschlurchen. Wir wollen von beiden Gruppen weitere Vertreter kennenlernen.

Molche (82,1-82,3). Viele Jungen fischen im Frühjahr aus Teichen, Tümpeln und Wassergräben Molche, um sie im Aquarium zu halten. Wenn wir sie einige Zeit beobachtet haben, wollen wir sie wieder freilassen. Außerhalb der angegebenen Zeit finden wir im Wasser kaum Molche. Sie halten sich dort nur zur Fortpflanzung auf und tragen dann ein besonders schön gefärbtes Hochzeitskleid. Zum Hochzeitskleid des Männchens gehört ein häutiger Rückenkamm. Die Eier werden von den Weibchen einzeln an Wasserpflanzen abgelegt. Die Befruchtung erfolgt im weiblichen Körper. Dazu nimmt das Weibchen ein vom Männchen abgelegtes Spermienpaket mit der Hinterleibsöffnung (Kloake, vgl. S. 89a) auf. Die Larven ähneln Salamanderlarven. Auch die erwachsenen Molche besitzen während ihres Aufenthalts im Wasser einen von einem Hautsaum umgebenen Ruderschwanz. Da sie durch Lungen atmen, müssen sie zum Luftschöpfen immer wieder auftauchen. Molche nehmen tierische Nahrung zu sich, wie Insekten, Insektenlarven, Würmer und Schnecken. Sie häuten sich öfters, wobei sie die Haut als Ganzes abstreifen. Im Sommer verlassen sie das Wasser und führen ein verborgenes Leben auf dem Land. Im Herbst suchen die Molche einen geeigneten Unterschlupf, wo sie die kalte Jahreszeit in Winterstarre zubringen. Verlieren Molche die Gliedmaßen oder den Schwanz, dann wachsen diese wieder nach. Diesen Vorgang nennt man *Regeneration*. Eine Regeneration ist auch die Wundheilung beim Menschen.

Axolotl. Der mexikanische Axolotl verläßt das Wasser nie. Zeitlebens hat er einen Ruderschwanz und Kiemenbüschel **(82,4).** Zwingt man ihn jedoch zum Landleben, geht er zur Lungenatmung über und bekommt einen runden Schwanz. Er verharrt demnach normalerweise im Larvenzustand.

82,1: *Kammolch (Triturus cristatus). Länge 18 cm, Rückenkamm des Männchens gezackt.* **82,2:** *Teichmolch (Triturus vulgaris). Länge 11 cm, Rückenkamm gewellt.* **82,3:** *Bergmolch (Triturus alpestris). Länge 11 cm, Rückenkamm ganzrandig. Wie kann man die Molche an der Färbung unterscheiden?* **82,4:** *Axolotl (Amblystoma mexicanum).*

Froschlurche

Laubfrosch (Hyla arborea). Den meisten Menschen ist der Laubfrosch **(82,5)** bekannt, haben ihn doch schon viele zu Hause gehalten. In der Natur ertönt sein äpp-äpp von Bäumen und Sträuchern. Beim Quaken tritt eine große Schallblase an der Kehle hervor. Von den echten Fröschen unterscheidet er sich durch vorne zu Haftballen verbreiterte Finger und Zehen, mit deren Hilfe er klettert. Die Oberseite des Tieres ist grün gefärbt. Der Laich wird in kleinen Klumpen im Wasser abgelegt.

Erdkröte (Bufo bufo). Die plumpe Erdkröte **(82,6)** hat verhältnismäßig kurze Beine, die zum Springen wenig geeignet sind. Sie ist ein langsames Tier. Tagsüber hält sie sich versteckt. Die warzige, graubraun bis rotbraun gefärbte Haut sondert einen leicht giftigen Schleim ab. Die Erdkröte vertilgt hauptsächlich kleine Schnecken und ist daher ein willkommener Schädlingsbekämpfer. Zum Laichen geht sie ins Wasser. Ihre meterlangen Laichschnüre hängen zwischen Wasserpflanzen.

Geburtshelferkröte (Alytes obstetricans). Das graue Tier, das in Steinhaufen und Felsritzen haust, ist durch eine Warzenreihe an jeder Körperseite ausgezeichnet. Das Männchen wickelt sich die Laichschnüre um die Hinterbeine und trägt sie mit sich herum **(82,7)**. Wenn nach mehreren Wochen die Larven schlüpfen, geht es ins Wasser. Wegen dieser Brutpflege genügen zur Erhaltung der Art wenige Eier.

Bergunke (Bombina variegata). Das Tier kommt in stehenden und langsam fließenden Gewässern des Berglands vor. Die warzige Oberseite ist schlammfarben, die Unterseite gelb und blaugrau marmoriert **(82,8)**. Bei der Tieflandsunke (Bombina bombina) ist die Unterseite blaugrau und rot.

Merkstoff. Lurche oder Amphibien sind eine Klasse der Wirbeltiere mit den Ordnungen Schwanzlurche und Froschlurche. Als Feuchtlufttiere und wegen der Fortpflanzung sind sie ans Wasser gebunden. Alle Lurche, mit Ausnahme von Wasser- und Grasfrosch, sind geschützt (das Halten einzelner Tiere ist gestattet).

82,5: *Laubfrosch. Beachte die Haftballen!* **82,6:** *Erdkröte. Auf der warzigen Haut sind hinter den Augen Ohrdrüsen zu erkennen.* **82,7:** *Männchen der Geburtshelferkröte mit Eiern.* **82,8:** *Bergunke von der Unterseite. Bergunken sollen in Abwehrstellung ihre grellfarbene Unterseite zeigen.*

83,1: *Karpfen können sehr alt werden, über 100 Jahre, und dann 1 m lang sein. Im allgemeinen werden sie jedoch mit 2–3 Jahren als Speisefische verzehrt und nur 35–50 cm lang.*

83–84 Der Karpfen (Cyprinus carpio)

Der Karpfen ist ein geschätzter Speisefisch. Bei uns wird er in Zuchtteichen massenweise gezogen; er kommt aber auch frei in stehenden Gewässern mit Schlammgrund vor. 83

Körperbau. Der Körper des Karpfens ist vorne und hinten zugespitzt und seitlich abgeplattet **(83,1; 83,3).** Die 3 Körperabschnitte Kopf, Rumpf und Schwanz sind nicht gegeneinander abgesetzt. Solche spindel- oder stromlinienförmigen Körper finden beim Schwimmen weniger Widerstand (Unterseeboot). Ferner hat der Karpfen auf seiner dünnen Oberhaut eine Schleimschicht, die ihn schlüpfrig macht. Rumpf und Schwanz sind dachziegelartig mit *knöchernen Schuppen* bedeckt **(83,1; 83,6).** Sie liegen unter der Oberhaut in der Lederhaut **(83,5).** Auffallende Körperanhänge sind die verschiedenen *Flossen*

83,3: *Vorderansicht des Karpfens. Die Bartfäden dienen zum Tasten bei der Nahrungssuche. Mit seinem Maul durchwühlt der Karpfen den Schlamm seines Wohngewässers nach Nahrung. Zum Ergreifen fester Teile kann er sein Maul vorstrecken. Von vorn erkennt man den hohen und schmalen Körperquerschnitt.*
83,4: *Querschnitt durch den Schwanz eines Karpfens. Die Muskeln sind an diesem Hauptbewegungsorgan des Fisches sehr stark entwickelt. Sie liegen in 4 „Paketen“ rechts und links der Schwanzwirbelsäule.*
83,5 *und* **83,6:** *Karpfenschuppen. Oben die Lage in der Haut, unten eine einzelne Schuppe.*

83,3

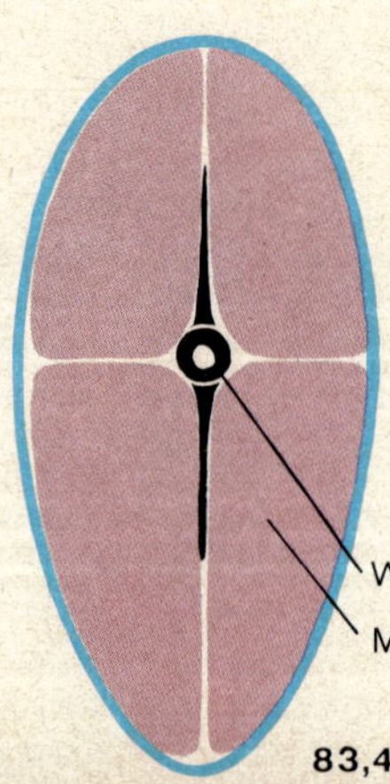

83,4

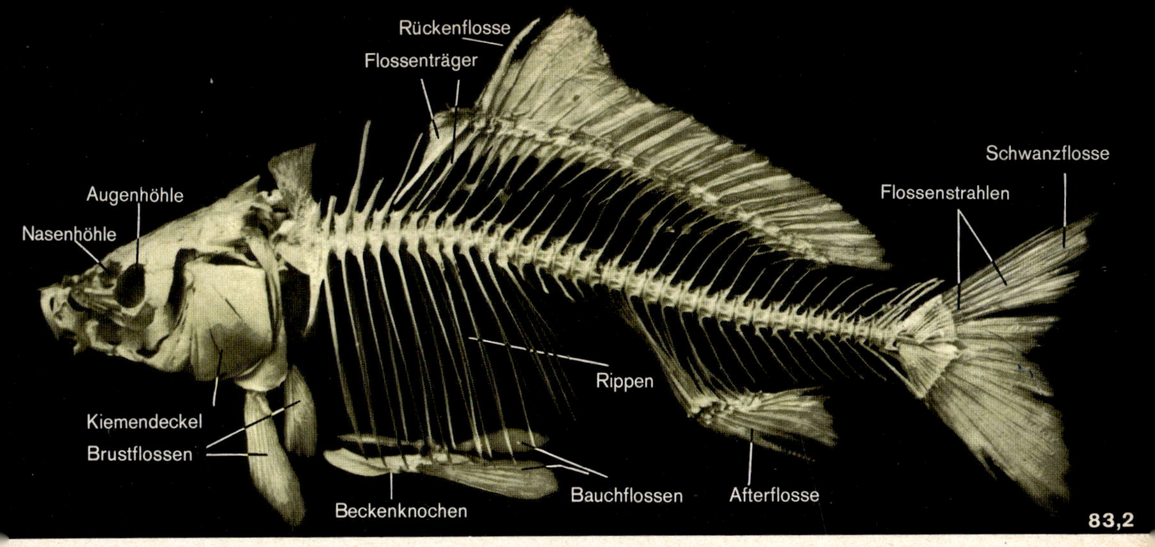

83,2: *Skelett des Karpfens. Es besteht hauptsächlich aus Schädel und Wirbelsäule. Die Rippen sind kräftig, Schulter- und Beckengürtel der Brust- und Bauchflossen nur schwach.*

(83,1): hinterm Kopf die paarigen *Brustflossen* und am Bauch die ebenfalls paarigen *Bauchflossen* entsprechen den Vorder- und Hintergliedmaßen der anderen Wirbeltiere; hinzu kommen die langgestreckte *Rückenflosse*, die eingebuchtete *Schwanzflosse* und die kleine *Afterflosse*. Alle Flossen bestehen aus Häuten, die von Knochenstäben, den *Flossenstrahlen*, gestützt werden. Diese, wie auch die *Flossenträger*, die die Rücken- und Afterflosse mit der Wirbelsäule verbinden, gehören zum Skelett des Karpfens **(83,2).** Dieses läßt die Gliederung in Kopf, Rumpf und Schwanz deutlich erkennen.

Fortbewegung. An einem schwimmenden Karpfen erkennen wir, daß er mit dem muskelstarken Schwanz **(83,3)** ständig nach rechts und links schlägt. Mit dieser Bewegung treibt er sich voran. Dabei sind die Brust- und Bauchflossen an den Rumpf gelegt. Sie dienen hauptsächlich als Steuer- und Bremsruder und unterstützen die Rücken- und Afterflosse beim Senkrechthalten des Fischkörpers.
In seinen Eingeweiden hat der Karpfen einen zweiteiligen Sack, der mit Gasen gefüllt ist. Es ist die *Schwimmblase*. Sie macht den Fisch durch ihre Gasfüllung im Wasser um soviel leichter, daß er schwebt, ohne abzusinken. Die Füllmenge der Schwimmblase ist veränderbar, so daß der Karpfen den Schwebezustand in allen Tiefen erreichen kann.

Sinne. Kopf und Rumpf des Karpfens besitzen eine ganze Reihe von Sinnesorganen **(83,1).** Die lidlosen Augen haben sehr große Pupillen. So kann viel von dem spärlichen Licht in den oft trüben Fischgewässern wahrgenommen werden. Die Nase besteht nur aus 2 Gruben, die keine Verbindung zum Rachen haben. Mit den Bartfäden tastet und schmeckt der Karpfen. Er hört auch gut, mit einem inneren, im Schädel gelegenen Gehörorgan. Dort liegt auch das Organ für den wichtigen Gleichgewichtssinn. Sehr wichtig ist ferner das Seitenlinienorgan **(83,1).** Äußerlich sind nur kleine Poren in den Schuppen sichtbar. Durch sie dringt Wasser in einen unter den Schuppen verlaufenden Kanal ein, in dem viele Sinnesknospen liegen. Damit nimmt der Karpfen Wasserströmungen wahr, selbst die allerschwächsten. Auf diese Weise erkennt er z. B. auch im Dunkeln Hindernisse an den Wasserwellen, die Steine, Pfähle und Uferbefestigungen zurückwerfen.

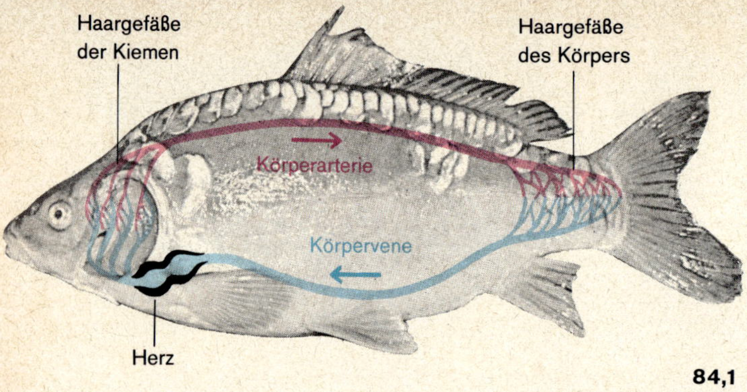

84,1

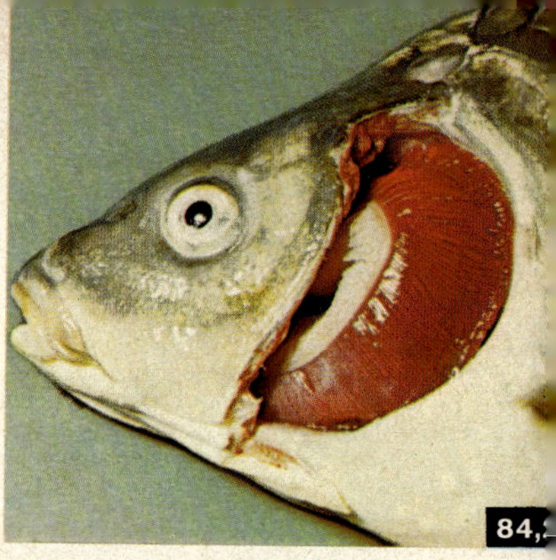

84,1: *Karpfen mit freigelegten Kiemen und eingezeichnetem Blutkreislauf. Das Blut wird vom 2-kammerigen Herzen durch die Haargefäße der Kiemenblättchen gepumpt und dort mit Sauerstoff beladen. Es fließt dann in alle Körperteile, gibt dort Sauerstoff und Nährstoffe ab, wird mit Kohlendioxid und Abfallstoffen beladen und strömt zur Herzvorkammer zurück.* **84,2:** *Nach Abnahme des Kiemendeckels werden die in der Kiemenhöhle liegenden, reich durchbluteten Kiemen sichtbar.*

Blutkreislauf und Atmung. Das Blut des Karpfens ist rot wie bei den anderen Wirbeltieren. Es fließt in *Blutgefäßen* (Arterien, Venen, Haargefäßen) durch den Körper. Den Antrieb leistet das *Herz* **(84,1).** Es besteht aus einer *Vorkammer* und einer *Herzkammer*, ist also einfacher gebaut als das mehrteilige Herz der anderen Wirbeltiere und des Menschen (6,2). Wir beginnen die Betrachtung des Blutkreislaufs beim Herzen. Das Blut gelangt aus der Vorkammer in die muskelstarke Herzkammer. Diese preßt das Blut kräftig kopfwärts in die *Kiemen.* Dort fließt es durch die Haargefäße der Kiemen **(84,1; 84,4).** Danach strömt es wieder in der großen *Körperarterie* zusammen und wird in alle Teile des Körpers geleitet. Dort verteilt sich das Blut wieder in Haargefäße, um dann in der *Körpervene* zum Herzen zurückzuströmen. **84**

Auf diesem Wege erfüllt das Blut seine Aufgaben, darunter die Atmung. Diese vollzieht sich in den Kiemen. Sie liegen auf beiden Seiten am Hinterende des Kopfes in 2 *Kiemenhöhlen*, die außen von *Kiemendeckeln* bedeckt sind **(84,3).** Auf jeder Seite finden wir 4 Doppelreihen roter, dünnhäutiger *Kiemenblättchen.* Sie sind auf gebogenen Knochenstäben, den *Kiemenbögen*, aufgereiht **(84,3).** Die rote Färbung zeigt an, daß die Kiemenblättchen stark durchblutet sind **(84,2).**

Bei der Atmung spielen sich nun folgende Vorgänge ab und greifen ineinander. Der Karpfen öffnet und schließt sein Maul, und im gleichen Takt, nur etwas später, heben sich die Kiemendeckel ab und werden wieder angelegt. Auf diese Weise nimmt der Fisch Wasser in die Mundhöhle auf und preßt es durch die Kiemen zu den Kiemenöffnungen wieder hinaus. So werden die Kiemenblättchen ständig von frischem Wasser umspült. Dabei nimmt das Blut das im Wasser gelöste Atemgas *Sauerstoff* auf und gibt gleichzeitig einen Abfallstoff, das Gas *Kohlendioxid* ab. Dieser Gasaustausch vollzieht sich zwischen den Haargefäßen der Kiemenblättchen und dem Atemwasser, das durch die Kiemen strömt **(84,3).** Weil die Oberfläche all dieser vielen dünnen Kiemenblättchen zusammengenommen sehr groß ist, ist auch der Gasaustausch entsprechend groß. So ist das Blut, wenn es die Kiemen durchströmt hat, mit Sauerstoff beladen, d. h. *sauerstoffreich* und, da es das Gas Kohlendioxid abgegeben hat, *kohlendioxidarm.* Auf seinem Weg durch den Körper erfolgt nun der entgegengesetzte Vorgang: in den Haargefäßen, die in alle Körperbereiche führen, wird der im Körper für die Verbrennung benötigte Sauerstoff abgegeben und dafür das als Abfallstoff entstehende Kohlendioxid aufgenommen. Danach ist das Blut *kohlendioxidreich* und *sauerstoffarm*. Es sammelt sich in der Körpervene und fließt zum Herzen zurück, von wo es einen neuen Kreislauf beginnt. Die Atmung des Karpfens ist an den Aufenthalt im Wasser gebunden. Auf dem Trocknen erstickt der Fisch, weil die zarten Kiemenblättchen dann verkleben und kaum noch Sauerstoff aufnehmen.

Ernährung. Der Karpfen nimmt pflanzliche Moderstoffe und kleine Wassertiere, wie Insektenlarven, Krebschen und Würmer zu sich. Diese Nahrung findet er meist im Schlammgrund seiner Wohngewässer, den er mit seinem vorstreckbaren Maul und den Bartfäden durchwühlt. Er ist also ein *Allesfresser*. Fische, die wie der Karpfen keine größeren Tiere fressen, nennt man *Friedfische*. Für sie ist ein Maul kennzeichnend, bei dem der Oberkiefer über den Unterkiefer hinweggreift (83,1).

Fortpflanzung. Karpfenweibchen legen sehr viele Eier, oft 1 Million und mehr in jedem Frühjahr. Die Männchen befruchten die abgelegten Eier, den *Rogen*, mit einer weißlichen Flüssigkeit, der *Milch*. Danach nennt man bei den Fischen die Weibchen auch Rogner und die Männchen Milchner. Die befruchteten Eier entwickeln sich in wenigen Tagen zu winzigen Fischchen. Die allermeisten von ihnen fallen anderen Wassertieren zum Opfer, so daß die Vermehrung des Karpfens trotz der großen Eizahl nicht übermäßig ist.

Zucht. Der Karpfen hat ein wohlschmeckendes Fleisch. Deshalb wird er seit altersher in Zuchtteichen gezogen. Ein Zuchtziel war es, die Zahl der bei der Zubereitung störenden Schuppen zu verringern. So entstanden aus den ganz beschuppten *Schuppenkarpfen* die Rassen der *Zeilenkarpfen* mit in einigen Reihen angeordneten großen Schuppen, der *Spiegelkarpfen* mit nur wenigen großen Schuppen und der fast schuppenlosen *Lederkarpfen*. 2–3 Jahre alt werden die Tiere mit 1–1,5 kg Gewicht als Speisekarpfen verkauft.

Überwinterung. Den Winter überdauern die Karpfen in frostfreier Tiefe, meist in Schlamm eingewühlt, in einer Art *Winterstarre*. Sie sind wechselwarm wie die Kriechtiere und Lurche, also immer nur so warm wie das sie umgebende Wasser.

84,3: *Längsschnitt (schräg von oben gesehen) durch den Kopf des Karpfens. Das Atemwasser wird durch das Maul aufgenommen und durch die Kiemenspalten gepreßt, umspült dabei die Kiemen und tritt hinter dem Kiemendeckel wieder aus.* **84,4:** *Kiemenbogen mit Kiemenblättchen. Blaugezeichnete Blutgefäße führen sauerstoffarmes, mit Kohlendioxid beladenes Blut, rote haben sauerstoffreiches Blut. Da die Kiemenblättchen sehr zahlreich sind, entsteht eine große Berührungsfläche mit dem Atemwasser.*

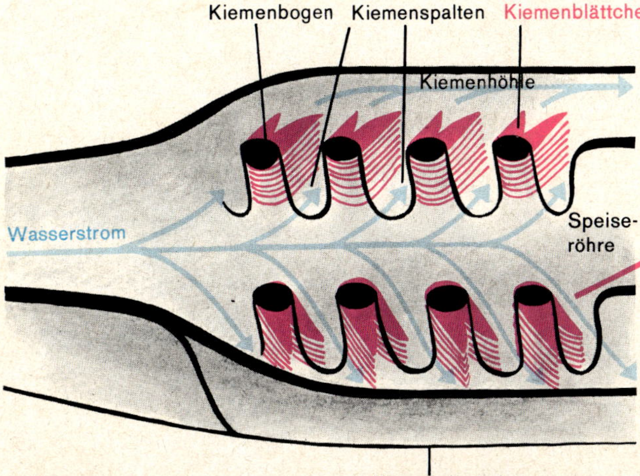

84,3

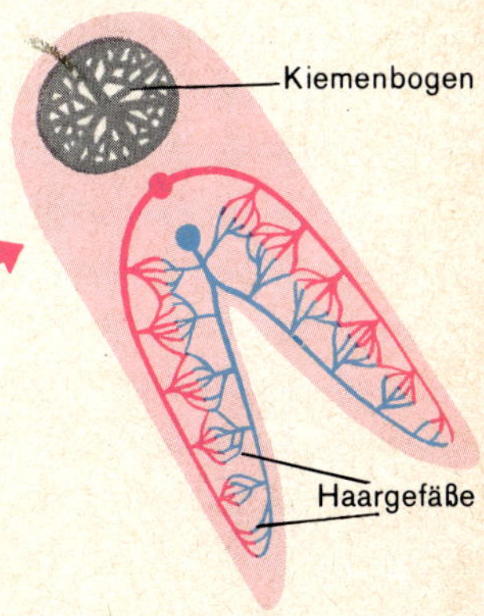

84,4

85,1

85,2

85,3

85,4

85,5

85–86 Fische

Süßwasserfische

In unseren stehenden und fließenden Süßwassergewässern lebt eine ganze Anzahl verschiedener Fischarten. Auch in Aquarien begegnen uns Süßwasserfische.

Goldfisch. In Aquarien und Parkteichen trifft man oft Goldfische **(85,1)** an. Sie sind von den Chinesen aus nahen Verwandten des Karpfens als Zierfische gezüchtet worden. Wegen ihrer schönen Färbung und Anspruchslosigkeit sind sie in Aquarien sehr beliebt.

Schleierschwanz. Auch der Schleierschwanz **(85,2)** ist ein Zierfisch, der mit dem Goldfisch nahe verwandt ist. Mit seinen schleierartig entwickelten Flossen ist er ein reiner Aquarienfisch. In der freien Natur kommt der Schleierschwanz nicht vor.

Stichlinge. Weit verbreitet und häufig ist bei uns der Große oder Dreistachelige Stichling **(85,3).** Diesen Namen trägt er wegen der 3 ersten freistehenden Strahlen der Rückenflosse. Sie sind als starke Stacheln ausgebildet und können bei Gefahr aufgerichtet werden. Anders als bei den meisten Fischen ist der Körper der Stichlinge nicht mit vielen Schuppen bedeckt, sondern mit wenigen großen Knochenplatten gepanzert. Weit mehr unterscheiden sich die Stichlinge aber durch ihre Sorge für die Nachkommenschaft von den

85,1: *Goldfisch (Carassius auratus)*. **85,2:** *Schleierschwanz (Carassius auratus var.)*. **85,3:** *Großer Stichling (Gasterosteus aculeatus)*. **85,4:** *Fluß-*

85,6

meisten anderen Fischen. Im allgemeinen legen Fische ihre Eier an geeigneten Plätzen ab und kümmern sich nicht um die Entwicklung. Das ist bei Stichlingen ganz anders. Zur Zeit der Eiablage sind die Männchen prächtig gefärbt, mit Grün an den Seiten und einem roten Bauch **(85,3).** Jedes Männchen schwimmt dann in einem bestimmten Gebiet umher, aus dem es andere Männchen vertreibt. In diesem Revier legt es am Boden ein röhrenartiges Nest an. Als Baustoff dienen Pflanzenteile, die mit einer klebrigen Ausscheidung der Nieren verkittet werden. Wenn das Nest fertig ist, schwimmt das Männchen solange den Weibchen nach, bis es ihm gelingt, eines von ihnen zum Ablaichen in seinem Nest zu bringen. Danach befruchtet das Männchen die 60–120 Eier, bewacht sie und fächelt mit den Brustflossen frisches Wasser zu. Wenn von den Jungen eines entwischt, fängt es das Männchen mit dem Maul wieder ein und speit es in das Nest zurück. Mit solcher Brutpflege stellen die Stichlinge unter den einheimischen Fischen eine Besonderheit dar. Sie können so mit einer für Fische geringen Zahl von Eiern ihren Bestand halten und sich auch vermehren. – Ähnlich an Gestalt und Lebensweise ist der mehr im Norden verbreitete Neunstachelige Stichling. Bei ihm sind 9 Strahlen der Rückenflosse freie Stacheln. Das Hochzeitskleid des Männchens ist am ganzen Körper schwarz. Mit einer Körperlänge von 3–6 cm gegenüber 4–9 cm beim Dreistacheligen Stichling ist der Neunstachelige der kleinste Fisch unserer Heimat.

Flußbarsch. Barsche erkennen wir an den Stachelstrahlen des vorderen Abschnitts der
85 Rückenflosse. Es sind Raubfische, die auf Krebse und andere Fische Jagd machen. Der Flußbarsch **(85,4)** kommt in Bächen, Flüssen und Seen vor, meist in kleinen Trupps. Er wird über 30 cm lang und gehört zu den schmackhaften Speisefischen.

Forellen. Ein sehr geschätzter Speisefisch ist die Bachforelle. Der 25–40 cm lange Fisch lebt in klaren, schnell fließenden Bächen und wird auch gezüchtet. Aus Nordamerika wurde die etwas größere Regenbogenforelle **(85,5)** eingeführt. Sie unterscheidet sich von den einheimischen Forellen durch einen rötlichen Längsstreifen jederseits.

Wels. Der Wels **(85,7)** ist unser größter Fisch: er kann 3 m lang und 300 kg schwer werden. Er kommt am Grunde größerer Flüsse und Seen vor. Nachts geht er auf Beute aus, die aus Fischen, Wasservögeln und am Wasser lebenden Säugetieren besteht.

Hecht. Im Hecht **(85,8)** haben wir einen ausgesprochenen Raubfisch vor uns. Seine Beute (Fische, Frösche, kleine Säugetiere) ergreift er mit zahnbewehrten Kiefern, bei denen der Unterkiefer über den Oberkiefer hinausragt. Der Hecht bewohnt die bewachsenen Ufer vieler Seen und ist ein geschätzter Speisefisch.

barsch (Perca fluviatilis). **85,5:** *Regenbogenforelle (Salmo trutta irideus). Hinter der Rückenflosse eine grätenlose Fettflosse.* **85,6:** *Jungforelle. Am Bauch hängt der Dottersack, von dessen Inhalt der Jungfisch zuerst lebt.* **85,7:** *Zwergwels (Amiurus nebulosus).* **85,8:** *Hecht (Esox lucius).*

85,7

85,8

86,1

Meeresfische

Weitaus die meisten Fischarten leben im Meer. Doch auch die Zahl der Einzeltiere ist dort am größten, weil viele Meeresfische in riesigen Schwärmen auftreten.

Hering. Einer von diesen schwarmbildenden Fischen ist der Hering **(86,1).** Im Atlantik liegt sein Verbreitungsgebiet zwischen dem nördlichen Polarmeer und dem Golf von Biskaya. Die Heringsschwärme leben in den oberen Wasserschichten. Dort ist ihre Nahrung, schwebende Kleinlebewesen *(Plankton)*, besonders reichlich vorhanden. Sie bleiben beim Durchströmen des Atemwassers an feingezähnten Fortsätzen der Kiemenbögen hängen. Diese bilden im Maul einen Seihapparat, die *Kiemenreuse*.
Heringsschwärme sind ständig auf Wanderschaft, meist auf der Suche nach Nahrung. Zum Ablaichen suchen sie seichte, in Küstennähe gelegene Meeresteile auf. Dicht an dicht lassen dort die Weibchen ihre Tausende von Eiern zu Boden fallen, die von den Männchen befruchtet werden. Die große Eizahl macht alle Verluste wieder wett, die den Heringsschwärmen durch den Fischfang des Menschen und das Nachstellen ihrer natürlichen Feinde (Robben, Möwen, Raubfische) zugefügt werden. In Europa ist der Hering der wichtigste Nutzfisch des Meeres, von dem viele Zubereitungsarten (gebraten, geräuchert, gesalzen, gewürzt) bekannt sind. – Verwandt sind *Sprotte* (Nord- und Ostsee), sowie *Sardine* und *Sardelle* (Westeuropa, Mittelmeer).

Kabeljau. Auch der Kabeljau **(86,2)** ist ein Schwarmfisch. Sein Verbreitungsgebiet im Atlantik ist ähnlich wie das des Herings, der eine bevorzugte Nahrung des Kabeljaus darstellt. Denn dieser große Fisch ist ein Raubfisch, der neben Fischen auch Krebsen, Würmern und Tintenfischen nachstellt. Besonders sein großes, mit vielen spitzen Zähnen versehenes Maul weist den Kabeljau als Raubfisch aus.
Von der Hochsee wandern die Kabeljauschwärme oft viele hundert Kilometer zu ihren Laichplätzen. Die dort abgelegten Eiermassen (ein Rogener kann 4–5 Millionen Stück hervorbringen!) sinken nicht ab, sondern entwickeln sich schwebend. Bei solchen Eizahlen

86,3

86,4

86,3: *Die Scholle (Pleuronectes platessa), ist ein Plattfisch, der auf Sandboden lebt. Beide Augen liegen auf einer Seite.* **86,4:** *Plattfischlarven sind symmetrisch; sie entwickeln sich erst zum unsymmetrischen Fisch.*

86,1: *Der Hering (Clupea harengus) ist ein Friedfisch. Er wird bis zu 36 cm lang. Sein Rücken ist dunkel, sein Bauch silberhell wie bei vielen Fischen der oberen Wasserschichten.* **86,2:** *Der Kabeljau (Gadus morrhua) wird bis zu 1,5 m lang und 50 kg schwer. Seine Rückenflosse ist dreiteilig, die Afterflosse zweiteilig, und die Bauchflossen sitzen vor den Brustflossen.*

86,2

ist auch der Bestand des Kabeljaus trotz aller Befischung nicht gefährdet. In Europa ist der Kabeljau, der im Jugendalter und als kleinere Ostseeform *Dorsch* heißt, nach dem Hering der wichtigste Nutzfisch. Er wird frisch als Kochfisch gegessen und zum Vorrat als Klipp- und Stockfisch gesalzen und getrocknet. Aus seiner Leber gewinnt man den Lebertran, und Abfälle werden als Fischmehl verfüttert. – Verwandt sind der *Schellfisch* (Nord- und Ostsee) und der *Köhler* (Nordsee), der „Seelachs" des Handels.

Scholle. Einige Fische haben einen sehr flachen, platten Körper, dessen eine Seite farblos und dessen andere dunkel gefärbt ist. Auf der dunklen Körperseite liegen beide Augen. Solche unsymmetrisch gebauten Fische werden *Plattfische* genannt. Bekannt ist vor allem die Scholle, ein geschätzter Speisefisch **(86,3)**. Dieser Plattfisch lebt bei uns nahe den Küsten auf Sandgrund. Er schwimmt und liegt auf dem Sand, mit der dunklen Seite nach oben, und wühlt sich oft bis auf den Kopf in den Sand ein. Da die Tiere auch noch die Farbe ihrer Oberseite der des Untergrundes anpassen können, sind sie immer gut getarnt. Schollen leben von Würmern, Krebsen, Muscheln und Seesternen.
Frisch geschlüpfte Schollen sehen aus wie andere Jungfische: sie sind symmetrisch gebaut. Sie leben im freien Wasser. Dann aber wandert das linke Auge auf die rechte Seite, und der Körper flacht sich ab **(86,4)**. Gleichzeitig werden die Tiere zu Bodenfischen. – Weitere Plattfische sind *Heilbutt*, *Flunder*, *Steinbutt* und *Seezunge*.

Merkstoff. Fische sind Wassertiere. Ihr Körper ist meist stromlinienförmig. Sie besitzen Flossen zur Fortbewegung und zum Aufrechthalten des Körpers. Viele Fische haben eine Schwimmblase, die das Schweben erleichtert. Ihre Oberhaut ist dünn und schleimig, darunter liegen meist Knochenschuppen. Fische atmen durch Kiemen, die von Wasser umspült werden. Es sind wechselwarme Tiere. Wenige Arten treiben Brutpflege.

86,5: *Der Katzenhai (Scyliorhinus caniculus) ist ein Fisch mit knorpeligem Skelett (Knorpelfisch). Er wird 75–100 cm lang und stellt Fischen, Schnecken und Tintenfischen nach.* **86,6:** *Auch der Nagelrochen (Raja clavata) ist ein Knorpelfisch. Rücken und Schwanz tragen große Dornen.*

86,5

86,6

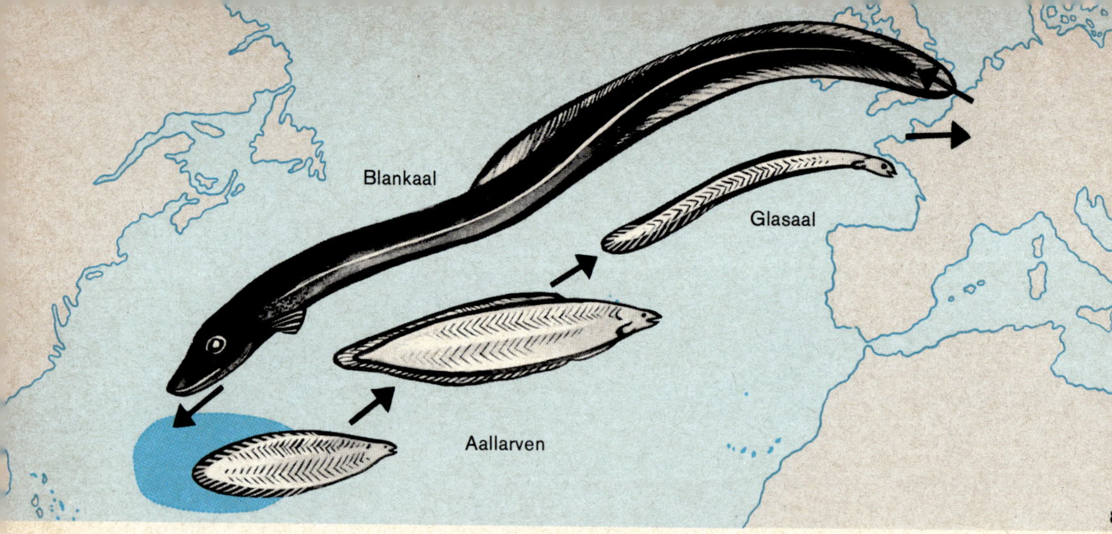

87,1

87 Wanderfische – Fischerei

Wanderfische

Viele Fische wandern große Strecken zwischen Wohn- und Laichgewässern, wie Hering und Dorsch. Einige wechseln dabei auch noch vom Meer ins Süßwasser und umgekehrt.

87

Aal. Unter diesen ist der Aal der bekannteste Wanderfisch. Er lebt bei uns in Süßgewässern aller Art. Die Männchen werden etwa 50 cm, die Weibchen 80–100 cm lang **(87,2).** Solche Aale sind fortpflanzungsfähig und wandern die europäischen Flüsse abwärts. Sie sind besonders gut genährt und werden daher bevorzugt gefangen. Vielen gelingt es aber, das freie Meer zu erreichen und die lange Wanderung in die Sargasso-See zu vollbringen **(87,1).** Dort laichen sie in großer Tiefe und sterben dann. Aus den befruchteten Eiern entwickeln sich durchsichtige, weidenblattförmige Larven, die mit dem Golfstrom in 3 Jahren zu den europäischen Küsten wandern. Dabei wachsen sie heran und leben schließlich als gestreckte, durchscheinende *Glasaale* im Gebiet der Flußmündungen **(87,1).** Als *Steigaale* wandern sie dann flußaufwärts, um nach 6–7jährigem Aufenthalt bei den Männchen, 8–12jährigem bei den Weibchen in die Sargasso-See zurückzukehren.

87,2

87,3

87,4

Lachs. Die umgekehrte Wanderrichtung hat der Lachs **(87,4).** Er lebt im Meer und wandert zum Laichen flußaufwärts. Dort legen die Weibchen bis zu 40 000 Eier. Die ausschlüpfenden Junglachse leben 3–5 Jahre im Süßwasser und ziehen dann ins Meer.

87,1: *Laichwanderung und Rückwanderung der Larven beim Aal. Die Sargasso-See ist dunkelblau gekennzeichnet.* **87,2:** *Aal (Anguilla anguilla).* **87,3:** *Stör (Acipenser sturio).* **87,4:** *Lachs (Salmo salar).* **87,5:** *Laichplätze und Fanggründe wichtiger Fische in der Nordsee.* **87,6:** *Fischereifahrzeuge.* **87,7:** *Echolotung. Die Schallwellen einer Explosion (Schallsender) werden von Fischschwärmen als Echo zurückgeworfen. Ihre Tiefe läßt sich aus der verstrichenen Zeit errechnen.* **87,8:** *Treibnetzfang bei Nacht.* **87,9:** *Schleppnetzfang.*

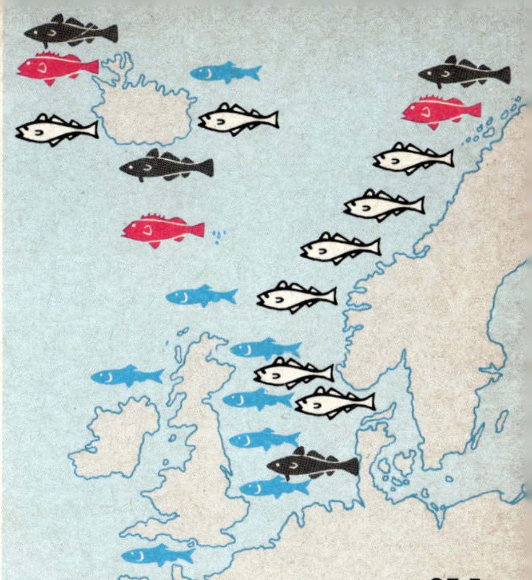

87,5

Zum Laichen kehren sie in das Gewässer zurück, wo sie selber aus dem Ei geschlüpft sind. Forschungen haben ergeben, daß die Lachse ihren „Geburtsbach" mit dem Geruchssinn wiederfinden. Der „Geruch" des Wassers seines Geburtsbaches bleibt dem Lachs zeitlebens im Gedächtnis. Wenn ein Eindruck bei sehr jungen Tieren zeitlebens haften bleibt, so spricht der Verhaltensforscher von *Prägung*. In unseren verunreinigten Flüssen aber gibt es kaum noch Lachse.

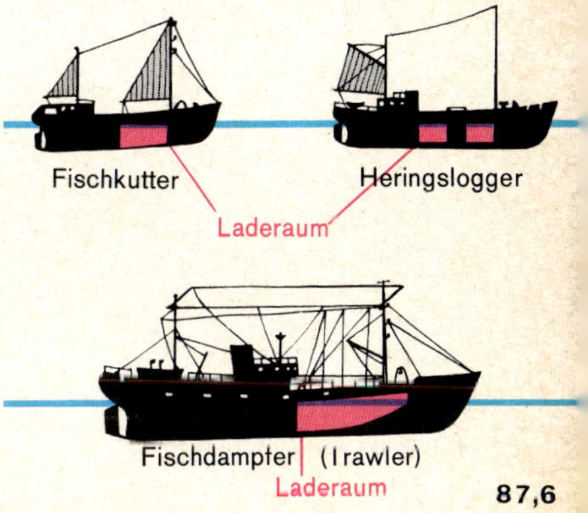

87,6

Stör. Der Stör, ein Fisch mit knorpeligem Skelett und großen schmelzbedeckten Knochenschuppen **(87,3),** wandert, wie der Lachs, zum Laichen vom Meer in die Flüsse, bleibt aber mehr im Unterlauf. Dort setzen die Weibchen 1–2,5 Mill. Eier ab und wandern sofort wieder ins Meer zurück. Die Eier gefangener Weibchen werden als Kaviar zubereitet.

Fischerei. In der *Küstenfischerei* werden hauptsächlich Jungfische, Aale, sowie Krebse und Muscheln gefischt. Dazu genügen kleine Motor-, Segel- oder Ruderboote mit Dredsche (Bodenfischgerät), Reusen oder Angeln als Fanggeräten. In der *Kleinen Hochseefischerei* fahren Motorkutter für einige Tage aus, um Plattfische und Heringe zu fangen. Sie fischen mit Angeln und Schleppnetzen **(87,9).** Die *Große Hochseefischerei* führt auf Fischdampfern **(87,6)** 3–4 Wochen bis nach Island, der Barentssee und der Bäreninsel. Gefangen werden hauptsächlich Rotbarsch, Köhler, Kabeljau und Schellfisch mit Schleppnetzen. Außerdem geht eine besondere *Heringsfischerei* mit Schlepp- und Treibnetzen **(87,8)** auf Loggern und Fischdampfern **(87,6)** Heringsschwärmen nach. In der Heringsfischerei ist das *Echolot* **(87,7)** bei der Ortung von Fischschwärmen eine wichtige Hilfe.

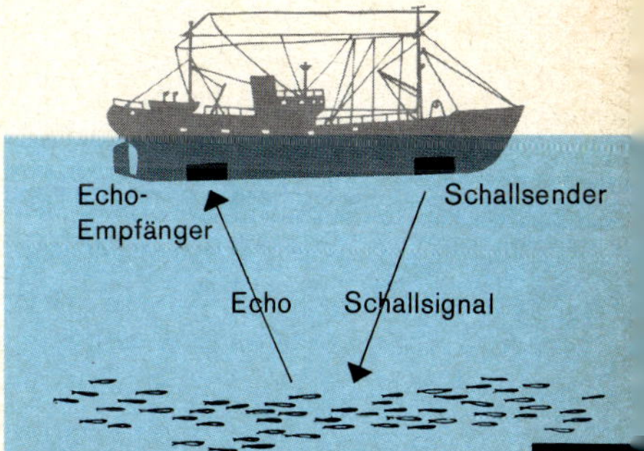

87,7

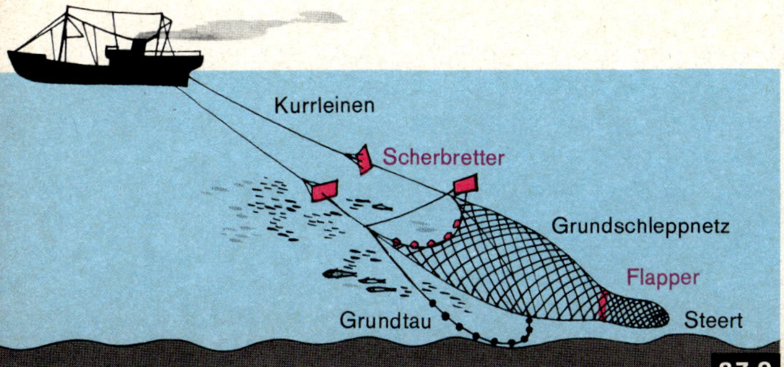

87,9

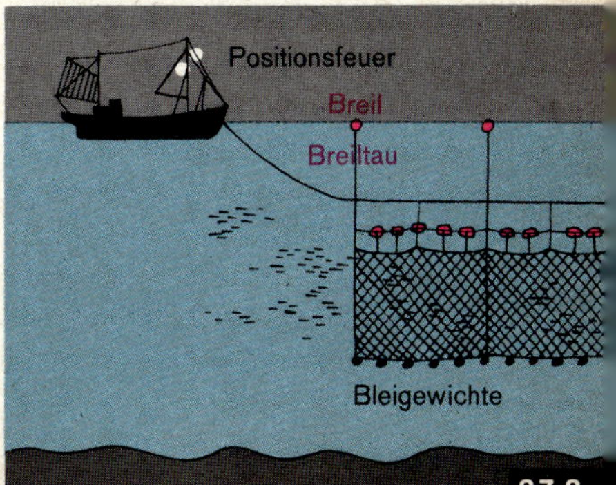

87,8

88–89 Das System der Wirbeltiere

System. Alle Tiere, die wir bisher kennengelernt haben, sind *Wirbeltiere*. Sie haben ein knöchernes, seltener ein knorpeliges Skelett, dessen Hauptstütze die elastische, biegsame *Wirbelsäule* ist. Schon der Name weist auf den Aufbau der Wirbelsäule aus einzelnen *Wirbeln* hin. Darauf beruht auch ihre Beweglichkeit. Es ist nun sehr unwahrscheinlich, daß die Wirbeltiere zufällig ein ähnliches Skelett besitzen. Dagegen macht die Annahme einer Verwandtschaft den gemeinsamen Besitz der Wirbelsäule verständlich. Man faßt daher diese Tiere zu einem **Tierstamm** zusammen, dem Stamm der Wirbeltiere. Zu diesem Stamm gehören nun wieder Tiergruppen, die Gemeinsamkeiten in Bau und Lebensweise aufweisen und sich von den übrigen Wirbeltieren unterscheiden. Diese Gruppen nennt man **Klassen.** Insgesamt sind es 5 Wirbeltierklassen, nämlich die *Fische*, die *Lurche oder Amphibien*, die *Kriechtiere oder Reptilien*, die *Vögel* und die *Säugetiere*. Innerhalb der Klassen werden näher miteinander verwandte Tiere zu **Ordnungen** zusammengefaßt. So gehören z. B. zu den Fischen die Ordnungen *Knochenfische* (Karpfen, Hecht, Hering u. a.), *Knorpelfische* (Haie, Rochen), *Schmelzschupper (Stör)* und weitere Ordnungen. Die Ordnungen *Froschlurche* und *Schwanzlurche* machen die Klasse der Lurche aus. Kriechtierordnungen sind die *Schuppenkriechtiere* (Echsen, Schlangen), die *Schildkröten* und die *Krokodile*. *Zahnschnäbler* (Enten, Gänse), *Tauben*, *Greifvögel* und *Singvögel* sind Ordnungen der Vögel. In Deutschland leben Angehörige von 12 Vogelordnungen. An Säugetierordnungen gibt es bei uns die *Fledermäuse*, die *Insektenfresser* (Igel, Maulwurf, Spitz- **88**
mäuse), die *Nagetiere* (Eichhörnchen, Mäuse, Ratten, Biber u. a.), die *Hasenartigen Tiere*, die *Raubtiere* (Hunde, Katzen, Marder), die *Paarhufer* (Rind, Schaf, Ziege, Hirsche, Schweine) und die *Unpaarhufer* (Pferd, Esel). Die weitere Unterteilung in **Familien, Gattungen** und **Arten** können wir hier nicht berücksichtigen.

Wirbeltierklassen. Wir wollen die 5 Wirbeltierklassen miteinander vergleichen, um unsere Kenntnisse zu erweitern! Einzelheiten siehe folgende Übersichtstabelle (S. 89).

Skelett. Dieses besteht bei den Knorpelfischen ganz, bei den Schmelzschuppern größtenteils aus *Knorpel*; alle übrigen Tiere besitzen ein *Knochenskelett*. Die Tiere aller Klassen, außer den Fischen, weisen ursprünglich 4 *Gliedmaßen* auf, die nach dem gleichen Grundbauplan gebaut sind. Bei manchen Tieren sind sie ganz oder teilweise zurückgebildet (Schlangen, Schleichen, Wale).

Körpertemperatur. Wir unterscheiden *wechselwarme* und *gleichwarme Tiere*. Nur die Vögel und Säugetiere sind gleichwarm. Da sie von der Außentemperatur unabhängig sind und auch kalte Gebiete besiedeln können, sind sie gegenüber den wechselwarmen Tieren im Vorteil. Wie können nun Vögel und Säuger ihre Körpertemperatur aufrecht erhalten? Da ist zunächst ihr *Feder-* bzw. *Haarkleid*, das sie vor Wärmeverlust schützt. Die Angehörigen der übrigen Klassen haben einen solchen Schutz nicht. Bei gleichwarmen Tieren kann auch eine *Fettschicht* unter der Haut diese Aufgabe allein erfüllen. Bekanntlich entsteht die Körperwärme bei der Verbrennung von Nährstoffen im Körper. Es leuchtet ein, daß gleichwarme Tiere mehr Nährstoffe verbrennen müssen als wechselwarme. Daher ist auch ihr Nahrungsbedarf größer. Die zur Verbrennung nötigen Nährstoffe und der Sauerstoff, sowie das anfallende Kohlendioxid werden vom Blut befördert. In den Atmungsorganen wird der Sauerstoff ins Blut aufgenommen und Kohlendioxid abgegeben. Gesteigerte Verbrennung bedeutet aber vermehrten Bedarf von Brennmaterial und Sauerstoff und vermehrte Abgabe von Kohlendioxid. Sie hat daher einen leistungsfähigen Blutkreislauf und leistungsfähige Atemorgane zur Voraussetzung. Beides betrachten wir nun bei den verschiedenen Wirbeltierklassen.

Atmungsorgane. Wir kennen schon die *Kiemen der Fische* (s. Karpfen S. 84). Bei den *Lungen* ist die Leistungsfähigkeit umso größer, je größer die Oberfläche ist, durch die ein Gasaustausch stattfinden kann. Bei den einfachen, *sackartigen Lungen* der Lurche ist diese Oberfläche verhältnismäßig klein, doch spielt bei den Lurchen die Lungenatmung keine große Rolle, weil daneben eine *Hautatmung* abläuft. Schon bei den Froschlurchen ist die Lungenoberfläche durch *Falten* vergrößert. Eine weitere Oberflächenvergrößerung wird bei den Kriechtieren durch eine zusätzliche *Kammerung* erreicht. Hautatmung fehlt bei den Kriechtieren. Bei der Säugerlunge sitzen am Ende verzweigter Luftgänge, den *Bronchien*, zahlreiche *Lungenbläschen*. Ihre Oberfläche übersteigt bei großen Tieren 100 m^2. Die Vogellunge besitzt dazu noch *Luftsäcke* als Luftspeicher. Diese Einrichtung hängt mit dem Fliegen zusammen.

Blutkreislauf. Bei den Fischen fließt das Blut nach Verlassen des Herzens zweimal durch *Haargefäße* (in den Kiemen und im Körper), wobei es gebremst wird. Bei den Lurchen dagegen erfährt das Blut jedesmal vor dem Durchgang durch Haargefäße einen neuen Antrieb, da sie einen *Lungen-* und *Körperkreislauf* haben. Bei ihnen ist aber das sauerstoffhaltige und das kohlendioxidhaltige Blut teilweise vermischt. Eine Trennung beider Blutarten wird bei den Vögeln und Säugern durch eine Scheidewand erreicht, die die eine Herzkammer, wie wir sie bei den Lurchen finden, in *2 Herzkammern* unterteilt. Bei den Kriechtieren, die eine unvollständige Scheidewand besitzen, ist diese Entwicklung bereits angedeutet. So besteht das Herz bei den gleichwarmen Tieren aus 2 völlig getrennten Pumpen, die aber im gleichen Takt arbeiten. Ein leistungsfähiger Blutkreislauf, leistungsfähige Lungen und die Körperbedeckung ermöglichen diesen Tieren, ihre Körpertemperatur unabhängig von der Außentemperatur auf gleicher Höhe zu halten.

Abstammung. Wie wir heute wissen, sind die Tiere der Wirbeltierklassen nicht gleichzeitig auf der Erde erschienen. Die ältesten Wirbeltiere sind die *Fische*. Sie sind reine Wasserbewohner. Von den Fischen stammen die ausgestorbenen *Dachschädler* ab, aus denen sich *Lurche* und *Kriechtiere* entwickelten. Viele Lurche sind zwar schon Landbewohner, aber doch noch stark ans Wasser gebunden. Ihre nackte Haut, die nicht vor Austrocknen schützt, zwingt sie, in feuchten Gegenden zu leben (Feuchtlufttiere). Lurchlarven leben im Wasser. Erst die Kriechtiere sind völlig ans Landleben angepaßt. Ihr Schuppenkleid schützt sie vor Wasserverlust, die Entwicklung der Jungen findet auf dem Lande statt. Von den Kriechtieren stammen einerseits die *Vögel*, andererseits die *Säugetiere* ab. Als Zwischenform zwischen Kriechtieren und Vögeln kennen wir den Urvogel (S. 79). Das untenstehende Schema zeigt die Abstammungsverhältnisse in vereinfachter Form:

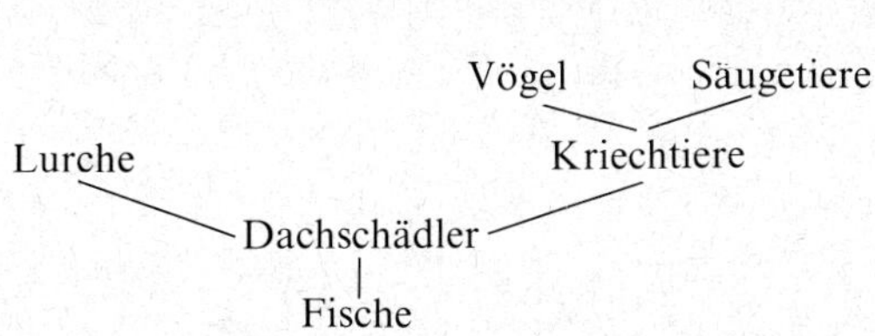

Skelett		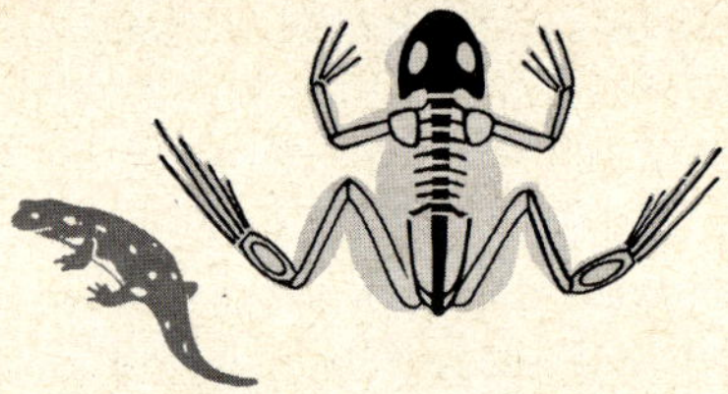
Klasse der	**Fische**	**Lurche** oder **Amphibien**
Gliedmaßen	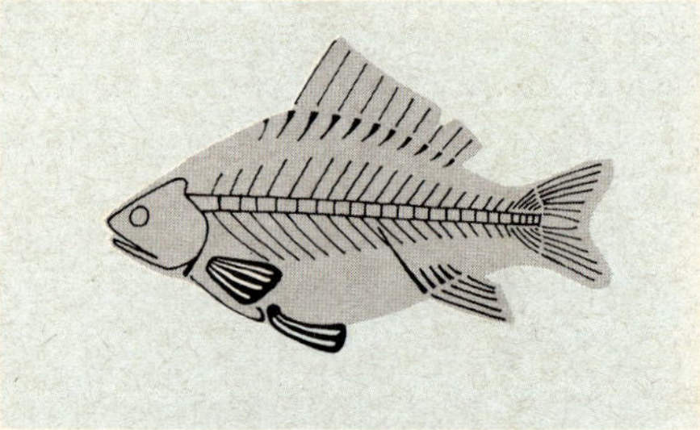 paarige Brust- u. Bauchflossen entsprechen Armen u. Beinen	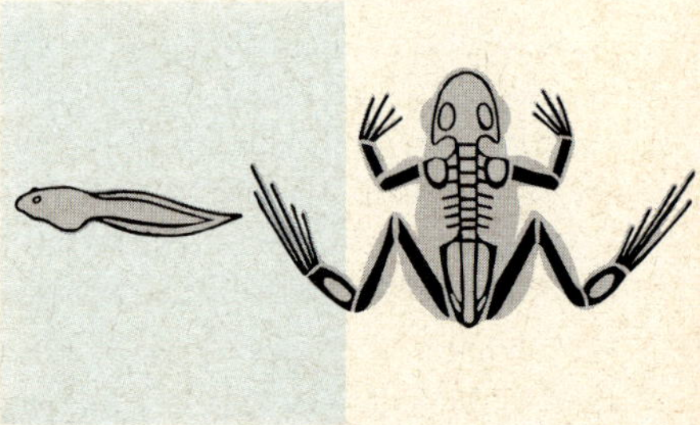 2 Paar Gliedmaßen
Körperbedeckung	 Schleimbedeckte Haut mit Knochenschuppen	 schleimbedeckte Haut
Atmung	 mit Kiemen	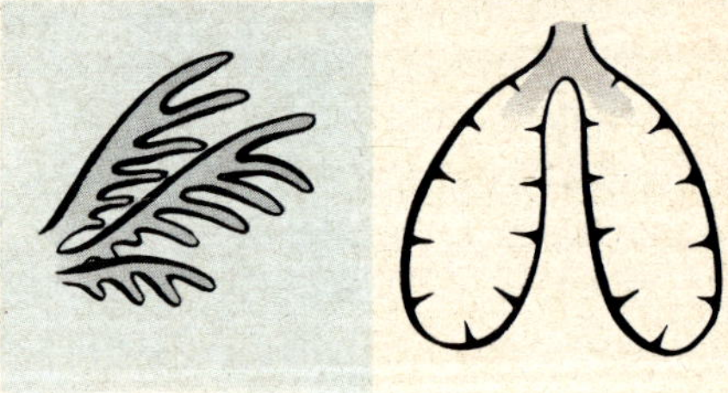 erwachsen Haut- u. Lungenatmung; Larven Kiemenatmung
Blutkreislauf	 einfacher Kreislauf	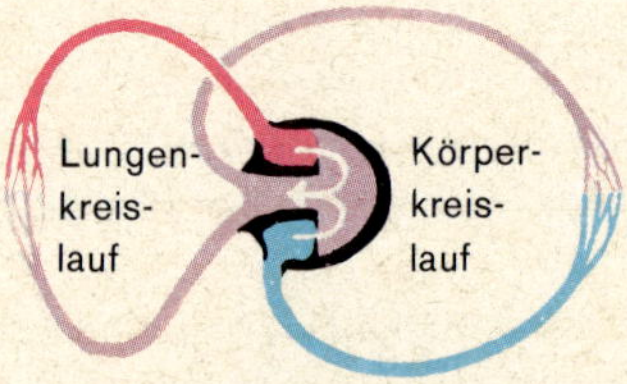 Lungenkreislauf und Körperkreislauf
Körperwärme	wechselwarm	wechselwarm
angepaßt an das Leben in	**Wasser**	**Wasser** und **Land**

89

Kriechtiere oder **Reptilien**

2 Paar Gliedmaßen; manchmal zurückgebildet

Hornschuppen

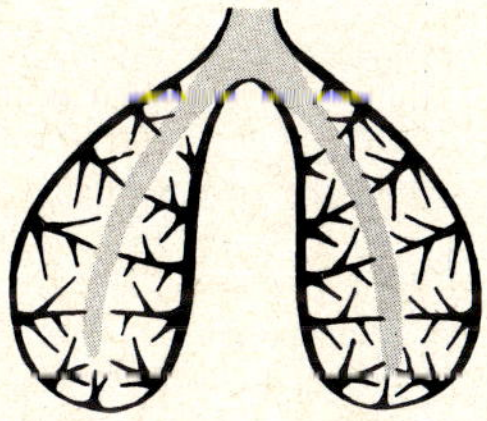

Lungenatmung

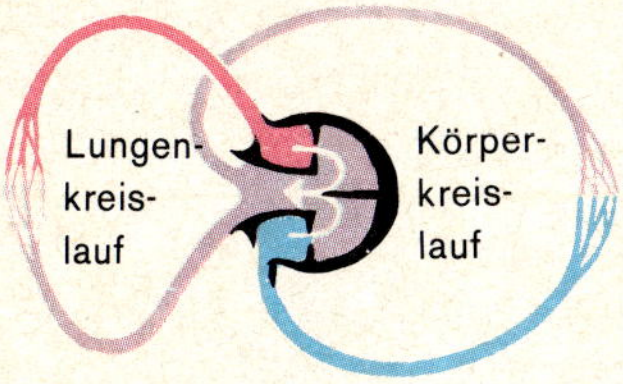

unvollständige Herzscheidewand

wechselwarm

Land (Wasser)

Vögel

2 Paar Gliedmaßen; Arme zu Flügeln umgebildet

verhornte Oberhaut, Federn

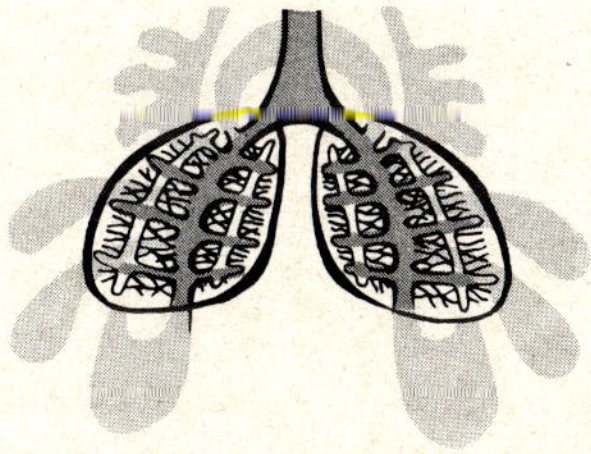

Lungenatmung

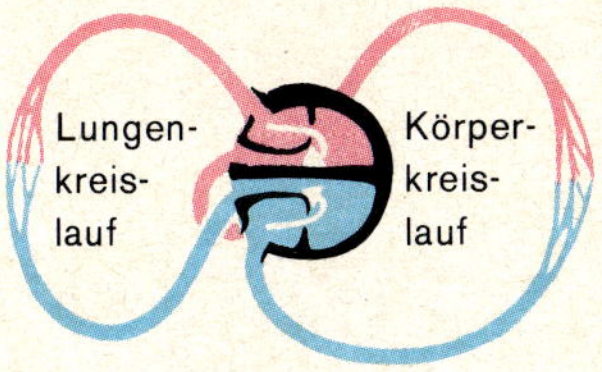

vollständige Herzscheidewand

gleichwarm

Luft (Wasser, Land)

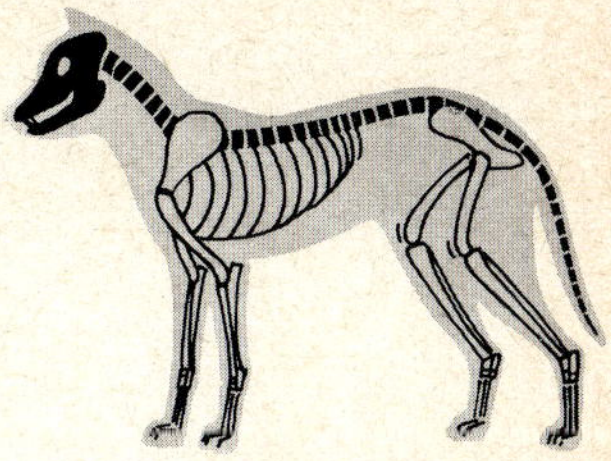

Säugetiere

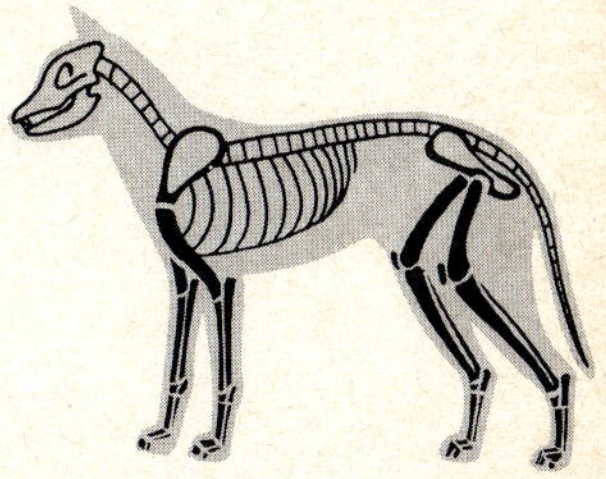

2 Paar Gliedmaßen

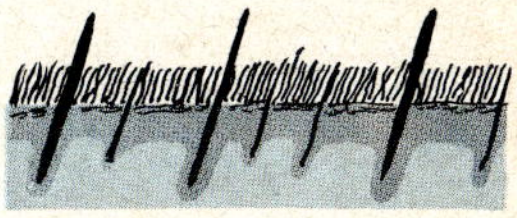

verhornte Oberhaut, Haare

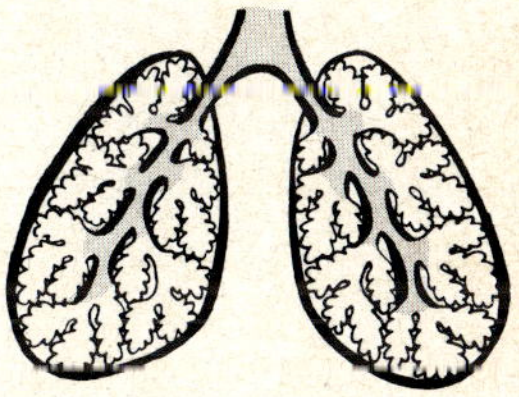

Lungenatmung

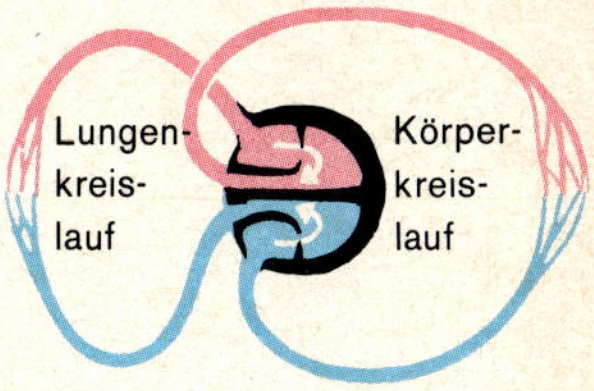

vollständige Herzscheidewand

gleichwarm

Land (Wasser, Luft)

Äußere Befruchtung bei Fischen (Karpfen)

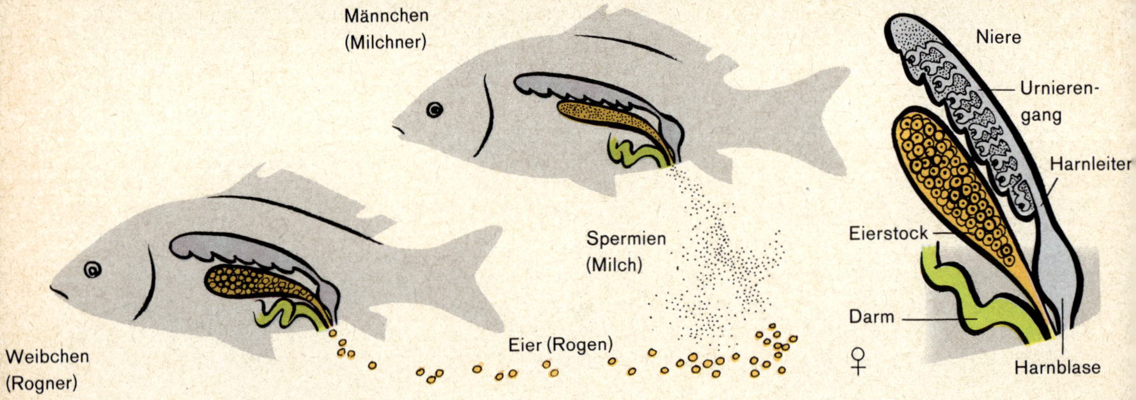

Innere Befruchtung bei Vögeln (Storch)

89a

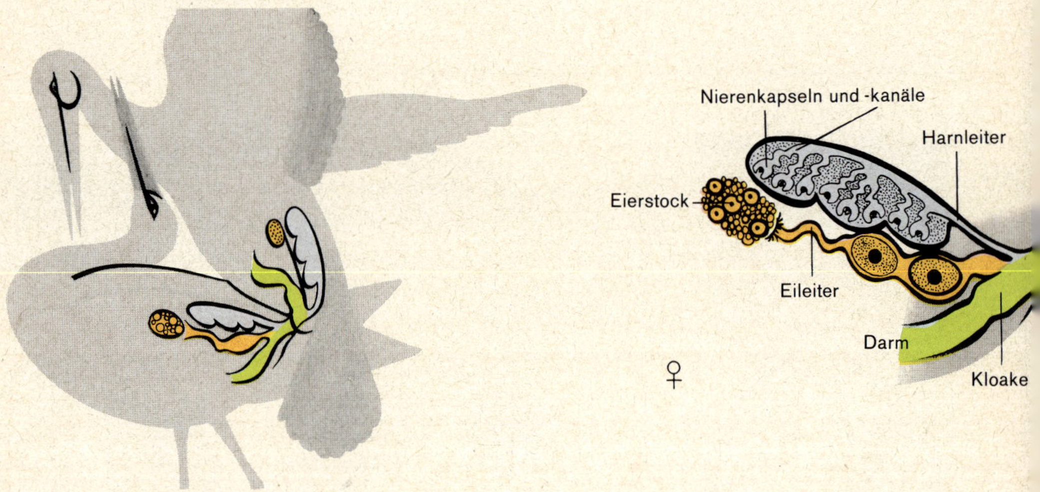

Innere Befruchtung bei Säugetieren (Hund)

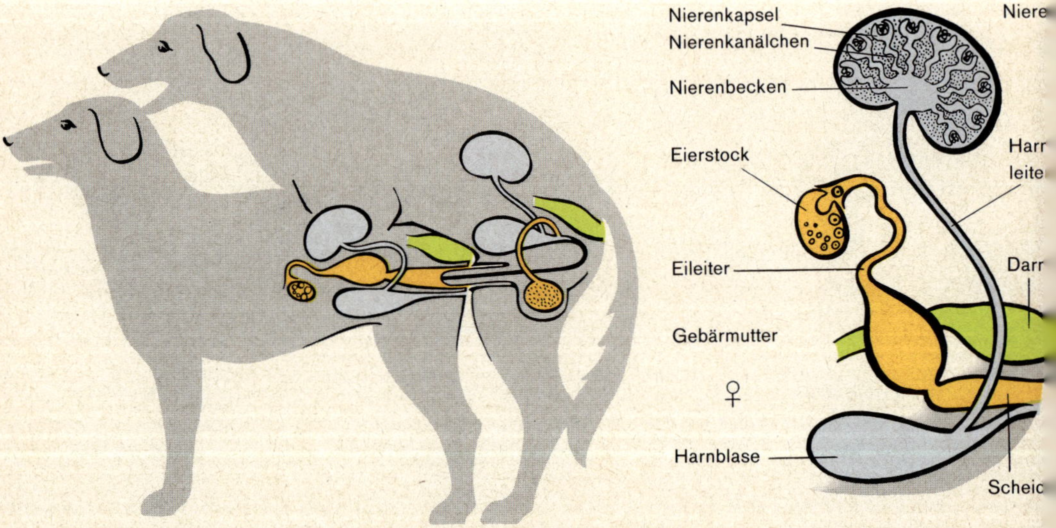

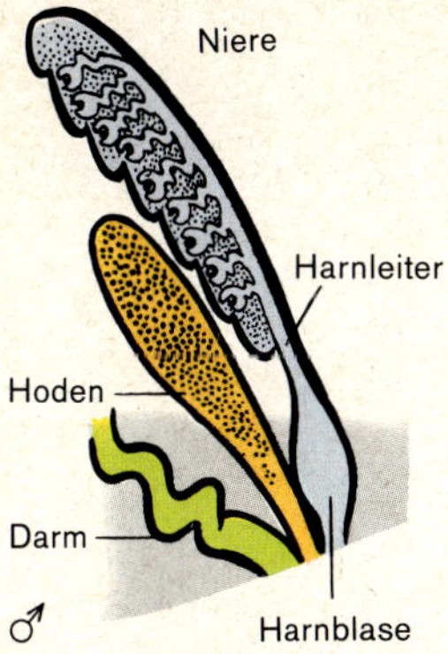

89a Die geschlechtliche Fortpflanzung bei den Wirbeltieren

Befruchtung. Im Wirbeltierkörper werden besondere Zellen gebildet, die zur Fortpflanzung dienen. Solche Zellen heißen *Geschlechtszellen*. Im weiblichen Körper reifen von Zeit zu Zeit *Eizellen*, die verhältnismäßig groß sind, da sie Nahrungstoffe für das junge Tier enthalten. Die Eizellen bestehen aus Eiweißstoffen und enthalten in ihrem Inneren einen Zellkern. Die männlichen Geschlechtszellen, die *Spermien*, sind viel kleiner und beweglich. Sie bestehen aus einem Kopf, einem Zwischenstück und dem der Fortbewegung dienenden Schwanz. Der Zellkern liegt im Kopf. Kommen beiderlei Geschlechtszellen zusammen, dann dringen Kopf und Zwischenstück einer Spermazelle in die Eizelle ein, die sich sofort mit einer Hülle umgibt und so das Eindringen weiterer Spermazellen verhindert. Bei der anschließenden *Befruchtung* verschmilzt der Kern der Spermazelle mit dem Kern der Eizelle. Nun teilt sich die Eizelle, und da sich die Tochterzellen fortgesetzt weiterteilen, entsteht ein vielzelliges Tier.

Die Befruchtung kann außerhalb oder innerhalb des weiblichen Körpers stattfinden. *Äußere Befruchtung* ist nur im Wasser möglich. Bei den Knochenfischen werden Eizellen und Spermien ins Wasser abgegeben. Bei den Froschlurchen kann äußere Befruchtung mit einer *Begattung* verknüpft sein (s. Grasfrosch!), während bei den Schwanzlurchen eine innere Befruchtung vorliegt (s. Molche!). *Innere Befruchtung* liegt bei den übrigen Wirbeltierklassen vor. Dabei werden die Spermien entweder durch Aneinanderpressen der Geschlechtsöffnungen (z. B. bei den Vögeln), oder mit Hilfe des männlichen Gliedes (Penis) in den weiblichen Körper geleitet, so bei Säugetieren und Knorpelfischen.

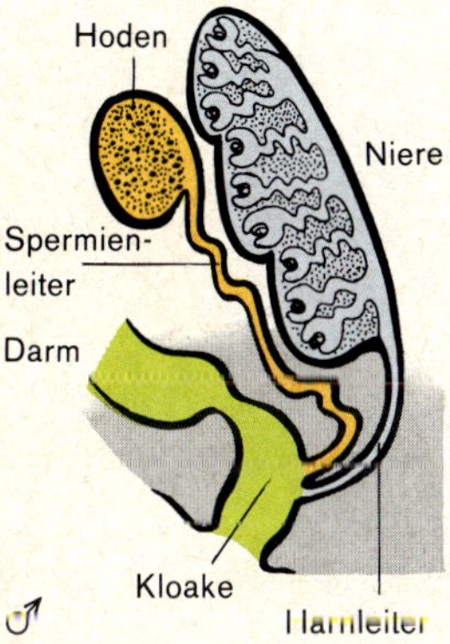

Da bei männlichen Wirbeltieren die Geschlechtsorgane mit den Nieren in Verbindung stehen, müssen wir diese in unsere Betrachtung mit einbeziehen. Bei Fischen und Amphibien sind die paarigen Nieren langgestreckte Organe (Urnieren), die zahlreiche Nierenkanälchen enthalten. Diese beginnen mit einem Wimpertrichter oder mit einer Nierenkapsel. Blutgefäße, die vor den Wimpertrichtern oder den Nierenkapseln Gefäßknäuel bilden, führen den Nierenkanälchen Stoffe zu, welche über die Urnierengänge in den Enddarm abgeführt werden. In der Nähe des vorderen Nierenabschnitts liegt je ein Hoden. Die dort erzeugten Spermien werden ursprünglich über Nierenkanälchen und die Urnierengänge in den Enddarm ausgeleitet. Bei den Weibchen entstehen die Eizellen in 2 Eierstöcken. Von dort gelangen sie durch einen Wimpertrichter in einen Ausführgang, der in den Enddarm mündet. Ein Enddarmabschnitt, in den Harnwege und Geschlechtsorgane münden, heißt Kloake. Kriechtiere und Vögel besitzen wesentlich kürzere Nieren. Die mit einer Nierenkapsel beginnenden Nierenkanälchen münden in ein Nierenbecken, welches als Ausführgang einen Harnleiter besitzt. Bei den Männchen werden die Spermien durch die erhalten gebliebenen Urnierengänge abgeführt. Im weiblichen Geschlecht sind die Ausführgänge für die Eier in 3 Abschnitte gegliedert, den Eileiter, die Gebärmutter und die Scheide. Bei manchen Kriechtieren und bei den Vögeln werden im Eileiter um die Eier (Dotter) Eiweißhüllen gebildet und in der Gebärmutter Schalen. Vögeln fehlt der rechte Eierstock und der rechte Ausführgang. Die Säugetiere weisen ähnliche Verhältnisse auf, nur ist hier der Darm von den Harn- und Geschlechtswegen getrennt. Säugetiere besitzen also keine Kloake (eine Ausnahme bilden die Schnabeltiere). Das junge Tier entwickelt sich in der Gebärmutter. Die paarigen weiblichen Geschlechtsorgane sind bei Schnabeltieren und Beuteltieren vollständig voneinander getrennt. Alle anderen Säugetiere haben nur eine Scheide.

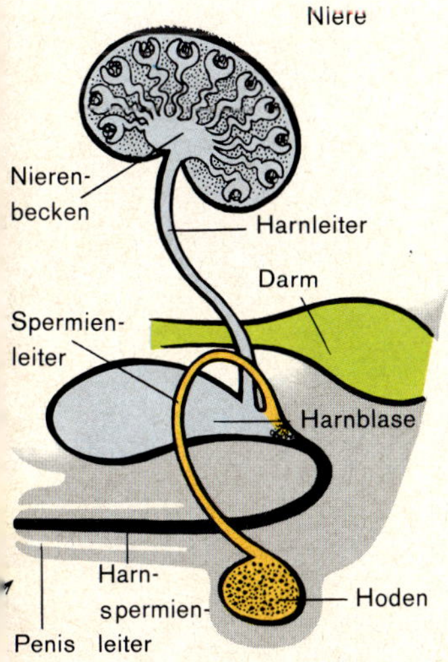

Geschichtliches zum System der Wirbeltiere

Je mehr Tierarten entdeckt wurden, um so dringlicher wurde es, sie übersichtlich zu ordnen. Dieses Bestreben gab es schon im Altertum (Aristoteles, Plinius), aber erst der schwedische Naturforscher CARL VON LINNÉ (1707–1778) schuf ein brauchbares System (Ds. 164), von dem hier ein Auszug über den Wolf abgebildet ist. Darüber hinaus haben sich zu allen Zeiten (und auch heute wird das fortgesetzt) viele Naturforscher damit beschäftigt, in großen Schrift- und Tafelwerken alle ins System eingeordneten Tiere ausführlich zu beschreiben und abzubilden. Ein deutscher Altmeister auf diesem Gebiet ist JOHANN CHRISTIAN DANIEL VON SCHREBER (1739–1810), aus dessen vielbändigem Werk »Die Säugthiere in Abbildungen nach der Natur mit Beschreibungen« hier Auszüge der Beschreibung des Wolfes und die zugehörige Abbildung wiedergegeben sind.

Auszug aus dem »Systema Naturae« von Carl von Linné, 13. Auflage 1788.

12. CANIS. *Dentes Primores* ſuperiores VI; laterales longiores diſtantes; intermedii lobati.
Inferiores VI; laterales lobati.
Laniarii ſolitarii incurvati. 89
Molares VI-VII. (pluresve quam in reliquis).

Lupus. 2. C. cauda incurvata. *Faun. ſuec.* 6. *Schreber Saeugth.* III. *p.* 346. *t.* LXXXVIII.
Canis ex griſeo flaveſcens. *Briſſ. quadr. p.* 170.
Lupus. *Geſn. quadr.* 634. *Aldrov. dig.* 144. *Jonſton quadr.* 89. *Raj. quadr.* 173.
Loup. *Buffon hiſt. nat.* VII. *p.* 39. *t.* 1.
Wolf. *Penn. brit. zool.* I *p.* 61. *t.* 1.
Wolf. *Ridinger wilde Thiere*, *t.* 21.

Habitat in Americae borealis, Aſiae, Africae, Europae *potiſſimum ſylvis etiam frigidioribus*, *ex magna Britannia inde ab anno* 800 *exterminatus. Catervatim incedit*, *pecora*, *equos*, *ſues*, *canes occidit*; *in ſilvis ſuſpicioſiſſimus vix audet*; *tractum funiculum metuit*, *portam non ſubit*, *ſed ſepimentum ſuperſilit*; *ſonitum tubae ſtentoreae non fert*; *auditu atque olfactu excellit*; *coit Januario*; *gravida per* 10 *hebdomadas parit pullos* 5--9 *coecos*; *adoleſcit anno tertio*, *et* 15--20 *annorum aetatem attingit*; *ſumma fame et frigore laceſſitus*, *in propriam ſpeciem et hominem ſaevit*; *inediam diu tolerat*; *unguibus retractis incedit*; *collum facile flectit*; *noctu ululat*; *lichene vulpino occiditur. Fn. ſuec.* 1129. *Ström ſöndm.* 391.

Anatome. *E. N. C. d.* 2. *a.* 9. *obſ.* 71. *et cent.* 10. *app.* 450.

Auszug aus »Die Säugthiere in Abbildungen nach der Natur mit Beschreibungen« von D. Johann Christian Daniel von Schreber.

Der Wolf.

Der Kopf ist dick. Die Stirne flach und breit. Die Schnauze gestreckt und spizig. Die Oefnung der Augenlieder schiefer als bey den Hunden. Die Ohren kurz. Die Beine lang. Der Schwanz langhaarig. Das Thier trägt ihn hängend, oder ziehet ihn zwischen die Hinterbeine. Die Länge des Thieres ohngefähr viertehalb Fuß, und die Höhe drittehalb [a]).

Die Stirne ist weißgrau und schwärzlich melirt. Die Schnauze bräunlich und schwärzlich. Die Oberlippen weißlich. Die Ohren auswendig schwarzbraun. Um die Ohren herum ist das Haar gelbbraun. Im Nacken eben so, doch mit schwarz melirt. Auf dem Rücken gelblich weißgrau, mit bräunlich und schwärzlich vermengt. An den Seiten weißgrau. Die Kehle weißlich. Der Hals unten, und die Brust,
9b bräunlich grau mit schwarz gemischt. Der Bauch licht gelbbräunlich, hinterwärts weißgrau. Die Vorderbeine gelbbräunlich, mit einem weissen Streif auf der innern, und einem schwarzen auf der obern Seite, welcher bis dahin reicht, wo sich der Fuß anfängt. Die hintern Beine auf der auswendigen Seite bräunlich, auf der inwendigen weißgrau, und an der Gränze zwischen beyden auf dem bräunlichen Grunde grau [b]).

90–129 Insekten

Es ist ein Sommertag. Das Gras steht hoch, und mit ihm sind unsere Wiesenblumen gewachsen. In bunter Vielfalt stehen sie da: die roten Lichtnelken und der blauviolette Wiesenstorchschnabel, der gelbe Hahnenfuß und der weiße Kerbel. Ganz besonders fallen die großen schirmförmigen Dolden der Doldengewächse auf. An ihnen bemerken wir auch die zahlreichen Blütenbesucher **(90,1)**. Um einige davon zu betrachten, nähern wir uns vorsichtig dem Blütenstand. Auf ihm sind verschiedene Tiere zu sehen. Da sitzen Fliegen und krabbeln Käfer, Schwebfliegen stehen schwirrend über den Blütendolden und Schmet-

9

terlinge fliegen gaukelnd durch den warmen Sommertag. In der Luft vernehmen wir ein unablässiges Summen und Brummen von Bienen und Hummeln. Am Boden springen Heuschrecken, zirpen Grillen und laufen Ameisen. Solche Tiere nennen wir Insekten. Es gibt weit über 1 Million Arten, von denen wir einige kennenlernen wollen. Sie sind in eine Reihe von Ordnungen eingeteilt. Von den bekanntesten Insekten der wichtigeren Ordnungen wollen wir etwas über die Lebens- und Verhaltensweise der Tiere, über ihren Bauplan und die Leistungen der einzelnen Organe erfahren.

90,2

90,3

90,4

90–93 Der Maikäfer (Melolontha vulgaris)

Jeder kennt ihn, und wenn er auch nicht bei allen Leuten beliebt ist, so darf der Maikäfer doch als der bekannteste Käfer gelten. Wollen wir Maikäfer sammeln, so schütteln wir sie am frühen Morgen vom Baum. Sie sind dann von der Nachtkühle noch starr und unbeweglich und lassen sich daher leicht von den Zweigen schütteln. Selbst wenn sie aus großer Höhe auf den harten Boden fallen, bleiben sie unverletzt. Wie kommt das? Wenn
90 wir einen Maikäfer anfassen, fühlen wir ein festes Äußeres. Dieses ist aus einem harten Stoff gebildet, den man *Chitin* nennt. Das Chitin wird von der Haut nach außen abgeschieden. Der ganze Körper ist mit dieser Schicht mehr oder weniger stark bedeckt. Der Chitinpanzer gewährt dem Körper Schutz und gibt ihm außerdem Festigkeit und Halt. Ist aber die Beweglichkeit des Maikäfers durch den Chitinpanzer nicht eingeschränkt? Bei genauer Betrachtung erkennen wir, daß der Chitinpanzer nicht aus einem einheitlichen Stück besteht. Ähnlich einer Ritterrüstung ist er in einzelne Abschnitte *gegliedert*. Dort, wo diese aneinanderstoßen, ist die Chitinschicht dünn und oft noch gefaltet. So sind die einzelnen Teile gelenkig miteinander verbunden. Dadurch erfüllt der Chitinpanzer des Maikäfers die Aufgaben, die bei einem Wirbeltier das Knochenskelett übernimmt. Wirbeltiere haben ein Innenskelett, Maikäfer dagegen ein Außenskelett **(90,5)**. Da alle anderen Insekten auch Chitinpanzer haben, gilt diese Aussage auch für sie. Wie beim Knochenskelett setzen auch an diesem Skelett Muskeln an, jedoch von innen.

90,1: *Insekten auf der Dolde eines Doldenblütlers.* **90,2–4:** *Von einem erhöhten Punkt aus »pumpt« der Maikäfer unter Anheben seiner Flügeldecken Luft in seinen Körper, faltet die Flugflügel auf und fliegt in steiler Haltung davon.* **90,5:** *Außenskelett der Insekten und Innenskelett der Wirbeltiere.*

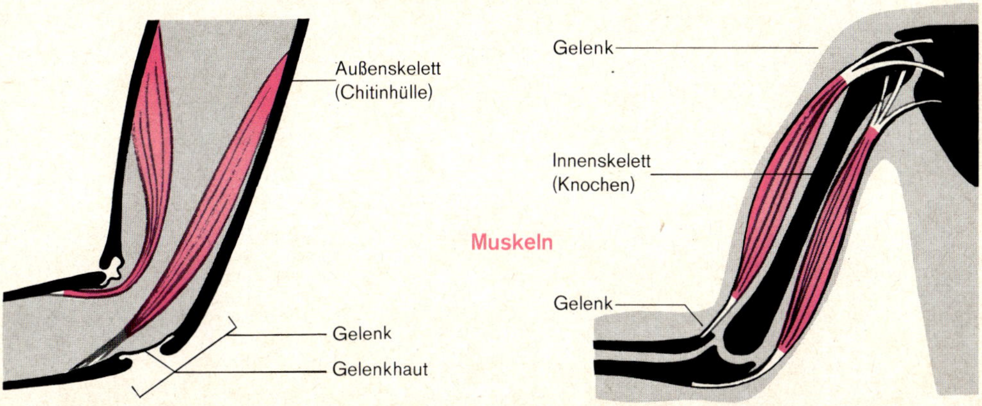

90,5

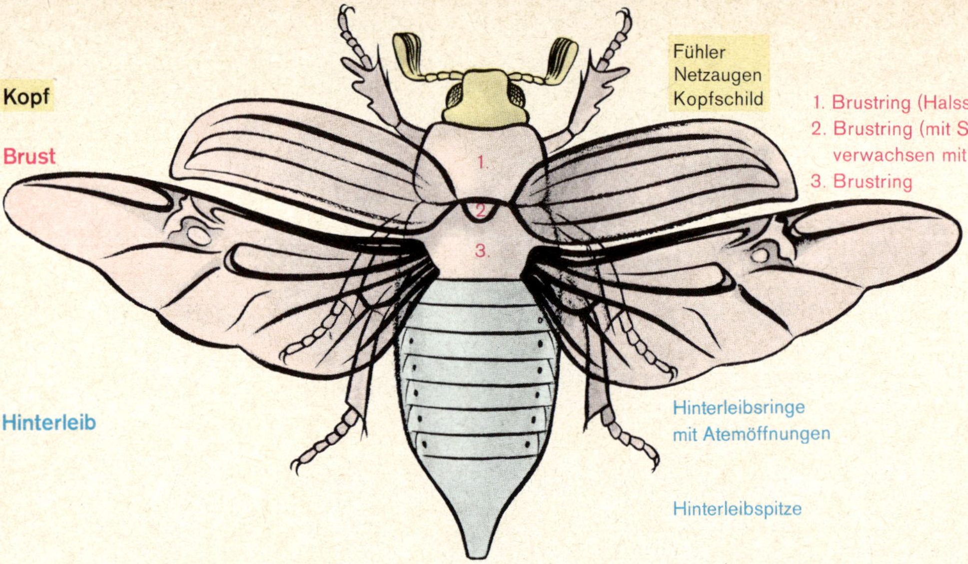

91,

Körpergliederung. An dem 2 bis 2½ cm großen Maikäfer läßt sich eine Gliederung in drei Abschnitte erkennen, nämlich in *Kopf, Brust* und *Hinterleib* **(91,1)**. Während der Kopf einheitlich erscheint, sieht man an Brust und Hinterleib weitere Unterteilungen. Die Brust besteht aus drei großen Ringen. Der erste hat eine feste Rückendecke, den *Halsschild.* Er ist kurz behaart und wechselt in der Farbe von rotbraun bis schwarz. Der 2. und 3. Brustring sind miteinander verwachsen. An ihnen sitzen die beiden Flügelpaare, die vorderen *Deckflügel* und die hinteren *Flugflügel.* In der Ruhehaltung überdecken die braunen, stark geripppten Deckflügel die zarten Flugflügel. Flügel sind Ausstülpungen der Haut. Die Flugflügel sind von Chitinadern durchzogen und können mittels Gelenken zur Ruhehaltung gefaltet oder zur Flughaltung gestreckt werden. Auf der Oberseite ist vom 2. Brustring nur das *Schildchen* zwischen den Flügeldecken zu sehen. Jeder Brustring trägt ein Paar Beine; im ganzen sind es also *3 Paar Beine.* Der schwarze Hinterleib ist in 7 Ringe unterteilt. Der letzte Ring läuft zur Hinterleibsspitze, dem *Griffel,* aus. Die Rückenteile der Hinterleibsringe sind weich und daher beweglich, die Bauchteile dagegen hart und starr. An ihren Seiten fallen die stark behaarten, weißen Dreiecke auf. In den dünnen Gelenkhäuten, welche Rücken- und Bauchplatten miteinander verbinden, liegen die *Atemöffnungen,* die man auch *Stigmen* nennt.

91,2: *Gliederfuß des Maikäfers. Links Vorderbein (Grabschiene); rechts Hinterbein.* **91,3:** *Querschnitt durch das 3. Brustsegment. Die 2 Phasen erläutern die indirekte Flügelbewegung.*

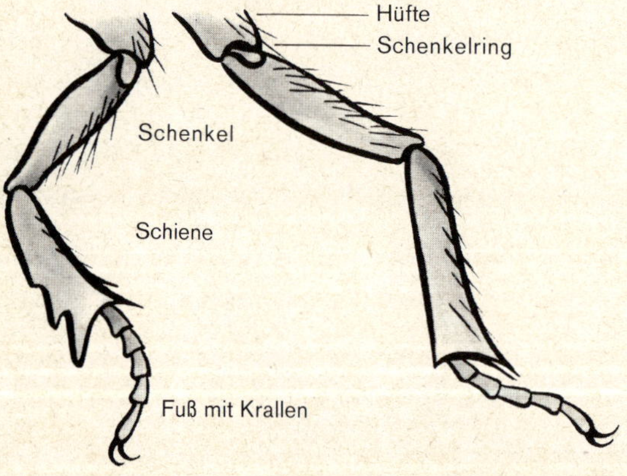

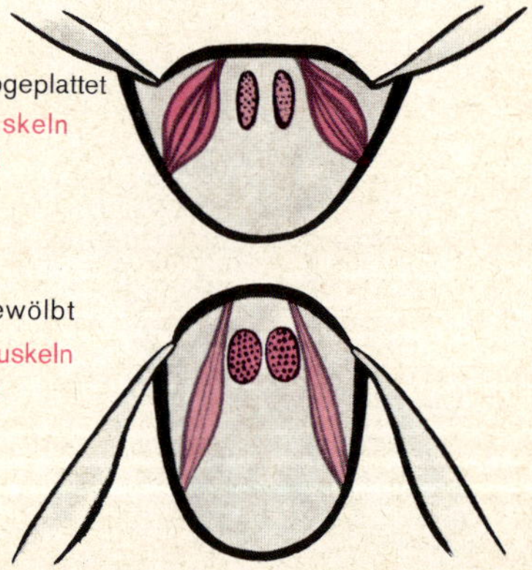

91,2

91,

Die Beine des Maikäfers sind ebenfalls in Abschnitte gegliedert **(91,2)** und dadurch beweglich. Der Käfer tritt beim Gehen auf den *Schienen* der 3 Beinpaare auf. Dabei wird der 5gliedrige *Fuß* nachgezogen. Mit den Krallen des letzten Fußgliedes krallt er sich beim Sitzen fest. Die Schiene der Vorderbeine ist breit, besonders beim Weibchen. Sie dient zum Graben.

Der Flug. Den nahenden Abflug eines Maikäfers erkennen wir am Anheben der Deckflügel und an Pumpbewegungen seines Hinterleibs. Damit füllt er Luft in sein Atmungssystem. Dieses Pumpen wird immer schneller; schließlich spreizt er die Deckflügel auseinander, entfaltet die Flugflügel und erhebt sich schwerfällig mit deutlich wahrnehmbarem Brummen in die Luft **(90,2–4)**.
Der Maikäfer ist kein eleganter, ausdauernder Flieger. Durch seine steile Flughaltung muß er einen beträchtlichen Luftwiderstand überwinden. Beim Flug steht das vordere Flügelpaar still und wirkt als Tragfläche, während die häutigen Hinterflügel durch schleifenartig erfolgendes Auf- und Abschwirren die Wirkung eines Propellers haben. Wie kommen diese Flügelbewegungen zustande? Im Brustabschnitt verlaufen kräftige Quer- und Längsmuskeln, die sich in ihrer entgegengesetzten Wirkungsweise ergänzen. Sie sitzen nicht direkt an der Basis des Flügels, sondern wirken indirekt über die Rücken- und Bauchspange. Zwischen beiden sitzt der Flügel mit 2 Gelenkstellen **(91,3)**. Die Quermuskeln erstrecken sich zwischen Rücken- und Bauchspange, während die Längsmuskeln die Brust schräg von vorn nach hinten durchziehen. Verkürzen sich die Quermuskeln, so

wird die Brust abgeplattet; die Flügel heben sich. Die Längsmuskeln sind dabei entspannt. Ziehen diese sich zusammen, während sich die Quermuskeln entspannen, so wird die Brust gewölbt, und die Flügel senken sich.

Die Atmungsorgane der Insekten setzen sich aus einem System von Röhren zusammen, welches durch Atemöffnungen, die *Stigmen,* nach außen mündet **(91,5–6)**. Die Röhren, *Tracheen* genannt, verzweigen sich im ganzen Körper bis zu feinsten Verästelungen. Dort findet der Gasaustausch statt. Ein elastischer Spiralfaden aus Chitin versteift innen die Tracheen **(91,4)**. Chitinborsten in den Stigmen filtern die Atemluft. Die Atembewegungen erfolgen durch Muskeln. Drücken sie auf die Röhren, so entweicht die darin enthaltene Luft. Entspannen sich die Muskeln wieder, so werden die Tracheen durch die Elastizität der Spiralfäden wieder weit, und Luft wird eingesaugt. Die Wirkungsweise ist die gleiche wie beim Blasebalg.

91,4: *Einzeltrachee, innen durch eine Chitinspirale versteift.* **91,5:** *Die Atemöffnungen (Stigmen) beim Engerling.* **91,6:** *Vom Stigma aus verästeln sich die Tracheen bis zu den feinsten Röhrchen.*

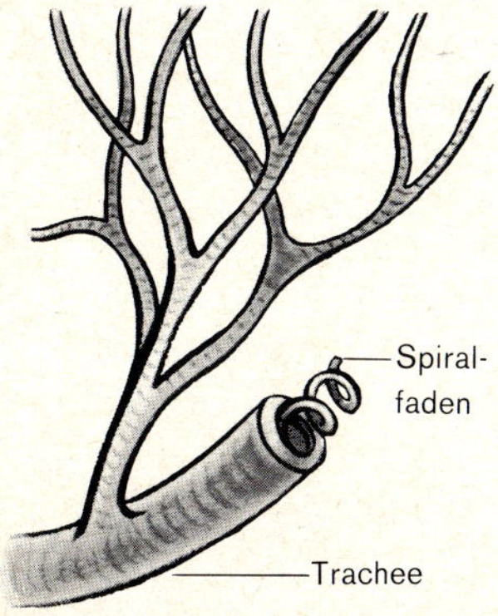

91,4

91,5

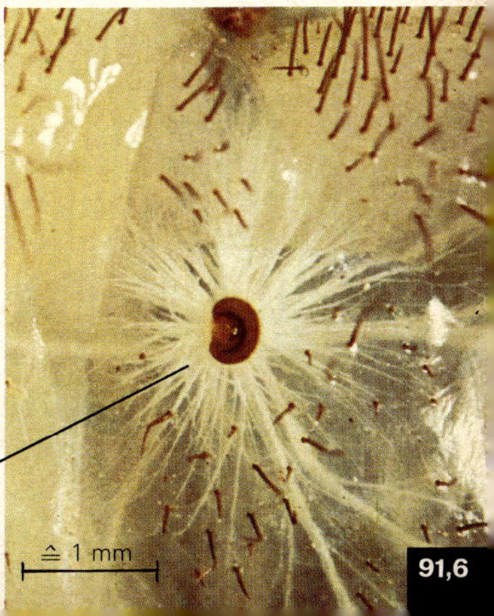

91,6

Ernährung. Mit der Entfaltung der Blätter unserer Laubbäume ist auch der Maikäfer da. Ist er in der Dämmerung im Wipfel eines Baumes gelandet, so beginnt er, vom Laub zu fressen **(92,1)**. Dazu befähigen ihn seine Mundwerkzeuge, die bei ihm wie bei anderen Käfern als beißende Mundwerkzeuge ausgebildet sind (Besprechung auf S. 94). Er nimmt das Laub von vielerlei Bäumen, z. B. junges Eichenlaub, Blätter von Weiden, Buchen, Obstbäumen und selbst die noch weichen Nadeln der Lärchen. Dadurch schadet er der Land- und Forstwirtschaft. Den größeren Schaden richtet jedoch seine Larve an (vgl. S. 93).

Sinnesorgane. Am Kopf des Maikäfers sitzen die paarigen *Augen* und 2 gegliederte *Fühler* mit *Fühlerblättchen* **(92,2)**. Käfer mit solchen Fühlern heißen *Blatthornkäfer*. 7 große Fühlerblättchen kennzeichnen das Männchen, 6 kleinere das Weibchen. Wozu dienen die Fühler? Sie sind die »Nase« des Maikäfers. Beim Riechen fächern sich die Blättchen auf. Wie sich bei der Betrachtung durch das Mikroskop zeigt, liegen auf den Fühlerblättchen viele kleine Felder mit je einer Öffnung. In der darunterliegenden Höhle sitzt ein *Riechorgan*. Mit Hilfe dieser Sinnesorgane finden Maikäfer ihre Nahrung, und Maikäfermännchen finden so die Weibchen, die am Geruch erkannt werden. Die Männchen besitzen an beiden Fühlern ungefähr 50000 solcher Riechgruben, die Weibchen dagegen nur etwa 8000. Der Unterschied in der Zahl der Riechgruben stimmt mit der beobachteten Tatsache überein, daß die Männchen die Weibchen aufsuchen. Bei vielen anderen Insektenarten sind die Riechorgane ebenfalls sehr leistungsfähig; so riechen bestimmte Käfer und Schmetterlinge Düfte über kilometerweite Entfernungen.

Die großen, gewölbten Augen des Maikäfers sind unbeweglich. Die Oberfläche zeigt viele kleine Sechsecke, die man *Facetten* nennt. Sie sind der äußere Abschluß von ebenso vielen keilförmigen Teilen, den *Einzelaugen* **(92,3)**. Jedes Einzelauge besteht aus einer Linse und dem darunterliegenden Kristallkegel zur Erzeugung des Bildes und einer daran anschließenden lichtempfindlichen Schicht. Jedes Einzelauge bildet nur einen eng umgrenzten Bereich aus der Umgebung ab; da sie aber zahlreich sind – jedes Auge setzt sich aus etwa 6000 Einzelaugen zusammen – und das ganze Auge gewölbt ist, haben die Käfer einen großen Sehbereich. Alle Bildpunkte setzen sich mosaikartig zum Gesamtbild zusammen. Solche Augen treten bei fast allen Insekten auf. Man nennt sie *zusammengesetzte Augen, Netz-* oder *Facettenaugen*.

92,1: *Fressender Maikäfer. Durch seinen Fraß kann er beträchtlichen Schaden anrichten und Bäume kahl fressen.* **92,2:** *Kopf des Maikäfers mit Fühlern und Facettenaugen. Es ist ein Männchen mit 7 Fühlerblättchen. Weibchen haben nur 6 kleinere Blättchen.* **92,3:** *Blockbild des Facettenauges. Die Oberfläche zeigt die 6eckigen Facetten, die die Oberfläche der keilförmigen Einzelaugen darstellen.* **92,4:** *Oben Bauplan eines Insekts, darunter das Strickleiternervensystem in der Ansicht von oben.*

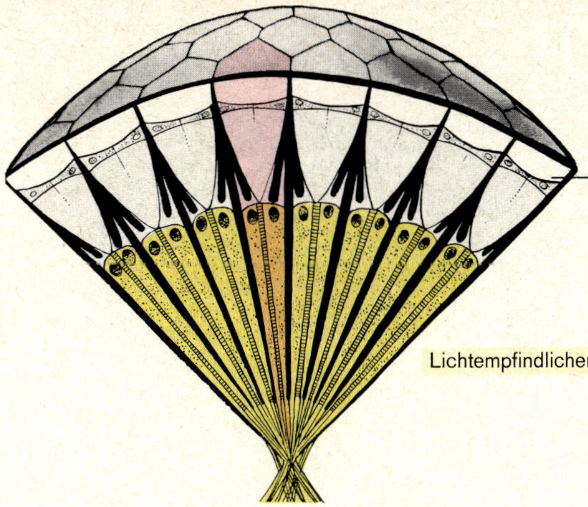

92,3

Innerer Bau. Die Abbildung **92,4** zeigt Anordnung und Form der inneren Organe, wie sie für Insekten kennzeichnend sind. Der *Darmkanal* gliedert sich in die Abschnitte Vorder-, Mittel- und Enddarm. Der Vorderdarm beginnt mit der *Speiseröhre,* die sich zum *Kropf* erweitert und in den *Kaumagen* übergeht, wo die Nahrung weiter zerkleinert wird. Daran schließt der *Mitteldarm* an. In ihm erfolgt die eigentliche Verdauung. Am Übergang zum *Enddarm* münden dünne Schläuche ein, die *Ausscheidungsorgane.* Sie haben die gleiche Aufgabe wie unsere Nieren. Im Hinterleib liegen die *Geschlechtsorgane,* bei den Weibchen die *Eierstöcke,* bei den Männchen die *Hoden.*

Im Kopf liegt das *Gehirn.* Durch Nervenstränge sind mit ihm die paarigen Facettenaugen verbunden. Vom Gehirn aus setzt sich das Nervensystem als *Bauchmark* fort. Es besteht aus 2 Nervensträngen, die den Körper durchziehen. Sie stehen durch knotenförmige Verdickungen, die *Nervenknoten* oder *Ganglien,* miteinander in Verbindung. Das Ganze ähnelt einer Strickleiter. Daher heißt ein solches Nervensystem *Strickleiternervensystem.* Es ist für die Insekten kennzeichnend.

Da das *Tracheensystem* den Transport der Atemluft im Körper besorgt, ist der *Blutkreislauf* einfach. Wir finden einen einfachen *Herzschlauch,* der über dem Darm liegt. Er saugt das farblose Blut durch seitliche Öffnungen an und pumpt es nach vorne, wo es den Herzschlauch verläßt. Dann fließt es frei durch den Körper; ein solcher Blutkreislauf heißt deshalb *offener Blutkreislauf.* Bei dem geschlossenen Blutkreislauf der Wirbeltiere fließt das Blut dagegen nur durch Adern.

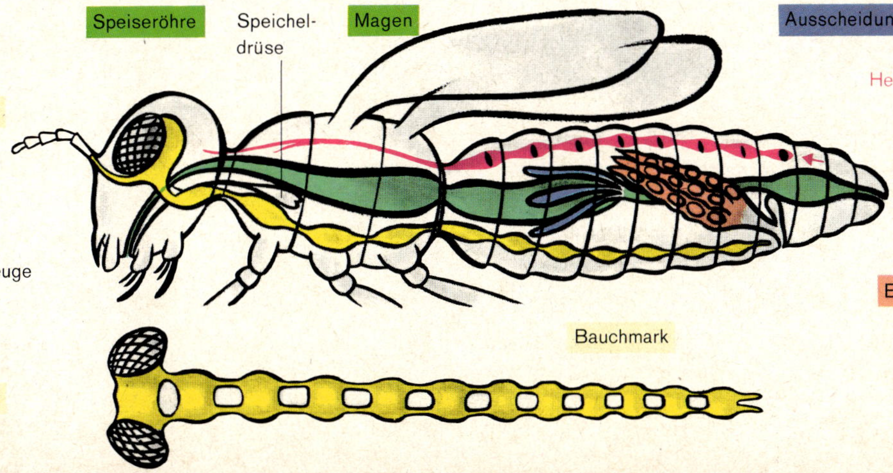

92,4

93,1

93,

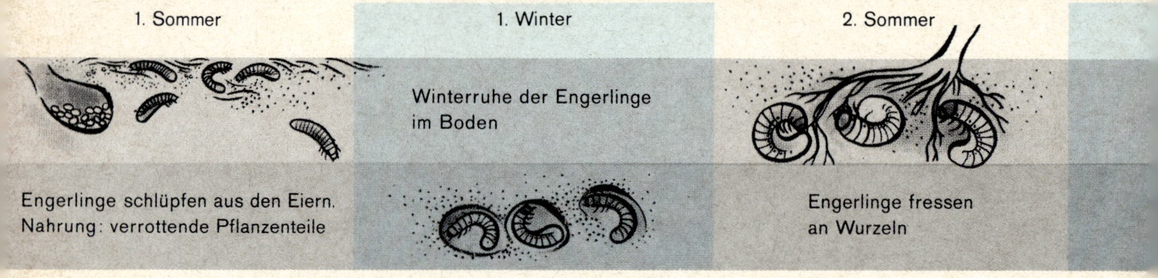

Entwicklung (93,1–93,5). Die Hauptschwärmzeit der Maikäfer, meist Ende Mai, ist auch die Zeit der *Begattung*. Die Männchen gehen danach bald zugrunde; die Weibchen legen in etwa 10–20 cm Tiefe 60–80 hanfkorngroße *Eier* ab **(93,1)**. Nach ungefähr 6 Wochen schlüpfen kleine Larven heraus. Während der nächsten 2½–3½ Jahre wachsen sie zu dicken, 5–6 cm großen, augenlosen *Engerlingen* heran **(93,2)**. Da die Chitinhülle nicht mitwachsen kann, *häuten* sie sich von Zeit zu Zeit. Mit den starken Oberkieferzangen nagen die Engerlinge selbst dicke Wurzeln durch und richten noch größeren Schaden an als die Käfer. Im Herbst des dritten Lebensjahres verpuppen sich die ausgewachsenen Engerlinge in einer Puppenwiege. In 4–8 Wochen vollzieht sich die Verwandlung zum Käfer. Die Puppe zeigt deutlich sichtbar die vom Körper abstehenden Anlagen der Mundgliedmaßen, Beine und Flügel **(93,3)**. Eine solche Puppe nennt man *freie Puppe*. Mit der Puppenhäutung schlüpft der Käfer aus, verharrt in frostsicherer Tiefe bis zum nächsten Frühjahr und gräbt sich dann aus der Erde heraus **(93,4)**. Diese Entwicklung über Larven- und Puppenstadium nennt man *vollkommene Verwandlung (Metamorphose)*. Sie ist temperaturabhängig. Deshalb dauert die Entwicklung in wärmeren Gebieten in der Regel 3 Jahre, in kälteren dagegen 4 Jahre. Somit treten Hauptflugjahre des Maikäfers alle 3 oder 4 Jahre auf.

Merkstoff. Der Maikäfer besitzt ein Außenskelett aus Chitin. Es gibt dem Körper Schutz und Halt und dient zum Ansatz der Muskulatur. Körper und Beine sind gegliedert; der Maikäfer zählt zu den Gliederfüßern. Die Flügelbewegung erfolgt indirekt durch Veränderung des Querschnitts der Brustkapsel. Er atmet mit dem feinverästelten, röhrenförmigen Tracheensystem. Er besitzt beißende Mundwerkzeuge. Die Fühlerblättchen tragen Geruchsorgane. Wegen der Fühlerblättchen gehört er zu den Blatthornkäfern. Die Augen sind aus Einzelaugen zusammengesetzt und heißen Netz- oder Facettenaugen. Die Entwicklung, eine vollkommene Verwandlung, dauert 3 oder 4 Jahre. Aus den Eiern entwickelt sich der Engerling, die Larve, die zur freien Puppe wird. Diese verwandelt sich zum Käfer.

93,3

93,4

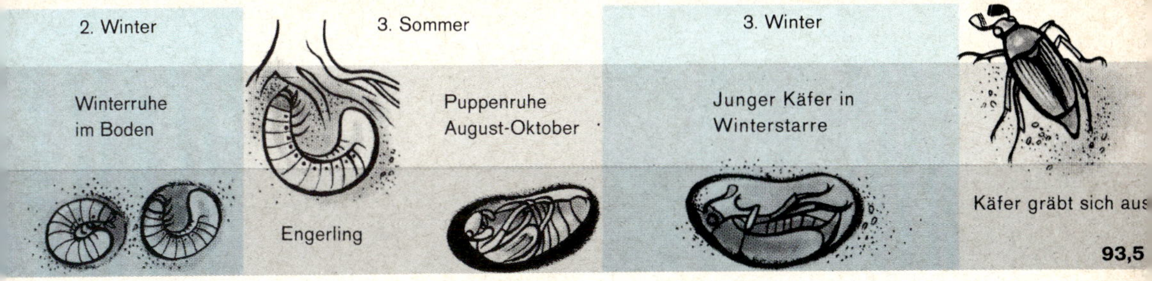

93,5

93 **Verwandte des Maikäfers.** Mit dem Maikäfer verwandt ist der *Rosenkäfer* (Cetonia aurata; 93,6). Er ist mit 2,5 cm etwa ebenso groß, aber gedrungener und hat eine grün bis goldgrün schillernde Oberseite. Wir finden ihn auf Blüten, wo er vor allem Blütenstaub frißt. Im Gegensatz zu anderen Käfern hält er im Flug die Deckflügel geschlossen. Maikäfer und Rosenkäfer gehören zu den *Blatthornkäfern.* Diese haben ihren Namen nach der blattartigen Verbreiterung der letzten Fühlerglieder.

Zu den Blatthornkäfern im weiteren Sinne gehört auch die *Familie der Hirschkäfer.* Der Hirschkäfer ist unser größter einheimischer Käfer (bis 6 cm). Seinen Namen hat er von den mächtigen, geweihartig vergrößerten Oberkiefern der Männchen **(93,7).** Der Unterschied der Geschlechter ist sehr auffällig, da die Weibchen nur kurze, zangenartige Oberkiefer haben **(93,8).** Mit den Oberkieferzangen führen die Männchen untereinander oft Kämpfe um die Weibchen. Die Käfer lecken den Saft blutender Eichen. Die Larven leben in den faulenden Stubben von Laubbäumen und brauchen zu ihrer Entwicklung 5 8 Jahre. Zur Verpuppung formt die Larve aus Erde und Holzteilen ein festes Gehäuse. In dieser Puppenwiege entwickelt sich die freie Puppe. Hirschkäfer stehen unter Naturschutz.

93,6: *Rosenkäfer.* **93,7:** *Hirschkäfermännchen.* **93,8:** *Hirschkäferweibchen.*

93,6

93,7

93,8

94,1

94,2

G

94,3

94,4

94 Laufkäfer

Der Goldlaufkäfer (Carabus auratus), auch Goldschmied genannt, zeigt auf seiner Oberseite einen prächtigen, goldgrünen Metallglanz **(94,1)**. Wir sehen ihn bei Tage rasch auf dem Boden dahinlaufen. Dazu befähigen ihn seine langen und kräftigen Beine. Er ist ein *Laufkäfer*. Fliegen kann er nicht, denn seine häutigen Flügel sind verkümmert. Wenn er ein Tier erbeutet, schlägt er seine starken Oberkiefer ein und scheidet in die Wunde einen verdauenden Darmsaft ab, der die Nahrung zu einem Brei verflüssigt. Dieser wird eingeschlürft. Er verdaut also seine Nahrung außerhalb des Körpers. Wenn wir einen Laufkäfer in die Hand nehmen, besudelt er diese oft mit einem braunen, übelriechenden Saft. Teils handelt es sich um den schon erwähnten Darmsaft, teils wird diese Flüssigkeit aus Hinterleibsdrüsen abgesondert. Das schützt ihn jedoch nicht davor, von vielen Tieren gefressen zu werden.

Der Lederlaufkäfer (Carabus coriaceus) ist mit 3–4 cm Länge einer der größten Laufkäfer Mitteleuropas **(94,2)**. Sein Name bezieht sich auf die lederartig gerunzelten 94 Flügeldecken, die miteinander verwachsen sind. Auch er ist flugunfähig. Der Lederlaufkäfer ist ein Nachttier, tagsüber verbirgt er sich, z. B. unter Steinen.

Der Puppenräuber (Calosoma sycophanta) ist ein prächtig gefärbter Laufkäfer **(94,3)**. Er stellt Raupen und Puppen von Forstschädlingen nach. Dabei sucht er seine Beute nicht nur am Boden, sondern steigt, ebenso wie seine Larve, auch auf Bäume. Von früh bis spät ist er auf der Suche nach Nahrung, die jährlich aus 200–400 Raupen besteht. Seine Larve frißt etwa den zehnten Teil. Wegen seiner Freßlust wurde er in Amerika zur Bekämpfung von Schädlingen eingesetzt. Die zu einer solchen biologischen Schädlingsbekämpfung eingesetzten Käfer werden in Laboratorien herangezogen und in befallenen Wäldern ausgesetzt. Der Puppenräuber steht unter Naturschutz.

94,1: *Goldlaufkäfer.* **94,2:** *Lederlaufkäfer.* **94,3:** *Puppenräuber.* **94,4:** *Sandläuferpaar bei der Begattung. Das Männchen hat mit seinen Oberkieferzangen das Weibchen an der Vorderbrust ergriffen.* **94,5:** *Larve des Sandläufers mit den beiden Haken am 5. Hinterleibsring.* **94,6:** *Kopfkapsel und Halsschild der Sandläuferlarve verdecken den Eingang in die Röhre.*

94,5

94,

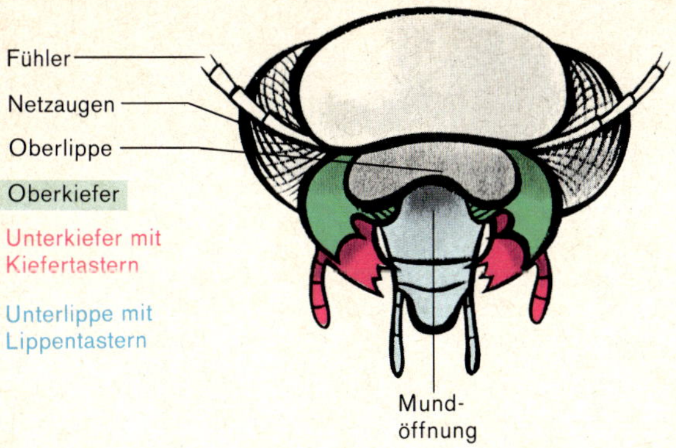

94,7

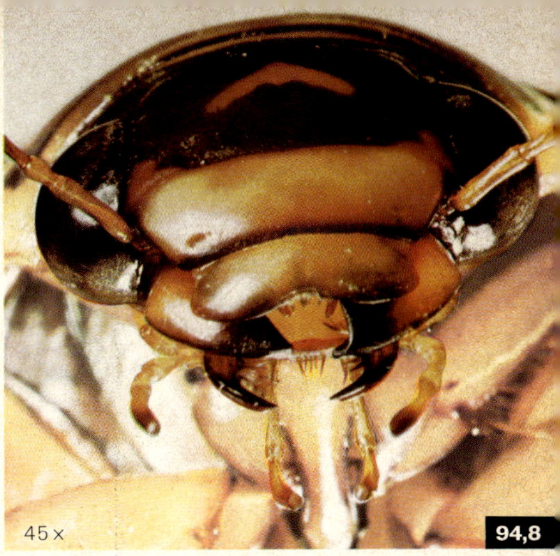

94,8

94,7: *Schemazeichnung der beißenden Mundwerkzeuge.* **94,8:** *Kopf des Gelbrands. An ihm erkennen wir die beißenden Mundwerkzeuge, die für die Käfer kennzeichnend sind.*

Den Feldsandläufer (Cicindela campestris; **94,4**) treffen wir am sichersten an sandigen, warmen Plätzen. Im Sonnenschein sind die Käfer sehr lebhaft und kaum zu fangen; sie laufen flink und fliegen immer wieder auf. Wenn es kühler ist, sind sie träge und meist in Erdlöcher verkrochen. Dieses unterschiedliche Verhalten ist darauf zurückzuführen, daß die Käfer wie alle Insekten wechselwarme Tiere sind. Die Larve lebt in senkrechten, 20–40 cm tiefen Erdröhren, die sie mit Kopfkapsel und Halsschild verschließt **(94,6)**. Mit 2 Haken am 5. Hinterleibsring **(94,5)** stemmt sie sich in der Röhre fest. Sie lauert mit geöffneten Oberkiefern auf Insekten. Wenn sie ein Insekt gefangen hat, zieht sie es in die Röhre und saugt es aus. Nahrungsreste und Kot werden hinausbefördert. Die Larve zieht sich bei der geringsten Bodenerschütterung in ihre Röhre zurück. Nach solcher Beunruhigung muß man einige Minuten verharren, bis sie sich wieder in der Öffnung zeigt. Die Entwicklung bis zum Käfer dauert 1 bis 3 Jahre.

Mundwerkzeuge der Käfer. Wir wollen die Mundwerkzeuge der Käfer bei einem Gelbrand betrachten. Sie sitzen vor der Mundöffnung und werden von der *Oberlippe,* einer Chitinplatte am Vorderrand des Kopfes, überdeckt **(94,7** und **94,8)**. Die zwei kräftigen *Oberkiefer* sind nicht gegliedert. Bei den Laufkäfern sind sie spitze, gebogene, teilweise gezähnte Zangen, mit denen sie ihre Beute packen. Bei pflanzenfressenden Käfern dienen die oberkiefer zum Abschneiden von Pflanzenteilen. Die *Unterkiefer* bestehen aus mehreren Teilen, z. B. aus den innen liegenden, beborsteten *Kauladen* und den *Kiefertastern,* mit deren Geschmackssinnesorganen die Nahrung überprüft wird. Den Abschluß der Mundwerkzeuge bildet die *Unterlippe* mit den *Lippentastern.* Solche Mundwerkzeuge heißen *beißende Mundwerkzeuge.* Ihre einzelnen Teile können entsprechend der Nahrung abgewandelt sein.

Merkstoff. Laufkäfer sind Käfer mit langen, kräftigen Laufbeinen und fadenförmigen Fühlern. Viele können nicht fliegen, da ihre häutigen Flügel verkümmert sind. Fast alle sind Fleischfresser. Käfer haben beißende Mundwerkzeuge. Sie bestehen aus Oberlippe, 2 Oberkiefern, 2 Unterkiefern mit Kiefertastern und einer Unterlippe mit Lippentastern. Laufkäfer verdauen ihre Nahrung außerhalb des Körpers.

95,1

95,2

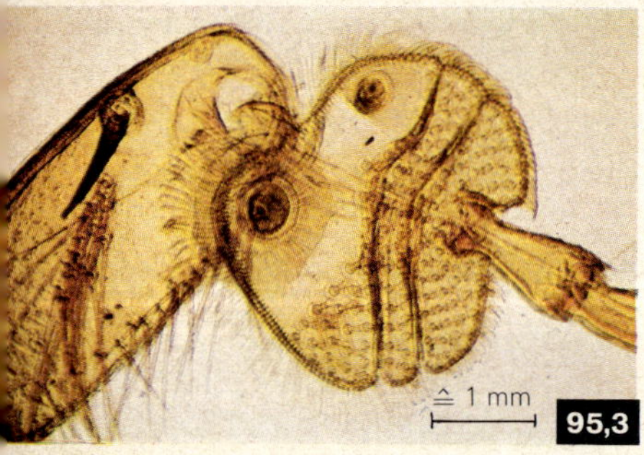

95,3

95,4

95 Käfer im Wasser

Käfer können auch im Wasser leben. Sie bevorzugen dabei stehende Gewässer wie Teiche und Gräben, die reich mit Wasserpflanzen bewachsen sind.

Gelbrandkäfer (Dytiscus marginalis). Ein häufiger Schwimmkäfer ist der fast 4 cm große Gelbrand **(95,1)**. Sein gelb umrandeter Halsschild und die gelb gerandeten Flügeldecken haben zu seinem Namen geführt. Der flach gewölbte Körper bietet dem Wasser beim Schwimmen nur wenig Widerstand. Seine Oberfläche ist mit Öl bedeckt, das aus unzähligen kleinen Hautdrüsen abgeschieden wird. So stößt der Körper das Wasser ab, ähnlich dem eingefetteten Gefieder eines Wasservogels. Als Antrieb dienen ihm seine langen Hinterbeine. Sie sind abgeplattet und tragen an Schiene und Fußgliedern einen dichten Besatz langer Borsten, die den Fuß wirkungsvoll verbreitern **(95,2)**. So entsteht ein leistungsfähiges Ruder, das ein rasches Schwimmen ermöglicht.
Wie die auf dem Land lebenden Käfer besitzt auch der Gelbrand ein Tracheensystem. Er muß deshalb zum Atmen an die 95
Wasseroberfläche kommen. Dabei streckt er nur ganz kurz seine Hinterleibsspitze aus dem Wasser heraus und hebt die Flügeldecken an. So gelangt Luft zwischen Flügeldecken und Hinterleib. Von hier wird sie durch die Stigmen in die Tracheen aufgenommen. Mit diesem Luftvorrat kommt der Käfer ungefähr eine halbe Stunde unter Wasser aus.
Gelbrandkäfer sind *Fleischfresser*. Sie ernähren sich von Wasserinsekten und deren Larven, von Würmern, Kaulquappen und Molchen. Sie beißen sich selbst an Fröschen und Fischen fest. Da sie auch der Fischbrut nachstellen, richten sie in Fischzuchtanstalten Schaden an. Auch die Larven leben von Fleischkost. Wie die Laufkäfer verdauen sie ihre Nahrung außerhalb des Körpers. Ihre mächtigen, zangenartigen Oberkiefer sind von einem Kanal durchzogen. Aus diesem fließen die Verdauungssäfte, die das Fleisch der

95,1: *Männchen des Gelbrands.* **95,2:** *Die Hinterbeine des Gelbrands mit ihrem Borstenbesatz sind Schwimmbeine.* **95,3:** *Fußglieder der Vorderbeine sind beim Gelbrandmännchen zu Haftscheiben verbreitert und tragen viele Saugnäpfe.* **95,4:** *Die Larve des Gelbrands hat eine Kaulquappe erbeutet.* **95,5:** *Taumelkäfer; mit den geteilten Augen sieht er über und unter Wasser.* **95,6:** *Kolbenwasserkäfer. Sein Weibchen spinnt an der Unterseite von Wasserpflanzen einen Kokon, belegt ihn mit ungefähr 50 Eiern und setzt daran einen Atmungskamin. Durch die Lage der Eier kippt das Eischiffchen nicht um* **(95,7)**.

Beutetiere auflösen. Durch ihn wird auch der Nahrungsbrei aufgesogen. Die 5 cm langen Larven sind ebenso gefräßig wie die Käfer **(95,4)**. Sie nehmen ihre Atemluft an der Wasseroberfläche durch röhrenförmige Fortsätze am Hinterende auf.
Die Geschlechter unterscheiden sich an der Form der vorderen Fußglieder und an den Flügeldecken. Die der Männchen sind glatt, die der Weibchen sind matter und haben tiefe, parallele Längsfurchen. Am Vorderbein der Männchen sind die ersten drei Fußglieder scheibenförmig verbreitert. An der Unterseite erkennt man 2 große und viele kleine Saugnäpfe **(95,3)**. Mit den so zu Haftbeinen umgebildeten Vorderbeinen hält sich das Männchen bei der Paarung auf dem glatten Halsschild des Weibchens fest; sie wirken wie Gummisaugnäpfe an einer glatten Fläche. Die Eier werden mit Hilfe eines Legebohrers einzeln in Blätter der Wasserpflanzen abgelegt. Dort werden sie von der Pflanze mit Sauerstoff versorgt. Die Entwicklung dauert je nach Wassertemperatur 6–10 Wochen.
Der Gelbrand ist auch ein guter Flieger, der in der Dämmerung und bei Nacht kilometerweite Flüge unternimmt. So sucht er andere Gewässer als neuen Lebensraum auf. In mondhellen Nächten landet er manchmal auf Gewächshäusern, die durch ihre Spiegelung eine Wasseroberfläche vortäuschen.
Die Larven des Gelbrands verpuppen sich im Boden der Uferränder. Dies deutet darauf hin, daß der Gelbrand von landbewohnenden Käfern abstammt. Die fadenförmigen Fühler, seine übrige Körperform sowie die Ernährungsweise der Larven weisen auf eine Verwandtschaft mit den Laufkäfern hin.

95 **Kolbenwasserkäfer** (Hydrous piceus). Der fast 5 cm große, pechschwarze Kolbenwasserkäfer **(95,6)** steht wegen seiner Seltenheit unter Naturschutz. Der Käfer lebt von Pflanzen; seine bis zu 7 cm lange Larve ist dagegen ein Fleischfresser. Beim Käfer sitzt die Atemluft an der Unterseite des Rumpfes, die dadurch silbern glänzt. Sie wird von einem dichten Besatz gelber Härchen festgehalten. Interessant ist die Brutfürsorge. Die Eier liegen in einem vom Käfer hergestellten Gespinst oder Kokon, das er an die Unterseite von Schwimmblättern anheftet **(95,7)**.
Auf Teichen kreisen oft in Scharen mit großer Schnelligkeit die stahlblau glänzenden **Taumelkäfer** (Gyrinus natator). Sie zeigen hervorragende Anpassung an das Leben auf dem Wasser: der Körper ist stromlinienförmig, die beiden hinteren Beinpaare wirken als kräftige Paddel, und die geteilten Augen sehen sowohl über, als auch unter Wasser **(95,5)**.

Zusammenfassung. Die hier aufgeführten Wasserkäfer sind nicht miteinander verwandt. Alle zeigen aber Anpassungen an das Wasserleben, sei es als ausgebildete Käfer, sei es als Larven oder bei der Fortpflanzung. Als Tracheenatmer müssen sie jedoch ihre Atemluft an der Wasseroberfläche holen.

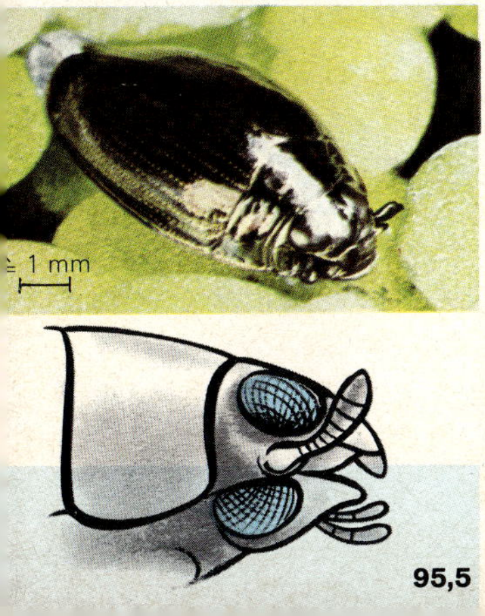

95,5

95,6

95,7

96

96 Bockkäfer und Schnellkäfer

Bockkäfer sind leicht zu erkennen. Sie haben einen langgestreckten, schmalen Körper und sehr lange Fühler. Besonders lang sind sie beim Männchen des *Zimmermannsbocks* (Acanthocinus aedilis). Bei ihm übertreffen die Fühler die Körperlänge von 2 cm um das Fünffache. Die Fühler der Weibchen sind kürzer **(96,1)**.

Bockkäfer entwickeln sich fast alle im Holz. Wir finden sie in Wäldern, z. B. an Holzstößen und Baumstümpfen, aber auch auf Blütendolden von Wiesenpflanzen. Die Larven 96
leben unter der Baumrinde und fressen sich mit zunehmendem Alter immer tiefer ins Holz hinein. Bei einer Larvenzeit von mehreren Jahren entstehen umfangreiche Bohrgänge. Da die Larven ihre Entwicklung aber meist in vermodernden Baumstümpfen oder in anbrüchigen Stämmen durchmachen, richten sie keinen großen Schaden an. Ganz anders verhält es sich dagegen mit dem *Hausbock* (Hylotrupes bajulus). Er ist ein gefährlicher Schädling in verarbeitetem Nadelholz und tritt bei uns häufig auf. Der ungefähr 1,5–2,5 cm lange Käfer ist unscheinbar gefärbt **(96,2)**. Das Weibchen legt mit seiner Legeröhre 200–400 Eier in Risse von Balken. Die ausschlüpfenden Larven fressen dicht unter der Oberfläche Gänge **(96,3)**, wobei eine dünne Außenschicht des Holzes stehenbleibt. Sie enthalten ein Gemenge von Bohrmehl, Holzspänen und Kot. Die im Dunkeln lebenden Larven sind weißlich gefärbt. Lediglich der Kopf mit den kräftigen Oberkiefern ist wegen seines dicken Chitinpanzers braun. Augen und Beine fehlen. Zur Fortbewegung dienen warzenartige

96,1: *Weibchen des Zimmermannsbocks.* **96,2:** *Hausbock.* **96,3:** *Schadfraß des Hausbocks.* **96,4:** *Moschusbock.* **96,5:** *Pärchen eines Blütenbocks (Leptura rubra) bei der Begattung. Beachte die*

96,2

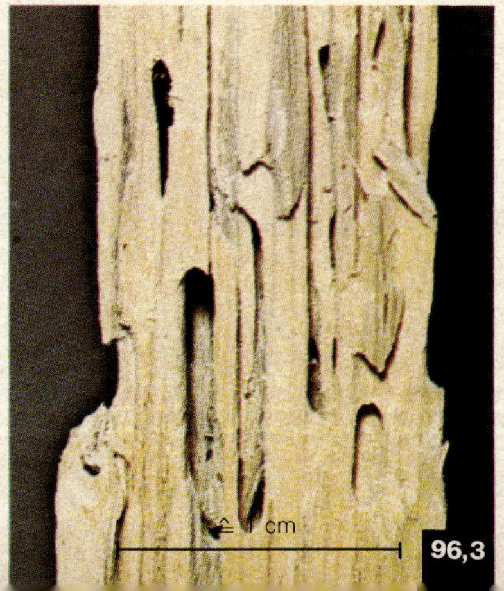

96,3

96

Rückenwülste an den einzelnen Körperringen. Die Larvenzeit dauert sehr lange, meist 6–7 Jahre. Das hängt mit dem geringen Nährwert des Holzes zusammen. Die Larve nagt noch vor der Verpuppung ein ovales Flugloch aus und schließt es wieder. Die im Juli und August auftretenden Käfer haben nur eine Lebensdauer von 2–4 Wochen. Der Befall der Balken ist von außen nicht zu erkennen. Daher entdeckt man den Schaden oft erst, wenn es zur Bekämpfung schon zu spät ist. Bei starkem Befall muß das Gebälk wegen Einbruchsgefahr erneuert werden. Der beste Schutz ist das vorbeugende Imprägnieren des Holzes.

Der *Moschusbock* (Aromia moschata) ist metallisch grün mit goldenem oder blauem Schimmer **(96,4)**. Er lebt vor allem auf Weidenbäumen. Sein gestreckter Körper wird über 3 cm lang. Aus Hautdrüsen scheiden die Käfer einen starken, moschusartigen Duft aus. Sehr häufig sind bei uns Blütenböcke **(96,5)**.

Schnellkäfer. Unter den blütenbesuchenden Käfern finden wir auch solche mit langgestrecktem, schmalem Körper. Es sind Schnellkäfer **(96,6)**. Ihr Name bezieht sich auf eine eigenartige Fähigkeit. Mit Hilfe einer auf der Unterseite des Brustabschnittes ausgebildeten Schnellvorrichtung können sich die Käfer emporschnellen. Besonders aus der Rückenlage landen sie mit einem Überschlag meist auf den Beinen. Die Beobachtungen über das Schnellen ergaben, daß es als Fluchtreaktion anzusehen ist. Es erfolgt mit großer Muskelkraft. Man spürt das, wenn man einen Schnellkäfer zwischen die Finger nimmt, und man hört dabei ein knipsendes Geräusch. Der Schnellmechanismus ist sehr verwickelt und

noch nicht völlig geklärt. Stört man die Käfer, so lassen sie sich von den Pflanzen sofort zu Boden fallen und stellen sich tot.
Die Larven der Schnellkäfer werden wegen ihrer langen, drehrunden Form und ihres harten, glatten Panzers Drahtwürmer genannt. Viele Arten richten auf Feldern und in Gärten großen Schaden an. Besonders berüchtigt ist die Larve des *Saatschnellkäfers* (Agriotes lineatus), die an Saaten geht und Wurzeln sowie unterirdische Sproßteile frißt **(96,7)**.

Merkstoff. Bockkäfer haben einen schlanken Körper und auffallend lange Fühler. Ihre Larven leben im Holz. Die Larven des Hausbocks zerstören verbautes Nadelholz. Bockkäfer sind Pflanzenfresser. Schnellkäfer verdanken ihren Namen der Fähigkeit, sich emporschnellen zu können. Ihre Larven, die Drahtwürmer, verursachen durch Wurzel- und Knollenfraß große Schäden an Getreide und anderen Kulturpflanzen.

Unterschiede zwischen dem Männchen (oben) und dem Weibchen. **96,6:** *Eine Schnellkäferart mit stark gekämmten Fühlern (Corymbites pectiniformis).* **96,7:** *Drahtwurm (Larve des Saatschnellkäfers).*

97 Rüsselkäfer und Borkenkäfer

Das kennzeichnende und namengebende Merkmal der Rüsselkäfer sind der rüsselförmig 97
verlängerte Kopf und die meist geknieten Fühler. An der Rüsselspitze liegen die Mundwerkzeuge. Die Käfer dieser Familie sind überall verbreitet. Larven und Käfer sind Pflanzenfresser, und fast immer wird von einer Käferart eine bestimmte Nährpflanze bevorzugt. Meist sind es kleine Käfer, einen ausnahmsweise großen Rüsselkäfer zeigt Abb. **97,1**, einen *Möhrenrüßler* (Liparus germanus).

Der Apfelblütenstecher (Anthonomus pomorum) ist ein Obstbaumschädling. Er frißt sowohl an Apfel- als auch an Birnenknospen, ist nur etwa 4 mm lang und trägt auf den Flügeldecken eine graue Querbinde **(97,2)**. Die unter Rinde oder auch am Boden überwinterten Käfer befliegen schon im März die Apfelbäume. Die Weibchen bohren mit ihrem langen Rüssel die Blütenknospen an und legen je ein Ei hinein. Im Schutze der Knospe erfolgt die Larvenentwicklung. Die Larve frißt die inneren Blütenteile auf, so daß es zu keiner Fruchtbildung kommt. Die Blütenblätter sterben ab, vertrocknen und werden bräun-

97,1: *Möhrenrüßler, mit 13–18 mm Länge einer unserer größten Rüßler.* **97,2:** *Apfelblütenstecher und* **97,3** *seine Puppe in geöffneter Knospe.* **97,4:** *»Verbrannte« Blütenknospe am Apfelbaum.*

lich. Die Knospen sehen nun wie verbrannt aus, weshalb man den Schädling auch »Brenner« nennt **(97,4)**. Er tritt manchmal so zahlreich auf, daß die meisten Knospen der Apfelbäume braun sind. In ihnen findet man Larven und später Puppen **(97,3)**.

Der Kornkäfer (Calandra granaria) ist ein Getreideschädling **(97,5)**. Das Weibchen bohrt mit seinem Rüssel Getreidekörner an und legt in jedes Korn ein Ei. Die ausgeschlüpfte Larve ernährt sich vom Mehlkörper des Korns, das ganz ausgefressen wird. Nach der Puppenruhe erscheint der etwa 3 mm lange, dunkelbraun gefärbte Käfer, der an der sonst unversehrten Schale des hohlen Getreidekorns ein rundes Bohrloch hinterläßt. Da sich bei günstigen Bedingungen (27 °C) 3 bis 4 Generationen im Jahr entwickeln können und ein Weibchen durchschnittlich 150–200 Eier legt, kommt es sehr schnell zu einer Massenvermehrung und einem entsprechend großen Schaden.

Der Große Fichtenrüsselkäfer (Hylobius abietis; **97,6**) kommt in Nadelwäldern vor. Er ist ein großer Schädling junger Nadelbäume. Er nagt tiefe Löcher bis ins Splintholz. Dadurch kommt es zum Harzfluß, zum Vertrocknen der Nadeln und oft auch zum Absterben der Bäumchen.

Der Haselnußbohrer (Balaninus nucum) fällt durch einen sehr langen, dünnen Rüssel auf **(97,7)**, der beim Weibchen länger als der ganze Körper ist. Mit ihm bohren die Weibchen die noch weichen, unreifen Nüsse an und legen je ein Ei hinein. Die Larve frißt den Kern der Nuß völlig auf, bohrt ein rundes Ausschlupfloch in die Schale und geht zum Überwintern in den Boden. Nach der Verpuppung im Frühjahr erscheint kurz darauf der Käfer. Finden wir taube Haselnüsse mit Kotkrümeln und einem runden Loch in der Schale, so sind dies die Spuren der Larve des Haselnußbohrers.
Es gibt Rüsselkäfer, deren Weibchen Blätter tütenförmig einrollen. Dahinein legen sie Eier. Die ausschlupfenden Larven ernähren sich von der Blattrolle.

Borkenkäfer. Zu den Borkenkäfern gehört der gefürchtete *Buchdrucker* (Ips typographus). Er befällt besonders Fichten, unter deren Rinde sich der dunkelbraune, 4 bis 5 mm lange Käfer entwickelt. Das Weibchen frißt einen senkrechten Muttergang und legt rechts und links davon in Nischen die Eier ab. Die ausschlüpfenden Larven fressen waagerecht vom Muttergang abzweigende Larvengänge **(97,8)**, die wie die Zeilen eines Buches übereinanderliegen (Name!). Die Fraßgänge erweitern sich gegen das Ende zur Puppenwiege. Der ausschlüpfende Käfer bohrt ein rundes Flugloch in die Rinde.

97,5: *Kornkäfer fressen an einem Getreidekorn.* **97,6:** *Großer Fichtenrüsselkäfer.* **97,7:** *Haselnußbohrer.* **97,8:** *Das Fraßbild des Buchdruckers mit den Larven, oben der Käfer.*

97,6

97,7

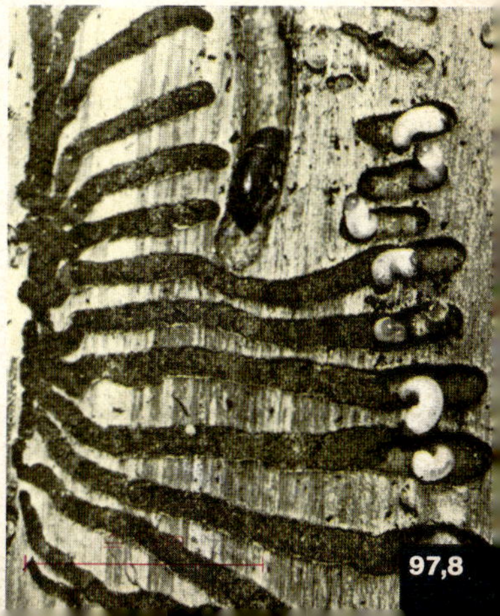
97,8

98,1: *Roßkäfer.* **98,2:** *Pillendreher mit aus Kot verfertigter Brutpille. Bei den alten Ägyptern galt er als heilig.* **98,3:** *Vom Geruchssinn geleitet, sammeln sich Aaskäfer an Tierkadavern, wie hier der 12 mm lange Rothals-Aaskäfer (Oeceoptoma thoracicum).* **98,4:** *Die drei Larvenformen des Ölkäfers.*

98 Entwicklungsbiologie einiger Käfer

Im Wald finden wir häufig den blauschwarz schimmernden **Mist-** oder **Roßkäfer** (Geotrupes stercorarius; **98,1**). Er und seine Larven nähren sich von Kot und faulenden Pflanzen, besonders Pilzen. Schon aus großer Entfernung wittern die Käfer Pferdeäpfel. In der Fürsorge für die Brut kommt immer ein Paar zusammen. Sie graben sich meist unter dem Kothaufen einen fast senkrechten, 30–50 cm tiefen Gang, von dem 4–6 seitliche Röhren abzwei- **98**
gen. Diese werden mit Kot gefüllt, und eine in den Kot gegrabene Höhlung wird zur Eikammer. Die Larve frißt fast alles auf und verpuppt sich im Sommer des nächsten Jahres.

Der **Pillendreher (98,2)** ist im Mittelmeergebiet beheimatet. Frischen Kot formt er zur walnußgroßen Kugel, die er mit den Hinterbeinen rückwärtsgehend rollt. Sie wird eingegraben, dann legt das Weibchen ein Ei daran ab. Die ausschlüpfende Larve lebt von der Brutpille und entwickelt sich in ihr zum Käfer.

Aaskäfer ernähren sich fast ausschließlich von Aas **(98,3)**. Eine hoch entwickelte Brutpflege zeigen die **Totengräber (98,7)**. Die 3 bis 4 cm langen Käfer vergraben die Kadaver kleiner Wirbeltiere. Finden mehrere Käfer eine Tierleiche, so bekämpfen sie sich während des Eingrabens so lange, bis das stärkste Pärchen übrig bleibt; denn der Kadaver reicht nur für die Nachkommenschaft eines Paares aus. Die Käfer graben unter dem Kadaver eine Grube. Dieser sinkt ein und wird mit Erde überdeckt **(98,8)**. Nach der Begattung drücken die Käfer den Kadaver zu einer Kugel zusammen. Dabei stemmen sie sich mit dem Rücken gegen die Erde, wodurch nach mehreren Stunden eine Bruthöhle entsteht. Von ihr geht seitlich ein Gang ab, in den das Weibchen 14–15 Eier legt. Dann frißt es oben in den

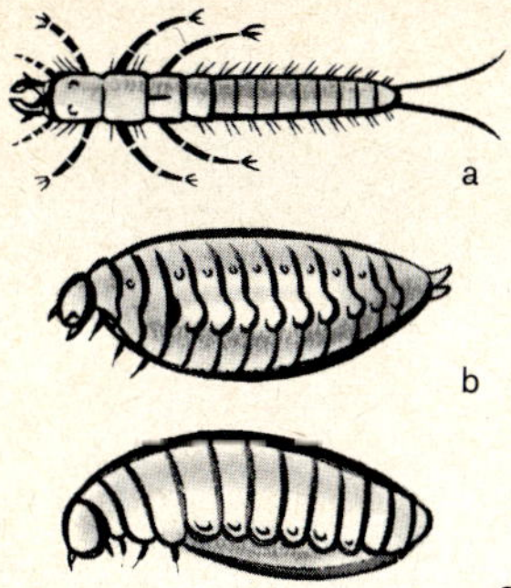

98,4

98,5

98,6

98,5: *Weibchen des Ölkäfers.* **98,6:** *Der Bienenwolf wird bis 1,5 cm lang und zeigt eine auffällige Färbung.* **98,7:** *Gemeine Totengräber (Necrophorus vespillo) an einer toten Maus.* **98,8:** *Die Maus wird eingegraben.* **98,9:** *Das Weibchen füttert die Larven auf der Aaskugel in der Bruthöhle.*

Kadaver eine Grube hinein: Das Aas wird von ihm vorverdaut. Durch den Geruchssinn geleitet und von der Mutter durch Zirpen angelockt, klettern die nach 5 Tagen schlüpfenden Jungen auf die Aaskugel. Sie betteln das Weibchen an und werden gefüttert **(98,9)**. Nach einigen Tagen fressen sie sich selbst in die Aaskugel hinein. Oben wacht das Weibchen. Es verläßt die Höhle erst mit der Verpuppung der Larven.

Die verschiedenen von Kot und Aas lebenden Käfer haben in der Natur ihre Bedeutung. Kadaver und Kot werden beseitigt und deren Stoffe in den Kreislauf zurückgeführt. Das ist auch für die menschliche Hygiene bedeutsam. So werden in kurzer Zeit Fäulnisherde beseitigt, die sonst von krankheitsübertragenden Fliegen aufgesucht würden.

Im Frühjahr sieht man auf den Wiesen langsam kriechende, wurmförmige Käfer. Es sind **Ölkäfer,** auch Maiwürmer genannt (Meloë proscarabaeus; **98,5**). Besonders die Weibchen haben einen dicken Hinterleib. Die Männchen werden 1 cm, die Weibchen 3 bis 4 cm lang. Beide haben nur kurze Deckflügel und können nicht fliegen. Bei Gefahr scheiden sie aus den Beingelenken eine giftige, ölige Flüssigkeit aus. Weibchen legen zwischen 1000 und 10000 Eier. Die kleinen, 3 mm langen, gelben Larven klettern auf Blüten **(98,4a)**. Mit ihren Beinen, die 3 spitze, gebogene Klauen tragen, klammern sie sich am Pelz von einzellebenden Bienen fest. Im Bienennest springen sie mit einem Satz auf ein in einer Zelle liegendes Ei. Verfehlen sie es, so ertrinken sie im Futterbrei. Nachdem die Zelle verschlossen ist, frißt die Larve das Ei und verwandelt sich durch eine Häutung in eine kahnförmige Larve, die auf dem in der Zelle befindlichen Futterbrei schwimmt **(98,4b)**. Mit der nächsten Häutung verschwinden die Beine. Diese Schein-Puppe überwintert, und im Frühjahr geht daraus eine 3. Larve hervor, die sich endgültig verpuppt **(98,4c)**.

98,9

Der **Bienenwolf** (Trichodes apiarius), auch Bienen- oder Immenkäfer genannt, kommt in Wildbienennestern und mitunter in schlecht gehaltenen Bienenstöcken vor **(98,6)**. Die Larven ernähren sich von der Bienenbrut und alten, schwach gewordenen Bienen. Die Käfer sitzen vornehmlich auf Doldenblüten und machen Jagd auf kleine Insekten.

99 Käfer aus weiteren Familien

Blattkäfer. Die Käfer dieser artenreichen Familie sind gewöhnlich klein, haben einen stark gewölbten Körper und sind oft auffallend gefärbt. Zu ihr gehört auch der *Kartoffelkäfer* (Leptinotarsa decemlineata) als recht gefährlicher Schädling. Ursprünglich war er in Nordamerika zu Hause, und nach seinem ersten Fundort in Colorado heißt er auch Coloradokäfer. Dort lebte er an einem wilden Nachtschattengewächs, wechselte auf die Kartoffelpflanze über und vermehrte sich bei dem reichlichen Nahrungsgebot sehr stark. **99**
Nach Europa eingeschleppt, erreichte er 1936 auch Deutschland, und seitdem breitet er sich nach Osten aus.

Die Käfer sind orangegelb gefärbt und haben auf den Flügeldecken 10 schwarze Längsstreifen. Das Weibchen klebt seine Eier in Paketen von 20 bis 80 Stück an die Unterseite der Kartoffelblätter **(99,1)**. Schon nach wenigen Tagen (3 bis 12) schlüpfen die Larven. Mit 3 Häutungen wachsen sie schnell heran. Während der etwa 3 Wochen dauernden Entwicklung fressen sie an den Kartoffelstauden **(99,2)**. Die Knollen werden vom Kartoffelkäfer nicht befallen. Die Verpuppung erfolgt in der Erde **(99,3)**. Wenn die Käfer nach der Überwinterung im Frühjahr aus der Erde kommen, beginnen sie gleich zu fressen.

Da der Kartoffelkäfer sich stark vermehrt, ist der Schaden groß. Die Kartoffelpflanzen können bis auf die Stengel abgefressen werden, so daß es zu keiner Ernte kommt. Außerdem zeigt der Käfer einen starken Wandertrieb, und auf der Suche nach Nahrung befällt er immer neue Gebiete. Man bekämpft ihn durch Behandlung der Pflanzen mit Insektengiften und durch das mühsame Absammeln der Larven und Käfer. Die Aussicht, sie wieder loszuwerden, haben wir jedoch nicht.

99,8: *An Pappel- und Weidenblättern frißt der Pappelblattkäfer.* **99,9:** *Der Rapsflohkäfer befällt die angebauten Kreuzblütler.* **99,10:** *Speckkäfer.* **99,11:** *Die langbehaarten Larven an einer Wursthaut.* **99,12:** *Mehlkäfer und* **99,13:** *seine Larven und Puppen.* **99,14:** *Messingkäfer. Von der goldgelben Behaarung hat er seinen Namen.*

99,1: *Kartoffelkäferweibchen bei der Eiablage.* **99,2:** *Ausgewachsene Larve.* **99,3:** *Puppe des Kartoffelkäfers.* **99,4:** *Ein häufiges Marienkäferchen, der Siebenpunkt (Coccinella 7-punctata).* **99,5:** *Seine Larve. Marienkäfer und ihre Larven haben als eifrige Blattlausvertilger große Bedeutung und wurden deshalb schon zur biologischen Schädlingsbekämpfung benutzt.* **99,6:** *Leuchtkäfermännchen, von unten, mit den Leuchtorganen am Hinterleib.* **99,7:** *Das flugunfähige Weibchen.*

99,4

99,6

99,5

99,7

Häufig ist der 12 mm lange *Pappelblattkäfer* (Melasoma populi; **99,8**). Er sondert aus dem Hinterleib eine nach Karbol riechende Flüssigkeit ab. Die Larve verpuppt sich an der Unterseite von Blättern. – Schlimme Schädlinge unter den Blattkäfern sind die Flohkäfer. Sie werden auch Erdflöhe genannt, da sie mit den kräftigen Hinterbeinen wie Flöhe springen können. Der millimeterlange *Kohlerdfloh* (Phyllotreta; **99,9**) frißt an wilden und angebauten Kreuzblütlern, etwa am Kohl und Rettich, Blätter und Stengel (Larvenfraß).

99 **Marienkäferchen** gehören samt ihren Larven zu den nützlichen Käfern (**99,4** und **5**). Sie stellen den Blatt- und Schildläusen nach. Bei den meisten Arten wechselt die Zeichnung der Flügeldecken sehr stark. Bekanntlich stellen sich die Käfer bei Beunruhigung tot, lassen sich fallen und geben aus den Beingelenken einen gelben Saft ab.

Leuchtkäfer. In warmen Juninächten können wir den grünlichen Lichtschimmer der sich langsam bewegenden Leuchtkäfer (Lampyris noctiluca) beobachten (**99,6**). Es sind die Männchen, die fliegen, während die flugunfähigen Weibchen – Glüh- oder Johanniswürmchen genannt – im Grase sitzen (**99,7**). Auch sie leuchten, wie auch die Eier und Larven.

Schädlinge im Haus. Fast in jedem Haushalt ist der etwa 0,5 cm lange *Speckkäfer* (Dermestes lardarius) bekannt (**99,10**). Seine Larven fressen an getrocknetem Fleisch, aber auch an vielen anderen Stoffen (**99,11**). An abgestoßenen Larvenhäuten erkennt man den Befall. Durch die schwarzen, 1,5 cm langen *Mehlkäfer* (Tenebrio molitor) und ihre bekannten Larven, die Mehlwürmer (**99,12–13**), kann es in Mehlvorräten zu beträchtlichen Verunreinigungen kommen. Zoologische Handlungen verkaufen Mehlwürmer als Tierfutter. Der etwa 3 mm lange *Messingkäfer* (Niptus hololeucus) tritt in alten Häusern oft massenhaft auf (**99,14**). Die Larven fressen stärkehaltige Nahrungsmittel, die Käfer Textilien und Papier.

99,10

99,12

99,14

99,11

99,13

100,1

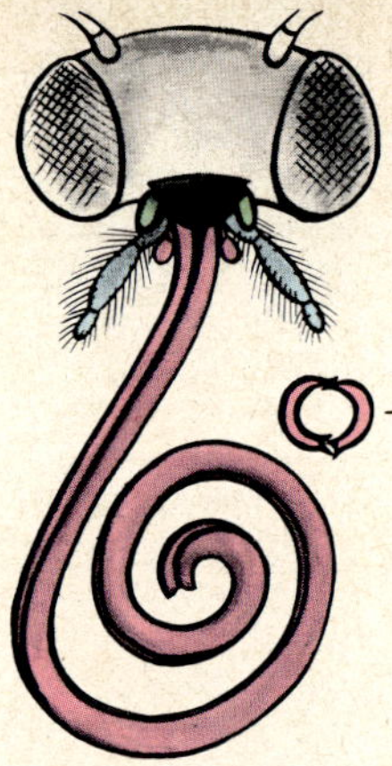

100,

100–101 Der Große Kohlweißling (Pieris brassicae)

Der Große Kohlweißling zählt zu unseren bekannten Schmetterlingen **(100,1** und **3)**. An ihm wollen wir die allgemeinen Merkmale vom Bau, der Entwicklung und der Lebensweise der Schmetterlinge kennenlernen. Auch der Schmetterling zeigt die Körpergliederung der Insekten in 3 Abschnitte: *Kopf, Brust* und *Hinterleib*. Am freibeweglichen Kopf sitzt ein 100
Paar vielgliedriger *Fühler,* deren Ende keulenförmig verdickt ist. Sie tragen Sinnesorgane, die besonders zum Riechen dienen. Mit ihrer Hilfe suchen die Schmetterlinge die Nahrung, orientieren sich beim Flug und finden ihren Partner zur Fortpflanzung. Der Kopf trägt an den Seiten die stark gewölbten *Facettenaugen* und an der Unterseite die *Mundwerkzeuge* **(100,2)**.

Mundwerkzeuge. Die *Oberkiefer* sind beim Kohlweißling vollkommen zurückgebildet, jedoch sind bei andern Schmetterlingen Reste davon vorhanden. Das Hauptorgan zur Nahrungsaufnahme ist der Schmetterlingsrüssel. Dieser besteht aus Teilen des *Unterkiefers*. Sie sind stark verlängert und bilden zwei Halbröhren, die an den Rändern miteinander verfalzt sind (vgl. den Rüsselquerschnitt in **100,2**). So bilden sie ein Saugrohr, in dem flüssige Nahrung durch die pumpenden Bewegungen der Speiseröhre eingesaugt wird. Die Schmetterlinge haben *saugende Mundwerkzeuge*. Der Saugrüssel ist in seiner Ruhelage wie eine Uhrfeder spiralig eingerollt. Bei Gebrauch wird er ausgestreckt und tief in die Blütenkelche gesenkt. An der Rüsselspitze sitzen viele Sinnesorgane, wahrscheinlich zur Geschmackswahrnehmung und zum Tasten; außerdem besondere Leisten zum Anritzen der Nektardrüsen. Die Rüssellänge schwankt bei den Schmetterlingen, sie beträgt beim Kohlweißling ungefähr 16 mm. Schmetterlinge als langrüsselige Insekten sind für die Bestäubung vieler Pflanzen mit langen Blütenröhren nötig. Die zwei großen, dreigliedrigen *Lippentaster* tragen Sinnesorgane, hauptsächlich für Geschmack und Geruch.
Im einheitlichen Bruststück befindet sich die Flugmuskulatur; außen sitzen die beiden Flügelpaare und die 3 Beinpaare. Die vorderen Fußglieder tragen die Hauptorgane des Geschmackssinns. Die schwachen Beine dienen sonst hauptsächlich zum Festklammern, die Fortbewegung erfolgt durch den Flug. Die Oberfläche der Flügel ist beiderseits mit zarten *Schuppen* bedeckt. Schon mit einer Lupe läßt sich eine dachziegelartige Anordnung

100,3

100× 100,4

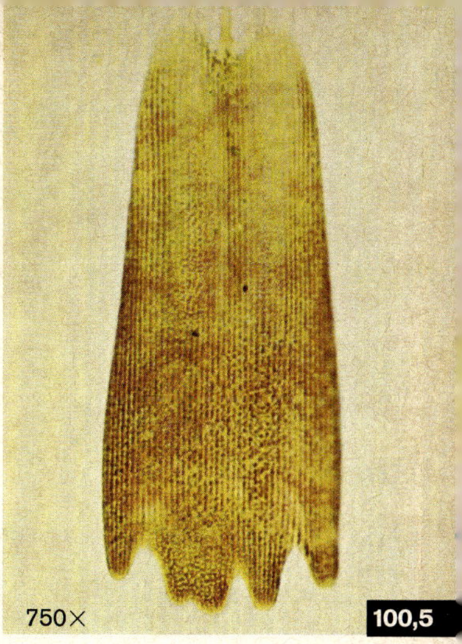

750× 100,5

100,1: Weibchen des Großen Kohlweißlings in Ruhehaltung mit nach oben zusammengeklappten Flügeln. **100,2:** *Mundwerkzeuge eines Schmetterlings.* **100,3:** *Flügeloberseiten von Weibchen (oben) und Männchen (unten).* **100,4:** *Die dachziegelartig angeordneten Schuppen; sie bedingen das Farbmuster der Flügel.* **100,5:** *Einzelne Schuppe in 750-facher Vergrößerung.*

erkennen **(100,4)**. Durch ein kleines Stielchen sind sie in der Flügelhaut befestigt. Flügelschuppen kommen in vielerlei Formen vor, eine davon zeigt uns Abb. **100,5**. Weiterhin kommen bei Weibchen Schuppen vor, die mit Duftdrüsen in Verbindung stehen. Deren Duft lockt die Männchen an.

Die Flügel der Schmetterlinge. Die bunten Farben der Schmetterlingsflügel werden einesteils durch Farbstoffe (Pigmente) hervorgerufen, die in die Schuppen eingelagert sind. Manche Schmetterlinge haben farbig schillernde Flügel (102,13); dieses Schillern beruht nicht auf besonderen Farbstoffen, sondern kommt ähnlich zustande, wie das Schillern der Seifenblasen.

Entschuppt man den Flügel, dann wird die dünne, farblose Flügelmembran sichtbar. Sie ist von stützenden Chitinadern durchzogen. Der Hohlraum der Adern ist vom Blut, von Nerven und von Tracheen erfüllt.

Schmetterlinge, die wie der Kohlweißling gekeulte Fühler haben und ihre Flügel beim Sitzen nach oben zusammenklappen, heißen *Falter,* die – weil sie alle tags fliegen – auch *Tagfalter* genannt werden. Die breiten Flügel der Falter erlauben nur einen langsamen Flatterflug im Zickzack (Kohlweißlinge führen 9 Flügelschläge in der Sekunde aus). Doch können einzelne Falterarten Wanderungen über Hunderte von Kilometern unternehmen. Gut bekannt ist diese Erscheinung vom *Distelfalter* (102,6) und vom *Admiral* (102,2).

Die Entwicklung des Kohlweißlings

Eier. Schon in den warmen Tagen des März und April fliegen die ersten Kohlweißlinge. Die Weibchen, die nur wenige Wochen leben, legen befruchtete Eier an Kreuzblütlern ab, meist am Wiesenschaumkraut. Nach ungefähr 2 Monaten sind daraus neue Schmetterlinge hervorgegangen. Die Falter dieser viel zahlreicheren *Sommergeneration* fliegen besonders im August. Ihre Eier legen sie an Kohlblättern ab.

Dicht nebeneinander werden die kleinen gelben, längsgerieften Eier vom Weibchen an die Unterseite der Kohlblätter geklebt **(101,1)**. Die geschlüpften, 2 mm langen Raupen sind zuerst gelb gefärbt **(101,2)**, verändern aber später ihre Farbe **(101,3)**. Die Raupen fressen gleich nach dem Schlüpfen an ihren Nährpflanzen. Meist fressen sie Kohlblätter, die sie entweder vom Rand aus anfressen oder aber von der Blattfläche aus, so daß Löcher entstehen. Ältere Raupen verzehren sogar noch die schwächeren Blattrippen. Schließlich bleiben von den Blättern nur noch die stärkeren Rippen übrig **(101,8)**. **10**

Bau der Raupe. Der walzenförmige Raupenkörper ist langgestreckt. Auf den Kopf folgen 3 Brustabschnitte und daran schließen sich, ohne besonders abgesetzt zu sein, 10 Hinterleibsringe an. Am Kopf **(101,7)** sitzen an Stelle von Facettenaugen punktförmige Larvenaugen und an der Unterseite beißende Mundwerkzeuge. Mit kräftigen Oberkiefern wird die Nahrung abgebissen, die von den Unterkiefern weiter zerkleinert wird. Sinnesorgane sitzen auf Kiefer- und Lippentastern. Lange Spinndrüsen erstrecken sich auf den Körperseiten bis in den Hinterleib und münden an einer Spinndrüse der Unterlippe aus. An jedem Brustabschnitt sitzt ein Paar gegliederter Beine. Ungegliedert sind die *Bauchfüße* **(101,10)**. Es sind Hautzapfen, insgesamt 5 Paare, das letzte heißt *Nachschieber* **(101,9)**. Die Raupe ist die Larve der Schmetterlinge.

Die äußere Schicht der Raupenhaut enthält Chitin und kann deshalb nicht mitwachsen. Sie wird von Zeit zu Zeit abgestoßen, indem sie am Rücken des ersten Brustrings aufplatzt und an das Körperende zurückgeschoben wird. Diesen Vorgang nennt man *Häutung*. Die zuvor gebildete und jetzt sichtbare neue Haut vermag sich vor der Erhärtung zu dehnen.

101,7

101,8

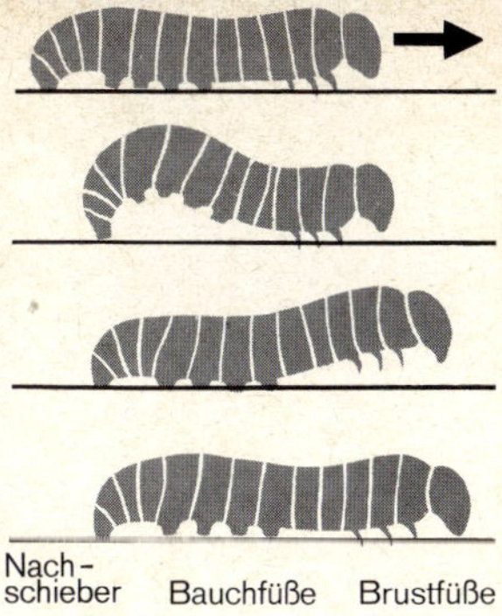

101,9

101,10

101,1: *Eigelege des Kohlweißlings mit ausschlüpfenden Räupchen. Die länglichen, nur 1 mm hohen Eier kleben an der Blattunterseite. Zum Schlüpfen nagen die Raupen ein Loch in die Eischale.* **101,2:** *Der Rest wird als erste Nahrung aufgefressen. Deutlich hebt sich an den gelben Raupen die dunkle, stark chitinisierte Kopfkapsel ab.* **101,3:** *Fast ununterbrochen fressen die Raupen an den Kohlblättern. Sie sind jetzt ungefähr 4 cm lang und zeigen vor der letzten Häutung gelbe Längsstreifen und dazwischen schwarze Punkte.* **101,4:** *An Baumrinde hat sich die ausgewachsene Raupe verpuppt. Es ist eine Gürtelpuppe. Beachte den Gürtel!* **101,5:** *Der Falter schlüpft aus. Er hat den Kopfteil der Puppenhaut gesprengt und vermag sich durch Verlängerung des Risses aus ihr zu befreien.* **101,6:** *Die Flügel sind noch weich und zusammengefaltet. Jetzt wird in das Flügelgeäder Blut eingepreßt, und die Tracheen füllen sich mit Luft. Die Flügel dehnen sich zur vollen Größe aus und werden steif. Nach ungefähr 2 Stunden ist die Haut hart. Man sieht ein langanhaltendes Zittern und Schlagen der Flügel; dann ist der Falter fähig abzufliegen.* **101,7:** *Kopf der Raupe.* **101,8:** *Die Raupen fressen die Kohlblätter bis auf die Blattrippen ab. Auf Kohlfeldern kann es bei starkem Befall zum Kahlfraß kommen.* **101,9:** *Wie sich die Raupe vorwärts bewegt. Verkürzungen und Streckungen des Körpers laufen von hinten nach vorne über den Raupenkörper; so kommt das Tier vorwärts.* **101,10:** *Die Bauchfüße tragen an ihrer Sohle eine Reihe gekrümmter Häkchen zum Anklammern.*

Gewöhnlich kommt es zu 4 Häutungen, wobei nach der letzten Häutung die Puppe zum Vorschein kommt.

Puppe. Zur Verpuppung verläßt die Raupe die Kohlpflanze und kriecht an Bäumen oder Mauern empor. An einem geeigneten Platz spinnt sie zuerst eine Unterlage aus feinen Fäden, verankert sich dann in senkrechter Lage mit den Nachschiebern und legt um die Körpermitte einen Gürtel aus Spinnfäden. Die sich bildende Puppe heißt deshalb *Gürtelpuppe* **(101,4)**. Ihre Gliedmaßen stehen nicht frei vom Körper ab wie bei den Käfern; sie sind gemeinsam mit dem Rumpf von der Puppenhaut umgeben. Anders als bei den Käfern, die eine freie Puppe besitzen, haben die Schmetterlinge eine *bedeckte Puppe* oder *Mumienpuppe*. Der Falter sprengt die Puppenhülle und schlüpft aus **(101,5)**. Die Entwicklung der Schmetterlinge ist eine *vollkommene Verwandlung,* weil bei ihr nach dem Larvenstadium ein Puppenstadium eingeschaltet ist.

Frühjahrs- und Sommergeneration. Aus der Puppe schlüpft im Herbst kein Schmetterling, sondern sie überwintert. Die Schmetterlinge erscheinen schon an warmen Tagen des zeitigen Frühjahrs. Sie sind die *Frühjahrsgeneration,* ihre Nachkommen die Sommergeneration. Der Kohlweißling bringt im Jahr also 2 Generationen hervor.

Bedeutung. Der Kohlweißling und seine Larven bilden Nahrung für andere Tiere, z.B. für viele Vögel. Raupenfliegen und Schlupfwespen entwickeln sich in den Larven des Kohlweißlings (vgl. S. 117). Dies ist für den Menschen von Bedeutung, weil Kohlweißlingsraupen an Kohlpflanzen beträchtlichen Schaden anrichten können **(101,8)**.

102 Tagfalter

102,1: *Apollo (Parnassius apollo) an der Futterpflanze seiner Raupe, dem Weißen Mauerpfeffer. Er bewohnt Mittel- und Hochgebirge. Geschützt.*

102,2: *Der Admiral (Pyrameis atalanta) ist ein Wanderfalter, der aus dem Mittelmeerraum zufliegt. Im Herbst zieht er wieder nach Süden ab.*

102,5: *Die bei uns vorkommenden Distelfalter (Pyrameis cardui) entwickeln sich in Nordafrika und wandern über das Mittelmeer und die Alpen zu uns. Der Distelfalter kommt fast auf der ganzen Erde vor; solche Tiere nennt man Kosmopoliten.*

102,6: *Bei zusammengelegten Flügeln wird beim Distelfalter die weniger lebhaft gefärbte Unterseite sichtbar.* **102,7:** *Viele Tagfalter haben eine am Schwanzende frei aufgehängte Puppe, eine Stürzpuppe. Die auf dem Bild stammt vom Kleinen Fuchs.*

102,10: *Das Tagpfauenauge (Vanessa io) ist bei uns ein überall häufig vorkommender Schmetterling. Er überwintert als Schmetterling und fliegt vom Sommer bis zum Spätherbst. Die Raupen leben ausschließlich an Brennesseln.*

102,11: *Der C-Falter, auch Weißes C genannt (Polygonia c-album) hat seinen Namen von einem weißen Fleck auf der Unterseite der Hinterflügel, der in der Form dem Buchstaben C ähnlich ist. Die Flügelränder sind stark gezackt.*

102,3

102,4

102,3: *Segelfalter (Papilio podalirius). Sein Flug ist gekennzeichnet durch den Wechsel von Flatterflug und Segelflug mit ausgebreiteten Flügeln. Wegen seiner Seltenheit ist er wie der Apollo ebenfalls geschützt.*

102,4: *Der Große Perlmutterfalter (Argynnis aglaja) zeigt die bei fast allen Perlmutterfaltern ähnliche Flügelzeichnung. Der Name bezieht sich auf den perlmutterfarbigen Glanz der Unterseite. Sie fliegen auf Waldwegen und an Waldrändern.*

102,8

102,9

102,8: *Der Kleine Fuchs (Vanessa urticae) überwintert wie Zitronenfalter und Tagpfauenauge als Schmetterling. So erscheint er früh im Jahr; manchmal lockt ihn schon ein warmer Wintertag hervor. Die Raupen leben gesellig an Brennesseln.*

102,9: *Der Kaisermantel (Argynnis paphia) wird auch Silberstrich genannt, da er als Verwandter des Perlmutterfalters silbern glänzende Flügelunterseiten hat. Er kommt auf Waldlichtungen vor. Die Raupen leben vorwiegend an Veilchen.*

102,12: *Zitronenfalter (Gonopteryx rhamni), Weibchen; nur das Männchen ist zitronengelb, das Weibchen hat eine blaßgelbliche Färbung mit bläulichem Schimmer. Mit 10 Monaten Lebensdauer ist er ein langlebiger Schmetterling.*

102,13: *Bläulinge (Lycaenidae) halten sich an heißen Tagen oft in großen Scharen an Wassertränken auf. Fast alle Bläulingsarten zeigen einen starken Unterschied in der Färbung der beiden Geschlechter: die Männchen sind blau, die Weibchen dunkelbraun.*

102,12

102,13

Vollkommene Verwandlung bei Schmetterlingen. *Im kugeligen Ei des Segelfalters hat sich die kleine Raupe entwickelt* **(103,1)**. *Sie beißt ein Loch in die Eischale* **(103,2)**, *kriecht heraus und frißt als erste Nahrung die Eischale auf* **(103,3)**. *Die Raupe des Schwalbenschwanzes lebt auf Fenchel und Möhre* **(103,4)**. *Wenn sie nach mehreren Häutungen ihre volle Größe erreicht hat, bereitet sie sich auf die Verpuppung vor. An einem geeigneten Platz verankert sie sich auf einem kleinen Gespinstfeld mit den Nachschiebern. Aufrecht stehend, legt sie beiderseits der Körpermitte mit rückwärts gekrümmtem Vorderkörper mehrmals einen Faden an die Unterlage. Er wird zum Halteseil, dem Gürtel* **(103,5)**. *Dann reißt am Rücken die Raupenhaut auf, wird nach hinten geschoben und fällt zu Boden. Es erscheint die Gürtelpuppe* **(103,6)**. *Die Puppenhaut erhärtet und bekommt ihre eckige, kantige Form* **(103,7)**. *Jetzt kommt es innerhalb der Puppenhülle zu großen Veränderungen. Aus der langgestreckten Raupe wird der geflügelte Schmetterling. Dazu werden die Raupenorgane eingeschmolzen und es entsteht allmählich der Falter. Der fertig entwickelte Falter sprengt im Frühjahr die Puppenhülle am Rücken an vorgezeichneten Nähten und schlüpft aus* **(103,8)**. *Die schlaff herabhängenden Flügel werden durch eingepumpte Blutflüssigkeit gedehnt und erhärten an der Luft* **(103,9)**.

103,10

103,11

103 Schwärmer

Die Schmetterlinge dieser Familie sind meist groß, mit Flügelspannweiten zwischen 6 und 12 cm. Daß sie zu den besten Fliegern unter den Schmetterlingen gehören, verrät schon ihre Flügelform. Beim *Wolfsmilchschwärmer* (Celerio euphorbiae) erkennen wir die schmalen, langgestreckten Vorderflügel, die in Ruhehaltung nach hinten gelegt werden und die
03 kleinen Hinterflügel überdecken **(103,10** und **11)**. Der dicke, große Körper ist anliegend behaart und stromlinienförmig. Er enthält eine starke Flugmuskulatur, die das Tier zu einem raschen, pfeilschnellen Flug befähigt. Schwärmer bewegen ihre Flügel so schnell, daß deren Umrisse verschwimmen, z. B. beim *Taubenschwänzchen* (Macroglossa stellatarum), wie das Bild **103,12** zeigt. Es ähnelt beim Fliegen und beim Blütenbesuch den Kolibris. Schwirrend steht es vor den Blüten, saugt mit seinem langen Rüssel Nektar aus den tiefen Blütenröhren und wechselt in kurzen Zeitabständen von Blüte zu Blüte.

Schwärmer haben für die Bestäubung vieler Blüten mit langer Blütenröhre (Schwärmerblüten) Bedeutung. Nur sie vermögen die tief im Grunde dieser Blüten liegenden Nektardrüsen zu erreichen. Beim *Windenschwärmer* ist der Rüssel mit 10 cm erheblich länger als der Körper. Wenige Schwärmer fliegen bei Tage, die meisten erst am Abend und in der Nacht.

Der *Totenkopf* (Acherontia atropos) ist unser größter Schmetterling. Er wandert immer wieder von Afrika her bei uns ein. Der dicke, behaarte Körper zeigt oben auf der Brust eine totenkopfähnliche Zeichnung **(103,13)**. Er besucht keine Blüten, sondern saugt ausfließenden Baumsaft und holt auch manchmal Honig aus Bienenstöcken. Fast alle Schwärmerraupen tragen am Hinterende ein Horn. Wir sehen es bei der Raupe des *Abendpfauenauges* (Smerinthus ocellata), die gerade eine Häutung beendet **(103,14)**. Der Schwärmer hat an den Hinterflügeln eine augenartige Zeichnung.

103,12

103,13

103,14

104,1

104

104 Spinner

Als Spinner faßt man einige Gruppen von Schmetterlingen zusammen. Die Raupen der meisten Arten leben gesellig und spinnen sich vor der Verpuppung in ein dichtes Gespinst ein.

Der *Braune Bär* (Arctia caja; **104,1**) ist während des Sommers häufig zu beobachten. Er gehört zu den Bärenspinnern. Der Name bezieht sich auf die dicht behaarten Raupen. Die Bären haben lebhaft bunte Flügel, die sie in Ruhe dachförmig zusammenlegen. Sie fliegen meist bei Nacht.

Die *Widderchen,* auch *Blutströpfchen* oder *Zygänen* genannt, fliegen bei Tag. Ihr Flug ist schwerfällig. Es sind kleine bis mittelgroße Schmetterlinge mit auffallender Zeichnung **(104,2)**. Häufig sind Arten mit schwarz-blauen, rotgetupften Vorderflügeln und karminroten Hinterflügeln. Daneben kommen auch metallisch grün gefärbte Formen vor. Widderchen heißen sie wegen ihrer langen zugespitzten Fühler, die sie immer nach vorne richten.

Die Raupen der *Nonne* (Lymantria monacha), auch *Fichtenspinner* genannt, sind gefährliche Waldzerstörer **(104,3)**. Nicht selten kommt es bei dieser Art zu einer Massenvermehrung, die den Kahlfraß ganzer Waldstücke zur Folge haben kann.

Der *Ringelspinner* (Malacosoma neustria) klebt seine Eier in Ringen an dünne Zweige **(104,4)**. Die Raupen schädigen durch Knospen- und Blattfraß vorwiegend Obstbäume.

Beim *Eichenspinner* (Lasiocampa quercus) erkennt man besonders deutlich die gefiederten Fühler, wie sie die Männchen aller Spinner aufweisen **(104,5)**.

Unter den Spinnern gibt es eine Gruppe, deren Raupen zu mehreren Hundert in langen Ketten von ihren Gespinstnestern zur Nahrung wandern und deshalb den Namen *Prozessionsspinner* erhielten.

104,3

104,4

104

Seidenspinner. Aus den Puppenkokons des Seidenspinners (Bombyx mori) wird schon seit Jahrtausenden Rohseide gewonnen. Auch in der Zeit der Kunstfaserherstellung hat die Naturseide eine Bedeutung behalten. Deshalb wird noch heute Seidenraupenzucht betrieben, besonders in Japan, China und Italien. Der Seidenspinner ist als einziges Insekt neben der Honigbiene zum Haustier geworden. Die Raupen brauchen als Nahrung die Blätter des Maulbeerbaumes, der in Gebieten mit wärmerem Klima gedeiht. Erwachsene Spinner nehmen keine Nahrung zu sich. An den Seiten des Raupenkörpers liegen 2 große, schlauchförmige Spinndrüsen. Sie münden an der Unterlippe aus. Beim Austritt erhärtet der Spinnstoff an der Luft. Wenn sich die ausgewachsene Raupe in 3 bis 5 Tagen einspinnt, braucht sie zur Herstellung des Kokons ungefähr 3000 m Faden. Nach 2 bis 3 Wochen befreit sich der Falter mit Hilfe eines braunen Saftes, der die Fäden des Kokons an einer Stelle auflöst.

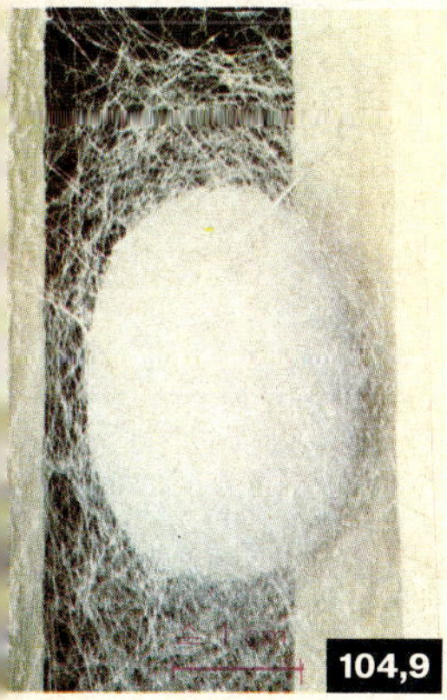

104,1: *Die bekannteste, einheimische Art der Bärenspinner ist der Braune Bär.* **104,2:** *Blutströpfchen oder Widderchen an seinem spindelförmigen Kokon.* **104,3:** *Nonne.* **104,4:** *Ringelspinner bei der Eiablage.* **104,5:** *Eichenspinner- oder Quittenvogel.* **104,6:** *Begattung (Kopulation) beim Seidenspinner.* **104,7:** *Danach setzt das Weibchen 300–500 Eier ab.* **104,8:** *Die ausgewachsene Raupe stellt vor der Verpuppung eine Gespinsthülle her; man nennt sie Kokon.* **104,9:** *Fertiger Kokon.* **104,10:** *Aufgeschnittener Kokon mit der Puppe und dem Rest der letzten Raupenhaut.* **104,11:** *Seidenspinner-Männchen. Die großen, doppelt gefiederten Fühler tragen sehr empfindliche Geruchssinnesorgane.*

105 Eulen und Spanner

Eulen. Unter den Schmetterlingen sind die Eulen die umfangreichste Gruppe. Ihr Name bezieht sich auf die dichte Behaarung von Kopf und Brust, die an das Federkleid der Eulen erinnert. Die meisten Arten sind mit 1 bis 3 cm Flügelspannweite klein bis mittelgroß und unscheinbar gefärbt. Von den Spinnern unterscheiden sich die Eulen durch dünne, nicht gekämmte Fühler. Zu den sehr großen Formen gehören die schön gefärbten Ordensbänder mit ihren leuchtend roten, gelben und blauen Hinterflügeln. Das *Rote Ordensband* (Catocala nupta; **105,1**) kommt überall dort vor, wo als Fraßpflanze für die Raupe Pappeln **105**
und Weiden stehen. Eulen halten wie die Schwärmer in der Ruhe ihre Vorderflügel dachförmig über die Hinterflügel; so bedecken die Ordensbänder mit den unscheinbar gefärbten Vorderflügeln die bunten Hinterflügel **(105,2)**. Auf Baumrinde sind die Schmetterlinge nur schwer zu erkennen. Die *Gamma-Eule* (Phytometra gamma) hat auf den Vorderflügeln einen silberglänzenden Fleck, der dem griechischen Buchstaben Gamma ähnlich sieht **(105,3)**. Im Gegensatz zu den meisten Eulen, die in der Dämmerung oder bei Nacht fliegen, sieht man die Gamma-Eule bei Tage. Sie ist ein Wanderschmetterling, der aus Nordafrika über das Mittelmeer und die Alpen bis nach Mitteleuropa und Skandinavien fliegt. Bei den meisten Eulen sind die Vorderflügel in ganz bestimmter Weise gekennzeichnet. Gezackte Linien, Streifen und Flecken bilden ein Muster, das man Eulenzeichnung nennt. Trotz mancher Abweichungen bleibt diese Zeichnung im Grunde gleich. Einige Eulen können durch Fraß ihrer Raupen auf Wiesen, Feldern und an Bäumen Schaden anrichten, wie z. B. die Gemüse-, Kohl- und Kieferneulen.

105,1: *Rotes Ordensband.* **105,2:** *Ein Tier derselben Art in Ruhehaltung. Die rindenartige Zeichnung der Vorderflügel hebt sich wenig von der Unterlage ab. Die Ordensbänder sind unsere größten Eulen. Das Blaue Ordensband kann eine Spannweite bis zu 10 cm erreichen.* **105,3:** *Gamma-Eule mit gammaähnlicher Zeichnung auf den Vorderflügeln.* **105,4:** *Männchen und flügelloses Weibchen des Großen Frostspanners. Sie treten erst zu Beginn der kalten Jahreszeit auf.* **105,5:** *In Ruhehaltung oder auch bei Beunruhigung halten sich Spannerraupen mit den Nachschiebern an ihrer Unterlage fest und strecken den Körper steif in die Luft. Sie sind in ihrer starren Haltung kaum von einem Zweig zu unterscheiden.* **105,6** *bis* **8:** *Spannerraupe in Fortbewegung. Die unbehaarten Raupen haben zurückgebildete Bauchfüße. Außer den Nachschiebern ist noch 1 Paar vorhanden, die zusammen mit den Brustfüßen die »spannende« Bewegung ermöglichen. Die Raupe schiebt die hinteren Füße an die Brustbeine heran* **(105,6)**, *hebt den Vorderkörper hoch* **(105,7)**, *streckt ihn aus* **(105,8)** *und klammert sich mit den Brustbeinen an, worauf die Nachschieber wieder herangezogen werden.* **105,9:** *Stachelbeerspanner.*

105,3

105,4

105,5

Spanner ähneln in der Gestalt den Tagfaltern. Sie sind aber mit Flügelspannweiten von 0,5 bis 4 cm durchschnittlich kleiner. In der Flügelfärbung herrschen unscheinbares Grau und Braun vor. Die Flügel werden in Ruhe flach neben dem Körper gehalten, seltener mehr dachförmig. Die Spanner fliegen meist nachts oder in der Dämmerung, einzelne auch am Tage. Das wichtigste Kennzeichen der Spannerraupe ist die Anzahl der Bauchfüße. Von den ursprünglich 5 Paaren sind meist nur noch 2 Paare vorhanden: das letzte Paar, die Nachschieber, und ein weiteres Paar. Charakteristisch ist die Art der Fortbewegung der Spannerraupen **(105,6** bis **8)**. Sie bewegen sich »spannend« fort. Diese
105 Bewegungsart gab der Familie den Namen. Die Nachschieber sind auch ein kräftiges Klammerorgan. Damit hält sich die Raupe an Zweigen fest, wenn der Körper in Ruhestellung frei in die Luft ragt **(105,5)**. Das Tier bleibt dabei völlig starr und bewegungslos. Sowohl in der Gestalt, als auch in der Färbung gleichen dann Spannerraupen täuschend einem Ästchen. Viele Stunden vermögen sie in dieser Haltung zu verharren.

Der *Große Frostspanner* (Erannis defoliaria) ist, wie der *Kleine Frostspanner,* ein bedeutender Schädling an Obstbäumen, vor allem Kirsch- und Apfelbäumen. Nach der Verpuppung in der Erde erscheinen die flügellosen Weibchen im Spätherbst nach den ersten Frösten. Zur Begattung mit den anfliegenden Männchen und zur Eiablage klettern sie an Stämmen von Obstbäumen empor **(105,4)**. Durch Anlegen von Leimringen können sie daran gehindert werden. Der *Stachelbeerspanner,* auch Harlekin genannt (Abraxas grossulariata), wird ab und zu durch Raupenfraß an Stachelbeer- und Johannisbeerbüschen schädlich **(105,9)**. Als einer der schädlichsten Spanner gilt in der Forstwirtschaft der *Kiefernspanner,* dessen Raupen Kiefernnadeln fressen.

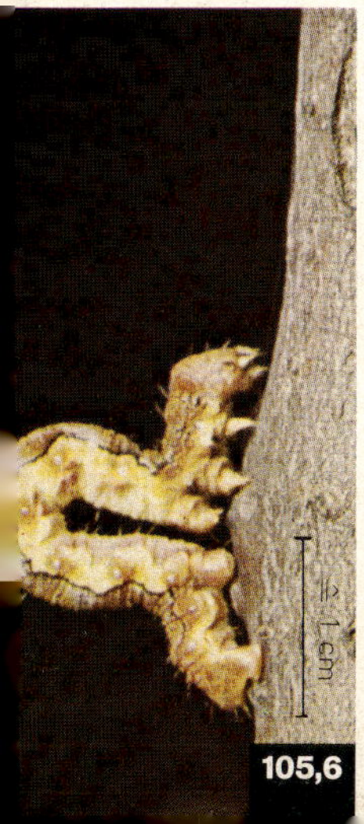

105,6

105,7

105,8

105,9

106,1

106,2

106,3

106 Schmetterlinge aus weiteren Familien; Zusammenfassung Schmetterlinge

Kleidermotten (Tineola biseliella; **106,1**) erscheinen mit der warmen Jahreszeit. Lebhaft umherfliegende Tiere sind meist Männchen; die Weibchen verbergen sich. Ein Weibchen legt durchschnittlich 100 Eier an Stoffen ab. Die ausschlüpfenden Räupchen entwickeln sich nur an Wollstoffen oder Pelzen. Sie spinnen eine Wohnröhre **(106,2)**. Da die Raupen nur an einer Stelle fressen, kommt es zu den gefürchteten Mottenlöchern **(106,3)**. Die Schmetterlinge haben verkümmerte Mundwerkzeuge und nehmen keine Nahrung zu sich.

Das altbewährte Hausmittel zur Bekämpfung ist das Lüften und Klopfen der gefährdeten Stoffe. Die gegen Licht und Beunruhigung empfindlichen Raupen verlassen dann ihre Wohnröhren. Da die Eier nicht angeklebt sind, können sie leicht ausgebürstet werden. Dagegen ist es nutzlos, fliegende Motten zu fangen, da es sich um Männchen oder Weibchen nach der Eiablage handelt. Zur Vorbeugung dienen das Einhüllen und Einwickeln von Stoffen in Plastiksäcke und Zeitungspapier, da die Motten sich nicht hindurchnagen können. Kampfer und Naphthalin haben keine anhaltende Wirkung, wohl aber das Imprägnieren der Stoffe mit Chemikalien, die für die Raupen giftig sind. 106

Mehlmotte. Ein unangenehmer Vorratsschädling ist die Mehlmotte, deren Raupen Mehl fressen und es mit ihren Gespinsten verunreinigen.

Apfelwickler und Gespinstmotten. In Äpfeln finden wir manchmal einen »Wurm«. Es ist die Raupe des Apfelwicklers (Carpocapsa pomonella), der auf der ganzen Erde an Äpfeln, Birnen, Quitten und Walnüssen großen Schaden verursacht **(106,5)**. Die Raupen der Gespinstmotten fertigen an Sträuchern und Bäumen, besonders an Kernobst, oft umfangreiche, dichte, weißliche Gespinste an und fressen die Pflanzen nicht selten kahl **(106,4)**.

106,4

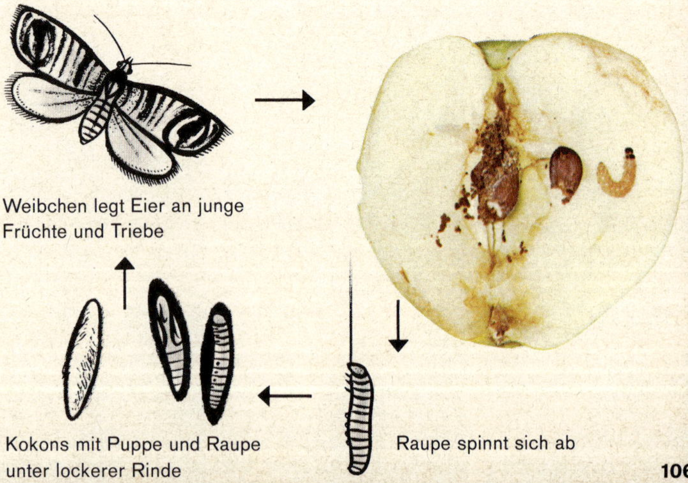

106,5

Zusammenfassung Schmetterlinge. Schmetterlinge haben 2 Paar schuppentragende Flügel. Die Schuppen liegen wie Dachziegel in regelmäßigen Reihen und geben den Flügeln die Färbung. Die Mundwerkzeuge sind saugend; ihr Saugrohr wird von den Unterkiefern gebildet. Damit saugen sie Säfte. Die Larvenform heißt Raupe. Diese besitzt außer 3 Paar Brustbeinen 5 Paar Bauchfüße. Bei den Spannerraupen sind am Hinterleib nur 2 oder 3 Paar Bauchfüße vorhanden. Raupen bewegen sich durch wellenartiges Kriechen oder durch Spannen vorwärts. Die Puppe tritt in verschiedenen Formen auf. Es ist fast immer eine Mumienpuppe, die bei Tagfaltern als Gürtel- oder Stürzpuppe erscheint,

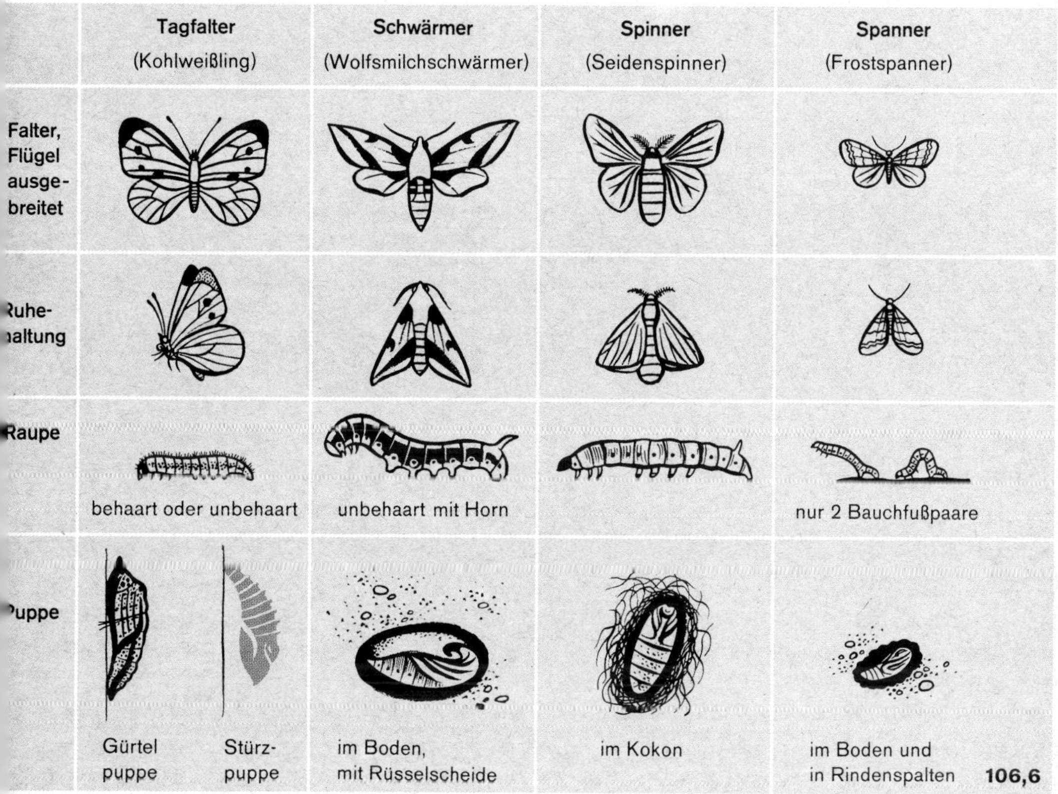

106,6

sonst in einem von der Larve hergestellten Kokon ruht. Da bei der Entwicklung der Schmetterlinge nach der Raupe ein Puppenstadium auftritt, bezeichnet man die Verwandlung als vollkommen. Die Raupen vieler Schmetterlingsarten sind Schädlinge. Viele Schmetterlingsarten spielen als Blütenbestäuber eine Rolle. Einige Schmetterlingsarten führen wie die Vögel Wanderungen über große Strecken aus. Alle Schmetterlinge faßt man, wie die Käfer, zu einer Ordnung der Insekten zusammen. Man unterscheidet verschiedene Gruppen wie Tagfalter, Schwärmer, Spinner, Spanner u. a. Wir haben ihre Gestalt anhand bestimmter Merkmale kennengelernt. Mit Hilfe der Zeichnungen der Tabelle können wir die Gruppen miteinander vergleichen **(106,6)**.

107,1

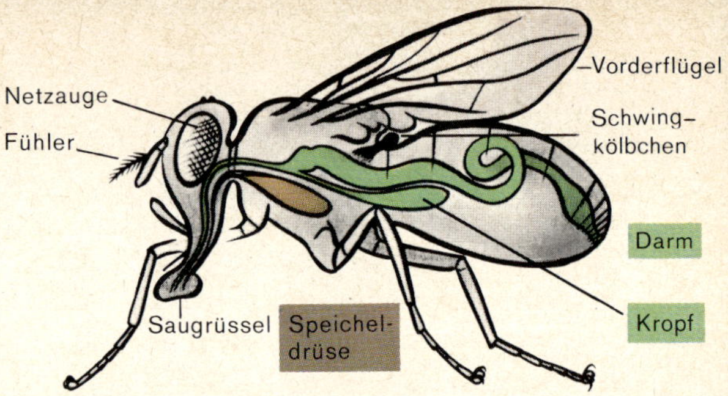

107,2

107,6

107,7

107,8

107,9

107,10

107,11

107,1: *Stubenfliege.* **107,2:** *Schemazeichnung der Stubenfliege.* **107,3:** *Kopf der Stubenfliege; mit ihrem Saugrüssel nimmt sie Nahrung auf.* **107,4** *links: Querschnitt des Saugrüssels und Saugpolster von unten. Rechts: Wie die Fliege auf rauher und glatter Unterlage ihre Beine gebraucht.* **107,5:** *Endglied des Fußes mit*

107 Die Stubenfliege (Musca domestica)

Die Stubenfliege **(107,1)** ist auf der ganzen Erde verbreitet. In ländlichen Gegenden nimmt sie wegen günstiger Fortpflanzungsmöglichkeiten oft so stark überhand, daß sie für Mensch und Tier zur Plage wird. 107

Körperbau. Die Stubenfliege unterscheidet sich in einem ganz wesentlichen Merkmal von den bisher betrachteten Insekten. Sie hat nur ein Paar vollausgebildete Flügel **(107,2)**. Sie ist ein guter Flieger: 190mal in der Sekunde schlagen die Vorderflügel auf und nieder. Die Hinterflügel sind kleine, trommelschlegelähnliche Gebilde, die *Schwingkölbchen (Halteren)*. Sie tragen Sinnesorgane, mit deren Hilfe sie beim Fliegen das Gleichgewicht hält.

Die Mundteile sind als *leckend-saugendes* Organ ausgebildet. Der Hauptteil ist ein von der Unterlippe gebildeter kurzer, unten stempelförmiger *Saugrüssel* **(107,3)**. An seiner Unterseite hat er chitinversteifte Rinnen, die sich beim Betupfen der Nahrung mit Speichel füllen **(107,4)**. In einer vorderen Vertiefung des Rüssels liegen das *Speichel-* und *Nahrungsrohr,* die aus Ober- und Innenlippe hervorgegangen sind. Der Oberkiefer fehlt, vom Unterkiefer sind nur noch die *Kiefertaster* vorhanden. Flüssige Nahrung wird ohne weiteres mit dem Rüssel eingesogen; feste Nahrung wird betupft, wobei der aus den Rinnen austretende Speichel die Nahrung löst.

Warum kann eine Fliege an Decken und Wänden laufen und sitzen? An einer rauhen Unterlage hält sie sich mit den beiden Endklauen der Beine fest. An glatten Flächen, sogar an

107,3

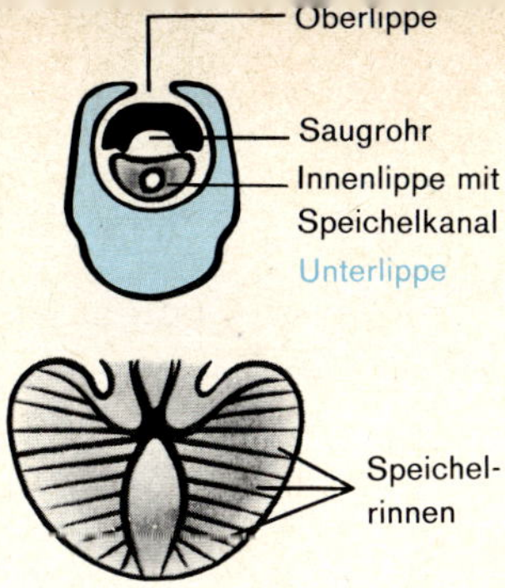

107,4

107,5

Klauen und Haftläppchen. **107,6:** *Häufchen der 2 mm langen Eier der Stubenfliege.* **107,7:** *Ausgewachsen sind die Maden 1 cm lang.* **107,8:** *Innerhalb der festen Hülle der Tönnchenpuppe liegt die freie Puppe.* **107,9:** *Durch Einpressen von Blutflüssigkeit dehnt sich die Haut des Stirnspaltes zu einer großen Blase und sprengt die Puppenhülle.* **107,10:** *Ausschlüpfende Fliege; an der Seite sieht man ein Schwingkölbchen.* **107,11:** *In einer kurzen Ruhepause strecken sich die Flügel und erhärten.*

Fensterscheiben, haftet sie durch die zwei zwischen den Klauen liegenden *Haftballen* **(107,4** und **5)**. Diese werden von feinen Drüsenhärchen immer feuchtgehalten.
Der Kopf trägt *Facettenaugen,* und an den beiden kurzen *Fühlern* sitzen Riechorgane. Der Geschmackssinn befindet sich nicht nur an den Mundteilen, sondern auch an den Haftläppchen der Fußspitzen. Die Fliege »merkt« mit den Füßen, wenn sie auf etwas Eßbares tritt.

107

Entwicklung. Zur Begattung vereinigen sich Männchen und Weibchen kurz im Flug. Die Eiablage erfolgt an faulenden Stoffen, bevorzugt im Stallmist, aber auch im Kompost und feuchten Kehricht. Die Gelege, die im Laufe von 2 Monaten abgelegt werden, bestehen aus 80–100 *Eiern;* insgesamt werden 600–1000 Eier abgelegt **(107,6)**. Schon nach einem halben Tag schlüpfen die bleichen, bein- und augenlosen *Larven,* die *Maden* **(107,7)**. Sie fressen an den faulenden Stoffen und sind nach etwa 6 Tagen ausgewachsen. Dabei bleiben sie in ihrer dunklen und feuchten Umgebung verborgen. Zur Verpuppung verhärtet die äußere Haut der Made und bildet ein braunes, ovales *Tönnchen,* in dessen Innerem eine freie *Puppe* ruht **(107,8)**. Nach ungefähr 5–7 Tagen sprengt die inzwischen ausgebildete Fliege mit einer *Stirnblase* das durch eine Bruchlinie vorgezeichnete Deckelchen der Puppenhülle ab und schlüpft aus **(107,9–11)**. Die Entwicklung verläuft sehr rasch und beträgt bei warmer Witterung keine 2 Wochen. Schon nach 3 Tagen sind die jungen Fliegen geschlechtsreif. Im Winter suchen die Fliegen warme Stuben und Ställe auf, von wo sie sich im Frühjahr rasch vermehren und ausbreiten. Aber selbst im Winter kann die Vermehrung weitergehen. Viele Fliegen sterben im Herbst und Winter durch Kälte und Nahrungsmangel. Auch sieht man sie an Fensterscheiben kleben. Sie sind dann von einem Pilz, dem Fliegenschimmel, befallen und von einem weißen Hof ausgeschleuderter Pilzsporen umgeben.

Bekämpfung. Da die Fliege von einer Nahrung zur anderen wechselt und dabei auch an unappetitliche Dinge wie Kot und eiternde Wunden gerät, stellt sie eine Gefahrenquelle dar. Die Übertragung von Bakterien und Krankheitskeimen erfolgt mit ihren winzigen, schwarzen Kothäufchen, ferner durch die Haftläppchen der Beine und durch kleine Tröpfchen, die sie aus bereits aufgenommener Nahrung auf der nächsten Unterlage wieder absetzt. Wir können die Stubenfliege deshalb nicht in unseren Wohnungen dulden und bekämpfen sie mit verschiedenen chemischen Präparaten.

108,1

108,2

108,3

108 Fliegen

Fliegen haben ein ausgezeichnetes Riechvermögen. Sie finden sich an Kot, faulendem Fleisch oder anderen übelriechenden Dingen schon nach kurzer Zeit ein. Auch der äußerst widerliche Aasgeruch der Stinkmorchel lockt viele Fliegen an **(108,1)**. Sie verzehren den dünnflüssigen, sporenhaltigen Schleim des Pilzes und verbreiten so die Sporen.

Die **Graue Fleischfliege** (Sarcophaga carnaria) ist durch ein Schachbrettmuster auf dem Hinterleib gekennzeichnet **(108,9)**. Ihre Eier entwickeln sich schon im Fliegenkörper zu Maden. In mehreren Schüben von 10–12 Stück setzt die Fliege die Maden ab, sie ist *lebendgebärend*. Die etwas kleineren stahlblauen **Schmeißfliegen** (Calliphora vicina) werden wegen ihres lauten Flugtones auch Brummer genannt **(108,7)**. Immer wieder fliegen sie in unseren Zimmern gegen die hellen Scheiben. Sie legen ihre Eier bevorzugt an faulendes Fleisch, an Aas, aber auch an Käse. Nicht selten entdeckt die Hausfrau bei großer Wärme schon 3–4 Stunden nach der Eiablage eine wimmelnde Schar weißer Maden. So unerwünscht und unappetitlich solche Entdeckungen an Nahrungsmitteln sind, **108**
so müssen wir doch bedenken, daß die Tätigkeit der Maden in der Natur von großer Bedeutung ist. Die heranwachsende Brut beseitigt auf diese Weise zusammen mit Aaskäfern und anderen Tieren die anfallenden Tierleichen.

Die blaugrün schimmernde **Goldfliege** (Lucilia caesar; **108,2)** hat die Gewohnheit, sich auf frisch abgelegten Kot zu setzen, so daß dieser von den Fliegen oft ganz bedeckt ist. Im Kriege hat man beobachtet, daß Goldfliegenmaden in eiternden Wunden den Heilungsprozeß beschleunigten.

108,1: *Vom Aasgeruch einer Stinkmorchel angelockt, finden sich an ihr Graue Fleischfliegen, grünschillernde Goldfliegen und braune Dungfliegen.* **108,2:** *Goldfliege.* **108,3:** *Schwebfliege (Volucella). Ihre Larven leben in Nestern von Wespen und Hummeln und ernähren sich von deren Brut.* **108,4:** *Rinderbremse.* **108,5:**

108,4

108,5

108

Im Spätsommer und Herbst sitzen an Früchten in großer Zahl die **Taufliegen,** auch Essig- oder Obstfliegen genannt (Drosophila; **108,8**). Sie werden durch den Geruch faulender Früchte und gärender Flüssigkeiten angelockt. Taufliegen werden von Forschern für Vererbungsversuche verwendet, weil sie sich rasch vermehren und auch leicht halten lassen.

Schwebfliegen sind 12–15 mm lange Fliegen. Bei vielen Arten kommt Schwarzgelbfärbung vor. So werden sie oft mit Wespen und Bienen verwechselt. Sie fliegen sehr schnell und gewandt. Kennzeichnend für ihren Flug ist das sekundenlange Verharren an einer Stelle (Name!), um im nächsten Moment durch eine blitzschnelle Flugbewegung aus dem Gesichtskreis zu verschwinden. Sie fliegen nur bei warmem, sonnigem Wetter. Als eifrige Blütenbesucher sehen wir sie häufig an Blüten von Dolden- und Korbblütlern **(108,3).** Die Larven einiger Schwebfliegenarten sind uns besonders nützlich. Sie leben in Kolonien von Blattläusen und saugen täglich viele Tiere aus.

Bremsen sind uns als sehr lästige Plagegeister bekannt. Die Weibchen saugen Blut an warmblütigen Tieren und Menschen. Einzelne Mundteile sind als kurze, breite Borsten zum Stechen und Saugen ausgebildet und liegen in einer Rinne der Unterlippe. Die Männchen der meisten Bremsenarten ernähren sich dagegen von Pflanzensäften. Fast der ganze Kopf der Bremsen wird von den großen, oft prächtig schillernden Facettenaugen eingenommen **(108,4** bis **6).** An warmen Tagen umschwärmen *Rinderbremsen* (Tabanus bovinus; **108,4**
108 und **108,5**) zu Hunderten Rinder und Pferde und bringen ihnen dicke Quaddeln und Wunden bei. Viel häufiger und für uns Menschen an gewitterschwülen Tagen durch ihre Stechlust unerträglich ist die kleinere *Regenbremse* (Haemotopota pluvialis; **108,6**). Sie läßt sich kaum verjagen und versucht in ihrer zudringlichen Art immer wieder zum Stechen zu kommen. Die Larven beider Bremsenarten leben in der Erde.

Merkstoff. Die Fliegen gehören zur Ordnung der Zweiflügler. Sie haben nur 1 Paar vollausgebildete Flügel, die Hinterflügel sind zu Schwingkölbchen umgebildet. Die Mundwerkzeuge sind leckend-saugend oder stechend-saugend. Ihre Larven sind weiße Maden, die an tierischen und pflanzlichen Abfällen und an allerlei Nahrungsmitteln leben. Die Fliegen haben eine vollkommene Verwandlung.

Die Augen der Rinderbremse zeigen die Regenbogenfarben. Bei einzelnen Arten dieser Gattung sind die Facettenaugen verschieden gefärbt. **108,6:** *Kopf der Regenbremse. Die hellen Kieferntaster bedecken das Bündel kurzer Stechborsten, das in der Unterlippe liegt.* **108,7:** *Blaue Schmeißfliege saugt an Fleisch.* **108,8:** *Taufliegen an Bananenschale.* **108,9:** *Graue Fleischfliege. Sie legt ihre Maden an Aas und faulende Pflanzen.*

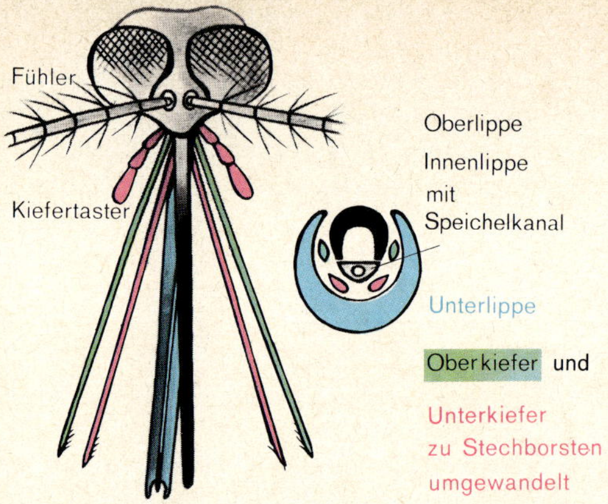

109,2

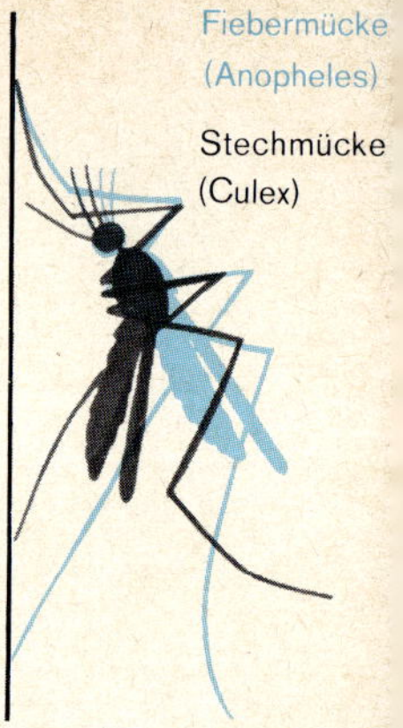

109,

109,1: *Kopf eines Stechmückenweibchens mit Facettenaugen, Fühlern und Stechrüssel.* **109,2:** *Schemazeichnung der stechend-saugenden Mundwerkzeuge.* **109,3:** *Ruhestellung von Stech- und Fiebermücke.*

109 Stechmücke und Fiebermücke

Im Sommer spüren wir manchmal einen anhaltenden Juckreiz auf unserer Haut. Oft stammt er vom Stich einer Stechmücke. Diese zarten Insekten, die auch Schnaken genannt werden, können in Gegenden mit stehenden Gewässern in solcher Häufigkeit auftreten, daß sie für Mensch und Tier zu einer unerträglichen Plage werden.

Körperbau. Die *Stechmücke* (Culex pipiens) hat, anders als die Stubenfliege, lange, dünne Beine, die sich nur zum Anklammern eignen. Sie gehört wie die Fliegen zu den *Zweiflüglern;* denn ausgebildet ist nur das vordere Flügelpaar. Die *Flügel* werden in Ruhe flach übereinander nach rückwärts über den schlanken Hinterleib gelegt **(109,7).** Die Hinterflügel sind zu kleinen trommelschlegelförmigen Gebilden umgewandelt, den *Schwingkölbchen.* Wahrscheinlich dienen sie zur Erhaltung des Gleichgewichtes und zu einem kontrollierten Flug. Tiere, denen man die Schwingkölbchen wegnahm, konnten nicht mehr ordentlich fliegen. Sie werden beim Fliegen im gleichen Takt mit den Vorderflügeln bewegt. Die behaarten *Fühler* dienen zum Riechen; beim Männchen sind sie dichter behaart als beim Weibchen.

Mundwerkzeuge. Ober- und Unterkiefer der langgestreckten Mundwerkzeuge sind zu *Stechborsten* umgewandelt, welche in der rinnenförmigen Unterlippe wie in einem Futteral gebor-

Entwicklung der Stechmücke. 109,4: *Das Eipaket schwimmt auf der Wasseroberfläche.* **109,5:** *Mit ihrer Atemröhre des Hinterleibs hängen die Stechmückenlarven am Wasserspiegel.*

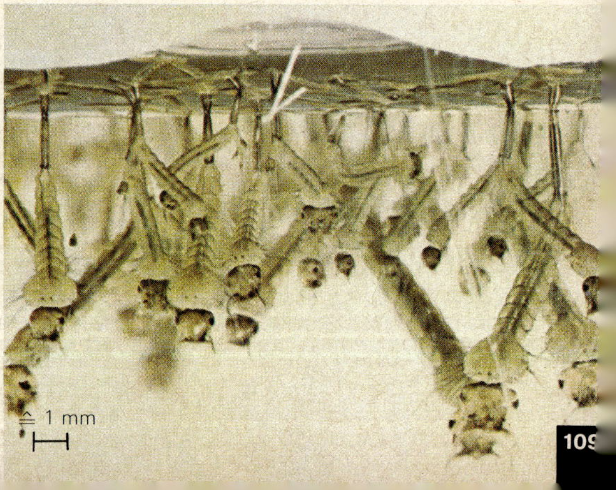

gen sind **(109,2)**. Sie sind die eigentlichen Stechorgane und besitzen an ihrem Ende feine Zähnchen. Ober- und Innenlippe bilden ein *Saugrohr*. Die Innenlippe ist von einem *Speichelkanal* durchzogen. Durch ihn gelangt Speichel in die Haut, der die Haargefäße erweitert und die Blutgerinnung verhindert. Die Unterlippe, die beim Einstich die Stechborsten führt, dringt nicht in die Haut ein und biegt nach hinten aus. Solche Mundwerkzeuge, wie sie bei den Weibchen der Stechmücke ausgebildet sind, nennen wir *stechend-saugende Mundwerkzeuge*. Nur die Weibchen saugen Blut gleichwarmer Lebewesen, dessen Eiweiß sie zum Aufbau der Eier benötigen. Die Männchen ernähren sich von Pflanzensäften.

Entwicklung. Die *Eier* werden als Paket von ungefähr 300 Stück auf die Wasseroberfläche von Seen und Sümpfen, Pfützen, Dachrinnen und Regentonnen abgelegt **(109,4)**, wo sie sich entwickeln. Die Dauer der Entwicklung richtet sich nach der Wassertemperatur; zwischen 16–19 °C dauert sie etwa 30 Tage. Die *Larven* hängen mit dem Kopf nach unten an der Wasseroberfläche. Dort mündet die vom Hinterleibsende ausgehende, schnorchelartige *Atemröhre,* die mit einem Stigmenpaar des Tracheensystems in Verbindung steht, und dem Körper die Atemluft zuführt **(109,5)**. Bewegliche Haarbüschel am Kopf strudeln kleine pflanzliche und tierische Lebewesen als Nahrung herbei. Auch die *Puppe* hängt an der Wasseroberfläche **(109,6)**. Ihre kurzen Atemröhren sitzen wie zwei Hörnchen am Kopf. Schon zwei Tage nach der Verpuppung schlüpft die Stechmücke aus. Bis zur Erhärtung ihrer Flügel bleibt sie kurze Zeit auf der Puppenhülle sitzen **(109,7)**. Während im Herbst die Männchen zugrunde gehen, suchen die Weibchen geschützte Überwinterungsplätze auf. An Kellerwänden sind sie oft in großen Mengen anzutreffen.

Verwandte der Stechmücke sind die gefürchteten *Moskitos* der Tropen, von denen es viele Arten gibt. Unter ihnen übertragen die *Fiebermücken* (Anopheles) die häufigste Infektionskrankheit beim Menschen, die Malaria, auch Wechsel- und Sumpffieber genannt (vgl. S. 159). Die Bekämpfung der Fiebermücken erfolgt durch Trockenlegen der Sümpfe. Auch gießt man Öl auf das Wasser und verhindert so die Atmung der Larven, oder man setzt Fische ein, die sich von den Mückenlarven ernähren.

Merkstoff. Mücken besitzen nur ein Paar Flügel, es sind Zweiflügler. Die Hinterflügel sind zu den Schwingkölbchen umgebildet. Sie haben im Gegensatz zu den Fliegen lange, fadenförmige Fühler. Stechmücken haben eine vollkommene Verwandlung, ihre Entwicklung verläuft im Wasser. Die Mundwerkzeuge sind stechend-saugend. Die Fiebermücke überträgt die Malaria.

109,6: *Puppe der Stechmücke. Der dicke Teil entspricht Kopf und Brust.* **109,7:** *Die ausgeschlüpfte Stechmücke steht mit ihren dünnen Beinen auf dem Oberflächenhäutchen des Wassers.*

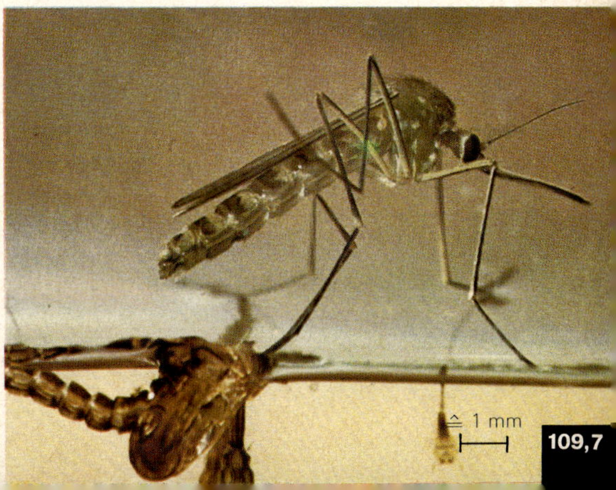

110–113 Die Honigbiene (Apis mellifica)

Neben dem Seidenspinner ist die Honigbiene das einzige Insekt, welches sich der Mensch schon seit langer Zeit nutzbar macht und wie ein Haustier hält. Früher, zur Zeit des Mittelalters, kannte man die Bienenhaltung noch kaum. Die Honigbiene lebte wild in hohlen Baumstämmen. Damals waren es die Zeidler, die als besondere Zunft das Recht hatten, Honigwaben aus den Bienenstöcken zu schneiden (zeideln = schneiden).

Wir beobachten die Biene beim Sammeln. Die Honigbienen, die wir an Blüten beobachten, 110
sind von ihrer Behausung, dem *Bienenstock,* abgeflogen, wo sie volkweise in verschiedenen Stöcken wohnen **(110,1)**. Auf den Blüten sammeln sie Nektar und Pollen. Zum Saugen des Nektars senkt die Biene ihren Kopf in die Blüte. Dabei stößt sie an die Staubbeutel, deren Blütenstaub an ihrem Pelzchen hängenbleibt. Sie befördert ihn zu den Hinterbeinen, wo wir ihn als klumpige »Höschen« sehen **(110,6)**. Wie geht das vor sich?

Bau der Beine. An allen drei Beinpaaren liegt auf der Innenseite der verbreiterten Ferse ein bürstenartiger Haarbesatz. Mit mehreren Querreihen kräftiger Borsten ist er an den Hinterbeinen am besten ausgebildet **(110,4)**. Diese *Fersenbürste* wird von der Arbeiterin zum Einsammeln des Blütenstaubs gebraucht. Zwischen Schiene und Ferse besteht ein tiefer Spalt. Sein unterer Rand wird von einem kurzbehaarten Vorsprung, dem *Pollenschieber*

110,1: *Bienenstand mit vier Stöcken, in denen je ein Volk untergebracht ist. Die farbigen Flugbretter erleichtern den Bienen das Auffinden des Stockes.* **110,2:** *Arbeiterin am Flugbrett.* **110,3:** *Das Vorderbein der Arbeiterin dient als Putzbein. Am stark verlängerten ersten Fußglied ist eine halbkreisförmige Scharte, in welche der Fühler eingelegt und vom Sporn der Schiene angedrückt wird.*

oder *Fersensporn,* begrenzt, der obere Rand von einer Reihe leicht gebogener, starker Borsten, dem *Pollenkamm.* Die Außenseite der Schiene ist leicht vertieft und mit langen, einwärts gekrümmten Randhaaren besetzt **(110,5)**. Die Imker nennen diese kleine Mulde das *Körbchen.* Dahinein wird der eingesammelte Blütenstaub gebracht, in Form kleiner Klumpen, die der Imker *Höschen* nennt **(110,6)**. Dies geschieht folgendermaßen. Der an den Körperhaaren hängengebliebene Blütenstaub wird während des Fluges mit den Bürsten aufgenommen. Durch Aneinanderreiben der Hinterbeine kämmen die Zähne des Pollenkamms des einen Beines den Blütenstaub aus der Bürste des anderen Hinterbeines und umgekehrt. Der jetzt an die Außenseite des Pollenkamms gelangte Blütenstaub wird durch Bewegungen des Scharniergelenks zwischen Schiene und 1. Fußglied vom Pollenschieber in das Körbchen gedrückt. Ist dies mehrmals erfolgt, so füllt schließlich ein Pollenklumpen das ganze Höschen aus. »Höseln« nennt der Imker den Vorgang, weil die Biene wie mit Höschen bekleidet erscheint. Im Stock angekommen, streift die Biene mit ihren Beinen die Höschen ab und stopft den Blütenstaub in eine Zelle. Andere Bienen drücken ihn mit dem Kopf fest. Der eiweiß- und vitaminhaltige Pollen dient zusammen mit etwas Honig *(Bienenbrot)* als Nahrung für die Brut.

Außer zum »Höseln« und zum Gehen brauchen die Bienen ihre Beine auch noch zum Säubern der Fühler. Am Vorderbein liegt am Anfang des stark verlängerten 1. Fußgliedes, der Ferse, eine halbkreisförmige Aussparung **(110,3)**. Dahinein legt die Biene den Fühler. Bei abgewinkelter Schiene schiebt sich ein Sporn darüber und hält den Fühler fest. Die Biene
110 zieht ihn mehrmals durch die Putzscharte und reinigt ihn vom Schmutz und Blütenstaub.

Flügel. Die Biene besitzt vier wohlausgebildete Flügel, je ein Paar größerer Vorder- und kleinerer Hinterflügel. Vorder- und Hinterflügel sind im Flug miteinander verbunden und bilden eine einheitliche Flugfläche. Das kommt dadurch zustande, daß beim Entfalten der Flügel eine Häkchenreihe am Vorderrand der Hinterflügel sich mit einer Leiste am Hinterrand der Vorderflügel verhakt. In Ruhestellung liegen die Flügel getrennt übereinander auf dem Rücken. Insekten, die wie die Bienen zwei Paar häutiger Flügel besitzen, nennt man *Hautflügler.*

Bienen sind gute Flieger. Ihr Sammelgebiet erstreckt sich im allgemeinen auf einen Umkreis von 2 km um den Stock. Bei ungünstigen Verhältnissen werden Sammelflüge auf Strecken von 10 km Länge ausgedehnt.

110,4: *Die Sammeleinrichtungen am Hinterbein (Innenseite) mit Bürste und Pollenschieber am 1. Fußglied und mit dem Pollenkamm der Schiene.* **110,5:** *Eine Vertiefung an der Außenseite der Schiene bildet mit den außen stehenden, langen Haaren das Körbchen. In ihm wird der Blütenstaub transportiert.* **110,6:** *Das gefüllte Pollenkörbchen, das »Höschen«.*

110,5

110,6

111,1

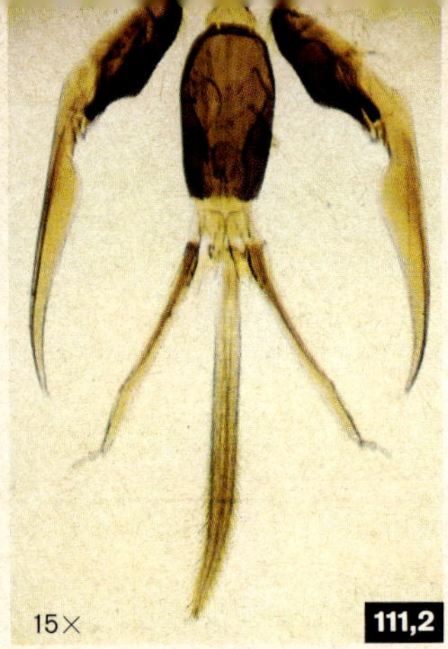

111,2

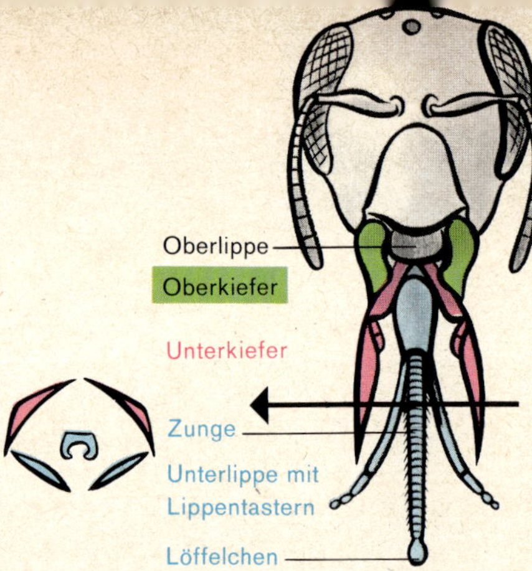

111,3

111,1: Kopf einer Arbeiterin mit Punkt- und Facettenaugen, geknieten Fühlern und Mundwerkzeugen. **111,2:** *Mundwerkzeuge der Arbeiterin ohne Oberlippe und Oberkiefer.* **111,3:** *Schemazeichnung der Mundwerkzeuge.*

Mundwerkzeuge. Die Oberkiefer der Bienen sind kräftige *Zangen* **(111,1** und **111,3)**, mit denen Wachs für den Wabenbau geknetet, Blütenstaub geschabt und allerhand andere Arbeiten verrichtet werden. Dazwischen liegt die Oberlippe. Die Unterlippe ist stark verlängert und bildet die nach unten einschlagbare *Zunge,* an deren Ende das *Löffelchen* sitzt **(111,2** und **3)**. Mit diesem lecken sie den Nektar auf, der anschließend durch ein von den Unterkiefern und Lippentastern gebildetes *Rohr* aufgesogen wird **(111,3)**.

Der aufgenommene Nektar gelangt über die *Speiseröhre* in den *Honigmagen* **(111,4)**. Ein *Ventiltrichter* sperrt den Honigmagen gegen den Darm ab, einesteils um den Eigenbedarf der Sammlerin an Nektar in den Darm durchzulassen, andernteils um den Nektar sich im Honigmagen ansammeln zu lassen. Auf diese Weise kann der Nektar in den Stock getragen werden, wo er über die Speiseröhre wieder abgegeben wird, zum Teil als Nahrung für andere Stockgenossen, zum Teil für die Aufbewahrung in den Wabenzellen, in denen er zu Honig weiterverarbeitet wird. Um 1 kg Honig zu gewinnen, sind rund 75 000 Blütenbesuche notwendig. Sogenannter Waldhonig kommt zustande, wenn anstelle von Nektar der von Tannenläusen abgeschiedene Zuckersaft eingesammelt wird.

Die Sinneswelt der Biene. Mit ihren *Facettenaugen* können die Bienen, wie viele Versuche ergaben, Farben unterscheiden. Rot können sie von Grau nicht unterscheiden, doch sehen sie ultraviolettes Licht. Sie haben also ein anderes Farbunterscheidungsvermögen als der Mensch. Außer den Facettenaugen besitzen die Tiere noch 3 *Punktaugen* auf der Scheitelmitte. Blüten erkennen sie außer an den Farben am Duft. Der Geruchssinn sitzt auf den *Fühlern.* So können sie blumenstet sein, was für die Bestäubung wichtig ist.

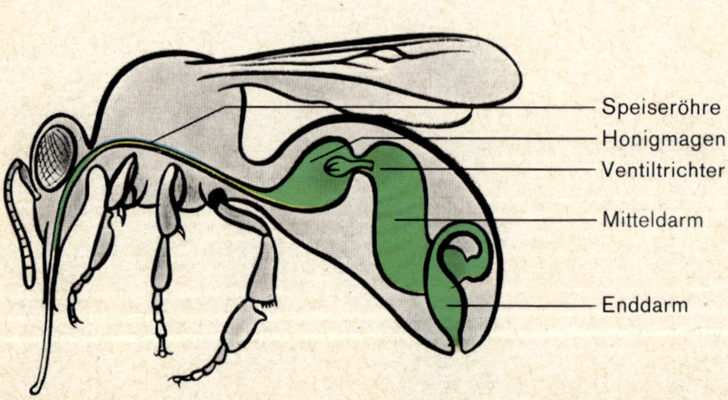

111,4

111,4: *Darmkanal der Biene.* **111,5** *bis* **7:** *Heimkehrende Bienen informieren ihre Stockgenossinnen durch verschiedene Tanzfiguren über Entfernung, Ergiebigkeit und Richtung neugefundener Futterquellen.* **111,5** *und* **111,6:** *Schwänzeltanz.* **111,7:** *Rundtanz.*

Orientierung und Verständigung. Auf den Flügen zur Nahrungsquelle orientieren sich die Bienen nach auffallenden Landmarken, etwa Straßen oder Waldrändern, und prägen sich diese Marken ein. Außerdem sind sie fähig, die Sonne als Kompaß zu benützen, und selbst bei bedecktem Himmel vermögen sie den Sonnenstand auszumachen. Kombiniert mit dem Ortssinn ist ein ausgeprägter Zeitsinn, die »innere Uhr«. Erstaunlich ist aber nicht nur, daß Bienen zu einer ihnen bekannten Futterquelle zurückfinden, sondern daß sie diesen Platz auch anderen Bienen im Stock angeben können, ohne selbst vorauszufliegen. Dies geschieht auf folgende Weise. Hat eine Biene in der Nähe eine ergiebige Nektarquelle entdeckt, so saugt sie sich voll, gibt nach der Heimkehr auf der Wabe Nektar an andere Bienen ab und läuft einen *Rundtanz*. In raschen Schritten beschreibt sie enge Kreise nach rechts und links **(111,7)**. Dabei stößt sie die ihr folgenden Bienen an, die sich mit den Fühlern den ihr anhaftenden Blütenduft einprägen und dann selbst mittanzen. Je ergiebiger die Futterquelle ist, um so lebhafter tanzt die Biene. Ist die Futterquelle jedoch nicht mehr in der näheren Umgebung des Stockes, sondern mehr als 100 m entfernt, so tanzt die Biene wechselweise 2 Halbkreise und schwänzelt auf der geraden Strecke mit dem Hinterleib **(111,5)**. Die Richtung dieser Strecke wird durch den Sonnenstand bestimmt. Sie steht im gleichen Winkel zur Senkrechten der Wabe, wie die Richtung zur Futterquelle zur Sonne steht **(111,6)**. Mit dem sich ändernden Sonnenstand ändert sich auch die Richtung der Schwänzellinie. Die Anzahl der Schwänzelschläge in einer bestimmten Zeit und das Tempo des Tanzes geben die Entfernung des Zieles an. Es kann mehrere Kilometer,
11 in besonderen Fällen bis zu 10 km entfernt sein. Diese Erkenntnisse verdanken wir dem Biologen Karl von Frisch, der in langjährigen Versuchen die »Sprache der Bienen« erforscht hat. Nach neuen Forschungen werden beim *Schwänzeltanz* von der Biene auch Töne als Information abgegeben, die sie mit ihren Flügeln erzeugt. Heimkehrenden Bienen wird das Auffinden des Stockes erleichtert, indem ihnen andere Bienen vom Flugbrett aus den erhobenen Hinterleib hinstrecken und aus Drüsen mit den Flügeln einen Duftstrom zufächeln; der Imker nennt dies »sterzeln«.

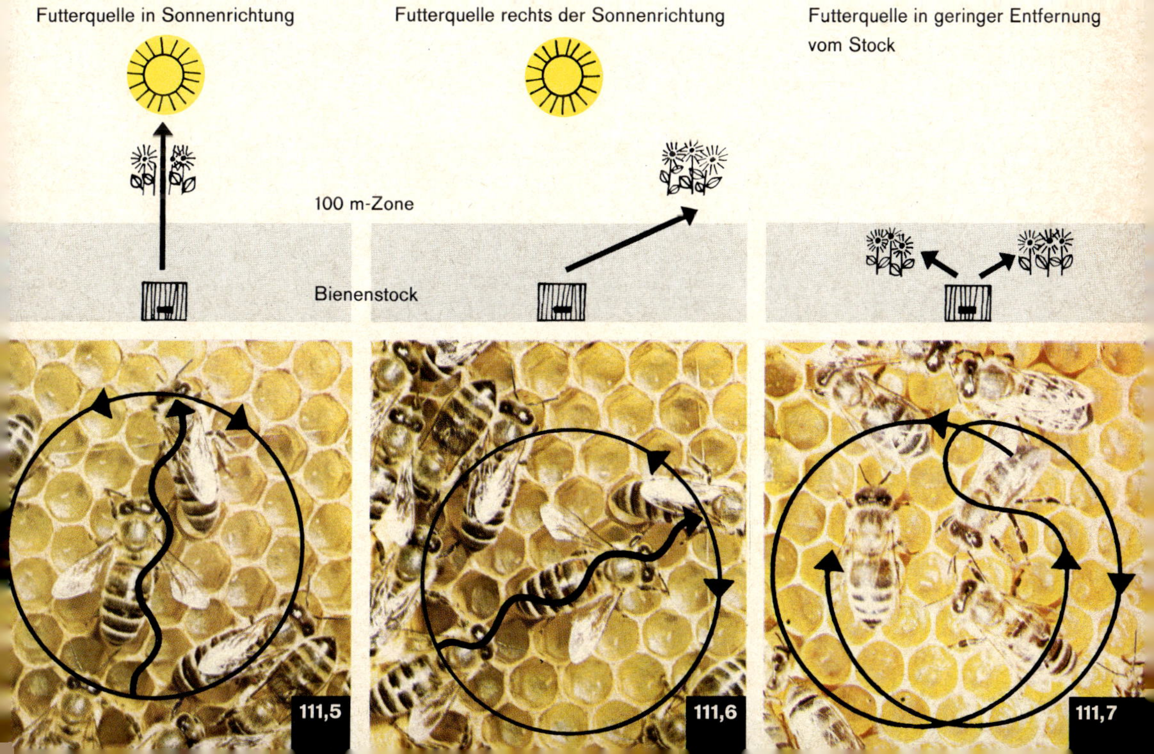

112,1

112,2

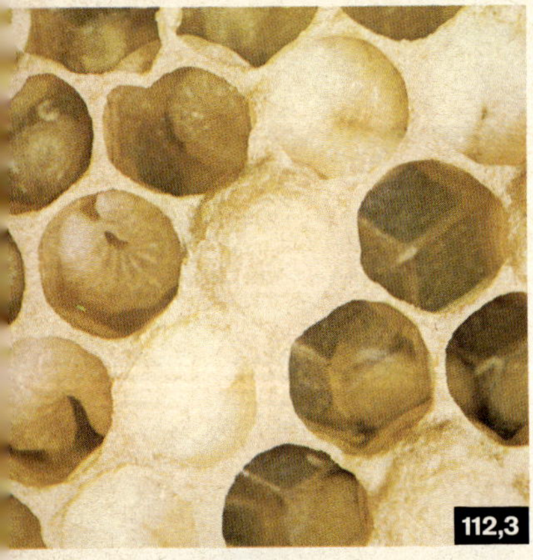
112,3

112,4

Entwicklung. *Eine Königin legt während der Hauptlegezeit (April bis Mai) täglich etwa 2500–3000 Eier, 1 bis 1,5 mm lange Stiftchen* **(112,1)***; man sagt, die Königin bestiftet die Zellen. Nach drei Tagen schlüpfen die Maden aus, bein- und augenlose Larven. 6 Tage lang werden sie von Ammenbienen gefüttert; die ersten 3 Tage mit einem Futtersaft aus deren Kopfspeicheldrüsen, nachher mit Bienenbrot, einer Mischung aus Pollen und Honig. Die am Zellgrund zusammengerollte Larve schwimmt auf dem Futterbrei* **(112,2)***, wächst – sich viermal häutend – heran und ist am Ende des 6. Tages zu einer Rundmade ausgewachsen. Bis dahin hat sie ungefähr 10000 Fütterungsbesuche erhalten. Arbeiterinnen verschließen nun die Zelle mit einem gewölbten, luftdurchlässigen Wachsdeckel* **(112,3** *und* **112,4)***. Die Made streckt sich, der spitze Kopfabschnitt liegt am Zelleingang* **(112,5)***. Bei der Verpuppung spinnt sie einen seidenen Kokon. Es entsteht eine freie Puppe* **(112,6)***. Anfangs weichhäutig und farblos, färbt sie sich mehr und mehr* **(112,7)** *und häutet sich mit dem Abstreifen der dicht anliegenden Puppenhaut zum letzten Mal. Die behaarte Jungbiene* **(112,8)** *schlüpft 21 Tage nach der Eiablage aus* **(112,9)***. Anschließend reinigt sie ihre Zelle. Die Honigbiene weist also eine vollkommene Verwandlung auf. Aus den von der Königin gelegten Eiern entstehen Drohnen, wenn die Eier unbefruchtet sind; Arbeiterinnen oder Königinnen, wenn die Eier befruchtet sind. Werden Larven, die aus befruchteten Eiern hervorgegangen sind, nur mit Speicheldrüsensaft gefüttert, entstehen Königinnen, sonst Arbeiterinnen. Schon die Zellen der künftigen Königinnen, die Weiselwiegen* **(112,4)***, sind besonders geformt; sie hängen wie Zäpfchen am Rand der Wabe.*

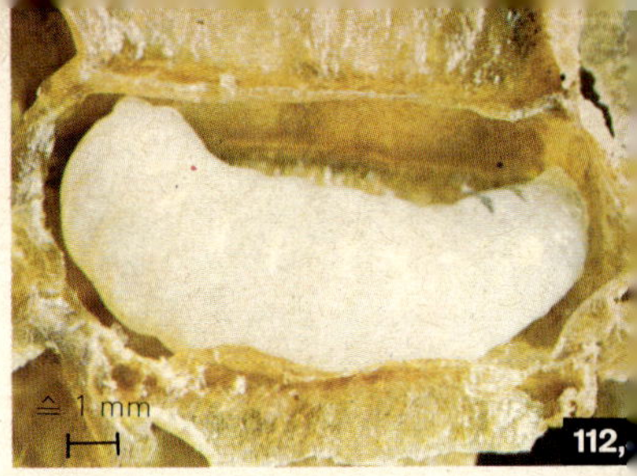

112,

112,

112,

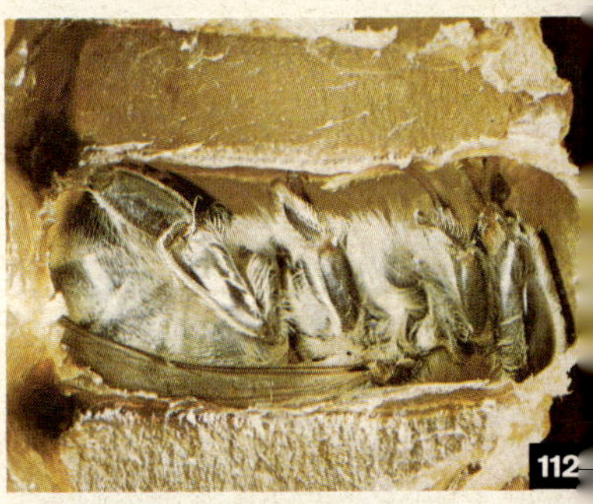
112

112

Die Arbeitsbiene im Stock. Nach dem Ausschlüpfen verbringt die Arbeitsbiene die ersten drei Wochen im Stock. In dieser Zeit verrichtet sie bestimmte, zeitlich begrenzte Arbeiten. Zuerst reinigt sie Waben und Zellen und wärmt die Brut. Ab dem 4. Tag füttert sie als *Ammenbiene* ältere und später junge Maden. Ab dem 10. Tag unternimmt sie erste Orientierungsflüge in die nahe Umgebung, hauptsächlich aber nimmt sie Futter ab, stampft Pollen ein, bereitet Honig, sorgt für frische Luft und verteilt Wasser zur Kühlung, und zwar bis zum 18. Tage. Während dieser Zeit entwickeln sich auch die Wachsdrüsen, sie wird zur *Baubiene*. Zwei weitere Tage ist sie *Wächter* am Flugloch und kontrolliert alle ankommenden Tiere auf den typischen Nestgeruch. Ab dem 20. Tag wird sie zur *Sammelbiene*. Sie übt diese Tätigkeit bis zu ihrem Lebensende aus. Im Sommer wird eine Biene 6–8 Wochen alt, nur überwinternde Bienen werden älter.

An der Unterseite des Hinterleibs liegen vom 3. bis 6. Ring je zwei helle, fensterartige Flächen, die *Wachsspiegel*. In ihnen münden die Poren der darunterliegenden Wachsdrüsen. Zur Zeit des Wabenbaus fließt aus ihnen flüssiges Wachs
112 und erstarrt zu Wachsplättchen in der Form des Spiegels **(112,11)**. Die Spiegel sind nicht zu sehen, da sie von den Hinterleibsringen überdeckt werden. Die abgesonderten Wachsschüppchen zieht die Biene mit der Bürste der Hinterbeine aus den Wachstaschen und knetet sie anschließend mit ihren Oberkiefern für den Wabenbau zurecht **(112,13)**.

Stachel. Arbeiterin und Königin besitzen einen kompliziert gebauten Stachelapparat. Das Gift einer Drüse sammelt sich in der *Giftblase* und wird zwischen zwei mit Widerhaken versehenen *Stechborsten* ausgespritzt. Wenn die Biene einen Menschen gestochen hat, dann kann sie aus dessen elastischer Haut den Stachel wegen der Widerhaken nicht wieder herausziehen. So wird beim Abfliegen der Stachelapparat herausgerissen, und die Biene stirbt daran. Obwohl beim Stich nur ein winziges Gifttröpfchen in die Wunde fließt, kommt es zu recht unangenehmen Schwellungen und Entzündungen. Beim Stich gegen ein Insekt vermag sie die Stechborsten aus der spröden Chitinhaut wieder herausziehen.

112,10

112,11

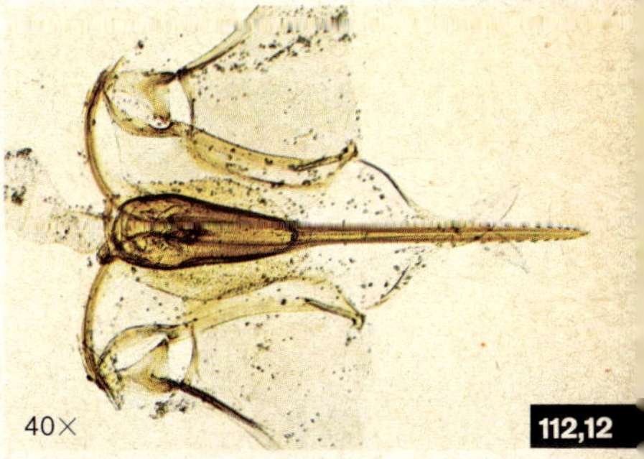

112,12

112,13

112,10: *Der Imker am geöffneten Stock. In die Holzrahmen bauen die Bienen ihre Waben. Sie lassen sich einzeln herausnehmen, ohne daß die Bienen besonders gestört werden.* **112,11:** *Zwei Wachsplättchen treten an der Bauchseite zwischen den Hinterleibsringen aus.* **112,12:** *Stachelapparat der Arbeiterin, am linken Bildrand liegt die Giftblase.* **112,13:** *Bienen bauen aus dem selbsthergestellten Wachs die Zellen der Wabe von oben nach unten.*

113,1: *Bienen haben sich an einem Stamm um die Königin gesammelt und bilden die Schwarmtraube.* **113,2:** *Am neuen Wohnplatz beginnen die Bienen mit dem Wabenbau.* **113,3:** *Drohnenpuppen in geöff-*

Vermehrung und Fortpflanzung. Eine junge Königin in der Weiselzelle kündigt ihr Ausschlüpfen mit einem hohen Ton der vibrierenden Flügel an. Daraufhin verläßt die alte Königin mit etwa der Hälfte der Bienen den Stock: es entsteht ein *Schwarm.* Wo sich die Königin niederläßt, sammeln sich die Bienen um sie und ballen sich zu einer *Schwarmtraube* zusammen **(113,1).** Dem Imker ist besorgt, den Schwarm so rasch als möglich in einen leeren Stock zu tragen, wo die Bienen ein neues Volk bilden. Kommt er zu spät, dann haben Spurbienen eine Behausung ausgekundschaftet und den Schwarm dort hingeführt, wo sofort mit dem Wabenbau begonnen wird **(113,2).**
Im alten Stock schlüpft die junge Königin einige Tage nach dem Schwärmen aus. Sie und weitere Bienen brechen die noch vorhandenen Weiselzellen auf und töten die anderen schlüpfreifen Königinnen; denn jedes Volk hat nur eine Königin. Ein bis zwei Wochen später verläßt die junge Königin mit den Drohnen vorübergehend den Stock. Ein Drohn begattet die Königin in der Luft. Dabei überträgt er seine Spermien in einen kleinen Behälter im Hinterleib der Königin. Jede Königin wird nur einmal begattet. Der Drohn stirbt danach, während die übrigen Drohnen mit der Königin in den Stock zurückkehren und dort noch einige Zeit gefüttert werden. Im August werden sie von den Arbeitsbienen aus dem Stock getrieben. Die Königin beginnt sofort nach der Begattung mit der Eiablage.

Überwinterung. Gegen den Herbst geht die Stärke eines Volkes auf etwa 15 000 Bienen zurück. Zur Überwinterung setzen sie sich mit der Königin zu einer Traube zusammen. Sinkt die Temperatur in der Traube unter + 13 °C, so erzeugen die Bienen durch Bewegung Wärme. Dabei wechseln sie ihre Plätze, die äußeren gelangen allmählich nach innen und umgekehrt. Bereits im Februar beginnt die Königin mit der Eiablage. Das Bienenvolk überwintert und kann viele Jahre bestehen.

Regelung der Stocktemperatur. Die Bienen regulieren selbständig die Temperatur im Stock. Außer im Winter herrscht immer eine Temperatur von 35–36 °C. Wird es im Stock zu heiß, bilden die Bienen eine Kette bis zum Flugloch und fächeln mit den Flügeln als lebende Ventilatoren frische Luft vom Stockeingang her oder überhitzte Luft hinaus. Auch Wassertropfen werden zur Verdunstung auf die Waben gesetzt, wodurch Kühlung eintritt. Wie alle Insekten sind auch die Bienen wechselwarm.

neten Brutzellen. **113,4:** *Drohn zwischen Arbeiterinnen.* **113,5:** *Königin mit »Hofstaat«. Eine Arbeiterin übergibt der Königin Nahrung. Der rote Fleck auf ihrem Rücken ist eine Markierung.*

Die 3 Bienenwesen. Drohn und Königin unterscheiden sich im Körperbau von der Arbeiterin. Der *Drohn* ist 15–17 mm lang und hat einen dicken Körper **(113,4)**, seine großen Facettenaugen stoßen in der Kopfmitte zusammen. Er besitzt keinen Stachel und wird nur wenige Monate alt. Die *Königin* wird 20–25 mm lang und hat einen langen, schlanken Hinterleib, der fast ganz mit Eierstöcken angefüllt ist. Ihre Aufgabe ist nur, Eier zu legen. Sie
113 wird 3–5 Jahre alt. Bei beiden sind Mundwerkzeuge und Beine nicht zum Sammeln ausgebildet; sie müssen deshalb von den *Arbeitsbienen* gefüttert werden. Die Königin ist dabei von einer kleinen Schar Bienen umgeben, dem »Hofstaat«, der sie betreut **(113,5)**.

Der Bienenstaat. Bei den Bienen herrscht Arbeitsteilung. Königin und Drohn besorgen die Fortpflanzung, die Arbeiterinnen verrichten die Arbeiten. Alle sind so voneinander abhängig, daß sie für sich allein nicht leben können: sie bilden einen *Staat.* Der Bienenstaat jedoch ist unseren Staatsgebilden nicht vergleichbar. Während im Bienenstaat die Aufgaben der Arbeitsbienen wechseln, übt der Mensch seinen Beruf ein Leben lang aus. Ferner ist im Menschenstaat die Fortpflanzung nicht wie bei den Bienen auf 1 Paar beschränkt. Schließlich gibt es im Bienenstaat keine Regierung; die Königin regiert also nicht. Alle Handlungen der Bienen, so zweckmäßig sie sind, sind angeboren und werden ohne Überlegung ausgeführt. Solche *angeborenen Verhaltensweisen* nennen wir *Instinkte.*

Bedeutung der Bienen. Wir schätzen die Biene nicht nur wegen der Erzeugung von Honig, noch wertvoller ist sie für uns durch die Blütenbestäubung. Eine Biene bestäubt täglich etwa 500–700 Blüten. Sie ermöglicht dadurch die Entwicklung der Früchte und Samen. 80% des Fruchtansatzes unserer Obstbäume sind der Honigbiene zu verdanken.

Merkstoff. Honigbienen leben in Völkern von 50000–70000 Bienen. Die allermeisten sind Arbeiterinnen, dazu kommen eine Königin und, vorübergehend, männliche Tiere, die Drohnen. Die drei Bienenwesen unterscheiden sich im Körperbau und in ihren Aufgaben. Die Beine der Arbeiterinnen dienen als Putz- und Sammelapparate. Die Bienen sammeln neben Blütenstaub Nektar und verarbeiten ihn zu Honig. Sie haben leckend-saugende Mundwerkzeuge. Die Weibchen besitzen einen Stachel, der mit einer Giftdrüse in Verbindung steht. Bienen verständigen sich durch Tänze, Töne und Düfte. Ihre Verwandlung ist vollkommen. Honigbienen bilden Dauerstaaten; sie gehören zu den Hautflüglern.

114 Wespen und Hummeln

Wespen. Auch bei den Wespen und Hummeln gibt es Staaten; jedoch überwintern die Völ-
ker nicht wie bei den Bienen, sondern gehen im Herbst zugrunde. Die Neugründung der
Völker erfolgt im Frühjahr durch überwinternde Königinnen. Wir betrachten als Beispiel
zunächst die *Feldwespe* (Polistes). Diese 15 bis 17 mm lange, schlanke, schwarzgelbe
Wespenart baut eine Wabe ohne Hülle mit wenigen Zellen **(114,1)**. Sie hängt mit einem 114
dünnen Stiel an Stengeln oder Steinen. Die überwinternde Königin ist noch allein, wenn sie
im Mai den kleinen Staat gründet. Die ausschlüpfenden Weibchen bleiben mit der Königin
zusammen und betreuen mit ihr einige Wochen die Nachkommen. Mit diesem Anfang einer
Gemeinschaft zeigt uns die Feldwespe, wie sich aus einzellebenden Arten möglicherweise
staatenbildende entwickelt haben.

Die Wespen bauen ihre Nester nicht aus körpereigenem Material wie Bienen und Hummeln, sondern raspeln mit ihren Kiefern **(114,2)** Fasern von altem, brüchigem Holz ab, zerkauen sie und verspeicheln sie zu einem Brei. Er wird nach dem Trocknen zu einer papierähnlichen, aber doch festen Schicht.

Das Nest der 20 mm langen *Deutschen Wespe* (Vespa germanica) wird unterirdisch angelegt **(114,4)**. An einem dünnen Stiel ist es in einer Erdhöhle aufgehängt. Mehrere horizontale Waben liegen übereinander und sind durch dünne Stiele miteinander verbunden **(114,5)**. Die Waben sind außen von einer mehrschichtigen Hülle umgeben. Sie gibt der Kolonie wirksamen Schutz gegen Wärmeverlust und schützt vor Wasser. Das Nest kann größer als ein Fußball werden und beherbergt 3000–4000 Tiere. Andere Wespenarten bauen ihre Nester oberirdisch an Zweige, unter Dächer und an ähnliche Orte.

114,1: *Nest der Feldwespe.* **114,2:** *Kopf der Gemeinen Wespe (Vespa vulgaris). Die Mundwerkzeuge der Wespen gehören zum leckend-saugenden Typ mit Oberkiefern als kräftige Beißzangen, Unterkiefern und der Unterlippe, die eine kurze Leckzunge bildet.* **114,3:** *Weibchen (oben), Männchen (Mitte) und Arbeiterin (unten) der Deutschen Wespe. Die Vorderflügel werden in Ruhestellung der Länge nach gefaltet (Faltenwespen). Zwischen 1. und 2. Hinterleibsring liegt eine Einschnürung, die »Wespentaille«.* **114,4:** *Unterirdisches Nest der Deutschen Wespe. Der mehrschichtige Mantel wurde teilweise abgetragen.* **114,5:** *Etagenförmig sitzen die Waben übereinander.* **114,6:** *Unsere größte Wespenart ist die wegen ihres gefährlichen Stiches gefürchtete Hornisse (Vespa crabro).* **114,7:** *Gartenhummel (Bombus hortorum) und* **114,8:** *Steinhummel (B. lapidarius), zwei erdbewohnende Hummelarten.*

114,3

114,4

114,5

Die im vorhergehenden Herbst begattete Wespenkönigin **(114,3)** beginnt im Frühjahr allein einen Staat zu gründen. In dem selbst gegrabenen Erdloch wird das Papiernest erstellt. Mit Fertigstellung der ersten Wabe legt die Königin Eier ab und füttert später die ausschlüpfenden Maden. Um nicht aus den Zellen zu fallen, verankern sich die Larven mit Hilfe eines Klebstoffs mit dem Hinterleib am Boden der Zelle, der eigentlichen Decke. Sie werden von der Königin mit einem vorgekauten Brei aus Raupen und Insektenlarven gefüttert. Die bald erscheinenden Jungwespen unterstützen die Königin bei ihren Arbeiten,
114 die sich nun auf das Eierlegen beschränken kann. Ein Wespenvolk vertilgt zur Aufzucht der Brut eine große Menge von Insekten. Die erwachsenen Wespen aber ernähren sich von Nektar, faulenden Früchten und zeigen eine besondere Vorliebe für süße Stoffe. Aus Brutzellen der untersten Wabenschicht schlüpft im Herbst eine Anzahl junger Königinnen aus, die, wenn sie ohne Schaden überwintern, im Frühjahr einen neuen Staat gründen. Das Volk mit der alten Königin stirbt in den ersten Frostnächten.

Hummeln. Unsere Hummeln sind dicht pelzig behaarte Insekten mit oft bunter Färbung **(114,7** und **114,8)**. Ihr Staat besteht nur einen Sommer lang. Die Staatenbildung ist wie bei den Wespen ziemlich einfach. Die unterirdischen Nester werden von wenigen (100 bis 300) Tieren bewohnt. In rundlichen Wachsbehältern entwickeln sich 15 bis 20 Tiere. Leer dienen sie zur Speicherung kleiner Honigvorräte für Regenzeiten. Wie die Honigbiene besitzt die Hummelarbeiterin Bürste und Körbchen an den Hinterbeinen zum Pollensammeln und vermittelt bei vielen Blumen die Bestäubung. *Hummelblüten,* z.B. Taubnesselblüten, sind ganz auf den Besuch der langrüsseligen Tiere eingerichtet. Der Stachel der Hummel- und Wespenweibchen ist glatt und kann nach dem Stich wieder herausgezogen werden und gleich nochmals stechen. Während die Wespen mitunter sehr stechlustig sind, stechen Hummeln selten.

114,6

114,7

114,8

115–116 Ameisen

An trockenen, sonnigen Plätzen des Waldes entdecken wir ab und zu einen großen, kuppelförmigen Ameisenhaufen **(115,3)**. An seiner Oberfläche sehen wir überall *Rote Waldameisen* (Formica rufa) umherlaufen **(115,1)**. Sie haben Nadeln, Erde und kleine Stengel bis zu 1,50 m hohen Hügeln angehäuft. Wir sehen aber nur den kleineren, oberirdischen Teil des Nestes, der größere Teil reicht bis zu 2 m unter die Erde. Der Bau wird meist an einem **115**
morschen Baumstumpf angelegt und ist im Innern in viele Gänge und Kammern gegliedert **(115,2)**. Andere Ameisenarten bauen ihre Nester anders.

Bewohner. Nach Körperbau und Aufgaben sind 3 Ameisen-Kasten zu unterscheiden. Die Mehrzahl sind ungeflügelte *Arbeiterinnen,* 5 bis 8 mm lange, unfruchtbare Weibchen, die keine Nachkommen erzeugen. Die beiden anderen Kasten sind die 9 bis 11 mm langen, geflügelten *Geschlechtstiere,* nämlich vorübergehend auftretende Männchen mit langgestrecktem und Weibchen mit dickem Hinterleib. Da sie häutige Flugflügel haben, gehören sie wie Bienen, Hummeln und Wespen zu den *Hautflüglern*. Eierlegende Weibchen werden *Königinnen* genannt. Ein Staat kann bis zu 1 Million Tiere umfassen und 50 bis 80 Jahre alt werden. Ameisen leben immer in Gesellschaften, nie einzeln.

Aufgaben der Arbeiterinnen. Die Arbeiterinnen sind mit Brutpflege, Nestbau und Nahrungssuche fast dauernd beschäftigt. Die Eier, Larven und Puppen brauchen zu ihrer Entwicklung

115,4: *Puppentransport. Die Puppen werden in die Sonne getragen.* **115,5:** *Arbeiterin in Abwehrstellung. Sie richtet sich auf, schiebt den Hinterleib zwischen den Beinen hindurch und spritzt gezielt*

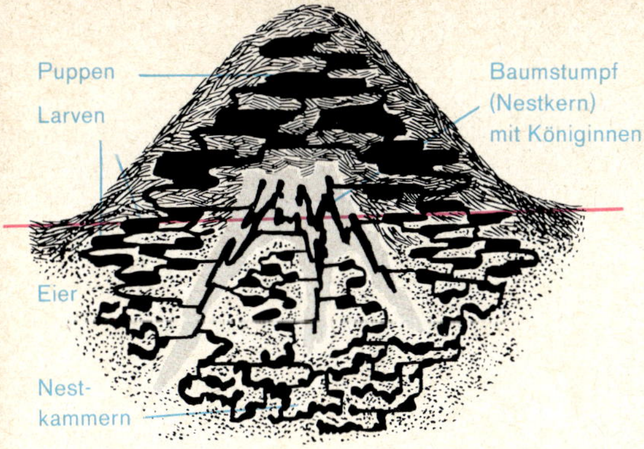

115,2

115,3

115,1: Arbeiterinnen der Roten Waldameise. **115,2:** *Schnitt durch das Nest, Schema.* **115,3:** *Ameisenhaufen der Roten Waldameise. Die oberirdische Kuppel fängt u. a. Wärme auf und dient der Lüftung.*

eine bestimmte Temperatur und werden je nach Wetter und Alter in verschiedene Kammern getragen **(115,4)**. Die Arbeiterinnen füttern die bein- und augenlosen, madenförmigen Larven mit Nährstoffen, die sie in ihrem Kropf vorverdauen. Zum Verpuppen spinnen sich die Larven Kokons. Oft werden sie fälschlich »Ameiseneier« genannt.

115 Die meisten Ameisenarten haben keinen Giftstachel, sondern wehren sich durch Spritzen von Gift. Sie beißen zuerst eine Wunde mit den Kiefern und spritzen dann die Ameisensäure der Giftdrüse in die Bißwunde oder dem Angreifer direkt entgegen **(115,5)**. Auf dieselbe Weise werden auch Nahrtiere überwältigt.

Sinneswelt. Mit den Fühlern nehmen die Ameisen Düfte, Erschütterungen und Laute wahr, auch die Luftfeuchtigkeit und Lichtstrahlen, ja selbst chemische und elektrische Reize. Die Fühler werden ferner als Verständigungsmittel gebraucht. Treffen zwei Ameisen aufeinander, so berühren sie sich mit den Fühlern, sie »betrillern« sich **(115,7)**. Dabei teilt eine Ameise der andern eine Futterquelle mit oder fordert sie zur Hilfeleistung auf. Um das Nest, von dem jedes seinen eigenen Geruch hat, erkennt man die von den Ameisen benützten Wege, die Ameisenstraßen. Es sind von Duftspuren gekennzeichnete Strecken, die die Ameisen wieder zum Nest zurückfinden lassen. Sie werden stets sauber gehalten und jahrelang benutzt. Auch der Sonnenstand wird, wie bei den Bienen, zur Orientierung zu Hilfe genommen.

Ameisensäure aus der Giftblase ab. **115,6:** *Arbeiterin beim Beutetransport.* **115,7:** *Ameisen verständigen sich durch »Betrillern« mit den Fühlern.*

115,6

115,7

Entwicklung der Ameise

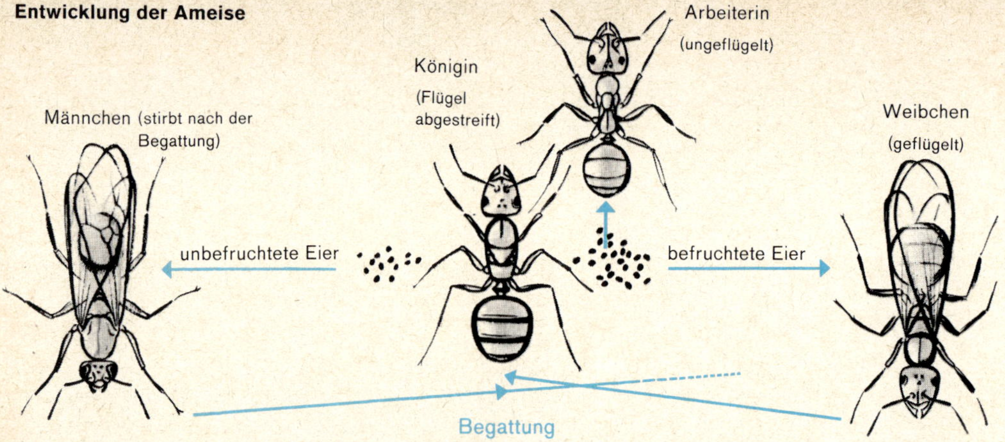

116,1

116,5

116,1: *Entwicklung der Roten Waldameise.* **116,2:** *Arbeiterin der südamerikanischen Blattschneiderameise.* **116,3** *und* **116,4:** *Sie schneiden Blattstücke ab, tragen sie ins Nest, zerkauen sie und züchten darauf Pilze, von denen sie sich*

116,6

Nestgründung und Entwicklung (116,1). An heißen Sommertagen erheben sich mehrere tausend Geschlechtstiere zum Hochzeitsflug. Nach dem Flug brechen sich die begatteten Weibchen die Flügel ab und gründen einen neuen Staat. Die Männchen sterben. Das Nest der Roten Waldameise enthält nur eine Königin. Sie ist bei der Nestgründung auf die Mithilfe fremder Ameisenvölker angewiesen, in deren Nest sie eindringt. Dort tötet sie die fremde Königin und beginnt mit der Eiablage. Die Larven werden von den Arbeiterinnen des fremden Volkes gepflegt. Da dieses seine Königin verloren hat, stirbt es allmählich aus. Im Nest finden sich dann nur noch Rote Waldameisen.

Mundwerkzeuge und Ernährung. Die Mundwerkzeuge der Ameisen ähneln denen

116,7

116,

116,2

116,3

116,4

ernähren. **116,5:** *Arbeiterin der Knotenameise (Myrmica).* **116,6:** *Larve und Puppen der Knotenameise.* **116,7:** *Knotenameisen beim Betrillern von Blattläusen.* **116,8:** *Arbeiterinnen und Puppen der Schwarzen Wegameise (Lasius niger).* **116,9:** *Roßameise (Camponotus herculeanus), unsere größte Ameise.* **116,10:** *Holznest der Roßameise.* **116,11:** *Eine mexikanische Ameisenart benützt Arbeiterinnen als Vorratsspeicher. Mit stark aufgetriebenem Hinterleib hängen sie im Nest (lebende »Honigtöpfe«).*

der Wespen. Ameisen ernähren sich von Beeren, Samen, Insekten, Schnecken und Würmern. Sie verbreiten die Samen z. B. von Taubnesseln und Veilchen, deren eiweiß- und ölhaltige Anhänge sie fressen. Im Kropf, der dem Honigmagen der Bienen entspricht, sammelt die Arbeiterin einen Futterbrei, von dem sie sich nicht nur selbst ernährt, sondern auch die Brut und andere Ameisen.

Ameisen suchen die Kolonien der Blattläuse auf, um deren Ausscheidungen, den Honigtau, zu verzehren. Sie streicheln die Blattläuse mit den Fühlern, worauf diese zuckerhaltige Kottröpfchen abgeben, die von den Ameisen aufgenommen werden **(116,7)**. So führen oft Ameisenstraßen zu Bäumen oder Büschen. Man bezeichnet die Blattläuse geradezu als »Melkkühe« der Ameisen. Einzelne Ameisenarten halten sogar die Blattläuse als eine Art Haustiere; sie schützen sie und nehmen sie winters in ihr Nest.

Überwinterung und Lebensdauer. Die Ameisen schaffen sich für die kalte Jahreszeit keine Vorräte und verbringen sie im Zustand der Winterstarre. Die Nestkuppel wird mit kleinen Sandkörnchen abgedichtet. Ameisen sind die Insekten mit der längsten Lebensdauer; Arbeiterinnen werden 5 bis 6 Jahre alt, Königinnen 15 bis 20 Jahre.

Die Rote Waldameise steht samt ihren Bauten unter Naturschutz. Da sie im Kampf gegen schädliche Waldinsekten sehr nützlich ist, versucht man die Ameisenvölker zu vermehren und macht Ansiedlungsversuche.

116,9

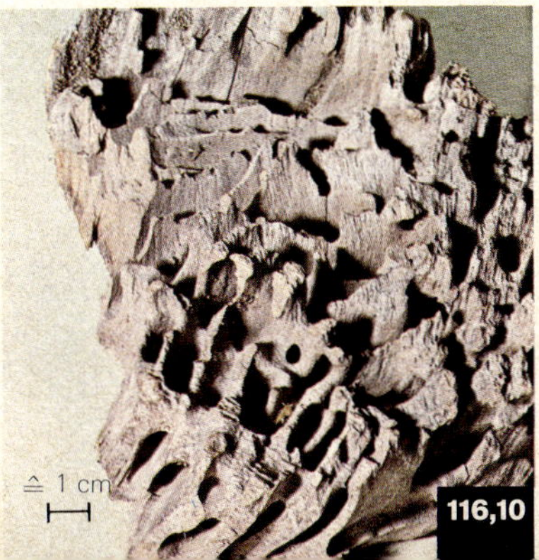

116,10

116,11

117,1

117,2

117,

117 Entwicklungsbiologie einiger weiterer Insekten

Viele Insekten betreiben eine recht eigenartige *Brutfürsorge*. Von ihrem Instinkt geleitet, legen sie die Eier dort ab, wo für die Larven günstige Nahrungs- und Lebensverhältnisse herrschen.

Schlupfwespen legen ihre Eier in lebende Tiere, besonders in Insektenlarven. Die ausschlüpfenden Wespenlarven befinden sich dann inmitten ihres Futters. Langsam wird das Wirtstier bei lebendigem Leibe von innen heraus verzehrt. Die verschiedenen Gewebe werden aber nicht wahllos gefressen. Lebenswichtige Organe werden bis zuletzt geschont, damit das Tier am Leben bleibt; denn es würde sich nach dem Tod zersetzen. So saugen die Wespenlarven zuerst am Fettkörper und an der Muskulatur, und erst zum Schluß werden die bisher geschonten Organe gefressen. Die ausgewachsene Larve durchbricht die Haut des schließlich völlig ausgehöhlten Wirtstieres und verpuppt sich. **117**

Eine unserer größten Schlupfwespen ist die 32 mm lange *Holzschlupfwespe* (Rhyssa persuasoria; **117,1**). Man findet sie besonders an den warmen, sonnigen Schlagplätzen des Waldes. Ihr 5 bis 6 cm langer Legestachel ist länger als der Körper, entspringt am Hinterleib und liegt in einer Scheide. Zur Eiablage bohrt die Schlupfwespe in schnellen Bewegungen, die denen eines Drillbohrers ähnlich sind, den haardünnen, mit kleinen Zähnchen besetzten Legestachel tief ins Holz der Baumstämme **(117,2)**. Dort trifft sie genau ihr Ziel, eine im Holz lebende Larve, und legt in diese ihr Ei **(117,3)**. So werden viele Holzschädlinge kurz gehalten. Es gibt eine große Menge kleiner und kleinster Schlupfwespenarten, deren

117,4

117,5

117

Larven in Insekten verschiedenster Gruppen parasitisch leben (vgl. S. 128). Daher gehören die Schlupfwespen zu unseren nützlichsten Insekten. Mit Erfolg wurden Schlupfwespen bei großen Schädlingskatastrophen, besonders gegen Forstinsekten, eingesetzt. Ein solches Vorgehen nennt man *biologische Schädlingsbekämpfung*.

Pflanzengallen. An Pflanzen fallen uns ab und zu seltsame Auswüchse auf. Diese Wucherungen des Pflanzengewebes nennen wir *Gallen*. Sie treten hauptsächlich an Blättern und Stengeln auf und werden durch verschiedene Insekten, besonders durch Wespen, Mücken und Läuse hervorgerufen. Die Form der Gallen ist für die auslösende Insektenart kennzeichnend. Es ist noch nicht bekannt, ob die Gallbildung auf Stoffe zurückzuführen ist, die beim Einstich mit der Legeröhre oder von den Larven abgegeben werden. Jedenfalls beginnt angestochenes Pflanzengewebe zu wuchern und die Larven einzuschließen. Diese ernähren sich vom Gewebe der Gallen. Die meisten Gallen werden durch zarte kleine Hautflügler, die *Gallwespen,* erzeugt. Bekannt sind die kugeligen Galläpfel an der Unterseite von Eichenblättern, die an beiden Eichenarten, der Stiel- und Traubeneiche, in derselben Form auftreten **(117,6)**. Sie werden von der 4 mm langen *Eichengallwespe,* die ihre Eier in die noch zarten Eichenblätter legt, verursacht. Ist die Larve ausgewachsen, verpuppt sie sich in der Galle. Diese wird im Herbst braun und fällt ab. Noch im Spätherbst schlüpfen die Gallwespen aus. Allein an Eichen kommen über 100 verschiedene Gallen vor.

Früher verwendete man die Eichengalläpfel zur Herstellung von Schreibtinte. Der in den
117 Gallen enthaltene Gerbstoff gibt mit Eisenlösungen zusammen eine schwarze Flüssigkeit, die Eisengallustinte.

Buchenblätter sind auf der Oberseite sehr häufig mit vielen rötlichen, eiförmigen Gallen besetzt **(117,4)**. Sie werden durch eine *Gallmücke* hervorgerufen, deren Made in der von der Galle gebildeten Kammer lebt **(117,5)**.

Recht seltsame Gallen bildet die *Rosengallwespe* an wilden Rosen **(117,7)**. Die rötlich faserigen Gebilde haben einen Durchmesser von teilweise über 5 cm und entstehen meist in den Blattanlagen der Knospen. Die Gallen beherbergen mehrere Larvenkammern. Man nennt sie auch Schlafäpfel, da sie, unter das Kissen gelegt, den Schlaf bringen sollen.

Fichtengallenläuse verursachen durch ihre Eiablage an Fichtentrieben ananasfruchtähnliche Gallbildungen **(117,8)**. Die Fichtengallenlaus legt bis zu 150 Eier. Jede Galle enthält daher viele Kammern, in denen sich jeweils mehrere Larven entwickeln **(117,9)**. Die Gallen entstehen durch Verdickung der Sproßachse, und die Nadeln der Triebknospe werden dabei schuppenartig umgebildet. Die später braun werdenden Gallen öffnen sich im August und entlassen die Larven durch schlitzartige Spalten. Die Fichtengallen treten oft massenhaft auf und hemmen dann das Wachstum der Fichten.

117,7

117,8

117,9

118,1

118,2

118,3

118 Netzflügler und Köcherfliegen

Florfliege. Im Herbst und Winter beobachten wir die Florfliege (Chrysopa perla; **118,1**), die zur Überwinterung unsere geheizten Wohnräume aufsucht. Nach ihren goldglänzenden Augen heißt sie auch Goldauge. Die Eier sitzen an der Spitze eines dünnen Stieles **(118,2)**. Die Larve ist als Blattlauslöwe bekannt, weil sie sich wie die Florfliege vorwiegend von Blattläusen ernährt. Die Larve spießt sie mit ihren hohlen Kieferzangen auf und saugt sie aus **(118,3)**.

Ameisenjungfer. Auf sandigem Boden findet man unter Überhängen da und dort kleine Trichter **(118,6)**. Es sind die Fanggruben des Ameisenlöwen, der Larve der Ameisenjungfer. Die flachen Larven lauern, leicht mit Sand bedeckt, am Grunde der Trichter auf Beute **(118,8)**. Kommt etwa eine Ameise an den Rand des Trichters und bringt Sandkörnchen zum Abrutschen, wird die Larve lebhaft. Rasch wirft sie den Kopf mehrmals ruckartig nach oben und schleudert Sandkörnchen in Richtung der Ameise. Die steile Trichterwand gerät ins Rutschen und reißt die Ameise mit. Der Ameisenlöwe packt sie mit den gebogenen Saugzangen **(118,7)** und saugt sie aus. Setzt man einen Ameisenlöwen auf Sandboden, so gräbt er sich in wenigen Sekunden ein. In kleinen Kreisen geht er rückwärts und schleudert mit dem Kopf den auf ihm liegenden Sand weg. Nach zweijähriger Larvenzeit kommt es zur Verpuppung. Das fertige Insekt ist die Ameisenjungfer (Myrmeleon formicarius; **118,9**).

118,4

118,

Der Schmetterlingshaft (Ascalaphus macaronius; **118,5**) ist sehr wärmeliebend. Bei uns kommt er nur an den warmen, trockenen Hängen Süddeutschlands vor. Wenn er im Mai erscheint, jagt er bei Sonnenschein besonders nach Schmetterlingen.
Florfliege, Ameisenjungfer und Schmetterlingshaft haben netzadrige Flügel und gehören daher zur *Ordnung der Netzflügler*.

Köcherfliegen tragen ihren Namen wegen der von ihren Larven angefertigten Gehäuse. Die Larven leben im Wasser und bauen Steinchen, Schneckenhäuschen, Pflanzenstengel oder Blattstückchen zu einem Köcher zusammen **(118,4)**. In eine Gespinströhre werden diese Baustoffe eingefügt. Die Gehäuse sind sehr verschiedenartig gestaltete, kunstvolle Gebilde. Jede Art baut ihren besonderen Köcher. Wenn die Larven sich fortbewegen oder fressen, strecken sie Kopf und Brust mit den drei Beinpaaren heraus. Die Larven leben von pflanzlichen und tierischen Stoffen. Der im Köcher geschützte weiche Hinterleib trägt viele dünne, fadenförmige Atmungsorgane, Tracheenkiemen genannt. Mit ihnen nimmt die Larve den Sauerstoff aus dem Wasser auf. Die Verpuppung erfolgt im Köcher. Die im Mittel etwa 5–8 mm langen, meist braun oder grau gefärbten Köcherfliegen gleichen kleinen Schmetterlingen, haben als deutliches Unterscheidungsmerkmal jedoch behaarte Flügel.
Köcherfliegen haben wie Netzflügler kauende Mundwerkzeuge; sie bilden eine eigene Ordnung. Bei den Köcherfliegen und den Netzflüglern ist die Verwandlung vollkommen.

118,1: *Florfliege.* **118,2:** *Eier der Florfliege auf ihren Stielen. Dieses Gelege können wir hin und wieder in unseren Wohnungen finden.* **118,3:** *Larve der Florfliege (Blattlauslöwe) saugt eine Blattlaus aus.* **118,4:** *Larve der Köcherfliege.* **118,5:** *Schmetterlingshaft.* **118,6:** *Fangtrichter des Ameisenlöwen.* **118,7:** *Kieferzangen des Ameisenlöwen.* **118,8:** *Ameisenlöwe am Grunde eines Fangtrichters.* **118,9:** *Ameisenjungfer.*

118,6

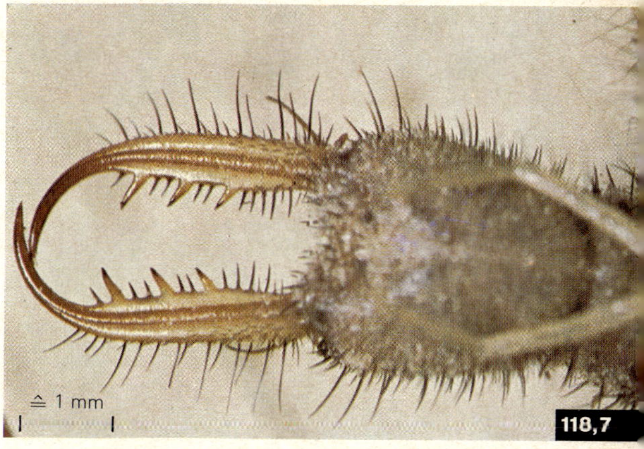

118,7

118,8

118,9

119 Wanzen

Mit dem Wort Wanze verbinden viele Menschen nur die Vorstellung der gefürchteten Bettwanze. Sie ist aber nur eine Art aus der vielgestaltigen Gruppe.

Körperbau. Wanzen erkennt man an ihrer gedrungenen, mehr oder weniger flachen Gestalt und an den Flügeln. Die Vorderflügel sind am Grunde stark chitinisiert und nur an der Spitze häutig (*Halbdecken;* **119,2** und **119,5**). Zwischen den Vorderflügeln liegt ein großes dreieckiges *Schildchen,* das für viele Landwanzen kennzeichnend ist. **119**

Mundwerkzeuge. Alle Wanzen besitzen einen *Stechrüssel,* der in Ruhe auf die Unterseite zurückgeschlagen ist. Die zu einer langen Rinne ausgezogene *Unterlippe* dient als Scheide für die zu 2 Paar dünnen Stechborsten umgebildeten *Ober-* und *Unterkiefer* **(119,3)**. Die Unterkieferborsten bilden zusammengelegt 2 dünne Kanäle. Durch den oberen Kanal wird nach dem Stich Speichel eingespritzt, der das Gewebe auflöst; mit dem unteren wird die Nahrung aufgesogen. Die Mundwerkzeuge der Wanzen sind *stechend-saugend.*

Entwicklung. Aus den Eiern der Wanzen gehen *Larven* hervor, die der Gestalt der erwachsenen Tiere sehr ähnlich sind. Mit jeder Häutung werden sie dem erwachsenen Tier ähnlicher. Eine solche Entwicklung nennen wir eine *unvollkommene Verwandlung.*

119,1: *Wasserläufer.* **119,2:** *Baum- oder Beerenwanze bei der Eiablage.* **119,3:** *Schema der stechend-*

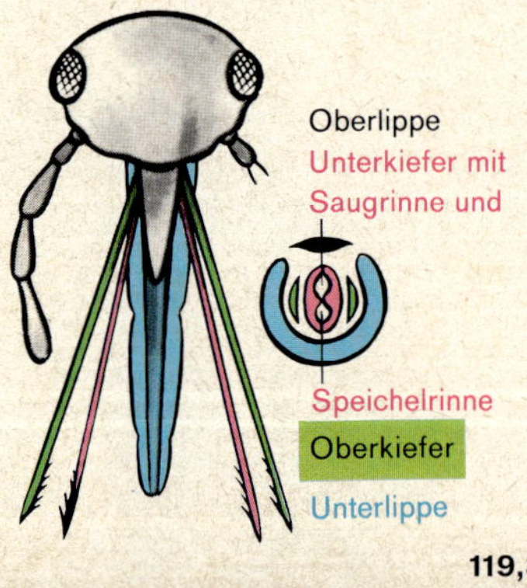

119,3

Landwanzen. Einige der meist bräunlichen Baum- oder Beerenwanzen saugen gern an Beeren. Durch Ausscheidungen von Stinkdrüsen bekommen die Beeren dabei einen widerlichen Geschmack, der sie für den menschlichen Genuß unbrauchbar macht. Die *Beerenwanze* (Dolycoris baccarum) kommt an Obstbäumen und Beerensträuchern vor **(119,2)**. Bei der *Streifenwanze* (Graphosoma italicum) ist der Körper schildförmig verbreitert **(119,4)**. Ihren Namen hat sie wegen der auffallenden Längsstreifung der Rückenseite in Rot und Schwarz bekommen. Die *Ritterwanzen* (Lygaeus) fallen ebenfalls durch eine kräftige Rot-Schwarz-Färbung auf **(119,5)**. Es sind Bodenwanzen, die vorzugsweise auf trockenen Böden leben und sehr geschwind laufen können. Wie die ähnlich gefärbten und gemusterten *Feuerwanzen* saugen sie scharenweise an Pflanzenteilen, die auf dem Boden liegen.
Ebenfalls zu den Landwanzen (allerdings zur Untergruppe der Wasserliebenden Landwanzen) gehört der schmale *Wasserläufer* oder *Wasserreiter* (Gerris lacustris), der ganz an ein Leben auf der Wasseroberfläche angepaßt ist **(119,1)**. Er ist in stehenden oder langsam fließenden Gewässern überall anzutreffen und gleitet in schnellen, ruckartigen Bewegungen mit seinen sehr langen Mittel- und Hinterbeinen über das Wasser wie ein Schlittschuhläufer, ohne einzusinken. Beim Fliehen macht er auch Sprünge. Gegen Benetzung sind die Wasserläufer durch einen samtartigen Besatz aus feinen Haaren an Körper und Beinen geschützt. Die Fußspitzen tragen anstatt Klauen fächerartige Haarbüschel, die die Wasseroberfläche nicht durchbrechen; denn das Gewicht, das auf diesen Haarbüscheln ruht, ist geringer als die Kraft, mit der die Oberfläche des Wassers zusammenhält (Oberflächen-
19 spannung). Deutlich erkennt man im Bild an den Auflegestellen der Beine kleine Dellen in der Wasseroberfläche. Die kurzen Vorderbeine hält der Wasserläufer über das Wasser und ergreift damit seine Beute, kleine tote und lebende Insekten, die auf das Wasser fallen.

Wasserwanzen. Als Beispiel wählen wir den *Gemeinen Rückenschwimmer* (Notonecta glauca), der immer in Rückenlage schwimmt (Name). Seine langen Hinterbeine sind behaart und wirken als kräftige Ruder **(119,6)**. Mit ihnen bewegt er sich in ruckartigen Stößen vorwärts. Außerdem kann er auch fliegen. Um Luft zu holen, streckt er in gewissen Abständen den Hinterleib aus dem Wasser und nimmt unter seine Flügel einen Luftvorrat auf. Das kurze, dichte Haarkleid hält zusätzlich feine Luftbläschen am Körper fest, was den Tieren ein glitzerndes Aussehen verleiht. Sie ernähren sich wie der Wasserläufer von Insekten, machen aber auch Jagd auf Kleinkrebse und Fischbrut, wobei sie schädlich werden können. Stiche des Rückenschwimmers sind sehr schmerzhaft.

saugenden Mundwerkzeuge. **119,4:** *Streifenwanze.* **119,5:** *Ritterwanze.* **119,6:** *Rückenschwimmer.*

119,5

119,6

120 Pflanzensauger

Blattläuse sitzen oft zu vielen Hunderten eng beieinander an Stengeln und Blättern **(120,2)**. Mit ihrem feinen, haardünnen Saugrüssel bohren sie die Pflanzen an und saugen Säfte. Dadurch schrumpfen die Triebe, kräuseln sich die Blätter und rollen sich ein. Bei starkem Befall können die Pflanzen eingehen. Die Blattläuse saugen so viel zuckerhaltigen Saft, daß überschüssiger Zucker als »Blattlaushonig« aus dem After wieder ausgeschieden wird.

Die Entwicklung der Blattläuse verläuft in der Regel wie folgt **(120,3)**: Im Frühjahr schlüpft aus dem überwinterten Ei eine kleine Laus. Sie wächst unter mehreren Häutungen heran. Man nennt sie die *Stammutter*. Sie ist ungeflügelt und vermehrt sich durch *Jungfernzeugung,* das heißt ohne vorhergehende Begattung durch ein Männchen. Sie bringt lebende Junge zur Welt. Diese Nachkommenschaft pflanzt sich schon nach wenigen Wochen auf die gleiche Weise fort, und dies geht so den ganzen Sommer hindurch. Daneben entstehen noch geflügelte Weibchen, die andere Pflanzen aufsuchen und dadurch zur Ausbreitung der Art beitragen. Gegen den Herbst entstehen neue Blattlausformen; einesteils ungeflügelte Weibchen, andernteils aber auch geflügelte Männchen. Sie begatten die Weibchen, und diese legen die Eier ab, die überwintern. So zeigt sich die Entwicklung als ein steter Wechsel zwischen Weibchen mit Jungfernzeugung und solchen, die befruchtete Eier legen. Dieser Wechsel zwischen *ein-* und *zweigeschlechtiger Fortpflanzung (Generationswechsel)* ist für die Blattläuse kennzeichnend. Blattläuse vermehren sich durch die rasche Generationsfolge bei günstigen Bedingungen ins Unermeßliche und schädigen durch ihr Saugen die Nährpflanzen sehr. Außerdem können sie Krankheiten übertragen.

Die *Rosenblattlaus* (Macrosiphon rosae) lebt auf Blättern der Gartenrosen **(120,1)**. Die Ausscheidung aus den beiden Rückenröhren dient vermutlich der Abwehr von Angreifern.

120

120,1: *Rosenblattlaus (Macrosiphon rosae).* **120,2:** *Schwarze Holunderblattlaus (Aphis sambuci).* **120,3:** *Entwicklung bei Blattläusen.* **120,4:** *Schildläuse; entlang der Blattrippen sitzen eine Altlaus und Larven.* **120,5:** *»Blutlausschnee«.* **120,6:** *»Kuckucksspeichel«.* **120,7:** *Schaumzikadenlarven nach Entfernung des Schaumes.* **120,8:** *Blutzikade.*

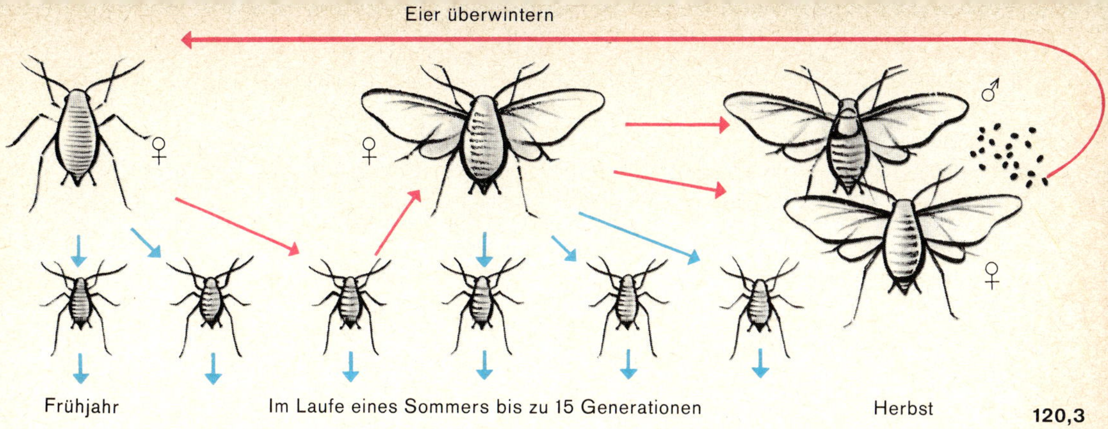

120,3

Im Sommer bemerken wir an Zweigen und Trieben der Apfelbäume die watteähnlichen, bläulichweißen Wachsausscheidungen **(120,5)** der *Blutlaus* (Eriosoma lanigerum). Ihr Name bezieht sich auf die rote Körperflüssigkeit. Durch Saftentnahme erzeugen sie an den Bäumen krebsartige Wucherungen, wodurch die Bäume geschädigt werden.

Andere Pflanzensauger. *Schildläuse* **(120,4)** gehören zu den gefährlichsten Pflanzenschädlingen. Die unbeweglichen Gebilde erkennt man zunächst nicht als Insekten. Die ausgewachsenen Weibchen sind von einem *Schild* überdeckt, haben weder Beine, Flügel, noch Augen; lediglich ein *Stechrüssel* ist ausgebildet. Nach der Eiablage stirbt das Weibchen. Hebt man
20 dann ein Schildchen ab, so findet man darunter nur Eier und bewegliche Larven. – Die San-José-Schildlaus ist ein gefürchteter Schädling der Obstbäume und Beerensträucher.

An Wiesenpflanzen bemerken wir da und dort weiße, schaumige Gebilde **(120,6)**, den »Kuckucksspeichel«. Im Innern des Schaumes sitzen die Larven der Schaumzikaden **(120,7)**. Sie erzeugen den Schaum selbst. Flüssige Ausscheidungen des Afters ergeben mit eiweißhaltigen Stoffen aus Hinterleibsdrüsen eine seifenartige Lösung. Die schaumige Struktur kommt außer durch ausgeatmete Luft auch durch schlagende Bewegungen mit dem Hinterleib zustande. Die Farbe der erwachsenen Tiere ist meist unauffällig braun oder grün. Leuchtend schwarz-rot gefärbt ist die *Blutzikade* (Cercopis vulnerata; **120,8**), deren Larven unterirdische Schaumnester anlegen. Zikaden können mit ihren langen, kräftigen Hinterbeinen gut springen. – Die stechend-saugenden Mundwerkzeuge der Pflanzensauger sind ähnlich gebaut wie diejenigen der Wanzen.

Merkstoff. Wanzen und Pflanzensauger bilden die Ordnung der Schnabelkerfe. Kennzeichen sind die zu einem Stech- und Saugrüssel ausgebildeten Mundwerkzeuge. Ihre Verwandlung ist unvollkommen. Viele sind Schädlinge und übertragen Pflanzenkrankheiten.

120,6

120,7

120,8

121–122 Geradflügler und Schabentiere

Heuschrecken

Im Sommer können wir auf sonnigen, trockenen Wiesen und Heiden häufig beobachten, wie bei jedem unserer Schritte Insekten davonhüpfen. Es sind die gewöhnlich in großer Zahl auftretenden kleineren *Feldheuschrecken* mit kurzen Fühlern **(121,8)**, und daneben größere, grasgrüne *Laubheuschrecken* mit langen Fühlern **(121,1)**.

Körperbau der Laubheuschrecke. Die Grüne Laubheuschrecke oder das Große Heupferd (Tettigonia viridissima) zeigt oberseits einen bräunlichen Anflug. Sie hat 2 Paar lange, häutige Flügel. Die Weibchen dieser Art tragen am Hinterleib einen geraden, spitzen *Legestachel* für die Eiablage **(121,1)**. Die Hinterbeine der Tiere sind besonders lang und haben mit kräftiger Muskulatur versehene, keulenförmige Schenkel. Mit diesen *Sprungbeinen* können Heuschrecken ihren Körper bis 75 cm weit fortschnellen und gehören somit zu den Insekten mit der größten Sprungweite.

Zirpen. An warmen Tagen ertönt auf den Wiesen ein fast pausenloser, eintöniger Gesang. Die Laubheuschreckenmännchen erzeugen das Zirpen mit ihren Flügeln. Dazu streicht ein mit zahlreichen Queradern versehener *Schrillkamm* auf der Unterseite des linken Vorderflügels in rascher Folge über eine scharfkantige Ader *(Schrillkante)* des anderen Vorderflügels. Die angehobenen Flügel geraten dabei in Schwingungen. Der dadurch erzeugte Ton wird durch eine mitschwingende Membran, ein kreisförmiges, durchsichtiges Häutchen

121,6: *Maulwurfsgrille.* **121,7:** *Männchen der Feldgrille.* **121,8:** *Feldheuschrecke.*

121,3

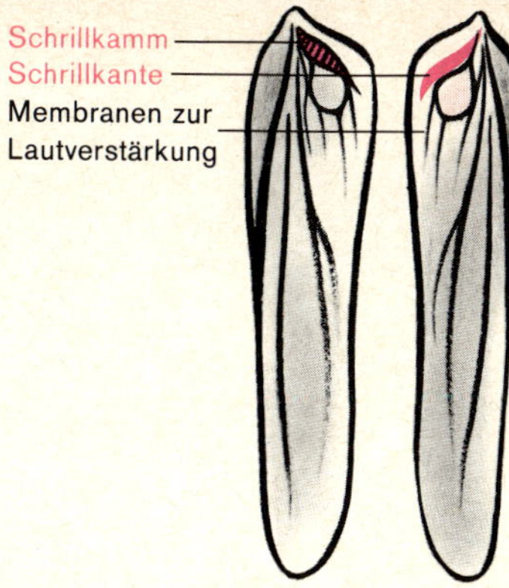

121,4

121,5

121,1: *Weibchen der Grünen Laubheuschrecke; wegen ihres pferdeähnlichen Kopfes wird sie auch als Heupferd bezeichnet.* **121,2:** *Laubheuschrecke von vorn. An beiden Vorderbeinen erkennt man die in 121,5 größer gezeigten Gehörorgane.* **121,3:** *Unvollkommene Verwandlung der Laubheuschrecken. Sie geht vom Ei zu den Larvenstadien, die den erwachsenen Tieren schon sehr ähnlich sehen. Nach der 3. der insgesamt 5 Häutungen erscheinen die stummelförmigen Flügelanlagen.* **121,4:** *Bei den Laubheuschrecken liegen die Organe zur Lauterzeugung in den Flügeln.* **121,5:** *Die Gehörorgane der Laubheuschrecken sitzen in den Vorderschienen und öffnen sich nach außen mit einem Spalt.*

im rechten Flügel, verstärkt **(121,4)**. Mit dem Zirpen locken die Männchen die stummen Weibchen an. Beide Geschlechter haben in den Schienen der Vorderbeine *Hörorgane,* deren spaltenförmige Öffnungen an der Vorderseite zu erkennen sind **(121,2** und **121,5)**. Feldheuschreckenmännchen erzeugen die Töne auf andere Art. Auf der Innenseite des Schenkels der Hinterbeine sitzt eine mit Zähnchen besetzte Leiste, die über eine vorspringende Ader der Vorderflügel streicht. Die Hörorgane sitzen bei dieser Art seitlich an der Grenze zwischen Brust und Hinterleib.

Nahrung. Die Mundwerkzeuge sind *beißend.* Sie bestehen aus der Oberlippe, je einem Paar Ober- und Unterkiefer und den zu einem Stück verwachsenen Unterlippen. Die Laubheuschrecken sind im Gegensatz zu den pflanzenfressenden Feldheuschrecken hauptsächlich Fleischfresser.

Entwicklung. Gegen Ende des Sommers bohren die Weibchen ihren geraden Legestachel in die Erde und legen 30–40 *Eier* ab. Die Arten mit einem säbelartig gebogenen Legestachel legen die Eier in Pflanzenteile ab, die sie mit ihm vorher aufgeschlitzt haben. Die im Frühjahr ausschlüpfenden *Larven* sehen den erwachsenen Tieren sehr ähnlich. Ihnen fehlen allerdings noch die Flügel, die nach der 3. Häutung als Stummel sichtbar werden **(121,3)**. Erst mit Ende der warmen Jahreszeit sind die Tiere voll ausgewachsen. Nach der Paarung und Eiablage sterben die erwachsenen Tiere mit Einsetzen der Frostnächte alle ab. Heuschrecken haben wie Wanzen und Pflanzensauger eine *unvollkommene Entwicklung.*

Wanderheuschrecken. Hauptsächlich in Afrika und Asien treten mehrere Arten der großen, braunen Wanderheuschrecken auf. Es sind ausdauernde Flieger, die weite Strecken zurücklegen. Ihre Millionen Tiere umfassenden Züge können im Flug die Sonne verfinstern. Wo sie einfallen, sind in kurzer Zeit ganze Landstriche kahlgefressen (vgl. S.128).

122,1:*Ohrwurm.* **122,2:** *Männchen der Gemeinen Küchenschabe (Blatta orientalis) an einem Zwieback fressend.* **122,3:** *Weibliche Küchenschabe. Am Hinterleib trägt sie ein Eipaket, eine gekammerte*

Grillen

Im Mai und Juni hören wir von den Wiesenhängen her bei Tag und Nacht ein vielstimmiges, selten verstummendes Konzert. Es stammt von den Männchen der Feldgrillen. Die *Feldgrille* (Liogrillus campestris) hat einen kurzen, glänzend schwarzen, walzenförmigen Körper mit bräunlichen Flügeldecken, ein Paar lange, dünne Fühler und am Hinterleibsende ein Paar Schwanzborsten **(121,7)**. Wenn die Männchen zirpen, sitzen sie vor ihren *Wohnröhren.* Jede Wohnröhre wird immer nur von einer Grille bewohnt. In ähnlicher Art wie bei den Laubheuschrecken werden durch Aneinanderreiben der Flügeldecken Töne erzeugt. Werden die Grillen beim Zirpen gestört, so verstummen sie sofort und verschwinden rasch in ihren Wohnlöchern. Grillen können nicht hüpfen, aber sehr schnell laufen.

Eine der Feldgrille verwandte Art ist die kleinere, hellbraune *Hausgrille,* das *Heimchen,* das in warmen Schlupfwinkeln des Hauses sitzt und durch sein unaufhörliches Zirpen, besonders nachts, sehr störend werden kann.

Die dickleibige *Maulwurfsgrille* oder *Werre* (Gryllotalpa gryllotalpa; **121,6**) lebt in selbstgegrabenen, fingerdicken, sich oft weit erstreckenden Erdröhren, die gewöhnlich dicht unter der Bodenoberfläche verlaufen. Ähnlich wie der Maulwurf ist sie an die unterirdische Lebensweise gut angepaßt. Ihre Vorderbeine sind zu breiten, gezähnten Grabschaufeln umgewandelt (126,6). Der Körper ist samtartig behaart. Am Hinterleibsende sitzen 2 lange Schwanzborsten. Die Männchen erzeugen durch Aneinanderreiben der Vorderflügel Schrilltöne. Hörorgane liegen an der Schiene des Vorderbeins. Maulwurfsgrillen sind ausgesprochene Allesfresser. In jungen Pflanzenkulturen werden sie schädlich, weniger durch Wurzelfraß, als vielmehr durch ihre Grabtätigkeit.

Ohrwürmer

Der *Gemeine Ohrwurm* (Forficula auricularia) ist bei uns überall häufig **(122,1)**. Die dunkelbraunen Tiere haben ihre Schlupfwinkel unter Rinde oder Steinen. Ohrwürmer laufen sehr schnell. Sie haben kurze Deckflügel. Am Hinterleibsende tragen sie ein Paar kräftige, zangenartige Fortsätze. Mit ihnen kann das Tier zwicken. Die meisten Arten fressen an Pflanzen. Die Herkunft ihres Namens ist unsicher, jedenfalls pflegen sie schlafenden Menschen nicht ins Ohr zu kriechen.

Eikapsel, in der etwa 30 Eier, jedes in einem Fach, liegen. Die Zeitungsreste stammen vom Schabenfraß. **122,4:** *Stabheuschrecke.* **122,5:** *Gottesanbeterin in Lauerstellung.*

Stabheuschrecken

Stabheuschrecken haben einen langen, stabförmigen Körper, dessen Flügel zurückgebildet sind **(122,4)**. Es sind träge Tiere, die stundenlang regungslos verharren. Sitzen sie im Blättergewirr einer Pflanze, so sind sie durch ihre Ähnlichkeit mit Zweigen nur schwer zu erkennen. Stabheuschrecken sind Pflanzenfresser. Die Fortpflanzung erfolgt durch unbefruchtete Eier *(Jungfernzeugung)*, aus denen immer nur Weibchen entstehen. Die *Gemeine Stabheuschrecke* (Carausius morosus) ist in Südeuropa weit verbreitet.
Heuschrecken, Grillen, Ohrwürmer und Stabheuschrecken werden zur *Überordnung der Geradflügler* zusammengefaßt.

Schabentiere

Nahe verwandt mit Heuschrecken und Grillen sind die Schaben. Sie gehören mit den Geradflüglern zu der einfachsten und ursprünglichsten Gruppe der geflügelten Insekten. In menschlichen Behausungen sind sie auf der ganzen Erde anzutreffen, so in Bäckereien, Vorratsräumen, Küchen und Treibhäusern. Tagsüber bleiben sie in ihren Schlupfwinkeln, um dann abends zur Nahrungssuche hervorzukommen. Dabei fressen sie an fast allen Nahrungsmitteln, an Abfällen, selbst an Papier und Holz. Wo sich Schaben einmal eingenistet haben, sind sie nicht mehr so leicht zu vertreiben.

Die Gottesanbeterin, eine Fangschrecke

Der Name der *Gottesanbeterin* (Mantis religiosa; **122,5**) rührt von der eigentümlichen Lauerstellung her, in der die erhobenen Vorderbeine wie zum Beten gehalten werden. Ist der Gottesanbeterin ein Insekt in Reichweite geraten, so schlägt sie blitzschnell mit den zu Fangbeinen umgestalteten Vorderbeinen (126,8) zu. Die gegen den gezähnten Schenkel einschlagbare Schiene hält das Beutetier fest, das anschließend aufgefressen wird. Die Gottesanbeterin kommt bei uns nur an den sonnigen Hängen des Kaiserstuhls vor.

Merkstoff. Geradflügler und Schabentiere haben beißende Mundwerkzeuge. Die Männchen der Heuschrecken und Grillen besitzen die Fähigkeit der Lautäußerung. Beide Geschlechter besitzen Hörorgane. Die Entwicklung ist bei allen eine unvollkommene Verwandlung.

123,1 bis **123,6:** *Plattbauchlibellen (Libellula depressa).* **123,1:** *Männliches Tier der Plattbauchlibelle. Plattbauchlibellen haben anders als die meisten Libellen einen abgeplatteten Hinterleib.* **123,2:** *Bei Großlibellen stoßen die riesigen Facettenaugen in der Mitte zusammen.* **123,3:** *Die aus-*

123 Libellen und Eintagsfliegen

123

An Bachufern, Teichen und Tümpeln fliegen die oft prächtig gefärbten Libellen. In der Regel haben sie einen schlanken, stabförmigen Hinterleib, kurze Fühler und 4 große, reichgeaderte, glasige Flügel, deren Spannweite bei den größten Arten 11 cm erreicht. Wir unterscheiden 2 Gruppen. Bei den *Großlibellen* sind die Flügelpaare etwas voneinander verschieden und bleiben in der Ruhehaltung ausgebreitet **(123,1)**; bei den *Kleinlibellen* sind die Flügelpaare völlig gleich und werden in Ruhestellung zusammengelegt **(123,9)**. Bei den Großlibellen wird der sehr bewegliche Kopf fast ganz von den großen Facettenaugen eingenommen **(123,2)**, anders als bei den Kleinlibellen **(123,8)**. Bei manchen Arten enthalten beide Augen zusammen bis zu 25 000 Einzelaugen. Die Mundwerkzeuge sind beißend.

Flug. Als Tagtiere gehören die Libellen zu den gewandtesten Fliegern unter den Insekten. Besonders die großen Formen haben einen rasenden Flug mit blitzschneller Richtungsänderung, stehen im Schwirrflug an einer Stelle und können selbst rückwärts fliegen. Im Flug erjagen sie ihre Beute, meist Insekten, die sie mit den Vorderbeinen greifen und noch im Flug zerbeißen. Nicht so fluggewandt sind die zierlichen Wasserjungfern.

Larven. Die Eiablage erfolgt ins Wasser oder in das Innere von Wasserpflanzen. Aus den *Eiern* schlüpfen braune *Larven*, die bei den Großlibellen bis zu 5 cm lang werden. Sie

123,7: *Paarung bei der Adonislibelle (Kleinlibelle). Das Männchen packt mit endständigen Zangen das Weibchen hinter dem Kopf, das seinen Hinterleib nach vorn biegt, um das Sperma aufzunehmen.*

123,3

123,4

123,5

123,6

geschlagene Fangmaske einer Libellenlarve. **123,4:** *Die ausgereifte Larve (Nymphe) klettert an einem Blatt aus dem Wasser.* **123,5:** *Nach Aufplatzen der Rückenhaut im Brustabschnitt schlüpft die Libelle aus. In zurückgebogener Haltung verharrt sie eine halbe Stunde.* **123,6:** *Libelle ausgeschlüpft.*

kriechen am Schlammgrund der Gewässer. Zum Beutefang gebrauchen sie die zu einer *Fangmaske* umgewandelte Unterlippe. Diese ist in Ruhe unter dem Kopf eingeschlagen. Kommt Beute in Greifweite der Larve, so schleudert sie die Fangmaske vor, packt die
123 Beute mit den spitzen Greifzangen **(123,3)**, zieht die Maske wieder zurück und führt die Nahrung den Kiefern zu.

Die Atmung der Larven erfolgt mit Hilfe von im Enddarm liegenden *Kiemenblättchen,* die Tracheen enthalten. Durch Ausdehnen und Zusammenziehen des Hinterleibs wird Atemwasser ein- und ausgepumpt. Plötzlicher Wasserausstoß ergibt eine Vorwärtsbewegung durch Rückstoß. Zur Verwandlung in die Libelle klettert die *Nymphe* – das ist bei der unvollständigen Verwandlung das vorletzte Häutungsstadium mit sichtbaren Flügelanlagen – an einer Pflanze aus dem Wasser **(123,4)**, und die *Libelle* schlüpft aus der aufgeplatzten Rückenhaut heraus (**123,5** und **6**).

Eintagsfliegen sind zarte Insekten, die als Vollinsekten je nach Art tatsächlich nur einen oder meist 2 bis 3 Tage, manche auch nur wenige Stunden leben. Ihre einzige Aufgabe in dieser Zeitspanne ist die Fortpflanzung. Man erkennt Eintagsfliegen an den in Ruhe aufrechtgestellten, großen, durchsichtigen Vorderflügeln und an den 2 oder 3 langen Schwanzfäden **(123,10)**. Eintagsfliegen findet man fast nur in der Nähe von Gewässern. Dort verbringen sie ihre meist einjährige Larvenzeit.

Auch im Flug bleiben die Tiere vereint. **123,8:** *Kopf einer Kleinlibelle (Augen stoßen nicht zusammen).* **123,9:** *Azurjungfer (Enallagma cyathigerum).* **123,10:** *Gemeine Eintagsfliege (Ephemera vulgata).*

123,9

123,10

124,1

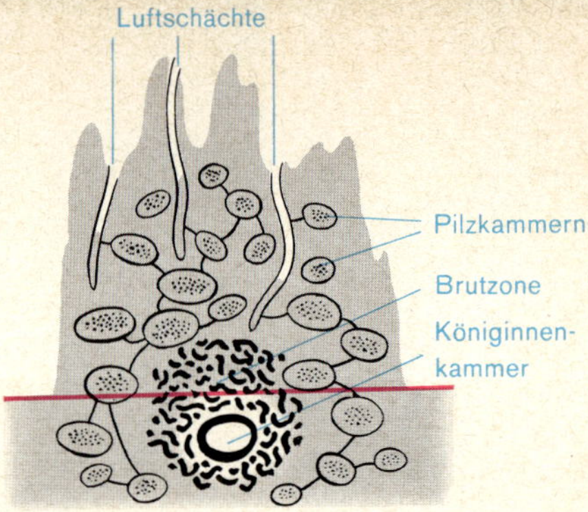

124,2

124,1: *Termitenbau in der Savanne Afrikas. Die burgähnlichen Nester haben betonharte Wände. Diese wurden aus Erde gebaut, die zur Verfestigung mit Speichel, Drüsensäften und Exkrementen vermischt*

124 Termiten; Ur-Insekten

Termiten

Die meisten Termiten leben in den Tropen. Dort erstellen sie große Bauten **(124,1)**. Es sind bis zu 7 m hohe, spitze Kegel oder Erdhügel, die einige Meter tief in die Erde reichen können. Die steinharten Außenwände sind bis zu 80 cm dick und können kaum mit der Spitzhacke bezwungen werden. Die Baustoffe, meist handelt es sich um festen Ton, werden mit Speichel und anderen Ausscheidungen zusammengekittet. Im Innern verläuft ein reich verzweigtes Gangsystem mit vielen Kammern und Ventilationskanälen zur Temperaturregelung **(124,2)**.
Die Tiere eines Termitenstaates sind in verschiedene Klassen, die *Kasten,* eingeteilt, die jeweils bestimmte Aufgaben erfüllen. *Königin* und *König* sind *Geschlechtstiere,* alle anderen Mitglieder sind *Soldaten* und *Arbeiter.* Die unbewegliche Königin hat wegen ihrer mächtig entwickelten Eierstöcke einen unförmig angeschwollenen Hinterleib **(124,3)**. Sie wird über 9 cm lang und hat die einzige Aufgabe, Eier zu legen, täglich 10000 Stück, in ihrem 50jährigen Leben bis zu 500 Millionen. Mit dem viel kleineren König liegt sie im Zentrum des Nestes in der *Königskammer,* wo beide ihr ganzes Leben verbringen. Die Arbeiter verrichten alle Arbeiten im Bau und versorgen die jungen Larven mit Nahrung. Die Soldaten verteidigen das Nest mit ihren kräftigen, hakenförmigen Kiefern **(124,4)**, andere haben Kopffortsätze, an deren Spitze eine Stirndrüse ausmündet. Deren Flüssigkeit dient zum Nestbau und zur Verteidigung.

Staatengründung. Zu gewissen Zeiten bilden sich im Nest geflügelte Männchen und Weibchen. Die Geschlechtstiere verlassen den Bau in großen Schwärmen, die der Ausbreitung dienen. Gleich nach dem Flug werfen König und Königin die Flügel ab, paaren sich und gründen einen neuen Staat.

Ernährung. Die Hauptnahrung der Termiten ist Holz. Sie fressen und zernagen auch Getreide, Leder, Wolle und Papier. Da sie in den Tropen das Holz der Häuser und Möbel zerstören und an Nahrungsvorräte gehen, gehören sie dort zu den schlimmsten Schädlingen. Bei der Verdauung ihrer Nahrung helfen ihnen Bakterien, die in ihrem Darm leben.

124,3

124,4

wurde. **124,2:** *Schnitt durch einen Termitenbau. Manche Arten halten in besonderen Kammern Pilze auf ihrem zellulosereichen Kot.* **124,3:** *Termitenkönigin.* **124,4:** *Arbeiter und Soldaten.*

Ur-Insekten

Die Urinsekten sind die einfachste und ursprünglichste Gruppe der heute lebenden Insekten. Sie sind stets *flügellos* und haben *keine Verwandlung.*

Das Silberfischchen (Lepisma saccharina) ist oft in unseren Häusern anzutreffen **(124,5).**
124 Es lebt in dunklen, feuchten Vorratsräumen. Der Körper ist mit silbrigen Schuppen bedeckt (Name!). Das Silberfischchen frißt besonders stärkehaltige Stoffe, wie Brot und Zucker (Zuckergast!), aber auch Papier und Abfälle aller Art. Aufgeschreckt, versucht es in schnellem Lauf in einen Schlupfwinkel zu entkommen. Wenn es nicht gerade in großen Mengen auftritt, ist es ein harmloses Insekt, das keinen Schaden anrichtet.

Springschwänze (124,6) sind sehr kleine, meist kaum 1 mm lange Tiere. Sie tragen am Hinterleibsende eine in Ruhe unter dem Bauch eingeschlagene Springgabel. Wird sie rückwärts geschnellt, so machen die Tiere verhältnismäßig weite Sprünge. Springschwänze sind fast überall und immer zu finden. Sie leben auf und in der Erde, unter Rinde, häufig auf Blumentöpfen. Sie ernähren sich von verwesenden Pflanzenstoffen.

124,5: *Silberfischchen.* **124,6:** *Springschwanz von der Seite und von unten. Mit der langen zweistiftigen Sprunggabel am Bauch schnellt sich das Tier ab und macht Sprünge bis zu 20 cm Weite.*

124,5

124,6

125,1

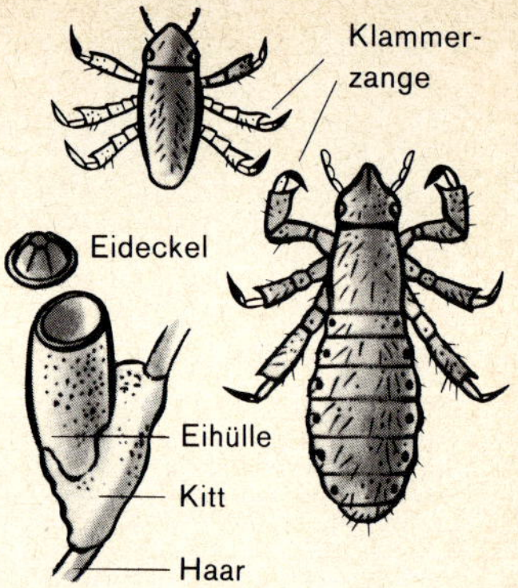

125,2

125,1: *Kleiderlaus (Mikroskopisches Präparat).* **125,2:** *Ei der Kopflaus mit Embryo; es ist am Kopfhaar festgekittet. Zum Ausschlüpfen der Larve wird ein Deckel abgehoben.* **125,3:** *Die Filzlaus*

125 Parasitische Insekten

Eine ganze Reihe von Insekten wie Wanzen, Läuse und Flöhe sind uns als *blutsaugende Parasiten* bekannt. Sie gehören verschiedenen Ordnungen der Insekten an.

Läuse halten sich ihr ganzes Leben hindurch auf ihrem Wirt auf. Sie sind sehr gut an das Schmarotzerleben angepaßt. Bei *Kleider-* und *Kopflaus* bildet die starke Klaue des letzten Fußgliedes mit einem Fortsatz der Schiene eine Zange zum Anklammern. Selbst die erst dem Ei entschlüpften Lärvchen dieser Läuse besitzen schon eine solche wohlausgebildete Zange **(125,2)**. Flügel fehlen vollkommen. Mit dem feinen Stech- und Saugrüssel saugen sie Blut, meist nur kleine Mengen, dafür aber in kurzen Abständen. **125**
Die etwa 4–6 mm lange *Kleiderlaus* **(125,1)** legt in die Nähte von Kleidern und Wäsche ihre Eier ab. Dagegen klebt die Kopflaus ihre 80–100, kaum millimetergroßen und mit einem Deckelchen versehenen Eier, die auch Nissen genannt werden, an die Kopfhaare an **(125,2)**. Die nach 1 bis 2 Wochen auftretenden Jungläuse saugen sofort und wachsen ohne Puppenstadium rasch heran. Läuse sind nicht nur durch das heftige Jucken, das sie verursachen, lästig, sondern übertragen auch Krankheiten wie den gefährlichen *Flecktyphus*. Die Bekämpfung erfolgt durch trockene Hitze (bei Kleidern) und mit chemischen Mitteln.

Die Bettwanze (Cimex lectularius) ist auf der ganzen Welt verbreitet **(125,4)**. Ihr Auftreten kann zu einer schweren Plage werden. Sie hat eine platte Körperform. Die beiden Flügelpaare sind bis auf kleine, unbrauchbare Stummel der Vorderflügel zurückgebildet. Tagsüber bleiben die Bettwanzen in ihren Verstecken, in Fugen, Ritzen oder hinter Tapeten. Nachts verlassen sie ihre Schlupfwinkel, um Blut zu saugen. Mit den Stechborsten des sehr dünnen Saugrüssels (S. 119) durchsticht das Tier die Haut und saugt. Dabei läßt es Speichel in die Wunde fließen, der unter anderem das Gerinnen des Blutes verhindert, aber auch juckende Quaddeln verursacht. Bei den Wanzen sind beide Geschlechter Blutsauger. Bettwanzen ernähren sich nicht ausschließlich von Menschenblut, sondern saugen auch an Hunden, Katzen, Kaninchen, sowie an Hausgeflügel, Schwalben und Spatzen. Die 200–300 Eier eines Weibchens werden in den Verstecken durch einen klebrigen Stoff an der Unterlage befestigt. Der Geruch der Tiere ist besonders unangenehm.

125,3

125,4

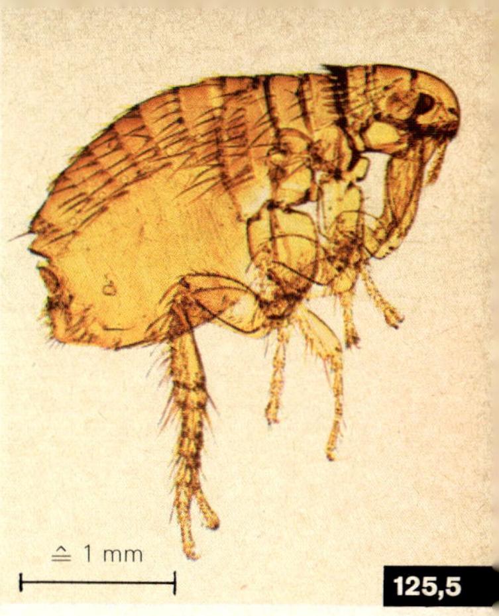

125,5

(Phthirus pubis) lebt vornehmlich in den Schamhaaren der Menschen. **125,4:** *Bettwanze (Präparat).* **125,5:** *Hundefloh. Er hat am Kopf und am Hinterrand des 1. Brustabschnitts dicke Borsten.*

Flöhe kommen nur an eigenwarmen Tieren und an Menschen vor. Sie sind flügellos **(125,5)**. Das hinterste Beinpaar ist sehr kräftig entwickelt. Mit diesen Sprungbeinen springt ein Floh etwa 20 cm hoch und 40 cm weit. Der Stechrüssel liegt an der Unterseite des Kopfes. Die stechend-saugenden Mundwerkzeuge sind ähnlich denen der Stechmücken gebaut. Flöhe suchen ihre Wirte nur zum Saugen auf und verlassen sie dann wieder. Sie sind nicht streng
25 an eine Tierart gebunden wie Läuse. So geht der Rattenfloh auch auf den Menschen über und überträgt dabei Pestbazillen von kranken Ratten auf den Menschen.

Der Floh entwickelt sich in den Ritzen der Fußböden. Dort halten sich die nach etwa 5 Tagen aus den Eiern geschlüpften, weißen Maden auf. Sie ernähren sich von Abfallstoffen. In einem selbst gesponnenen Kokon kommen sie zur Puppenruhe, und nach ein bis zwei Wochen schlüpfen die jungen Flöhe aus. Ein Floh wird $1-1\frac{1}{2}$ Jahre alt.

Dasselfliegen schmarotzen an Wiederkäuern, hauptsächlich am Rind. Die Rinderdasselfliege (Hypoderma bovis) legt im Sommer 300–600 Eier an die Haare der Bauchgegend ihres Wirtes ab **(125,6)**. Die jungen Larven bohren sich durch die Haut und gelangen in die Schlundmuskulatur. Größer geworden, wandern sie bis zum Rücken weiter unter die Haut, wodurch Dasselbeulen entstehen **(125,7)**. Die ausgewachsenen, 5 cm langen Larven durchbohren im Frühjahr die Haut und lassen sich zu Boden fallen. Dort verpuppen sie sich unter Laub und Kuhfladen.

125,6: *Die Entwicklung der Rinderdasselfliege.* **125,7:** *Die Larven rufen in der Rückengegend der Rinder geschwulstartige Entzündungen hervor, die Dasselbeulen.*

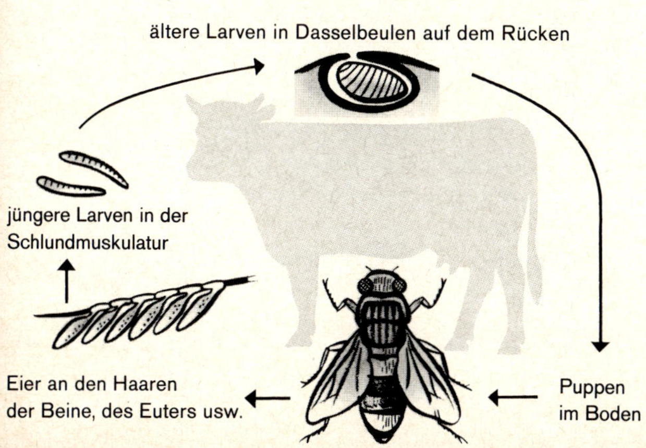

125,6

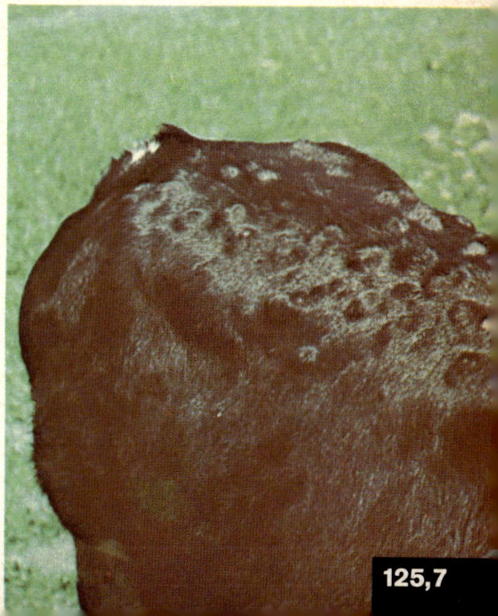

125,7

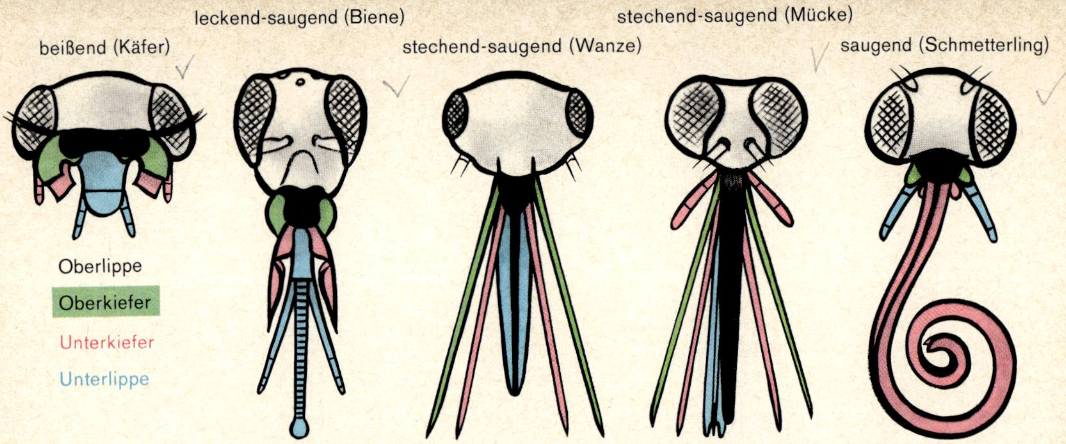

126,

126 Vergleich der Mundwerkzeuge und Beine bei verschiedenen Insekten

Bei den einzelnen Ordnungen der Insekten haben wir sehr verschieden geformte Mundwerkzeuge und Gliedmaßen kennengelernt. Sie lassen sich aber alle auf einen *gemeinsamen Grundbauplan* zurückführen.

Mundwerkzeuge. Die beißenden Mundwerkzeuge, wie wir sie bei den Käfern kennengelernt haben, sind die ursprünglichen. Von ihnen können wir alle anderen ableiten. Die *Oberkiefer* der beißenden Mundwerkzeuge sind stets ungegliedert und von kräftigem Bau. Die geglieder- 12
ten *Unterkiefer* tragen Kauladen mit scharfen Zähnchen zum Abbeißen der Nahrung. Der außen ansitzende *Kiefertaster* ist mit Tast- und Geschmackssinnesorganen ausgestattet. In der Mitte sitzt die *Unterlippe,* die durch Verschmelzung zweier Teile entstanden ist und seitlich ebenfalls 2 mit Sinnesorganen besetzte *Taster* trägt. Als unpaare Teile kommen noch eine *Oberlippe* und teilweise eine *Innenlippe* hinzu. Bei der Spezialisierung für eine bestimmte Ernährungsweise hat nun dieser Grundtyp mannigfache Abwandlungen erfahren. Da alle Abweichungen auf den gleichen Grundbauplan zurückgehen, lassen sie sich miteinander vergleichen. Je nach der Art der Ernährung hat man die Mundwerkzeuge in verschiedene Typen eingeteilt **(126,1)**. Von Flüssigkeiten lebende Insekten haben zum Saugen ausgebildete Mundwerkzeuge. Bei ihnen sind einzelne Teile mehr oder weniger stark verlängert und bilden aneinandergelegt Röhren zum Saugen. Bei der Biene ist es die zungenförmige Unterlippe, bei den Wanzen sind es die beiden Unterkieferborsten, deren einander zugekehrte Seiten doppelt rinnenförmig ausgehöhlt sind und so ein Nahrungs- und ein Speichelrohr bilden. Bei der Stechmücke bildet die Oberlippe das Nahrungsrohr, während die anderen Teile, außer der Unterlippe, zum Einstich dienen. Bei Schmetterlingen legen sich 2 Halbröhren der Unterkiefer zusammen und bilden einen langen, in Ruhe spiralig eingerollten Saugrüssel. Alle diese Ausbildungen der Mundwerkzeuge sind also Anpassungen der im Grundbauplan angelegten Teile an die jeweilige Ernährungsart.

Beine. Die Insekten brauchen ihre Beine zum Laufen, Schwimmen, Rudern, Graben, Springen, Fangen, Klettern, Sammeln und Putzen. Dementsprechend ist das Insektenbein in sehr vielfältiger Art und Weise ausgebildet. Es besteht aber immer aus den 5 Abschnitten: *Hüfte, Schenkelring, Schenkel, Schiene* und dem *1- bis 5gliedrigen Fuß* mit den *Krallen am Endglied* **(126,2)**. Trotz der verschiedenartigen Ausbildungen, von denen einige in den Abbildungen **126,3–8** dargestellt sind, ist diese Grundgliederung stets zu erkennen.

126,1: *Typen der Insektenmundwerkzeuge. Vergleiche!* **126,2:** *Grundbauplan des Insektenbeines mit seinen Abschnitten. Die Fotos daneben zeigen Abwandlungen.* **126,3:** *Geh- oder Laufbein eines Käfers. Beim Laufen stemmen sich die Enden der Schienen mit ihren Spornen gegen den Boden, während die Fußglieder der Unterlage flach aufliegen.* **126,4:** *Schwimmbein beim Gelbrand. Das hintere Beinpaar trägt an den Fußgliedern besonders lange Haare, die im Wasser die Wirkung eines Paddels ergeben.* **126,5:** *Sammelbein der Honigbiene. Schiene und erstes Fußglied sind stark verbreitert und dienen zum Sammeln von Blütenstaub. Die Vertiefung der Schiene ist das Körbchen.* **126,6:** *Grabbein der Maulwurfsgrille von der Innenseite (Vorderbein). Auf den breiten Schenkel, an dem ein gebogener Haken sitzt, folgt die mit kräftigen Zähnen versehene Schiene.* **126,7:** *Sprungbein einer Laubheuschrecke. Bei den Hinterbeinen sind Schenkel und Schiene stark verlängert. Im keulenförmigen Schenkel liegt die starke Sprungmuskulatur.* **126,8:** *Fangbein einer Gottesanbeterin (Vorderbein). Die gezähnte Schiene wird gegen den ebenfalls gezähnten Schenkel beim Beutefang eingeschlagen.*

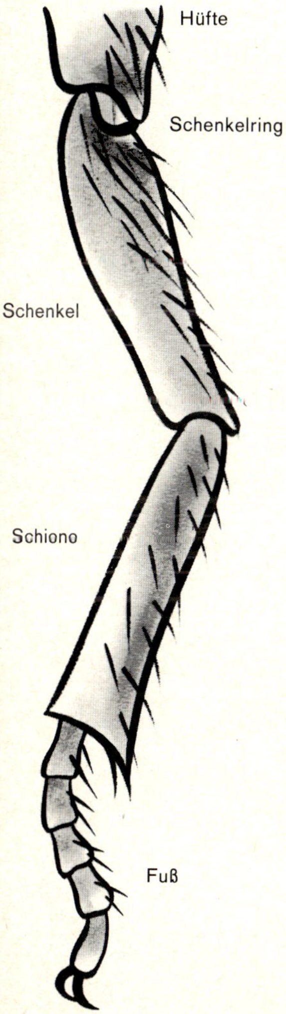

126,2

126,3

126,4

126,5

126,6

126,7

126,8

127 Bedeutung der Insekten

Wir haben in diesem Buch viele verschiedene Insektenarten kennengelernt. Würden wir uns die Mühe machen, sie alle zu zählen, und dann ihre Zahl mit der aller übrigen Tiere, die wir kennenlernten, vergleichen, so wären die Insekten in der Überzahl. Warum wurde den Insekten hier so viel Platz eingeräumt?

Zahl der Arten. Die Insekten sind von allen Tiergruppen diejenige mit der größten Artenzahl, ja, sie übertreffen an Zahl der Arten sogar alle übrigen Tiergruppen zusammengenommen um ein Mehrfaches. Das zeigen folgende Angaben. Die Zahl aller bis heute entdeckten und benannten Tierarten liegt bei 1 Million; davon gehören mehr als 750000 zu den Insekten (**127,1**; blauer Anteil des Diagramms). Es kommen aber ständig weitere neuentdeckte Tierarten hinzu, die weit überwiegend Insekten sind. So ist nach Schätzungen von Insektenforschern wahrscheinlich, daß es mindestens 1 Million verschiedene Insektenarten gibt. Bedenkt man noch, daß die meisten von ihnen in riesigen Mengen vorhanden sind, so wird klar, daß den Insekten eine große Bedeutung im Haushalt der Natur und für die Wirtschaft des Menschen zukommt. Das soll anhand einiger allgemeingültiger Beispiele aufgezeigt werden. **12**

Blütenbestäubung. Wir wissen, daß Blütenpflanzen bestäubt werden müssen, wenn sie Samen bilden sollen; nur aus bestäubten Blüten gehen Samen und Früchte hervor. Bei den meisten Blütenpflanzen sind es aber Insekten, die den Blütenstaub von den Staubbeuteln auf die Narben der Blüten bringen. Solche Blütenpflanzen nennt man insektenblütig. Dazu haben Pflanzen wie Insekten viele Anpassungen ausgebildet, um die Bestäubung möglichst sicher zu erreichen. Wir kennen viele solcher Fälle aus der Pflanzenkunde; das Bildbeispiel (**127,2** und **127,3**) zeigt den Sonderfall der Pollenübertragung bei einer Orchideen-Art. Viele der entstehenden Samen und Früchte sind auch für den Menschen wichtig, so daß die Bedeutung der Insekten in diesem Fall für uns ein Nutzen ist.

Honigbienen. Eine weitere bedeutsame Rolle in der Natur und für den Menschen spielt eine kleine Insektengruppe, die Honigbienen. Sie haben einen ausgeprägten Trieb, Vorräte in Form von Pollen und Honig anzulegen. Dazu besuchen sie Pollen und Nektar bietende Blüten, wobei sie auch viele Nutzpflanzen bestäuben, da sie in der Nähe von Anpflanzungen des Menschen gehalten werden. Ferner nimmt ihnen der Mensch, der sie als Haustiere

127,2

127,3

12

hält, den köstlichen und nahrhaften Honig. Auf den Seiten 110–113 lernten wir die Honigbienen ausführlich kennen.

Krankheitsüberträger und Schmarotzer. Eine ganze Reihe von Insekten, darunter besonders Zweiflügler, sind als Überträger gefährlicher Krankheiten von großer wirtschaftlicher und hygienischer Bedeutung für die Menschheit. Wir kennen die Tsetsefliegen (S. 157), von denen eine Art die *Schlafkrankheit* auf den Menschen überträgt. Eine andere Art infiziert beim Stechen und Blutsaugen Rinder mit den Erregern der tödlichen *Naganaseuche*. Dadurch fallen weite Landstriche in Afrika für die Viehhaltung aus. Eine verheerende Krankheit des Menschen ist die *Malaria* (S. 159), deren Erreger von der Fiebermücke (109,3) übertragen werden. Die schreckliche *Beulenpest* wird durch Stiche von Rattenflöhen auf den Menschen übertragen. Aber auch Insekten, die kein Blut saugen, wie die Stubenfliege, können durch Berühren mit ihren Füßen Krankheitserreger auf den Menschen übertragen. – Groß ist schließlich die Zahl der Insekten, die als Schmarotzer von Menschen, Haustieren und Wildtieren Blut saugen oder auch ihre Entwicklung als Innenschmarotzer durchmachen. Den Haustieren werden dabei vor allem Dasselfliegen (S. 125) und Rachenbremsen schädlich.

27 **Vernichtung von Pflanzenschädlingen.** Viele Insekten sind ihrer Nahrung nach Fleischfresser; ihre Nährtiere sind hauptsächlich pflanzenfressende Insekten. Diese befallen auch Kulturen von Nutzpflanzen des Menschen. Dort vermehren sie sich infolge des überreichen Nahrungsangebots übermäßig; denn eine solche einheitliche Pflanzenkultur enthält nur Nährpflanzen für bestimmte Insektenarten (Monokulturen von Kartoffeln, Rüben, Kohl, aber auch vieler Baumarten). Die dort in Massen vorkommenden Insekten bilden die Nahrungsgrundlage für viele Fleischfresser unter den Insekten, insbesondere für Käfer und Ameisen **(127,4)**. Diese tragen mit dazu bei, die Schädlinge kurz zu halten und ihr massenhaftes Auftreten zu vermindern.

Trotzdem kommt es in den Monokulturen, in Feldern, Wiesen und Forsten, immer wieder zu Massenvermehrungen pflanzenfressender Insekten. Der Mensch nennt sie wegen ihrer Auswirkungen auf seine Kulturen Schädlinge, obwohl er durch seine Anbauweise sie erst dazu werden läßt. Wird in solchen Fällen nicht von Menschenhand eingegriffen, so führt das meist zur völligen Zerstörung der Monokulturen durch *Kahlfraß* oder andere Schädigungen **(127,5)**. Die »Nützlinge« unter den Insekten können mit den »Schädlingen« in der Vermehrung nicht Schritt halten; der Mensch ist gezwungen einzugreifen (S. 128).

127,1: *Das Diagramm zeigt, wie sehr die Insekten allen anderen Tiergruppen an Anzahl überlegen sind.* **127,2** *und* **127,3:** *Der Blütenstaub der Orchideen wird in gestielten Ballen (Pollinien) durch Insekten von einer Blüte zur anderen gebracht.* **127,4:** *Waldameisen sind durch Vertilgen von Raupen und anderen Schädlingen an der Vernichtung von Forstschädlingen beteiligt.* **127,5:** *Durch starken Borkenkäferbefall vernichteter Nadelwald.*

127,5

128 Schädlingsbekämpfung

Wir erfuhren im letzten Kapitel, daß die gleichartigen Kulturen von Nutzpflanzen ständig von Insektenfraß bedroht sind, weil sich die Schädlinge infolge des überreichen Nahrungsangebots übermäßig vermehren. Nach einem bekannten Ausspruch erntet der Mensch nur das, was die Insekten übrig lassen. Täte der Mensch nichts gegen die Massenvermehrung der Schadinsekten, so bliebe ihm nur wenig, oft gar nichts übrig. Sprichwörtlich für restloses Verzehren von Nahrung ist der Heuschreckenschwarm geworden **(128,2)**. 128

Mechanische Bekämpfung. Seit altersher werden Schädlinge von den befallenen Pflanzen abgesammelt, ihre Eigelege zerstört, oder man lockt die Tiere mit Ködern in Gruben, die man dann zuschüttet. Gegen Schädlinge, die an Baumstämmen hinaufkriechen, legt man Leimringe um die Stämme. Diese Methoden werden heute nur noch in vereinzelten Fällen, etwa bei Sonderkulturen, angewendet. Sie sind nicht ausreichend bei großflächigem Anbau und wegen des Personalbedarfs unrentabel.

Chemische Bekämpfung. Stoffe, die man als Fraßgifte für Schadinsekten erkannt hat, werden zur Bekämpfung verstäubt oder versprüht. In neuester Zeit wurden Giftstoffe entwickelt, durch deren bloße Berührung die Insekten eingehen (Kontaktinsektizide, z. B. DDT,

128,1 *und* **128,2:** *Wanderheuschrecken treten in Massen auf. Wo ein Schwarm sich niederläßt, wird alles kahlgefressen.* **128,3** *bis* **128,6:** *Befall von Kohlweißlingsraupen durch die Schlupfwespe Apanteles. Diese sticht frischgeschlüpfte Raupen an und legt Eier in sie hinein* **(128,3)**. *Die Schlupf-*

Hexachlorcyclohexan). Sie werden mit Stäube- oder Sprühgeräten ausgebracht, über ganz großen Flächen auch vom Flugzeug aus. In genügender Menge angewendet, bringen sie jeden Schädlingsbefall zum Verschwinden. Aber diese Mittel vernichten nicht nur die Schädlinge, sondern alle Insekten, und auch die übrige Tierwelt wird geschädigt. Manche Samen und Früchte der Nutzpflanzen, die geschützt werden sollen, speichern die Insektengifte in solchen Mengen, daß sie auch dem Menschen gefährlich werden. So sind diese Methoden nur bedingt empfehlenswert, wenn auch gesagt werden muß, daß ohne sie noch nicht auszukommen ist. Die Forschung bemüht sich in neuerer Zeit, Insektizide zu entwickeln, die nur einem oder mehreren Schädlingen schaden, allen anderen Lebewesen aber nicht. Von solchen Mitteln haben jene die größte Zukunft, die von den Pflanzen mit den Wurzeln aufgenommen und im ganzen Körper verteilt werden. Dann gehen die Schädlinge schon zugrunde, wenn sie nur wenig von den Pflanzen gefressen haben.

Biologische Bekämpfung. Die biologische Schädlingsbekämpfung macht sich einmal die im vorhergehenden Kapitel aufgezeigte Tatsache zunutze, daß viele fleischfressende Insekten sich von pflanzenfressenden Schadinsekten ernähren. Zum andern geht sie von der Beobachtung aus, daß manche Insekten mit ihren Larven in den Raupen und Puppen von Schadinsekten schmarotzen, wobei die Schädlinge eingehen (**128,3** bis **128,7**). Es kommt darauf an, die Zahl der natürlichen Feinde der Schädlinge so groß zu machen, daß nennenswerte Mengen an Schadinsekten vernichtet werden. Dazu ist es nötig, die Nützlinge in Zuchtanlagen zu vermehren und in den Befallsgebieten auszusetzen. Die insgesamt auftretenden Schwierigkeiten sind sehr groß, so daß die biologische Schädlingsbekämpfung noch in den Anfängen steht. Sehr gute Erfolge konnten jedoch schon in solchen Fällen erzielt werden, in denen Schädlinge, die in ihrer Heimat durch Feinde kurz gehalten wurden, ohne diese in entfernte Gebiete verschleppt worden waren. Dort vermehrten sie sich übermäßig, bis ihre Feinde vom Menschen nachgebracht und in Massen ausgesetzt wurden. Bald darauf spielte sich das Zahlenverhältnis zwischen Schädlingen und Feinden ein, bei dem keiner im Übermaß vorhanden war: es herrschte ein *biologisches Gleichgewicht*.

Solche Ergebnisse lassen die biologische Bekämpfung als die ideale Schädlingsbekämpfung erscheinen. Es dürfte aber noch lange dauern, bis sie in umfassender Weise die chemische Bekämpfung ersetzen kann. So wird man auf Giftanwendung noch lange nicht verzichten können, sollte es aber immer überlegt und verantwortungsbewußt tun.

wespenlarven kriechen aus **(128,4)** *und spinnen sich zum Verpuppen ein* **(128,5)**. *In den Kokons liegen Schlupfwespenpuppen* **(128,6)**. *Die befallenen Kohlweißlingsraupen gehen zugrunde.* **128,7:** *Schlupfwespe einer anderen Art sticht eine Kohlweißlingspuppe zur Eiablage an.*

128,5

128,6

128,7

Urinsekten (Silberfischchen)
ohne Verwandlung

unvollkommene Verwandlung

Schnabelkerfe
Wanze Blattlaus Zikade

Tierläuse
Kleiderlaus

Flöhe
Menschenfloh

Termiten
Soldat

129 System der Insekten und Zusammenfassung

System. Wir haben eine Fülle verschiedener Insekten kennengelernt, die nach ihrer Verwandtschaft in große Gruppen eingeteilt werden können. Es sind dies die *Ordnungen der Insekten*. Bei aller Übereinstimmung unterscheiden sie sich doch in mancher Hinsicht. Aufgrund der Entwicklung können wir 3 verschiedene Gruppen unterscheiden. Bei der *ersten Gruppe,* den Urinsekten, finden wir eine Entwicklung vom Ei zum ausgewachsenen Tier, der Imago, die ohne anders aussehende Zwischenstadien verläuft: *Urinsekten entwickeln sich ohne Verwandlung.*

Die *zweite Gruppe,* von den Schnabelkerfen bis zu den Eintagsfliegen, zeigt andere Zwischenstadien, bei denen sich nach mehreren Häutungen die Merkmale der Imago, vor allem die Flügel, herausbilden. Diese allmähliche Umwandlung wird *unvollkommene Verwandlung* genannt.

Die *dritte Gruppe,* von den Netzflüglern bis zu den Käfern, zeigt zwischen Ei und Imago ein Larvenstadium und ein Puppenstadium. Da diese Stadien vollkommen anders aussehen als das fertige Insekt, spricht man hier von *vollkommener Verwandlung.*

vollkommene Verwandlung

Netzflügler
Florfliege

Hautflügler
Hummel Ameise

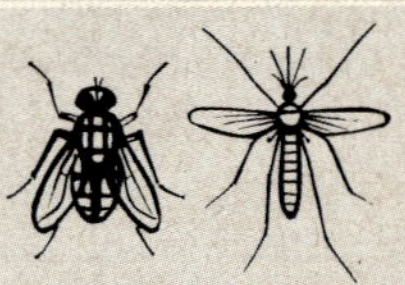

Zweiflügler
Fliege Mücke

Schmetterlinge
Tagfalter

Käfer
Laufkäfer

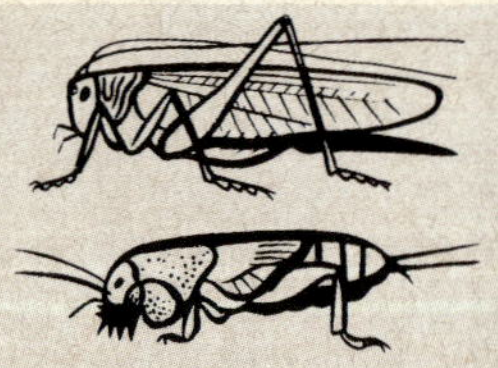

Geradflügler
Heuschrecke Maulwurfgrille

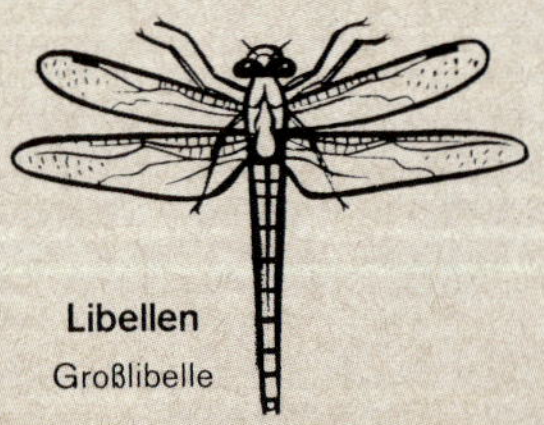

Libellen
Großlibelle

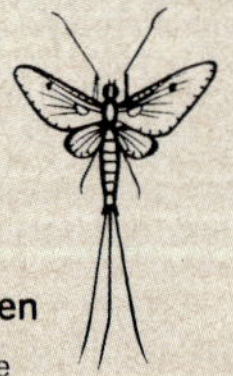

Eintagsfliegen
Eintagsfliege

Zusammenfassung Insekten

Körpergliederung und Körperbedeckung. Der Körper der fertig ausgebildeten Insekten, der Imagines, ist in Kopf, Brust und Hinterleib gegliedert. Am Kopf befinden sich die Mundwerkzeuge, Fühler, Augen und andere Sinnesorgane. Die 3 Brustringe tragen die Beine und die Flügel, aber die an Zahl sehr unterschiedlich vielen Ringe des Hinterleibs haben keine Gliedmaßen. – Der Körper der Insekten ist außen von einem starren Chitinpanzer bedeckt, der nicht mitwachsen kann und deshalb von Zeit zu Zeit abgeworfen wird. Er ist Außenskelett, dient für den Ansatz der Muskeln und gibt dem Körper Festigkeit.

Mundwerkzeuge. Insekten haben 3 Paar Mundwerkzeuge, und zwar je 1 Paar Oberkiefer, Unterkiefer und Unterlippen. Davor befindet sich die unpaarige Oberlippe, eine ungeteilte Platte aus Chitin. Die Mundwerkzeuge sind je nach Art der Ernährung verschieden ausgebildet; sie sind beißend, leckend, saugend oder stechend.

Bewegungsorgane. Die fertig ausgebildeten Insekten oder Imagines besitzen immer 3 Beinpaare; danach bezeichnet man die Insekten auch als Sechsfüßer (Hexapoda). Jedes Bein ist in Hüfte, Schenkelring, Schenkel, Schiene und Fuß gegliedert. In Anpassung an die Lebensweise sind die Beine als Lauf-, Sprung-, Grab-, Schwimm-, Fang- oder Sammelbeine ausgebildet. – Außer bei den flügellosen Urinsekten und wenigen Insektengruppen, die ihre Flügel als Anpassung an die Lebensweise wieder verloren haben, finden sich 2, seltener
129 1 Paar Flügel. Als Flugflügel sind sie häutige Membranen, die von Adern versteift werden. Bei manchen Insekten ist das erste Flügelpaar als Deckflügel ausgebildet.

Nervensystem und Sinnesorgane. Alle Insekten haben ein Nervensystem, das seiner Form wegen Strickleiternervensystem genannt wird und auf der Bauchseite liegt (Bauchmark). Im Kopf befinden sich oberhalb und unterhalb des Schlundes je 1 Nervenknotenpaar. Bei den am höchsten entwickelten Insekten nennt man das obere Schlundknotenpaar Gehirn. – Insekten besitzen 1 Paar Netz- oder Facettenaugen, die aus vielen Einzelaugen, den Sehkeilen oder Ommatidien, zusammengesetzt sind. Daneben haben viele Insekten Punktaugen, die einfacher gebaut und nicht zusammengesetzt sind. Bei den Larven der Insekten mit vollkommener Verwandlung sind nur solche Punktaugen vorhanden. – An den Fühlern finden sich Tast- und Riechorgane, an den Mundwerkzeugen und teilweise auch an den Fußspitzen sitzen Geschmacksorgane.

Atmung und Blutkreislauf. Der Atmung dienen Luftröhren oder Tracheen, die an der Körperoberfläche mit Atemöffnungen oder Stigmen, bei wasserlebenden Larven auch mit Kiemen münden. Durch die Tracheen wird die Atemluft ohne Mithilfe des Blutes in feinsten Verästelungen direkt zu den Organen gebracht und das Kohlendioxid abgeleitet. Der Blutkreislauf dient nur der Verteilung der Nährstoffe und dem Abtransport der Abfallstoffe. Ein über dem Darm liegendes, schlauchförmiges Herz saugt durch seitliche Öffnungen Blut an und preßt es nach vorne in den Körper. Dort verteilt es sich frei, da die Insekten keine Blutgefäße haben; ihr Blutkreislauf ist offen.

Ernährung und Ausscheidung. Der Darm gliedert sich in Vorderdarm, Mitteldarm und Enddarm. Oft finden sich am Ende des Vorderdarms ein Kropf und ein Kaumagen. In den Enddarm münden zahlreiche, feine Schläuche. Es sind Ausscheidungsorgane, die sogenannten Malpighischen Gefäße.

130,1

130,2

130,3

Reflexe. 130,1: *Schnecken kriechen mit ausgestreckten Fühlern. Stoßen sie auf ein Hindernis, so ziehen sie die Fühler ein (Fühlerreflex). Die Schnecken ändern dann ihre Richtung etwas und strecken die Fühler wieder aus.* **130,2** *und* **3:** *Der Pupillenreflex bei der Katze, den übrigen Tieren und den Menschen bewirkt, daß bei geringer Helligkeit viel, sonst weniger Licht ins Auge gelangt.*

130–131 Vom Verhalten der Tiere

Jede Tierart hat ihre Lebensweise, die nur ihr allein eigen ist. Die Art und Weise zu leben, ist bei nahe verwandten Arten oft sehr ähnlich, bei weiter entfernten Verwandten gibt es größere Unterschiede, und die Lebensweise nicht stammesverwandter Tiere gleicht sich meist überhaupt nicht. Wir kennen viele Beispiele für unterschiedliche Lebensweise
aus den Tierstämmen der Wirbeltiere und Insekten, und wir werden noch weitere Beispiele **130**
bei niederen Tieren kennenlernen. Alle mit der Lebensweise zusammenhängenden Tätigkeiten, wie Bewegung, Nahrungserwerb, Fortpflanzung, Jungenaufzucht, Selbsterhaltung, faßt man als das *Verhalten der Tiere* zusammen. Wie dieses Verhalten zustande kommt, wollen wir uns im folgenden klarmachen.

Bei jeder Tätigkeit ist ganz offensichtlich der Körper des Tieres, mit seinen Gliedmaßen und Organen, beteiligt; er ist der ausführende Teil. Aber wie wir schon wissen, spielt von den Organen bei allen Bewegungen und Regungen des Körpers das Nervensystem eine auslösende Rolle. Die einfachsten tierischen und menschlichen Lebensäußerungen, die der Körper auf Veranlassung des Nervensystems ausführt, sind die **Reflexe**. Wir lernten bereits Reflexe beim Menschen kennen, wie den Kniesehnenreflex, den Niesreflex, den Hustenreflex, den Stolperreflex; es gibt noch viele andere mehr. Bei den Tieren kennen wir von der Katze her den (auch beim Menschen vorhandenen) Pupillenreflex, mit dem die Hauskatze ihre Pupillenöffnung von einem Schlitz bis zum großen, kreisrunden Loch an die jeweilige Helligkeit anpaßt **(130,2** und **3)**. Die Tätigkeit von Reflexen kommt den Tieren und auch dem Menschen in den meisten Fällen gar nicht zum Bewußtsein; sie läuft unbewußt und von höheren Nervenzentren unkontrolliert ab. Die einzelnen Reflexe werden immer auf den gleichen Reiz hin ausgelöst und laufen immer gleich ab: sie sind *angeboren* und werden *unverändert vererbt*. Der Fühlereinziehreflex der Schnecken z. B. wiederholt sich automatisch bei jeder Berührung **(130,1)**.

Reflexe, die nicht willensmäßig abgeändert oder unterdrückt werden können, die also unwillkürlich sind, nennt man *unbedingte Reflexe*. Wir finden sie von den einzelligen Tieren bis hinauf zu Säugetier und Mensch. Bei den einfachsten Tieren bestimmen die Reflexe allein oder überwiegend das Verhalten; bei den höherstehenden Tieren und dem Menschen werden die Reflexe mehr und mehr durch kompliziertere Verhaltensweisen ersetzt.

130,4

Instinkthandlungen. 130,4: *Der Spechtfink sucht wie Spechte Insektenlarven in Holz. Dazu benützt er Werkzeuge (Stacheln, Holzstäbchen), um in die Ritzen und Löcher hineinzugelangen. Das macht einen überlegten Eindruck, ist aber ein angeborener Instinkt. Bietet man nämlich einem Käfigvogel Futter im Napf, so frißt er sich daran satt, vollführt aber trotzdem mit einem Zahnstocher in Holz sinnlos die angeborenen Stocherbewegungen.*

Die nächsthöhere Stufe tierischen Verhaltens wird durch die **Instinkte** gekennzeichnet, mit den ihnen zugeordneten Bewegungen und Handlungen. Wir lernten bei den Insekten viele instinktive Handlungen kennen; so wird bei den staatenbildenden Insekten das gesamte soziale Geschehen von Instinkten geleitet. Instinkte beherrschen das Leben der Insekten in einem so großen Ausmaß, daß man sie geradezu als »Instinkttiere« bezeichnen kann.

Was ist nun ein Instinkt? Er ist die angeborene (nicht erlernte!) Fähigkeit der Tiere, auf bestimmte innere und äußere Reize hin mit feststehenden *Instinktbewegungen* und *-handlungen* zu reagieren. Diese Bewegungen und Handlungen sind normalerweise für das Leben der Tiere wichtig und sinnvoll, wie etwa Revierkämpfe **(130,5** bis **7)** oder Brutpflege **(131,1** bis **4)** bei Fischen. Aber die Tiere haben keine Einsicht in das Geschehen und können seinen Ablauf nicht bestimmen, obwohl Instinkthandlungen meist einen überlegten Eindruck machen. So werden Instinkte in der Natur gelegentlich fehlgeleitet, wie z.B. bei der Eiablage von Schmeißfliegen an Aaspflanzen, wo die Nachkommenschaft dann zugrunde gehen muß.

130,5

130,6

130,7

130,5 *bis* **130,7:** *Instinktgeleiteter Revierkampf zweier Buntbarsch-Männchen (Tilapia zillii).* **130,5:** *Vor Kampfbeginn drohen sich die beiden Gegner an.* **130,6:** *Beim Kampf verbeißen sie sich ineinander; jeder versucht den andern vor sich herzuschieben und den Kampf für sich zu entscheiden.* **130,7:** *Der Sieger verfolgt den Unterlegenen und beißt ihn in die Flanke.*

131,1: *bis* **131,4:** *Brutpflegeverhalten eines Buntbarschweibchens (Tilapia nilotica).* **131,1:** *Viele Buntbarscharten haben den Instinkt, ihre Jungen bei Gefahr ins Maul aufzunehmen; manche Arten brüten sogar ihre Eier im Maul aus. Sie alle werden als Maulbrüter bezeichnet. In der obigen Abbildung umschwärmen die Jungfische ihre Mutter im Schwarm.* **131,2:** *Das Weibchen spuckt die schwimm-*

Auch in Versuchen wurden Instinkthandlungen bei vielen Tieren absichtlich fehlgeleitet oder unterbrochen. So hat man z. B. marschierende Prozessionsspinnerraupen auf eine Kreisbahn geleitet und das erste Tier beim letzten angehängt; die Raupen marschierten dann ununterbrochen im Kreis bis zur tödlichen Erschöpfung. Graugänse holen beim Brüten aus dem Nest gerollte Eier zurück, indem sie den Hals weit ausstrecken und mit dem Schnabel das Ei heranrollen. Nimmt man es ihnen beim Rollen fort, so führen sie die Eirollbewegung zu Ende, obwohl sie sinnlos geworden ist. Die betroffenen Tiere waren in keinem Fall in der Lage, sich auf die veränderten Umstände einzustellen. So führte der starre Ablauf der Instinkthandlungen zu sinnlosen Ergebnissen oder auch zum Tode. **131**

Instinkte sind bei den meisten Tieren und beim Menschen vorhanden und wirksam; ihre höchste Ausbildung erreichen sie bei den Insekten, besonders bei den staatenbildenden Arten. Bei den Wirbeltieren treten die Instinkte mehr und mehr zurück, weil diese Tiere ein Gedächtnis haben, Erfahrungen sammeln und sinnvoll verwerten können: *sie können lernen.* Den Insekten als »Instinkttieren« kann man die Säugetiere als »Lerntiere« gegenüberstellen. Innerhalb des Wirbeltierstammes nimmt die **Lernfähigkeit** mit zunehmender Gehirnausbildung allmählich zu.

Auf der Merk- und Lernfähigkeit der Tiere beruht die Möglichkeit, sie zu *dressieren.* Dabei werden die Tiere durch Futtergaben, Belohnungen oder Strafen, in Verbindung mit bestimmten Laut- oder Lichtsignalen, veranlaßt, gewünschte Handlungen auszuführen und mehrmals zu wiederholen. Die Tiere lernen dabei Handlungen, die sie in freier Wildbahn niemals ausgeführt hätten, wie wir von den Zirkusdressuren der Löwen, Tiger, Elefanten, Affen, Robben usw. wissen **(131,5** bis **7).**

Wir Menschen stehen jeden Tag vor Aufgaben und Fragen, die uns noch nie begegnet sind, und wir müssen für sie eine Lösung suchen. Aufgrund von Überlegungen, bei denen wir unsere Erfahrungen mit Einsicht in die Zusammenhänge und mit Voraussicht auf mögliche Wirkungen kombinieren, gelingt uns die Lösung von Problemen mehr oder weniger schnell und gut. Ansätze zu solchem **einsichtigen Handeln** gibt es nur bei wenigen hochentwickelten Tieren (Menschenaffen, Elefanten, Hunden, Pferden, manchen Vögeln). Durch Versuche

131,2

131,3

131,4

fähigen Jungfische aus dem Maul heraus. **131,3:** *Bei der geringsten Gefahr flüchten die Jungfische in das Maul der Mutter zurück. Ihr Instinkt leitet sie zu dem großen, dunklen Fleck des geöffneten Mauls. Einige wenige werden durch andere dunkle Flecken (Augen, Kiemen) fehlgeleitet.* **131,4:** *Das Weibchen versucht, die letzten Nachzügler in das bereits gefüllte Maul aufzunehmen.*

weiß man, daß z. B. Schimpansen durch den sinnvollen Einsatz von bereitliegendem Werkzeug an Dinge gelangen können, die außerhalb ihrer natürlichen Reichweite sind (vgl. S. 69). Hingegen ist der Gebrauch von Werkzeug bei den Spechtfinken der Galapagos-Inseln in Form von Stacheln beim Nahrungserwerb aus Baumritzen und -löchern eine Instinkthandlung **(130,4)** und beruht nicht auf Einsicht.

Zusammenfassung. Das Verhalten der Tiere wird überwiegend von Reflexen und Instinkten bestimmt. Solche Bewegungen und Handlungen geschehen ohne Einsicht und ohne Überlegung. Bei höheren Tieren ersetzen erlernte Handlungsweisen mehr und mehr die angeborenen Instinkte. Einsichtiges Handeln aber ist nur wenigen hochstehenden Tieren in sehr geringem Umfang eigen.

Dressur. 131,5: *Ein als Polizeihund dressierter Deutscher Schäferhund springt über eine Holzwand.* **131,6:** *Delphine werden in Meeresaquarien zu den verschiedenartigsten Handlungen abgerichtet und lernen es, sich im Sprung ihr Futter zu erschnappen.* **131,7:** *Zirkusdressur eines Eisbären.*

131,5

131,6

131,7

132,

132 Die Kreuzspinne (Araneus diadematus)

Die meisten Menschen haben eine Abneigung gegen Spinnen, und kaum einer mag ohne Überwindung eine Spinne anfassen. Betrachten wir doch einmal ohne Scheu eine Kreuzspinne, wie sie inmitten ihres kunstvollen Netzes sitzt!

Körperbau. Auf ihrem Rücken hebt sich eine weiße, kreuzförmige Zeichnung von der gelben und braunen Färbung ihres Hinterleibes ab **(132,1)**. Der Körper der Kreuzspinne besteht, **132**
anders als der der Insekten, nur aus 2 Abschnitten, dem *Kopfbruststück* und dem *Hinterleib* **(132,5)**. Vorn am Kopfbruststück vor der Mundöffnung sitzen *Ober-* und *Unterkiefer*. Oben auf dem Kopf sitzen 8 *Punktaugen;* Netzaugen und Fühler wie die Insekten hat sie keine. Am hinteren Teil des Kopfbruststücks sitzen die Beine. Es sind, ebenfalls anders als bei den Insekten, 4 Paare, die aber, ähnlich wie Insektenbeine, gegliedert sind **(132,1)**. Sie enden mit kammförmigen *Klauen* **(132,8)**. Die *Atemöffnungen* befinden sich auf der Bauchseite des Hinterleibs **(132,5)**. Dort, am Hinterleibsende, erheben sich 6 *Spinnwarzen* mit vielen Düsen, aus denen eine klebrige Flüssigkeit austritt **(132,6)**, die zu Fäden ausgezogen wird und an der Luft erhärtet. Viele solcher Fäden verschmelzen zu den Spinnfäden, aus denen die Kreuzspinne ihr Netz baut.

Netzbau (132,2). Den ersten Faden läßt die Kreuzspinne frei in die Luft austreten und wartet, bis er irgendwo haftet. Dann betritt sie die Seilbrücke, läßt sich in der Mitte mit einem Faden herab und schafft einen dritten Haftpunkt. Um die 3 ersten Speichen zieht sie *Rahmenfäden* und fügt weitere *Speichen* ein. Vom Mittelpunkt aus wird dann eine Spirale gezogen, innen die enge *Warte,* außen eine weite *Hilfsspirale.* Alle diese Fäden sind trocken. Jetzt sondert die Kreuzspinne einen Klebefaden ab, mit dem von außen

132,4

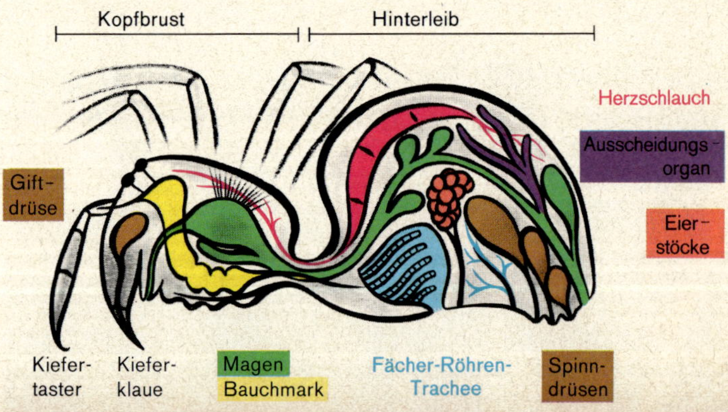

132,

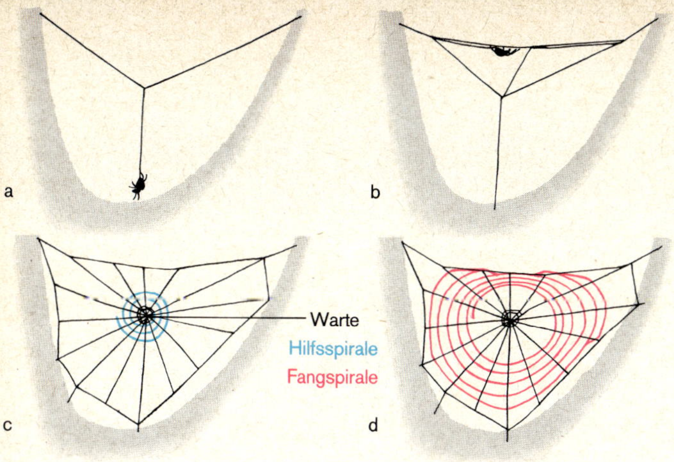

132,2

132,3

132,1: *Kreuzspinne.* **132,2:** *Stadien des Netzbaues.* **132,3:** *Radnetz einer Kreuzspinne.*

nach innen die enge *Fangspirale* gelegt wird. Dabei wird gleichzeitig die Hilfsspirale entfernt, die als »Baugerüst« diente. Die trockene Warte in der Netzmitte bleibt bestehen. Ein *Signalfaden* verbindet das Netz mit dem Versteck der Spinne außerhalb des Netzes. Zum Bau eines Netzes von 18 cm Durchmesser braucht die Kreuzspinne etwa 18 m Faden und 40 Minuten Zeit. Auftretende Beschädigungen bessert das Tier sogleich aus. Der Netzbau wird nicht erlernt, sondern seine Vorgänge sind angeborene *Instinkthandlungen*.

Beutefang. Meist sitzt die Kreuzspinne kopfunter in der Warte und lauert auf ins Netz fliegende Insekten. Durch deren Bewegungen alarmiert, eilt sie herbei und schlägt ihre spitzen Oberkiefer in die Beute. Dabei gelangt das Gift aus Giftdrüsen durch die hohlen Oberkiefer in das Opfer und tötet es **(132,4)**. Darauf spinnt sie eine dicke Lage Fäden um die Beute. Dann träufelt die Spinne einen verdauenden Speichel in die Beute, durch den die Weichteile zu Brei werden *(Außenverdauung)*, den sie dann aufsaugt.

Fortpflanzung. Nach der Paarung mit dem kleineren Männchen, das oft danach getötet und verzehrt wird, legt das Weibchen im Spätherbst 50–60 Eier, für die es einen gelben Kokon spinnt. Das Weibchen selbst überwintert nicht, sondern stirbt in den ersten Frostnächten. Im Frühjahr schlüpfen die Jungspinnen aus den Eiern, verlassen den Kokon und beginnen gleich ein selbständiges Leben. Sie gleichen schon beim Schlüpfen den erwachsenen Spinnen und wachsen ohne Verwandlung mit mehreren Häutungen rasch heran.

132,4: *Oberkiefer.* **132,5:** *Spinnen-Bauplan.* **132,6:** *Spinnfäden treten aus den Spinnwarzen aus.* **132,7:** *Spinnwarzen vergrößert.* **132,8:** *Endglied eines Spinnenfußes mit Krallen und Häkchen.*

132,6

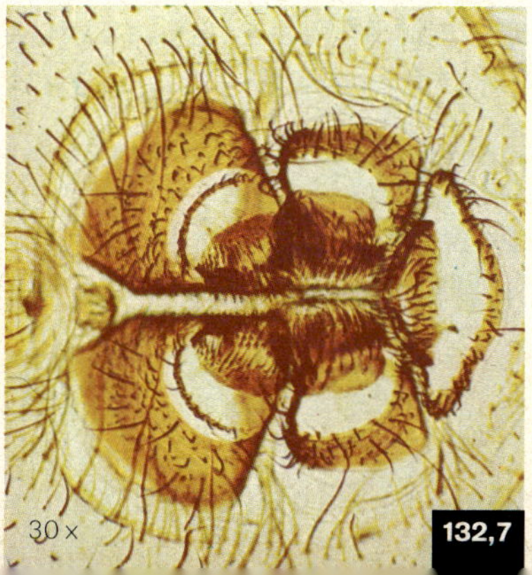

132,7

132,8

133,1

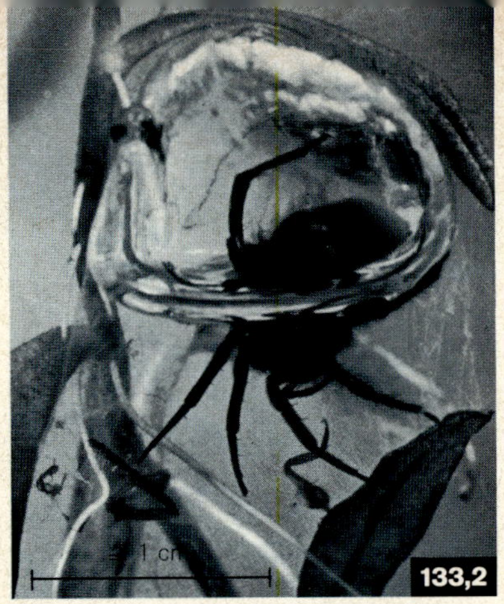

133,2

133,

133 Spinnen und Spinnentiere

Hausspinne. Die Fähigkeit, Netze zu spinnen, ist nicht bei allen Spinnen gleich gut entwickelt. Längst nicht alle bauen so kunstvolle Radnetze wie die Kreuzspinne. Unsere Hausspinne verfertigt nur ein kunstloses Gewebe. Man findet es in Zimmerecken, hinter Mauervorsprüngen und Stallungen. Die Hausspinne unterscheidet sich von der Kreuzspinne durch ihre längeren Beine und den schmaleren Hinterleib **(133,1)**. Er trägt keine Kreuzzeichnung, sondern einen rotbraunen Mittelstreifen. In den Gespinsten der Hausspinne verfangen sich oft Stubenfliegen. Schaden tut sie nicht, verdient also unsere Schonung. **133**

Wasserspinnen bewohnen stehende oder langsam fließende Gewässer. Sie spinnen unter Wasser zwischen Pflanzen glockenförmige Netze aus vielen Lagen von Spinnfäden **(133,2)**. Diese Glockennetze werden dann mit Luft gefüllt. Dazu streckt die Wasserspinne ihren behaarten Hinterleib über den Wasserspiegel und taucht wieder abwärts. Die von den Härchen festgehaltene Luft streift sie dann in der Glocke ab. In diese »Taucherglocke« werden die Eier abgelegt. Die Wasserspinne ernährt sich von Kleinkrebsen und Wasserinsekten.

Wolfsspinnen sind bodenlebende, schnell laufende Spinnen. Da sie ihre Beute erjagen, bauen sie kein Fangnetz. Ihre umsponnenen Eipakete legen sie nicht ab, sondern tragen sie, an ihren Hinterleib angeheftet, mit sich herum **(133,3)**. Die schlüpfenden Jungspinnen verlassen die Mutter nicht sofort, sondern werden von ihr noch eine Zeitlang auf dem Rücken herumgetragen.

Krabbenspinnen lauern in Blüten auf Beute **(133,4)**. Sie weben keine Netze, sondern klammern sich an blütenbesuchende Insekten, die sie dann töten. Ihre Jungtiere haben, wie die jungen Wolfsspinnen, eine eigenartige Weise der Ausbreitung. Sie lassen von einem erhöhten Standort aus Spinnfäden in die Luft »schießen«, die sich zu einer Art Luftfloß verbinden. Mit diesem trägt sie dann der Wind fort, oft sehr weit. Viele Fäden, die beim Schießen reißen, schweben allein durch die Luft. Das ist der »Altweibersommer«, den wir an sonnigen Herbsttagen beobachten können.

Vogelspinnen gelangen hin und wieder mit Bananentransporten zu uns **(133,5)**. Es sind Tropentiere. Ihr Biß ist giftig, aber die Wirkung ist nicht gefährlicher als die eines Bienenstiches. Vogelspinnen können 10 cm lang werden. Sie sind dicht behaart und gewöhnlich rot- bis schwarzbraun gefärbt. Sie leben von Gliederfüßern und kleineren Wirbeltieren.

133,1: *Hausspinne (Tegenaria domestica).* **133,2:** *Wasserspinne (Argyroneta aquatica) mit Luftglocke.* **133,3:** *Wolfsspinne (Lycosa) mit Eikokon.* **133,4:** *Krabbenspinne (Thomisia). Sie hat eine Biene erbeutet.* **133,5:** *Vogelspinne (Theraphosa avicularia).* **133,6:** *Weberknecht (Opilio).*

Weberknechte sind Spinnenverwandte ohne Spinndrüsen. Sie haben lange, dünne Beine und einen gedrungenen Leib **(133,6)**. Wir finden sie unter Steinen, an Mauerwerk, Bretterwänden und Baumstämmen. Ihre Nahrung besteht überwiegend aus toten Insekten.

Skorpione sind mit den Spinnen verwandte Spinnentiere, die sich in wesentlichen Merkmalen
133 von den echten Spinnen unterscheiden. Ihre Kiefertaster sind zu großen Kieferscheren umgebildet, und der gegliederte Hinterleib trägt am letzten Chitinring einen Giftstachel **(133,9)**. Mit diesem töten sie ihre Beute, die sie mit den Scheren ergriffen haben. Es gibt in den Tropen Skorpione, deren Stich für den Menschen tödlich sein kann.

Milben sind Spinnentiere, bei denen das Kopfbruststück mit dem Hinterleib verwachsen ist; sie sind ungegliedert. Es gibt unter ihnen unangenehme Schmarotzer. Der *Holzbock* (Zecke; **133,8**) saugt Blut an Menschen und Säugetieren. Die *Krätzmilbe* **(133,7)** frißt Gänge in der Haut des Menschen. Beide Arten verursachen starken Juckreiz.

Zusammenfassung. Spinnentiere haben 4 Beinpaare, die wie bei den Insekten gegliedert sind. Ihnen fehlen Flügel und Fühler, und statt Netzaugen haben sie nur 8 Punktaugen. Der Körper ist in das Kopfbruststück und den Hinterleib gegliedert.

133,7: *Krätzmilbe (Sarcoptes); oben in ihrem Fraßgang, in den Eier abgelegt sind; unten ein weibliches Tier.* **133,8:** *Holzbock oder Zecke (Ixodes); oben vor dem Saugen, unten ein vollgesogenes Tier, dessen Hinterleib unförmig angeschwollen ist.* **133,9:** *Europäischer Skorpion (Euscorpius italicus).*

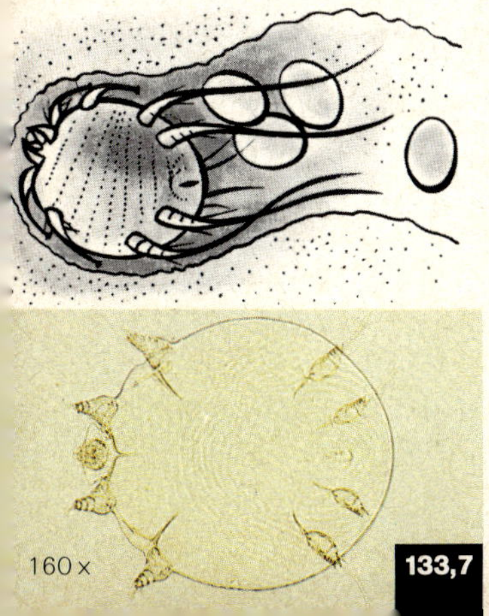

134 Der Flußkrebs (Astacus astacus)

134

In klaren stehenden oder langsam fließenden Gewässern lebt der Flußkrebs **(134,1)**. Tagsüber verbirgt er sich meist unter Steinen und geht erst nachts auf Nahrungssuche aus. Er lebt von Kleingetier, von Pflanzen und ist auch an Aas zu finden.

Körperbau. Der Flußkrebs hat einen langgestreckten Körper (16 cm), der von einem harten Panzer geschützt wird. Dieser besteht aus *Chitin,* in das *Kalk* eingelagert ist. Wie bei der Kreuzspinne sind auch beim Flußkrebs Kopf und Brust zu einem starren *Kopfbruststück* verwachsen. Eine Querfurche auf dem Rückenschild läßt die beiden Abschnitte noch erkennen. Der Hinterleib ist gegliedert und beweglich. Der harte Panzer kann nicht mitwachsen und muß daher von Zeit zu Zeit gewechselt werden. Nach einer solchen Häutung ist der neue Panzer eine zeitlang weich. Dann ist der Flußkrebs vor Feinden, z.B. Raubfischen, ungeschützt *(Butterkrebs)* und verbirgt sich, bis der Panzer erhärtet ist.
Am Kopf, beiderseits des stachelartigen Panzervorsprungs, befinden sich die Augen. Es sind, wie bei den Insekten, *Netz-* oder *Facettenaugen.* Sie sitzen beim Flußkrebs auf beweglichen Stielen. Dadurch wird sein Gesichtsfeld bedeutend erweitert.
Der Flußkrebs atmet durch Kiemen. Es sind zarte, fadenförmige Gebilde, die an den ersten Gliedern der Schreitbeine und der Kieferfüße entspringen **(134,2)**. Sie liegen gut geschützt in zwei Kiemenhöhlen **(134,4)**, die von den Seitenplatten des Rückenschildes und den Flanken des Tieres gebildet werden.

Gliedmaßen. An allen Abschnitten seines Körpers besitzt der Flußkrebs paarige Gliedmaßen. Sie sind alle mehrfach gegliedert **(134,2)** und erfüllen, je nach ihrer Lage und Gestalt, verschiedenartige Aufgaben. Vorn am Kopf sitzen 2 Paar *Fühler,* von denen das kurze 1. Paar hauptsächlich Geschmacks- und Riechorgan ist, während das 2. Paar das wichtigste Tastorgan des Krebses ist. Es folgen je 1 Paar *Oberkiefer, Unterkiefer* und *Unterlippen.* Sie halten die Nahrung fest und zerkauen sie. Die anschließenden 3 Paar *Kieferfüße* zerkleinern die Nahrung etwas und befördern sie weiter zu den Kiefern.
Die nächsten 5 Gliedmaßenpaare sind die *Brustbeine.* Die 3 vorderen Paare haben Scheren, die beim 1. Paar besonders kräftig sind. Mit ihnen ergreift und zerstückelt der Krebs

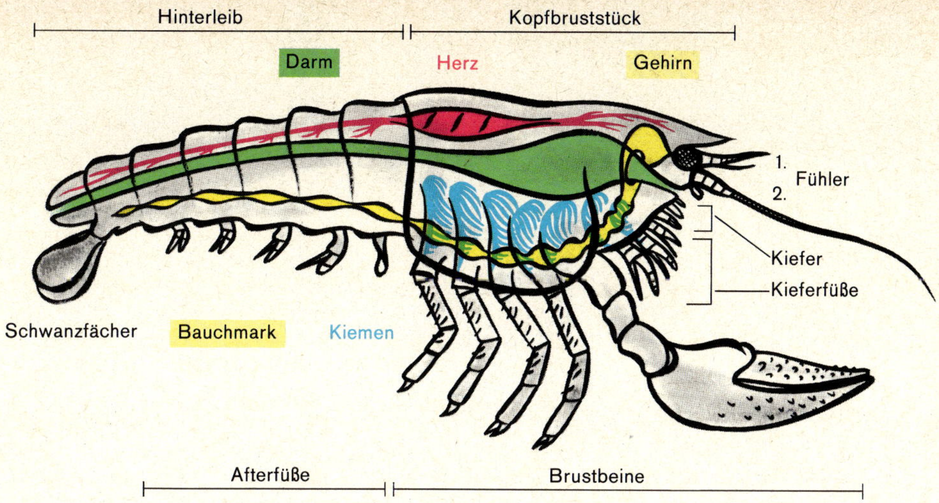

134,2

134,1: *Flußkrebs.* **134,2:** *Bauplan eines Flußkrebses.*

seine Beute. Auf den anderen beiden *Scherenbeinpaaren* und den folgenden 2 *Schreitbeinpaaren* läuft der Krebs, nach vorwärts, seitwärts und rückwärts.

134 Der Hinterleib trägt 5 Paar *Spaltbeine,* die Afterfüße **(134,2)**. Auch die bisher erwähnten Gliedmaßen sind umgebildete Spaltbeine. Das 6. Hinterleibsbeinpaar hat 4 Platten, die zusammen mit dem letzten Hinterleibsglied den Schwanzfächer bilden **(134,5)**. Dieser gibt beim Rückstoßschwimmen **(134,3)** dem Flußkrebs einen kräftigen Antrieb.

Fortpflanzung. Die Flußkrebsweibchen laichen im November. Ihre Eier tragen sie einige Monate lang an den Afterfüßen mit sich herum **(134,5)**. Erst im Frühjahr schlüpfen die Jungen. Sie wachsen zunächst rasch heran, wobei sie sich mehrmals im Jahr häuten; später verlangsamt sich das Wachstum. Flußkrebse können 20 Jahre alt werden. Sie werden gefangen; denn ihr Fleisch, besonders das des Hinterleibs, ist eine Delikatesse. Der Panzer gekochter Krebse wird durch Zerstörung der übrigen Farbstoffe rot; auf diese Färbung bezieht sich die Redewendung »er wurde im Gesicht krebsrot«. Neben dem Flußkrebs leben in unseren Gewässern der ähnliche *Steinkrebs* und der *Amerikanische Flußkrebs.*

134,3: *Rückstoßschwimmen beim Flußkrebs durch kräftiges Einschlagen des Hinterleibs.* **134,4:** *Querschnitt durch den Brustabschnitt eines Flußkrebses.* **134,5:** *Hinterleib eines Flußkrebsweibchens, von der Unterseite her gesehen. Die Eier sind an den Afterfüßen angeheftet.*

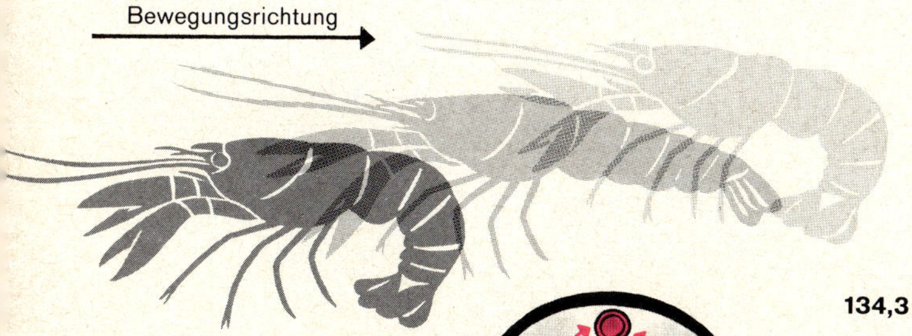

134,3

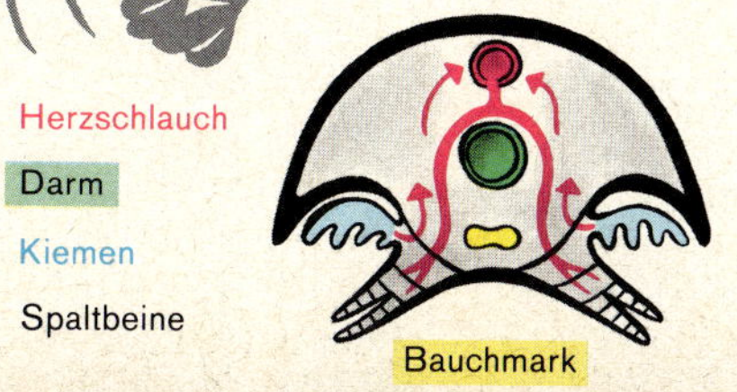

134,4

134,5

135 Krebse

Hummer. Ein Meereskrebs, der dem Flußkrebs sehr ähnelt, aber die dreifache Länge erreicht, ist der Hummer (Homarus vulgaris). Sein Hinterleib ist langgestreckt, und er besitzt 5 Schreitbeinpaare: Hummer und Flußkrebs sind beide Langschwanzkrebse in der Ordnung der *Zehnfüßigen Krebse* **(135,1)**. Am 1. Schreitbeinpaar hat der Hummer sehr große Scheren. Sie sind von ungleicher Größe. Die schlankere Schere dient dem Hummer zum Ergreifen seiner aus Muscheln, Krebsen, Tintenfischen und Stachelhäutern bestehenden Nahrung, die dickere zum Zerstückeln. Danach nennt man die kräftigere die Knackschere, die schlankere die Packschere. Ob die rechte oder linke Schere kräftiger ist, wechselt.

Hummer sind Fels- und Steinbodenbewohner; sie kommen an der deutschen Nordseeküste bei Helgoland vor. Dort leben sie versteckt, in teils selbsterrichteten Höhlen. Ihr Fleisch ist wegen seiner Schmackhaftigkeit sehr geschätzt. Sie werden mit »Hummerkörben« gefangen, jedoch nur während bestimmter Fangzeiten; denn der Hummer ist nicht zahlreich. **135**

Einsiedlerkrebse (Eupagurus bernhardus) sind merkwürdige Tiere. Sie sind *Zehnfüßige Langschwanzkrebse,* wie Hummer und Flußkrebs, haben aber einen weichen, ungepanzerten Hinterleib. Dieser steckt zum Schutz immer in einem leeren Schneckengehäuse, meist der Wellhornschnecke (156,1). Wird ihnen dieses zu klein, so ziehen sie in ein größeres um. Dabei nehmen sie Seerosen, die oft auf dem Schneckengehäuse sitzen, ab und setzen sie auf das neue Haus (vgl. S. 156). – Einsiedlerkrebse sind an der ganzen deutschen Nordseeküste häufig. Sie leben auf Sandschlick oder steinigem Untergrund und gehen von der Küste bis in 450 m Tiefe hinab. Ihre Nahrung besteht aus Kleingetier aller Art, auch aus Zerfallstoffen (Detritus). Ihre eine Schere ist so geformt, daß sie mit ihr bei Gefahr oder Beunruhigung die Mündung des Schneckengehäuses verschließen können.

Krabben. Die häufigste mittelgroße Krabbe an unseren deutschen Meeresküsten ist die *Strandkrabbe* (Carcinus maenas). Sie hat keinen langgestreckten Körper, sondern ist von

135,3

135,4

gedrungenem Bau **(135,2)**. Das rührt daher, daß der Hinterleib wie bei allen Krabben ständig unter das Kopfbruststück eingeschlagen ist. Die Strandkrabbe läuft schnell, meist zur Seite, und kann auch kurze Strecken rudernd schwimmen. Die Ebbe überdauern die Strandkrabben im Watt eingegraben. – Der *Taschenkrebs* (Cancer pagurus; **135,3**) ist unsere größte Krabbe. Das Fleisch seiner Scheren wird gegessen.

Die *Chinesische Wollhandkrabbe* (Eriocheir sinensis; **135,4**) hat behaarte Scheren. Sie wurde um 1910 aus chinesischen Gewässern in die Unterelbe eingeschleppt und hat sich seither weit ausgebreitet. Sie ist in Elbe, Weser und Ems sehr häufig und weit flußaufwärts vorgedrungen, teilweise bis in die Nebenflüsse hinein. Da sie massenhaft auftritt, richtet sie als Nahrungskonkurrent für die Fische, durch Zerreißen von Netzen und Unterwühlen
135 von Uferbefestigungen Schaden an. Zum Laichen kehrt die Wollhandkrabbe in die Küstengewässer zurück; Eier und Larven entwickeln sich nur in salzigem Wasser.

Garnelen (Crangon; **135,5**) sind *Zehnfußkrebse*, die ausdauernd schwimmen können. Sie werden in großen Mengen gefangen und gekocht und geräuchert als »Krabben« verzehrt.

Kleinkrebse. *Asseln* sind überwiegend landbewohnende Feuchtluft-Krebstiere. Sie haben 7 Beinpaare. Bekannte Arten sind die *Kellerassel* und die *Mauerassel* (Oniscus asellus; **135,6**). *Seepocken* (Balanus, **135,7**) finden sich in der Gezeitenzone, festsitzend auf Fels, Stein, Holz oder derbhäutigen und beschalten Tieren (Wale, Krebse, Schnecken, Muscheln). Sie setzen sich auch an Schiffswänden fest und zerstören den Rostschutz. Die Krebsgestalt ist infolge der festsitzenden Lebensweise stark abgewandelt. *Flohkrebse* mit ihrem seitlich zusammengedrückten Körper gibt es im Meer und im Süßwasser. Häufig anzutreffen ist der *Bachflohkrebs* (Gammarus pulex; **135,8**). *Wasserflöhe* **(135,9)** bewegen sich ruckartig (Floh!) durch Schlagen mit ihren Fühlern fort. Sie sind ein gutes Fischfutter. Ihre Brut befindet sich im Rückenteil der Schale. *Hüpferlinge* (Cyclops; **135,10**) bewegen sich mit Ruderfüßen fort; die großen Fühler sind Schwebe- und Steuerorgane. Auch diese Kleinkrebse sind eine gute Fischnahrung. Sie tragen Eiersäckchen am Hinterende festgeheftet.

135,8

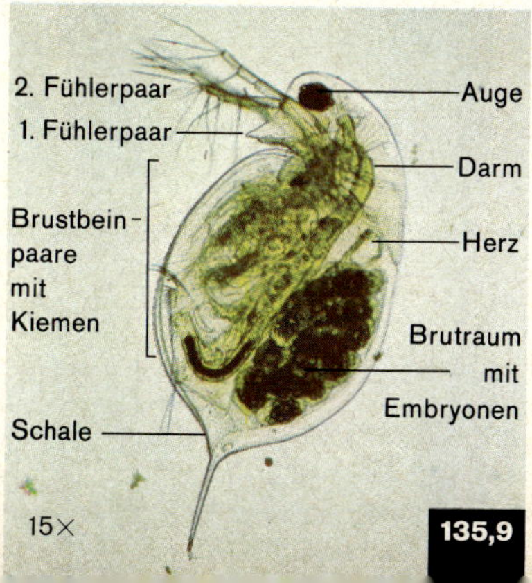

135,9

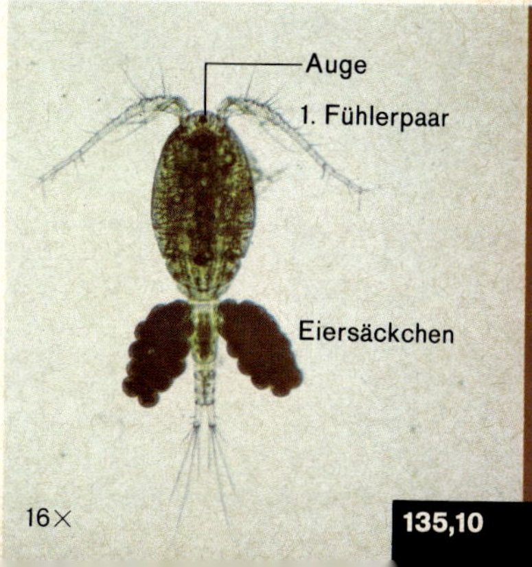

135,10

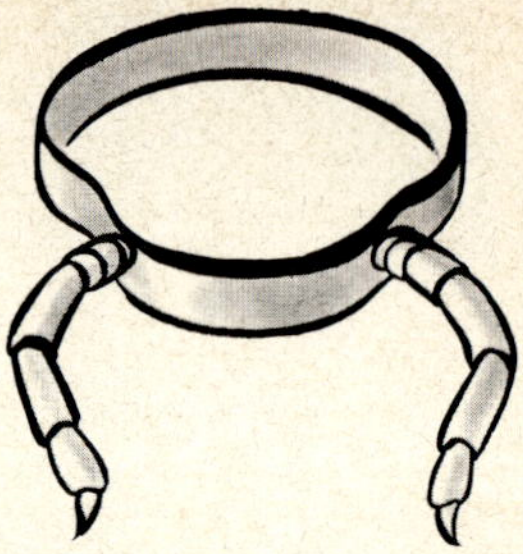

136,

136,1: *Steinkriecher (Lithobius forficatus).* **136,2:** *Körperring mit 1 Beinpaar. Die Beine weisen eine ähnliche Gliederung auf wie Insekten-, Spinnen- und Krebsbeine.*

136 Tausendfüßer; Zusammenfassung Gliederfüßer

Tausendfüßer ist der Name für eine Klasse von meist langgestreckten Tieren mit vielen gegliederten Beinen. Die Zahl der Beinpaare beträgt, je nach Art, zwischen 9 und mehr als 200, jedoch niemals 1000. Sie leben auf dem Land und atmen durch Tracheen.

Steinkriecher. Ein häufig vorkommender und weit verbreiteter Tausendfüßer ist der glänzend-braune, abgeplattete Steinkriecher **(136,1)**. Er ist am Tage unter Steinen und in Ritzen versteckt und geht nachts auf Beutefang aus. Er stellt Insekten aller Art, sowie Asseln und Spinnentieren nach und tötet sie mit Gift. Dieses fließt aus den zangenartigen Kieferfüßen aus, wenn sie in die Beute geschlagen werden. Der Körper des Steinkriechers besteht aus einer *Kopfkapsel* mit langen Fühlern und einem in 18 gleichartige *Körperringe* gegliederten *Rumpf.* 15 dieser Ringe tragen je 1 Beinpaar **(136,2)**. Der ganze Körper ist mit einem Chitinpanzer bedeckt, der als *Außenskelett* dient.

Schnurfüßer. Ein ebenfalls gut bekannter Tausendfüßer, der an feuchten, dunklen Orten (Fallaub, Mulm) lebt, ist der Schnurfüßer **(136,3)**. Er hat einen dunkel gefärbten, drehrunden Körper mit 75–89 Paaren zarter Beine. Er stellt keinen Tieren nach, sondern lebt von Moderstoffen. Bei Gefahr rollt er seinen Körper spiralig ein **(136,4)**. An seinen *Körperringen* sitzen je 2 Beinpaare. Das rührt daher, daß immer 2 Ringe miteinander verschmolzen sind **(136,5)**. Solche Tausendfüßer nennt man *Doppelfüßer* oder *Diplopoden.*

136,3: *Schnurfüßer (Julus terrestris).* **136,4:** *Dasselbe Tier in Schutzhaltung spiralig zusammengerollt.* **136,5:** *Körperring eines Doppelfüßers. Er ist aus 2 Ringen entstanden, die verschmolzen sind, und besitzt daher 2 Beinpaare. In der Gliederung gleichen sie denen der Hundertfüßer weitgehend.*

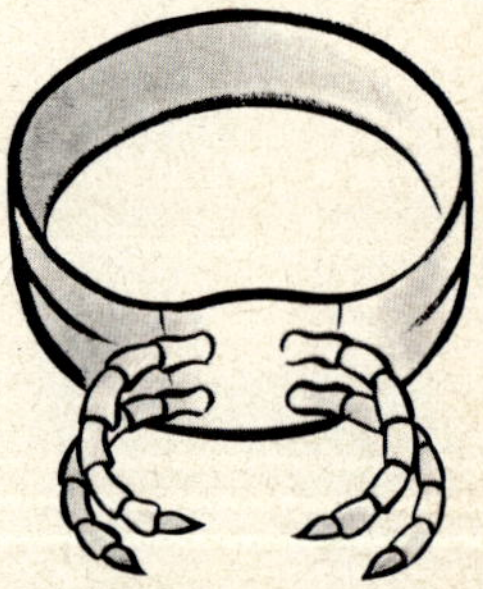

Zusammenfassung Gliederfüßer

Insekten, Spinnentiere, Krebstiere und Tausendfüßer sind *Gliederfüßer.* Sie haben gegliederte Körperanhänge, die Gliedmaßen, die je nach ihrer Tätigkeit als Beine, Mundwerkzeuge oder Fühler verschieden gestaltet sind. Ihr Körper ist in Abschnitte gegliedert (bei Insekten in Kopf, Brust, Hinterleib; bei Spinnentieren und Krebsen in Kopfbruststück und Hinterleib; bei Tausendfüßern in Kopfkapsel und geringelten Rumpf). Die Körperbedeckung besteht aus einer meist harten Chitinschicht, in die vor allem bei Krebstieren Kalk eingelagert ist. Sie dient als Schutz und Außenskelett. Das Hauptnervensystem liegt

	Insekten (Maikäfer)	**Spinnentiere** (Kreuzspinne)	**Krebstiere** (Flußkrebs)	**Tausendfüßer** (Steinkriecher)
Körpergliederung	 Kopf, Brust, Hinterleib	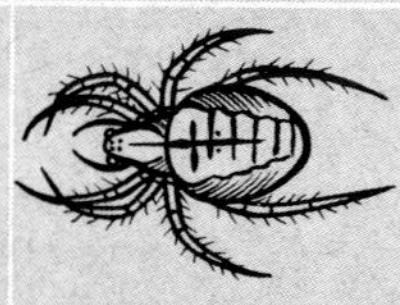 Kopfbrust, Hinterleib	 Kopfbrust, Hinterleib	 Kopf, Rumpf
Beine	 3 Beinpaare	 4 Beinpaare	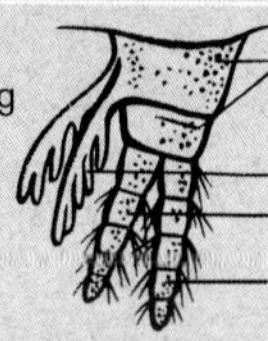 viele Beinpaare	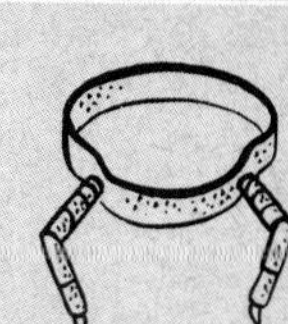 Körperring mit Beinen sehr viele Beinpaare
Entwicklung	 Ordnungen mit vollkommener, unvollkommener oder ohne Verwandlung	 ohne Verwandlung	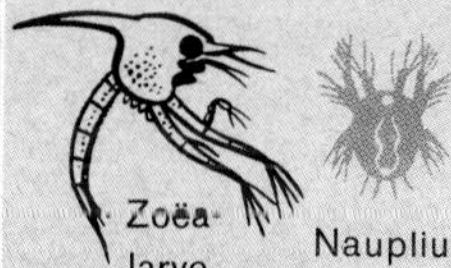 Verwandlung über eine Larvenstufe	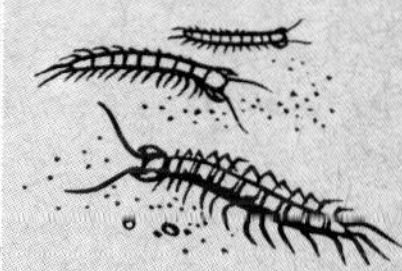 ohne Verwandlung

136,6

auf der Bauchseite (Bauchmark), ist oft strickleiterartig ausgebildet und weist im Kopfabschnitt gehirnartige Nervenknoten oder Ganglien auf. Die Atmung der landlebenden Gliederfüßer (Insekten, Spinnentiere, Tausendfüßer) erfolgt durch Tracheen, die der wasserlebenden Tiere durch Kiemen und Tracheenkiemen. Die Entwicklung der meisten Gliederfüßer verläuft über Larvenformen, die den erwachsenen Tieren gar nicht gleichen. Diese Larven verwandeln sich erst nach mehreren Häutungen und oft auch einem Ruhestadium in das erwachsene Tier. Eine solche Entwicklung heißt Metamorphose.

137–138 Die Weinbergschnecke und andere Lungenschnecken

Die Weinbergschnecke (Helix pomatia)

Die Weinbergschnecke mit ihrem kugeligen, gewundenen Gehäuse kommt nicht nur in Weinbergen vor. Sie ist auch in Gärten und Parks, auf Wiesen und an Waldrändern häufig anzutreffen. Besonders wenn es geregnet hat, sehen wir Schnecken umherkriechen.

Körperbau. Das kriechende Tier **(137,1)** gleitet auf einem langgestreckten *Fuß* dahin. Dieser liegt auf der Bauchseite des Rumpfes. Der Schneckenkörper ist weich und mit klebrigem *Schleim* bedeckt. Am Kopf sitzen 2 Paar *Fühler*. Das Gehäuse birgt den *Eingeweidesack* mit Darm, Leber, Herz und Nieren **(137,2)**. **137**

Gehäuse. Bei Trockenheit oder Gefahr zieht sich die Schnecke in ihr *Gehäuse* zurück **(137,4)**, das dem ganzen Weichkörper Schutz bietet. Ein erstarrtes Schleimhäutchen vor der Mündung schützt dann vor Wasserverlust. Wird es wieder feuchter, durchstößt die Schnecke das Häutchen und kommt heraus. Schnecken sind ausgesprochene *Feuchtlufttiere.*
Bei einer Jungschnecke hat das Gehäuse nur 2 Windungen. Entsprechend dem Wachstum des Körpers werden am Mündungsrand Wachstumsstreifen angefügt. Das Gehäuse besteht hauptsächlich aus *Kalk,* der aus vielen Drüsen abgesondert wird. Diese liegen in einer Haut, dem *Mantel,* der den Eingeweidesack umhüllt und dem Gehäuse innen anliegt **(137,7)**. Bei der ausgewachsenen Schnecke hört der Gehäusebau auf, und der Gehäuserand wird verstärkt.

Fortbewegung. Eine auf ihrer platten Fußsohle dahingleitende Schnecke hinterläßt eine glänzende Spur **(137,1)**. Es ist Schleim, der vorne an der Fußsohle von einer Drüse ausgeschieden wird. Auf dieser selbstbereiteten Unterlage geht die Fortbewegung vonstatten. Dabei wird der Fuß nicht vom Boden abgehoben, sondern es verlaufen wellenartige Muskelbewegungen über die Sohle **(137,6)**. Sie ziehen von hinten nach vorne; jede Welle bringt die Schnecke ein Stückchen voran. Wegen des zwischen Fußsohle und Untergrund befindlichen Schleims macht es der Weinbergschnecke nichts aus, ob sie auf einer glatten oder rauhen Fläche kriecht. Ohne sich zu verletzen, können Schnecken über Glasscherben und sogar über die Schneide eines Rasiermessers kriechen **(137,5)**.

Ernährung. Beim Fressen preßt die Weinbergschnecke ihren Kopf auf die Nahrung und öffnet und schließt den Mund. Dabei bewegt sie ihre Zunge **(137,2)**. Diese ist von einer *Reibeplatte (Radula)* mit sehr vielen winzigen Zähnchen aus Chitin bedeckt **(137,3)**, mit denen die Schnecke kleine Nahrungsteilchen abraspelt. Mit einem hornigen Oberkiefer **(137,2)**

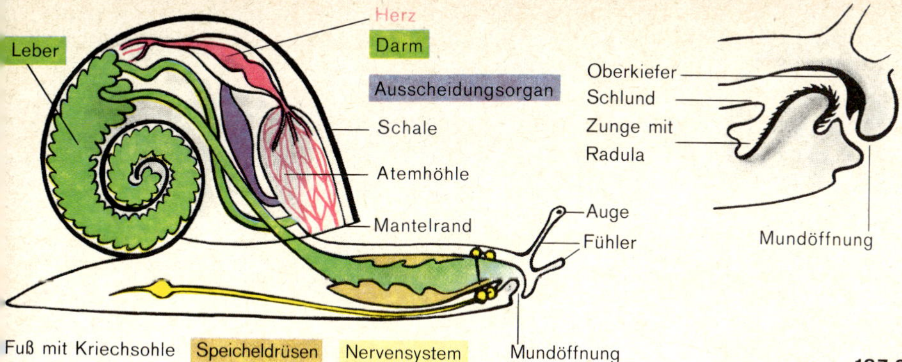

137,2

137,3

137,1: *Kriechende Weinbergschnecke;* **137,2:** *links ihr Bauplan, rechts Längsschnitt durch den Kopf.* **137,3:** *Ausschnitt von der Radula einer Weinbergschnecke, stark vergrößert.* **137,4:** *Aufgeschnittenes Gehäuse einer Weinbergschnecke. Die Achse in der Mitte ist die Spindel. Rot eingezeichnet ist der Spindelmuskel, mit dem sich das Tier ins Gehäuse hineinzieht.* **137,5:** *Weinbergschnecke kriecht über ein Rasiermesser.* **137,6:** *Kriechsohle mit »Muskelwellen«.* **137,7:** *Atemloch und Mantelrand (zwischen Rumpf und Gehäuse).*

137,4

137,5

137,6

137,7

kann sie auch größere Stücke abbeißen, die in der Mundhöhle zerkleinert werden. Die Weinbergschnecke frißt überwiegend Blätter und Stengel saftiger Kräuter. Der Kot tritt in Form eines dicken, dunklen Fadens aus dem After zwischen Mantelrand und Fuß hervor **(137,2)**.

Atmung. Zwischen Mantelrand und Fuß befindet sich auch das *Atemloch,* das sich in Abständen schließt und öffnet **(137,7)**. Die Atemluft strömt in die dahinterliegende *Atemhöhle* **(137,2)**, deren Wände von einem Netz feiner Blutgefäße durchzogen sind. Dieser Bereich wird Lunge genannt; die Weinbergschnecke ist also eine *Lungenschnecke.* Dort nimmt das Blut Sauerstoff auf und gibt Kohlendioxid ab. Bei einer Schnecke, die ins Gehäuse zurückgezogen ist, wird das Atemloch nicht verdeckt, so daß das Tier auch dann noch atmen kann. Aus dem Gefäßnetz der Atemhöhle fließt das Blut zu dem rückwärts gelegenen Herzen **(137,2)**, von wo es durch Arterien in den Körper gepumpt wird.

Sinnesorgane. Die beiden großen Fühler der Weinbergschnecke sind beim Kriechen immer ausgestreckt **(137,1)**. Wenn sie gegen ein Hindernis stoßen oder wir sie berühren, werden sie wie Handschuhfinger nach innen eingestülpt. Nach einer Weile werden sie dann wieder ausgestülpt. An der Spitze dieser Fühler sitzen die *Augen* der Schnecke. Sie kann mit ihnen Hell und Dunkel unterscheiden und auch Umrisse wahrnehmen. Die weiter unten befindlichen kleinen Fühler tragen keine Augen, sondern Geruchsorgane.

138,1

138,2

138,3

138,4

Überwinterung. Im Herbst wühlen sich die Weinbergschnecken unter Fallaub oder Moos im Boden ein, ziehen sich ins Gehäuse zurück und verschließen die Mündung mit einem festen Kalkdeckel **(138,1)**. So verbringen sie den Winter in starrem Zustand (Winterstarre) bei ganz stark herabgesetzter Lebenstätigkeit. Sie zehren von Stoffen, die sie zuvor gespeichert haben. Im Frühjahr werden sie wieder rege. Sie stoßen dann den Kalkdeckel ab **(138,2)** und gehen ziemlich abgemagert auf die Suche nach Nahrung.

Fortpflanzung. Weinbergschnecken werden ungefähr 6 Jahre alt. Etwa im Alter von 3 Jahren sind sie erwachsen und fortpflanzungsfähig. Es entwickeln sich dann in jedem Tier Eier und Spermienzellen; denn Männchen und Weibchen als getrennte Geschlechter gibt es bei den Weinbergschnecken nicht: sie sind beides zugleich. Solche Tiere nennt man *Zwitter*. Wenn die Eier befruchtet und reif sind, wühlt die Weinbergschnecke durch drehende Bewegungen ihres Vorderkörpers ein Loch in den Boden, das sie unten zu einer kleinen Höhle erweitert. Dahinein legt sie ihre 40 bis 60 fast erbsengroßen Eier ab **(138,3)** und drückt anschließend die Gelegehöhle wieder zu. Nach einigen Wochen schlüpfen die Jungen, die ein ganz dünnes Gehäuse mit nur knapp 2 Windungen haben **(138,4)**.

Schutz. Die Weinbergschnecken besitzen in ihrem Gehäuse, in dem sie sich ganz bergen können, einen guten Schutz gegen viele Feinde. Sie ziehen sich schon bei geringfügigen Störungen dahinein zurück. Von dem reichlich abgesonderten Schleim der Schnecken werden viele Tiere abgestoßen. Trotzdem stellen den Weinbergschnecken Igel, Maulwürfe, Krähen, Drosseln, Spechte und andere Vögel, sowie manche Käfer nach.
Weinbergschnecken werden in Süddeutschland und besonders in Frankreich in verschiedenen Zubereitungen verzehrt. Dazu werden die Tiere entweder in der freien Natur gefangen oder in berufsmäßig betriebenen Schneckenfarmen gezogen und gemästet.

Andere Lungenschnecken

Schnirkelschnecken sind die nächsten Verwandten der Weinbergschnecke **(138,6)**. Häufig sind die *Hain-Schnirkelschnecke* (**138,5** links) und die *Garten-Schnirkelschnecke* (**138,5** rechts). Ihre Gehäuse sind etwa halb so groß wie das der Weinbergschnecke. Sie sind bei beiden Arten meist mit schwarzbraunen Bändern gezeichnet, und die Gehäusefarbe kann gelb oder rötlich sein. Die beiden Arten sind auf den ersten Blick schwer zu unterscheiden. Aber es gibt ein sicheres Bestimmungsmerkmal: Der Mündungsrand des Gehäuses ist bei der Garten-Schnirkelschnecke weiß, bei der Hain-Schnirkelschnecke dagegen tief dunkelbraun.

138,1: *Gedeckelte Weinbergschnecke.* **138,2:** *Aufstoßen des Deckels.* **138,3:** *Eierlegende Weinbergschnecke.* **138,4:** *Geschlüpfte Weinbergschnecke.* **138,5:** *Gehäuse von Hain-Schnirkelschnecken (Cepaea nemoralis; links) und Garten-Schnirkelschnecken (Cepaea hortensis; rechts).* **138,6:** *Hain-Schnirkelschnecke.* **138,7:** *Baumschnecke (Arianta arbustorum).* **138,8:** *Heideschnecke (Helicella itala; rechts), Steinpicker (Helicigona lapicida; links) und Schließmundschnecke (Clausilia; Mitte).* **138,9:** *Ackerschnecke (Deroceras).* **138,10:** *Posthornschnecke (Planorbis corneus).* **138,11:** *Spitzschlammschnecke (Lymnaea stagnalis).* **138,12:** *Große Wegschnecke (Arion).*

Die *Baumschnecke* finden wir oft in feuchten Wäldern, Gebüschen und Wiesen **(138,7)**. Ihr Gehäuse ist etwa so groß wie das der Schnirkelschnecken. Das Tier lebt von Blättern, Pilzen und Beeren. – Ein diskusförmiges Gehäuse besitzt der *Steinpicker* **(138,8)**. Diese Schnecke findet sich, im Süden häufiger als im Norden, an Felsen, Gemäuser und Buchenstämmen. – *Heideschnecken* **(138,8)** haben ein flaches Gewinde. Sie besiedeln verhältnismäßig trockene Lebensstätten, wie Böschungen und Dämme mit kurzem Graswuchs. – An der Wetterseite von Waldbäumen finden wir häufig kleine, langgestreckte Schneckengehäuse mit 10 und mehr Windungen. Es sind *Schließmundschnecken* **(138,8)**, die den Flechtenbelag der Baumrinde abraspeln. – Nacktschnecken haben kein Gehäuse. Bekannte Arten sind die *Große Wegschnecke* **(138,12)** und die in Landwirtschaft und Gartenbau sehr schädliche *Ackerschnecke* **(138,9)**. – Wasserlungenschnecken besitzen nur 1 Paar Fühler, an deren Grunde die Augen liegen. In unseren Gewässern sind die *Spitzschlammschnecke* **(138,11)** und die *Posthornschnecke* **(138,10)** verbreitet. Sie müssen zum Atmen an die Wasseroberfläche kommen.

139,1

139,2

139 Kiemenschnecken

Alle Schnecken, die wir bisher kennengelernt haben, sind *Lungenschnecken,* die zum Atmen Luft in ihre Atemhöhle aufnehmen. Das gilt auch für die im Wasser lebenden Arten, die als Wasserlungenschnecken bezeichnet werden; sie müssen zur Aufnahme von Atemluft immer wieder an die Wasseroberfläche aufsteigen.
Es gibt aber auch Wasserschnecken, die in ihrer Atemhöhle Kiemen haben und ihre Atemhöhle mit Wasser füllen. Bei ihnen entnehmen die Kiemen dem Wasser den darin gelösten Sauerstoff. Wasserschnecken mit solchen Atmungsorganen heißen *Kiemenschnecken.* Die große Mehrzahl aller Wasserschnecken, im Süßwasser und besonders im Meer, gehört dazu. **139**

Sumpfdeckelschnecke. Die größte Kiemenschnecke unserer Binnengewässer ist die Sumpfdeckelschnecke **(139,1)**. Ihr Gehäuse hat eine gewisse Ähnlichkeit mit dem der Weinbergschnecke und ist auch etwa so groß, nur schlanker. Es kann von dem darin lebenden Tier mit einem hornartigen Deckel verschlossen werden, der hinten am Fuß aufsitzt. Sumpfdeckelschnecken leben am Grunde stehender, meist schlammiger Gewässer, die reichen Pflanzenwuchs aufweisen. Sie ernähren sich überwiegend von Pflanzen und Zerfallstoffen. Eine Besonderheit dieser Schnecken ist es, daß sie lebende Junge hervorbringen. Ihre Eier entwickeln sich bereits in den Muttertieren zu Jungschnecken.

Wellhornschnecke. Unsere größte Schnecke überhaupt ist die Wellhornschnecke **(139,2)**, die hauptsächlich in der Nordsee, aber auch in der westlichen Ostsee anzutreffen ist: Sie ist eine Meeres-Kiemenschnecke. Meist findet man von der Wellhornschnecke nur an den Strand gespülte leere Gehäuse; das Tier selbst geht von der Strandzone bis hinunter in die Tiefsee und lebt dort von Würmern, anderen Schnecken, Laich und Aas. Wie bei fast

139,3

139,

allen Kiemenschnecken kann auch das Gehäuse der Wellhornschnecke mit einem Deckel verschlossen werden, der dem Fuß hinten aufsitzt. Die Wellhornschnecke legt Eier, und zwar in Form von Eikapseln, die zu vielen Hunderten faustgroße Laichballen bilden. Diese Ballen werden oft leer an den Strand gespült.

Kiemenschnecken der Nord- und Ostsee. Die häufigste Meeres-Kiemenschnecke ist bei uns die *Gemeine Strandschnecke* (**139,3** Mitte unten). Sie kommt massenhaft in der Gezeitenzone der Nordsee bis hinab zu 15 m Tiefe und in den oberen Wasserschichten der Ostsee vor. Strandschnecken leben an Tangen und Pfählen, auf Steinen und Felsen und ernähren sich überwiegend von deren Belag aus Grünalgen und Kieselalgen, die sie abweiden. Daneben fressen sie auch Seepocken. – Napfschneckengehäuse (**139,3** links unten) werden oft mit Muschelschalen verwechselt, weil sie kein Gewinde aufweisen. Da sie aber nur aus einem Teil bestehen (Muschelschalen sind zweiklappig!), handelt es sich eindeutig um ein Schneckengehäuse. *Napfschnecken* sind reine Felsbewohner, die bei uns nur in der Nordsee bei Helgoland ganz selten vorkommen. Sie leben in der Brandungszone. Gegen die Auswirkungen des Wellenschlags sind sie durch ihr dachartiges Gehäuse und die feste Anheftung mit ihrem breiten Fuß geschützt. Stundenlanges Trockenliegen während der Ebbezeit macht ihnen nichts aus, weil sie das Gehäuse dicht an den Fels pressen und genügend Wasser darunter halten können, um nicht auszutrocknen. Napfschnecken ernähren sich vom Algenbewuchs ihres Wohnplatzes. Ihr Weichkörper ist eßbar, gekocht oder auch roh.
139 – Der *Pelikansfuß* (**139,3** rechts oben) hat seinen Namen von dem vogelfußähnlichen Aussehen, den das Gehäuse durch die zehenartigen Fortsätze der Mündung bekommt. Die Schnecke kommt bei uns nur in der Deutschen Bucht und bei Helgoland vor. Sie lebt, fast unbeweglich, auf Schlammgrund, wo sie sich kleine Algen und Kleingetier als Nahrung herbeistrudelt. Die Fortsätze am Gehäuse verhindern, daß die Schnecke durch Bewegungen des Wassers hin- und hergerollt wird. – Die *Bunte Kreiselschnecke* (**139,3** Mitte oben) trifft man nur in der Nordsee an, meist in tieferem Wasser auf felsigem oder steinigem Grund bei Helgoland.

Purpurschnecken. In früheren Zeiten wurde in den Mittelmeerländern aus einigen Stachelschneckenarten der begehrte Purpurfarbstoff gewonnen. Für wenige Gramm dieser Stofffarbe, die nur Herrschern vorbehalten war, mußten etwa 10 000 Purpurschnecken getötet werden. Eine der Purpurschnecken ist die im Mittelmeer beheimatete *Herkuleskeule* (**139,4**).

Kiemenschnecken tropischer Meere. Die Vielfalt und Artenfülle ist in den warmen Meeren riesengroß. Hier nur 4 Beispiele: *Kegelschnecke* (**139,5** Mitte oben), *Kaurischnecke* (**139,5** rechts), *Tritonshorn* (**139,5** links), *Bohrerschnecke* (**139,5** unten).

139,1: *Sumpfdeckelschnecke (Viviparus).* **139,2:** *Wellhornschnekke (Buccinum undatum).* **139,3:** *Rechts oben Pelikansfuß; links unten Napfschnecke; Mitte oben Bunte Kreiselschnecke; Mitte unten Gemeine Strandschnecke.* **139,4:** *Herkuleskeule.* **139,5:** *Vier Kiemenschnecken warmer Meere. Namen im Text.*

139,5

140,1

140,2

140 Die Teichmuschel

In vielen stehenden Gewässern liegen auf dem Grund die dünnen, leeren Schalen der Teichmuschel (Anodonta cygnaea). Sie sind außen olivgrün und bräunlich, innen von hellem Perlmutterglanz. Sie können 20 cm lang und 12 cm breit werden.

Körperbau. Die lebende Muschel **(140,1)** wird von einer *Schale* umschlossen, die aus 2 *Schalenklappen* besteht. Beide Klappen sind oben, am *Schloß,* miteinander durch das *Schloßband* verbunden **(140,3)**. In der Schale liegt der weiche Muschelkörper. Anders als bei den Schnecken ist er nur in *Mantel, Rumpf* und *Fuß* gegliedert; ein Kopf ist nicht vorhanden **(140,2)**. Die Mantellappen liegen den Schalenklappen innen fest an. Der Raum **140** zwischen den Mantellappen wird oben vom Rumpf ausgefüllt. In den unteren Teil, die *Mantelhöhle,* ragen als Fortsätze des Rumpfes der Fuß und beiderseits von ihm je 2 *Kiemenblätter* hinein **(140,3)**. Vorne und hinten ziehen quer durch die Muschel 2 dicke, kräftige *Schließmuskeln* **(140,3)**. Sind sie zusammengezogen (kontrahiert), so ist die Muschelschale fest geschlossen; werden die Schließmuskeln entspannt, dann spreizt das elastische Schloßband die Schalenklappen auseinander.

Lebensweise. Muscheltiere sind nur wenig beweglich. Meist stecken sie senkrecht im Schlamm, nur das etwas schmalere Hinterende ragt heraus **(140,5)**. Zur Fortbewegung streckt das Tier seinen beilförmigen Fuß vorne zwischen den Schalenklappen heraus **(140,1)**. Dieser wühlt sich langsam in den Untergrund ein und zieht die Muschel dann mit dem stumpfen Vorderende in den Schlammgrund hinein.

140,4: *Entwicklungsgang der Teichmuschel, mit stark vergrößerter Glochidienlarve. Links Foto von Glochidienlarven.* **140,5:** *Teichmuschel mit Ein- und Ausströmöffnung. Die größere Einströmöffnung*

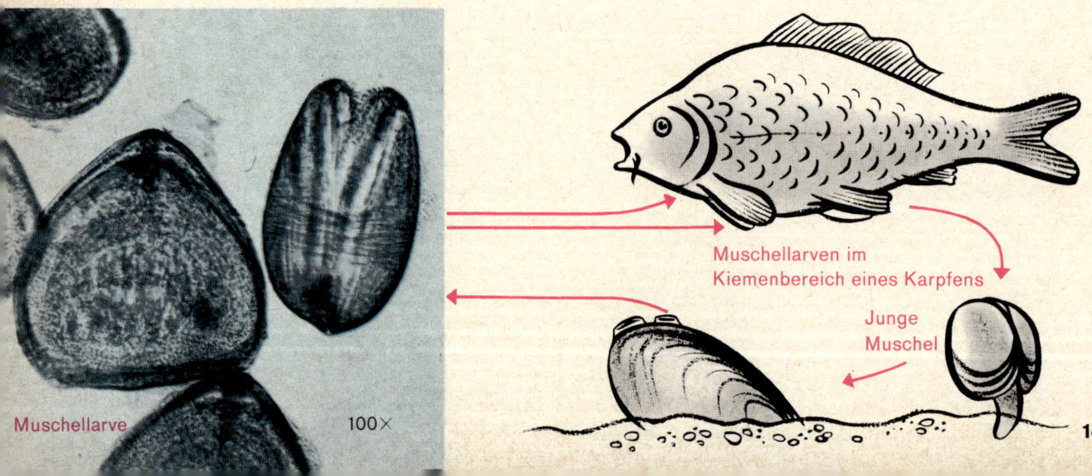

140,4

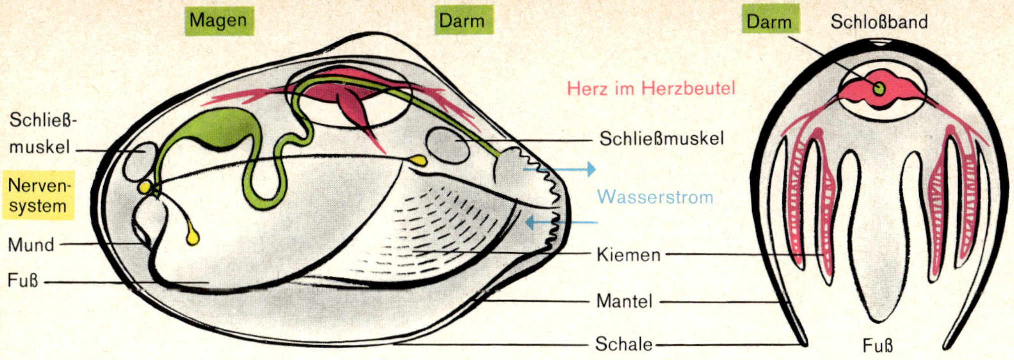

140,3

140,1: *Teichmuschel.* **140,2:** *Aufgeschnittene Teichmuschel.* **140,3:** *Bauplan einer Muschel; links im Längsschnitt, rechts im Querschnitt.*

Am Hinterende klaffen die Schalenklappen auch im geschlossenen Zustand etwas auseinander. Sie lassen dort 2 Öffnungen des Körpers frei **(140,3** und **140,5)**. Durch die größere strömt Wasser in die Muschel ein, durch die kleinere verläßt es sie wieder. Diesem Wasser entnimmt das Tier Sauerstoff zum Atmen und als Nahrung Zerfallstoffe von Pflanzen und Tieren; dem ausströmenden Wasser werden Kohlendioxid und Abfallstoffe beigemischt.

Fortpflanzung. Teichmuscheln sind getrenntgeschlechtig. Die Weibchen erzeugen sehr viele Eier, die sich nach der Befruchtung 3 bis 4 Monate lang in den Kiemen der Muttertiere entwickeln. Dann schlüpfen zunächst winzige, beschalte Larven, die an ihren Schalenklappen Häkchen und an ihrem Weichkörper einen langen Klebfaden besitzen **(140,4)**. Diese *Glochidien* gelangen mit dem Wasserstrom des Muttertieres ins freie Wasser und schwimmen durch Auf- und Zuklappen ihrer Schale umher. Dabei versuchen sie, sich an einem Fisch festzuhalten **(140,4)**. Den allermeisten gelingt das nicht. Nur solche Glochidien aber, die sich anheften können, bleiben am Leben. Sie schmarotzen 2–3 Monate an den Flossen oder Kiemen des Wirtsfisches, entwickeln sich dabei zu kleinen Muscheln und fallen schließlich zu Boden.

Andere Süßwassermuscheln. Fließende Binnengewässer bewohnt die *Flußmuschel* (Unio pictorum). Ihre schwarzbraune Schale ist kleiner als die der Teichmuschel, aber viel dicker und am Schloß mit Zähnen versehen **(140,6)**. – Außerdem findet sich in Flüssen und Seen die dreieckförmige *Wandermuschel* (Dreissena polymorpha). Sie wird aber nur 3 cm lang.

ist von Tastzäpfchen umgeben. **140,6:** *Schalenklappen der Flußmuschel.* **140,7:** *Norwegische Herzmuschel (Cardium norvegicum), eine Meeresmuschel. Links oben Ein- und Ausströmöffnung, erstere mit Tastzäpfchen.*

140,5

140,6

140,7

Flußperlmuschel. Eine mit Fluß- und Teichmuschel verwandte Süßwassermuschel ist die *Flußperlmuschel* (Margaritana margaritifera). Sie hat wie die Flußmuschel eine sehr dicke Schale, die dunkel gefärbt ist, wird aber mit 15 cm Länge und 7 cm Breite erheblich größer. Sie kommt nur noch an wenigen Stellen in Bächen mit reinem, kalkarmem Wasser vor (Lüneburger Heide, Schiefergebirge, Odenwald, Fichtelgebirge). Die Flußperlmuschel ist vor allem deshalb bekannt, weil sie, wie es der Name sagt, Perlen erzeugt. Die Perlen kommen dadurch zustande, daß zunächst Fremdkörper zwischen Mantel und Schale ein- 141

Meeresmuscheln. 141,1: *Die große Sandklaffmuschel (Mya arenaria) lebt etwa 20 cm tief im Schlick eingegraben. Ihre Ein- und Ausströmöffnungen sind zu einer Röhre, dem Sipho, verlängert. Diesen streckt die Muschel nach oben durch den Schlicksand bis ans Wasser aus. Vorkommen in der Nord- und Ostsee.* **141,2:** *Auch die lange, schmale Schwertmuschel (Ensis siliqua) gräbt sich ein und streckt den Sipho ins Wasser. Nordsee.* **141,3:** *In der Mitte die Amerikanische Bohrmuschel (Petricola pholadiformis). Sie bohrt sich in untermeerische Torf- und Tonschichten ein, wobei die gerieften Schalenklappen als Werkzeug dienen. Die Muschel wurde um 1900 aus Nordamerika mit Austern eingeschleppt. Nordsee. – Rechts und links der Bohrmuschel Feste Trogmuscheln (Spisula solida). Sie leben massenhaft auf Sandböden unterhalb 15 m Wassertiefe. Ihre Schalenklappen werden reichlich angespült. Nordsee.* **141,4:** *In der linken Bildhälfte Gemeine Herzmuscheln (Cardium edule). Sie zählen zu den bekanntesten Muscheln und leben in Sandböden 2–3 cm tief eingegraben. Nord- und Ostsee. Rechts daneben die Gefurchte Astarte (Astarte elliptica), die auf weichen und schlickigen Böden von*

dringen. Von dort gelangen sie in das Innere der Muschel und nehmen dabei schalenbildendes Mantelgewebe mit. Dieses scheidet um die Fremdkörper Schalenbaustoffe ab, wodurch schließlich eine runde Perle entsteht.

Seeperlmuschel. Die Perlengewinnung von Flußperlmuscheln ist heute unbedeutend geworden; die weitaus meisten Perlen liefern jetzt die Seeperlmuscheln des Stillen Ozeans. Aber auch bei ihnen sind Perlen nicht sehr häufig. Um mehr Perlen zu erzeugen, pflanzt man den Seeperlmuscheln in Perlfarmen Perlmutterkügelchen ein, die zuvor in Manteloberhaut eingenäht werden. Dieses künstliche Perlsäckchen scheidet dann um den Perlmutterkern

Perlensubstanz ab, und es entsteht eine Zuchtperle.

141,3

141,4

141,7

141,8

6–60 m Tiefe lebt. Nord- und Ostsee. **141,5:** *Miesmuscheln (Mytilus edulis) siedeln sich in Klumpen an Steinen, Pfählen und Bollwerken an. Sie befestigen sich an der Unterlage und aneinander mit Byssusfäden. Miesmuscheln werden gegessen und dazu stellenweise gezüchtet. Nord- und Ostsee.* **141,6:** *Die bekannteste eßbare Muschel ist die Auster (Ostrea edulis). Ihre Schalenklappen sind ungleich; mit der flachen Klappe ist die Auster festgewachsen. Austern bilden auf Hartböden Bänke. Nordsee.* **141,7:** *Die Kamm-Muschel (Pecten opercularis) ist bei uns selten. Sie hat am Mantelrand kleine, kugelige Augen. Kamm-Muscheln schwimmen durch Zuklappen der Schale, wobei sie durch Auspressen von Wasser aus der Mantelhöhle einen Rückstoß erzeugen. Nordsee.* **141,8:** *Rechts unten Flache Tellmuschel (Angulus tenuis), die in Küstennähe in geringer Tiefe lebt und oft angespült wird. Nordsee. – Links daneben Sägezähnchen (Donax vittatus), das vereinzelt in geringer Tiefe in Sandböden vorkommt. Nordsee – Darüber Plattmuschel (Macoma baltica), die in der Nordsee bis 15 m, in der Ostsee bis 140 m tief geht und massenhaft angespült wird. Nord- und Ostsee.*

142,1

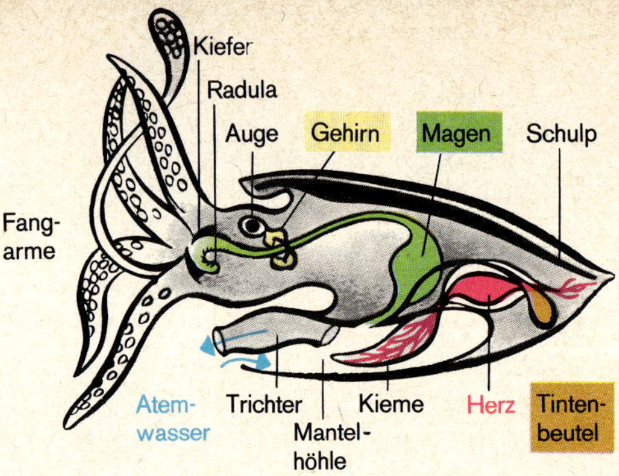

142,2

142 Gemeiner Tintenfisch und Krake

Strandwanderer an der Nordsee finden oft angespülte poröse Kalkplatten, die bis zu 15 cm lang werden **(142,5)**. Das sind Schalen oder »Schulpe«, Überreste vom Gemeinen Tintenfisch (Sepia officinalis). Das Tier selbst **(142,1)** lebt im tieferen Wasser.

Körperbau. Der Körper ist deutlich zweigeteilt in *Kopf* und *Rumpf* **(142,2)**. Der Kopf besitzt 1 Paar große Augen. Nach vorne gehen von ihm 10 *Fangarme* ab, von denen 2 besonders lang sind. Alle Fangarme sind umgebildete Teile des Fußes *(Kopffüße)*; sie sind mit *Saugnäpfen* besetzt **(142,3)**. Zwischen den Fangarmen liegt die Mundöffnung. In dem dahinterliegenden Schlund befinden sich 2 kräftige Kiefer und 1 *Reibeplatte (Radula)* zum Zerkleinern der Nahrung **(142,2)**. **142**
Der Rumpf des Gemeinen Tintenfisches ist flach. Er ist vom *Mantel* umgeben. Dieser ist auf dem Rücken mit dem Rumpf verwachsen und umgibt den Schulp, den er gebildet hat **(142,2)**. Auf der Bauchseite ist der Mantel frei und umschließt die *Mantelhöhle,* in der 2 gefiederte *Kiemen* liegen. Aus der Mantelhöhle ragt vorne der *Trichter* heraus, eine weitere Bildung des Fußes. Seitlich wird der Rumpf von 2 Flossensäumen umgeben **(142,1)**.

Lebensweise. Zwischen Gestein oder halb im Sand vergraben lauert der Tintenfisch auf Nährtiere. Die meist bräunliche Färbung des Körpers ist veränderlich und paßt sich weit-

142,

142,3

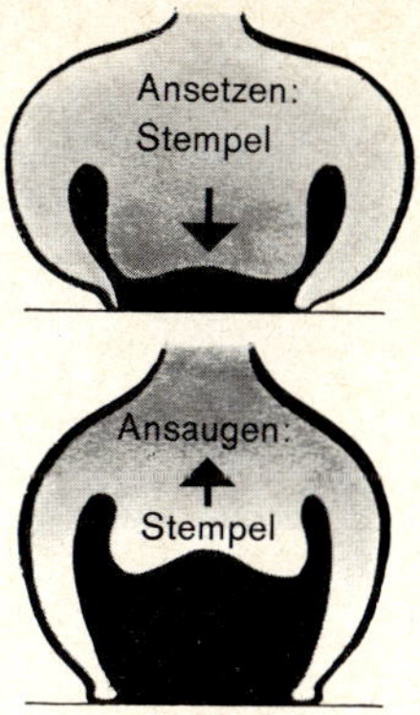

142,4

142,5

gehend dem Untergrund an. Sobald der Tintenfisch einen Krebs oder einen kleinen Fisch erspäht hat, schnellt er seine langen Fangarme vor und packt das Beutetier. Die Beute wird durch die Saugnäpfe festgehalten **(142,4)**. Zusammen mit den kürzeren Fangarmen befördert der Tintenfisch die Beute in den Mund, wo sie zerstückelt und zerkaut wird.

Der Tintenfisch kann gut schwimmen. Nach vorne schwimmt er, indem er seine seitlichen Flossensäume wellenartig bewegt. Vor Feinden, meist größeren Raubfischen, flüchtet der Tintenfisch nach rückwärts. Dazu preßt er das Atemwasser aus der Mantelhöhle durch den Trichter kräftig nach vorne hinaus. Dadurch erhält das Tier einen Rückstoß. Die Flucht wird noch wirkungsvoll getarnt, weil dem ausgepreßten Wasser die dunkle Flüssigkeit eines »Tintenbeutels« beigemischt wird. Auf diese Weise wird dem Verfolger die Sicht genommen. Von dieser Fähigkeit hat der Tintenfisch seinen Namen. Jedoch ist er kein Fisch (ihm fehlt z.B. eine Wirbelsäule!), sondern der Tintenfisch ist mit Schnecken und Muscheln verwandt, wie aus dem Vorhandensein von Kopf, Fuß, Rumpf, Mantel und Schale hervorgeht.

Tintenfische sind getrenntgeschlechtige Tiere. Die Weibchen legen ihre schwärzlichen, beerenförmigen Eier nach langen Wanderungen in flache Laichgebiete an Meerespflanzen ab **(142,7)**. Oft werden sie mit losgerissenen Pflanzenteilen an den Strand gespült.

Krake. Ein achtarmiger Tintenfisch ist der *Gemeine Krake* (Octopus vulgaris). Die Spannweite seiner langen Fangarme beträgt oft mehr als 3 Meter **(142,6)**. Vor ihm sind auch große Fische und wehrhafte Krebse nicht sicher, denen er in Felsspalten und -höhlen auflauert. Sein Rumpf ist ein plumper Sack ohne Schulp. Er lebt an felsigen Küsten der Nordsee, des Atlantischen Ozeans und des Mittelmeeres. – Tropische Kraken-Arten erreichen Spannweiten bis zu 15 m; sie können bis zu 1000 kg schwer werden und sind die Hauptnahrung der großen Zahnwale z. B. des Pottwals.

142,7

142,1: *Schwimmender Gemeiner Tintenfisch.* **142,2:** *Bauplan eines Tintenfisches.* **142,3:** *Saugnäpfe vom Kraken.* **142,4:** *Jeder Saugnapf hat einen äußeren Ring- und inneren Kolbenteil. Der Saugnapf wird mit tiefsitzendem Kolben angedrückt. Wird dann der Kolben hochgezogen, so entsteht ein luftverdünnter Raum, der den Saugnapf fest haften läßt.* **142,5:** *Sepia-Schulp.* **142,6:** *Krake (Octopus vulgaris).* **142,7:** *Tintenfischeier.*

143 Kopffüßer; Zusammenfassung Weichtiere

Perlboot. Ein Kopffüßer mit spiralig gewundener *Außenschale* ist das Perlboot (Nautilus pompilius). Perlboote gibt es im Stillen und Indischen Ozean. Sie haben ihren Namen von der dicken Perlmutterschicht, aus der die Schale innen besteht. Im übrigen ist die Schale, anders als ein Schneckengehäuse, innen gekammert **(143,1)**. Das Tier selbst bewohnt nur die vordere, offene Kammer **(143,2)**. Alle übrigen Kammern sind gasgefüllt und werden nur von einem dünnen Körperfortsatz durchzogen, der die Gasfüllung reguliert (Schwebevorrichtung).

Ausgestorbene Kopffüßer. Nahe verwandt mit dem Perlboot sind die ausgestorbenen *Ammoniten* **(143,3)**. Besonders in der Jurazeit (vor 150 Millionen Jahren) traten sie in großer Formenfülle auf. Sie starben am Ende des Erdmittelalters (vor 65 bis 70 Millionen Jahren) aus. – Von den ebenfalls ausgestorbenen *Belemniten* **(143,4)**, die keine äußere Schale besaßen, findet man nur die als Donnerkeile bekannten versteinerten Schulpspitzen **(143,5)**.

143,1

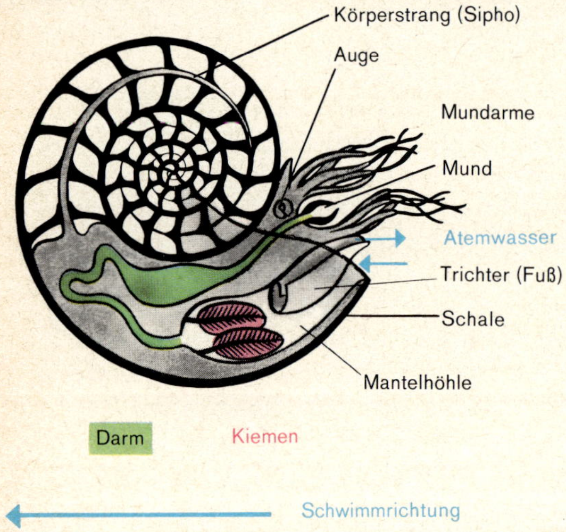

143,2

143,1: *Längsschnitt durch Perlbootschale.* **143,2:** *Körperbau des Perlboots.* **143,3:** *Versteinerte Schale eines Ammoniten.* **143,4:** *Rekonstruktion eines Belemniten.* **143,5:** *Donnerkeil.*

143,3

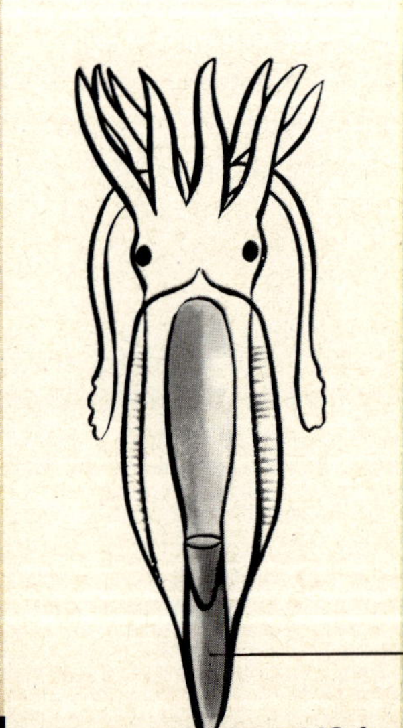

143,4

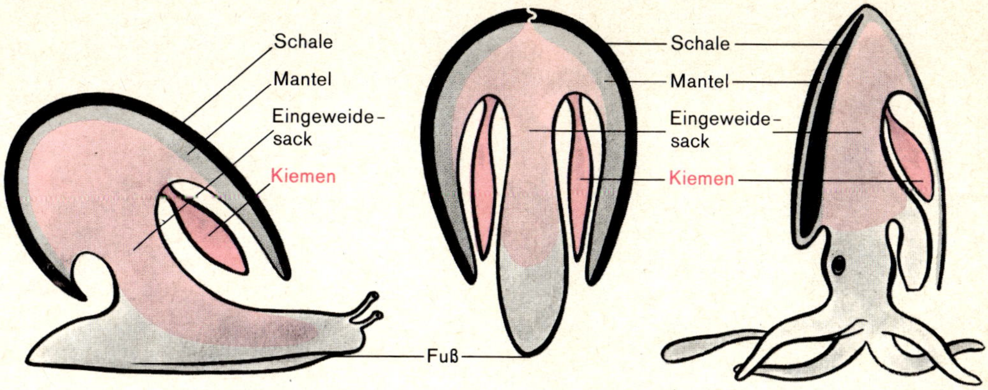

143,6

Zusammenfassung Weichtiere

Schnecken, Muscheln und Tintenfische sind Weichtiere; sie haben einen weichen Körper ohne Innenskelett. Sie ähneln sich ferner in der Körpergliederung, den Kauwerkzeugen und den Kalkschalen **(143,6)**. Wegen solcher und anderer Übereinstimmungen werden die Klassen der Schnecken, Muscheln und Tintenfische (zusammen mit einigen kleineren Tier-
143 klassen) zum *Tierstamm der Weichtiere oder Mollusken (Mollusca)* vereinigt.

Dieser Tierstamm ist, nach dem Stamm der Gliederfüßer, der Artenzahl nach der zweitgrößte: 130000 verschiedene Weichtierarten gibt es auf der Erde! Davon sind die weitaus meisten Arten Schnecken (etwa 100000), die zweitgrößte Klasse sind die Muscheln (etwa 25000 Arten), während sich in den Rest die Tintenfische mit den übrigen kleinen Klassen teilen.

Bei dieser Fülle verschiedener Arten ist es nicht leicht, eine allgemeingültige Beschreibung der Weichtiere zu geben. Weichtiere haben im großen und ganzen einen massigen, gedrungenen Körper, der zweiseitig-symmetrisch oder spiralig gewunden ist. Im Grundbauplan **(143,6)** läßt der Weichtierkörper 4 Abschnitte erkennen: Kopf, Rumpf, Mantel und Fuß, von denen der Kopf den Muscheln fehlt. Am Kopf befinden sich Fühler, Augen und Mundöffnung, im Schlund als Kauwerkzeuge Kiefer und Reibeplatte (Radula). Muscheln haben keine Kauwerkzeuge. Der Fuß dient der Fortbewegung, ist aber bei den Kopffüßern zum Trichter und zu den Fangarmen umgebildet. Der Rumpf enthält die Eingeweide (Darm, Leber, Nieren, Herz mit Blutgefäßen, Fortpflanzungsorgane).

Die Haut ist sehr reich an Drüsen, von denen ein Teil Schleim, ein anderer Teil Baustoffe für die Schalenbildung absondert. Die Schale wird vom Mantel gebildet, einer vom Rücken nach beiden Seiten ausgehenden Hautfalte. Schneckengehäuse, Muschelschalen und Kopffüßerschulpe sind leblose Körperteile. Sie dienen als Schutzpanzer und Außenskelett für den Weichkörper und ersetzen so den Weichtieren das fehlende Innenskelett. Die Molluskenschalen bestehen aus einem dem Chitin ähnlichen, hornartigen Baustoff, dem Konchiolin, in das kohlensaurer Kalk eingelagert ist.

Zwischen dem Mantel und dem Rumpf der Weichtiere liegt die Mantelhöhle. In ihr befinden sich die Atmungsorgane, ferner münden dort der Enddarm, die Nieren und die Fortpflanzungsorgane aus.

144,1

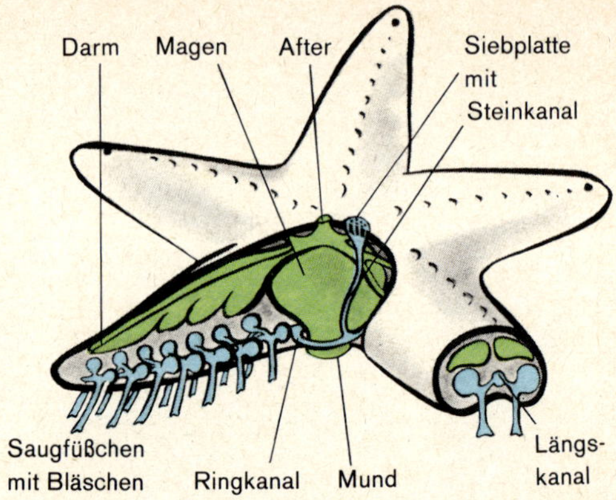

144,2

144 Der Gemeine Seestern (Asterias rubens)

Strand- und Wattwanderer an der Nord- und Ostsee finden nicht selten fünfarmige Seesterne. Die Flut hat sie zurückgelassen, oder sie wurden an den Strand gespült. Ihr eigentlicher Lebensraum ist der Meeresboden in tieferem Wasser.

Körperbau. Beim Gemeinen Seestern **(144,1)** gehen von einer in der Mitte liegenden *Körperscheibe* strahlenförmig 5 *Arme* aus, die dem Tier ein sternartiges Aussehen geben. Abweichend von allen Tieren, die wir bisher kennengelernt haben, ist die Symmetrie des Seesternes nicht zweiseitig, sondern *fünfstrahlig;* denn sein Körper kann in 5 verschiedenen Ebenen jeweils in spiegelbildlich gleiche Hälften geteilt werden.
Wenn wir über die Oberfläche eines Seesternes streichen, spüren wir, daß aus der Haut *Stacheln* ragen (von dem Vorkommen solcher Stacheln leitet sich der Name der Tiergruppe ab: Stachelhäuter). Sie sitzen auf Kalkplättchen, die unter der Haut ein *Skelett* bilden, das zugleich als Panzer dient. Dieser ist aber nicht starr, weil die Plättchen nicht fest miteinander verbunden sind. Von oben sind am Seestern sonst nur noch die Afteröffnung in der Mitte der Körperscheibe und, etwas daneben, eine durchlöcherte Kalkplatte, die *Siebplatte,*

144,1: *Gemeiner Seestern von der Oberseite. Die Färbung der Tiere geht von orange über rot und braun bis nach violett.* **144,2:** *Bauplan-Schema eines Seesterns.* **144,3:** *Gemeiner Seestern von der Unterseite.* **144,4:** *Seestern zieht die Schalenklappen einer Miesmuschel auseinander.*

144,3

144

zu sehen **(144,2)**. Drehen wir den Seestern um, so liegt in der Mitte der zahn- und kieferlose Mund **(144,3)**. Von dort bis in die Spitze jedes Armes zieht eine Rinne. Aus dieser kommen *Saugfüßchen* hervor, die sich ständig bewegen. Sie sind in 4 Reihen angeordnet.

Fortbewegung. Die Saugfüßchen dienen der Fortbewegung des Seesterns. Die Füßchen einer Seite werden in eine Richtung ausgestreckt, saugen sich am Untergrund fest und verkürzen sich dann. Dabei wird der Körper nachgezogen. In Ruhe ist der Seestern mit seinen Saugfüßchen auf der Unterlage festgeheftet.
Die Grundlage für die Tätigkeit der Saugfüßchen ist ein im ganzen Körper verzweigtes Gefäßsystem, das *Wassergefäßsystem* **(144,2)**. Es beginnt oben an der Siebplatte und steht dort mit dem Meerwasser in Verbindung. Von dort geht ein Gefäß abwärts zu einem um den Schlund liegenden *Ringkanal,* von dem 1 Längskanal in jeden Arm zieht. Der Längskanal bildet in jedem Arm zahlreiche *Seitenkanäle,* an denen oben ballonförmige *Bläschen* sitzen, und von denen nach unten die *Saugfüßchen* abgehen. Das ganze Wassergefäßsystem ist mit einer wässerigen Flüssigkeit gefüllt. Werden die Bläschen von Muskeln in ihrer Wand zusammengedrückt, so wird die Flüssigkeit in die Füßchen gepreßt, und diese werden gestreckt. Werden die Füßchen durch die Kraft ihrer Muskeln wieder verkürzt, so werden sie zusammengedrückt. Dabei wird auch die Flüssigkeit aus ihnen herausgepreßt und wieder in die Bläschen gepumpt. Dieses Wassergefäßsystem gibt es nur bei den Stachelhäutern. Es dient neben der Fortbewegung auch der Atmung.

144 **Ernährung.** Mit der eben dargestellten Fortbewegungsart ist der Seestern ein langsames Tier. Auch seine Nährtiere, Schnecken und Muscheln, sind langsam. Er ergreift sie und hält sie mit den Saugfüßchen der Arme fest. An den durch Schließmuskeln verschlossenen Muschelschalen saugt er sich mit vielen Füßchen fest und versucht, die Schalenklappen auseinander zu ziehen **(144,4)**. Das gelingt meist erst nach Stunden. Man nimmt an, daß der Seestern die ausdauernden Schließmuskeln des Muscheltieres durch einen betäubenden Stoff zum Erlahmen bringt.
Hat der Seestern auf diese Weise eine größere Muschel geöffnet, so stülpt er – Kauwerkzeuge fehlen ihm –, seinen Magen aus dem Mund hervor und übergießt die Beute mit Verdauungssaft. Wenn deren Weichteile außerhalb des Magens verdaut sind, zieht sie der Seestern mit dem Magen in sich hinein. Kleinere Beute wird sofort mit dem ausgestülpten Magen eingesogen und innen verdaut.

144,5: *Sonnenstern (Solaster papposus). Vom Nordmeer bis zur Nordsee und westlichen Ostsee.* **144,6:** *Eisseestern (Marthasterias glacialis). Atlantik und Mittelmeer.* **144,7:** *Regenerierte Seesterne. Ein verloren gegangener Arm wächst neu nach und ist kleiner als die anderen Arme.*

144,5

144,6

144,7

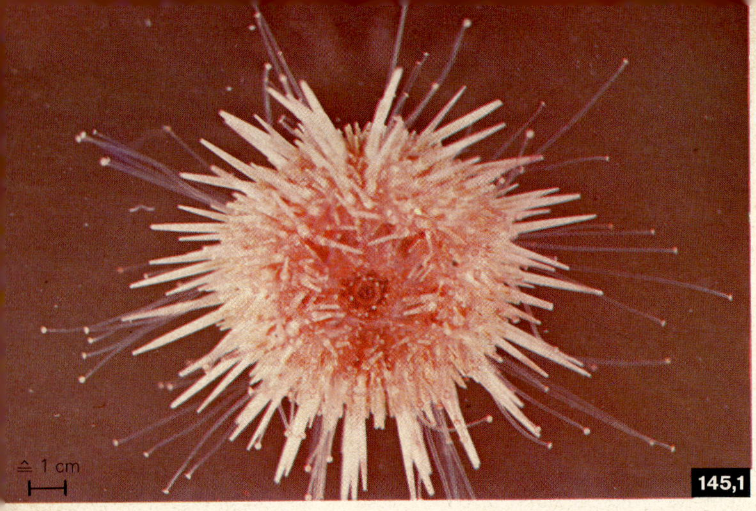

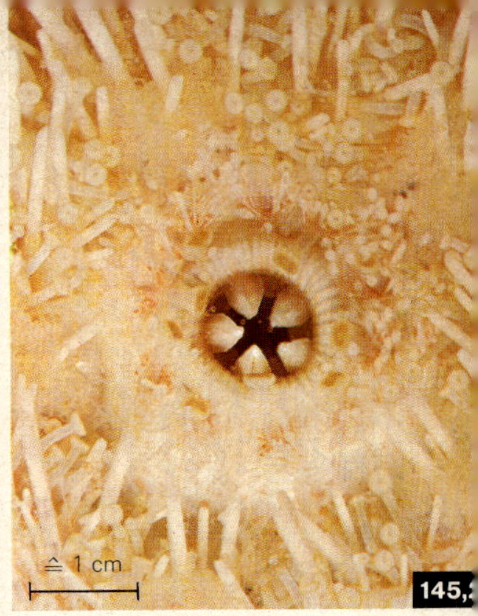

145,1: *Gemeiner Seeigel.* **145,2:** *Kauapparat eines Seegels.*

145 Der Gemeine Seeigel; Stachelhäuter

Im Watt der Nordsee findet man vom Seeigel hier und da das Kalkskelett. Es bleibt nach dem Tode des Tieres als warzige, von Poren durchsetzte, hohle Halbkugel erhalten, weil die Kalkplättchen, anders als beim Seestern, fest miteinander verbunden sind **(145,4)**. 145
Der Gemeine Seeigel selbst lebt in 10–40 m Tiefe, besonders auf hartem Untergrund.

Körperbau und Lebensweise. Der Gemeine Seeigel (Echinus esculentus), den wir uns als einen Seestern mit rückgebildeten Armen vorstellen können **(145,1)**, hat mit diesem viele Eigenschaften gemeinsam. Die *fünfstrahlige Symmetrie* sowie die Lage von Mund, After und Siebplatte sind die gleiche; auch Seeigel haben ein *Wassergefäßsystem,* an dessen Enden *Saugfüßchen* sitzen, und sie besitzen *Stacheln* **(145,3)**. Aber diese Stacheln sind viel länger als beim Seestern, und sie sind auf den warzigen Erhebungen des Panzers beweglich befestigt. Sie dienen dem Seeigel, neben den lang ausstreckbaren Saugfüßchen, die in 5 Doppelreihen durch den Panzer treten, zur stelzenden Fortbewegung und zum Schutz.
Im Unterschied zum Seestern besitzen Seeigel einen Kauapparat. Ringsum im Mund stehen 5 meißelförmige Zähne **(145,2)**. So verdaut der Seeigel nicht, wie der Seestern, seine Nahrung außerhalb, sondern zerkleinert sie und verdaut sie im Magen. Er lebt in der Hauptsache von Algen und Kleingetier, vor allem von Seepocken (135,7).

Weitere Stachelhäuter. 145,5: *Schlangensterne ähneln Seesternen, können aber den Magen nicht ausstülpen. Sie sind sehr zerbrechlich.* **145,6:** *Haarsterne schwimmen durch Schlagen mit den Armen.*

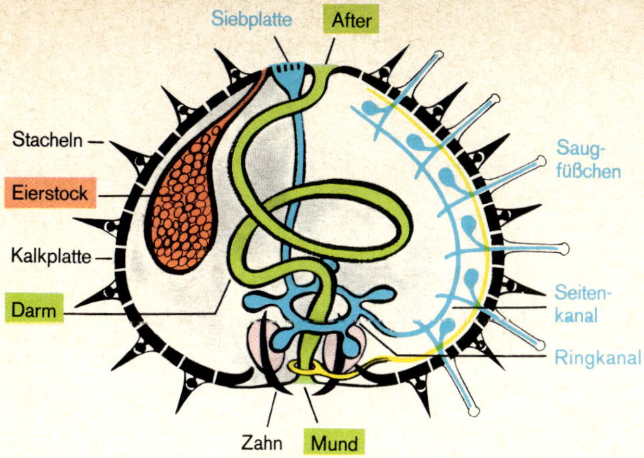

145,3

145,4

145,3: *Bauplan-Schema eines Seeigels.* **145,4:** *Kalkskelett eines Seeigels.*

Fortpflanzung. Seeigel, wie auch Seesterne, sind getrenntgeschlechtige Tiere; es gibt also weibliche Tiere mit *Eierstöcken* oder *Ovarien,* und es gibt männliche Tiere mit *Hoden.* In den Eierstöcken entstehen *Eier,* in den Hoden *Spermazellen* oder *Spermien.* Spermien haben eine lange Geißel, mit der sie sich schwimmend fortbewegen können.

145 Bei der *geschlechtlichen Fortpflanzung* der Seeigel entleeren die Weibchen ihre reifen Eier (bis zu 20 Millionen) ins Wasser. Um die gleiche Zeit verlassen die viel kleineren, aber auch weit zahlreicheren Spermien die Hoden der Männchen und schwimmen umher. Sie werden von Stoffen, die die Eier absondern, angelockt und versuchen in diese einzudringen. Sobald ein Spermium in ein Ei eingedrungen ist, wird die Eioberfläche undurchdringlich für weitere Spermien. Im Innern des Eies verschmelzen dann weiblicher und männlicher Kern. Damit ist die *Befruchtung* des Eies vollzogen. An Seeigeleiern hat der deutsche Zoologe OSKAR HERTWIG 1875 erstmals die Vorgänge der Befruchtung beobachtet. Die befruchtete Eizelle entwickelt sich anschließend zu einer zweiseitig-symmetrischen Larve, die sich zum strahligen Seeigel weiterentwickelt.

Merkstoff. Seesterne, Seeigel, Schlangensterne, Haarsterne und Seewalzen bilden den Tierstamm der Stachelhäuter. Sie zeichnen sich (mit Ausnahme der Seewalzen) durch strahlige Symmetrie und ein stacheliges Kalkskelett aus. Allen gemeinsam ist ein Wassergefäßsystem mit Saugfüßchen zur Fortbewegung und Atmung.

145,7: *Festsitzende Haarsterne früherer Erdzeitalter waren die Seelilien.* **145,8:** *Seewalzen sind Stachelhäuter, deren Stachelpanzer zu kleinen Kalkresten in der lederigen Haut rückgebildet ist.*

145,7

145,8

146 Der Regenwurm (Lumbricus terrestris)

Jedem Gartenbesitzer, aber auch Naturfreunden, die auf Wanderungen in Wald und Feld Stämme und Steine umdrehen, ist der Regenwurm ein bekanntes Tier. Sein langgestreckter Körper bestimmt unsere Vorstellung von den Würmern.

Körperbau. Der Regenwurm ist scheinbar einfach gebaut. Ihm fehlen Kopf und Gliedmaßen, und er ist von vorne bis hinten in viele gleichmäßige *Körperringe* unterteilt **(146,1)**. Der Regenwurm ist ein *Ringelwurm*. Das eine Körperende ist lappig vorgezogen. Unter diesem Kopflappen liegt die Mundöffnung **(146,3)**; Mundwerkzeuge hat der Regenwurm nicht. Am anderen Körperende hat der Wurm seinen After.
Beim Umgraben haben sicher schon viele von uns einen Regenwurm durchschnitten. Die einzelnen Teile bewegen sich weiter; meist bleibt nur ein Teil am Leben. Die Wunde schließt **146**
sich, und das fehlende Ende wird neu gebildet *(Regeneration)*. Das ist in diesem großen Ausmaß möglich, weil in allen Körperringen die wichtigsten Organe vorhanden sind **(146,2)**. In der Mitte verläuft der *Darm*. Auf der Bauchseite liegt in jedem Ring ein doppelter Nervenknoten, der mit denen der benachbarten Ringe durch 2 dünne Nervenstränge verbunden ist. Knoten und Stränge bilden zusammen das *Bauchmark*, das wie bei den Gliederfüßern ein *Strickleiternervensystem* ist. – Oberhalb und unterhalb des Darms verläuft je 1 *Blutgefäß*. Darin fließt Blut, das denselben roten Blutfarbstoff besitzt (Hämoglobin) wie das der Wirbeltiere und des Menschen. Der Blutkreislauf vollzieht sich nur in Blutgefäßen; der Regenwurm hat also einen *geschlossenen Blutkreislauf*. In jedem Körperring sind außerdem noch 2 *Ausscheidungsorgane* vorhanden **(146,2)**.

Bewegung. An einem kriechenden Regenwurm erkennen wir, daß er sein Vorderende vorstreckt; es wird dabei ganz dünn. Anschließend verdickt es sich wieder, wird kürzer und zieht den übrigen Körper nach. Auf diese Weise ist der Wurm etwas vorangekommen. Aber nicht nur der vordere Teil des Körpers, auch die folgenden Körperabschnitte verdünnen und verdicken sich abwechselnd. Wir können zu gleicher Zeit 2 bis 3 verdünnte, gestreckte und verdickte, verkürzte Körperstellen erkennen. So kriecht der Regenwurm **(146,4)**. Die Verdünnungen und Verdickungen kommen durch verschiedene Muskeln zustande. Unter der

146,1: *Regenwurm. Die drüsige Verdickung am Vorderkörper heißt Gürtel.* **146,2:** *Bauplan des Regenwurms.* **146,3:** *Vorderende mit Kopflappen und Mundöffnung.* **146,4:** *Kriechvorgang.* **146,5:** *Regenwürmer ziehen Pflanzenteile in die Erde, um sie später, wenn sie angefault sind, zu fressen. Auch dadurch verbessern sie den Boden.* **146,6:** *Wurmhäufchen.*

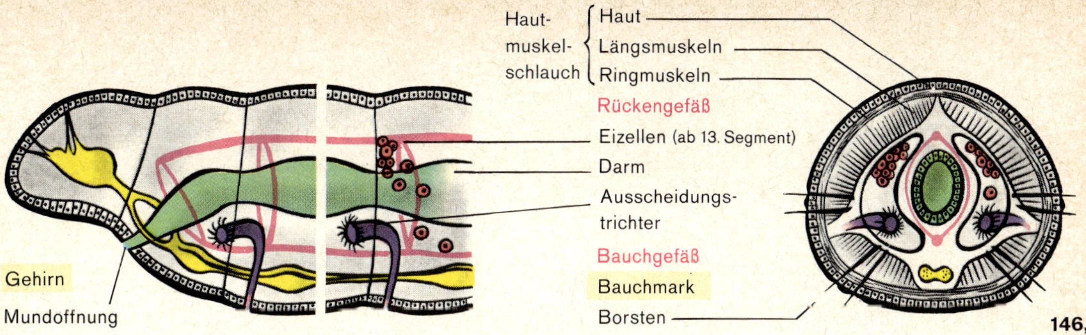

146,2

Haut liegen je 1 Schicht Ringmuskeln und Längsmuskeln. Wenn sich die Ringmuskeln zusammenziehen, während die Längsmuskeln schlaff sind, wird der Körper dünn und lang; ziehen sich die Längsmuskeln zusammen, bei gleichzeitiger Erschlaffung der Ringmuskeln, so wird der Wurm kurz und dick. Haut und Muskulatur bilden den *Hautmuskelschlauch*.

Wenn wir einen Regenwurm von hinten nach vorne langsam durch die Fingerspitzen ziehen, spüren wir, daß aus seiner Haut kurze, leicht nach rückwärts gerichtete *Borsten* herausragen **(146,2)**. Es sind in jedem Ring 8. Sie werden in den Boden gestemmt, wenn der Regenwurm beim Kriechen den hinteren Körperabschnitt nachzieht, und verhindern so ein Zurückgleiten. Auf einer glatten Fläche, z. B. auf einer Glasplatte, kann das Tier seine Borsten nicht einstemmen und kommt deshalb auch nicht vorwärts.

Zum Eindringen ins Erdreich setzt der Regenwurm sein Vorderende auf den Boden. Es verdünnt und streckt sich und dringt etwas ein. Beim anschließenden Verdicken wird das Loch erweitert. Es ist erstaunlich, wie schnell Regenwürmer im Boden verschwinden.

Atmung. Der Regenwurm hat keine Atmungsorgane, sondern nimmt Sauerstoff durch seine dünne, schleimige Haut auf. Er braucht feuchte Umgebung, da die Haut nur in feuchtem Zustand atmen kann: Regenwürmer sind *Feuchtlufttiere*. Wenn aber der Boden nach starken Regenfällen mit Wasser getränkt ist, müssen sie herauskommen; denn sie können im Wasser nicht atmen und würden ersticken.

Sinnesorgane. Ans Licht geratene Regenwürmer streben so schnell wie möglich in die Erde zurück, um nicht auszutrocknen. Sie empfinden Hell und Dunkel mit winzigen *Lichtsinneszellen* der Haut. Diese ist auch sehr empfindlich gegen Berührung und Erschütterung; schon bei nahenden Schritten ziehen sich die Würmer in ihre Gänge zurück.

Lebensweise. Auf ihrem Weg durch den Boden nehmen die Regenwürmer ständig Erde auf; sie leben von den darin enthaltenen Pflanzenresten. Erde und Kot werden in Häufchen an der Oberfläche abgesetzt **(146,6)**. Durch Krümelung und Lockerung des Bodens tragen sie zu dessen Fruchtbarkeit bei. Die in 1 ha Acker lebenden Tiere bereiten jährlich rund 20 t Erde auf. Daher haben Gärtner und Bauern allen Grund, den Regenwurm zu schonen. Die Regenwürmer sind *Zwitter;* die abgelegten Eier werden von Schleimkokons, die der Gürtel **(146,1)** abscheidet, umgeben.

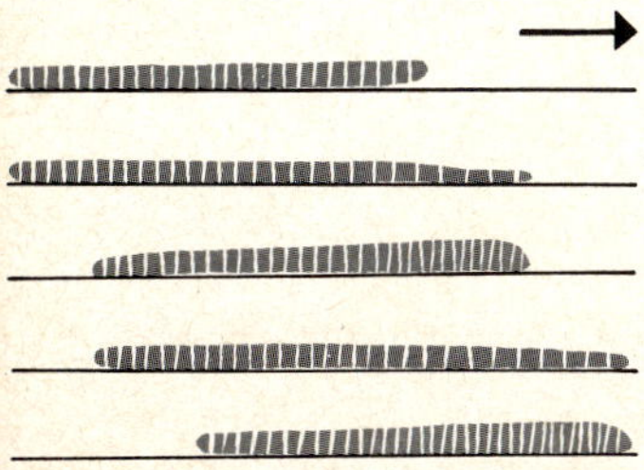

146,4

146,5

146,6

147,1

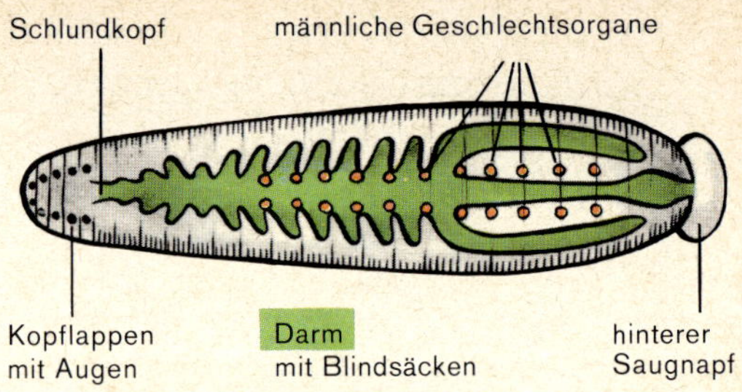

147,2

147,1: *Medizinischer Blutegel (Hirudo medicinalis), am Arm saugend. Der Mundsaugnapf ist fest auf die Haut aufgepreßt.* **147,2:** *Schematischer Längsschnitt durch den Blutegel.*

147 Ringelwürmer

Egel

Blutegel. Der *Medizinische Blutegel* **(147,1)** lebt in Sumpfgewässern, Teichen und Seen. Er ist, wie der Regenwurm, geringelt, doch entspricht der innere Bau nicht der äußeren feinen Ringelung; erst auf 4 bis 5 Ringe kommt ein innerer Abschnitt **(147,2)**. Anders als der Regenwurm hat der Blutegel ferner am Vorder- und Hinterende je 1 Saugnapf, mit deren Hilfe er sich spannend fortbewegen kann. Außerdem schwimmt er mit wellenartigen Bewegungen **(147,3)**. Am Vorderende besitzt der Blutegel 5 Paar winzige Punktaugen. Borsten fehlen ihm. Am Grunde des Mundsaugnapfes liegen 3 gezähnte Kiefer **(147,4)**. Wenn der Blutegel sich mit dem Mundsaugnapf auf der Haut festgesetzt hat, ritzt er sie mit den Kiefern auf und scheidet Stoffe in die Wunden ab, die die Blutgerinnung hemmen. Dann saugt er mit seinem muskelstarken Schlundkopf **(147,2)** Blut in sich hinein. Dieses speichert er in 10 Paar Blindsäcken seines Darmes; dabei nimmt sein Körperumfang beträchtlich zu. Nach einer solchen Blutmahlzeit können Egel monatelang, ja bis zu 2 Jahren ohne erneute Nahrungsaufnahme auskommen. In der Jugend saugen sie überwiegend an wechselwarmen Wassertieren (Schnecken, Fischen, Fröschen), werden aber erst geschlechtsreif, wenn sie Blut von Eigenwarmen (Mensch, Säugetiere) aufgenommen haben. Blutegel sind, wie Regenwürmer, Zwitter und legen ihre Eier in Schleimkokons in feuchter Erde ab. 147

Früher hat man die Blutegel in großem Ausmaß verwendet, um Kranke zur Ader zu lassen. Nach einer Unterbrechung von einigen Jahrzehnten geschieht das heute wieder, wenn auch in geringerem Umfang. Die in Apotheken vorrätigen Tiere werden entweder gezüchtet oder aus dem Balkan eingeführt, da der Blutegel bei uns fast ausgerottet ist. Die großen Egel

147,3: *Blutegel beim Schwimmen.* **147,4:** *Schemazeichnung der Kiefer des Blutegels.* **147,7:** *Seeringel-*

147,3

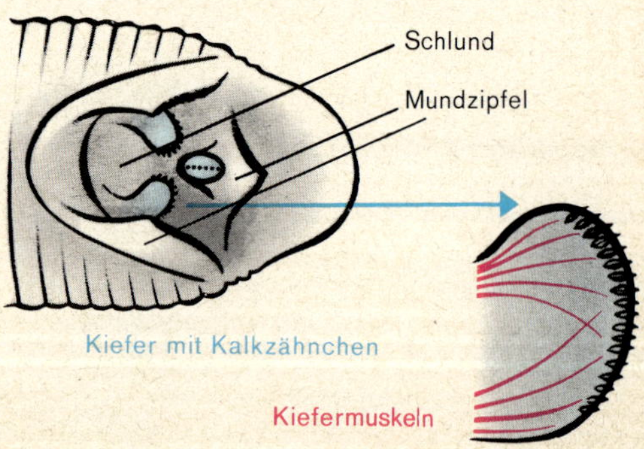

147,4

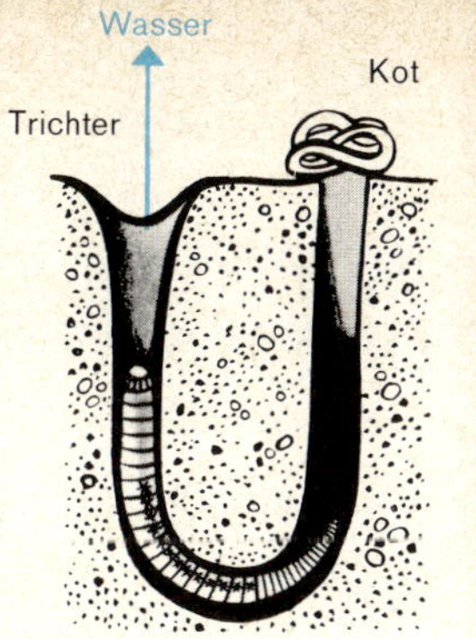

147,5: *Sandwurm oder Pier (Arenicola marina).* **147,6** *links: Sandwurm in seiner U-förmigen Röhre. Rechts: Kothäufchen werden aus dem Röhrengang ausgestoßen.*

unserer Gewässer sind fast immer *Pferdeegel* (Haemopis sanguisuga), die kein Blut saugen, sondern Würmer, Schnecken und Insektenlarven verschlingen.

Vielborstige Würmer

Sandwurm. Im Watt der Nordseeküste findet man auf Schritt und Tritt, oft in großer Zahl dicht nebeneinander, gewundene Sandhäufchen, die den Kothäufchen der Regenwürmer gleichen, jedoch größer sind. Es sind die Kothäufchen des Sandwurms oder Pier **(147,5)**.
147 Er wühlt sich im Schlick eine U-förmige Röhre, die bis zu 25 cm tief reicht **(147,6)**. Der Sandwurm ist, wie der Regenwurm, geringelt, trägt aber an den mittleren Körperringen 13 Paar feinverästelte Kiemen. Außerdem hat der Sandwurm in der vorderen Körperhälfte zahlreiche Büschel von jeweils mehreren Borsten. Sie dienen ihm zum Auf- und Abbewegen in seiner Wohnröhre **(147,6)**. Solche Würmer werden dem Regenwurm mit seinen wenigen kurzen Borsten als *Vielborstige Würmer* gegenübergestellt. Der Sandwurm wird als Angelköder verwendet. Er ist die Hauptnahrung der langschnäbeligen Austernfischer des Watts.

Seeringelwurm. Ebenfalls im Watt, aber nicht eingegraben in Röhren, sondern oberflächlich in stehengebliebenen Wasserlachen, trifft man oft auf den langgestreckten Seeringelwurm. Er wühlt sich auf der Suche nach Nahrung durch die obere Schlickschicht. Seine sich über den ganzen Körper erstreckenden Borstenbüschel sitzen auf Fußstummeln **(147,7)**.

Merkstoff. Ringelwürmer sind äußerlich und innerlich gegliedert. Jeder Körperring besitzt die wichtigsten Organe. Sie haben ein Bauchmark und ein geschlossenes Blutgefäßsystem. Man unterscheidet Wenigborstige Würmer, Vielborstige Würmer und Egel.

wurm (Nereis). **147,8:** *Die Seemaus (Aphrodite aculeata) ist mit langen, schillernden Borsten bedeckt.*

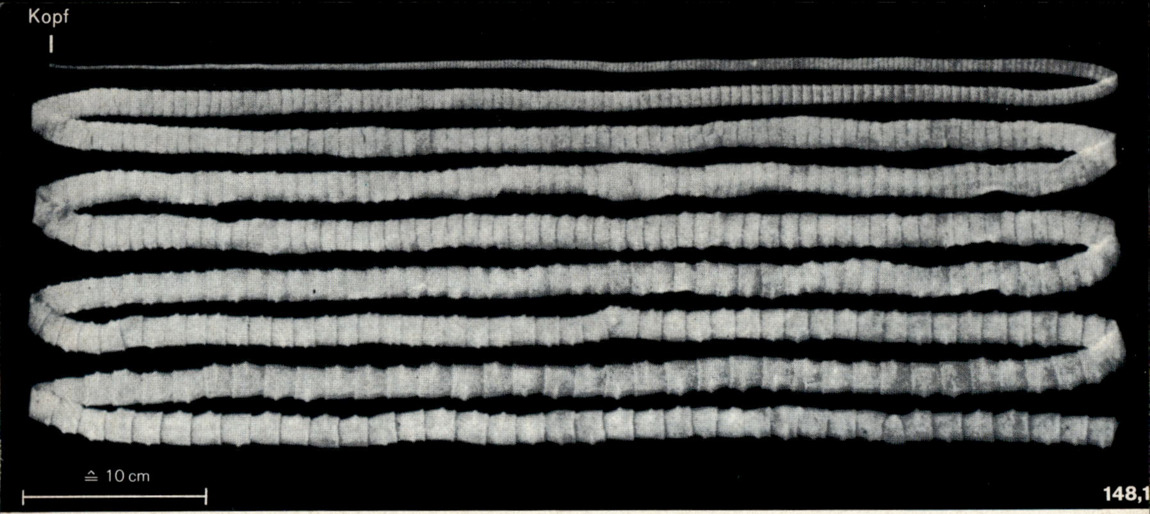

148,1

148 Der Rinderbandwurm (Taenia saginata)

Unter den Schmarotzern haben parasitische Würmer eine große Bedeutung. Zu ihnen gehören die *Bandwürmer,* die wir am Beispiel des Rinderbandwurms kennenlernen wollen.

Körperbau und Lebensweise. Der Rinderbandwurm lebt im Darm des Menschen, wo er bis zu 10 m lang werden kann **(148,1)**. Sein Körper besteht aus einem winzigen *Kopf* und einer Kette von abgeplatteten *Gliedern* (bis zu 2000 Stück!). Der Kopf weist 4 *Saugnäpfe* zum Festheften auf, besitzt aber weder Mund noch Augen **(148,3)**. Die Körperglieder werden weder von einem Darm noch von Blutgefäßen durchzogen, aber jedes Glied enthält männliche und weibliche *Geschlechtsorgane;* die Bandwürmer sind also *Zwitter.* **148**

Das Fehlen von Mund, Darm und Blutgefäßen ist eine Anpassung an die parasitische Lebensweise. Im Darm des Menschen finden die Bandwürmer die Nahrung weitgehend verdaut und somit flüssig vor und werden von ihr umspült. Dabei gelangen die Nährstoffe durch die Haut in alle Körperteile des Bandwurms, so daß er keine Verdauungs- und Verteilungsorgane braucht. Eine widerstandsfähige Schicht auf der Körperhaut verhindert, daß der Bandwurm von seinem Wirt verdaut wird.

148,1: *Rinderbandwurm.* **148,2:** *Kopf des Schweinebandwurms, mit Hakenkranz (Taenia solium). Der Wurm lebt im Menschen, Zwischenwirt ist das Schwein.* **148,3:** *Kopf des Rinderbandwurms.* **148,4:** *Hundebandwurm (Echinococcus granulosus). Dieser 3- bis 4gliedrige Bandwurm lebt im Hund; Zwischenwirt kann der Mensch sein. Seine Finnenblasen werden durch Teilungen sehr groß und*

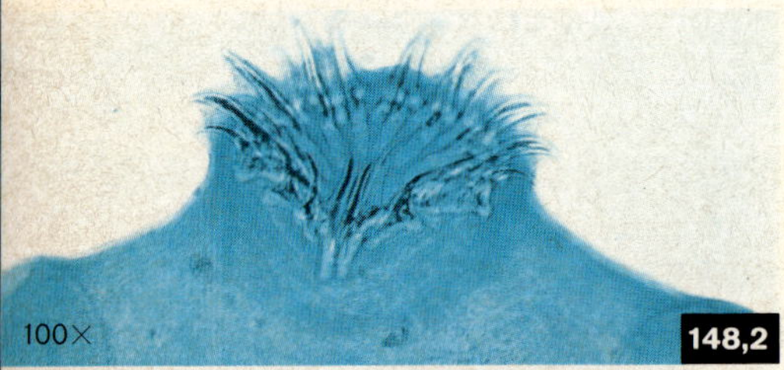

148,2

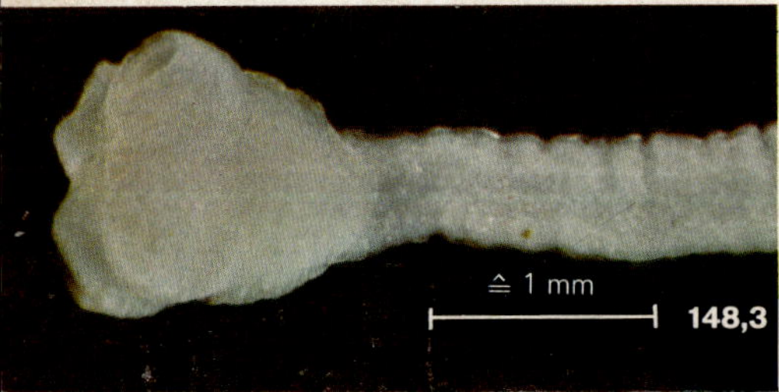

148,3

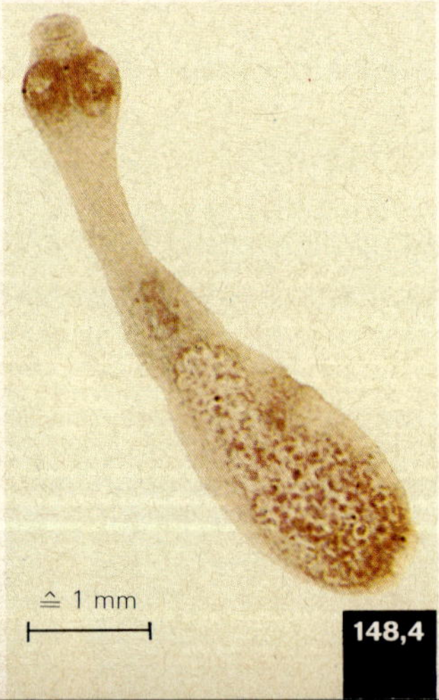

148,4

148,5

Entwicklung. Der Name Rinderbandwurm für einen Innenschmarotzer des Menschen wurde gewählt, weil das Hausrind der *Zwischenwirt* ist. Der Rinderbandwurm braucht zu seiner Entwicklung zwei verschiedene Lebewesen, in denen er abwechselnd schmarotzt: er hat einen *Wirtswechsel.* Vom Bandwurm lösen sich im Darm des Menschen täglich 8 bis 9 mit 80 000 bis 100 000 reifen Eiern gefüllte Endglieder ab (**148,8** bis **148,9**), gelangen mit dem Kot ins Freie und zerfallen. Die dabei freiwerdenden Eier gelangen mit Fäkalien auf Wiesen und Felder. Dort bleiben sie lange lebensfähig; eine Weiterentwicklung ist aber nur möglich, wenn sie in den Magen eines Rindes gelangen. Dort wird die Eikapsel vom Magensaft aufgelöst, und eine *Larve* schlüpft aus. Sie besitzt 3 Paar Haken und ist deshalb eine *Hakenlarve.* Mit diesen Haken durchbohrt sie die Darmwand, wird vom Blutstrom durch den Körper befördert und setzt sich schließlich in der Muskulatur fest: sie wird zur *Finne* (**148,7** unten). Im Innern der *Finnenblase* ist der Kopf des späteren Bandwurms schon vorgebildet.

Ißt der Mensch nun rohes, finniges Rindfleisch (**148,5**), z. B. rohes Hackfleisch oder ein Tatarbeafsteak, so wird die Finnenblase von den Verdauungssäften aufgelöst, und der Bandwurmkopf stülpt sich aus (**148,6**). Der junge Bandwurm wandert in den Dünndarm und setzt sich dort mit Hilfe der Saugnäpfe in der Darmwand fest. Dann beginnt er zu wachsen (**148,7** oben). Hinter dem Kopf befindet sich eine *Wachstumszone,* wo fortgesetzt neue Glieder gebildet werden. Anschließend wachsen sie weiter und sind gegen das Körperende zu langgestreckt (**148,9**).

Schädlichkeit und Bekämpfung. Von Bandwürmern befallene Menschen haben oft Hungergefühle, trotz reichlichen Essens, und nehmen ab. Auch können Ausscheidungen der Tiere giftig wirken und Leibschmerzen, Übelkeit und Mattigkeit hervorrufen. Die Bekämpfung der Würmer geschieht durch Medikamente, die früher aus dem Wurzelstock des Wurmfarns gewonnen wurden, heute aber künstlich hergestellt werden. Beim Abgehen eines Bandwurms muß man prüfen, ob der Kopf mitgekommen ist, weil sonst neue Glieder nachwachsen und so der Bandwurm in seiner ganzen Länge wieder entsteht.

Seit die *Fleischbeschau* vorgeschrieben ist, bei der allen Schlachttieren Fleischproben entnommen werden, ist die Bandwurmseuche erheblich zurückgegangen. Werden in Fleischproben unter dem Mikroskop Finnen erkannt, so wird das Fleisch solcher Tiere vernichtet.

können, wenn sie im Gehirn oder in der Leber sitzen, zum Tode führen. Daher größte Sauberkeit im Umgang mit Hunden! **148,5:** *Fleisch mit Rinderbandwurm-Finnen.* **148,6** *bis* **148,9:** *Entwicklung des Rinderbandwurms. Der verwandte Schweinebandwurm hat außer dem Hakenkranz am Kopf weniger Glieder (bis 900; Länge bis 7 m) und einen weniger fein verästelten Eierbehälter als der Rinderbandwurm.*

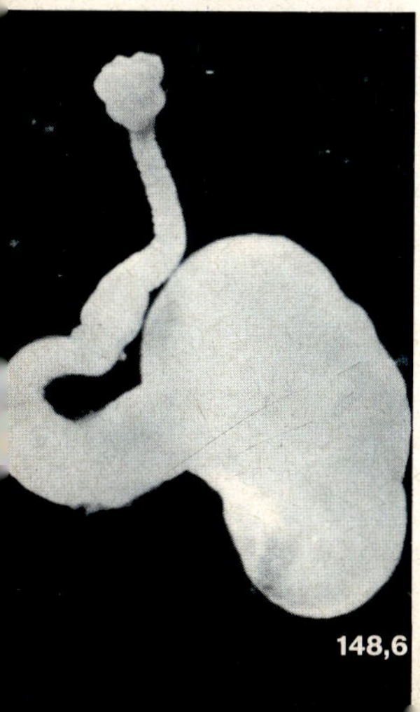
148,6

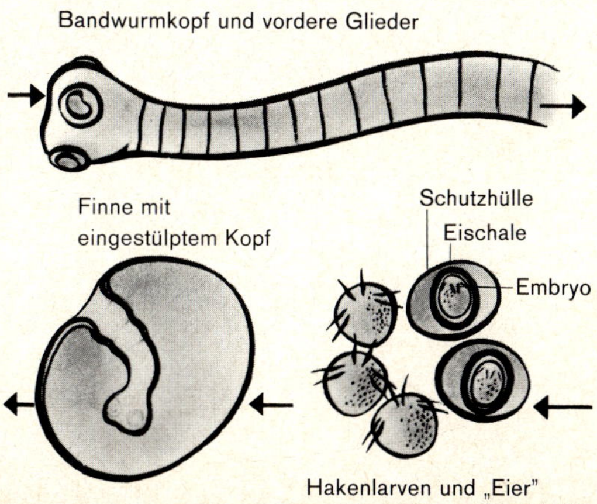

148,7

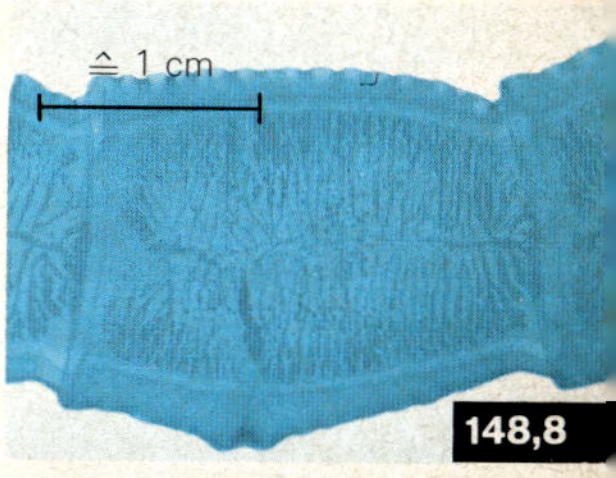

148,8

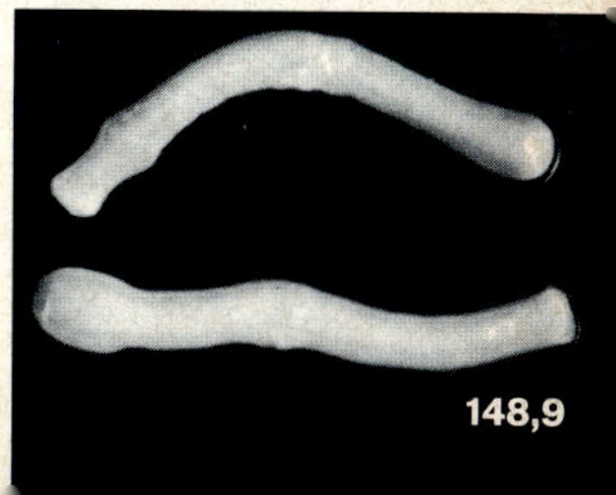
148,9

149 Plattwürmer und Rundwürmer

Plattwürmer

Leberegel. Ein weiterer parasitischer Plattwurm – neben den Bandwürmern – ist der *Große Leberegel.* Er besitzt am Vorderende und auf der Bauchseite um die Mundöffnung herum je 1 *Saugnapf,* mit denen er sich in seinen *Wirtstieren* festheftet **(149,1).** Leberegel schmarotzen in den Gallengängen von Schafen, Rindern und Schweinen. Bei massenhaftem Befall rufen sie die Leberfäule hervor, an der viele Haustiere zugrunde gehen. Die befruchteten Eier der Leberegel gelangen ins Wasser und entwickeln sich dort. Es bilden sich Larven, die in Wasserschnecken als Zwischenwirte eindringen und sich in diesen abkapseln. In den Kapseln entstehen aus unbefruchteten Eiern andere Larven, die ihrerseits in der Schnecke wieder andersförmige Larven, die Ruderschwanzlarven, erzeugen. Diese wandern meist ins Wasser aus, suchen weitere Zwischenwirte (Schnecken, Krebse, Fische) zum Abkapseln auf und gelangen dadurch, daß die Zwischenwirte von Vieh gefressen werden, in deren Darm, wo kleine Leberegel ausschlüpfen. Damit ist der Kreislauf geschlossen. Entwicklungsgänge, bei denen wie beim Leberegel geschlechtliche und ungeschlechtliche Vermehrung abwechseln, bezeichnet man als *Generationswechsel.* **149**

Strudelwürmer. In stehenden Gewässern und Bächen finden wir an Pflanzen und auf Steinen hier und dort 1 bis 2 cm lange, platte weißliche oder dunkle Würmer **(149,7).** Ihr Körper ist dicht mit feinen *Wimpern* besetzt, die ständig in *strudelnder Bewegung* sind; daher heißen sie Strudelwürmer. Ihre *Mundöffnung,* aus der ein *Schlund* hervorgestülpt werden kann, befindet sich auf der Bauchseite. Dort nehmen sie ihre aus Zerfallstoffen und Kleingetier bestehende Nahrung auf. Da die Strudelwürmer keinen After haben, werden auch die unverdaulichen Reste der Nahrung durch diese Öffnung wieder ausgeschieden.

149,1: *Großer Leberegel (Fasciola hepatica).* **149,2:** *Entwicklung des Menschen-Spulwurms (Ascaris lumbricoides).* **149,3:** *Männchen und Weibchen des Menschen-Spulwurms (Kopf unten).* **149,4:** *Männchen und Weibchen vom Madenwurm (Oxyuris vermicularis).* **149,5:** *Eingekapselte Muskeltrichine.* **149,6:** *Entwicklung der Trichine (Trichinella spiralis). Alle Formen sind fadenförmig und rund. Muskeltrichinen sind etwa 1 mm, weibliche Darmtrichinen 3–4 mm und Bluttrichinen 0,1 mm lang. Letztere gelangen mit dem Blutstrom in den ganzen Körper.* **149,7:** *Strudelwurm (Planaria).*

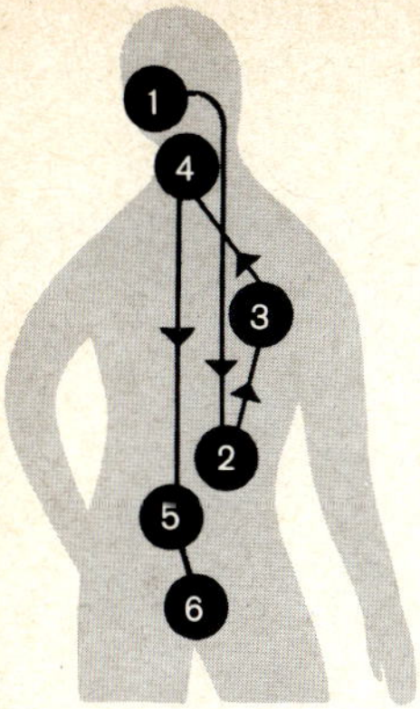

1 Eier gelangen in den Mund
2 Wurmlarven schlüpfen im Darm aus
3 Sie gelangen mit dem Blut in die Lunge
4 Sie bohren sich durch die Luftröhre in den Schlund und werden verschluckt
5 Ausgewachsene Spulwürmer im Darm; Eiablage
6 Eier werden mit dem Kot ausgeschieden

149,2

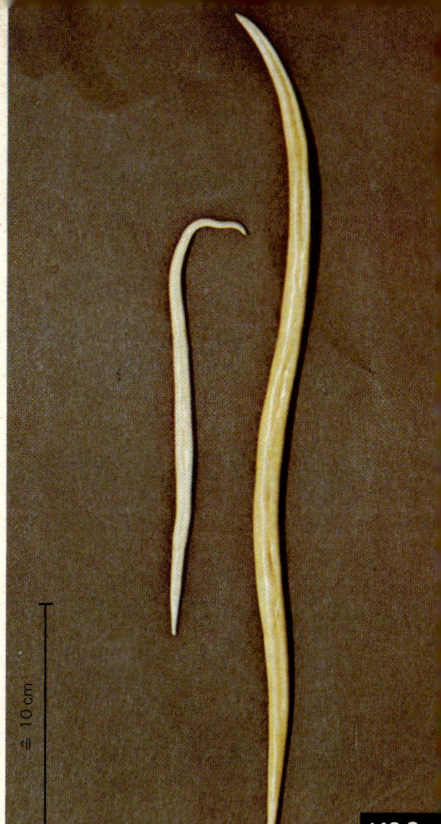

149,3

Rundwürmer

Spulwurm. Im Darm des Menschen kommt ein Spulwurm vor **(149,3)**. Die Weibchen dieses Schmarotzers legen unzählige Eier (jährlich 60 Mio.), die bei der Düngung mit Fäkalien an Kulturpflanzen und von da wieder in den Darm geraten **(149,2)**.

Madenwurm. Besonders Kinder leiden unter den kleinen, fadenförmigen Madenwürmern **(149,4)**. Sie leben im Dickdarm, verlassen ihn aber nachts, um ihre Eier am After
149 abzulegen, wobei es stark juckt. Beim nächtlichen Kratzen gelangen die Eier unter die Fingernägel und von dort wieder in den Mund, wodurch es zu neuem Wurmbefall kommt.

Trichine. Im Fleisch, besonders von Schweinen und Ratten, kommen hin und wieder weiße Würmer vor, die Trichinen **(149,5)**. Wenn Mensch oder Tier Fleisch mit solchen Trichinenkapseln verzehren, löst die Magensäure die Kapseln auf, und die Würmchen wachsen im Darm heran. Aus den Weibchen, die sich in den Darm einbohren, schlüpfen winzige Bluttrichinen **(149,6)**. Sie setzen sich in Muskeln fest, wo sie schmarotzend heranwachsen und eingekapselt werden. Sie gehen zugrunde, wenn sie nicht innerhalb von 20 bis 30 Jahren durch Verzehr in ein anderes Tier gelangen. – Beim Menschen rufen Giftstoffe der Muskeltrichinen die schmerzhafte, mitunter tödliche *Trichinose* hervor. Durch die gesetzliche Fleischbeschau ist die Krankheit fast gebannt.

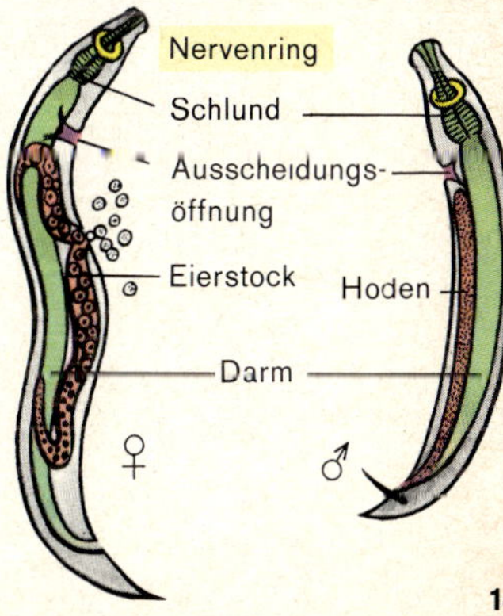

149,4

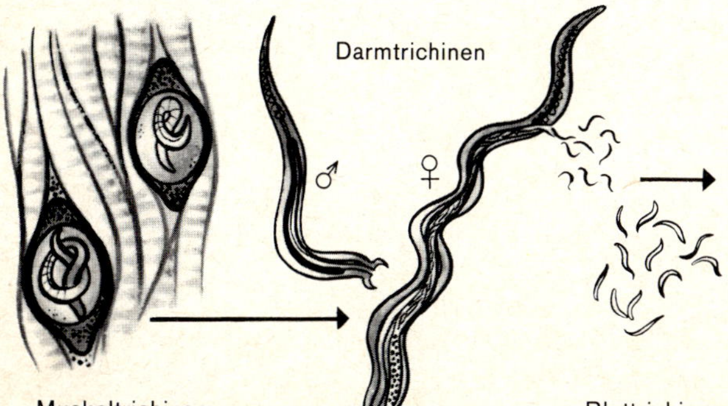

149,6

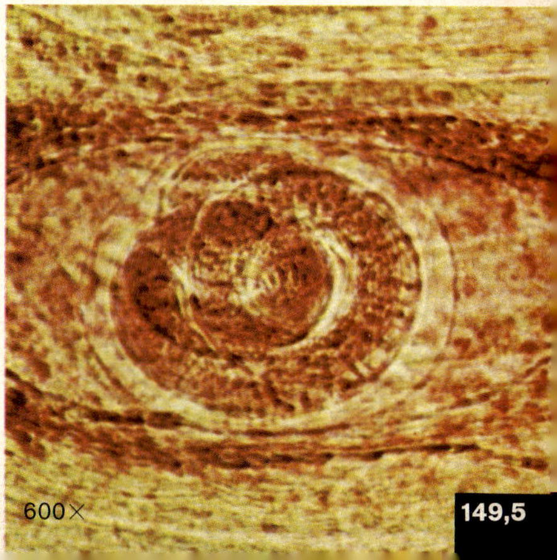

149,5

150,1

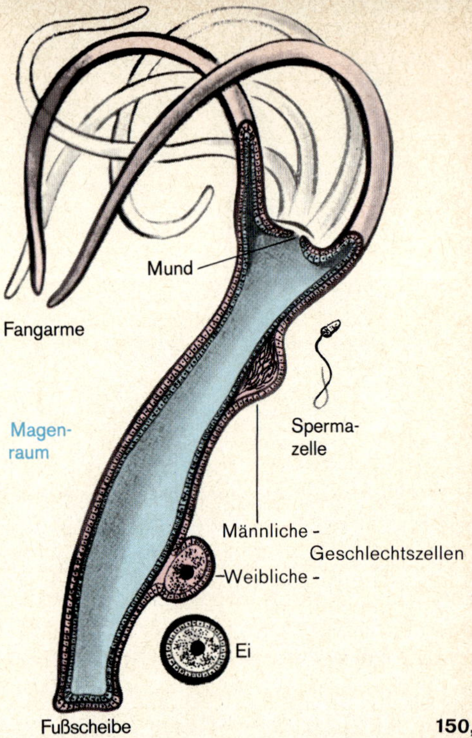

150,2

150

150,3

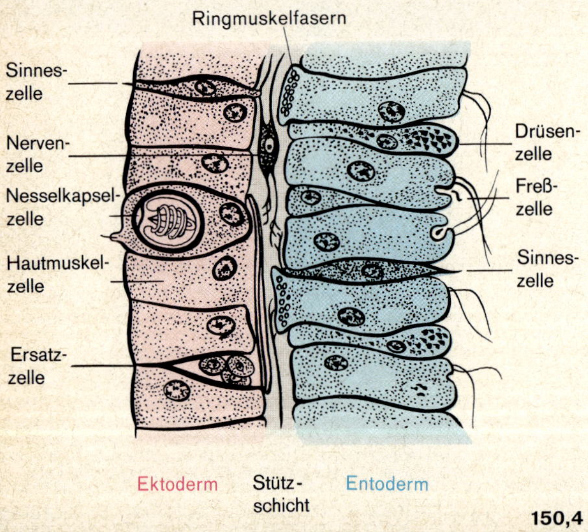

150,4

150,1: *Grüner Süßwasserpolyp (Chlorohydra viridissima). Dieser Polyp wird bis zu 1,5 cm lang. In den Entodermzellen leben einzellige Grünalgen, die dem Tier die grüne Farbe geben. Da ein Teil von ihnen verdaut wird, liefern sie dem Polypen Nährstoffe. Am Rumpf sitzt ein durch Knospung entstandener Tochterpolyp.* **150,2:** *Bau eines Polypen. Das Bild zeigt den Aufbau der Körperwand aus Ektoderm, Stützschicht und Entoderm. Im Körperinnern liegt ein Hohlraum, der Magenraum. Auch die Fangarme sind hohl. Eingeweide fehlen dem Polypen. Zwischen den Fangarmen liegt die Mundscheibe mit der Mundöffnung. In beulenartigen Ausstülpungen im oberen Körperdrittel finden sich zahlreiche Spermazellen, in solchen des mittleren Körperdrittels liegt je eine Eizelle.* **150,3:** *Zusammengezogener Polyp (Hydra). Polypen reagieren auf Beunruhigung, z.B. durch Erschütterungen oder Berührung, mit Zusammenziehen des Körpers.* **150,4:** *Längsschnitt durch die Körperwand eines Polypen. In dem aus Zellen zusammengesetzten Ektoderm sind Nesselkapselzellen, Sinneszellen, Nervenzellen und Muskelzellen zu sehen. Die nach innen zu folgende Stützschicht ist nicht aus Zellen aufgebaut. Das Entoderm besteht aus Drüsenzellen und Freßzellen. Diese können ebenfalls Muskelfortsätze aufweisen.*

150–151 Süßwasserpolypen

Süßwasserpolypen leben in Teichen, die klares Wasser aufweisen und mit Wasserpflanzen bestanden sind. Meist sitzen die Polypen an Pflanzen, besonders an Wasserlinsen. Wir bekommen die Tiere zu Gesicht, wenn wir Wasserpflanzen aus einem solchen Teich in ein Aquarium bringen, wo sich etwa vorhandene Polypen nach einiger Zeit an den Glaswänden festsetzen. Es gibt im Süßwasser verschiedene Polypenarten, die weiß, gelb, rot, braun, schwarz oder grün gefärbt sind. Vielfach hängt die Farbe von der Art der Nahrung ab. Der *Grüne Süßwasserpolyp* **(150,1)** verdankt seine Farbe einzelligen Grünalgen, die mit ihm in Symbiose leben. Der Körper des ungefähr 10–15 mm großen Tieres ist langgestreckt. Am freien Körperende sitzen in einem Kreis angeordnete, fadenartige Gebilde, die zum Angeln von Beutetieren dienen. Deshalb heißen sie Fangarme. Bei Beunruhigung ziehen sich Polypen zu einem Klümpchen zusammen **(150,3)**. Oft tragen sie kleinere Tochterpolypen, die aus ihnen durch *Knospung* hervorgegangen sind. Im Gegensatz zu den meisten anderen Tieren besitzen Polypen einen strahlig symmetrischen Körper. Wir wollen uns diesen Körper nun genauer ansehen!

Körperbau. Wie die Abbildung **150,2** zeigt, besteht der Polypenkörper aus einem hohlen Schlauch. Polypen sind *Hohltiere.* Der Hohlraum, der sich bis in die Fangarme hinein fortsetzt, heißt *Magenraum.* Unten ist der Rumpf durch die *Fußscheibe* abgeschlossen, mit
150 der sich die Tiere festheften **(150,1)**. An seinem oberen Ende befindet sich als einzige Körperöffnung der Mund, der auch der Ausscheidung dient. Seine Umgebung heißt *Mundscheibe.* Ihre Grenze gegen den Rumpf hin bilden die *Fangarme.* Die Körperwand besteht aus drei Schichten, einer Außenhaut, dem *Ektoderm,* einer *Stützschicht* und einer Innenhaut, dem *Entoderm* **(150,4)**. Ektoderm und Entoderm, nicht aber die Stützschicht, sind aus Zellen zusammengesetzt. Wie Pflanzenzellen bestehen sie aus Plasma und Kern, haben aber weder Zellwände aus Zellulose noch Blattgrünkörper.

Wie wir dem stark vergrößerten Teillängsschnitt **(150,4)** entnehmen können, zeigen nicht alle Zellen die gleiche Form. Die einzelnen Zellarten sind auf verschiedene Aufgaben spezialisiert, und dem entspricht auch eine verschiedene Zellgestalt. So liegen im Ektoderm schmale *Sinneszellen,* die die Aufgabe haben, Umweltreize aufzunehmen, z. B. Berührungsreize, Erschütterungen oder von der Nahrung ausgehende chemische Reize. Sie sind durch Ausläufer mit *Nervenzellen* verbunden, welche die durch Reize hervorgerufenen Nervenerregungen weiterleiten. Weiterhin finden wir im Ektoderm *Nesselkapselzellen.* Sie dienen dem Beutefang. Die meisten Ektodermzellen, wie auch viele Entodermzellen, tragen an ihrem der Stützschicht zugewandten Ende einen Muskelfortsatz, sie sind *Hautmuskelzellen.* Da die Muskelfortsätze des Ektoderms in Längsrichtung des Körpers verlaufen, bewirkt ihre Verkürzung Zusammenziehen des Tieres. Dagegen ruft Verkürzung der ringförmig verlaufenden Fortsätze im Entoderm Körperstreckung hervor. Die Muskelzellen des Entoderms können auch Nahrung aufnehmen und heißen daher *Freßzellen.* An ihren Geißeln sind sie leicht von den unbegeißelten Drüsenzellen zu unterscheiden. In diesen Zellen wird Verdauungssaft in Form kleiner Tröpfchen gebildet, der bei Bedarf in den Magenraum abgegeben wird. Neben den erwähnten Zellarten sind stets auch nicht spezialisierte *Ersatzzellen* vorhanden, die zwischen den Zellen des Ektoderms und Entoderms liegen. Nach entsprechender Umwandlung können sie zum Ersatz verbrauchter Körperzellen dienen.

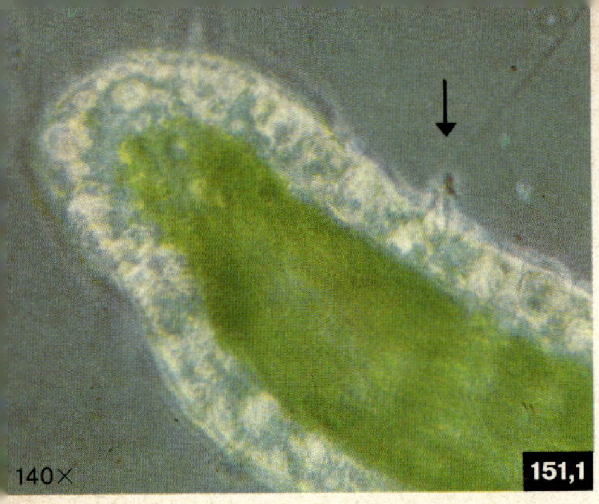

151,1

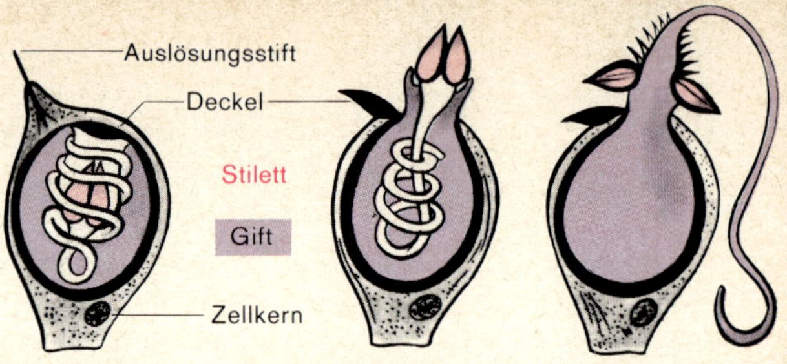

151,2

151,1: *Teil vom Fangarm eines Polypen mit ausgeschleuderter Nesselkapsel.* **151,2:** *Bau der Nesselkapsel und deren Entladung. Links eine ruhende Kapsel. Bei der mittleren Zeichnung stülpt sich der Schlauch eben um, die Stilette schnellen vor. Rechts ist ein umgestülpter Schlauch dargestellt.*

Nahrungsaufnahme und Verdauung. Die Nahrung der Polypen besteht aus kleinen Krebschen, etwa Wasserflöhen, Insektenlarven, Wassermilben und anderen Kleintieren des Wassers. Sie werden mit den Fangarmen geangelt. Berührt ein Tierchen einen Fangarm, so bleibt es dort hängen. Es wird mit *Nesselkapseln* gelähmt, kleinen Giftwaffen, die sehr verwickelt gebaut sind. Diese werden von Nesselkapselzellen gebildet, die im Ektoderm sitzen. Derartige Zellen tragen auf der Außenseite einen berührungsempfindlichen Fortsatz **(151,2)**. Die Nesselkapsel im Zelleib besteht aus einem chitinartigen Stoff. Von ihrem einen Ende ist ein *Schlauch* eingestülpt, der wie ein Schiffstau aufgerollt ist. Die Einstülpungsöffnung wird von einem Deckel verschlossen. Im Schlauch finden sich am oberen Ende stachelartige Gebilde, die *Stilette* heißen. Die Kapsel enthält eine giftige Flüssigkeit *(Kapselsekret)*, der Schlauch eine klebrige *(Schlauchsekret)*. Sie entlädt sich, wenn ein Beutetier an den berührungsempfindlichen Fortsatz stößt. Der Deckel springt ab, der Schlauch stülpt sich blitzschnell nach außen um **(151,1)**. Dabei schnellen die Stilette vor und dringen in den Körper des Beutetieres ein. Während das Schlauchsekret das Tier anklebt, zerfrißt das durch Poren des Schlauchs austretende Kapselsekret rasch den Chitinpanzer der Beute. So kann der Schlauch ins Körperinnere des Tiers vordringen, das durch das Gift gelähmt wird. Derartige Nesselkapseln heißen *Durchschlagskapseln*. Es gibt außerdem *Wickelkapseln*, deren Schlauch sich um Borsten und Vorsprünge des Beutetieres wickelt, und *Klebekapseln*. Die verschiedenen Kapselarten sind zu Batterien vereinigt. Daher berührt das zappelnde Tier immer neue Nesselkapseln und bringt sie zur Entladung. So tritt beim Tierfang stets eine große Zahl von Kapseln in Tätigkeit. Hohltiere, welche Nesselkapseln besitzen, gehören zu den *Nesseltieren*.

Durch Krümmung der Fangarme wird die Nahrung zur Mundöffnung gebracht und verschlungen. Dabei werden die am Nährtier befestigten Nesselkapseln aus dem Ektoderm des Polypen herausgerissen. Ersatzzellen bilden neue Kapseln. Im Magenraum zerlegt von den Drüsenzellen ausgeschiedener Verdauungssaft die Nahrung in Brocken, welche von den Freßzellen ins Zellinnere aufgenommen und dort zu Ende verdaut werden. Die Abgabe unverdaulicher Nahrungsreste erfolgt durch die Mundöffnung. Verdaute Nahrung kann in den Hohlräumen zu allen Körperteilen befördert werden und auch von den Entodermzellen an die Ektodermzellen weitergegeben werden. Der zur Verbrennung der Nahrung nötige Sauerstoff wird mit der ganzen Körperoberfläche aus dem Wasser aufgenommen. Diese gibt auch das bei der Verbrennung entstandene Kohlendioxid ab.

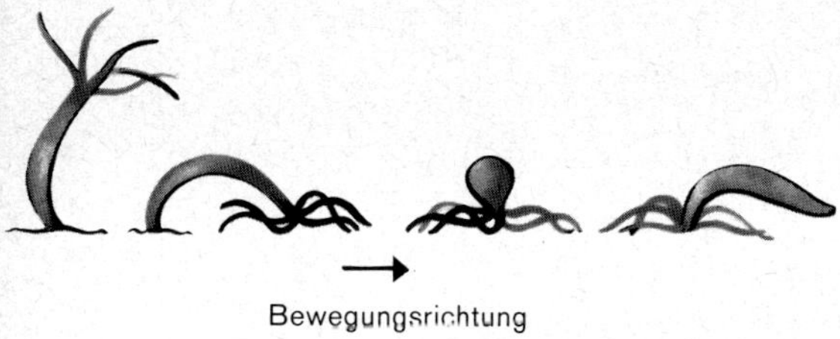

151,3

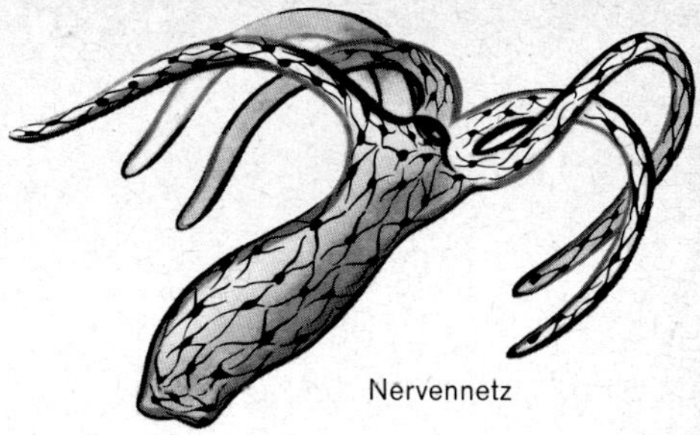

151,4

Durch Spreizen der Stilette wird die Wunde vergrößert und die Kapsel verankert. **151,3:** *Fortbewegung einer Hydra (Überschlag).* **151,4:** *Die gleichmäßig über den Körper verteilten und durch Ausläufer verbundenen Nervenzellen bilden ein Nervennetz.*

Fortbewegung. Polypen können sich nach Art der Spannerraupen fortbewegen. Der Rumpf wird zur Seite geneigt, bis die Fangarme den Boden berühren. Dort heften sie sich mit Hilfe der Klebekapseln an. Dann wird das untere Rumpfende nachgezogen und der Körper erneut zur Seite ausgestreckt. Bei der Fortbewegung durch Überschlag heftet das Tier die Fangarme ebenfalls auf dem Boden an, bewegt aber den Rumpf von der einen Seite zur anderen und richtet sich wieder auf **(151,3)**. Süßwasserpolypen wandern etwa 2 cm am Tag.

151 **Fortpflanzung.** Gut ernährte Polypen pflanzen sich *ungeschlechtlich* durch *Knospung* fort. Dabei wölben sich alle Körperschichten nach außen vor und bilden einen neuen Polypen. Der Magenraum des Tochterpolypen steht mit dem des Muttertiers in Verbindung. So kann dem Tochterpolypen Nahrung zugeführt werden. Später löst er sich ab und wird selbständig. Bei der *geschlechtlichen Fortpflanzung* entstehen aus Ersatzzellen *Spermazellen,* die sich im oberen Körperdrittel unter Vorwölbungen des Ektoderms ansammeln. Vorwölbungen weiter unten am Körper beherbergen je eine *Eizelle.* Diese Geschlechtszellen werden ins Wasser entleert, wo eine Spermazelle mit der Eizelle verschmilzt. Nach der *Befruchtung* entwickelt sich die Eizelle zu einem neuen Polypen. Die meisten Polypen sind *Zwitter.*

Regeneration. Wenn man den Körper eines Polypen zerteilt, wachsen die Teilstücke zu neuen Polypen heran, und zwar auch dann noch, wenn er in 200 Teilchen von 0,2 mm Durchmesser zerlegt wird. Diese Erscheinung heißt *Regeneration* (von lat. regeneratio = Wiedererzeugung). Diese große Regenerationsfähigkeit der Polypen ist erstaunlich. Sie hängt damit zusammen, daß die einzelnen Zellarten gleichmäßig über den Körper verteilt sind. Dies ist besonders beim Nervensystem von Bedeutung, das die Erneuerungsvorgänge steuert. Die über den ganzen Körper zerstreuten Nervenzellen stehen durch Ausläufer miteinander in Verbindung, sie bilden ein *Nervennetz* **(151,4)**. So enthalten auch Teilstücke Nervenzellen. Von Wichtigkeit sind auch die zur Bildung verschiedener Zellarten befähigten Ersatzzellen.

Merkstoff. Süßwasserpolypen besitzen einen schlauchförmigen Körper, der am oberen Ende um die Mundöffnung einen Kranz von Fangarmen trägt. Der Körper weist im Inneren einen einzigen Hohlraum, den Magenraum, auf. Polypen gehören zu den Hohltieren. Zum Beutefang besitzen sie Nesselkapseln; sie sind Nesseltiere. Die Vermehrung erfolgt geschlechtlich durch Ei- und Spermazellen oder ungeschlechtlich durch Knospung.

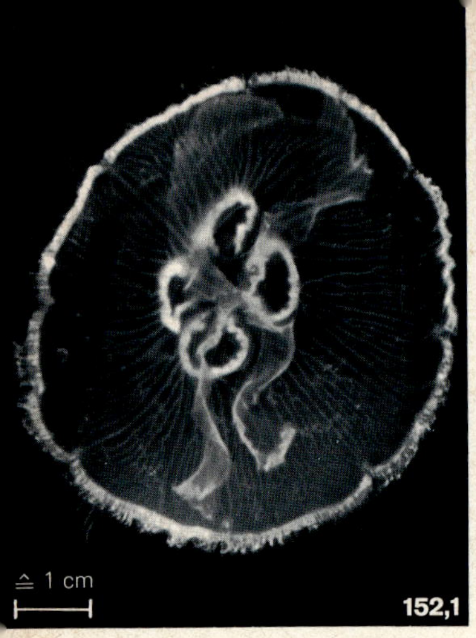

152,1

152,2

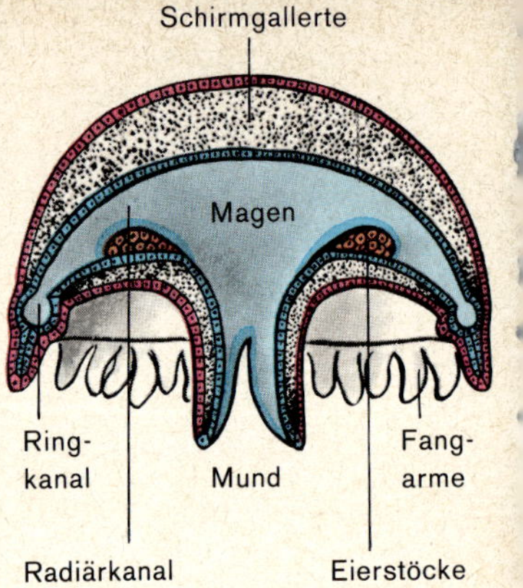

152,3

152 Die Ohrenqualle und weitere Hohltiere

In der Nordsee bedecken zeitweise riesige Schwärme der Ohrenqualle (Aurelia aurita) meilenweit das Meer. Der Name bezieht sich auf vier rötliche Bogen im Körperinneren, die »Ohren« **(152,1)**. Der durchsichtige Körper ist gelb, rot oder blau getönt.

Körperbau. Die schirmförmige Ohrenqualle hat einen Durchmesser von 20–40 cm **(152,1)**.
Der *Schirmrand* weist 8 Lappen auf, zwischen denen *Sinneskörper* mit Licht- und Lage- 152
sinnesorganen liegen. Außerdem finden sich an ihm zahlreiche kurze *Fangarme*. Unten hängt der die Mundöffnung tragende *Mundstiel* herab. Sein unteres Ende ist in vier lange *Mundarme* mit *Nesselkapseln* ausgezogen, die zum Fang kleiner Tiere dienen. Wie beim Süßwasserpolypen besteht der Körper im wesentlichen aus *Ektoderm* und *Entoderm*. Die *Stützlamelle* ist zur *Schirmgallerte* verdickt. Beziehungen im Körperbau beider Tiere werden deutlich, wenn man den Polypen umdreht, von oben nach unten zusammendrückt und die Mundscheibe in die Länge zieht **(152,6)**. Im Innern der Qualle ist kein einheitlicher Hohlraum vorhanden, vielmehr ziehen von einer *Magenhöhle Radiarkanäle* zum Schirmrand, wo sie in einen *Ringkanal* münden.

Fortbewegung. Vielfach treibt die Ohrenqualle im Meer, führt aber auch Schwimmbewegungen aus. Schirmmuskeln ziehen sich zusammen, der Schirm wölbt sich stärker. Aus der Schirmhöhlung wird Wasser ausgepreßt, und der Rückstoß treibt das Tier vorwärts.

152,5: *Röhrenqualle (Staatsqualle).* **152,6** *Links: Schema eines Polypenstockes. Mitte: Bauplan einer Röhrenqualle. Rechts: Bauplan von Qualle und Polyp. Vergleiche!* **152,7:** *Die Blumenkohlqualle*

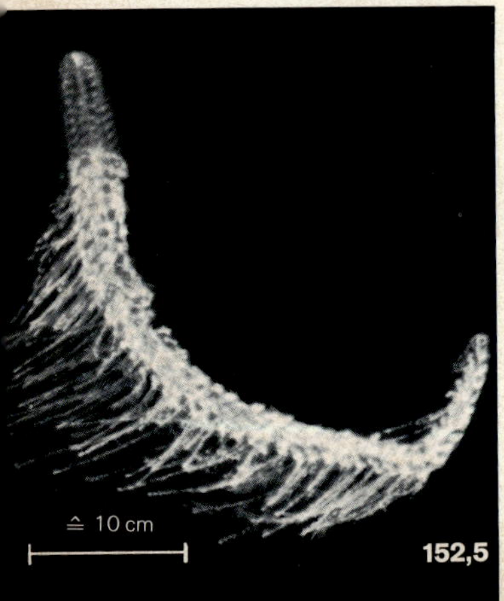

152,5

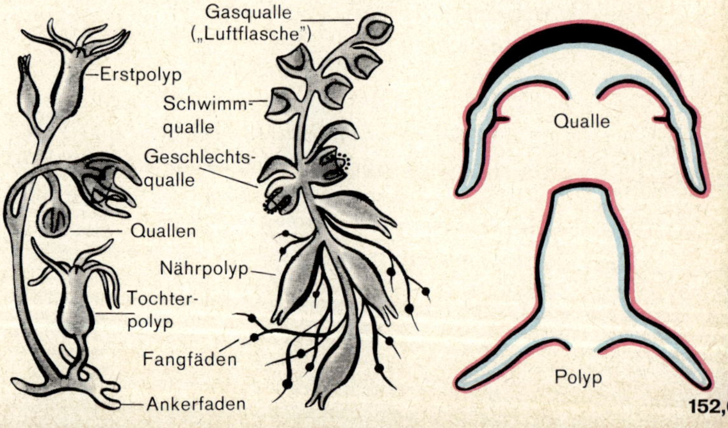

152,6

152,1: *Ohrenqualle von unten und* **152,2:** *von der Seite.* **152,3:** *Bauplan der Ohrenqualle.* **152,4:** *Polypen der ungeschlechtlichen Generation der Ohrenqualle schnüren Jungquallen (Ephyren) ab.*

Generationswechsel. Die erwähnten »Ohren« sind die durchscheinenden, in der Magenhöhle liegenden *Geschlechtsorgane.* Aus befruchteten Eiern gehen *Larven* hervor, die mit Hilfe von Wimpern durchs Wasser schwimmen. Sie setzen sich später auf Steinen, Treibholz, Muschelschalen und Uferbefestigungen fest und wachsen zu einem *Polypen* heran. Durch
152 quere Einschnürungen **(152,4)** entstehen *kleine Quallen* (**152,4** rechts unten), die sich ablösen und durch Wachstum ihre endgültige Gestalt und Größe erreichen. Da eine sich geschlechtlich fortpflanzende Generation, die Qualle, von einer sich ungeschlechtlich fortpflanzenden, dem Polypen, abgelöst wird, liegt *Generationswechsel* vor.

Weitere Hohltiere. Bei manchen Hohltieren bleiben durch Knospung entstandene Tochterpolypen mit dem Muttertier in Verbindung. So bilden sich *Tierstöcke.* Die Einzeltiere eines Stocks stehen durch Kanäle miteinander in Verbindung **(152,6).** Die *Polypen* dienen der *Ernährung,* aus Knospen entstandene und sich ablösende *Quallen* der *Fortpflanzung.* Eine weitgehende Arbeitsteilung finden wir bei den *Röhrenquallen* (**152,5** und **152,6**), die deshalb auch *Staatsquallen* genannt werden. An der Achse des Stocks, dem Stiel des Ursprungspolypen, sitzt als Schwebevorrichtung oben eine Luftflasche. Unter ihr finden sich der Fortbewegung dienende Quallen (Schwimmglocken), dann folgen Nährpolypen, Fangfäden mit Nesselkapselbatterien und festsitzende, Geschlechtszellen erzeugende Quallen.

(Rhizostoma octopus), eine Wurzelmundqualle. **152,8:** *Die Kompaßqualle (Chrysaora hysoscella) hat ihren Namen nach der Zeichnung auf dem Schirm.* **152,9:** *Nesselqualle (Cyanea lamarckii).*

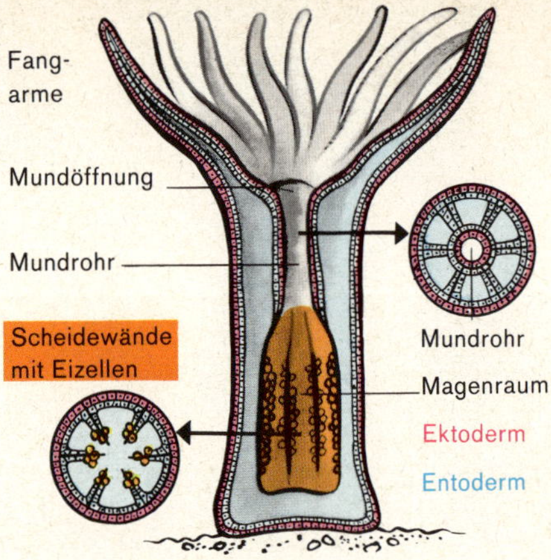

153,2

153,1: *Seerose. Die schön gefärbten Seerosen ähneln Blumen, worauf sich ihr Name bezieht.* **153,2:** *Körperbau der Seerosen. Beachte die Kammerung des Magenraums durch Scheidewände und das Mundrohr!*

153 Blumentiere (Anthozoa)

Seerosen. Im Meer leben bis in 10000 m Tiefe gelbe, rote, grüne, blaue oder bunte Tiere, 153
die am Grund festsitzen und die Gestalt eines großen Polypen aufweisen. Man nennt sie Seerosen **(153,1)**. Sie gehören wie der Süßwasserpolyp zu den *Hohltieren,* doch ist ihr Körperbau verwickelter **(153,2)**. Um die Mundscheibe sitzen zahlreiche, in einem oder mehreren Kreisen angeordnete Fangarme. Von der Mundöffnung ragt ein *Mundrohr* in den *Magenraum,* der durch von der Körperwand vorspringende *Scheidewände* in Kammern unterteilt wird. Die Körperwand besteht aus *Ektoderm, Entoderm* und einer dazwischen liegenden *Stützschicht.* Die erwähnten Scheidewände sind an ihrem freien Rand gekräuselt, und stellen Entodermausstülpungen dar, zwischen denen eine Stützschicht liegt.

Lebensweise. Es gibt über 1000 Seerosenarten. Manche ernähren sich von Fischen, Krebsen und Weichtieren, die sie mit Hilfe der Fangarme und deren Nesselkapseln fangen. Hat eine Seerose z. B. einen Fisch verschluckt, dann schmiegen sich die Ränder der Scheidewände

153,3: *Baumartig verzweigtes Kalkskelett der Steinkoralle Madrepora. Wo Polypen saßen, sind runde Vertiefungen mit Radialleisten zu sehen.* **153,4:** *Das gleiche Skelett mit eingezeichneten Polypen.*

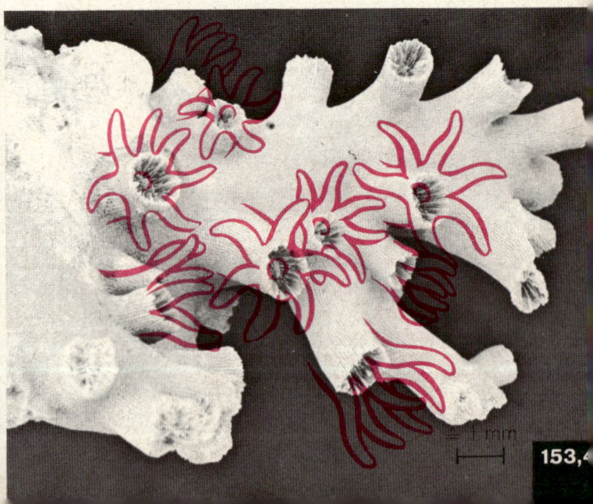

an dessen Körper an. In diesen Rändern liegen Verdauungssäfte abgebende Zellen. Vom Verdauungssaft in kleine Stücke zerlegte Nahrung wird von anderen Zellen der Scheidewandränder aufgenommen und zu Ende verdaut. Andere Arten fressen Kleintiere oder tote organische Teilchen. Solche Nahrung wird mit einem Wasserstrom, welcher von Wimpern der Körperoberfläche hervorgerufen wird, in den Magenraum befördert. Die an der Ernährung nicht beteiligten Kammern dienen der Atmung, dem Stofftransport und zur Aufnahme von Abfallstoffen. Diese Aufgaben können sie erfüllen, weil durch sie Wasser fließt, das von Wimpern im Mundrohr bewegt wird. Die Nesselkapseln der Fangarme dienen auch zur Abwehr anderer Tiere. Bei Beunruhigung ziehen sich Seerosen zusammen.

Fortpflanzung. Seerosen pflanzen sich *geschlechtlich* und *ungeschlechtlich* fort. Die Geschlechtszellen, *Spermazellen* und *Eizellen,* liegen in den Scheidewänden. Männliche Tiere stoßen Wolken von Spermazellen aus. Dadurch werden bei vielen Arten in der Nähe sitzende Weibchen zur Eiabgabe veranlaßt. Da die Eier im Magenraum liegenbleiben oder ins freie Wasser gelangen, findet ihre *Befruchtung* entweder im Muttertier oder im Wasser statt. Die aus befruchteten Eizellen hervorgehenden Larven schwimmen mit Hilfe von Wimpern einige Zeit durchs Wasser, setzen sich dann fest und wachsen zu neuen Seerosen heran. Ungeschlechtliche Fortpflanzung erfolgt durch *Längsteilung* oder durch *Knospung.*

Steinkorallen. Steinkorallen sind ähnlich gebaut wie Seerosen, doch scheidet ihre Fußplatte ein *Kalkskelett* aus. Dieses besteht bei einzeln lebenden Tieren zunächst aus einer
153 runden Scheibe. Später werden radial verlaufende Leisten und ein Ringwall abgeschieden. Oft bilden Steinkorallen *Tierstöcke,* wie die abgebildete Madrepora **(153,3** und **4)**, welche einen baumartig verzweigten Stock besitzt. Die kleinen Polypen der stockbildenden Arten haben einen Durchmesser zwischen 1 und 30 mm. Das ganze Skelett der Kolonie ist von lebendem Gewebe überzogen, das überall Kalk abscheidet. Wie die Schemazeichnung **(153,5)** zeigt, stehen die Polypen eines Stocks miteinander in Verbindung.

Edelkoralle. Die im Mittelmeer lebende Edelkoralle **(153,6)** bildet wenig verzweigte Stöcke. Auf rot gefärbten »Bäumchen« sitzen schneeweiße Polypen. Das ebenfalls rote Skelett wird zu Schmuck, etwa Halsketten und Armbändern, verarbeitet.

System. Seerosen, Steinkorallen und die Edelkoralle gehören wie Polypen und Quallen zum *Stamm der Hohltiere* (Magenraum als einziger Körperhohlraum!). Als Besitzer von Nesselkapseln vereinigt man diese Tiere zum *Unterstamm der Nesseltiere.*

153,5: *Aufbau eines Korallenstocks, Schema. Kalk wird vom Ektoderm der Polypen und der dazwischenliegenden Gewebe ausgeschieden.* **153,6:** *Stock der Edel- oder Schmuckkoralle (Corallium rubrum).*

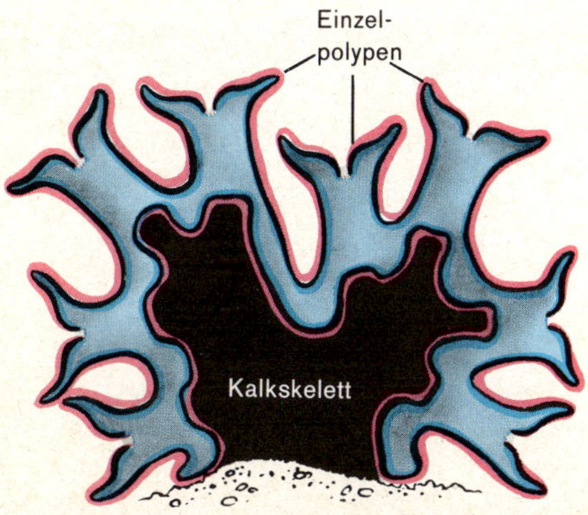

153,5

153,6

154,1

154 Das Korallenriff

Die stockbildenden *Steinkorallen,* die wir im letzten Kapitel kennengelernt haben (S. 153), sind in der Natur von großer Bedeutung: sie sind die Bildner der *Korallenriffe,* die vielen Küsten und Meeresteilen ihr einzigartiges Gepräge geben. Es gibt viele, verschieden gestaltete Steinkorallen-Arten, die an der Bildung von Riffen mitwirken **(154,1** bis **5)**. Sie stellen alle besondere Ansprüche an ihre Umwelt; so gibt es Korallenriffe nur in klarem, durchlichtetem und bewegtem Wasser von mindestens 18–20 °C Wärme. Außerdem muß ihr Wohngewässer reich an Sauerstoff und Nahrung sein; denn die unzähligen Polypen der Korallen eines Riffs benötigen für ihr Gedeihen und ihre Bautätigkeit reichliche Mengen an Nähr- und Baustoffen. **154**

Diese äußerst günstigen Lebensbedingungen für Riffkorallen sind einer der Gründe dafür, daß auch andere Tiere aller Art in großer Anzahl im Korallenriff vorkommen. Kein Lebensraum des Meeres ist so dicht besiedelt wie die Korallenriffe: Schwämme, Quallen, Korallen, Seerosen, Borstenwürmer, Röhrenwürmer, Krebse, Schnecken, Muscheln, Tintenfische, Seesterne, Schlangensterne, Haarsterne, Seeigel, Seegurken und Fische aller Art finden sich in großer Zahl. Oft sind sie von überdurchschnittlicher Größe und außergewöhnlicher Farbenpracht. Die Günstigkeit des Lebensraums Korallenriff wird noch erhöht durch eine riesige Fülle von Verstecken und Unterschlupfmöglichkeiten, die die oft verzweigten und bizarr gestalteten Korallen bieten. In diesen Lebensraum, der lange unzugänglich war, ist seit einigen Jahrzehnten staunend und forschend der Mensch eingedrungen. Die modernen Tauchgeräte ermöglichen Studien unter Wasser, die dazu beitragen werden, die Verhaltensweisen der Bewohner des Korallenriffs kennenzulernen.

154,4

154,5

154,2

154,3

154,1: *Korallenriff bei Ebbe. Die Aufnahme stammt vom ostaustralischen Barriere-Riff, das mit über 2000 km Länge das größte Korallenriff der Erde ist.* **154,2 und 154,3:** *Unterwasseraufnahmen im Korallenriff, linkes Bild mit tropischen Fischarten und rechtes Bild mit Röhrenwürmern (Bildmitte), Seerosen (Krustenanemonen) und Schwämmen (Lederschwamm).* **154,4:** *Ausschnitt aus einem Korallenriff bei Ebbe, mit einer Riesenmuschel.* **154,5:** *Weitere Korallenformen.* **154,6:** *Entstehung von Korallenriffen. Steinkorallen leben nur in der obersten Wasserschicht, die gut durchlichtet und warm ist. Dort bilden sie an vielen Küsten und um Inseln herum auf Felsgrund Saumriffe, die nahe vor der Küste liegen. Diese Küsten und Inseln sind sehr oft vulkanischen Ursprungs; viele sinken langsam ab. Dabei vergrößert sich der Abstand zwischen Riff und Küste. In dem Maße, wie der Felsgrund des Korallenriffs absinkt, bauen die Korallen das Riff in die Höhe. Korallenriffe mit größerem Abstand von der Küste nennt man Wallriffe. Vielfach geschieht es, daß vulkanische Inseln ganz versinken. Dann umgibt ein mehr oder weniger geschlossener Ring von Korallenriffen eine seichte Lagune. Solche Bildungen heißen Atoll. In neuerer Zeit niedergebrachte Bohrungen auf solchen Atollen oder Ringriffen haben diese Entstehungsart der Korallenriffe bestätigt; sie wurde schon im Jahre 1836 von Charles Darwin in den Grundzügen richtig erkannt. Die Zeichnung ganz rechts zeigt den Aufbau des Eniwetok-Atolls aufgrund von Messungen.* **154,7:** *Wallriff und* **154,8:** *Atoll. Das Zerstörungswerk der Brandung wird durch das Wachstum der Korallen immer wieder ausgeglichen.*

154,6

154,7

154,8

155,1

155 Süßwasserschwamm; Schwämme

In stehenden und fließenden Gewässern sind oft Stengel von Wasserpflanzen oder Steine von krustenförmigen oder baumartig verzweigten Lebewesen überzogen **(155,1)**. Es sind Süßwasserschwämme. Sie sind schmutziggelb, grüngelb oder grün gefärbt. Grüne Färbung rührt von einzelligen Grünalgen her, die im Schwamm leben.

Körperbau. Auf einem Längsschnitt durch den Schwammkörper **(155,2)** fällt zunächst ein System von Kanälen und Hohlräumen auf. Durch diese fließt ein Wasserstrom, der dem Tier Sauerstoff und Nahrung zuführt. Das Wasser gelangt durch Poren an der Körperoberfläche in Kanäle *(zuführende Kanäle)*, die in kleine Kammern münden. Da die Kammerwände von geißeltragenden Zellen gebildet werden, nennt man solche Kammern *Geißelkammern*. Schwingungen der Geißeln erzeugen den Wasserstrom. Von den Geißelkammern aus fließt das Wasser durch *abführende Kanäle* in einen inneren *Hohlraum*, den es durch eine Öffnung am oberen Körperende verläßt. Der Schwammkörper ist außen von einer aus flachen Zel- 155
len bestehenden Außenhaut überzogen *(Ektoderm)*, die auch die zuführenden Kanäle auskleidet. Die Wände der Geißelkammern, der abführenden Kanäle und des inneren Hohlraums sind von der Innenhaut, dem *Entoderm*, bedeckt. Die zwischen Ektoderm und Entoderm liegende *Zwischenschicht* besteht aus Zellen und einer gallertartigen Zellausscheidung. Diese Zellen sind teils beweglich und heißen dann *Wanderzellen*, teils scheiden sie ein Skelett aus, das dem Schwamm Festigkeit verleiht. Das Skelett der Süßwasserschwämme besteht aus *Kieselnadeln*, die durch einen hornartigen Eiweißstoff, das *Spongin*, miteinander verkittet sein können **(155,4)**.

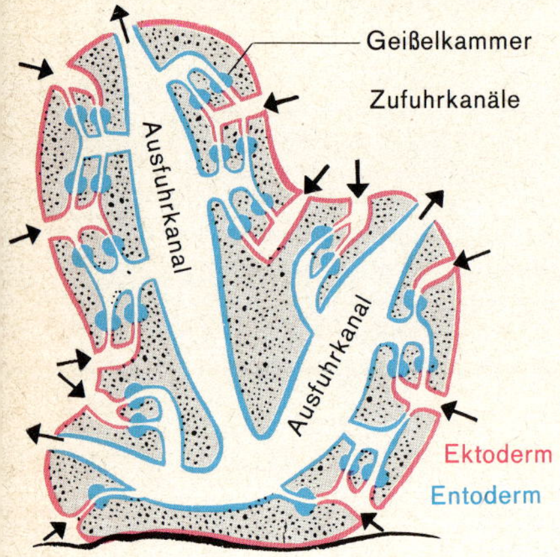

155,2

155,1: *Süßwasserschwamm (Ephydatia fluviatilis) Tierstock.* **155,2:** *Schematischer Längsschnitt durch ein Einzeltier.* **155,3:** *Schemazeichnung einer Geißelkammer.* **155,4:** *Kieselnadeln aus dem*

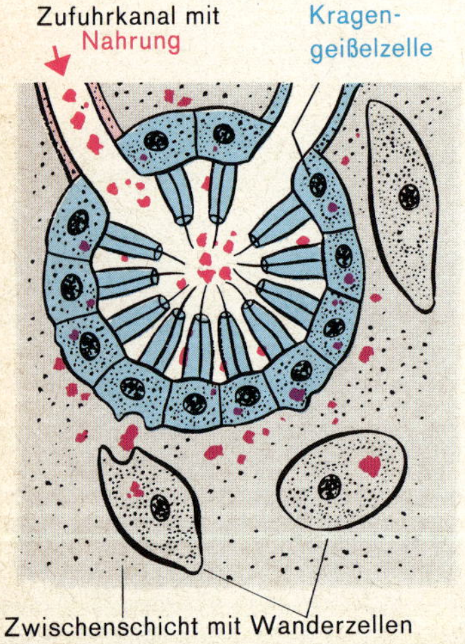

155,3

155,4

155,5

Ernährung. Die die Wände der Geißelkammern bildenden Zellen tragen um die Geißel einen Plasmakragen (*Kragengeißelzellen;* **155,3**), an dem die von der Geißel herbeigestrudelte Nahrung, Einzeller sowie pflanzliche und tierische Abfallstoffe, kleben bleibt. Durch Plasmaströmung gelangt die Nahrung in den Zellkörper der Kragengeißelzellen, von wo sie in die Zwischenschicht abgegeben und von den Wanderzellen aufgenommen und verdaut wird. Als bewegliche Zellen können Wanderzellen die Nahrung im Körper verteilen. In den Wanderzellen leben auch die erwähnten einzelligen Grünalgen, die wie die Nahrung von den Kragengeißelzellen aufgenommen werden. Geraten Teile des Schwamms dauernd in den Schatten, dann verdauen die Wanderzellen in den beschatteten Körperabschnitten die Algen.

Fortpflanzung. Aus Zellen der Zwischenschicht entstehen *Eizellen.* Von anderen Tieren derselben Art stammende *Spermazellen* werden in gleicher Weise wie die Nahrung aufgenommen und transportiert. Sobald eine Spermazelle mit einer Eizelle verschmolzen ist *(Befruchtung),* entwickelt sich diese zu einer Larve, die den Mutterkörper verläßt, einige Zeit mit Hilfe von Wimpern im Wasser umherschwimmt, sich dann festsetzt und zu einem neuen Schwamm heranwächst. Neben dieser *geschlechtlichen Fortpflanzung* kommt regelmäßig auch *ungeschlechtliche Fortpflanzung* vor. Durch *Knospung* entstehen weitere Tiere, die mit dem Muttertier verbunden bleiben. So behält der Schwamm die einfache Form nicht, die wir unserer Besprechung zugrundegelegt haben. Deshalb sind unsere Süßwasserschwämme aus vielen Einzeltieren bestehende *Tierstöcke.* Im Spätsommer bilden sich in der Zwischenschicht kugelige Körperchen (*Dauerkeime, Gemmulae,* **155,5**). Sie enthalten zahlreiche Zellen, die von einer doppelten Sponginhülle umgeben sind. Zwischen beiden Hüllen stehen Gebilde aus Kieselsäure, deren Form der einer Fadenrolle gleicht. Während der Schwammkörper im Winter abstirbt, überdauern ihn die Dauerkeime. Im Frühjahr tritt ihr Inhalt aus einer Öffnung in der Hülle aus und bildet einen neuen Schwamm. Außer zum Überwintern dienen Dauerkeime auch zur Vermehrung und Verbreitung.

Weitere Schwämme. Die Schwämme bilden einen eigenen *Tierstamm* (Spongia). Die Mehrzahl der nahezu 5000 Arten lebt im Meer. Ihre Skelette bestehen aus Kieselsäure, Spongin oder Kalk. Ein schönes Kieselskelett besitzen die *Gießkannenschwämme* **(155,6)**. Der das Mittelmeer bewohnende, grauviolette bis schwarze *Badeschwamm* hat ein Sponginskelett **(155,7 und 8)**. Er wird mit langstieligen Gabeln oder von Tauchern gefischt. Durch Treten und Spülen mit Wasser wird das Skelett vom Weichkörper befreit.

Skelett eines Süßwasserschwammes. **155,5:** *Dauerkeime eines Süßwasserschwammes.* **155,6:** *Skelett eines Gießkannenschwammes (Euplectella). Gießkannenschwämme bewohnen die Meere um die Philippinen und Japan.* **155,7:** *Badeschwamm (Spongia officinalis) und* **155,8:** *sein Sponginskelett.*

156 Formen des Zusammenlebens bei Tieren

Tiere leben auf verschiedene Weise miteinander. Wir kennen bereits einige Formen des Zusammenlebens: *Paare, Familien, Rudel, Schwärme.* Dabei gesellen sich Tiere derselben Art zueinander; bei *Herden* können verschiedene Tierarten, die näher verwandt sind, vergesellschaftet sein. Bei allen diesen Arten des Zusammenlebens muß jedes Tier für sich selber sorgen, es ist selbständig und unabhängig. **156**

Andere Verhältnisse herrschen beim *Schmarotzertum.* Dort lebt eine Tierart, der *Schmarotzer* oder *Parasit,* auf Kosten einer anderen Art, des *Wirtes.* Wir lernten viele Parasiten unter den Insekten, Würmern und Einzellern bereits kennen (S. 128, 148, 149, 157, 159).

Einsiedlerkrebs und Seerosen. Jetzt wollen wir eine Art des Zusammenlebens von Tieren betrachten, bei der beide Partner einen Nutzen haben, die *Symbiose.* Dabei finden meist sehr ungleiche Gesellungen statt. So ist es gleich bei dem wohl bekanntesten Fall einer Symbiose, bei Einsiedlerkrebs und Seerose **(156,1).** Wir kennen diese Zehnfußkrebse mit ihrem ungepanzerten Hinterleib, den sie in leeren Schneckengehäusen bergen, von S. 135. Auch die Seerosen haben wir auf S. 153 kennengelernt. Arten dieser beiden Tiergruppen finden sich oft zusammen, und zwar sitzen Seerosen auf den Schneckengehäusen von Einsiedlerkrebsen fest. Wie kommt diese Gesellung zustande, und was haben die Partner voneinander?

156,1: *Einsiedlerkrebs mit Seerosen. Er steckt im Gehäuse eines Tritonshornes. Eine der Seerosen hat sich sogar an der Innenseite des Schneckengehäuses angesiedelt.* **156,2:** *Ameise greift Marienkäfer an, der auf Blattläuse Jagd macht; sie bewacht die Blattläuse.* **156,3:** *Madenhacker auf Herdentieren; hier sind es rotschnäbelige Madenhacker, die auf einem Buckelrind (Zebu) umherklettern.* **156,4:** *Putzerfisch bei seiner Tätigkeit.*

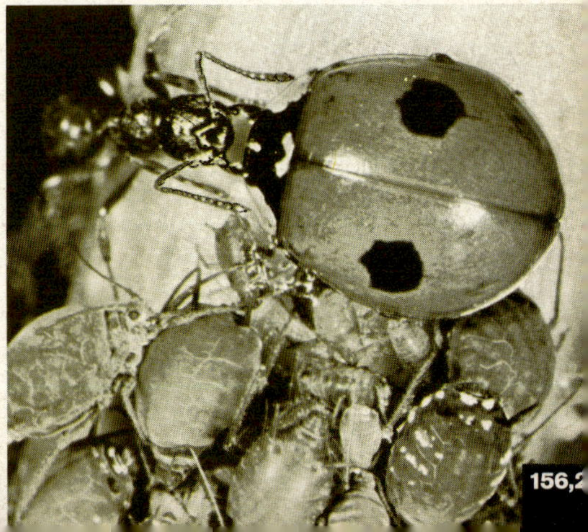

Der Anstoß zum Zusammenleben geht immer vom Einsiedlerkrebs aus. Er sucht eine Seerose auf, die zu seiner Art paßt. Diese betastet er, streichelt sie mit seinen Beinen und kneift sie mit seinen Scheren so lange, bis sie sich von ihrer Unterlage ablöst. Einer Menschenhand gelingt das nie. Dann erfolgt die Anheftung der Seerose an das Schneckengehäuse des Krebses, und die Symbiose beginnt. Der gegenseitige Nutzen ist folgender: Der Einsiedlerkrebs genießt den Schutz der wehrhaften Seerose, gegen deren Nesselgift alle weichhäutigen Tiere sehr empfindlich sind. Dazu gehören auch Fische und Tintenfische, die Feinde der Einsiedlerkrebse. Die Seerose wird durch das Umherziehen mit dem Krebs besser mit Sauerstoff versorgt. Sie hat auch teil an seiner Beute; denn wenn er diese zerreißt, gelangt mit Wasserstrudeln mancher Brocken zu den Fangarmen der Seerose. Bei den meisten Symbioseverhältnissen zwischen Einsiedlerkrebsen und Seerosen sind die Arten nicht völlig voneinander abhängig; sie können auch einzeln leben. In einigen Fällen ist die Abhängigkeit durch gegenseitige Anpassung so groß, daß die Tiere nur noch in Symbiose leben können.

Ameisen und Blattläuse. Eine Symbiose unter Insekten haben wir bereits in den Beziehungen zwischen Ameisen und Blattläusen kennengelernt (S. 116). Die Blattläuse liefern den Ameisen Nahrung; die Ameisen bringen die Blattläuse zur Überwinterung in ihre Nester, setzen sie im Frühjahr an ihre Nährpflanzen und bewachen sie dort **(156,2)**.

Kaffernbüffel und Madenhacker. Auf den afrikanischen Kaffernbüffeln, aber auch auf vielen anderen Herdentieren, finden sich immer wieder Vögel, die Madenhacker. Sie laufen auf den Leibern ihrer großen Partner herum und suchen nach Ungeziefer **(156,3)**. Zwar geht das Heraushacken von Maden nicht ganz unblutig vor sich; doch die Huftiere sind die Plagegeister los. Die Madenhacker haben immer eine reiche Nahrungsquelle. Auch ein solches Zusammenleben können wir als Symbiose bezeichnen. Ähnliches gilt für das Zusammenleben zwischen Krokodilen und den Krokodilswächter genannten Vögeln.

Putzerfische. Symbiosepartner müssen nicht immer grundverschieden sein. So gibt es Symbiosen wie zwischen Krokodilen, Huftieren und den Vögeln, auch zwischen Fischen. Dort befreien kleine »Putzerfische« große Raubfische von Hautschmarotzern **(156,4)**.

Symbiosen zwischen Tieren und Pflanzen. Symbiose liegt auch in den Fällen vor, wo im Darm von Tieren Bakterien leben, die schwerverdauliche Nahrung aufschließen, z. B. bei Pflanzenfressern. Auch bei holzfressenden Insekten sind solche Symbiosen bekannt, wie bei den Termiten (S. 124). Immer haben beide Partner Vorteile.
Als Symbiose können wir auch das Zusammenleben von Grünalgen und Tieren bezeichnen, z.B. beim Grünen Süßwasserpolypen (S. 150) und beim Süßwasserschwamm (S. 155).

156,3

156,4

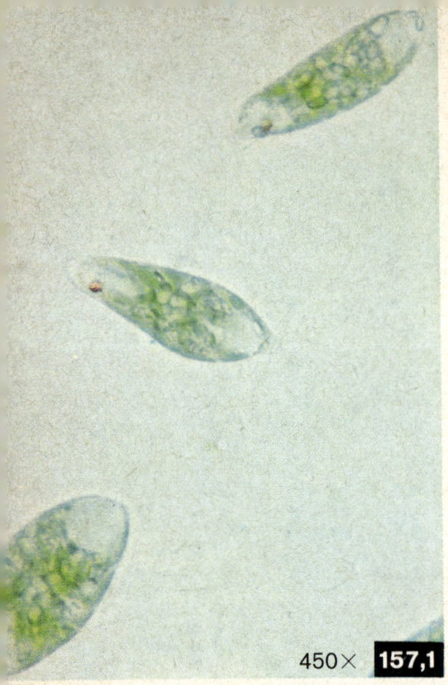

157,1

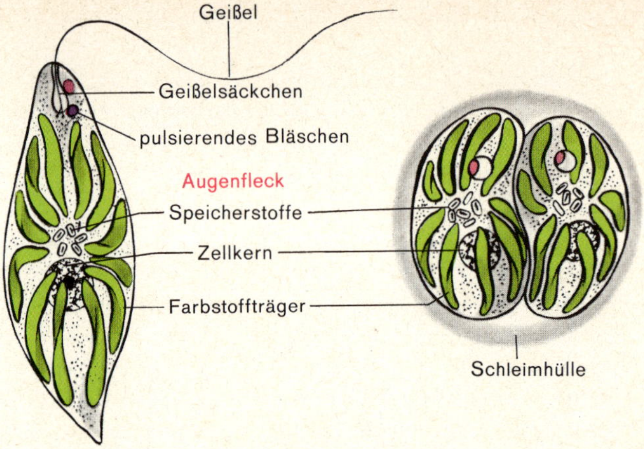

157,2

157 Geißelträger

Die oft grüne Farbe von mit Jauche verunreinigtem Wasser rührt von kleinen, nur 0,05 mm großen Lebewesen her. Betrachten wir sie mit dem Mikroskop, dann sehen wir einen spindelförmigen Leib, der einen *Zellkern* und sternförmig angeordnete, Blattgrün führende *Farbstoffträger* enthält (**157,1** und **157,2**). Er wird von einer Eiweißhaut umschlossen, die ihm eine bestimmte Gestalt verleiht. Am vorderen Körperende findet sich ein roter *Augenfleck,* der zum Hell-Dunkelsehen dient. Nach ihm heißt dieses Wesen *Augentierchen* (Euglena viridis). Sein Körper besteht im wesentlichen aus *Zellkern* und Eiweiß, dem *Plasma.* Ein solches Gebilde nennt man *Zelle.* Zellen sind die Bausteine aller Lebewesen. Während aber der Körper der bisher betrachteten Tiere aus sehr vielen Zellen aufgebaut ist, besteht das Augentierchen nur aus einer einzigen Zelle. Es ist ein *Einzeller.* **157**

Fortbewegung. Am Vorderende des Augentierchens sitzt ein Plasmafaden, der zur Fortbewegung dient. Einzeller mit solchen *Geißeln* nennt man *Geißelträger (Flagellaten).* Schwingt die Geißel hin und her (Ruderschlag), dann wird der Körper vorwärts getrieben. Wellenförmige Schwingungen haben bei gerade gestreckter Geißel eine Rückwärtsbewegung zur Folge, bei rechts gehaltener Geißel eine Linksbewegung (und umgekehrt). Drehbewegungen werden durch kreisförmige Bewegungen des Geißelendes erzielt (Propellerbewegung).

Fortpflanzung. Geißelträger pflanzen sich durch Zellteilung fort. Dabei schnürt sich nach der Kernteilung der Zellkörper der Länge nach durch (**157,2**).

157,1: *Augentierchen, Mikrofoto. Gestalt und Augenfleck sind deutlich zu erkennen.* **157,2:** *Schemazeichnung vom Bau des Augentierchens (links). Bei der Fortpflanzung teilt sich die Zelle (rechts). Vorher sind durch Kernteilung 2 Tochterkerne entstanden.* **157,3:** *Chromulina bei der Aufnahme fester Nahrungsteilchen in das Plasma. Eine Plasmahaut fehlt. Im Plasma sind die Nahrungsteilchen in Nahrungsbläschen eingeschlossen, wo sie verdaut werden. Chromulina besitzt einen braunen Farbstoffträger und einen Augenfleck.* **157,4:** *Trypanosoma. Die am Hinterende der Zelle entspringende Geißel zieht nach vorne. Sie ist mit dem Zellkörper durch einen Plasmasaum verbunden.* **157,5:** *Trypanosomen in der Blutflüssigkeit. Mikrofoto. Die blaßroten Scheiben sind rote Blutkörperchen.* **157,6:** *Das »Meeresleuchten« wird von einem Geißelträger (Noctiluca miliaris) hervorgerufen.* **157,7:** *Brandungswelle, erhellt vom »Meeresleuchten«.*

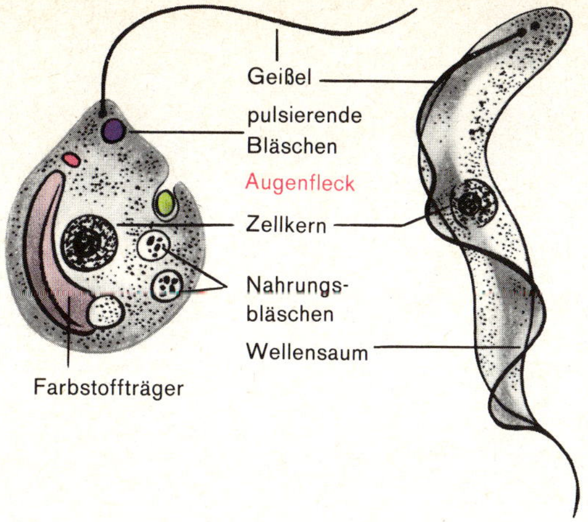

157,3

157,4

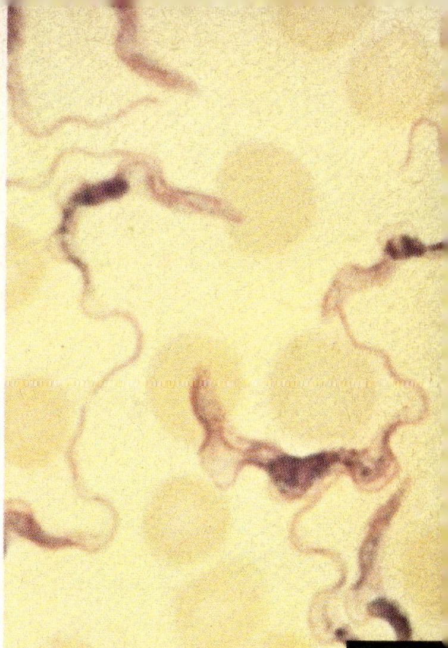

157,5

Ernährung. Da das Augentierchen Blattgrün besitzt, kann es wie die Pflanzen am Licht aus Kohlendioxyd und Wasser Traubenzucker herstellen, aus dem es einen stärkeähnlichen Speicherstoff aufbaut. Daneben nimmt es auch organische Zerfallstoffe auf, die ja in seinem Wohngewässer reichlich vorhanden sind. Der Geißelträger *Chromulina* kann mit seinem
157 Farbstoffträger in gleicher Weise Nahrung gewinnen. Er kann aber auch feste Nahrungsteilchen ins Plasma aufnehmen, da er von keiner Plasmahaut umgeben ist **(157,3)**. Im Plasma wird die Nahrung in Nahrungsbläschen eingeschlossen und dort verdaut. *Trypanosomen* **(157,4** und **157,5)** leben im Blut von Wirbeltier und Mensch. Sie nehmen aus der Blutflüssigkeit mit der ganzen Körperoberfläche gelöste Nahrung auf. Wegen dieser Ernährungsweise sind Trypanosomen zweifellos Tiere, während das Augentierchen eher zu den Pflanzen gehört. Chromulina nimmt eine Zwischenstellung ein. Zu den Geißelträgern gehören Pflanzen und Tiere. Manche Arten lassen sich nicht eindeutig dem Tier- oder Pflanzenreich zuordnen.

Krankheitserreger. Eine ganze Reihe von Geißelträgern lebt als Parasit von Mensch und Tieren. Eine Trypanosomenart in Afrika ruft die *Schlafkrankheit* beim Menschen hervor. Sie wird von der Tsetsefliege übertragen (Stechfliege). Die Krankheit beginnt mit unregelmäßigem Fieber. Später führt sie zu Schlafsucht und Abmagerung, bis nach Monaten der Tod eintritt. Bei frühzeitiger Behandlung kann man die Krankheit mit Germanin heilen. Eine andere Trypanosomenart verursacht die Viehseuche *Nagana*. Ihretwegen ist in weiten Gebieten Afrikas (es handelt sich um etwa 12 Millionen km^2) Rinderzucht unmöglich.

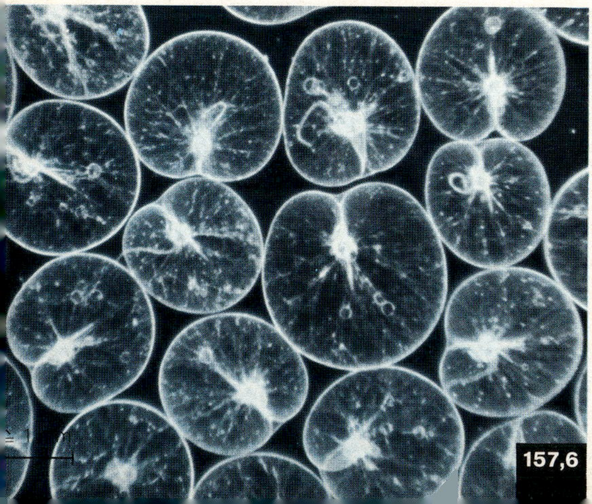

157,6

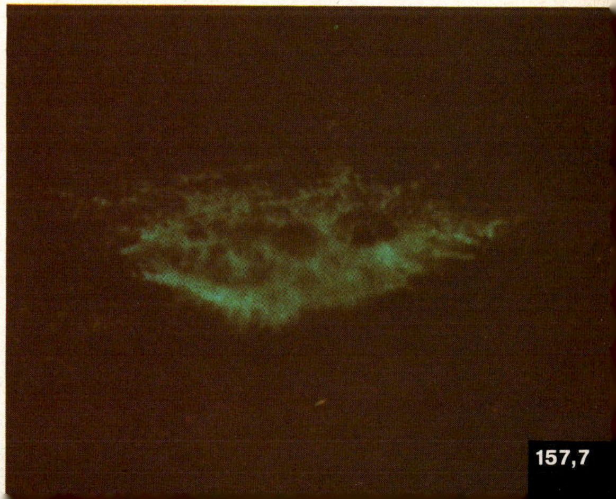

157,7

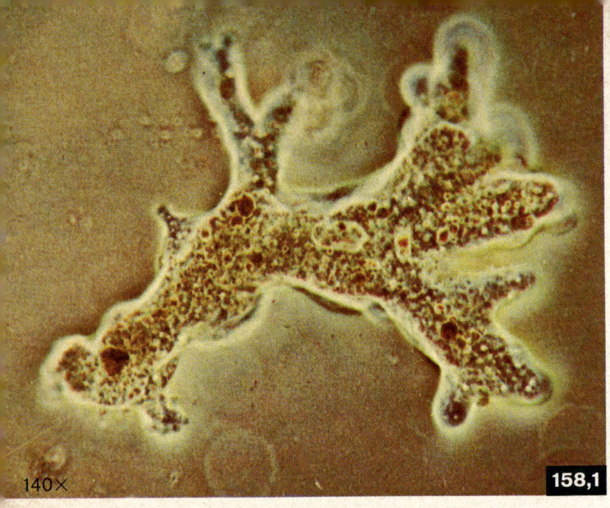

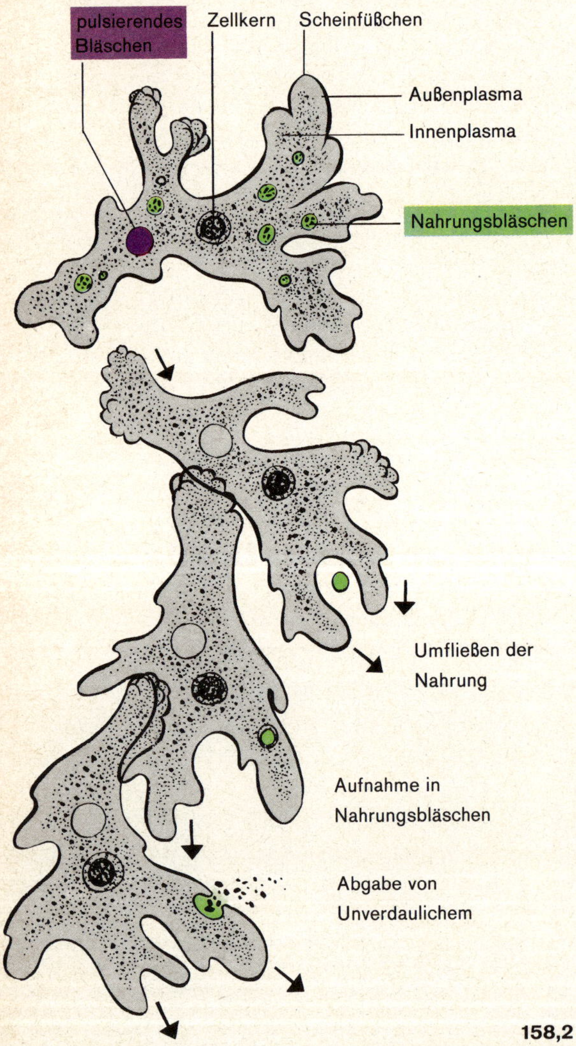

158,2

158 Wechseltierchen

Wechseltierchen oder Amöben kommen im Süßwasser häufig vor. Sie halten sich im Schlamm stehender Gewässer auf, auch zwischen Algen oder in Flüssigkeiten, die faulende Stoffe enthalten. Deshalb finden wir sie in Heuaufgüssen (Heu mit Wasser übergießen und einige Tage stehen lassen). Es gibt mehrere Amöbenarten. Die größte erreicht einen Durchmesser von 3 mm, die anderen bleiben jedoch unter der Größe von 1 mm.

Körperbau. Der Körper der Amöben ist einfach gebaut **(158,1 und 2)**. Er besteht im wesentlichen aus einem *Plasmaklümpchen* (Eiweiß) und einem *Zellkern.* Der innere Teil des Plasmas, das *Innenplasma,* ist körnig und trüb. Außen wird es von dem helleren *Außenplasma* umgeben. Im Innenplasma findet sich ein Bläschen, das Flüssigkeit aufnimmt und sich dabei vergrößert. Dann platzt es und gibt seinen Inhalt ans umgebende Wasser ab. Da sich dieser Vorgang wiederholt, nennt man dieses Bläschen *pulsierendes Bläschen.* Die Amöben haben keine bestimmte Gestalt, weil ihnen eine feste Körperhülle fehlt. Auf ihr dauernd wechselndes Aussehen bezieht sich der deutsche Name Wechseltierchen. Der Körper dieser Tierchen entspricht einer einzigen Zelle, sie sind *Einzeller.* Es handelt sich um Verwandte der Geißelträger, welche ihre Geißel verloren haben.

Fortbewegung. Bei der Fortbewegung fließt das Plasma der Zelle in einer Richtung. Dabei quellen formveränderliche Fortsätze

158,1: *Amöbe (Amoeba) mit ausgestreckten Scheinfüßchen.* **158,2** *oben: Körperbau einer Amöbe (Schema). Unten: Fortbewegung durch Fließen des Plasmas und Ausstrecken von Scheinfüßchen. Durch Umfließen nehmen Amöben an jeder beliebigen Stelle Nahrung durch Bildung eines Nahrungsbläschens auf.* **158,3:** *Zellteilung; Kernteilung und Durchschnüren des Plasmas.*

vor, die *Scheinfüßchen* **(158,2)**. Je nach Art sind sie plump und lappig oder lang und fingerförmig. Einige Arten strecken nur ein Scheinfüßchen aus, andere mehrere. Energie für die Fortbewegung (und andere Lebensvorgänge) wird durch Abbau von Nahrung gewonnen.

Ernährung und Verdauung. Amöben fressen Einzeller, Algen, Krebschen und andere Kleinlebewesen. Sie umfließen ihre Nahrung und nehmen sie so in ihr Plasma auf, wo sie von einem *Nahrungsbläschen* umschlossen wird **(158,2)**. In dieses Bläschen gibt das Plasma Verdauungsstoffe ab, die den verdaulichen Teil der Nahrung zerlegen. Zerlegte und gelöste Nahrung wird vom Plasma aufgesaugt. Da Nahrungsbläschen im Plasma wandern, können alle Teile des Zellkörpers mit Nahrung versorgt werden. Nach beendeter Verdauung platzt das Nahrungsbläschen nach außen auf und scheidet das Unverdauliche aus. Sauerstoff für die Verbrennung der Nährstoffe nehmen Amöben mit der ganzen Körperoberfläche auf. Diese gibt auch Kohlendioxid ab. Im Körper entstehende Abfallstoffe werden in Wasser gelöst und im pulsierenden Bläschen gesammelt, das sie beim Platzen nach außen entleert.

Reizbarkeit. Wechseltierchen beantworten Berührungsreize und starke Lichtreize. Bei ihnen ist das ganze Plasma reizempfindlich. Die Reizbeantwortung besteht in einer Bewegung auf den Reizort zu oder von ihm weg.

Fortpflanzung. Amöben pflanzen sich durch *Zellteilung* fort **(158,3)**. Dabei teilt sich zuerst der Zellkern in 2 Teile, dann schnürt sich das Plasma durch. Das eine Tochtertier bildet ein neues pulsierendes Bläschen. Durch Wachstum nach der Zellteilung erreichen
58 beide Tochtertiere die Größe des Muttertiers. Amöben haben die Fähigkeit, sich abzukugeln und sich mit einer Hülle zu umgeben. Sie sind dann gegen Trockenheit unempfindlich und können daher in eingekapseltem Zustand sowohl das Austrocknen ihrer Wohngewässer überstehen, als auch vom Wind verweht werden.
Obwohl Amöben nur aus einer einzigen Zelle bestehen, treten bei ihnen alle Lebenserscheinungen auf, die wir bei den vielzelligen Tieren kennengelernt haben. Es sind dies: *Fortbewegung, Stoffwechsel* (Verdauung, Ausscheidung, Atmung), *Reizbarkeit* und *Fortpflanzung*. Allerdings ist der Körper der Vielzeller viel leistungsfähiger, weil dort verschiedene Zellarten auf bestimmte Aufgaben spezialisiert sind.
Im Dickdarm des Menschen lebt eine harmlose Amöbe, die dort hausende Bakterien frißt. Eine in den Tropen vorkommende, darmbewohnende Amöbe ruft jedoch eine schwere Erkrankung, die *Amöbenruhr*, hervor. Die Amöbe dringt in die Darmwand ein und verursacht die Bildung von Geschwüren. Das Tier ernährt sich von Bestandteilen der Darmwand.

Merkstoff. Amöben sind Einzeller, deren Körper aus Plasma, Zellkern und pulsierendem Bläschen besteht. Sie bewegen sich mit Scheinfüßchen fort. Nahrung wird vom Plasma aufgenommen und in einem Nahrungsbläschen verdaut. Vermehrung erfolgt durch Zellteilung.

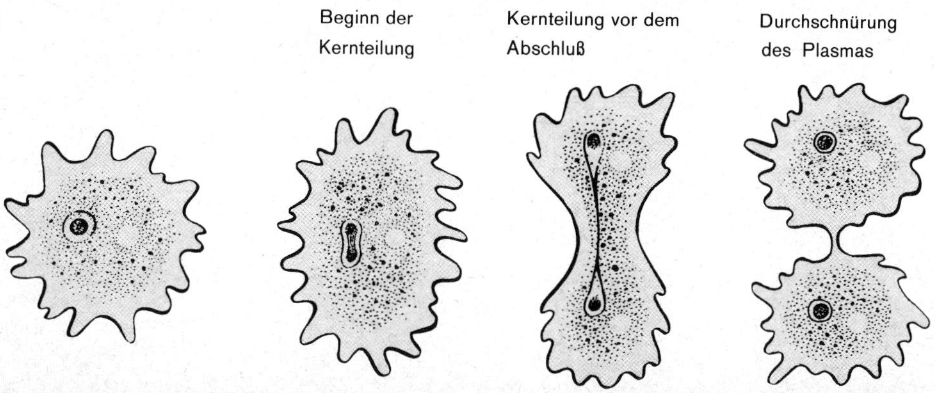

158,3

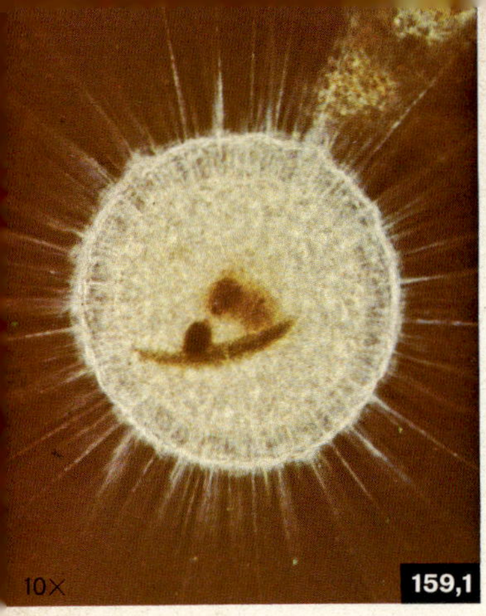

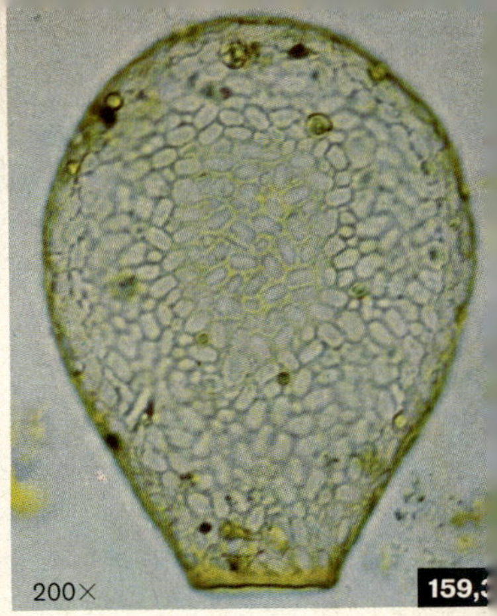

159 Wurzelfüßer und Sporentierchen

Einzeller, die wie die Amöben Scheinfüßchen (Pseudopodien) aufweisen, faßt man zur *Klasse der Wurzelfüßer* (Rhizopoda) zusammen. Dazu gehört das *Sonnentierchen* **(159,1)**, das frei im Wasser schwebt. Seine langen, dünnen Scheinfüßchen, welche von einer Achse aus verdichtetem Plasma gestützt werden, dienen nicht der Fortbewegung, sondern dem Beutefang. Andere Wurzelfüßer stellen Gehäuse her. Beim *Uhrgläschen* hat das aus einem chitinartigen Stoff bestehende Gehäuse die Form eines Uhrglases **(159,2)**. Das flaschenförmige Gehäuse des *Kieselhäuschens* **(159,3)** ist von zusammengekitteten Sandkörnchen eingehüllt. – **159**
Der Körper der *Strahlentierchen* (Radiolarien) wird von einem Innenskelett aus Kieselsäure gestützt (**159,4** links). Die frei im Meerwasser schwebenden Tiere haben als Schwebevorrichtung gasgefüllte Bläschen. Ihre Skelette bilden Meeresablagerungen. – Die *Lochschalentierchen* (Foraminiferen) besitzen Gehäuse aus Kalk mit einer oder mehreren Kammern. Da jede Art eine für sie bezeichnende Schale hat, herrscht große Formenmannigfaltigkeit (**159,4** rechts). Fadenförmige Scheinfüßchen treten entweder nur aus einer einzigen Öffnung oder aus vielen Poren der Schale aus (Name!). Diese Scheinfüßchen dienen der Fortbewegung. Lochschalentierchen sind im Meer so zahlreich, daß vielerorts der Meeresschlamm fast nur aus ihren Schalen besteht. Aus solchen Ablagerungen sind im Lauf der Erdgeschichte Gesteine entstanden, z.B. die Kreide.

Der Erreger der Malaria, ein Sporentierchen

Die Malaria ist eine in den Tropen und Subtropen weit verbreitete Krankheit. Sie äußert sich in heftigen Fieberanfällen. Noch um die Jahrhundertwende starben in Indien jährlich über eine Million Menschen an Malaria. Die Erreger, von denen es mehrere Arten gibt, sind

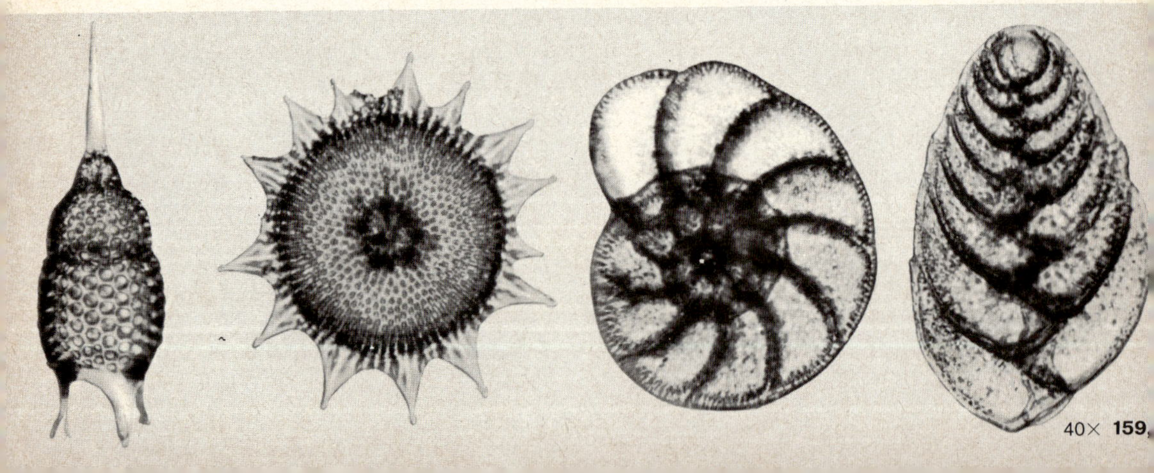

Einzeller, welche durch Fiebermücken (Anopheles) übertragen werden. Beim Blutsaugen gelangen Sporen ins Blut des Menschen, wo sie in rote Blutkörperchen einwandern und dort heranwachsen **(159,5)**. Sie gleichen in diesem Stadium einer Amöbe. Durch Zellteilung entstehen 10–20 Tochterzellen, die durch Platzen des Blutkörperchens frei werden und in neue Blutkörperchen eindringen. Der Zerfall der Blutkörperchen ruft einen Fieberanfall hervor. Je nach Erregerart wiederholt sich dieser alle 3 oder 4 Tage, oder sogar schon nach einigen Stunden. Wird ein Kranker von einer Fiebermücke gestochen, dann gelangen Erreger in den Mückendarm. Dort findet eine Befruchtung statt. In der Darmmuskulatur werden *Sporen* gebildet, die in die Speicheldrüsen einwandern und nun übertragen werden können. Einzeller mit Sporenbildung gehören zur *Klasse der Sporentierchen.*

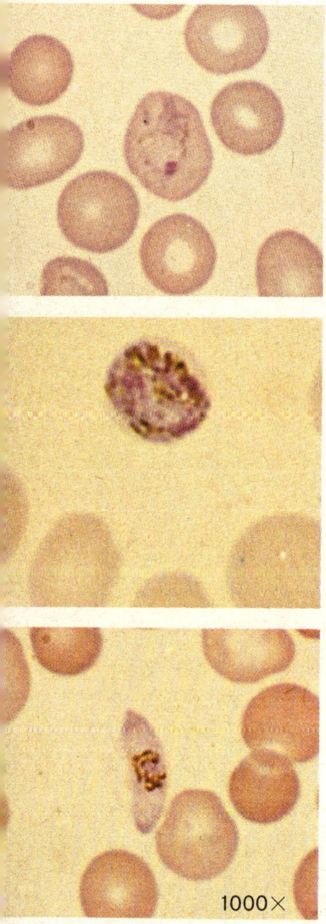

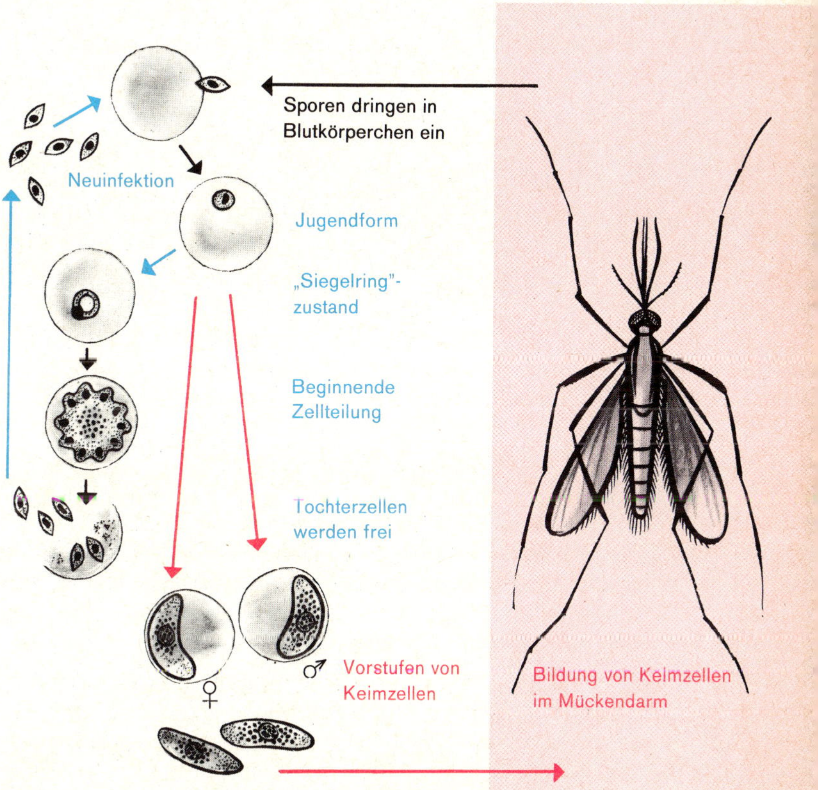

159,5

159,1: *Sonnentierchen (Actinosphaerium eichhorni). Im Plasma finden sich, außer einem Zellkern, ein pulsierendes Bläschen und Nahrungsbläschen. Die Achsenfäden der Scheinfüßchen reichen bis zum Zellkern.* **159,2:** *Uhrgläschen (Arcella vulgaris), dessen Gehäuse aus einem chitinartigen Stoff besteht.* **159,3:** *Kieselhäuschen (Nebela tincta). Das Gehäuse ist außen dicht mit Sandkörnchen bestückt.* **159,4** *links: Skelette von Strahlentierchen (Radiolarien). Diese aus Kieselsäure bestehenden Skelette liegen im Zelleib. Rechts: Schalen von Lochschalentierchen (Foraminiferen). Die Gehäuse bestehen aus Kalk. Je nach Art ist die Form verschieden. Beschreibe die Schalenformen!* **159,5:** *Entwicklung des Malariaerregers (Plasmodium). Die Entwicklung ist hier vereinfacht dargestellt.*

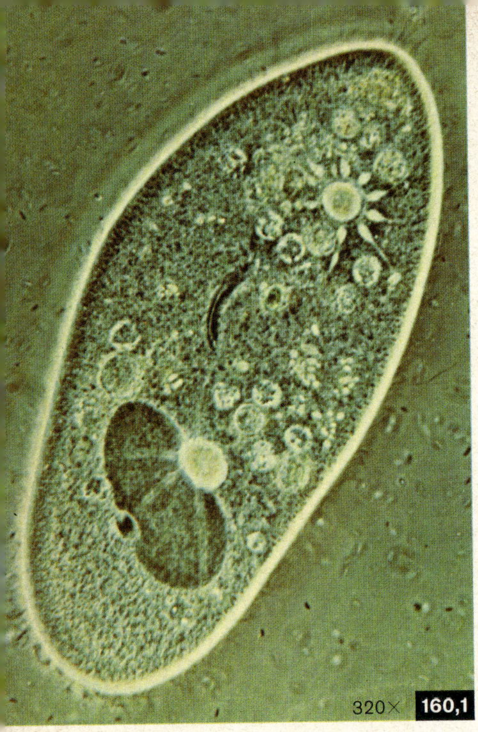

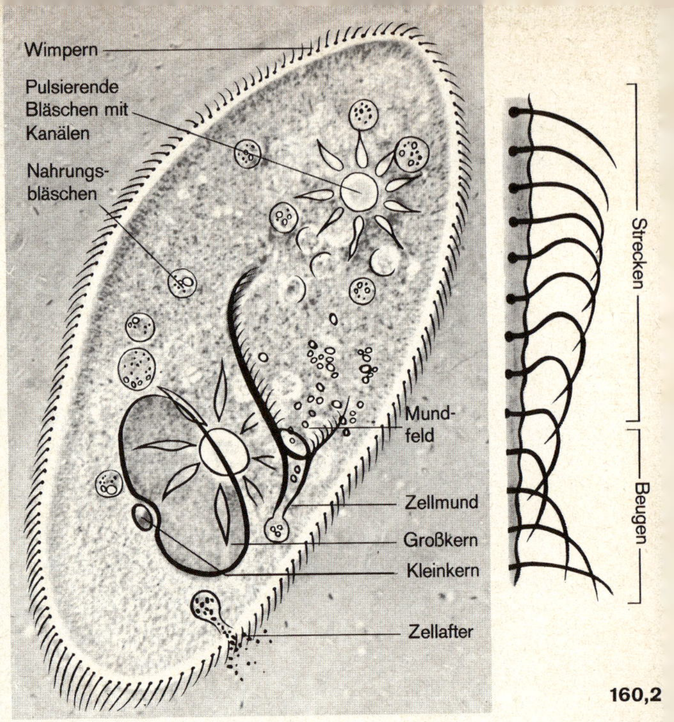

160,2

160 Pantoffeltierchen und andere Wimpertierchen

Pantoffeltierchen (Paramecium). Wenn wir einen Heuaufguß (vgl. S. 158) mikroskopisch untersuchen, bemerken wir verhältnismäßig rasch schwimmende Einzeller. Ihre äußerste verdichtete Plasmaschicht gibt ihnen eine feste Gestalt, die an einen Pantoffel erinnert. Daher heißen diese Tiere Pantoffeltierchen **(160,1** und **160,2)**.

Fortbewegung. Die Körperoberfläche des Pantoffeltierchens ist gefeldert, und in jedem der vieleckigen Felder sitzt eine *Wimper* **(160,3)**. Diese Plasmafortsätze sind viel kürzer als Geißeln. Einzeller mit solchen Wimpern gehören zu den *Wimpertierchen*. Durch Schlagen der Wimpern wird das Pantoffeltierchen vorwärts getrieben. Beim raschen Niederschlag ist die Wimper steif, beim langsamen Aufrichten biegt sie sich ab **(160,2)**. Insgesamt gleichen die bewegten Wimpern einem im Wind wogenden Getreidefeld. Umkehrung der Schlag-

160,1: *Pantoffeltierchen.* **160,2:** *Schemazeichnung vom Bau des Pantoffeltierchens und Darstellung der Wimperbewegung.* **160,3:** *Gefelderte Oberfläche des Pantoffeltierchens mit Wimpern.* **160,4:** *Kolonie*

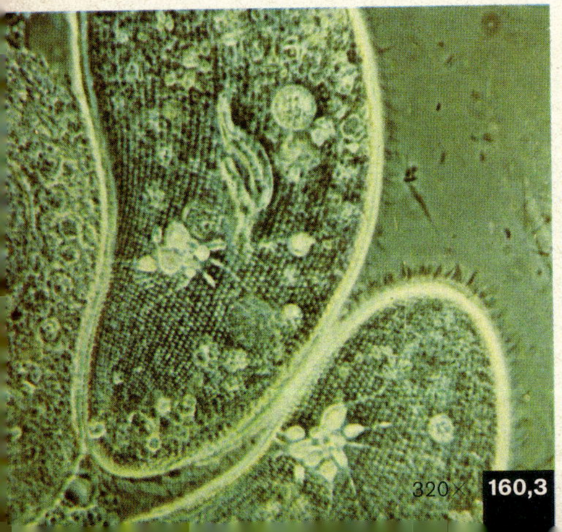

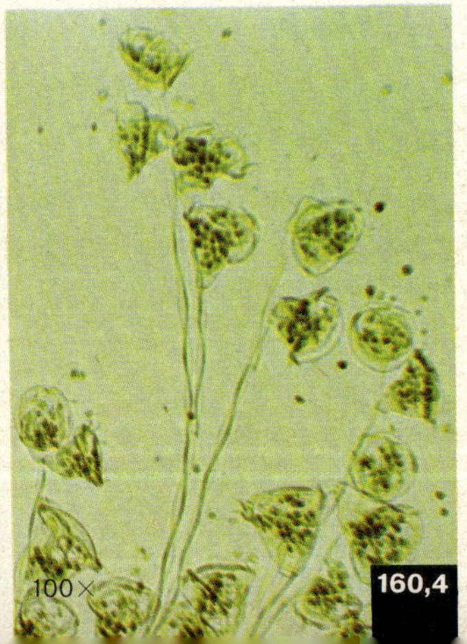

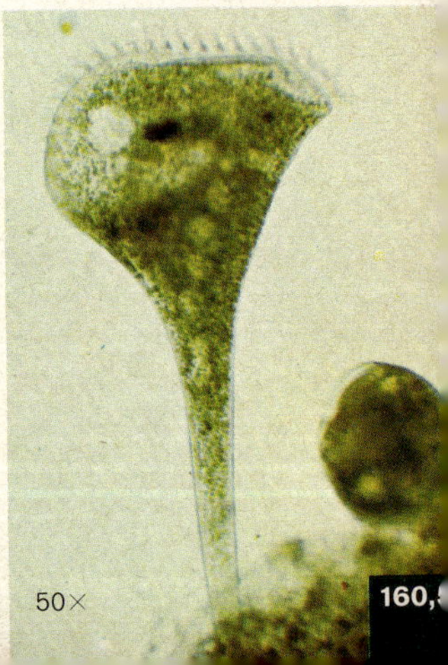

richtung bewirkt Rückwärtsschwimmen. Bei der Fortbewegung dreht sich das Pantoffeltierchen um seine Längsachse.

Körperbau. Die von verfestigtem Plasma umgebene Zelle besitzt zur Nahrungsaufnahme eine besondere Körperöffnung, den *Zellmund.* In seiner Umgebung finden sich längere Wimpern, die zum Herbeistrudeln der Nahrung dienen. Diese besteht aus Bakterien und anderen Einzellern. Durch einen *Zellschlund* gelangt die Nahrung ins *Plasma,* wo sie, von einem *Nahrungsbläschen* umschlossen, verdaut wird. Dabei wandern die Nahrungsbläschen durch die Zelle. Unverdauliche Reste werden durch einen *Zellafter* nach außen gegeben. Zwei von zuführenden Kanälen strahlenförmig umgebene *pulsierende Bläschen* scheiden Wasser mit darin gelösten Abfallstoffen aus. Die zunächst prall gefüllten Kanäle geben Flüssigkeit ans Bläschen ab, das sich dabei vergrößert, während die Kanäle sich verschmälern. Schließlich platzt das Bläschen. Inzwischen haben die zuführenden Kanäle wieder Flüssigkeit aufgenommen. Wie alle Wimpertierchen besitzt das Pantoffeltierchen 2 Kerne, einen *Großkern* und einen *Kleinkern.* Unter der Körperoberfläche liegen stabförmige Körperchen, aus denen bei Bedrohung zum Schutz je ein Eiweißfaden ausgeschleudert wird.
Das Pantoffeltierchen ist verwickelter gebaut als viele andere Einzeller. Teile des Plasmas sind zur Erfüllung bestimmter Aufgaben besonders gestaltet und heißen daher *Zellorgane (Organellen).* Mit den aus Zellen aufgebauten Organen der Vielzeller haben sie jedoch nur die Spezialisierung auf eine bestimmte Leistung gemein. Solche Zellorgane sind etwa die Wimpern, der Zellmund, die Nahrungsbläschen und die pulsierenden Bläschen. Durch ihren Besitz wird die Leistungsfähigkeit der Zelle beträchtlich erhöht.

Fortpflanzung. Pantoffeltierchen pflanzen sich durch *Zellteilung* fort. Zuerst teilen sich die Kerne, dann die Zelle **(160,6)**. Jede Tochterzelle bekommt ein pulsierendes Bläschen, ein zweites wird neu gebildet, wie auch der Zellmund.

Weitere Wimpertierchen. Beim festsitzenden *Glockentierchen* **(160,4)** finden sich Wimpern nur in der Umgebung des Zellmunds. Sie dienen dem Herbeistrudeln von Nahrung. Der Stiel, mit dem das Tier festsitzt, kann sich mit Hilfe eines Stielmuskels spiralig aufrollen. Der Name des *Trompetentierchens* **(160,5)** bezieht sich auf die Form der Zelle.

System der Einzeller. Die erwähnten Einzeller gehören zum *Tierstamm der Urtierchen* oder Protozoen, der in die *Klassen der Geißelträger* (Flagellata), der *Wurzelfüßer* (Rhizopoda), der *Sporentierchen* (Sporozoa) und der *Wimpertierchen* (Ciliata) unterteilt wird.

von Glockentierchen (Carchesium) mit teils gestrecktem, teils aufgerolltem Stiel. **160,5:** *Trompetentierchen (Stentor).* **160,6:** *Zellteilung beim Pantoffeltierchen. Das Foto zeigt das Endstadium.*

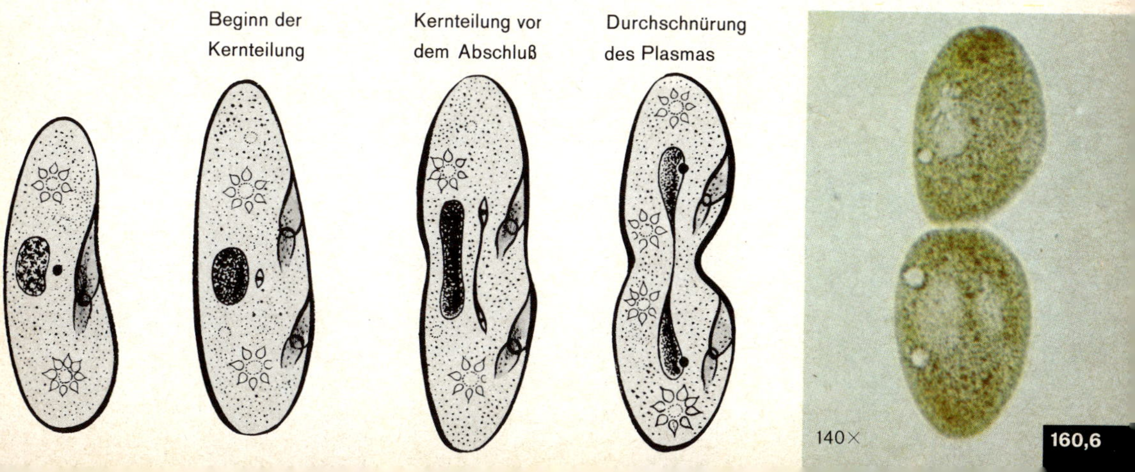

160,6

161–162 Die Verbreitung der Tiere

Einflüsse der Umwelt auf die Verbreitung der Tiere

Wir wissen alle aus Erfahrung, daß die einzelnen Tierarten nicht überall vorkommen. Manchen begegnen wir auf Schritt und Tritt, wie der Stubenfliege oder dem Haussperling; andere finden wir nur in kleinen, eng umgrenzten Bezirken, wie den Grottenolm, den Alpensalamander, manche Schmetterlinge des Hochgebirges oder die Innenschmarotzer. Zwischen diesen äußersten Sonderfällen gibt es aber alle Übergänge. Welches sind die Gründe für die verschiedenartige Verbreitung?
Da Tiere ihren Aufenthaltsort verändern können, müssen die Gründe für die Bevorzugung dieser oder die Vermeidung jener Gegend andere Ursachen haben: sie hängen mit den Lebensansprüchen des Tieres zusammen. Die Tiere bevorzugen oder meiden aber nicht eine bestimmte Umgebung, sondern es sind die Einflüsse der Umwelt, die *Umweltsfaktoren,* deren Reize die Tiere anziehend oder abstoßend beeinflussen. Da sich die Umwelt aus unbelebten und belebten Elementen zusammensetzt, unterscheidet man unbelebte oder *abiotische* von belebten oder *biotischen Umweltfaktoren.*
Unter den unbelebten Faktoren der Umwelt wirkt insbesondere das Klima, mit Temperatur, Feuchtigkeit, Licht und Wind, auf die Tiere fördernd oder hemmend ein. Der *Temperaturbereich,* innerhalb dessen tierisches Leben möglich ist, reicht von − 1,5 °C bis + 55 °C. Oberhalb von 55 °C gerinnt das Körpereiweiß, und unterhalb von 1,5 °C gefrieren die Kör- **161**
persäfte; in beiden Fällen sterben die betroffenen Tiere. Nur ganz wenige Tierarten können die Grenzwerte zeitweise oder dauernd über- oder unterschreiten. Innerhalb dieser Temperaturspanne haben manche Tiere einen großen Spielraum, wie manche Strudelwürmer, die sowohl in Wasser von + 0,5 °C wie von + 27,5 °C gefunden werden. Im allgemeinen gibt es aber eine bevorzugte Temperatur, das *Optimum,* von dem sich das Tier nicht weit entfernt. Auch für *Feuchtigkeit, Licht* und *Wind* gibt es bei jeder Tierart bevorzugte Verhältnisse. Bei Wassertieren kommen noch der *Salzgehalt* und die *Strömung* des Wassers hinzu. Wenn wir ferner noch bedenken, daß Meere, Flüsse, Gebirge und Wüsten von vielen Tieren nicht überwunden werden können, so haben wir eine ganze Reihe Gründe für die Verbreitung der Tiere erkannt.
Aber auch die belebte Umwelt der Tiere übt fördernde oder hindernde Einflüsse auf die Verbreitung aus. Das gilt besonders für die Pflanzenwelt, die Nahrungsspender und Unterschlupfgeber ist. Aber die Tiere beeinflussen sich auch gegenseitig, als *Nahrungskonkurrenten, Feinde, Schmarotzer* oder *Symbionten.* So ist jedes Tier von allen Seiten einer

161,1: *Verbreitungsgebiete (Areale) einiger Tiere. Links: Löwe und Tiger. Mitte: Silbermöwe. Rechts: Lachmöwe.* **161,2:** *Meereszonen (Schema).*

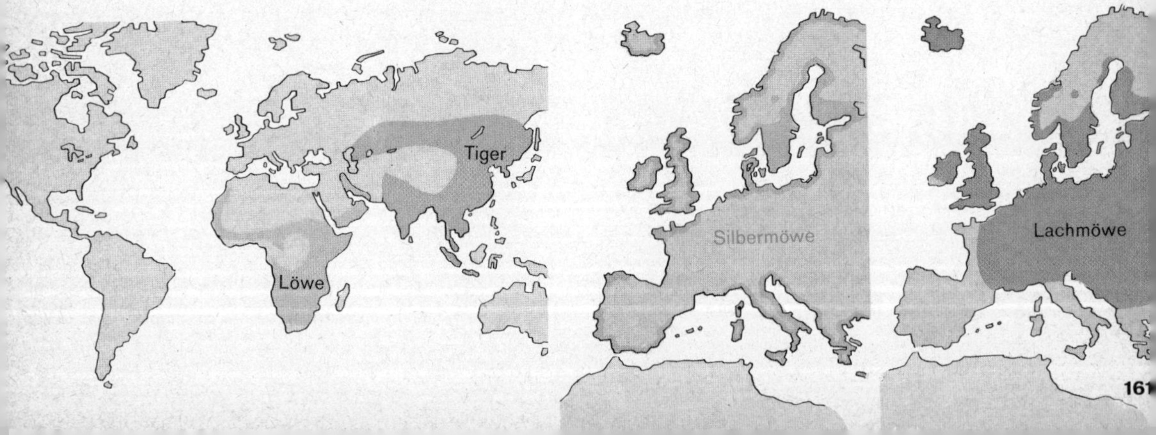

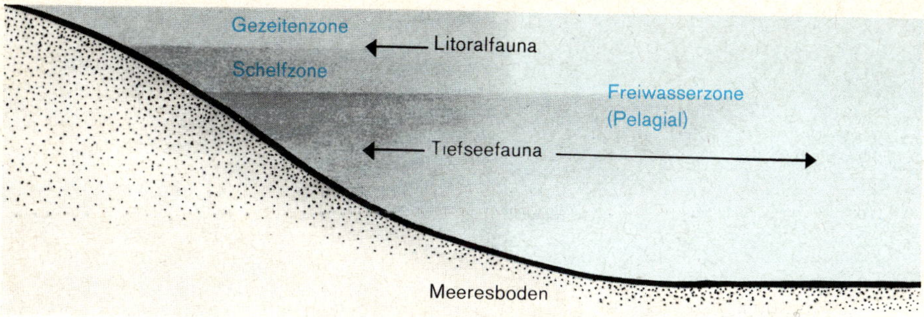

161,2

Vielzahl von Umwelteinflüssen ausgesetzt, die sich in gewissen Grenzen ständig ändern. Die Tiere nehmen diese Einflüsse und ihre Änderungen als Reize auf, und ihr Verhalten gegenüber der Umwelt wird dadurch beeinflußt. Da, wo alle Umwelteinflüsse für eine bestimmte Tierart günstig sind und sich wenig ändern, gedeihen alle Einzeltiere dieser Art gut; aber auch dort, wo die Verhältnisse etwas weniger günstig sind, trifft man diese Tierart noch an. Erst dann, wenn einer oder mehrere Umweltfaktoren stärker vom Optimum abweichen, kommt die Art nicht mehr vor, weil diese Gegend die Lebensbedürfnisse des Tieres nicht mehr befriedigen kann. Man nennt das Gebiet, in dem eine Tierart
161 auf Grund günstiger Umweltverhältnisse lebt, sein *Areal* **(161,1)**.

Verbreitung der Tiere im Meer

Das Meer ist ein verhältnismäßig einheitlicher, großer Lebensraum. Es gibt in ihm weder so wirksame Ausbreitungsschranken wie auf dem Lande, noch so große klimatische Gegensätze. In tropischen Meeren übersteigt die Temperatur des Oberflächenwassers selten 30 °C, und in polaren Gewässern ist – 1,9 °C die niedrigste Temperatur (Gefrierpunkt des Salzwassers). Die Einheitlichkeit des Meeres als Lebensraum erhellt besonders, wenn man weiß, daß ¾ der Meeresoberfläche jährliche Temperaturschwankungen von weniger als 10 °C aufweisen.

Den größten Einfluß auf die Verbreitung der Meerestiere hat die *Wassertiefe*. In den einzelnen Tiefenstufen, wie sie in Abb. **161,2** aufgezeigt werden, findet sich eine ganz unterschiedliche Tierwelt. In der *Gezeiten- oder Schelfzone (Litoral)* herrscht das reichste Tierleben. An Bodentieren gibt es Schwämme, Hohltiere, Ringelwürmer, Schnecken, Muscheln, Krebse, Seeigel, Seesterne; als Schwimmer viele Fischarten und Kopffüßer. Im Wasser schweben riesige Mengen an kleinen Tieren und Pflanzen (Plankton), die den größeren Tieren zur Nahrung dienen und ihre Fülle erst ermöglichen. Ein sehr reiches und vielgestaltiges Leben weisen auch die Korallenriffe der tropischen Küsten auf (S. 154).

Die *Hochsee (Pelagial)* ist demgegenüber nur dünn besiedelt. Es gibt viel weniger Plankton und daher auch weniger Fische. Auch die *Tiefsee (Abyssal)* ist arm an Nährstoffen, so daß sie ebenfalls verhältnismäßig wenige Bewohner hat. Doch reicht das Tierleben bis auf die tiefsten Meeresböden hinab (Schwämme, Seerosen, Schnecken, Krebse, Seelilien, Fische). Infolge der Anpassung an ihren Lebensraum, den dauernde Dunkelheit und hoher Druck auszeichnen, sind sie oft erheblich anders gestaltet als ihre weiter oben lebenden Verwandten. Man findet bei ihnen häufig Leuchtorgane und lange Tastorgane.

162,1

162,1: *Groß-Lebensräume (Bioregionen) des Festlandes.* **162,2:** *Tierregionen des Festlandes. Es sind*

Verbreitung der Landtiere

Anders als das Meer läßt sich das Festland in eine Reihe sehr unterschiedlicher Groß-Lebensräume gliedern **(162,1)**. Diese werden hauptsächlich nach der Pflanzenwelt aufgestellt, zeigen aber auch eine kennzeichnende Tierwelt.

Tropische und subtropische Regenwälder sind sehr reich an Tieren. Wegen des dichten Unterwuchses sind die auf der Erde lebenden Großtiere entweder schlüpfende (Tapir, Tiger) oder brechende Tiere (Elefant, Nashorn). Die Mehrzahl der größeren Tiere lebt jedoch auf den Bäumen, wie Jaguar, Faultiere, Affen, Papageien und Aras, Schuppentiere, Riesenschlangen und viele andere. An das Baumleben sind viele Arten durch besondere Haftorgane (Geckos, Laubfrösche), Greifschwänze (Chamäleons, Affen) und Flughäute für den Gleitflug (Frösche, Eidechsen, Hörnchen) angepaßt.

Steppen und Savannen haben ebenfalls ein reiches Tierleben; die niedrige Pflanzendecke begünstigt besonders laufende und springende Tiere; daneben spielen grabende Tiere eine große Rolle. An Läufern finden sich Antilopen und Gazellen, Giraffen, Schakale, Geparde, Strauße, an Springern Känguruhs, Springmäuse, Heuschrecken und Zikaden. Grabend leben dort Kaninchen, Präriehunde, Wühlmäuse, Hamster, Ziesel, Maulwürfe und Erdferkel.

Wüsten zeigen ein verhältnismäßig armes Tierleben; vor allem Großtiere fehlen fast völlig. Kennzeichnende Tierarten sind im allgemeinen Kamele, Wüstenfüchse, Klippschliefer, Rennmäuse, Steinhühner, Wüstenhühner, Eidechsen, Skinke, Schlangen und viele Arten von Insekten, Spinnen und Schnecken in geringer Anzahl. Die Lebensweise der Wüstentiere ist überwiegend nächtlich; ihre Färbung gleicht oft dem Untergrund (Sand, Gestein).

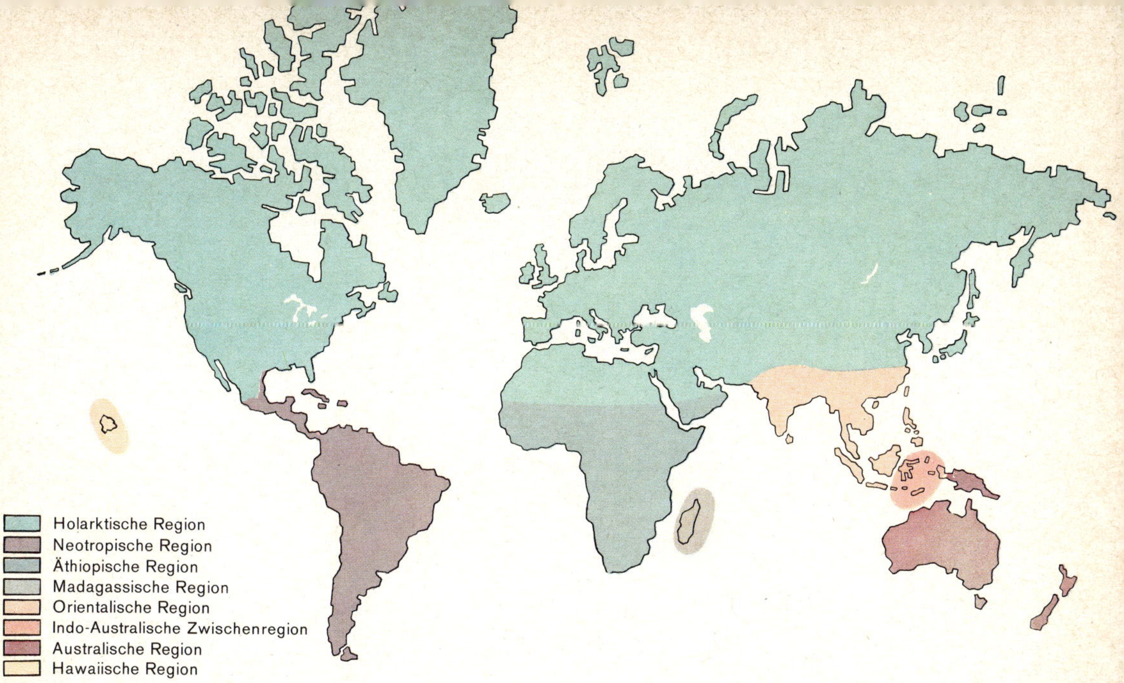

162 *Gebiete, die weitgehend von derselben Art, Gattung, Familie usw. bewohnt werden.*

Hartlaubgehölze bilden die Pflanzendecke vieler Mittelmeergebiete, in denen sommers Trockenheit herrscht. Neben vielen Arten von Schlangen und Eidechsen ist die Tierwelt dort durch wirbellose Tiere wie Heuschrecken, Grillen, Zikaden, Spinnen, Skorpione, Tausendfüßer und Schnecken gekennzeichnet.

Sommergrüne Laub- und Mischwälder gibt es vor allem im gemäßigten Klima. Dort liegen die Gebiete, die der Mensch am stärksten verändert hat, wodurch oft eine Verarmung oder Verfälschung der ursprünglichen Tierwelt eingetreten ist. An Säugern beherrschen Rot-, Reh- und Schwarzwild, Füchse, Marder, Waschbär, Stinktier, Eichhörnchen, Hasen, Mäuse und Spitzmäuse das Bild, an Vögeln neben den Greifvögeln viele Höhlenbrüter, wie Fliegenschnäpper, Rotschwänzchen, Meisen, Spechte und viele Eulen.

Taiga und Gebirgsnadelwälder haben eine nur kurze günstige Jahreszeit für Pflanzen und Tiere. Kennzeichnende Säuger sind Zobel, Luchs, Wildkatze, Vielfraß, Elch, Wapitihirsch, und die Vögel Seidenschwanz, Dreizehenspecht, Rauhfußkauz, Unglückshäher und Kreuzschnäbel.

Polare und alpine Tundren sind baumlose Landschaften und haben eine noch kürzere günstige Jahreszeit. So ist die Tierwelt ziemlich eintönig; kennzeichnend sind Moschusochse, Rentiere, Gemsen, Polarfuchs, Schnee- und Polarhase, Lemminge und Murmeltiere, sowie die Schnee-Eule.

Küsten, Ufer und Sümpfe beherbergen Tiere, die an Schwimmen und Waten angepaßt sind. Es sind dies hauptsächlich Biber, Bisamratten, Fischotter, Schermaus, Wasserspitzmaus, Bläßhühner, Entenvögel, Möwen, Schnepfenvögel, Reiher, Störche und Flamingos.

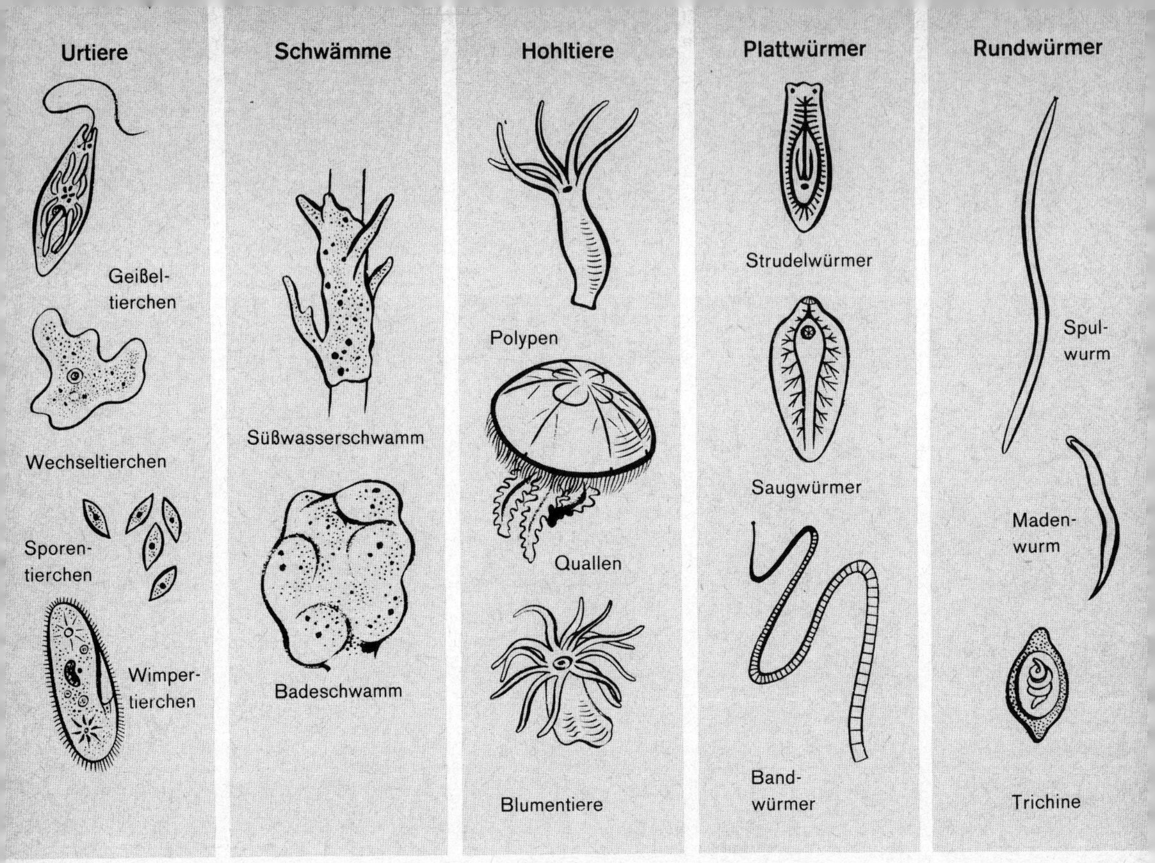

163 Gliederung des Tierreichs

Von den Wirbeltieren bis zu den Urtieren haben wir viele Tierstämme kennengelernt. Wir wollen sie zum Abschluß zusammenfassen und gliedern. Das geschieht üblicherweise in umgekehrter Reihenfolge, als wie wir sie behandelt haben, nämlich aufsteigend von den einfachsten bis zu den am höchsten entwickelten Tieren **(163,1)**. 163

Stamm der Urtiere (Protozoa). Einzellige Tiere mit Vermehrung durch Zellteilung, die ungünstige Zeiten eingekapselt überdauern. Viele Krankheitserreger. – Klassen: Geißelträger, Wurzelfüßer, Sporentierchen, Wimpertierchen.

Stamm der Schwämme (Porifera). Festsitzende, koloniebildende Wassertiere, deren Weichkörper durch Skeletteile gestützt wird. Wasser strömt mit Nahrung und Sauerstoff durch viele kleine Poren in den Körper; es verläßt ihn wieder, mit Abfallstoffen beladen, durch wenige große Öffnungen. – Süßwasserschwamm, Badeschwamm, Gießkannenschwamm.

Stamm der Hohltiere (Coelenterata). Ihr Körperinneres ist ein Hohlraum. Sie erbeuten Nahrung mit giftige Nesselkapseln tragenden Fangarmen oder -fäden. Vermehrung geschlechtlich und ungeschlechtlich, oft mit Generationswechsel. – Klassen: Hydratiere, Schirmquallen, Blumentiere.

Stamm der Plattwürmer (Plathelminthes). Flache Würmer, langgestreckt oder blattförmig. Nur mit Mund, ohne After, Darm oft im ganzen Körper verzweigt (Mund und Darm fehlen

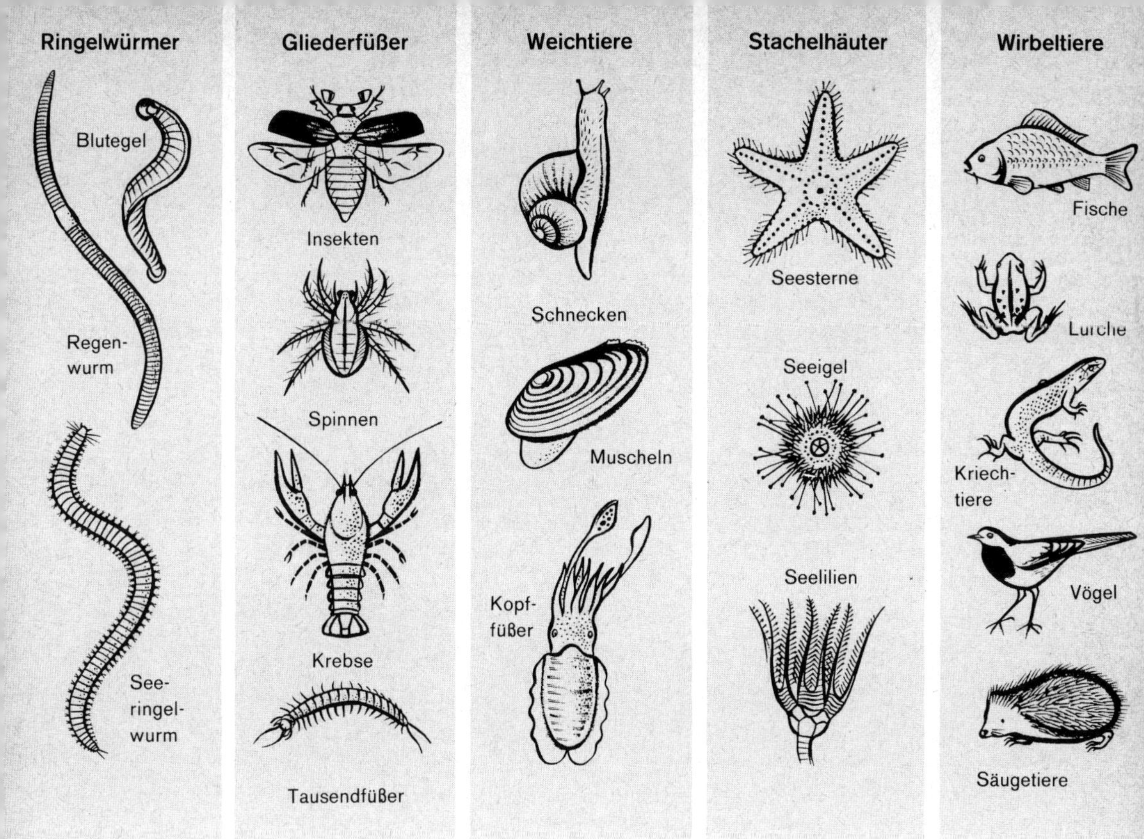

den Bandwürmern). Überwiegend Schmarotzer mit Haftorganen; vielfach treten Wirts- und Generationswechsel auf. – Klassen: Strudelwürmer, Saugwürmer, Bandwürmer.

163 **Stamm der Rundwürmer** (Nemathelminthes). Meist ungegliederte, langgestreckte, drehrunde Würmer. Mit Mund und After. Viele Schmarotzer: Spulwurm, Trichine, Madenwurm.

Stamm der Ringelwürmer (Annelida). Körper äußerlich und innerlich gleichartig gegliedert. Strickleiterförmiges Bauchmark als Nervensystem; geschlossenes Blutgefäßsystem. – Klassen: Wenigborstige Würmer und Egel, Vielborstige Würmer.

Stamm der Gliederfüßer (Arthropoda). Körper und Gliedmaßen gegliedert, Panzer aus Chitin (bei Krebsen mit Kalk). Strickleiterförmiges Bauchmark. – Klassen: Insekten, Spinnentiere, Krebse, Tausendfüßer.

Stamm der Weichtiere (Mollusca). Weicher, muskulöser Körper, gegliedert in Kopf, Fuß, Rumpf und Mantel (Muscheln ohne Kopf). Meist mit Schutzgehäuse aus Kalk. – Klassen: Schnecken, Muscheln, Kopffüßer (Tintenfische).

Stamm der Stachelhäuter (Echinodermata). Mit meist stacheligem Kalkskelett. Wassergefäßsystem mit Saugfüßchen zur Fortbewegung und Festheftung. Fast ausschließlich fünfstrahlig-symmetrisch. – Klassen: Seesterne, Schlangensterne, Haarsterne, Seeigel, Seewalzen.

Stamm der Wirbeltiere (Vertebrata). Knöchernes Skelett mit Wirbelsäule, darin ein Rückenmark; im Kopf ein Gehirn. – Klassen: Fische, Lurche, Kriechtiere, Vögel, Säugetiere.

164 Namengebung und Ordnung im Tierreich

Namengebung. In der deutschen Umgangssprache kommt es in vielen Fällen vor, daß mehrere unterschiedliche Tierarten mit demselben Namen bezeichnet werden. Eine Tierart kann etwa in Norddeutschland einen anderen Namen haben als in Süddeutschland. So können wir es erleben, daß die Bezeichnung Hamster nicht nur für die uns bekannte Nagetierart, sondern auch noch für mehrere Arten großer Wühlmäuse gebraucht wird; auch daß man in Norddeutschland Stechmücken allgemein als Mücken, in Süddeutschland aber als Schnaken bezeichnet und unter einer Mücke mundartlich eine Fliege versteht, ist ein solcher Verwirrung stiftender Fall. Mit den Pflanzennamen verhält es sich ganz ähnlich; oft sind für eine einzige Pflanze mehr als 20 Namen innerhalb Deutschlands gebräuchlich.

Noch weit größer werden die Verständigungsschwierigkeiten über die Namen von Tieren und Pflanzen zwischen Angehörigen verschiedener Völker. In diesen Fällen werden die Schwierigkeiten noch dadurch vergrößert, daß es Lebewesen, die dem einen Volk aus der Anschauung bekannt sind, in dem Land des anderen Volkes oft gar nicht gibt. Dieser Umstand führt dann oft dazu, daß es dort auch keinen Namen für solche Lebewesen in der Umgangssprache gibt. So fällt es uns z. B. schwer, die Namen fremdländischer Tiere und Pflanzen aus der Fremdsprache ins Deutsche zu übersetzen.

Als wissenschaftliche Schriften noch lateinisch geschrieben wurden, bekamen auch die darin behandelten Tiere und Pflanzen lateinische Namen beigelegt. Auf diesem Wege hätte eine allgemeine Verständigung erreicht werden können. Da aber keine festen, bindenden **164**
Regeln für die Benennung bestanden, waren bald auch noch verschiedene lateinische Namen für ein und dieselbe Art im Umlauf. Da führte im Jahre 1735 der schwedische Botaniker Carl von Linné **(164,1)** die große Wende herbei, als er sein großes Werk »Systema Naturae« (Gliederung der Natur) veröffentlichte. Bei der Arbeit an diesem Werk, in dem er die große Fülle der Tiere, Pflanzen und Mineralien ordnen wollte, stieß er immer wieder auf verschiedene Namen für eine Art oder auf gleiche Namen für verschiedene Arten. Da Linné mit solchen Namen nicht arbeiten konnte, gab er von sich aus nun jeder Tier- und Pflanzenart einen *zweiteiligen* lateinischen oder latinisierten Namen. Dabei bezeichnete er mit dem ersten Teil die *Gattung,* d. h. eine Gruppe sehr ähnlicher Arten, und mit dem zweiten Teil die *Art* selbst. Um einen Rückfall in die Zeiten mit willkürlicher Namengebung zu verhindern, stellte Linné auch feste, bindende *Regeln für die Namengebung oder Nomenklatur* auf, und es gelang ihm, sich damit durchzusetzen. Seit dieser Zeit sind diese Regeln für alle Biologen verbindlich.

Auch in diesem Unterrichtswerk sind in vielen Fällen in allen tier- und pflanzenkundlichen Bänden hinter die deutschen Namen oder Vulgärnamen die wissenschaftlichen Namen gesetzt worden, um Tiere und Pflanzen eindeutig zu bezeichnen. So kann es auch bei den größten landsmannschaftlichen Unterschieden in der Benennung der einzelnen Tiere und Pflanzen nie einen Zweifel geben, von welchem Tier oder welcher Pflanze die Rede ist. Selbst für einen Ausländer ist es dadurch möglich, die in diesem Unterrichtswerk beschriebenen Tier- und Pflanzenarten zu erkennen.

Ordnung. »Ordnung ist das halbe Leben!« Der Zweig der Tierkunde, der nach diesem Sprichwort ausgerichtet ist, heißt *zoologische Systematik.* Die Tierwelt der Erde ist so ungeheuer vielgestaltig, daß sie ohne eine umfassende Ordnung nicht mehr überschaubar ist.

164,1: *Der schwedische Botaniker und Systematiker Carl von Linné (1707–1778).*

164,1

Selbst Spezialisten einzelner Tiergruppen können auf ihrem Spezialgebiet nicht mehr als 6000 Arten überblicken. Nach welchen Gesichtspunkten und Merkmalen wird nun die Ordnung im Tierreich durchgeführt?
Dem Systematiker kommen für seine Ordnungstätigkeit vor allem die Ähnlichkeiten und Unterschiede der Tiere in ihrem äußeren und inneren Körperbau zustatten. So vereinigt er alle Einzeltiere, die sich in wesentlichen Merkmalen völlig gleichen und als Männchen und Weibchen wieder gleiche, fruchtbare Nachkommen hervorbringen können, zu einer *»Art«*. Arten, die sich verhältnismäßig geringfügig voneinander unterscheiden, faßt der Systematiker zu einer *»Gattung«* zusammen. Werden die Unterschiede zwischen den Arten größer, so daß die Gattung sehr uneinheitlich erscheint, dann werden weitere Gattungen aufgestellt. Alle Gattungen werden, wieder nach dem Grad ihrer Ähnlichkeit, zu *»Familien«* vereinigt. Auf der nächst höheren Rangstufe stehen die *»Ordnungen«*, die aus einander ähnlichen Familien zusammengesetzt sind. Weiter aufsteigend im Rang vereinigen dann *»Klassen«* mehrere bis viele nach ihren Merkmalen zusammengehörige Ordnungen, und die Klassen wiederum werden zu *»Stämmen«* zusammengefaßt. Alle Stämme bilden schließlich das *»Reich«* der Tiere **(163,1)**.

In dieses System haben die Systematiker alle bekannten Tiere eingeordnet und reihen sie neu entdeckte Tierarten ein. Wir wollen nun am Beispiel der *Weinbergschnecke* (Helix pomatia) die Eingliederung eines Tieres, einer »Art«, in das System kennenlernen:

Reich (Regnum): *Tiere* (Regnum animale)
Stamm (Phylum): *Weichtiere* (Mollusca)
Klasse (Classis): *Schnecken* (Gastropoda)
Unterklasse (Subclassis): *Lungenschnecken* (Pulmonata)
Ordnung (Ordo): *Landlungenschnecken* (Stylommatophora)
Familie (Familia): *Schnirkelschnecken* (Helicidae)
Gattung (Genus): } *Weinbergschnecke* { (Helix
Art (Species): } { pomatia)

Die Durchführung dieses Beispiels zeigt, daß es auch Zwischenstufen gibt, die dann eingefügt werden, wenn die Gliederung feiner werden muß. Bei den Schnecken haben wir es nämlich neben Lungenschnecken noch mit Kiemenschnecken zu tun. Beide Gruppen haben mehr als Ordnungsrang und bilden somit je eine *Unterklasse.*
Der Systematiker geht, wie wir hörten, bei der Einreihung von Arten in das System nach dem Grad der äußeren und inneren Körperähnlichkeiten vor. Solche Ähnlichkeiten sind der Ausdruck einer natürlichen Verwandtschaft der Tiere. Daher kann man ein System, das auf Ähnlichkeiten aufbaut, auch als *Natürliches System* bezeichnen.

165–166 Entwicklung des Tierreichs

Lebewesen gibt es auf der Erde seit mindestens 2 Milliarden Jahren. So wie wir wissen, daß die ersten pflanzlichen Lebewesen einzellige Algen des Wassers waren, können wir als sicher annehmen, daß auch die ersten Tiere auf der Erde Einzeller waren, die im Wasser lebten. Wir wissen bereits, daß die einzelligen Tiere am einfachsten gebaut sind, darauf weisen auch die Namen Urtiere oder Protozoen hin. So stehen die Urtiere auch am Anfang des natürlichen Systems der Tiere, das wir auf den vorangegangenen Seiten 163–164 kennengelernt haben.

Echte Beweise für tierisches Leben in früheren Erdzeitaltern besitzen wir aber erst aus dem letzten Abschnitt der *Urzeit,* dem *Präkambrium.* Dabei handelt es sich aber nur um sehr spärliche und schlecht erhaltene Reste von niederen wirbellosen Tieren. Erst mit dem Beginn des *Erdaltertums,* im *Kambrium,* führen die Gesteine reichliche und gut erhaltene, versteinerte Reste von Lebewesen. Solche versteinerten Reste werden *Fossilien* genannt. Das Studium der fossilen Tiere und Pflanzen ist die Aufgabe der *Paläontologie.* Dieser Wissenszweig der Biologie hat anhand der Fossilien, die von den ältesten (präkambrischen) bis zu den jüngsten (quartären) Erdschichten vorkommen, nachgewiesen, daß die verschiedenen Tierstämme in der Erdgeschichte nacheinander aufgetreten sind **(165,1).** Dabei ergab sich ferner, daß die Tiere der aufeinander folgenden Stämme von immer höher entwickeltem Körperbau waren: die Höhe der Organisation nimmt bei den nachein- **165**
ander auftretenden Tierstämmen zu.

Auch innerhalb der Tierstämme ist im Laufe der Erdgeschichte die Entstehung immer höher entwickelter oder organisierter Tiere festzustellen. Das zeigt uns sehr deutlich die Entwicklung im Stamm der Wirbeltiere **(165,2).** Es gibt ferner viele Beispiele für Veränderungen einzelner Tiergruppen im Verlauf der Erdgeschichte. Gut erforscht ist die Entwicklung der Ammoniten mit ihrer gewundenen Schale aus Vorfahren, deren Schale langgestreckt war, ferner die Entwicklung der Elefanten aus kurzrüsseligen Tieren. Eine weitere übersichtliche *Entwicklungsreihe* zeigen die Pferde, mit der Herausbildung ihres Vorderfußes und ihrer Zunahme der Körpergröße im Laufe ihrer Geschichte **(165,3).**

165,1: *Entwicklung der Tierstämme. Sie tauchen im Laufe der Erdgeschichte nacheinander auf. Obwohl vor dem Kambrium fast keine Funde vorliegen, weist das Kambrium mehrere Stämme auf.*

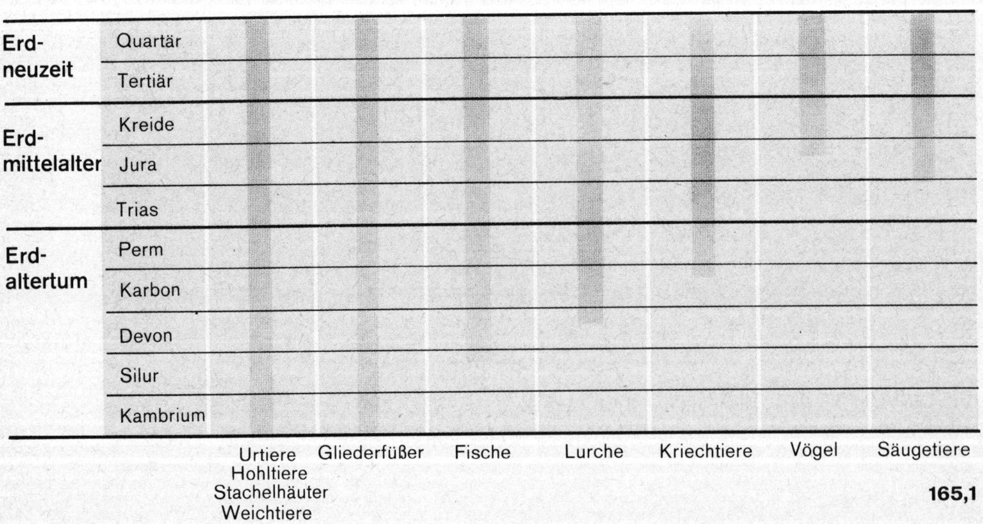

165,1

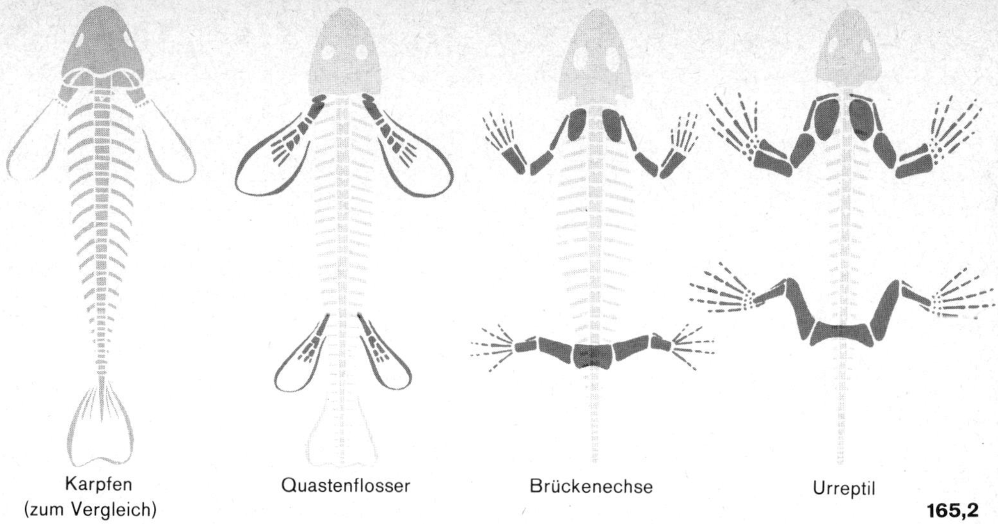

165,2

165,2: *Entwicklung vom Fisch zum Kriechtier. Im Laufe dieser Entwicklung vollzog sich über mehrere Zwischenglieder der für die Wirbeltiere bedeutsame Übergang aus dem Wasser auf das Land.*

Nur in wenigen Fällen haben die Erforscher der Entwicklungsgeschichte des Tierreichs das Glück, lückenloses Fossilmaterial einer Entwicklungsreihe zur Verfügung zu haben. Meist ist die Lage so, daß die versteinerten Funde nicht aneinander anschließen, weil noch
165 *Zwischenglieder* fehlen, die entweder noch nicht gefunden wurden oder vielleicht nie versteinert wurden. In solchen Fällen muß die Entwicklungsreihe durch Vergleich mit verwandten versteinerten (fossilen) und heute lebenden (rezenten) Tieren erschlossen werden. Auf so entstandene Annahmen oder Hypothesen geht ein großer Teil der entwicklungsgeschichtlichen Reihen im Tierreich zurück. Hin und wieder tauchen dann Zwischenglieder auf, die schon oft erwiesen haben, daß angenommene (hypothetische) Zusammenhänge richtig waren. Das berühmteste und bekannteste solcher Zwischenglieder ist der Urvogel Archaeopteryx (79,4), mit dem die Entwicklung der Vögel aus den Kriechtieren bewiesen werden konnte. Ähnlich wichtige Zwischenglieder, aber nicht in so großer Erhaltung, gibt es auch zwischen den Fischen und Lurchen.

165,3: *Entwicklung des Vorderfußes und die Zunahme der Körpergröße beim Pferd. Das Urpferd war nur ein kleines Waldtier, das vorne 4, hinten 3 Zehen hatte.*

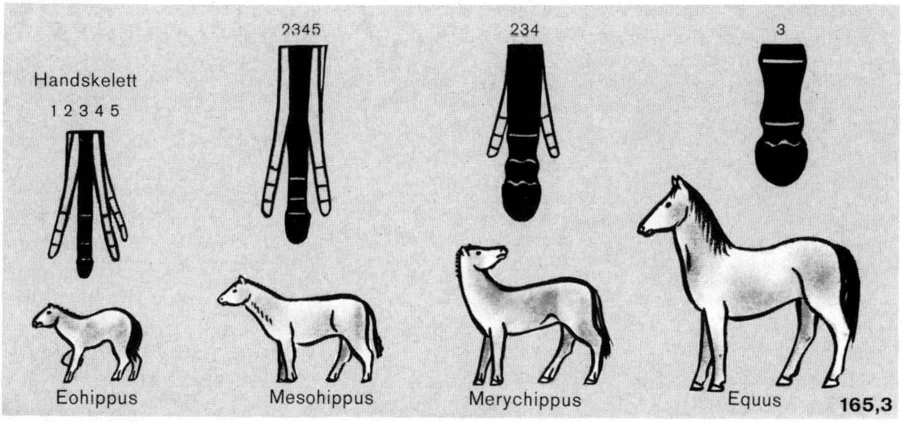

165,3

Erdaltertum

600–500 Mio. Jahre

Kambrium. Vom Anfang des Erdaltertums an gibt es erstmals Fossilien in guter Erhaltung und großer Zahl. Gleich zu Beginn des Kambriums sind Funde aus allen Stämmen der Wirbellosen da. Es gab also sicher auch schon in der Erd-Urzeit tierisches Leben, vielleicht bis zu 2 Milliarden Jahre zurück. Im Kambrium und vorher gab es nur wasserlebende Tiere und Pflanzen.

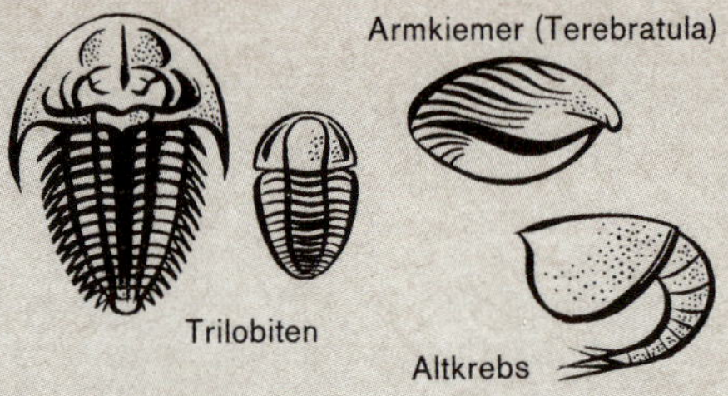

500–400 Mio. Jahre

Silur. In diesem Abschnitt der Erdgeschichte treten viele Tiere mit kalkigen Skeletten und Schalen massenhaft auf (Korallen, Armfüßer, Schnecken, Muscheln, Kopffüßer, Seelilien). Die Artenzahl war etwa 10mal größer als im Kambrium. Wichtig ist das erste Auftreten von fischähnlichen Wirbeltieren ohne Kiefer. Damit sind alle heute bekannten Tierstämme schon vorhanden.

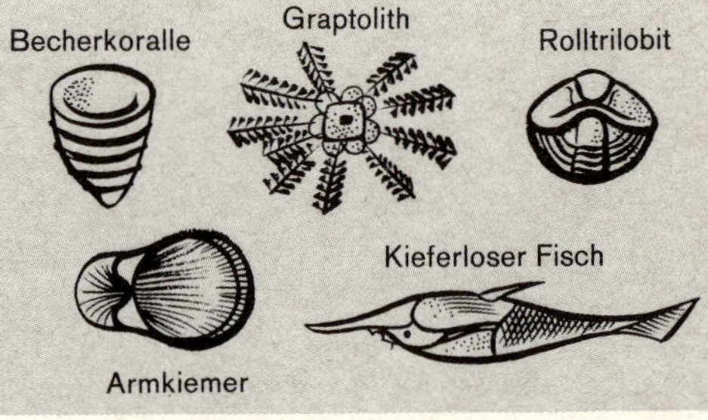

400–350 Mio. Jahre

Devon. Im Devon besiedeln die ersten Pflanzen das Festland und bereiten den Tieren den Weg. Die ersten Landtiere sind Urlurche, deren plumpe Gliedmaßen man sich von den paarigen Flossen der Quastenflosser-Fische abgeleitet denkt. Im übrigen entfalten sich die Fische sehr stark (Panzerfische, Knorpelfische, erste Knochenfische). Die ersten Ammoniten tauchen auf.

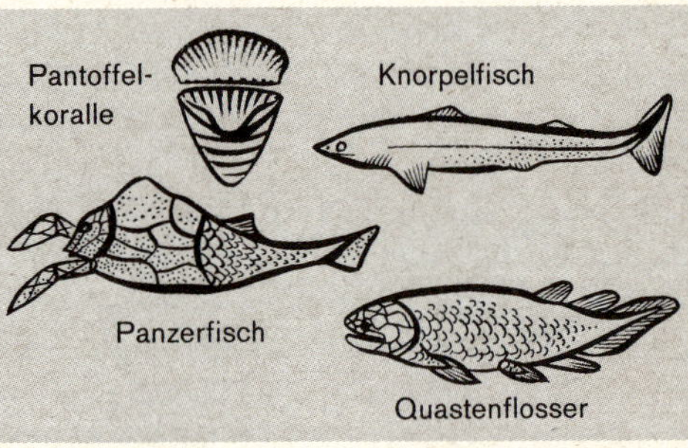

350–270 Mio. Jahre

Karbon. In dieser Erdzeit gewinnt die Pflanzenwelt auf dem Lande mächtig an Raum und bietet der Tierwelt beste Entfaltungsmöglichkeiten. Die ersten geflügelten Insekten treten auf; sie sind vom Typ der heutigen Schaben und Libellen. Die niederen Wirbeltiere entfalten sich mit den lurchartigen Dachschädlern (Stegocephalen) und den ersten Kriechtieren (Sauriern).

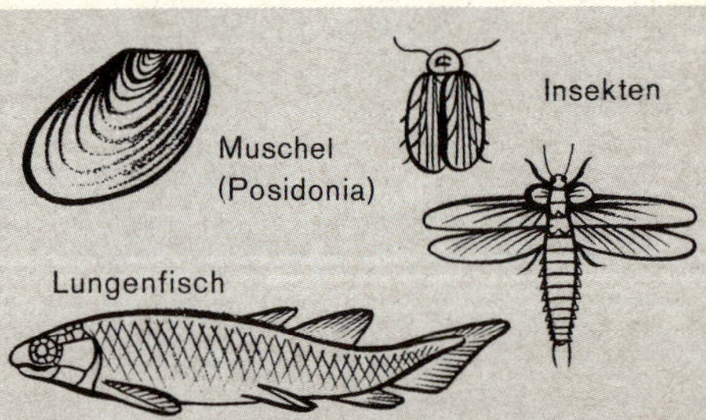

270–225 Mio. Jahre

Perm. In der Permzeit herrscht ein trockeneres, kühleres Klima als im Karbon; daher ist die Pflanzenwelt dürftiger. Das hat auf die Tierwelt aber nur geringen Einfluß, da keine großen Veränderungen aus den Fossilien abzulesen sind. Die Entwicklung der Kriechtiere in Form der Saurier und der Fische macht weitere Fortschritte. Mit dem Perm geht das Erdaltertum zu Ende.

Erdmittelalter

225–180 Mio. Jahre

Trias. Mit der Triaszeit beginnt das Erdmittelalter. Beherrschende Pflanzen sind, wie schon gegen Ende des Perm, Palmfarne und Nacktsamer (Nadelhölzer). In der Tierwelt treten die höheren Saurier auf, und neu erscheinen die Schildkröten. Formenreiche Tiergruppen sind ferner die Seeigel, Haarsterne, Armfüßer, Ammoniten und Belemniten; die ersten Säugetiere treten auf.

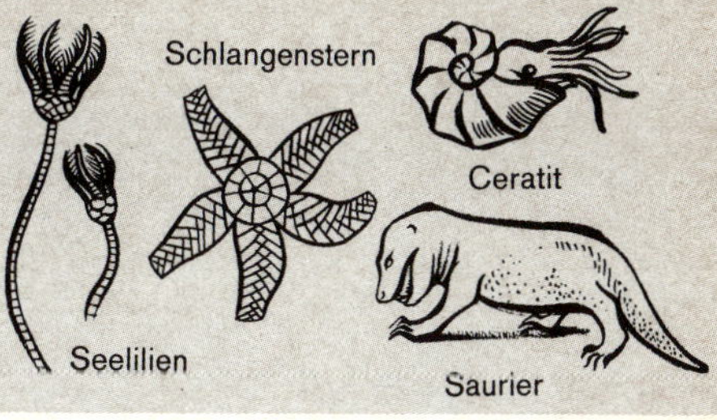

180–135 Mio. Jahre

Jura. In der Jurazeit gelangen die Saurier auf den Höhepunkt ihrer Entwicklung; sie sind zu Lande, zu Wasser und in der Luft vertreten, zum Teil mit Riesenarten. Gegen Ende der Jurazeit treten die Vögel erstmals auf (Archaeopteryx als Laufvogel, Archaeornis als Flugvogel). Kennzeichnende Wirbellose sind die Ammoniten und die Belemniten in ungeheurer Artenfülle.

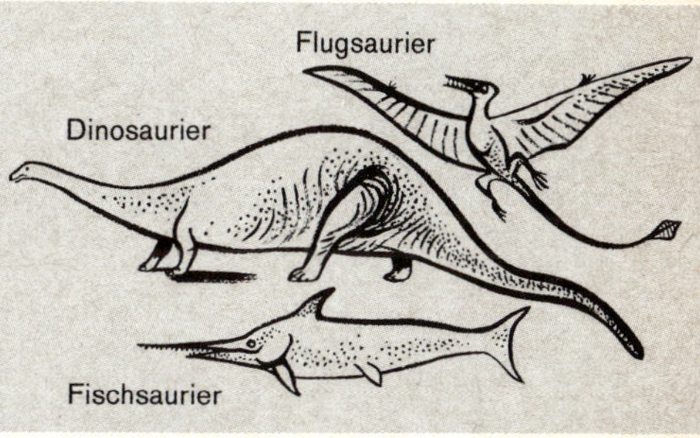

135–70 Mio. Jahre

Kreide. Auch in der Kreidezeit finden sich noch viele, zum Teil riesige Saurierarten und Ammoniten, doch am Ende der Kreidezeit sterben beide Gruppen aus. Bei den Fischen schieben sich die Knochenfische in den Vordergrund. In der Pflanzenwelt treten die Bedecktsamer (Laubhölzer, Gräser) auf. Gleichzeitig vollzieht sich eine Fortentwicklung bei den Insekten.

Erdneuzeit

70–1 Mio. Jahre

Tertiär. Mit dem Tertiär beginnt die Erdneuzeit. Die Pflanzenwelt entspricht in dieser Zeit bereits den heutigen Verhältnissen. Bei den Tieren beginnt eine rasche Entwicklung vor allem der Säugetiere, die alle Lebensräume besetzen, aus denen die Saurier verschwunden sind. Auch bei den Vögeln und Insekten setzt eine schnelle Entwicklung zu großer Formenfülle ein.

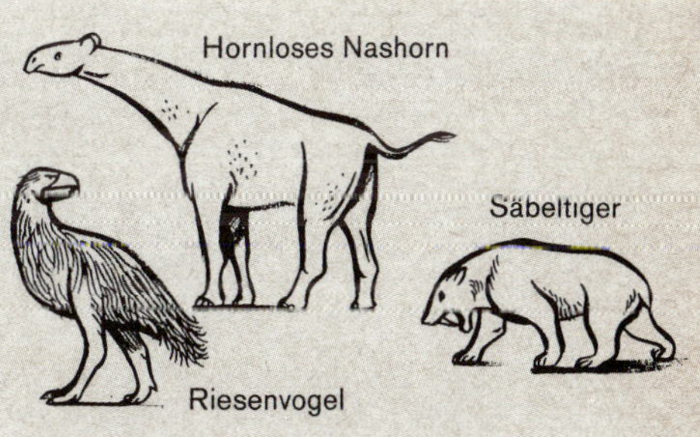

1 Mio. Jahre bis Gegenwart

Quartär. Im Quartär wechseln mehrmals Kältezeiten mit Vergletscherungen, die Eiszeiten, und wärmere Zwischeneiszeiten miteinander ab. Bei den Säugetieren treten Arten auf und verschwinden wieder, die an diese Verhältnisse angepaßt sind. Sie sind teilweise von riesiger Größe. Im Quartär tritt auch der Mensch auf; er zieht Haustiere und Kulturpflanzen heran.

Sachwortregister

Fette Seitenzahlen weisen auf eine ausführliche Behandlung des Stichwortes hin, insbesondere bei mehreren Seitenangaben; blaue Seitenangaben verweisen auf eine Abbildung.

Gliederfüßer
S. 90-136

Insekten
(Maikäfer)

Krebse
(Flußkrebs)

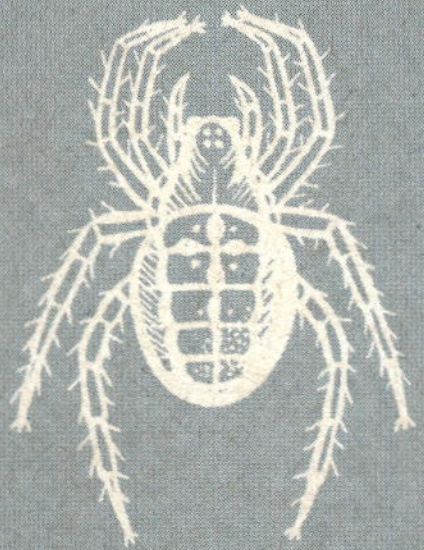

Spinnen

Tausendfüßer

Weichtiere
S. 137-143

Schnecken

Kopffüßer (Tintenfisch)

Muscheln

Ringelwürmer S. 146-147

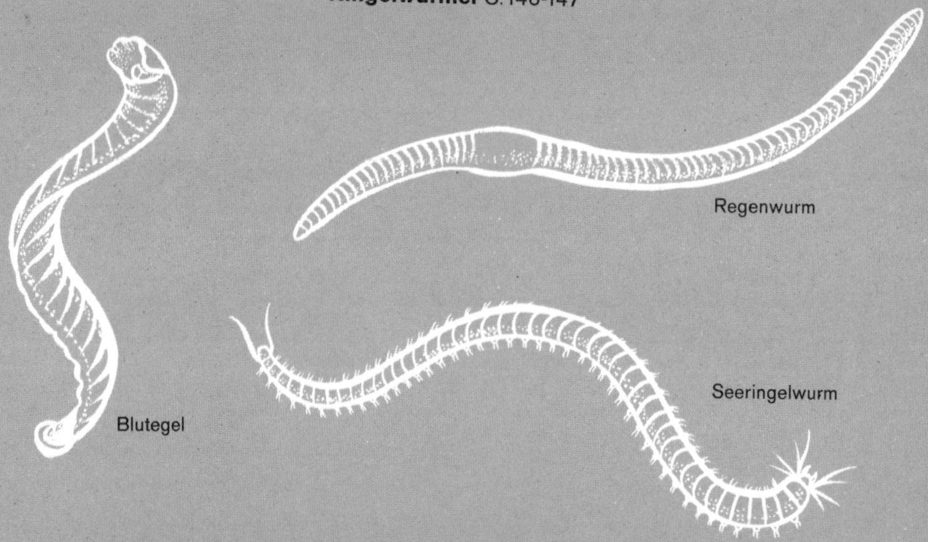

Plattwürmer S. 148-149

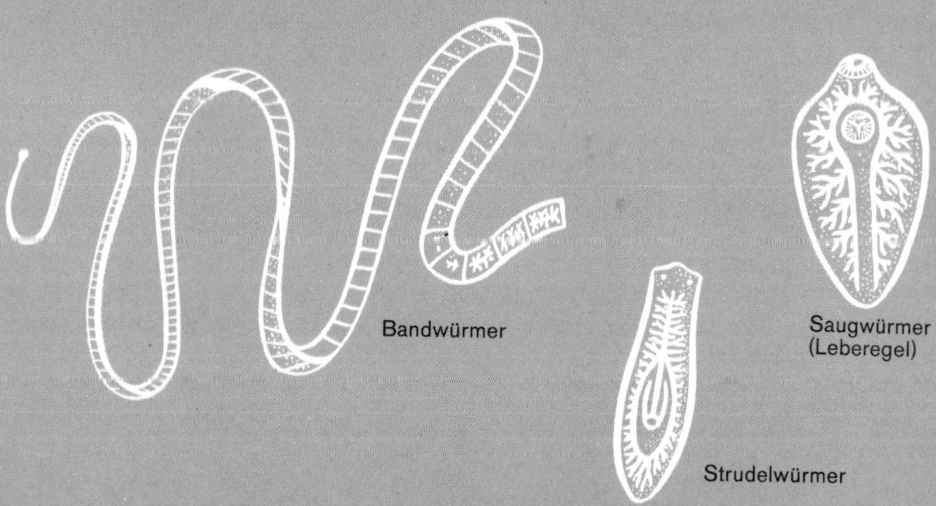

Rundwürmer S. 149

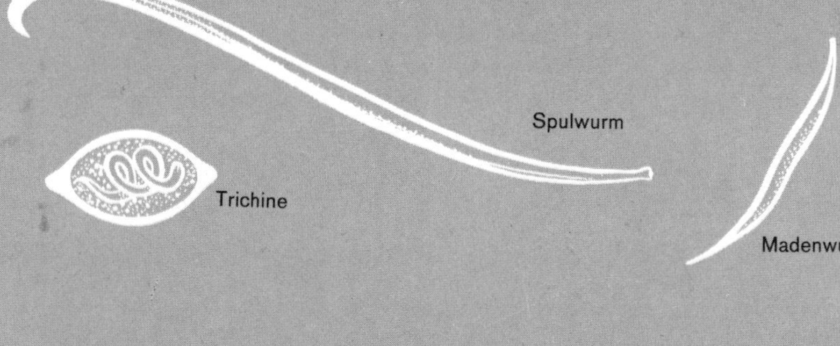

Stachelhäuter
S. 144-145

Seesterne

Seeigel

Hohltiere
S. 150-154

Qualle

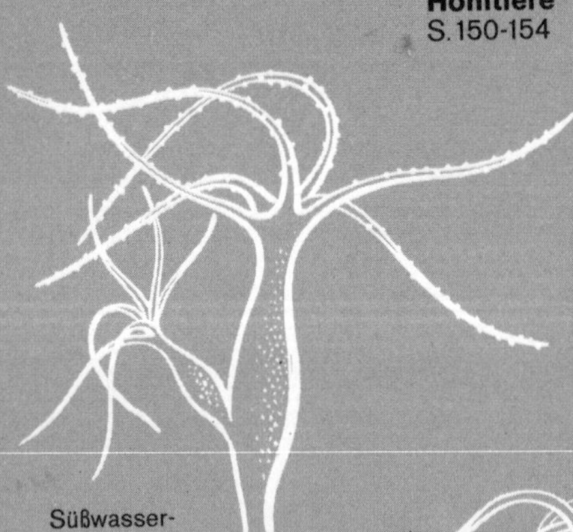

Süßwasser-
polyp

Seerose